Lehrbuch

der

niederen Arithmetik.

Erster Theil.

Von der Begründung der Arithmetik bis zur Vollendung der Lehre von den Logarithmen.

Von

Alexander Freiherrn v. Forstner,

Lieutenant im 2ten Garde-Regiment zu Fuß und Lehrer der Mathematik bei der Grenadier-Divisions-Schule.

Berlin, 1820.
Gedruckt und verlegt
bei G. Reimer.

Seinem

ehemaligen Lehrer

dem Herrn

Major Liebe

widmet

diesen ersten Band

mit

Hochachtung und Dankbarkeit

der

Verfasser.

Vorrede.

Indem ich hiermit den Freunden der mathemathischen Wissenschaften, den ersten Band meines Lehrgebäudes der Mathematik übergebe; glaube ich mit einigen Worten über die, in denselben niedergelegte Begründung des ganzen Werkes, mich erklären zu müssen, während ich das Urtheil von Kennern erwarte, um mich über dasjenige näher auszusprechen, was vielleicht in Hinsicht der Bearbeitung des Einzelnen, einer nähern Prüfung und Vertheidigung bedarf, als ich solche schon in diesen Zeilen niederlegen kann.

Bei den so mannigfaltigen Bearbeitungen der Mathematik, sowol in ihren einzelnen Abschnitten als in größeren Theilen; fehlte es auch nicht an gründlichen Werken, die sich über alle Theile dieser Wissenschaft auszubreiten suchten, und Werke großer Mathematiker zeigen, was der Erfolg des Strebens ihrer Verfasser war. In diesen größeren Werken wird man gewiß schon in den Anfangsgründen den Plan entdekken, den sich der Schriftsteller beim Beginn des Werkes machte, in wiefern er vorzüglich sich, nur die Wissenschaft als solche, in der Begründung zum Ziele setzte; oder ob er gleich die reinen Lehren derselben, auf das Leben anzuwenden suchte, und so schon in den Elementen, die Theorie mit deren Anwendungen verband. — Vielleicht sind die Ansichten über diese frühe Verbindung nicht so leicht zu vereinigen als es Anfangs scheint, und das frühe löbliche Streben jedes Lernenden, das Gelernte auch bald in das Leben überzutragen; mögte wol für die Verbindung der, allerdings innig verbundenen, — und doch wissenschaftlich so getrennten — reinen und angewandten Theilen der Mathematik sprechen. —

In wiefern uns aber jener relative Gegensatz des rein Theoretischen und des Praktischen, nur zur vollkommenen Anschauung kommen kann, wird nicht lange verborgen bleiben; denn wir haben uns hier auf einen Standpunkt zu stellen, von wo aus wir nicht nur die einzelne Wissenschaft zu übersehen streben; sondern von wo aus wir uns das menschliche Wissen, in seinen mannigfaltigen Gestaltungen vor Augen treten lassen, und prüfend die Verbindungen übersehen, die unter den einzelnen Wissenschaften stattfinden, und ohne welche wieder keine besondere Wissenschaft sich bewähren kann; in sofern diese ja nur eine solche wird und ist, als sie rein und ungetrübt aus der einen Quelle alles Wissens entspringt, also auch mit allen anderen Wissenschaften in innige Verbindung wieder treten muß. Sie kommen auch auf das Philosophische, auf das, jede Wissenschaft Begründende und

Leitende. — Aber auch hier können wir keine Entscheidung finden, wenn nicht die einzelne Wissenschaft mit ihren unendlichen Erscheinungen, uns den Weg zeiget, wie sie ward, und um so viel mehr sie uns dieses zeiget, um so mehr findet das, was wir suchen, wiederum seinen Belag und seine Bewährung. — Wie nun in jenem, immer wechselseitig durch einander bedingtem Suchen und Streben, nach der Einheit dieser unendlichen Erscheinungen, der Einzelne sich das Wissen und die Wissenschaft zu konstruiren strebet; so wird er den Erfolg des Forschens in das Leben übertragen, und in seine Werke niederlegen, woraus wiederum der, diese critisch Prüfende, sich bald auf den Standpunkt zurück versetzen wird, von wo der Handelnde ausging; gleich viel, ob beide in ihren Ansichten schon einig oder noch getrennt sind. —

In jenen wechselseitigen Bedingungen des Suchens, des Verhältnisses der einzelnen Wissenschaft zur Idee des Wissens überhaupt, die ja selbst wieder in so verschiedenen relativen Gegensätzen uns erscheinen; ist gewiß die letzte und so oft verkannte Ansicht die, des Idealen und des Realen, oder der, diesen analogen Begriffe, der Theorie und der Praxis. — Unbekannt mit dem e i n e n Ursprunge beider; tiefere Untersuchungen oft nicht anstellend; glaubt der größte Theil der Menschen, sich sogleich entscheiden zu können, ob die theoretische oder die praktische Seite den Vorzug verdiene, — und was hierbei den Einzelnen bestimmt, ist größtentheils durch äußere Umstände herbeigeführt, von welchen er sich selbst oft am wenigsten Rechenschaft zu geben vermag. — So lange wir aber beide Begriffe, auch nur als zwei Seiten einer jeden Sache ansehen; so lange wir nicht von der Identität beider überzeugt sind, und beide immer nur in einander, wenn auch sich wechselseitig bedingend, finden; werden wir auch jenen Widerspruch nicht gehoben sehen, den wir in uns, mit uns selbst tragen, wenn wir auf unverzeihliche Weise jenen letzten Grund verkennen, und eins jener Ansichten, über die andere zu stellen wagen; was sich gewiß bei jedem darin beurkunden wird, daß er desto häufiger im Verwechseln beider, zu gar keinem gewissen Resultate gelangt; dagegen sich auf der andern Seite bald, das lebendige Erkennen jenes Ursprunges, durch die That wird realisirt finden. — Weil uns aber ein Ganzes nur solches ist, in so fern wir jeden seiner Theile als Ganzes betrachten, immer im Bewußtsein es sei nur ein Theil eines größeren Ganzen; indem uns hierdurch nichts als ein absolut Einzelnes oder Ganzes erscheint, sondern der verschwindende Theil wie das größte Ganze ein Unendliches wird; nur in so fern hat das wissenschaftliche Streben seine wahre Richtung, und wird selbst ein Unendliches, — ja, gerade in solchen Puncten, wo wir uns über das Gewöhnliche, wie es uns oft endlich zu sein scheint, zu erheben suchen; treten erst jene höheren Ansichten der Wissenschaft vor das Bewußtsein, welche uns dieselbe wieder mit dem Höchsten und Letzten aller Dinge in Verbindung bringen. — Und so kann uns die Wissenschaft nur, als eine ewig lebendige, unendliche, und daher immer im Werden begriffene das geben, was höher ist als ihre unmittelbare Anwendung, die aber selbst wieder, veredelt durch die höhere Bedeutung des Wissens, auch erst jetzt lebendig in das Leben übergeht. — Und nun kann die Ueberzeugung nicht fern bleiben, daß, eben weil das Unendliche, sobald es sich äußerlich darstellen will, immer das Gepräge des Endlichen trägt; auch wieder strenge Scheidung, nicht nur der letzten Begriffe des Wissens, sondern auch der einzelnen, in gewisser Hinsicht, verschiedenartigen Theile, bei jeder Darstellung der Wissenschaft mehr als Bedürfniß wird, und innige Verbindung wieder nur, bei der tiefsten Durchdringung der Theile, stets in oben erwähnter Rücksicht, möglich ist.

Wenn ich so in vorstehenden Worten kurz das andeutete, was sich allerdings näher prüfen und bestimmen, wenn auch nie vollendet niederlegen läßt; so liegt darin die Ansicht des Wissens und der einzelnen Wissenschaft, die mich beim Beginn meines Werkes leitete, und stets leiten soll. Es gehet daraus zuerst die strenge Scheidung der reinen und angewandten Mathematik, oder des unbedingten vom bedingten Theile dieser Wissenschaft hervor, so wie jede Trennung, die ich im Einzelnen machte; es fehlen daher aus diesem Grunde auch in den Theilen, die der reinen Mathematik gewidmet sind, alle sogenannten praktischen Anwendungen, welche meiner Ansicht nach, nicht hierher gehören. — Wenn wir nun auch in den meisten mathematischen Werken, diese Trennungen nicht finden, sondern fast überall eine Verbindung des theoretischen und praktischen Theiles sehen; so gehet dieses größtentheils aus dem Zwecke hervor, den der Verfasser zu erreichen strebte, und der vielleicht nicht weniger der Idee des Wissens entspricht, al in solchen Werken, die für einen besonderen Stand bearbeitet sind! — Sie sollen dem Einzelnen das geben, was er, so zu sagen, für seine Lebenszeit brauchet, —

und hat er dieses erlernt, so giebt nicht selten das Lehrbuch noch eine Anleitung, wie der nun völlig Ausgelernte, sich bei dem Gedanken freuen, — oder trösten — solle, nun für den Gebrauch mehr als genug, gelernt zu haben! — Daß ich weit entfernt bin, jenen Werken, die aus vielen Ursachen kürzer abgefaßt sind als größere Werke, und welche schon früh Anwendungen enthalten, ihre Brauchbarkeit abzusprechen, darf ich wol nicht erst erwähnen; wenn ich im Gegentheile überzeugt bin, daß sie bei richtiger Bearbeitung, vielen Nutzen stiften können, wenn sie auch größtentheils am wenigsten geeignet sein werden, uns die Wissenschaft von ihrer höheren Bestimmung aus, zu zeigen. — Oft ist es auch nicht der Wille des Verfassers, in späteren Theilen die Anwendungen besonders zu lehren, oder was sonst für reelle Gründe vorhanden sein können. Bei einem Werke aber, das sich auch in der Folge über die Anwendungen ausbreiten soll, muß wiederum aus dem entgegengesetzten Grunde jene Vermischung wegfallen, und es muß uns das Werk überall nur die Anknüpfungpunkte zeigen, bei welchen uns die besondere Wissenschaft in Beziehung zum gesammten Wissen und zu ihren Theilen, näher gebracht wird. Wo diese Punkte am stärksten hervortreten, werden die einzelnen Abschnitte des Werkes selbst lehren. — Das unbemerkte Hinüberleiten aus den niederen Theilen der Wissenschaft in die höheren; das stete Anknüpfen an früher schon begründete Wahrheiten; die immerwährende Vergleichung der vorgetragenen Theorien, und tausend andere Andeutungen, sind es vorzüglich, die früh dem Lernenden die innigen Verbindungen der Theile der Wissenschaft zeigen, und ihm so ein höheres Interesse für diese einflößen; wenn jeder neue Theil sich schon bei seiner Begründung entfernt zeigt; wenn sich im unbefangenen Anfänger vielleicht schon Ahndungen des Gebrauches der Elemente in den erhabensten Theilen der Wissenschaft zeigen, oder wenn er schon früh den Zusammenhang dieser, mit seiner eigenen höheren Natur fühlt; dann bekommt das ganze Streben nach ihrer Erlernung eine Richtung, die jedem Lernenden fremd bleibt, den die Wissenschaft, wie sie leider oft gelehrt wird, in ihrer Begründung schon, eben weil er diese hier nicht findet, abschreckt, und der daher von einem Lernen läßt, das ihn bei besserer Leitung im Anfange, durch sich selbst schon reichlich belohnt hätte. Was die Ursache dieser traurigen Erscheinung ist, liegt nicht verborgen, und was die Folgen davon sind, — liegt auch klar genug am Tage. — Daß aber ganz anders, als der Vertrag der Wissenschaft in Werken, wo diese ihre Idee noch niedergelegt sein soll, der mündliche Vortrag, aus vielen Ursachen, beschaffen seyn muß, läßt sich nicht läugnen; hier wird oft, mit vielem Rechte, schon früh das Theoretische dem Praktischen verbunden und beides verglichen, und dem Lehrer lassen sich schwer genaue Vorschriften machen, wie er jene Verbindungen vorzutragen habe, denn dies hängt noch von viele Nebenumständen, von Persönlichkeiten und Verhältnissen der Schüler und des Lehrers ab; und wer wäre nicht davon überzeugt, daß wenige Worte des redenden Lehrers, oft mehr sagen und schwierige Stellen besser erläutern, als lange, schriftlich niedergelegte Theorien. — Jetzt nur noch einige Worte über diesen ersten Band selbst, da er im Allgemeinen die Grundzüge des ganzen Werkes zu erkennen geben soll.

Es stehet zuerst vor dem Beginn der Arithmetik, eine Einleitung zur gesammten Mathematik, die wol dem ganzen Werke nicht fehlen dürfte, da sie uns in der Eintheilung der Wissenschaft, für die Folge immer den Ort zeiget, wo wir uns in ihrem so ausgebreiteten Gebiete befinden; da sie schon früh die Ahndung der späteren Lehren und deren Verbindung zeigt, so wie sie beim Erlernen jedes Theiles, schon auf die folgenden Theile hindeutet, und wiederum zeiget, wie schon vor der Begründung der Mathematik, vieles zu untersuchen und zu erforschen lieget, was dem Mathematiker als solchen, nur Mittel und Grundlage zu seiner Wissenschaft ist. — Hier in der Begründung ist es vorzüglich, wo sich die Nothwendigkeit der innigen Verbindung der Mathematik und der Philosophie zeiget, welche letztere nie aufhören darf, Begleiterin der Ersteren zu sein, während sie wiederum von der Mathematik vieles erhält, nach dessen Realisirung sie ohne dieselbe, oft vergebens strebet. So zeigen denn bald auch diese, leider so oft getrennten Begriffe, in der innigsten Verbindung unter sich und mit den übrigen Theilen des Wissens, ein gemeinsames Streben nach dem Erkennen des Erhabensten und Höchsten, dessen Abglanz ja eben die unendlichen Erscheinungen der Geistesthätigkeiten im Menschen sind; und was suchen diese denn sonst, als das ewig Gesetzliche oder die Wahrheit? — Freilich gehört, zu diesen Ueberzeugungen zu kommen, ein stetes Rückblicken auf den vollendeten Weg, der nun auch erst zeiget, was uns noch zu erforschen bleibet, und daher ein schnelles Zurückkehren und von neuem Beginnen der verlassenen Untersuchungen verlanget, die auch erst jetzt, durch das Erforschte hiezu mehr vorbereitet, ein tieferes, aber nie vollendetes Erkennen gewähren. — Doch, dieses kann nie beschrieben oder ganz vollendet gesagt werden; sondern das Lehrgebäude der Wissenschaft kann nur da wieder Andeutungen geben, wo jene Punkte am stärksten hervortreten, während es selbst das Ziel verfolgt, das es als besondere Wissenschaft sich setzen muß. Und wo finden wir dieses Ziel wol herrlicher verfolgt, als in der Mathematik, die wol immer zum Muster dienen wird, wie jede Wissenschaft sich in ihrem Werden zu gestalten habe. —

Gern hätte ich mich bei der folgenden Einleitung länger verweilt, und besonders über die Mathematik und ihre Methode noch Mehreres gesagt; allein hier würde die Einleitung nicht nur zum Buche selbst angewachsen sein; sondern ich würde die einzelnen Urtheile und Behauptungen aus der Mathematik selbst zu belegen und zu beweisen gehabt haben, was offenbar für eine Einleitung unmöglich ist. — Die Eintheilung der Arithmetik zeigt das erste Kapitel, und die Folge muß diese Eintheilung bewähren. Daß ich die Benennungen: Analysis des Endlichen und des Unendlichen, in dieser Eintheilung vermeide, bedarf wol keiner Entschuldigung; und daß ich der niederen Arithmetik, in ihrer ausgebreiteten Andeutung, das übergebe, was gewöhnlich zur Analysis des Endlichen gerechnet wird, liegt in jener umfassenden Bedeutung der Arithmetik. Das Wesen der Analysis, zeigt sich offenbar am meisten in ihrer Anwendung auf die Geometrie, welche ihr vorzüglich die Formen giebt, mit deren Umwandelung sie es, nach anderen Erklärungen, nur zu thun haben soll; doch mögte sich schwerlich hiernach eine strenge Scheidung der Arithmetik und der Analysis machen lassen. Allein es bedarf das Nähere hierüber einer weiteren Erörterung, als sie hier gegeben werden kann. — Ferner enthält das Werk über die einzelnen Lehren nur so viele Beispiele, als nöthig sind, jene Lehren zu erläutern, während alle bloße Beispiele zur Uebung, ganz wegbleiben müssen, d. h., sie gehören nicht in das Lehrgebäude der Wissenschaft selbst hinein, sondern in besondere Sammlungen, die als Supplemente zum Werke angesehen werden können, indem diese Uebungen selbst, unumgänglich nöthig sind. Ich verweise in diesem ersten Theile, auf meine Sammlung von Tafeln,*) so wie in mehreren Fällen, wo diese Tafeln ihres ersten Zweckes wegen, größere Formeln nicht enthalten, auf die so schätzbare Sammlung von Beispielen, Formeln und Aufgaben aus der Buchstabenrechnung und Algebra von Meier Hirsch; den späteren Theilen meines Werkes, werden zu diesem Behufe Supplemente beigegeben werden. — Daß ich die einzelnen Untersuchungen weiter verfolge, als es in mathematischen Werken zu geschehen pflegt, oder als es der gewöhnliche Gebrauch erfordert; folgt aus meinen, vorher niedergelegten Ansichten des ganzen Werkes, und hieraus wieder die Voraussetzung von Lesern,

*) Sammlung neuer arithmetischer und algebraischer Aufgaben in 108 Tafeln. (Die Resultate in einem hierzu gehörigen Hefte.) Ein Hülfsmittel für Lehrer in Schulen und beim Selbstunterrichte. 8. Berlin 1819. bei E. S. Mittler.

Lesern, denen es um eine tiefere Kenntniß der Wissenschaft zu thun ist, und die mehr von ihr erwarten, als ein trockenes Formelwesen, oder als eine Hülfe für die, oft der Wissenschaft so tief untergeordneten Zwecke. — Für solche Leser, die dem Ersteren nachzukommen streben, und nicht bloß in Vielwissen ihr Ziel setzen; denke ich, wird das Werk zum Selbstunterrichte dienlich sein. — Durch die Abtheilung der einzelnen Paragraphe nach besonderen Sätzen, wird sich die Arithmetik, auch in dieser äußeren Form, die vielleicht wesentlicher als es scheinen mögte, ist, mehr der geometrischen Methode nähern, deren sie in gleichem Maaße mit jener, ohnstreitig fähig ist; vielleicht ist gerade in dem Mangel am Erkennen dieser Evidenz der Arithmetik, der Grund zu suchen, warum dieser Theil der reinen Mathematik sich, nach der Meinung vieler, noch nicht zu jener Klarheit erhoben habe, als die Geometrie; eine höchst ungerechte Klage, welche die Arithmetik in den Augen jener, noch in ein Gebiet von mehr empirischen als rein spekulativen Forschungen, zu versetzen scheint. Doch ist es auch hier der Ort nicht, mich näher über die Vortrefflichkeit und Eigenthümlichkeit jeder dieser beiden, ebenfalls e i n e n gemeinschaftlichen Ursprung habenden, Theile der r e i n e n Mathematik auszusprechen; doch ist unbedingt in ihre meist unrichtig begründete, und auch leider oft zu frühe Verbindung, ein Theil jener unrichtigen, dem Erlernen der Wissenschaft so oft bei dem Einzelnen schadenden, Ansichten zu suchen. So dringend im Anfange die strenge Scheidung beider ist, so oft zeiget sich ihre beiderseitige Annäherung, und das Bedürfniß ihrer innigen Verbindung. — Auch hierauf habe ich überall aufmerksam zu machen gesuchet. — Daß dieser erste Theil der niederen Arithmetik, einzelne Kapitel und überhaupt Mehreres enthält, was in Elementarwerken nicht zu stehen pflegt, und wodurch allerdings dieses Werk bedeutend verstärkt ist, ohne sich deshalb über ein Elementarwerk zu erheben; darüber kann nur mein Plan des ganzen Werkes entscheiden, und hierin wieder nur die Nothwendigkeit, alles da vorzutragen, wo es seiner Natur nach, immer nur in Hinsicht des ganzen Werkes, stehen muß, ohne Rücksicht auf den untergeordneten Gebrauch, den vielleicht der einzelne Leser vom Werke zu machen sucht. Es wird daher mancher Leser mehr finden als er gerade verlanget, während ein anderer das vielleicht vermisset, was den folgenden Theilen vorbehalten ist. Einzelne Anmerkungen, die zuweilen unwichtig scheinen, verursachen gewöhnlich, wenn sie in den Werken fehlen, dem Leser viel Schwierigkeiten, und sind nicht selten der Grund zu großen Mißverständnissen in der Folge; daher ich in Anmerkungen oft besonders auf solche Punkte aufmerksam mache. — Was die übrigen Theile der niederen Arithmetik, besonders die gesammte Theorie der Gleichungen anbetrifft; so werden diese den zweiten Theil der niederen Arithmetik, oder den dritten Band des Lehrgebäudes ausmachen, indem der zweite Band aus mehreren Ursachen, für die Geometrie, von deren Begründung bis zur Vollendung der Stereometrie, bestimmt ist. — Jeder Theil des Werkes wird mit einem doppelten Titel erscheinen, indem er wieder an und für sich, als ein Lehrbuch über den besonderen Theil der Mathematik den er enthält, anzusehen ist.*)

*) Es wird daher auch jeder Band, ohne Rücksicht auf den Besitz der früheren Theile, ausgegeben werden

Hierin bitte ich es also auch nur zu suchen, wenn in späteren Theilen einzelne Anmerkungen, die in früheren Theilen schon stehen, kurz wiederholt werden, und die mir, theils als Anknüpfungspunkte, theils für die Nicht-Besitzer der früheren Theile, nöthig schienen. — Des leichteren Nachschlagens wegen wird die Nummer der einzelnen Paragrapen in jedem Bande durchlaufen. — Was die Werke sind, die ich bei der ganzen Bearbeitung benutzt habe; so hielt ich eine Aufzählung derselben hier um so viel weniger für nöthig, wenn ich bemerke, daß jedes Werk mir zu benutzen nöthig schien, wo ich einen Beitrag zur Vervollkommnung meiner Arbeit zu finden hoffte. Wo es aus mehreren Ursachen nöthig sein könnte, habe ich die benutzten Werke im Buche selbst angeführt, was zum Nachschlagen sowol, wie zur Vermeidung unangenehmer Mißverständnisse, bei einzelnen Theorien und Sätzen, wol Pflicht war. Vom Inhalte dieses Bandes lasse ich nur eine kurze Uebersicht hier folgen, da ein Blick auf das besondere Kapitel, den näheren Inhalt desselben bald anzeigt.

So übergebe ich also den ersten Abschnitt des begonnenen Werkes, den strengen Prüfungen der Kritik; selbst am meisten fühlend, wie jedes Werk in seiner Ausführung den Charakter der Unvollkommenheit trägt, wie wenig sich den mannigfaltigen Forderungen, die an ein wissenschaftliches Werk mit Recht gemacht werden, ganz entsprechen läßt, und wie also, abgesehen von allen Nebenabsichten, das Werk mannigfaltigen Urtheilen ausgesetzt sein wird. — Wem es aber nur um die Annäherung an jenes, nie zu erreichende Ziel des Wissens zu thun ist, — der wird sich glücklich schätzen, wenn mit der reinsten Liebe, die größte Strenge in der Beurtheilung seiner Ansichten, bei anderen verbunden ist; und fest vertrauend, daß nur in wechselseitiger offener Mittheilung hier das Wahre entschieden werden kann, werde ich es für den größten Lohn halten, wenn hin und wieder meine Arbeit von Kennern, strenge Prüfung erfährt, und wenn ich in der Folge überzeugt werde, daß das Werk nicht ohne Nutzen war.

Berlin im Februar 1820.

A. von Forstner.

Kurze Uebersicht des Inhaltes des ersten Bandes.

Einleitung zur gesammten Mathematik.

Reine Mathematik.

Die Arithmetik.

Erster Abschnitt. Der erste Theil der niederen Arithmetik.

Erstes Hauptstück. Die einfachen Rechnungarten in besonderen und allgemeinen Zeichen, so wie die Lehre von den Brüche.

Einleitung
zur gesammten Mathematik.

Erklärung der Mathematik und Eintheilung derselben.

Eine Größe ist alles das, was einer Vermehrung und Verminderung fähig ist. —

Die Mathematik ist diejenige Wissenschaft, welche sich mit der Natur und den Eigenschaften der Größen, in sofern sie bestimmten uns bekannten Gesetzen unterworfen sind, beschäftiget.

So einfach und kurz diese Erklärung auch ist, so umfaßt sie dennoch alles, was zur Mathematik gehört. Wir sehen zugleich wie mannigfaltige Felder diese Wissenschaft uns darbietet, und wie nicht nur alles ihren Gesetzen unterworfen ist, was wir sehen und fühlen; sondern wie auch der Ton, die Kraft, die Zeit u. s. w. in ihr Gebiet hinein gehören. — Wir sehen ferner, wie diese Wissenschaft sich immer mehr ausbreiten kann und wird, je mehr wir solche Erscheinungen wahrnehmen, wo wir die Gesetze ihrer Vermehrung und Verminderung kennen. —

Aber, eben weil die Mannigfaltigkeit der Gegenstände so unendlich groß ist, die zur Mathematik gehören, so wird es nothwendig, erst das an ihnen zu betrachten, was sie alle gemeinschaftlich haben, als z. B. die Theilbarkeit u. s. w., und dann erst zu den besonderen Bedingungen überzugehen, die sie im Leben haben. Hiernach theilen wir die Mathematik in folgende vier Haupttheile.

I. Die reine Mathematik. Hier werden die Größen nur (rein) an und für sich betrachtet, ohne darauf Rücksicht zu nehmen, was sie im Leben sind; man untersucht ihre Natur und ihre Eigenschaften, für sich und in ihren wechselseitigen Verbindungen unter einander.

II. Die praktische Mathematik. Wenn wir den Größen der reinen Mathematik Namen von äußeren Dingen geben, oder nun das, was wir in jenem ersten Theile allgemein von den Größen kennen lernten, auf die besonderen Größen im Leben übertragen; so sind wir in der practischen Mathematik.

III. Die angewandte Mathematik. Wenn wir in der Natur Gesetze entdecken, denen die besonderen Größen, wie wir sie im Leben finden, entweder für sich oder unter einander, unterworfen sind, und wenden auf diese Gesetze die Lehren der reinen und der praktischen Mathematik an; so haben wir die angewandte Mathematik.

IV. Die gemischte Mathematik. Die Lehren der angewandten Mathematik werden jeden Augenblick im bürgerlichen Leben zur Lösung gewisser Aufgaben gebraucht, die ihr Bedürfniß und ihren Ursprung eben in den mannigfaltigen Bedürfnissen des Lebens haben, und hier durch höchst verschiedene Zwecke oder Willen der Menschen bedingt sind. So werden die Lehren der angewandten Mathematik, die ihren Grund in ewigen Naturgesetzen fanden, durch Lehren vermischt die, wie erwähnt, ihren Grund in Bedürfnissen haben, welche von mannigfaltigen Umständen abhängen können. So bekommen wir die gemischte Mathematik.

Wenn wir noch einen Blick auf diese vier Theile wenden, so sehen wir in ihnen den Uebergang vom unbedingten zum bedingten Wissen. Die Trennungen sind scharf, — und dennoch ist ein inniger Zusammenhang unter allen Theilen. Die praktische Mathematik, oft mit der gemischten verwechselt, beschränkt sich allerdings durch das Gebiet, das wir ihr hier gaben, auf ein minder großes, aber darum nicht minder ergiebiges; und in der gemischten Mathematik, die nach unserer Erklärung die Anwendung der Mathematik auf das Leben ist, sehen wir das innige Zusammenwirken der drei früheren Theile, — und doch ist sie von der angewandten Mathematik unterschieden. — In wiefern diese Theilung sich bewähren kann, wird freilich erst die Folge lehren, wo wir das Berühren der gedachten Theile überall wahrnehmen werden. Und wenn endlich die praktische Mathematik des Gebrauchs der Größen im Leben nicht entbehren kann, so ist sie von der gemischten Mathematik durch den Nichtgebrauch der angewandten Mathematik deutlich geschieden. —

Die Unterabtheilungen dieser vier Haupttheile, sind nun folgende:

I. Die reine Mathematik zerfällt in

1. Die Arithmetik
2. Die Geometrie
3. Die Analysis

} Die näheren Erklärungen hiervon werden in der Folge vorkommen.

II. Die praktische Mathematik wird eingetheilt:

1. Die praktische Arithmetik.
2. Die praktische Geometrie.

III. Die angewandte Mathematik theilt sich:

1. Die mathematisch-physikalischen Wissenschaften.

A. Die mechanischen Wissenschaften.

a. Die Statik; ist die Lehre vom Gleichgewichte der festen Körper.

b. Die Dynamik; lehrt die Bewegung der festen Körper.

c. Die Hydrostatik; beschäftigt sich mit dem Gleichgewichte und dem Drucke des Wassers.

d. Die Hydrodynamik; betrachtet den Zustand des Wassers in der Bewegung.

e. Die Aerometrie; hier wird die Luft im Drucke, im Gleichgewichte und in der Bewegung betrachtet.

Anmerkung. Die meisten flüssigen Körper (wozu auch die Luft gehört) sind fast den gleichen Gesetzen des Wassers unterworfen, und ihre Betrachtung gehört zu den hydraulischen Wissenschaften.

B. Die optischen Wissenschaften.

a. Die Optik. Sie macht uns mit der Bewegung des Lichts im Allgemeinen bekannt, und untersucht die Betrüge, welche das Licht auf unser Auge verursacht.

b. Die Perspektive. Diese lehrt die Entwerfung der sichtbaren Gegenstände auf einer Fläche so, wie sich diese dem Auge darstellen. Sie ist mit weniger Entlehnung, fast eine rein mathematische Wissenschaft.

c. Die Dioptrik. Hier wird die Brechung des Lichts betrachtet, worauf die Einrichtung der Ferngläser u. s. w. beruhet.

d. Die Katoptrik. Das Licht wird hier in seiner Zurückwerfung betrachtet, woraus die Eigenschaften der Spiegel u. s. w. folgen.

Anmerkung. Diese mathematisch-physikalischen Wissenschaften, müssen von der Physik (oder Naturlehre) wol getrennt werden, wenn auch keine von beiden ohne die andere gründlich erlernt werden kann. Die Physik nämlich, erzeugt und untersucht diejenigen Naturgesetze, welche dem Mathematiker den Grund zur angewandten Mathematik geben; ehe sie diesen nicht vollkommen für ein Gesetz gefunden hat, kann der Mathematiker nicht anwenden, und ist jener Grund nicht gehörig festgestellt, so ist es die Schuld der Mathematik nicht, wenn die berechneten Erscheinungen nicht mit der Erfahrung übereinstimmen. — In Fällen, wo das Gesetz nicht unwiderruflich fest steht, hilft sich der Mathematiker wie der Physiker mit den sogenannten Hypothesen, die seine Berechnung wol bestärken können, aber deshalb noch nicht beweisen. — So ist es z. B. der Fall, in der Akustik oder in der Lehre vom Ton. — Wie also hier ein stetes Unterstützen der Mathematik und Physik seyn muß, wird klar werden.

2. Die astronomischen Wissenschaften. Diese müssen mit Recht von der Klasse der mathematisch-physikalischen Wissenschaften unterschieden werden, und setzen auch solche, ihrem ganzen Umfange nach, voraus. —

Die Astronomie selbst, giebt uns Kenntniß von dem Weltgebäude, und lehrt die Erscheinungen welche sich in ihm ereignen, erklären, berechnen und auf das Leben anwenden. Sie zerfällt:

a. In die sphärische Astronomie. Dieser Theil untersucht das Weltgebäude, wie es dem Menschen scheint.

b. Die theoretische Astronomie. Sie lehrt die Einrichtung des Weltgebäudes, wie es ist.

c. Die physische Astronomie. Sie untersucht die Gründe, warum die Bewegungen der Himmelskörper so und nicht anders sind.

Außer diesen drei Theilen, giebt es noch die sogenannte praktische (auch beobachtende oder ausübende) Astronomie, welche aber nur die Beobachtungen anstellen lehrt, welche den Berechnungen des Astronomen zum Grunde liegen; daher sie die gedachten drei Theile stets begleitet. Aus der Astronomie entspringen nun folgende Wissenschaften:

a. Die Gnomonik, oder die Lehre von den Sonnen-, Mond- und Sternen-Uhren.

b. Die Chronologie oder die Zeitrechnung, welche die größeren Zeitabschnitte bestimmen lehrt.

c. Die mathematische Geographie; diese betrachtet unsere Erde als Weltkörper, lehrt die Größe derselben bestimmen, die Lage der einzelnen Oerter auf ihr finden u. s. w. — Sie liegt also der höheren Geodäsie (welche zur praktischen Geometrie gehört) zum Theil zum Grunde; aus ihr entspringt die Entwerfung der Charten für größere Erdtheile u. s. w.

d. Die Nautik oder Schifffahrtkunde, gehört in sofern zur Astronomie, als die Leitung des Schiffs nach entfernten Gegenden, aus dem Laufe der Himmelskörper bestimmt wird.

IV. Die gemischte Mathematik. Sie wird getheilt:

1. Die Civil-Bau-Wissenschaften; diese zerfalle:

a. Der Maschinenbau; lehrt die Einrichtung aller im Leben vorkommenden Maschinen, und gehört in seinem reinen Theile den mechanischen Wissenschaften zu.

b. Der Wasserbau; welcher den hydraulischen Wissenschaften mehr angehört, natürlich aber des Maschinenbaus so wenig entbehren kann, wie dieser in seinen weiteren Theilen auch ohne hydraulische Lehren nicht bestehen kann.

c. Der Schiffsbau, lehrt die Einrichtung aller Fahrzeuge zu Wasser; daß er nicht ohne Wasserbau und Maschinenbau bestehen kann, ist leicht abzunehmen.

d. Die Civil-Baukunst, welche die Einrichtung unserer Gebäude unter sich begreift; wie auch hier die gedachten beiden ersten Theile nöthig sind, indem nicht nur Maschinen gebraucht, sondern auch Gebäude im und am Wasser gebaut werden, wird wol klar seyn.

2. Die Krieges-Wissenschaften in sofern sie zur gemischten Mathematik gehören, theilen sich:

a. Die Artillerie; sie giebt uns im weitesten Sinne, Kenntniß von der Einrichtung aller Waffen.

b. Die Fortification; sie lehrt uns einen Ort oder ein Terrain so einrichten, daß sich wenige Menschen darin gegen viele mit Vortheil vertheidigen können.

c. Die Taktik, lehrt die Stellung und Bewegung der Truppen nach mathematischen Gesetzen, so wie den Gebrauch der Waffen.

Anmerkung. Die Verbindung dieser drei Theile der Kriegeswissenschaften ist so innig, daß keiner derselben ohne die beiden andern gründlich verstanden werden kann. Wie ferner die Civil-Bauwissenschaften mit jenen in genauer Verbindung stehen, kann man leicht abnehmen, da ja die Waffen mehr oder minder Maschinen sind; ferner die Fortification, in ihrem höheren Theile, dem Festungsbau, nicht ohne die Civilbaukunst und Wasserbaukunst erlernt werden kann. — Wie eben so der Bau der Kriegesschiffe z. B. nicht ohne Kenntniß der Kriegswissenschaften verstanden werden kann, ist wol eben so natürlich, und man könnte ihn daher leicht als einen vierten Theil dieser letzteren betrachten, wenn wir ihn nicht schon beim Schiffsbau mit gerechnet hätten. — Wie sich die gemischte Mathematik täglich durch neue Lehren erweitern kann, wird man bald finden. Da nun aber jeder Theil seine eigenen Bearbeiter hat, und selten mehrere Theile zugleich von einem Menschen betrieben werden, so nimmt der Bearbeiter des einen Theils, die Lehren welche der des andern Theils auf=fand, als bekannt an, oft ohne die Gründe hiervon zu wissen, die ihm aber offenbar, bei gründlicher Kenntniß seines Theils, nicht fehlen dürfen. Bedenkt man nun, daß die reine Mathematik, so wie die praktische und angewandte vorher, oft in ihrer gan=zen Fülle nöthig sind, um die gemischte Mathematik zu verstehen, und daß viele Lehren anderer Wissen=schaften, vorzüglich der Naturwissenschaften noch nö=thig sind; so wird man sich einen deutlichen Begriff von dem weiten Felde, welches das Studium der gemischten Mathematik darbietet, machen können. Was man nun wieder den praktischen Theil jeder der gedachten Theile der gemischten Mathematik nennt, so ist dies nur die wirkliche Anwendung im Leben, im Gegensatze des reinen Erlernens der einzelnen Theile aus Büchern; oder es ist das Vollbringen selbst.

Darstellung verschiedener, durch alle Theile der Mathematik geltender Begriffe.

Ehe wir zu den einzelnen Theilen der Mathematik übergehen, wollen wir erst noch verschiedene Begriffe feststellen, die wir in jedem Theile der Mathematik wieder finden werden.

I. Von den Sätzen der Mathematik.

Eine jede, in der Mathematik aufgestellte Wahrheit, heißt ein Satz. Die Sätze zerfallen:

1. Die Erklärung. Sie giebt uns eine deutliche Auseinandersetzung eines Begriffs, den wir in Hinsicht seiner Eigenschaften in der Mathematik näher betrachten, so, daß wir im Stande sind, diesen Begriff von allen übrigen Begriffen zu unterscheiden. — Sie muß offenbar der erste unter allen Sätzen seyn, da wir erst wissen müssen, was denn das, wovon irgend etwas ausgesagt wird, selbst ist. — Zu ihr gehört eine bündige Kürze, die dem zu erklärenden Begriffe nicht mehrere Eigenschaften beilegt, wo vielleicht einige schon in andern enthalten sind oder aus ihnen folgen. Sie darf ferner nicht mehrfach seyn, d. h. das zu Erklärende darf nicht auf mehrere Arten erklärt werden, oder: es muß sogleich gezeigt werden, daß nothwendig die verschiedenen Erklärungen aus einander folgen oder schon in einander enthalten sind. — Da nun alle Erscheinungen die wir von dem Erklärten in der Wissenschaft sollen kennen lernen, zuletzt auf die gegebene Erklärung zurück geführt werden müssen; so wird man einsehen, daß die Erklärung für den der sie giebt, das Resultat der Wissenschaft ist, aber für den der sie erhält, durchaus den Anfang macht.

2. Der Grundsatz. Die Wahrheit welche uns den Grundsatz kennen lehrt, soll durchaus nur auf einer vorhergehenden (wenn auch nicht unmittelbar vorhergehenden) Erklärung beruhen, in dieser also schon enthalten, und Jedem sogleich verständlich seyn. Er kann also nicht bewiesen werden, denn ihm gehen keine Wahrheiten, aus der Wissenschaft selbst, vorher; dennoch kann man ihn erläutern, d. h. zeigen, wie er mit der Erklärung selbst zusammenhängt, im Falle dieser Zusammenhang nicht gleich verstanden ist. Die Grundsätze sind daher die ersten mathematischen Wahrheiten, auf welche zuletzt jede fernere Lehre muß zurück geführt werden können.

3. Der Lehrsatz. Er macht uns mit einer Wahrheit bekannt, welche wir nicht sogleich, d. h. nicht ohne Beweis einsehen, sondern welche wir aus früheren Wahrheiten ableiten, die zwar selbst wieder bereits erwiesene Lehren seyn müssen, aber sich doch zuletzt auf Grundsätze zurückführen lassen. Der Lehrsatz selbst ist mehr oder minder allgemein; in jedem Falle aber, setzt er irgend etwas als angenommen voraus, wenn dies auch oft nur versteckt in dem Satze selbst enthalten ist, und dies heißt: die Voraussetzung oder Hypothese, da hingegen das, was behauptet wird, die Behauptung oder Thesis heißt. — Oft erfordert der Beweis noch gewisser Vorkehrungen oder Einrichtungen, ehe er selbst geführt wird, und dies geschieht durch die Construction, die allerdings nur wieder in sofern vollzogen werden darf, als sie auf vorhergehenden Lehren beruhet, oder auf früheren erkannten Mitteln sich stützt.

4. Der Zusatz. Dieser Satz gehört, wie sein Name schon zeigt, immer einem vorhergehenden Satze an, in welchem er schon mit enthalten seyn muß; daher er selbst nur, entweder ein dem früheren Satze untergeordneter ist, und sich auf einen besonderen Fall desselben bezieht; oder er zeigt durch eine einfache Betrachtung, wie

seine Lehre die des früheren Satzes ist, und mir dieselbe anders darstellt. — Wird er nicht sogleich eingesehen, so muß er allerdings bewiesen werden. — Er unterscheidet sich daher scharf vom Lehr- und vom Grundsatze, wenn er auch oft mit denselben verwechselt wurde; und es kann nicht, wie man oft hört, die Wichtigkeit des Satzes, oder die größere Mühe ihn zu verstehen, oder wol gar die größere Länge des Beweises, über diese verschiedenen Sätze entscheiden. —

5. Der Lehnsatz. Durch den Lehnsatz tragen wir eine Wahrheit, aus dem Leben, aus der Erfahrung oder aus einer anderen Wissenschaft in die Mathematik über. Wenn der Lehnsatz auch am häufigsten in den drei letzteren Haupttheilen der gesammten Mathematik vorkommt, so fehlt er doch durchaus nicht in der reinen Mathematik, und mehrere Fälle werden uns davon überzeugen.

6. Der Wahlsatz. Dieser macht uns mit einer Einrichtung bekannt, welche Menschen in der Wissenschaft gemacht haben. Wenn uns auch nicht immer sogleich einleuchtet, warum dieselbe gerade so gewählt ist, so beruhet dies oft auf einer Bequemlichkeit, Gewohnheit u. s. w. Daß dieser Satz nicht bewiesen zu werden braucht, leuchtet wol von selbst ein, und die Folge lehrt gewöhnlich, wie zweckmäßig die getroffene Wahl ist, oder sie zeigt, daß sie mangelhaft war.

7. Die Anmerkung. Was wir durch die Anmerkung kennen lernen, soll da wo es gesagt ist seinen Ort finden, aber auch eben so gut fehlen können, ohne dem Ganzen zu schaden. Daher enthält sie unter andern: Vorschläge, historische Nachrichten, einen andern Beweis einer Lehre u. s. w.

8. Die Aufgabe. Sie verlangt, irgend einer Forderung ein Genüge zu leisten, zu deren Erfüllung die vorhergehenden Sätze gebraucht werden. Die Art und Weise wie die Aufgabe erfüllt wird, heißt die Auflö-

fung, und ist diese vollzogen, so muß die Richtigkeit derselben bewiesen werden. — Der Auflösung liegen einfache Vollziehungen zum Grunde, die wir durch die sogenannten Forderungen kennen lernen, welche aber deshalb keine eigenen Sätze zu seyn brauchen, und die wir auch nicht zu beweisen haben; sie sind also gleichsam die Grundsätze der Aufgabe. Die Anzahl der Aufgaben ist ohne Ende, da ja die Bedingungen welche man uns zu ihr giebt, so höchst mannigfaltig seyn können. In das Gebäude der Mathematik, gehören aber nur solche Aufgaben hinein, welchen den Constructionen der nachfolgenden Lehren (siehe: die Erklärung des Lehrsatzes) dienen, und alle übrigen Aufgaben sammelt man daher in eigenen Werken. Daß die Aufgaben ein herrliches Mittel geben, sich in den mannigfaltigen Anwendungen der Mathematik zu üben, leuchtet wol ein, und dennoch — kann die Mathematik nicht lehren — jede Aufgabe zu lösen, sondern es bleibt die Erfindung der Lösung dem Geiste des Lösers überlassen, und die Wissenschaft selbst hat nur nöthig, die Hülfsmittel hierzu, vorzubereiten. Dennoch giebt die Mathematik hin und wieder Winke, und zeigt Wege die zur Auflösung der Aufgaben führen, wozu besonders der analytische Weg, den wir auch kennen lernen werden, dient. — Man theilt die Aufgaben selbst ein, in:

a. Bestimmte Aufgaben; diese sind solche wo man aus den gegebenen Stücken (Data) der Aufgabe und ihren Bedingungen, nur Eine Antwort, oder nur Ein Resultat erhält; Stücke aber nennt man alle die Größen, die zur Aufgabe gegeben sind, und welche durch die Bedingungen der Aufgabe, verschieden verbunden werden.

b. Unbestimmte Aufgaben; wenn man aus dem zur Aufgabe Gegebenen (Stücke und Bedingungen) mehrere Resultate erhält.

c. Unmögliche Aufgaben; sie entstehen, wenn das Gegebene sich auf keine Weise zur Auflösung der Aufgabe verbinden läßt, und wenn die Bedingungen sich selbst widersprechen.

Ob eine Aufgabe bestimmt, unbestimmt oder unmöglich ist, läßt sich für jeden besonderen Fall nur finden, und die früheren Wahrheiten müssen jeden dieser Fälle beweisen; eben so kann man auch durch die bekannten Lehren, sowol die Menge der Stücke als die der Bedingungen erfahren, welche bei einer gewissen Gattung von Aufgaben statt finden. Wichtig ist es noch zu wissen, daß jede Aufgabe zum Lehrsatz werden kann, wenn man die Aufgabe als gelöset setzt, und ihre Richtigkeit behauptet; eben so ist aber auch der Lehrsatz zur Aufgabe zu machen, wenn man die Wahrheit die er nennt, als erst zu erforschen setzt.

II. Von den mathematischen Beweisen.

Ein Beweis ist die deutliche Auseinandersetzung der Gründe, warum eine aufgestellte Wahrheit so und nicht anders seyn kann. Wenn auch die Theorie der Beweise ihrem ganzen Umfange nach, in die Philosophie gehört; so wird es doch dienlich seyn, hier so viel davon zu hören, als in der Mathematik durchaus nöthig ist. Zuerst ist ein jeder der etwas beweisen will, davon überzeugt, daß aus einer anerkannten Wahrheit, mittelst richtiger Schlüsse (welche natürlich, im Gegensatze der Trugschlüsse, hier immer voraus gesetzt werden), man nur wieder zu Wahrheiten und nie zu Unwahrheiten gelangen kann. Ferner: daß eine Annahme, welche durch richtige Schlüsse zu bekannten Wahrheiten führt, selbst wahr ist, wenn auch nicht ausschließlich, aber wenn sie zu Unwahrheiten oder zu Unsinn führt, alsdann auch immer unwahr ist. Hiernach zerfallen die Beweise in:

A. Der synthetische Beweis. Wenn man von bereits anerkannten Wahrheiten, oder als wahr angenommenen Voraussetzungen ausgeht, und durch richtige Schlüsse auf die zu erweisende Wahrheit kommt, so nennen wir diese Beweisart, die synthetische. Sie zerfällt wieder:

a. Der direkte oder ostensive Beweis. Dieser zeigt eben, daß, von richtigen Sätzen oder Annahmen ausgehend, man mittelst richtiger Schlüsse auf die zu erweisende Wahrheit kommt, ohne Rücksicht darauf zu nehmen, was die behauptete und zu beweisende Wahrheit in anderen Verbindungen für Erscheinungen giebt.

b. Der indirekte oder apagogische Beweis. Er zeigt, daß alle außer der behaupteten Wahrheit (für den besonderen Satz den sie aufstellt), nach mögliche Wahrheiten oder Fälle, unwahr sind; woraus alsdann folgt, daß die behauptete Wahrheit selbst wahr ist; wenn überhaupt ein Fall möglich oder nothwendig ist, welches noch gezeigt werden muß, da ja die behauptete Lehre, für alle denkbare Fälle, unmöglich seyn könnte. — Die Art wie der indirekte Beweis dies zeigt ist, daß er die verschiedenen noch möglichen Fälle als möglich setzt, und nun mittelst richtiger Schlüsse auf eine Unwahrheit (das einem Lehrsatze Widersprechende) oder auf Unsinn (welcher dem Grundsatze widerspricht) stößt, da alsdann das Angenommene, nämlich das von der behaupteten Wahrheit Verschiedene, unwahr ist. Daß die behauptete Wahrheit selbst wahr ist, folgt nun von selbst, wenn überhaupt ein Fall nothwendig wahr seyn mußte; sollte man gleich Anfangs die Unmöglichkeit aller Fälle einsehen, so ist natürlich der Beweis selbst unnöthig zu führen.

Anmerkung. Beide Beweise sind gleich bündig und richtig, ja, der indirekte Beweis erfordert oft noch mehr Scharfsinn als der direkte, vorzüglich wegen der Aufzählung aller Fälle. — Man hat sich zwar zuweilen Mühe gegeben, die indirekten Beweise in direkte zu verwandeln; doch ist dies nicht überall möglich gewesen, und ist in Hinsicht der Evidenz der zu erweisenden Wahrheit, in der Mathematik, ganz unnöthige Mühe.

B. Der analytische Beweis. Wenn man von dem zu Beweisenden ausgeht, indem man es vorläufig als richtig setzt, und nun rückwärts durch richtige Schlüsse auf eine bereits bekannte Wahrheit stößt; so kann die Voraussetzung nicht unwahr seyn, d. h. das zu Beweisende ist wahr. So steht also diese Beweisart, welche man die analytische nennt, der synthetischen entgegen; und wie man leicht aus der einen die andere finden kann, indem sie nur beide einen entgegengesetzten Weg einschlagen, wird man wol leicht einsehen.

Anmerkung. In der Mathematik sind die Beweise fast immer synthetisch, und die analytische Beweisart, dient vorzüglich zur Erfindung des synthetischen Beweises. — Bei Auflösung der Aufgaben bedient man sich neben der synthetischen Auflösung, welche, nachdem sie auf einem vorgeschriebenen Wege gelöst ist, bewiesen wird, auch der analytischen (siehe: Aufgabe), d. h. derjenigen, welche die Aufgabe vorläufig als gelöset setzt, und rückwärts auf die Bedingungen der Auflösung zurück kommt, oder auf die Mittel, die nun wieder rückwärts angewendet, die Auflösung in eine synthetische verwandeln. — Auch unterscheidet man im Vortrage der Mathematik, die synthetische von der analytischen Methode, welcher Unterschied sich aus dem Gesagten leicht ergiebt. Ein Mehreres hierüber gehört an einen andern Ort.

Noch wollen wir zu dieser kurzen Theorie der mathematischen Beweise Folgendes hinzufügen.

1. Eine Wahrheit die allgemein behauptet wird, muß auch allgemein bewiesen werden, und Beispiele können den Beweis nicht geben, da aus der Richtigkeit einzelner Fälle, noch die der übrigen Fälle nicht folgt. Wie die Mathematik allgemein beweiset, werden wir bei den besonderen Theilen kennen lernen.

2. Wird eine Wahrheit, als nur in gewissen Fällen für wahr behauptet, so ist es hinlänglich einige Fälle zu zeigen, wo das Behauptete wahr ist; damit aber auch nicht die Vermuthung entstehe, als sey die Wahrheit allgemein, so müssen auch einige Fälle gezeigt werden, wo das Behauptete nicht stattfindet.

3. Wenn eine Behauptung nur eine gewisse Menge von Fällen unter sich begreift, so ist sie bewiesen, wenn jeder dieser Fälle erwiesen wird.

4. Daß ein Satz umgekehrt, auch wahr seyn kann, aber es nicht immer ist; davon können uns viele Beispiele aus dem Leben überzeugen; wird daher eine Wahrheit, die bewiesen ist, auch als umgekehrt für wahr ausgegeben, so muß sie durchaus bewiesen werden, und versteht sich keineswegs von selbst (was Anfänger in der Mathematik so gern immer annehmen wollen). Viele Beispiele von beiden Fällen, werden wir kennen lernen. — Wie ein Satz beschaffen seyn muß, wenn er unbedingt auch umgekehrt wahr seyn soll, gehört in eine erschöpfende Theorie der Beweise.

5. Wird irgend einer Behauptung (oder auch einer Aufgabe), als unmöglich widersprochen, so muß auch die Unmöglichkeit bewiesen werden. Es ist aber fast immer schwieriger eine Unmöglichkeit als eine Möglichkeit zu beweisen, weil man im ersteren Falle alle Wege, die zum Beweise der Möglichkeit der Behauptung führen könnten, als nicht zu solcher führend, zeigen muß; es

seh

sey denn, daß die Behauptung sich selbst widerspräche, oder daß sich Mittel darböten, die Unmöglichkeit sogleich zu zeigen; eine Möglichkeit zu zeigen aber, bedarf es nur eines Weges der zu ihr führt, ohne Rücksicht auf die anderen Wege zu nehmen, die sie auch beweisen können. Es ist also eine nicht nöthige Bemühung, die man sich oft gemacht hat, einen Satz auf mehrere Arten zu beweisen, es müßten denn die verschiedenen Beweise ihrer Eigenthümlichkeit wegen bemerkenswerth seyn, sonst tragen sie nichts für die größere Vollständigkeit und Evidenz des einmal Bewiesenen, bei. So werden wir auch hin und wieder einen Satz auf mehreren Wegen beweisen; versteht sich, daß die verschiedenen Beweise ganz unabhängig von einander seyn müssen.

III. Von der Art der Größen.

Die Art einer Größe ist das, was sie im Allgemeinen ist, und was ihr Name näher bezeichnet. So ist die Art des Thalers die, daß er Geld ist, die Art des Pfundes ist das Gewicht u. s. w. — Ohne uns hier in eine weite Theorie über die Art der Größen einzulassen, wird doch Folgendes nöthig seyn zu merken. Wenn nämlich die Frage entsteht, zu welcher Art irgend eine Größe gehört, so lassen sich mehrere Antworten hierüber geben, da über dem Allgemeinen immer noch etwas Allgemeineres steht, oder die Art noch immer eine Art (die alsdann Gattung heißt) über sich hat; so gehört der Thaler so wie das Pfund auch zur Gattung der Maaße, da mit beiden etwas gemessen wird (Werth und Gewicht) u. s. w. — Man wird so die verschiedensten Größen zu derselben Art rechnen können, wenn man sie auch nur unter den allgemeinsten Begriff des Dinges bringt, und eben so wird man die oft gleich scheinende Dinge in gewissen Beziehungen, verschiedenartig finden. In jedem vorkommenden Falle aber, wird sich fast immer leicht ergeben, zu was für eine Art man eine gewisse Größe gerade rechnen will und soll, und man nennt alsdann mehrere Größen gleichartig, wenn man sie auf diese besondere Art zurückführen oder reduciren kann. So ist z. B. der Mensch mit dem Thiere gleichartig, wenn das lebendige Geschöpf die Art seyn soll, und ungleichartig, wenn das vernünftige Geschöpf die Art ist u. s. w.; woraus man auch zugleich sieht, was ungleichartig bedeuten will. —

Wenn nun jedes Ding in der Welt seinen besonderen Namen hätte, so würde man an demselben auch gleich die Art erkennen, und hätte nicht nöthig diese besonders zu nennen; da man aber mehrere Dinge hat, wo die Art bei gleichem Namen verschieden ist (als z. B. das Pfund, welches ein Gewicht, aber auch ein gewisser Geldwerth ist); so muß die Art bei diesen Dingen mit genannt werden, wenn nicht schon der Zusammenhang der Rede dieselbe anzeigt, oder diese durch die Schreib- oder Sprechart bestimmt wird. Da aber dergleichen Fälle, wie der eben angeführte, nicht nur selten sind, sondern auch, als eine Unvollkommenheit gewissermaßen betrachtet werden müssen, und in diesem Falle auch der Name der Art zum vollständigen Namen gehört, so kann man mit Recht folgende Grundsätze aufstellen:

1. Gleichnamige Größen, sind auch immer gleichartig.

2. Gleichartige Größen sind noch nicht deshalb gleichnamig.

3. Ungleichartige Größen sind auch immer ungleichnamig.

4. Ungleichnamige Größen sind deshalb noch nicht ungleichartig.

5. Das Ganze ist mit jedem seiner Theile gleichartig.

6. Nur gleichartige Größen können aus einander entstehen.

IV. Von der Eigenschaft der Größen.

Oft findet es sich, daß mehrere Größen bei ihrer Vereinigung, anstatt sich einander zu vermehren, sich in einander tilgen, und daß das, was durch ihre Vereinigung entsteht, entweder nichts, oder doch weniger geworden ist, als die größere der Größen vor der Vereinigung war. Hierüber lassen sich viele Beispiele aus den mannigfaltigen Arten der Größen geben. Solche Größen nun nennt man entgegengesetzte Größen, oder sagt, beide haben entgegengesetzte Eigenschaften. Diejenige von solchen entgegengesetzten Größen, welche sich uns zuerst darstellt, nennen wir positiv, und geben ihr dies Zeichen + (plus ausgesprochen) das Gegentheil von ihr, oder die ihr entgegenstehende Größe aber, heißt in Hinsicht jener, negativ und wird durch dies Zeichen — (minus) bezeichnet. Wenn demnach nach der Eigenschaft einer Größe gefragt wird, so ist die Frage die, ob die Größe positiv oder negativ sey. — Wir sehen zugleich, daß es immer in unserer Willkühr steht, welche von zwei entgegengesetzten Größen, wir als positiv annehmen wollen, und aus welcher Annahme, die negative Größe von selbst folgt. Nennen wir also z. B. das Vermögen positiv, so sind Schulden negatives Vermögen; aber eben so gut hätten die Schulden als positiv angesehen werden können, wo sodann das Vermögen negative Schuld geworden wäre. Es ist also der Begriff des Positiven und des Negativen ein relativer Begriff. Kann eine Größe positiv und negativ seyn, so wird sie durch ∓ bezeichnet. So folgen denn nun aus der eben gehabten einfachen Erklärung folgende Grundsätze:

1. Gleich große entgegengesetzte Größen tilgen sich gegenseitig ganz, und machen vereinigt nichts.

2. Die Grenze zwischen dem Positiven und Negativen, oder der Uebergang des einen zum anderen ist Null, welche daher weder positiv noch negativ ist.

3. Bei ungleich großen entgegengesetzten Größen, tilgt die kleinere, einen ihr gleichen Theil in der größeren.

4. Entgegengesetzte Größen sind immer gleichartig, können also aus einander entstehen.

5. Ungleichartige Größen sind deshalb nie entgegengesetzt.

6. Gleichartige Größen sind noch nicht immer entgegengesetzt.

Anmerkung. Die Erklärung, daß negativ weniger als nichts sey, ist offenbar ein Unsinn. — Wenn man auch sagen kann z. B. Schulden sind weniger als kein Vermögen, — sind sie deshalb nichts? oder gar weniger als nichts? (!)

V. Einige allgemeine Grundsätze.

1. Jede Größe ist sich selbst gleich.

2. Das Ganze ist gleich allen seinen Theilen zusammen genommen.

3. Das Ganze ist größer als jeder seiner Theile für sich allein.

4. Zwei oder mehrere Größen, die einer gemeinschaftlichen Größe gleich sind, sind unter sich gleich.

5. Gleiche Größen kann man, unbeschadet ihres Werthes, für einander setzen.

6. Was größer ist als die größte zweier ungleichen Größen, ist auch größer wie die kleinste von ihnen.

7. Was kleiner ist als die kleinste zweier ungleichen Größen, ist auch kleiner als die größte von beiden.

8. Gleiche Größen zu gleichen Größen hinzugethan, giebt wieder gleiche Größen.

9. Gleiche Größen von gleichen Größen hinweggenommen, läßt gleiche Größen übrig.

10. Gleiche Größen gleich oft genommen, giebt gleiche Größen.

11. Von gleichen Größen gleich große Theile genommen, giebt gleich große Größe.

12. Gleiche Größen zu ungleichen Größen, oder ungleiche zu gleichen Größen hinzugethan, giebt ungleiche Größen, und da die größere, wo die größere war.

13. Gleiche Größen von ungleichen Größen hinweggenommen, läßt ungleiche Größen übrig, und da das Größere, wo das Größere war.

14. Ungleiche Größen von gleichen Größen hinweggenommen läßt auch ungleiche Größen, aber da das Kleinere, von wo das Größere weggenommen war.

15. Gleiche Großen ungleich oft, oder ungleiche Größen gleich oft genommen, giebt ungleiche Größen, und da das Größere, wo das Größere war.

16. Von gleichen Größen ungleich große Theile, oder von ungleichen Größen gleich große Theile genommen, giebt auch ungleiche Größen.

17. Von ungleichen Größen in obigen Verbindungen mit ungleichen Größen, läßt sich nichts Allgemeines bestimmen; so können ungleiche Größen zu ungleichen Größen hinzugethan, auch wol gleiche Größen geben u. s. w.

VI. Einige Zeichen der Mathematik.

Die Mathematik hat eine so überaus große Menge von Zeichen, und vermehrt dieselben noch immer, daß es nicht möglich wäre sie alle hier aufzuzählen, sondern sie werden da, wo sie ihre Erklärung und Anwendung finden, vorkommen. — Nur folgende Zeichen merke man als allgemeinste Zeichen: 1. das Zeichen der Gleichheit ist = und solches verbindet zwei gleiche Größen oder

Werthe; 2. dies Zeichen > ist das der Ungleichheit zweier Werthe, wo man den größeren Werth in die Oeffnung setzt (z. B. 14>8); 3. dies Zeichen + bedeutet, daß die hinter demselben (rechts von ihm) stehende Größe zu der vor demselben stehenden, hinzu gethan werden soll, und endlich 4. das Zeichen — zeigt an, daß die dahinter stehende Größe, von der vorstehenden hinweggenommen werden soll. —

Anmerkung. Wenn wir auch die Zeichen + und — bei der Erklärung der Eigenschaft der Größen schon als anders bedeutend kennen gelernt haben, so wird sich dennoch das Nähere hierüber ergeben. So bedeuten diese Zeichen im Anfange der Geometrie z. B. wo sie vorkommen, immer nur ein Hinzufügen oder ein Hinwegnehmen. — (Siehe §. 26. der Arithmetik.)

Reine Mathematik.

Die Arithmetik.

Erster Abschnitt.

Der erste Theil der niederen Arithmetik.

Erstes Hauptstück.

Die einfachen Rechnungarten in besonderen und allgemeinen Zeichen, so wie die Lehre von den Brüchen.

Erstes Kapitel.

Grundbegriffe der Arithmetik, und das Numeriren.

§. 1. Erklärung.

Eine jede Größe für sich betrachtet ist eine **Einheit**; mehrere Einheiten, denen man denselben Namen beigelegt hat, machen eine **Mehrheit** oder **Vielheit** aus. Der Begriff der Einheit oder Mehrheit ist die Zahl, und das Zeichen, dessen man sich zur sinnlichen Darstellung des

Begriffs der Zahl bedienet, ist die Ziffer. — Zählen heißt hiernach, die Menge von Einheiten in einer Mehrheit finden.

§. 2. Grundsätze.

1. Der Begriff der Einheit und der Mehrheit ist relativ; jede Einheit ist wieder eine Mehrheit ihrer Einheiten, und jede Mehrheit ist eine Einheit einer höheren Mehrheit.

2. Die Einheit ist immer positiv; eben weil sie für sich bestehet, und negative Größen nur im Gegensatze der positiven bestehen (also nicht für sich. — Siehe die Erklärung der Eigenschaft der Größen).

§. 3. Erklärungen.

1. Diejenige Einheit, bei welcher wir nicht sogleich wieder die Menge ihrer Einheiten wahrnehmen, heißt Eins.

2. Betrachten wir bei einer Zahl blos ihre Menge, so heißt sie eine unbenannte Zahl.

3. Wenn wir einer Zahl einen Namen beilegen, also bei ihr noch etwas anderes als die bloße Mehrheit betrachten, so heißt sie eine benannte Zahl.

§. 4. Grundsätze.

1. Die Einheit ist immer ein Theil ihrer Mehrheit.

2. Der Theil ist nicht immer eine Einheit des Ganzen.

3. Die Einheit, ist unbenannt; doch können wir ihr einen Namen geben, wo sie sodann eine benannte Einheit heißt. (§. 1.)

4. Unbenannte Zahlen sind gleichartig.

5. Benannte Zahlen sind deshalb noch nicht ungleichartig, können es aber seyn.

6. Auch Eins ist eine Zahl. (§. 1.)

§. 5. Erklärungen.

1. Die Mehrheit aus Eins, heißt eine ganze Zahl.

2. Die gleichen Theile einer Einheit, heißen in Hinsicht der getheilten Einheit, ein Bruch dieser Einheit oder eine gebrochene Zahl.

§ 6. Grundsätze.

1. Die Zahl Eins ist die Einheit der ganzen Zahlen.

2. Brüche sind Zahlen, denn sie sind Mehrheiten von Theilen, die wieder Einheiten sind, sobald sie für sich betrachtet werden.

3. Der Unterschied des Bruchs und der ganzen Zahl ist relativ.

Anmerk. Das Nähere von den Brüchen bei ihrer Theorie.

§. 7. Erklärung.

Die Arithmetik ist derjenige Theil der reinen Mathematik, welcher sich mit den unstetigen (diskreten) Größen beschäftiget; diese sind solche, deren Theile alle für sich sind, und welche nur in der Idee das Ganze was aus ihnen bestehet, bilden.

§. 8. Grundsatz.

Zahlen sind unstetige Größen (§§. 1. u. 7.), denn sie sind nur denkbar (Ideale), und bestehen aus lauter für sich bestehenden Theilen, welches die Einheiten sind, die sie bilden.

§. 9. Anmerkungen.

1. Die Arithmetik steht der Geometrie, welche sich mit den stetigen Größen beschäftiget, entgegen.

2. Die Arithmetik könnte daher Zahlenlehre, oder Wissenschaft von den unstetigen Größen heißen.

3. Legt man den Zahlen Namen von äußeren Dingen bei, so gehört ihre Betrachtung in die praktische Arithmetik hinein, mit der wir es hier nicht zu thun haben.

ihren Theilen einzeln zusammen zu setzen, nöthig zu haben, sondern daß schon die Stelle dies anzeigt. Z. B. man wollte: vier hundert zwei und dreißig schreiben, so wäre dies eigentlich 400 + 30 + 2 *), und wird nun zu 432. Dies giebt die zusammengesetzten Ziffern. Wenn ich nun auch das Numeriren bei meinen Lesern voraussetzen kann, so diene doch noch Folgendes:

Wer drei Ziffern aussprechen kann (d. h. eine aus drei einfachen Ziffern zusammengesetzte Ziffer, als Hundert, Zehner und Einer) der kann jede noch so große zusammengesetzte Ziffer aussprechen. Denn: man theile sich die gegebene Ziffer von der rechten gegen die linke Hand in Klassen zu sechs Ziffern, und nenne solche Klasse eine Hauptklasse; jede derselben theile man in zwei Klassen zu drei Ziffern, welche Nebenklassen genannt werden. Jetzt fange man von der linken Hand der ganzen gegebenen Ziffer an, und spreche jede Nebenklasse als eine gewöhnliche dreiziffrige Zahl aus; hat man die linke Nebenklasse ausgesprochen, so setze man hinterher das Wort Tausend, und hat man die rechte Nebenklasse genannt, so nenne man noch den Namen der Hauptklasse, der bei der zweiten Hauptklasse (von der rechten Hand gegen die linke, in der ganzen auszusprechenden Ziffer) Millionen, bei der dritten Billionen, bei der vierten Trillionen, bei der fünften Quadrillionen, bei der sechsten Quinquillionen u. s. w. ist. Z. B.

4te Hptkl. 3te Hptkl. 2te Hptkl. 1ste Hauptkl.
76 | 841 | 079 | 003 | 259 | 480 | 179.

Daß hier in der vierten Hauptklasse nur 2 Ziffern stehen, thut nichts zur Sache, und die ganze Ziffer heißt nun: 76 Trillionen, 841 Tausend 79 Billionen, 3 Tausend 259 Millionen, 480 Tausend 179. (Es ist nämlich 079 = 79; 003 = 3 u. s. w.) Oft wird auch, wenn man die Hundert

*) Siehe die Zeichen der Mathematik, in der Einleitung, VI.

Theile, wo wir diese schon betrachten werden. In seinem Fortgange setzt er den zweiten Theil (der auch schon die eben gedachten Anfangsgründe des dritten Theils voraussetzt) in seinem ganzen Umfange voraus.

II. Die höhere Arithmetik, ist die Rechnung mit den veränderlichen Größen in ihren Verbindungen mit den beständigen Größen. Dies giebt die Differential- und Integral-Rechnung. Das Nähere über diese würde hier zu weit führen.

Anmerkung. Man verwechsele diesen zweiten Hauptabschnitt nicht mit der Analysis, wenn auch beide genau verbunden sind. Diese ist die Verbindung der Arithmetik und Geometrie.

§. 13. Erklärung.

Daß Ziffern nur Zeichen für den Begriff der Zahlen sind, ist §. 1. erwähnt; die Art und Weise aber, jede Zahl durch Ziffern darzustellen, und jede durch Ziffern dargestellte Zahl wieder zu erkennen, heißt das Numeriren.

§. 14. Wahlsatz.

Zeichen für Begriffe zu wählen ist ganz willkührlich; so steht auch die Wahl der Ziffern ganz bei uns. — Die meisten Völker bedienen sich zum Numeriren des sogenannten Décadischen oder Zehnersystems, wo durch zehn einfache Zeichen jede Zahl dargestellt wird; diese zehn einfache Zeichen sind folgende:

0,	1,	2,	3,	4,	5,	6,	7,	8,	9, für
Null,	Eins,	Zwei,	Drei,	Vier,	Fünf,	Sechs,	Sieben,	Acht,	Neun.

Das Hauptgesetz des Numerirens mit ihnen besteht darin, daß jede Ziffer, sobald sie eine Ziffer mehr zur rechten Hand bekommt, einen zehnmal größeren Werth erhält, und der Name der Einer, den das Zeichen allein bekommt, nie zum Namen Zehner, dann Hunderte, Tausende u. s. w. wird. — Null zeigt aber an, daß irgend wo eine Stelle leer ist. Hierdurch erhält man den ungemeinen Vortheil, die zu schreibende Ziffer nicht aus allen ihren Theilen einzeln zusammen zu setzen, nöthig zu haben, sondern daß schon die Stelle dies anzeigt. Z. B. man wollte: vier hundert zwei und dreißig schreiben, so wäre dies eigentlich 400 + 30 + 2 *), und wird nun zu 432. Dies giebt die zusammengesetzten Ziffern. Wenn ich nun auch das Numeriren bei meinen Lesern voraussetzen kann, so diene doch noch Folgendes:

Wer drei Ziffern aussprechen kann (d. h. eine aus drei einfachen Ziffern zusammengesetzte Ziffer, als Hundert, Zehner und Einer) der kann jede noch so große zusammengesetzte Ziffer aussprechen. Denn: man theile sich die gegebene Ziffer von der rechten gegen die linke Hand in Klassen zu sechs Ziffern, und nenne solche Klasse eine Hauptklasse; jede derselben theile man in zwei Klassen zu drei Ziffern, welche Nebenklassen genannt werden. Jetzt fange man von der linken Hand der ganzen gegebenen Ziffer an, und spreche jede Nebenklasse als eine gewöhnliche dreiziffrige Zahl aus; hat man die linke Nebenklasse ausgesprochen, so setze man hinterher das Wort Tausend, und hat man die rechte Nebenklasse genannt, so nenne man noch den Namen der Hauptklasse, der bei der zweiten Hauptklasse (von der rechten Hand gegen die linke, in der ganzen auszusprechenden Ziffer) Millionen, bei der dritten Billionen, bei der vierten Trillionen, bei der fünften Quadrillionen, bei der sechsten Quinquillionen u. s. w. ist. Z. B.

4te Hptkl. 3te Hptkl. 2te Hptkl. 1ste Hauptkl.

76 | 841 | 079 | 003 | 259 | 480 | 179.

Daß hier in der vierten Hauptklasse nur 2 Ziffern stehen, thut nichts zur Sache, und die ganze Ziffer heißt nun: 76 Trillionen, 841 Tausend 79 Billionen, 3 Tausend 259 Millionen, 480 Tausend 179. (Es ist nämlich 079 = 79; 003 = 3 u. s. w.) Oft wird auch, wenn man die Hundert

*) Siehe die Zeichen der Mathematik, in der Einleitung, VI.

der linken Nebenklasse genannt hat, das Wort **Mal** gesetzt und hinterher: Hundert; z. B. in obigem Beispiele) 8 Mal Hundert 41 Tausend, anstatt 841 Tausend. Doch ist dies nicht nöthig, sondern willkührlich.

Anmerk. Gewiß werde ich hier das Numeriren verlassen können, in sofern es das Zehnersystem betrifft.

§. 15. Wahlsatz.

Eine Wahl die man noch getroffen hat, für die abgekürzte Bezeichnung der sich auf Nullen endigenden Zahlen, kann hier nicht unerwähnt bleiben. Wenn nämlich eine Ziffer sich auf a Nullen (a bedeute eine jede beliebige Menge) endiget, so schreibt man über die Ziffer hinter welcher die a Nullen stehen, eine kleine a; z. B. 4000 wird $\overset{3}{4}$ geschrieben, 9000000 wird $\overset{6}{9}$ angedeutet u. s. w. — Es ist also auch leicht, jede so geschriebene Ziffer auszusprechen, wenn man sich die Nullen dahinter denkt. Man sagt in diesem Falle, die Ziffer über welcher die kleine Ziffer steht, habe die so und so vielte Ordnung als die kleine Ziffer ist; z. B. $\overset{1}{4}$ heißt 40, und 4 hat die **erste** Ordnung; $\overset{4}{7}0000$, hier hat 7 die vierte Ordnung; $\overset{0}{6}=6$, wo 6 die nullte Ordnung hat, oder ihr nichts folgt. — Hätte man z. B. $76\overset{5}{4}$, so würde dies heissen 76400000, wo man der Ziffer zur rechten Hand die kleine Ziffer übersetzt. — Man könnte diese kleine Ziffer auch den **Ordnungsanzeiger** nennen.

§. 16. Anmerkung.

Die Vortrefflichkeit unseres Zehnersystems, kann erst bei dessen Gebrauch, und in Vergleichung mit anderen Systemen einleuchtend werden; ich will daher ihm hier das Römische System gegenüber stellen, um so mehr, da es häufig im Leben gebraucht wird, und auch sehr sinnreich, wenn gleich im praktischen Gebrauche nur unvollkommen ist. Die Zeichen deren man sich hier bedient, sind folgende:

I, V, X, L, C, D, M.
Eins, Fünf, Zehn, Funfzig, Hundert, Fünfhundert, Tausend.
Die wesentlichsten Gesetze, hiermit zu numeriren, sind folgende:

1. Wenn ein kleineres dieser Zeichen (in Hinsicht seines Werthes), links von einem größeren steht, so wird jener Werth von diesem hinweggenommen; z. B. IV heißt 4; XL=40 u. s. w.

2. Mehr wie ein kleines Zeichen, wird nie vom größeren hinweggenommen; also heißt IIV nicht etwa 3.

3. Ein kleineres Zeichen, nach einem größeren, wird zu diesem hinzugethan, und kann dies kleinere Zeichen sich nicht öfter als höchstens dreimal wiederholen; z. B. XII heißt 12; DCCC=800; steht ein Zeichen selbst dreimal da, so wird der Werth dreimal genommen, z. B. III =3, XXX=30.

4. Die Zahlen folgen von der linken Hand gegen die rechte, in Hinsicht der Tausend, Hundert, Zehner und Einer; z. B. 1766=1000+700+60+6=MDCCLXVI =1000+500+100+100+50+10+5+1, daher nach diesem Gesetze die Zahlen, wie wir sie schreiben, zerlegt werden müssen.

Das bei 3 gegebene Gesetz, daß ein Zeichen sich nicht öfter als dreimal wiederholen darf, kann also erfüllt werden, weil da, wo eine öftere Wiederholung nöthig seyn würde, schon ein höheres Zeichen vorhanden ist, und dann das Gesetz bei 1 seine Anwendung findet. Z. B. 40 ist nicht XXXX, sondern XL, 900 ist nicht DCCCC sondern CM u. s. w.

Daß man also mit dem römischen Systeme nicht höhere Zahlen, als über 3999 hinaus darstellen kann, sobald die gedachten Gesetze nicht überschritten werden sollen (für welchen Fall alsdann neue Regeln gegeben werden müßten), ist leicht einzusehen, und 3999 würde MMMCMXCIX heißen.

Zweites Kapitel.

Die einfachen Rechnungarten mit ganzen entgegengesetzten Zahlen.

§. 17. Grundsatz.

Mit einer Zahl kann man nur zwei Veränderungen vornehmen, nämlich: ihr solche Einheiten woraus sie besteht hinzusetzen, oder von ihr hinwegnehmen. Das Erstere geschieht durch das Zusammenzählen, das Letztere durch das Abziehen.

§. 18. Lehnsätze.

1. Zur Kenntniß des Zusammenzählens wie des Abziehens, kommen wir durch die Erfahrung, oder bringen diese Kenntniß aus dem Leben in die Wissenschaft mit.

2. Nur Größen von einerlei Art lassen sich zusammenzählen oder von einander abziehen, und auch erst alsdann, wenn sie gleiche Namen haben.

3. Daher müssen wir beim Zusammenzählen und Abziehen unbenannter Zahlen [die immer gleichartig sind (§. 4, 4)*)], Einer unter Einer, Zehner unter Zehner u. s. w. setzen.

4. Deshalb müssen wir ferner benannte Zahlen, erst auf einen gemeinschaftlichen Namen zurückführen oder reduciren, ehe wir mit ihnen die gedachten Verrichtungen vornehmen können.

Anmerk. Nur mit unbenannten Zahlen haben wir es in diesem Kapitel zu thun.

5. Soll eine Größe mehrere Male zu sich selbst gezählt werden, so geschieht dies durch das abgekürzte

---

*) Wenn wir uns auf einen §. berufen, der mehrere Abschnitte hat, so zeigt die Zahl nach dem Komma der Nummer des §, den Abschnitt an; z. B. §. 4, 4. heißt: den 4ten Satz des 4ten §.

Zusammenzählen oder durch das sogenannte Vervielfältigen, welches abermals aus der Erfahrung entlehnt ist, und in seinem niederen Theile, in dem sogenannten Einmal Eins besteht, was rein auswendig gelernt werden muß, und was bei größeren Zahlen durch einfache Verrichtungen geschieht, die auf das Vervielfälgen einer kleinen Zahl (d. h. höchstens neun) durch eine kleine Zahl, beruhet, und die man leicht erkennen kann, wenn das gewöhnliche Verfahren hierbei betrachtet wird. Z. B. es sollte 24 Mal die Zahl 246 zu sich selbst gethan werden, so ist dies so gut, als wenn man 20 Mal und 4 Mal, die Zahl 200 + 40 + 6 zu sich selbst thun würde. Dies kann demnach so geschehen:

```
200 + 40 + 6
     20 + 4
-------------
         24 )
        160 } d. i. 200 + 4 + 6 vier Mal.
        800 )
        120 )
        800 } giebt 200 + 4 + 6 zwanzig Mal.
       4000 )
       ------
       5904
```

```
Oder:   246
         24
       ----
        984
       492
       ----
       5904
```

welches die gewöhnliche Art ist, die man in der weitläuftigeren erkennen wird.

6. Wenn eine Größe, so oft es angeht, von einer anderen abgezogen werden soll, so hat man auch hierfür einen abgekürzten Weg gefunden, der durch die bekannte Theilung ausgeführt wird. Da jene abzuziehende Größe, aber nicht vollkommen eine gewisse Anzahl Male in der anderen enthalten seyn könnte, so fängt man beim höchsten Theile

Theile dieser hiermit an, und endiget bei den Einern. Dies giebt folgendes Beispiel anschaulicher, als viele Worte es könnten. Es sollte z. B. die Zahl 218 so oft es angeht, von der Zahl 7412 hinweggenommen werden. Die Verrichtung ist folgende:

218 | 7412 |

da man 2 von 7 drei Mal hinwegnehmen kann, so versuche man, ob auch 218 von 741 drei Mal hinwegzunehmen ist; ginge dies an, so müßte 218 drei Mal genommen, nicht die Zahl 741 übersteigen; nun ist 218 drei Mal genommen = 654; aber da die Zahl 7412 = 7410 + 2, zehn Mal größer als 741 ist (und noch 2 Einheiten mehr) so kann man auch 218, zehn Mal öfter als drei Mal, d. h dreißig Mal hinwegnehmen. Hat man dies gethan, so bleibt noch 872 übrig, wo man 218 noch 4 Mal, also im Ganzen 34 Male hinwegnehmen kann. Die Rechnung steht demnach so:

218 | 7412 | 30 + 4 = 34
6540
218 | 872 | 4
872

Man sieht auch hierin den gewöhnlichen Weg der Theilung. Bleibt zuletzt etwas übrig, so heißt dies der Rest. Also ist 218 in 7412 gerade 34 Mal enthalten.

Anmerk. Wir lassen uns auf die Erlangung einer mechanischen Fertigkeit, in der Vollziehung der, in diesem §. gedachten zwei einfachen Rechnungarten und ihrer beiden Abkürzungen, hier nicht ein; ein Jeder wird sich die Wahrheit des Gesagten und eine Uebung hierin, durch selbst gewählte größere Beispiele, vielleicht noch anschaulicher und geläufig machen können, und viele Bemerkungen dabei finden, die sich nicht alle einmal aufzählen lassen.

§. 19. Erklärung.

Addiren heißt, eine Zahl finden, welche aus der Vereinigung mehrerer Größen entsteht. Daher addiren vereinigen heißen könnte. Die zu suchende Zahl heißt die Summe, und die gegebenen Zahlen die Summanden. Das Zeichen der Addition ist +

§. 20. Aufgabe.

Mehrere gegebene Größen zu vereinigen.

Auflösung. Wir wenden die Erklärung des Addirens sogleich auf die entgegengesetzten Zahlen an, welche wir jetzt mit den Zeichen ihrer Eigenschaften (+ und —) belegen wollen. — Gesetzt man sollte die Zahlen + 4, + 6, + 10 addiren, so würden sie nach der Vereinigung + 20 geben, weil sie alle dieselbe Eigenschaft haben, also kein Tilgen hier stattfindet. Eben so würde — 5, — 11 und — 2 zusammen = — 18 geben, da auch diese Zahlen unter sich von derselben Eigenschaft sind. Wenn man aber + 10 mit — 6 zu vereinigen hätte, so findet nun, da beide entgegengesetzt sind, ein Tilgen bei ihm statt, und wir erhalten + 4 (siehe Einleitung IV., 3 Grundsatz); so würde — 14 und + 9 vereinigt = — 5 geben, und — 7 mit + 7 nur Null erzeugen. Hat man also mehrere Größen mit entgegengesetzten Eigenschaften zu vereinigen, so vereinige man erst die positiven und die negativen Größen, jede für sich, und dann die beiden erhaltenen Resultate aufs neue; z. B + 6, — 4, — 7, + 5, — 11, + 3, — 14, ist = + 14, — 36, welches wiederum summirt — 24 giebt.

Anmerk. Das Komma sollte uns hier blos die einzelnen zu summirenden Größen absondern *). Ueber den Gebrauch des Additionszeichens, siehe §. 26.

§. 21. Zusätze.

1. Die Ordnung der Summanden ist ganz willkührlich.

2. Die Addition ist eine, das Zusammenzählen und Abziehen voraussetzende Verrichtung; und da sie ohne

*) Zur Uebung im Addiren entgegengesetzter Größen: siehe Tafel 1 bis 3 meiner Sammlung arithmetischer und algebraischer Aufgaben in 108 Tafeln.

dies, sich nur aus der Erklärung der Addition und der entgegengesetzten Größen herleiten läßt, so ist die Art der Addition ein Grundsatz (siehe die Einleitung, das Letzte über die Aufgabe) oder eine Forderung.

3. Man erhält aus dem im vorigen §. Gehabten, die Regel, daß beim Addiren, die Zahlen mit gleichen Zeichen zusammen zu zählen sind, dann die größere der entgegengesetzten Zahlen von der kleineren abzuziehen sey, und daß man dem übrig Bleibenden das Zeichen der größeren zu geben habe; was sogleich geschieht, wenn überhaupt nur zwei entgegengesetzte Zahlen zu addiren sind.

4. Gleiche Größen zu gleichen Größen addirt, geben gleiche Summen.

5. Die zu addirenden Größen müssen immer gleichartig seyn. (Siehe Einleit. IV, 4r Grunds. und §. 18.)

§. 22. Erklärung.

Subtrahiren heißt, eine Zahl, den Rest genannt, finden, welche zu einer gegebenen Zahl, die der Subtrahendus heißt, hinzuaddirt, eine andere auch gegebene Zahl, den Minuendus, erzeugt. — Es folgt aus dieser Erklärung, daß nur immer zwei Zahlen von einander subtrahirt werden können. Das Zeichen des Subtrahendus ist —, als Subtraktionszeichen.

§. 23. Aufgabe.

Zwei gegebene Zahlen von einander zu subtrahiren.

Auflösung. Auch hier gehen wir natürlich gleich zur Subtraction entgegengesetzter Größen, eben so gut wie zu denen von gleicher Eigenschaft, über. — Da beim Subtrahiren die Ordnung des Subtrahendus und Minuendes nicht willkührlich ist, so müssen wir bei beiden auf ihre Größe (als Zahl) und auf ihre Eigenschaft Rücksicht nehmen. Betrachten wir nun die verschiedenen hierbei vorkommenden Fälle, so können wir durchaus nicht mehr als zwölf derselben finden, welche wir hier, sogleich auf Beispiele in Zahlen angewendet, hersetzen, und an ihnen die Reste untersuchen wollen.

1) + 14	2) + 8	3) + 14	4) — 8	5) — 14	6) + 8
+ 8	+ 14	— 8	+ 14	+ 8	— 14.
7) — 14	8) — 8	9) + 14	10) + 14	11) — 14	12) — 14
— 8	— 14	+ 14	— 14	+ 14	— 14

Bei den ersten acht Fällen (wo mit Fleiß immer dieselben Zahlen in Hinsicht des Werthes genommen sind) sehen wir ein stetes Wechseln zwischen Minuendes (oben stehend) und Subtrahendus (unten stehend) in Größe und Eigenschaft; bei den vier letzten nur ein Wechseln in den Zeichen, bei gleichem Werthe; was uns übrigens das Beispiel der Zahlen 14 und 8 giebt, wird uns jedes größere geben können, wo man aber eben so wenig einen neuen Fall, in der erwähnten Hinsicht, finden kann. Um nun die Reste zu finden, untersuche man jeden Fall nach der gehabten Erklärung der Subtraktion:

1. Man soll eine Zahl finden, die zu + 8 addirt + 14 giebt; will man aber aus einer positiven Zahl, durch Addition eine größere positive Zahl erhalten, so muß etwas Positives, was in diesem Falle + 6 ist (wie man durch das Zählen von 8 bis 14 findet) hinzuaddirt werden; also ist + 6 der Rest.

2. Die gesuchte Größe soll zu + 14 addirt, + 8 erzeugen, also muß sie etwas in + 14 Tilgendes seyn, oder etwas diesem Entgegengesetztes, d. h. — 6 ist der Rest.

3. Wollte man zu — 8 etwas Negatives hinzuaddiren, so würde man immer mehr Negatives erhalten, und nie + 14; daher muß das, was hinzuaddirt werden soll, positiv seyn; würde + 8 zuaddirt, so erhielt man 0, also noch + 14 oder im Ganzen + 22 ist der Rest.

4. Um durch Addition aus + 14 die — 8 zu erzeugen, muß zu + 14 etwas diesem Entgegengesetztes kommen,

was — 22 seyn wird, da — 14 erst mit + 14 Null giebt, also noch — 8 mehr hinzu addirt werden muß.

5. So wird man auch finden, daß man zu + 8 noch — 22 zu addiren hat, um das entgegengesetzte Negative zu bekommen. Daher der Rest hier — 22 ist.

6. Zu — 14 muß etwas Positives addirt werden, um + 8 zu erzeugen, und dies wird + 22 seyn.

7. Wenn aus — 8 durch Addition noch mehr Negatives entstehen soll, so muß Negatives zuaddirt werden, was hier — 6 ist.

8. Endlich wird man zu — 14 nur Tilgendes addiren können, wenn weniger Negatives, nämlich — 8 entstehen soll, das ist hier + 6 als Rest.

9. Wenn aus + 14 durch Addition + 14 werden soll, so darf nur Null addirt werden, denn es soll ja der Minuendus ungeändert bleiben. Also ist 0 der Rest.

10. Soll aber aus — 14 die + 14 erzeugt werden, so muß man + 28 addiren, da + 14 erst mit — 14 0 giebt.

11. So wird man auch finden, daß zu + 14 wieder nur — 28 hinzuaddirt die — 14 erzeugen kann.

12. Aber zu — 14 darf nichts, daher 0 addirt werden, wenn — 14 wieder entstehen soll.

Anmerk. Ueber den Gebrauch des Subtraktionszeichens s. §. 26.

§. 24. Zusatz.

Betrachten wir die Reste aufmerksam in Hinsicht des Subtrahendus und Minuendus, so werden wir leicht das Gesetz entdecken, daß man, um die Reste zu erhalten, nur nöthig hat, dem Subtrahendus die entgegengesetzte Eigenschaft zu geben, und ihn mit dieser nach den Regeln der Addition zum Minuendus zu addiren. Setzt man das entgegengesetzte Zeichen über das ursprünglich vorhandene, so wird man folgende Uebersicht der gemachten Operationen, so wie der eben gegebenen Regeln erhalten:

1)	2)	3)	4)	5)	6)
$+14$	$+8$	$+14$	-8	-14	$+8$
∓ 8	∓ 14	± 8	∓ 14	∓ 8	± 14
$+6$	-6	$+22$	-22	-22	$+22$

7)	8)	9)	10)	11)	12)
-14	-8	$+14$	$+14$	-14	-14
± 8	± 14	∓ 14	± 14	∓ 4	± 14
-6	$+6$	0	$+28$	-28	0

Anmerk. In ähnlichen Fällen, wollen wir auch immer das entgegengesetzte Zeichen des Subtrahendus über das alte desselben setzen, und dieses nicht wegwischen *). (Siehe die Theorie der Beweise, 3. Zusatz.)

§. 25. Zusätze.

1. Die Subtraktion ist also eine Addition mit dem entgegengesetzten Zeichen des Subtrahendus zum Minuendus. Daher steht die Subtraktion der Addition entgegen, und setzt diese voraus. (Wie auch schon aus der Erklärung des Subtrahirens hervorgeht.)

2. Die zu subtrahirenden Größen müssen immer gleichartig seyn.

3. Die Art der Subtraktion ist also ein Lehrsatz.

4. Von gleichen Größen, gleiche Größen subtrahirt, giebt gleiche Reste.

Anmerk. Man wird leicht finden, wie nichtig die oft gegebene Erklärung der Subtraktion ist, daß sie ein Abziehen sey. Wenn dies auch auf den ersten unserer Fälle, der wirklich nicht mehr als das gewöhnliche Abziehen erfordert, anwendbar wäre, wie wollte man je zugeben, daß sich z. B. von + 8 die + 14 abziehen ließe? Wie wollte man es beweisen, daß von + 8 die — 14 abgezogen, zum Reste + 22 gäbe? u. s. w.

§. 26. Zusatz.

Wenn man mehrere Größen zu addiren hat, so setzt man sie mit denen ihnen zukommenden Zeichen, blos neben einander; z. B. man sollte + 46 und — 15 addiren, so schreibt man dies + 46 — 15 was nun auch heißen kann,

*) Zur Uebung siehe Tafeln 4 bis 6 meiner Aufgaben.

von + 46 soll + 15 subtrahirt werden, und in beiden Fällen wird + 31 die Summe und der Rest seyn (§. 25, 1.). Hat man + 8 + 7 — 5 — 4 — 2 + 3, so ist dies = 18 — 11 = 7, wo man — 5, — 4, — 2 als positive zu subtrahirende, oder als negative zu addirende Zahlen ansehen kann. — Hieraus wird nun ganz einfach klar, warum man für die Addition der positiven Größen das Zeichen +, und für die Subtraktion der positiven Größen das Zeichen — gewählt hat, was sich doch ursprünglich blos auf die Eigenschaft der Größen bezog (siehe Einleitung IV.). Da ferner das Addiren so wie das Subtrahiren, das gewöhnliche Zusammenthun und Hinwegnehmen nöthig haben, so wird auch einleuchten, warum man das Zeichen + für das Zuthun und das Zeichen — für das Wegnehmen gewählt hat, denn bei dem Ausdrucke z. B. + 7 + 4 — 5, muß wirklich + 7 und + 4 zusammengezählt werden, und ihre Summe + 11 mit — 5 addirt, oder von + 11 die 5 abgezogen werden, um + 6 als Summe zu erhalten. Hat man 7 — 11, so kann man freilich von + 7 keine 11 abziehen, wol aber kann + 11 subtrahirt, oder — 11 addirt werden, und — 4 ist das Resultat. Würde man endlich z. B. 24 — — 6 haben, so könnte das erste Zeichen — sich auf das Subtrahiren, das zweite aber auf die Eigenschaft der 6 beziehen, und 24 + 6 = 30 wäre der Rest (§. 25, 1.).

§. 27. Zusatz.

Wenn man den Subtrahendus mit dem Minuendus ganz verwechselt, so bleibt der Rest, in Hinsicht der Zahl, derselbe, und nur seine Eigenschaft wird die entgegengesetzte. Denn, man nenne den Minuendus M, den Subtrahendus aber S, so wird man in Rücksicht der Zeichen beider unter einander, folgende vier Fälle haben:

1)	2)	3)	4)
+ M	+ M	— M	— M
∓ S	± S	∓ S	± S
+ M — S	+ M + S	— M — S	— M + S

Die Reste sind hier nach §. 24 gesucht; kehrt man nun die beiden zu subtrahirenden Größen um, so entstehen die vier Fälle:

1)	2)	3)	4)
$+S$	$-S$	$+S$	$-S$
$\mp M$	$\mp M$	$\pm M$	$\pm M$
$+S-M$	$-S-M$	$+S+M$	$-S+M$

wo die vier neuen Reste offenbar das Entgegengesetzte (im Zeichen) der vier obigen, bei gleichen Werthen sind; denn wo oben ein Häufen war, ist es dies auch unten, und wo oben ein Tilgen stattfand, ist dies auch unten, nur daß unten die vier Größen im Zeichen, denen vier obigen gerade entgegengesetzt sind, was denn das entgegengesetzte Zeichen beim Resultate hervorbringen muß. Ob der Subtrahendus oder Minuendus größer war, gilt hier gleich viel, denn das bleibt bei den unteren umgekehrten Fällen dasselbe.

Anmerk. Die Beispiele bei §. 24. zeigen dies ebenfalls augenscheinlich, weshalb dort immer dieselben Zahlen gewählt wurden.

§. 28. Erklärung.

Multipliziren heißt, eine Zahl, die man das Produkt nennt, finden, welche aus einer gegebenen Zahl, den Multiplikandus genannt, eben so entsteht, wie eine andere gegebene Zahl, die der Multiplikator heißt, aus der Einheit entstanden ist. — Die zu multiplizirenden Zahlen heißen beide die Faktoren, und werden durch dies Zeichen × oder . mit einander verbunden.

§. 29. Aufgabe.

Zwei gegebene Zahlen mit einander zu multipliziren.

Auflösung. Es können hier in Hinsicht der Zeichen der Faktoren vier Fälle stattfinden, die wir alle betrachten müssen.

1. Es soll $+a$ (als Multiplikandus) mit $+b$ (als Multiplikator), multiplizirt werden. Die $+b$ ist aus ihrer Einheit entstanden, indem man dieselbe b Mal zu

sich selbst hinzuthat, und ihr ihre Eigenschaft (die positive, §. 2, 2 ließ, man soll also auch die + a, b Mal zu sich selbst hinzuthun, und ihr die Eigenschaft lassen. Dies giebt also + a. b.

2. Es soll + a mit — b multiplizirt werden. Die — b ist aus der Einheit entstanden, indem man diese b Mal zu sich selbst that, und diesem so Erhaltenen, das + war (weil die Einheit positiv ist), die entgegengesetzte Eigenschaft gab, wodurch es erst — b wurde; man muß also (laut Erklärung §. 28) auch die + a zu sich selbst b Mal hinzuthun, und dem Erhaltenen + a. b die entgegengesetzte Eigenschaft, nämlich die negative geben; so wird das Produkt hier — a. b.

3. Es soll — a mit + b multiplizirt werden. Man hat + b erhalten aus der Einheit, indem man dieselbe b Mal zu sich selbst that, und ihr ihre Eigenschaft ließ; also muß auch — a zu sich selbst b Mal gethan werden, und diesem — a. b muß man die negative Eigenschaft lassen.

4. Endlich soll — a mit — b multiplizirt werden. Hier ist — b aus der Einheit entstanden, indem man diese b Mal zu sich selbst that, und dann dem Erhaltenen + b die entgegegengesetzte Eigenschaft gab; daher thue man auch — b zu sich selbst a Mal, und gebe dem Erhaltenen — a. b die entgegengesetzte Eigenschaft, wodurch es + a. b wird.

§. 30. Zusätze.

1. Es ist also die Multiplikation eine Operation, die das Vervielfältigen (abgekürztes Zusammenzählen) voraussetzt; aber deshalb ist sie nicht Vervielfältigen selbst.

2. Haben die zu multiplizirenden Faktoren gleiche Zeichen, so ist das Produkt positiv, sind die Zeichen entgegengesetzt, so wird das Produkt negativ. Dies ist die Regel aus den vier Fällen des vorigen §.

3. Ist einer der Faktoren Null, so wird das ganze Produkt Null; denn ist dieser der Multiplikator, so entstand er aus der Einheit, da man einen unendlich kleinen Theil von ihr nahm, der Null ist; dasselbe muß man mit dem Multiplikandus thun, also wird das Produkt Null*); ist aber der Multiplikandus Null, so mag der Multiplikator, aus einer sovielmaligen Häufung der Einheit entstanden seyn, als man will, so wird aus der immerwährenden Häufung der Null zu sich selbst, doch nur Null werden können, oder das Produkt Null seyn.

4. Gleiche Größen mit gleichen Größen multiplizirt, geben gleiche Produkte.

5. Der Multiplikator ist immer unbenannt, denn er entsteht ja aus der Einheit (§. 4, 3).

6. Das Produkt ist immer mit dem Multiplikandus gleichartig, denn es entsteht ja aus demselben (siehe Einleitung III., ganz am Ende bei 6.), ist also benannt oder unbenannt, sobald dieser eins von beiden ist.

7. Die Zeichen der Faktoren entscheiden nichts zur Größe, sondern nur über die Eigenschaft des Produkts.

§. 31. Lehnsatz.

Daß die Ordnung der Faktoren keine Aenderung im Produkte hervorbringt, läßt sich auf folgende Weise einfach darthun. Gesetzt man habe 3.4 zu multipliziren, so soll die 3 zu sich selbst 4 Mal gethan werden (§. 28.); stellen wir dies durch folgende Figur dar:

o o o o o o o o o o o o	Wo die o nur ein bloßes Zeichen für eine Einheit ist.

so wird die Menge dieser Einheiten oder 12 das Produkt seyn; sagt man aber 4.3, so soll die 4 zu sich selbst 3 Mal gethan werden, und dieselbe Figur stellt dies dar,

*) Siehe hierüber §. 95.

daher dasselbe Produkt entsteht. Sagt man ferner 3.4.2, so heißt dies, 3.4 soll noch mit 2 multiplizirt werden, oder 12 ist zu sich selbst 2 Mal hinzu zu thun; die Darstellung hiervon ist diese:

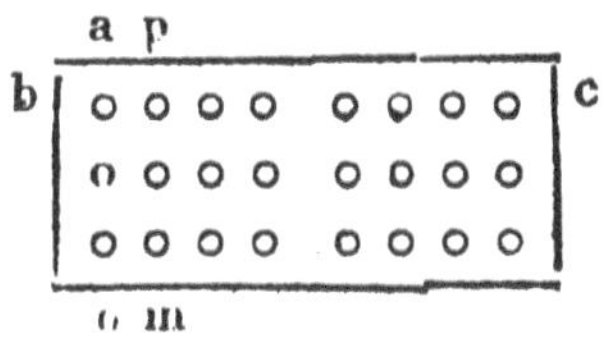

wo 24 zum Produkt wird. Will man aber 4.2.3 haben, so stellt die Reihe von b bis c die 4.2 = 8 vor, die von a bis n aber, das dreimalige zu sich selbst Thun der 4.2; also haben wir auch hier dieselbe Menge von Einheiten, die das Produkt abermals darstellt. Sagt man 3.2.4, so stellen die beiden Reihen an und pm die 3.2 = 6 vor, welche sich in der ganzen Menge von Einheiten 4 Mal befinden. So hat man also 3.4.2 = 4.2.3 = 3.2.4 = 24 = 12.2 = 8.3 = 6.4. — Wollte man noch 4.3.2 oder 2.4.3 oder 2.3.4 sagen, so wäre ja dies dasselbe, nämlich 12.2, 8.3 und 6.4. — Hiervon kann man die Vorstellung, bei jedem neuen Falle fortsetzen, und ohne Mühe in der neuen Darstellung dasselbe Produkt, aus der Versetzung der alten Faktoren wiederfinden.

Zusatz. Ist einer der Faktoren Null, so wird dies auch das ganze Produkt. Ferner darf bei mehreren Faktoren nur einer derselben höchstens benannt seyn.

§. 32. Zusatz.

Wenn die Faktoren zu einem Produkte gegeben sind, so kann man sogleich die Eigenschaft des Produkts erkennen. Denn: zwei negative Faktoren geben ein positives Produkt, drei negative wieder ein negatives, vier negative ein positives u. s. w. (§. 30, 2.), positive Faktoren lassen das Produkt stets positiv, also zähle man nur die negativen Faktoren, und ist ihre Anzahl gerade (durch 2 theilbar), so ist das Produkt positiv, bei ungerader Anzahl der negativen Faktoren aber, wird das ganze Produkt negativ. Z. B. 3.—4.—7.—2.+6.—5.+3; hier hat man 4 negative Faktoren, also wird das Produkt, was auch = 3.+6.+3.—4.—7.—2.—5 ist (§. 31), positiv werden, was es als Zahl betrachtet auch sey. Aber —7.—4.+5.+3.—2 giebt ein negatives Produkt.

§. 33. Erklärung.

Dividiren heißt, eine Zahl, den Quotienten genannt, finden, welche aus einer gegebenen Zahl, die der Dividendus heißt, auf eben die Art entsteht, als aus einer andern auch gegebenen Zahl, die man den Divisor nennt, die Einheit entsteht. Das Zeichen der Division ist das : so daß der Dividendus links, der Divisor rechts desselben steht; oder auch — wo der Dividendus über und der Divisor unter dem Striche steht.

§. 34. Aufgabe.

Zwei gegebene Zahlen durch einander zu dividiren.

Auflösung. Auch hier werden wir vier Fälle zu betrachten haben, in Hinsicht der Zeichen des Divisors und des Dividendus.

1. Man soll + a durch + b dividiren, d. h. es ist + a der Dividendus und + b der Divisor. Nach der Erklärung des Dividirens soll also aus + a eine Größe so entstehen, wie aus der + b die Einheit entsteht. Aus + b aber entsteht deren Einheit, wenn man den bten Theil von + b nimmt, und diesem die Eigenschaft + läßt; man nehme also auch von + a den bten Theil, und lasse diesem die Eigenschaft des Positiven; dies giebt angedeutet $+\frac{a}{b}$ (ausgesprochen: a dividirt durch a); d. h. der Quotient ist positiv.

2. Es soll $-a$ durch $+b$ dividirt werden; also $\frac{-a}{+b}$. Die Einheit entsteht aus $+b$, indem man den bten Theil von $+b$ nimmt und ihm seine, d. h. die positive Eigenschaft (die $+b$ hat) läßt (§. 2, 2.). Daher nehme man auch von $-a$ den bten Theil, und lasse diesem ebenfalls die seinige, d. h. die negative Eigenschaft der $-a$. So wird der Quotient $-\frac{a}{b}$ d. h. er ist negativ.

3. Es soll $+a$ durch $-b$ dividirt werden, oder man sucht $\frac{+a}{-b}$. Aus $-b$ wird die Einheit entstehen, wenn man den bten Theil nimmt, und diesem, der negativ ist (da $-b$ es ja war) die entgegengesetzte Eigenschaft giebt. Also nehme man von $+a$ auch den bten Theil, und gebe diesem, der positiv ist, ebenfalls die entgegengesetzte Eigenschaft; daher wird der Quotient negativ, oder $-\frac{a}{b}$ werden.

4. Endlich soll $-a$ durch $-b$ dividirt werden, d. h. man sucht $\frac{-a}{-b}$. Es wird aus $-b$ die Einheit entstehen, indem man von $-b$ den bten Theil entgegengesetzt nimmt, dies thue man auch bei $-a$, und es wird der bte Theil desselben wieder positiv werden. Daher ist unser Quotient $+\frac{a}{b}$ oder wieder positiv.

Anmerk. Das Zeichen + oder — vor dem Divisionsstrich, beziehe sich auf den Quotienten.

§. 35. Zusätze.

1. Das Dividiren setzt also das Theilen (§. 18, 6.) voraus, ist aber deshalb noch kein Theilen selbst.

2. Haben ferner die zu dividirenden Größen einerlei Eigenschaften, so wird der Quotient positiv, bei entgegengesetzten aber negativ.

3. Gleiche Größen durch gleiche Größen dividirt, geben gleiche Quotienten.

4. Der Divisor muß immer unbenannt seyn, da ja aus ihm die Einheit entstehen soll (§. 4, 3.).

5 Der Quotient ist mit dem Dividendus immer gleichartig, da er ja aus diesem entstehen soll (Einleit. III., am Ende bei 6.); also unbenannt oder benannt, wenn dieser solches ist.

6. Da die Zahl des Quotienten (d. h. ohne auf dessen Eigenschaft zu sehen) entstand, indem man den Dividendus in so viele gleiche Theile theilte, als der Divisor Einheiten hatte, oder indem man ihn durch den Divisor theilte; dies aber so viel ist, als den Divisor, so oft es angeht, vom Dividendus wegzunehmen (§. 8, 6.); so wird man einsehen, daß, wenn der Divisor Null ist, man ihn unendlich oft vom Dividendus hinwegnehmen kann, also daß der Quotient unendlich groß ist, wofür man dies Zeichen hat: ∞, also $\frac{a}{0} = \infty$. Ist aber der Dividendus Null, so ist der Quotient auch Null, denn nun kann man den Divisor vom Dividendus nicht hinwegnehmen; d. h. $\frac{0}{a} = 0$ *).

Anmerk. Das Hinwegnehmen der einen Zahl von einer andern, so oft es angeht, kann nur geschehen, wenn beide Zahlen gleichartig sind, also auch wenn sie beide unbenannt sind (§. 4, 4.). Die Zahl welche angiebt, wie oft dies Wegnehmen angeht, ist alsdann auch unbenannt, und bleibt unbenannt, wenn auch beide gedachten Zahlen, benannt (natürlich gleichbenannt) sind.

7. Die Division ist der Multiplikation entgegengesetzt, und es muß der Divisor mit dem Quotienten multiplizirt, wieder den Dividendus geben; denn, betrachtet man beide als Faktoren, so muß man den Divisor (als Multiplikator) aus der Einheit entstehen lassen, was durch so vielmalige Häufung derselben geschieht, als man vorher den Divisor theilen mußte, um die Einheit zu erhalten; so vielmal muß also der Quotient (der Faktor geworden ist) auch zu sich selbst gethan werden, wo er

*) Siehe auch §. 94.

alsdann wieder den Dividendus giebt, aus welchem er vorher entstanden war, durch die gedachte Theilung desselben. Bei Berücksichtigung der Zeichen, bleibt das Gesagte ebenfalls wahr.

§. 36. Anmerkung.

Die Addition, Subtraktion, Multiplikation und Division sind es, die gewöhnlich unter dem Namen der vier Spezies begriffen werden. — Soll Species so viel als Grundveränderung einer Zahl bedeuten, so giebt es nur zwei Spezies, das Zusammenzählen und das Abziehen (§. 17.); denn das Vervielfältigen ist ja nur ein abgekürztes Zusammenzählen, so wie das Theilen ein abgekürztes Abziehen, und wir kommen durch die Entlehnung zur Kenntniß dieser aller vier Operationen. Was es mit der Addition, Subtraktion, Multiplikation und Division aber für eine Bewandniß hat, das haben wir in den vollendeten Paragraphen hinlänglich gesehen. Die Addition war nicht immer ein Vermehren, die Subtraktion nicht immer ein Vermindern, und daß die Multiplikation nicht immer ein Vervielfältigen, so wie die Division nicht immer ein Theilen, in sofern dies Letztere Verkleinern bedeutet, ist, werden wir noch zu sehen, Gelegenheit genug haben*), und ist dies auch keineswegs gesagt; dennoch setzt das Multipliziren das Vervielfältigen, und das Dividiren das Theilen voraus. Wir haben uns eben deshalb der Buchstaben, als jede beliebige Zahl darstellend, bedient, damit die gedachten Lehren auch auf die Brüche angewendet werden können. — Will man also das Zusammenzählen, Abziehen, Vervielfältigen und Theilen die vier Spezies nennen, so kann dies geschehen, nur vier Grundveränderungen einer Zahl, sind diese Verrichtungen nicht; will man das Addiren, Subtrahiren, Multipliziren und Dividiren die vier Spezies nennen, so mag

*) Siehe §. 101, 3. und §. 103, 2.

auch dies erlaubt seyn, nur sind diese vier Begriffe von den vier erst genannten verschieden, und setzen dieselben voraus. Da ferner die Addition der Subtraktion (§. 25, 1.), so wie die Multiplikation der Division (§. 37, 7.) entgegensteht, so nennt man auch die eine die Probe der anderen, oder es dient die eine Verrichtung zur Untersuchung der Richtigkeit der anderen, die ihr entgegensteht. — Wir wollen die Addition, Subtraktion, Multiplikation und Division, mit dem Namen der vier einfachen Rechnungarten belegen.

Da wir nun schon im Anfange dieses Kapitels erwähnt haben, daß das Zusammenzählen und Abziehen, so wie die beiden Abkürzungen dieser Rechnungarten, das Vervielfältigen und Theilen, durch eine bloße Entlehnung und Uebung nur erlernt werden können; ja, daß die wenigsten Menschen sich vielleicht nur von der Richtigkeit des sogenannten Einmaleins überzeugt haben; so haben die Mathematiker früh auf Mittel gedacht, dergleichen Rechnungen zu erleichtern, um so mehr, als man bei großen Berechnungen, wo jene niedere Rechnungarten nicht entbehrt werden können, oft nicht aufmerksam genug auf die Richtigkeit dieser sehen kann, indem man schon genug zu thun hat, den Faden der Berechnung immer zu behalten. Aber es ist auch oft ein übler Zeitverlust, und eine ermüdende Arbeit, die gedachten einfachen Rechnungarten, mit sehr großen Zahlen vorzunehmen, oder mit Zahlen, die sich sehr oft wiederholen, und Rechenfehler schleichen sich fast unvermeidlich ein, die von den übelsten Folgen sind. — Diesen Uebeln abzuhelfen, haben oft große Mathematiker die Zeit nicht gescheut, auf die Erfindung von Rechenmaschinen zu denken, d. h. Einrichtungen zu erfinden, wie auf eine leichte, kurze und ganz sichere mechanische Art, die einfachen Rechnungen vollzogen werden können. Rechenmaschinen zu beschreiben ist hier der Ort nicht, aber unter den bekanntesten,

testen, zeichnet sich die Grüsonsche Rechenmaschine aus, deren nähere Zergliederung und Gebrauch man in der, vom sinnreichen Erfinder hierüber gegebenen Schrift nachsehen kann. Aber auch in Tabellen hat man versucht, die Resultate der einfachen Rechnungarten für viele Zahlen zu sammeln, und durch deren Zusammensetzung man ebenfalls für größere Zahlen solche erhalten kann. Auch hierin, hat der erwähnte Erfinder der Rechenmaschine, denen, welche viele Rechnungen zu vollführen haben, einen bedeutenden Dienst erwiesen, indem derselbe in seiner Pinakothek, eine Sammlung solcher Tafeln giebt, deren Gebrauch die Einleitung lehrt. — In der Folge werden wir oft Gelegenheit haben, auf Tafeln für andere Rechnungen zurück zu kommen. — Ein anderes Mittel Rechenfehlern zu entgehen, werden wir §. 38 sehen.

§. 37. Zusätze.

Anmerk. Nachfolgende Zusätze, wenn sie sich auch auf die verschiedenen gehabten Sätze noch beziehen; hielt ich für besser, hier zusammen zu stellen, als sie einzeln da zu nennen, wo sie bei den verschiedenen Rechnungarten auch hätten stehen können. Sie lassen sich alle aus dem Gehabten herleiten und sind hier durch Beispiele erläutert.

1. Wenn man bei der Addition zu einem der Summanden eine gewisse Menge (natürlich ihm gleichartiger) Einheiten addirt, so ist dies so gut, als würde zur Summe dieselbe Menge addirt. Z. B. $+8-5=+3$; wird zur $+8$ noch $+3$ addirt, so hat man $+11-5=+6$, oder wird die $+3$ zur -5 addirt, so hat man $+8-2=+6$.

2. Werden zu einem der Summanden eben so viel Einheiten entgegengesetzt addirt, als man zum anderen addirt hat, so bleibt die Summe ungeändert. Z. B. $+14-8=+6$; wird zu $+14$ nun $+2$, und zu -8 die -2 addirt, so ist $+16-10=6$ das Resultat; hätte man zu $+14$ die -2 und zu -8 die $+2$ addirt, so wäre $+12-6=+6$ das Resultat.

3. Wird zum Minuendus eine Zahl addirt, so ist sie auch zum Reste addirt; z. B. von — 8 soll — 11 subtrahirt werden, so ist + 3 der Rest (§. 24.); wird zu — 8 aber + 4 addirt, so ist — 4 der Minuendus und der Rest wird bei demselben Subtrahendus (— 11), jetzt + 7 seyn.

4. Wird zum Subtrahendus eine Zahl addirt, so ist es so gut, als wäre sie zum Reste entgegengesetzt addirt (oder von diesem subtrahirt). Z. B.

Minuendus	— 16	aber	— 16
Subtrahendus	+ 5		+ 9
Rest	— 21		— 25

Wo man zu + 5 noch + 4 addirte, daher zu — 21 noch — 4 addirt oder + 4 subtrahirt ist.

5. Daher denn ein Rest ungeändert bleibt, wenn man zu beiden zu subtrahirenden Größen gleich viel addirt oder von beiden gleich viel subtrahirt. Z. B.

M.	— 7	zu beiden	— 1	oder von beiden erste-	— 12
S.	± 3	+ 6 addirt	∓ 3	ren + 5 subtrahirt	± 8
	— 4		— 4		— 4

6. So vielmal man einen der Faktoren bei einer Multiplikation vermehrt, so vielmal wird das Produkt auch vermehrt; so vielmal man ihn aber verkleinert, geschieht dies auch beim Produkte.

7. Soll daher ein Produkt, es habe so viele Faktoren als man will, dividirt werden, so darf man nur einen der Faktoren dividiren, und mit dem Quotienten die übrigen zu multipliziren. Z. B. $\frac{a.b.c}{n} = \frac{a}{n}.b.c = \frac{b}{n}.a.c = \frac{c}{n}.a.b.$ Also $\frac{6.5.8}{3} = \frac{6}{3}.5.8 = 2.5.8 = 80.$ Dies ist offenbar in vielen Fällen, wo sich einer der Faktoren durch den Divisor dividiren läßt, von bedeutender Abkürzung.

8. Es bleibt ein Produkt ungeändert, wenn man einen der Faktoren so vielmal vergrößert, als man einen anderen verkleinert hat. (Siehe 6.)

9. Ein Quotient wird bei ungeändertem Divisor so vielmal verkleinert oder vergrößert, als der Dividendus dies wird.

10. Bei unverändertem Dividendus, wird ein Quotient so vielmal vergrößert, als der Divisor verkleinert wird, dagegen wird er so vielmal verkleinert als man den Divisor vergrößert.

11. Es bleibt daher ein Quotient unverändert, wenn man Divisor und Dividendus beide gleich vielmal vergrößert oder beide gleich vielmal verkleinert.

12. Das Produkt läßt sich durch jeden der Faktoren dividiren, und erzeugt alsdann zum Quotienten den anderen Faktor (im Fall das Produkt nur zwei Faktoren hatte), oder das Produkt aus den anderen Faktoren (im Falle es mehrere Faktoren waren).

13. Hat man eine Größe zu multipliziren und zu dividiren, so ist es gleichviel, welche dieser beiden Verrichtungen man zuerst vornimmt. (Siehe 7.)

14. Hat man ein Produkt aus zwei Faktoren, so bleibt dasselbe ganz ungeändert, wenn man beiden Faktoren die entgegengesetzte Eigenschaft giebt. Denn hat man z. B. $+a.+b=+P$, so ist auch $-a.-b=+P$; hat man $-a.+b=-P$, so ist auch $+a.-b=-P$ (siehe §. 30, 2. und 7.). Sind daher zwei Faktoren eines Produkts beide Differenzen, so bleibt das Produkt durchaus ungeändert, wenn man die Zeichen jeder Differenz umkehrt, oder den Minuendus und Subtrahendus verwechselt; denn die Zahlen der Reste (welche die Faktoren sind) bleiben dieselben, und nur beider Eigenschaften werden entgegengesetzt (§. 27.); daher nach dem eben Gesagten das Produkt ganz dasselbe bleibt. Z. B. es

gebe $a - b$ mit $c - d$ multiplizirt $\mp P$, so giebt auch $b - a$ mit $d - c$ multiplizirt, dasselbe $\mp P$.

15 Ein Quotient wird auch ganz derselbe bleiben, wenn man dem Divisor und Dividendus beiden das entgegengesetzte Zeichen giebt; nämlich $\frac{+a}{-b} = \frac{-a}{+b}$, oder $\frac{+a}{+b} = \frac{-a}{-b}$ (§. 35, 2.). Ist daher der Divisor so wie der Dividendus eine Differenz, so bleibt der Quotient ganz der alte, wenn man bei beiden Differenzen den Subtrahendus mit dem Minuendus verwechselt; also $\frac{a-b}{c-d} = \frac{b-a}{c-d}$. (Indem auch hier die Differenzen die alten blieben als Zahl, und nur in den Zeichen entgegengesetzt wurden; §. 27.)

16. So wird man auch, wenn der Dividendus oder der Divisor eine Summe ist als $+a+b$ oder als $-a-b$, die Zeichen beider zu summirenden Größen umkehren können, wenn der Divisor oder der Dividendus dann zugleich eine Summe oder Differenz ist, wo man ebenfalls die Zeichen verwechselt; also wird $\frac{-a-b}{n-d} = \frac{+a+b}{+d-n}$ seyn u. s. w. (Es ist nämlich $-a-b$ als Zahl genommen, dieselbe Zahl als $+a+b$, weil bei beiden ein Häufen stattfindet §. 20, und nur im Zeichen entgegengesetzt.) So ist es auch beim Produkte, wenn jeder oder auch nur einer der Faktoren in seinen Theilen dieselben Zeichen hat. Uebrigens ist ja $a-b$ so gut eine Summe als $a+b$ oder als $-a-b$ oder wie $-a+b$. (§. 26.)

17. Wenn aber das Produkt mehr als zwei Faktoren hat, so hüte man sich, auch das Produkt für ungeändert zu halten, wenn man allen Faktoren das entgegengesetzte Zeichen giebt; dies hängt noch sehr von Umständen ab. — Z. B. man hätte $+a. -b. +c$, so ist das Produkt negativ §. 32.; aber bei $-a. +b. -c$ ist

dasselbe positiv; doch kann es auch ungeändert bleiben, z. B. bei $+a.+b.-c.-d$ ist das Produkt positiv, und bei $-a.-b.+c.+d$ ist es ebenfalls positiv *). Hierüber nähere Untersuchungen anzustellen würde zu weit führen, und kann man dies für jeden besonderen Fall auch leicht finden, denn es hängt einzig von der Menge der negativen und der positiven Faktoren im zuerst gegebenen Produkte ab, ob dieselben gerade oder ungerade sind u. s. w. — Dasselbe ist bei der Division zu merken, wenn der Dividendus oder der Divisor aus mehreren Faktoren besteht. — Wenn aber eine Summe, aus noch so vielen einzelnen Größen besteht, so wird sie in Hinsicht der Zahl, immer ungeändert bleiben, und nur die entgegengesetzte Eigenschaft bekommen, wenn man allen Größen in ihr, die entgegengesetzten Eigenschaften geben würde. Ist daher eine, aus mehreren Größen bestehende Summe, ein Faktor, oder Divisor oder Dividendus, so würden doch der 14te, 15te und 16te Satz dieses §. bestehen, wenn man alle Zeichen in ihr umkehrte, und nur bei mehreren solcher Faktoren, würde wieder dasselbe zu merken seyn, was am Anfange dieses (17ten) Satzes bemerkt ist.

Anmerk. So kann man die Zahl dieser Zusätze leicht mehren; und vielleicht anscheinend unbedeutend, werden sie dennoch oft Ursache, merkwürdige Erscheinungen zu erklären oder Aufgaben zu lösen.

---

*) Siehe die Theorie der Beweise in der Einleitung, 2ter Zusatz.

Drittes Kapitel.

Die Anfangsgründe der Buchstabenrechnung und die Elemente der Gleichungen.

§ 38. Wahlsatz.

Alle bis hierher vollführten Rechnungen, wurden mit besonderen Zeichen oder mit Ziffern vollzogen, d. h. diese Zeichen hatten nur immer einen Werth, und durch das Numeriren lernten wir die Bedeutung und die Zusammensetzung derselben kennen. Aber, das Bedürfniß der Mathematik wurde bald größer, und Ziffern konnten uns nicht immer die Dienste leisten, welche wir nöthig hatten, um allgemeine Wahrheiten zu beweisen, eben weil sie nur immer für einen bestimmten Fall dienen, und somit nur zu Beispielen zu gebrauchen sind *). Je weiter man aber in der Mathematik kommt, je dringender wird das Bedürfniß, Zeichen zu haben, die entweder für alle Größen, oder nur für besondere Arten derselben dienen; theils weil die behaupteten Wahrheiten allgemein ausgesprochen werden, oder gegebene Aufgaben für viele Fälle zugleich gelöset werden sollen; theils weil die unbekannten Größen selbst, deren sich oft mehrere in einer Rechnung befinden, nicht durch besondere Zeichen, die ja bekannten Größen zur Bezeichnung dienen, angedeutet werden können, sondern allgemein bezeichnet werden müssen — Wenn nun schon hieraus das Bedürfniß allgemeiner Zeichen einleuchtend wird, so werden wir in der Folge den Nutzen derselben noch mehr einsehen; ja oft finden, daß Wahrheiten, die durch allgemeine Zeichen leicht gefunden werden, vielleicht nie ohne dieselben entdeckt worden wären. So leitet man einfach, durch all=

*) Siehe Einleitung II., Theorie der Beweise, 1ster Zusatz.

gemeine Zeichen, auch allgemeine Ausdrücke oder *Formeln* her, die für jeden besonderen Fall, dienen.

Hiernach hätten wir also nur nöthig, eine Menge von Zeichen uns zu bilden und ihnen Namen zu geben, die zur allgemeinen Bezeichnung dienen. Aber, wir sind bereits im Besitze vieler Zeichen, die keine mathematische Bedeutung und doch ihre Namen haben; dies sind nämlich unter andern die *Buchstaben*, und sie erhalten erst Werthe von Größen, wenn wir ihnen solche beilegen. Man bedient sich nun gewöhnlich hierzu des kleinen lateinischen Alphabets, auch der großen, der griechischen und aller bekannten Buchstaben. Sollten in einer Rechnung (was wol selten oder nie vorkommt), auch alle diese Buchstaben gebraucht seyn, so wählt man abermals die gebrauchten, indem man sie mit gewissen willkührlichen kleinen Abzeichen versieht u. s. w. — Hiernach bedeutet also z. B. a, eine *jede Größe*; soll a nur eine Zahl vorstellen, so muß dies gesagt werden, und die Bedeutung ist noch unendlich mannigfaltig; soll a nur eine gewisse Art von Zahlen bedeuten, oder gar nur eine gewisse bestimmte Menge von Zahlen, so muß auch dies bestimmt werden; mit einem Worte: jede Einschränkung, die man mit der Bedeutung eines Buchstabens vornimmt, muß gesagt werden. Nun versteht sich von selbst, daß jeder Buchstabe wieder einen anderen Werth hat, als ein anderer, und daß man nur gleiche Werthe auch gleich bezeichnet; es sey denn, daß man die Gleichheit zweier oder mehrerer Werthe nicht wüßte, und daß diese sich erst aus der Rechnung selbst ergäbe; übrigens *könnte* man gleiche Werthe, vielleicht aus triftigen Ursachen, verschieden bezeichnen, nur erschwert dies oft die Rechnung; aber verschiedene Werthe *gleich* zu bezeichnen, würde zu großen Irrthümern führen, und streitet ja ganz *gegen* die Wahl der gedachten verschiedenen Zeichen, für die verschiedenen Werthe.

Will man durch einen Buchstaben irgend einen mathematischen Kunstausdruck, oder sonst eine Größe bezeichnen, die einen gewissen Namen führt; so pflegt man diese gewöhnlich durch den Anfangsbuchstaben des Worts anzudeuten, welches sie führt, indem man hierdurch dem Gedächtnisse sehr zu Hülfe kommt, daß nun leichter die Bedeutung des Buchstabens behält. Z. B. die Summe durch S, den Minuendus durch M, den Quotienten durch Q (wie wir schon unter andern bei §. 27. oder §. 37, 4, wo wir das Produkt P nannten, gethan haben); eben so, eine gewisse Zeit durch Z, eine Kraft durch K u. s. w. Aehnliche Erleichterungen werden wir in der Geometrie bekommen.

Endlich ist der Gebrauch der Buchstaben auch vortheilhaft, wenn große Rechnungen mit großen Zahlen vollzogen werden sollen; denn nun führt man während der Rechnung für diese Zahlen, Buchstaben ein, und vollzieht dieselbe mit diesen Buchstaben; ist sie vollendet, so werden für die gewählten Zeichen wieder die Zahlenwerthe gesetzt, und man ist nun minder in Gefahr einen Rechnungfehler zu machen, als man diesen bei der Nichtannahme der Buchstaben, während der Rechnung leichter machen konnte, indem man alsdann mehr auf den Gang der Rechnung sieht, als auf die mechanische Ausführung der einfachen Rechnungarten, während derselben. (Siehe das Ende vom §. 36.)

§. 39. Erklärung.

Die Art und Weise, mit Buchstaben alle dieselben Rechnungen zu vollziehen als mit Ziffern, heißt die **Buchstabenrechnung**, welche wir in ihren ersten Anwendungen hier, auf die bereits gehabten vier einfachen Rechnungarten, wollen kennen lernen; da wir alsdann die höheren Rechnungen, in der Folge, gleich an ihnen zeigen können, und leicht wieder auf die Zifferrechnung dabei zurück kommen.

Anmerk. 1. Man verwechsele nicht Buchstabenrechnung mit Algebra und mit Analysis (siehe §. 12, 3. und dessen Anmerkung), wenn auch diese beiden letzteren Theile der Arithmetik, die Buchstabenrechnung voraussetzen. Das Nähere hierüber in der Folge.

Anmerk. 2. Ueber die Entdeckung der Buchstabenrechnung und ihren bedeutenden Einfluß in der Mathematik, gehört das Weitere in die Geschichte der Mathematik hinein.

§. 40. Anmerkungen.

1. Wenn wir uns auch schon im vorigen Kapitel der Buchstaben, zur allgemeinen Bezeichnung bedienten, so haben wir doch keine Rechnung weiter mit ihnen vollzogen, sondern die Bedeutung der Bezeichnung, war immer dabei gesagt. Wir sahen also schon dort die Nothwendigkeit der allgemeinen Zeichen ein, und nahmen die Buchstaben als solche, die sich uns zuerst darboten.

2. Was wir in diesem Kapitel von der Buchstabenrechnung sagen, darf nicht vergessen werden, daß es auf alle Größen anwendbar ist; daher wir uns immer in der Folge, wo mit Buchstaben gerechnet wird, auf die hier vorkommenden Elemente der Buchstabenrechnung, berufen werden.

§. 41. Aufgabe.

Die einfachsten Andeutungen der Addition, Subtraktion, Multiplikation und Division, mit Buchstaben zu vollführen.

Auflösung. 1. Die Andeutung der Addition der Größen a, $-b$, $-c$ und $+d$ ist diese: $a-b-c+d$ (§. 26.) oder $a+d-c-b$ oder $-b+a+d-c$ u. s. w. (§. 21, 1.) wobei man der ersten Größe, wenn sie positiv ist, das $+$ Zeichen nicht vorsetzt; überhaupt ist jede Größe eine positive, wenn kein Zeichen vor ihr steht; daher man also ja nie das $-$ Zeichen vor ihr vergessen muß, wenn sie negativ ist.

2. Die Andeutung der Subtraktion ist hier ganz wie die der Addition, indem man den Subtrahendus mit

seinem entgegengesetzten Zeichen, an den Minuendus heran setzt; so heißt a — b so viel als von a soll + b subtrahirt werden, und a + b ist so gut, als sollte von + a die — b subtrahirt werden (siehe §. 25, 1 und §. 26.). Man könnte dies auch so andeuten, daß man nach dem Minuendes das — Zeichen machte (§. 22.), und nach diesem das Zeichen der folgenden Größe (des Subtrahendus); z. B. a — + d = a - d und a — — d = a + d; doch thut man dies lieber nicht, sondern vollzieht die Subtraktion gleich (§. 26. sind hinlänglich die Gründe für dies Verfahren angegeben).

3. Die Multiplikation wird durch dies Zeichen × oder . zwischen die Faktoren angedeutet, aber vor das Zeichen der Eigenschaft derselben gesetzt, als - a. b. + c; indessen vollzieht man lieber die Multiplikation selbst gleich, und alsdann setzt man die Faktoren ohne das Multiplikations- und ohne ihr Eigenschaftszeichen neben einander hin, indem man das Zeichen des Produkts, nach §. 32., aus den Zeichen der Faktoren bestimmt; also — a. — b. + c = + a b c; eben so n. — d. + p = — n d p = — d n p = — p d n u. s. w. (§. 31.).

Anmerk. Das Nebeneinandersetzen der Buchstaben ohne Multiplikationszeichen, kann durchaus keinen Irrthum geben, wie er bei Ziffern stattfinden würde, indem offenbar ein großer Unterschied zwischen 3.4 und zwischen 34 ist; Buchstaben aber keinen Werth durch ihre Stelle, (rechts oder links eines anderen Buchstabens), haben. Wenn man aber das gedachte Zeichen bei den Buchstaben wegläßt, so muß auch das Zeichen ihrer Eigenschaft weggelassen werden, und das Produkt gleich das gehörige Zeichen (nach §. 32.) bekommen, sonst entsteht ein anderer Sinn; z. B. a. — b ist = — a b aber nicht = a — b, denn dies ist eine Vereinigung; eben so ist a. + d = a d aber nicht = a + d u. s. w. Es ist das Weglassen des Multiplikationszeichens eigentlich nur eine Bequemlichkeit, die man sich sehr gut erlauben durfte, da sie keinen andern Sinn in die neue Bezeichnung legte.

4. Der Division einfachste Bezeichnung war diese $\frac{a}{b}$ oder a : b, erstere ist die gebräuchlichste (§. 33.), und diese

Bezeichnung behalten wir auch in der Buchstabenrechnung bei; der Quotient ist natürlich die Bezeichnung selbst, so wie vorher ab das Produkt war. Ist der Quotient negativ, so setzt man das —Zeichen vor den Strich ⁄, also wie $-\frac{a}{d}$, welcher negative Quotient entstanden seyn kann, aus $\frac{+a}{-d}$ oder aus $\frac{-a}{+d}$. Ist der Dividendus oder der Divisor ein Produkt aus mehreren Faktoren, so vollzieht man die Multiplikation gewöhnlich sogleich, z. B. $\frac{a.-n.-d}{-b.+d.+f} = \frac{+and}{-bdf} = -\frac{and}{bdf} = -\frac{an}{bf}$ (§. 37, 11.) indem man Divisor und Dividendus gleich vielmal verkleinern kann.

Anmerk. 1. Man mag nun unter den gewählten Buchstaben, Größen verstehen welche man will, so versteht es sich von selbst, daß die im vorigen Kapitel, bei den verschiedenen Rechnungarten gehabten Zusätze, ihre volle Anwendung finden. So müssen die zu addirenden und zu subtrahirenden Buchstaben, gleichartige Größen seyn (§. 20, 5. und §. 25, 2.), bei der Multiplikation muß der Multiplikator, und bei der Division der Divisor unbenannt seyn (§. 30, 5. und §. 35, 4.) das Produkt ist aber mit dem Multiplikandus, und der Quotient mit dem Dividendus, immer gleichartig (§. 30, 6. und §. 35, 5.), also benannt, wie jene, oder unbenannt, wenn jene es sind. Sollte der Werth eines der Buchstaben Null werden, so treten darnach wo er gebraucht wird, die Sätze §. 30, 3, §. 31. Zusatz und §. 35, 6. ein.

Anmerk. 2. Man kann bei der Bezeichnung der verschiedenen Buchstaben, nicht vorsichtig genug seyn; indem oft durch die Vernachlässigung eines Zeichens, selbst durch dessen wenig höhere oder tiefere Stelle u. s. w., der Sinn des ganzen Ausdrucks verändert wird, und mithin die Rechnung selbst ganz unrichtige Resultate giebt. Dies wollen wir hier ein für allemal gesagt seyn lassen, da es in der Folge, wo mehrere Zeichen noch kommen, oft sehr leicht sich ereignen kann, daß man einen der eben gedachten Fehler macht, dessen Folgen nicht abzusehen sind.

Anmerk 3. Hierher gehört auch der Gebrauch ähnlich aussehender Buchstaben, als c und e, b und n u. s. w., oder von Buchstaben, die mit Ziffern Aehnlichkeit haben, wie o und Null, oder wie g und 9, oder wie s und 5; man meide lieber solche doppelte Buchstaben ganz, und setze bloß die c aber nicht die e, lasse auch wol die g weg u. s. w. Daß man sich hieran nicht ängstlich binden darf, versteht sich von selbst, und man würde viele Zeichen verlieren, wenn man die ähnlichen immer nicht gebrauchen wollte.

§. 42. Aufgabe.

Zusammengesetzte Buchstabenausdrücke zu addiren.

Auflösung. Wenn ein Buchstabe mehreremal zu sich selbst addirt werden soll, so schreibt man ihn nur einmal hin, und setzt ihm zur linken eine Zahl, welche die Summe der gedachten gleichen Buchstaben anzeigt, und welche Zahl der Koeffitient genannt wird; z. B. $a + a + a = 3a$, $n + d - n + d - n = 2d - n$ u. s. w.; wo also 3 der Koeffitient beim ersten Werthe, und 2 derselbe bei 2d ist. Hieraus ist nun leicht einzusehen, daß der Koeffitient ein Faktor wird, wo der dabei stehende Buchstabe der andere ist, und daß ferner ein jeder Buchstabe der keinen Koeffitienten bei sich führet, den Koeffitienten 1 dennoch hat, denn $a = 1 . a$. — Hat man nun mehrere Buchstaben mit verschiedenen Koeffitienten zu addiren, so addire man die gleichen Buchstaben, indem man ihre Koeffitienten mit Berücksichtigung der Zeichen addirt, z. B. $4a - 5d + 7a - 3h + 3d - 9h = 11a - 2d - 2h$. Wenn aber die zu addirenden Größen, Produkte aus mehreren Buchstaben sind, so können auch nur da die Additionen wirklich vollzogen werden, wo durchaus dieselben Faktoren sind, die jedoch in ihrer Ordnung verschieden stehen können; z. B. $4ad - 7nb + 6da + 11bn - 8h = 10ad + 4bn - 8h$; sind aber die Faktoren nicht dieselben, so können wir auch bis jetzt die Addition selbst nicht vollziehen, sondern diese bleibt nur angedeutet, wie z. B. $8aq - 7nh$ nur wie hier bezeichnet, stehen bleiben muß. Hat man nun endlich viele Größen zu addiren, so setze man der schnelleren Uebersicht wegen, sogleich die Größen wo lauter gleiche Buchstaben Faktoren sind, unter einander, und vollziehe mit den Koeffitienten die Addition. Hierzu diene folgendes Beispiel:

$$\begin{array}{rrrrrr}
7nd & +\ 4ha & -\ 5np & -\ 9d & +\ 6 & -\ 5fpt \\
-2nd & +\ ha & +\ 8np & & -\ 17 & +\ 4fpt \\
-\ nd & -\ 7ha & -\ 2np & & +\ 4 & \\
 & +\ 16ha & +\ 8np & & -\ 24 & \\
\hline
4nd & +\ 14ha & +\ 9np & -\ 9d & -\ 21 & -\ fpt
\end{array}$$

Wo also Größen, die bloße Zahlen sind, ebenfalls unter einander zu stehen kommen. Dies ist alles was wir für jetzt über die Addition zusammengesetzter Größen zu sagen haben *).

§. 43. Aufgabe.

Zusammengesetzte Buchstabenausdrücke zu subtrahiren.

Auflösung. Die Subtraktion folgt immer einfach aus der Addition, denn man braucht ja nur den Subtrahendus entgegengesetzt zu nehmen und ihn zum Minuendus zu addiren (§ 25, 1.); nur ist hierbei wol zu merken, daß man die Größen die dem Subtrahendus angehören, nicht zum Minuendus setzt, und umgekehrt. Demnach wird ein Beispiel hinreichend seyn, die Subtraktion zu verstehen **).

$$\begin{array}{lrrrrrr}
\text{Minuendus} & 4ad & -\ 11ht & +\ 5n & -\ 3t & +\ 4fh & \\
\text{Subtrahendus} & \mp 9da & \mp\ 8th & \mp\ 6n & & \pm\ 7fh & \mp\ 8 \\
\hline
\text{Rest} & -5da & -\ 19th & -\ n & -\ 3t & +\ 11th & -\ 8
\end{array}$$

§. 44. Erklärung.

Wenn man einen Ausdruck, bestehend aus mehreren durch die Addition verbundenen Größen hat, so nennt man ihn eine Komplexion; die einzelnen durch das + und − Zeichen verbundenen Größen aber, heißen die Glieder der Komplexion. So ist also $4h - 5tp + 7nq$ eine Komplexion aus drei Gliedern, welche die $+4h$, die $-5tp$ und die $+7nq$ sind. Besteht die Komplexion

*) Tafeln 39—41. enthalten Beispiele über Additionen dieser Art.

**) Mehrere Beispiele hierüber: Tafeln 42—44.

aus 2 Gliedern, so heißt sie ein Binom, hat sie mehrere Glieder, so heißt sie ein Polynom.

Soll nun eine Komplexion, wo man die Vereinigung der einzelnen Glieder nicht vollziehen kann, dennoch als Eine Größe betrachtet werden, so schließt man sie in eine Parenthese, und die Zeichen welche vor der Parenthese stehen, beziehen sich nun immer auf die ganze Komplexion. Die übrigen Verbindungen der Parenthesen unter einander, werden wir bald kennen lernen. Zuweilen bedient man sich aber auch des Worts Parenthese, für das Wort Komplexion. So ist $(4a - b + 2d)$ eine der erwähnten Bezeichnungen.

§. 45. Grundsatz.

Eine Komplexion ist immer als ein Ganzes anzusehen, und die Glieder derselben sind ihre Theile; denn mehrere Größen, welche vereinigt eine neue Größe erzeugen, heißen ja die Theile derselben, und die erzeugte Größe das Ganze.

§. 46. Aufgabe.

Komplexionen zu addiren und zu subtrahiren.

Auflösung. Soll zu einer Komplexion eine andere addirt werden, so wird zwischen beide das + Zeichen gesetzt; z. B. $(4n - 7a + 8h) + (2a - 5h + f)$. Will man nun die Addition vollziehen, so werden die Glieder der zweiten Komplexion, mit ihren Zeichen, die sie in der Parenthese haben, an die Glieder der ersten herangesetzt, wie dies die Addition mit sich bringt. Nachher sieht man zu, ob sich hin und wieder Größen vereinigen lassen. So giebt obiger Ausdruck $= 4n - 7a + 8h + 2a - 5h + f$ $= 4n - 5a + 3h + f$. Hat man mehrere durch die Addition verbundene Komplexionen, so wird, wenn sie alle das + Zeichen vor sich haben, dasselbe wie hier gemacht.

Wenn aber vor einer Parenthese das — Zeichen steht, so heißt es, daß die Komplexion negativ genommen werden soll, und nun müssen alle Größen in ihr, wenn man

die Subtraktion (oder die negative Addition) vollziehen will, mit dem entgegengesetzten Zeichen an die Glieder der ersten Komplexion herangesetzt werden. Z. B.
$(4d-5hp+4a)-(11hp-5a+7p)+(-6a-8d)$
$= 4d-5hp+4a-11hp+5a-7p-6a-8d =$
$-4d-16hp+3a-7p$; denn die dritte Parenthese war mit dem $+$Zeichen versehen, daher die Größen in ihr, mit den Zeichen so sie in der Parenthese hatten, als $-6a$ und $-8d$ an die vorige heran kamen. Fängt übrigens die erste Komplexion mit dem $-$Zeichen an, so bekommen auch alle Größen in ihr, bei der Auflösung das entgegengesetzte Zeichen, denn sie konnte ja eben so gut der anderen Komplexion folgen, oder sie soll ja negativ genommen werden; also:
$-(15nq-6p)-(-7h+8p-11qn)+(-8nq+7)$
$= -15nq+6p+7h-8p+11qn-8nq+7 =$
$-12nq-2p+7h+7$.

Dies kann also schwerlich bis hierher Schwierigkeiten in der Auflösung machen.

§. 47. Aufgabe.

Aus einer gegebenen Komplexion, mehrere Komplexionen zu machen, die durch das $+$ oder $-$Zeichen mit einander verbunden sind.

Auflösung. Man setze von den gegebenen Größen in jede Parenthese so viel hinein, als verlangt wird; erhält eine Parenthese das $+$Zeichen, so behalten die Größen in ihr das ursprüngliche Zeichen, erhält sie aber das $-$Zeichen, so muß man den Größen, die in sie hinein kommen, auch das entgegengesetzte Zeichen geben. Z. B. $24dp-5h+8kn-11df-9+6d+11p-z$. Hieraus sollen nun 2 durch das $+$Zeichen verbundene Parenthesen gemacht werden, und zwar sollen in die 2te Parenthese die 3te, 5te, 6te und 8te Größe des oberen Ausdrucks hinein; so erhält man nun:

$(24dp-5h-11df+11p)+(8kn-9+6d-z)$;

wenn aber die zweite Parenthese das — Zeichen hätte bekommen sollen, so wäre der Ausdruck dieser geworden: $(24dp - 5h - 11df + 11p) - (-8kn + 9 - 6d + z)$. Eben so wurden die Glieder der ersten Parenthese, wenn vor dieser — stände, entgegengesetzte Zeichen in derselben erhalten haben. So werden folgende Bildungen von Parenthesen, alle aus der obigen Komplexion erzeugt, leicht zu verstehen seyn.

1. $-(5h + 11df) + (24dp - 9) + 8kn - (z - 11p)$
2. $(24dp + 8kn - 9) - (5h + z) + 6d - (-11p) - 11df$
3. $(-5h + 6d) - z - (-11p + 9 - 8kn) + (24dp - 11df)$

Wie mannigfaltig diese Bildungen seyn können, ist hieraus abzunehmen, und wie man sie bildet, wird größtentheils durch das Bedürfniß erzeugt, wie wir bald und in der Folge sehr häufig sehen werden. Daß zwischen den Parenthesen auch einzelne Buchstaben stehen können, wird nicht auffallen, und ihre Zeichen sind alsdann die ursprünglichen; eben so kann ein einzelnes Glied in einer Parenthese stehen, wie $-11p$ bei der zweiten Bildung, wenn das Zeichen vor der Parenthese nur das richtige ist; wie es sich hier auch findet, denn $-(-11p)$ ist $= +11p$.

§. 48. Aufgabe.

Zusammengesetzte Buchstabenausdrücke zu multipliziren.

Auflösung. Hier ist es vorzüglich, wo die Bezeichnung mit Parenthesen ihre Anwendung findet, denn so oft eine Komplexion multiplizirt werden soll, so setzt man außerhalb der Parenthese, rechts oder links derselben den Faktor, und zwar, wenn es ein einzelner positiver Faktor ist, so kommt er ohne Multiplikationszeichen dicht an die Parenthese, ist er aber negativ, so kommt er entweder selbst in Parenthese, oder man macht das Multiplikationszeichen hin. Z. B. $(n + 4d - p)q$ heißt, daß die Komplexion mit q multiplizirt werden soll; eben so

ist

ist bei $(n-3f).-h$ oder $(n-3f)(-h)$ der Faktor $=$ $-h$; würde man hier das Zeichen . vergessen, oder die Parenthese nicht hin machen, so wäre h eine negativ diese zu addirende Größe, was es doch nicht seyn soll. Ist endlich jeder Faktor eine Komplexion, so kommt auch jeder in eine Parenthese, und beide Parenthesen gewöhnlich ohne das Multiplikationszeichen neben einander, als: $(6d-5k)(4t+2nf)$. Sollen nun mit einem der gedachten Produkte, noch neue Größen verbunden werden, so kommen sie auf die gewöhnliche Art an dieselbe heran, z. B. $(a+d)h+q$ heißt $(a+d)$ soll mit h multiplizirt werden, und zum Produkte soll man q zu addiren; eben so wird der Sinn von diesem Ausdrucke
$d+h(n+p)-f-g(k-4u)+4(4d-7h)(-f+6)$
gewiß verständlich seyn. Auch setzt man wol zu beiden Seiten der Parenthese einen Faktor z. B. $h(a+d)p$. Nun fragt es sich, wie die Parenthesen hier aufgelöset, oder die Multiplikationen vollzogen werden.

Zuerst ist es klar daß, wenn das Ganze multiplizirt werden soll, man nur nöthig habe, alle seine Theile zu multipliziren, und diese Bewandniß hat es ja mit den Parenthesen (§. 45.); also wird $(4d-5p-6h)7d =$ $28dd-35pd-42hd$ werden; eben so ist
$(2a-3f)2n-3a(2g-7n)+4f(-7a+11f) =$
$4an-6fn-6ag+21an-28fa+44ff =$
$25an-6fn-6ag-28fa+44ff$.
Und $4(2n-f)h = 8nh-4fh$ u. s. w.

Soll aber eine Komplexion mit einer Komplexion multiplizirt werden, so ist eben so einfach klar, daß man alle Glieder der einen, nach und nach mit allen Gliedern der andern zu multipliziren hat; denn, soll man eine Komplexion multipliziren, so braucht man nur mit allen Theilen dies zu thun, und soll man mit einer Komplexion multipliziren, so hat man dies nur mit allen ihren Theilen zu verrichten. Demnach wird seyn:

$(4a - 5n)(7d - 8hp) = 28ad - 35nd - 32ahp + 40nhp$. Lassen sich nach der Multiplikation Größen vereinigen, so geschieht dies immer, z. B.
$(4d - 3h)(6n + 9d + 7h) = 24nd - 18hn + 36dd - 27hd + 28dh - 21hh$
$= 24nd - 18hn + 36dd + dh - 21hh$ u. s. w.

So kann es nun auch seyn, daß man Parenthesen in Parenthesen hat, die abermals in solchen sich befinden können, u. s. w. Z. B. $[(5p - 4d)4h - 5k]4$ wo die 4 außerhalb der ganzen Parenthese, sich auch auf alles darin Stehende bezieht, dagegen die 4h nur auf $(5p - 4d)$ bezogen wird. Löset man nun in diesem Falle die Parenthese auf, so geschieht dies bei den kleinen inneren zuerst, und so zuletzt mit dem außerhalb stehenden Faktor. Also giebt: $[(5p - 4d)4h - 5k]4 = (20ph - 16dh - 5k)4$ $= 80ph - 64dh - 20k$. — Es sey ferner aufzulösen: $7[(2k + 5a)3 - 2k(9 + 5n)] + 2g - (6n + 2a)9$ dies ist $=$ $7(6k + 15a - 18k - 10kn) + 2g - 54n - 18a =$ $42k + 105a - 126k - 70kn + 2g - 54n - 18a =$ $-84k + 87a - 70kn + 2g - 54n$ *).

So wird man bei gehöriger Berücksichtigung des Gesagten, leicht jede Parenthese, so wie jede Multiplikation, auflösen können. Wie unendlich mannigfaltige Zusammenstellungen hier möglich sind, ist wol eben so einleuchtend.

§. 49. Aufgabe.

Aus einer gegebenen Komplexion, Parenthesen zu bilden, durch Herausschaffung des gemeinschaftlichen Faktors.

Auflösung. Einen ungemeinen Vortheil gewähren die Bildungen solcher Parenthesen, wo man aus den verschiedenen Gliedern derselben den gemeinschaftlichen Faktor, im Falle sie solchen haben, herausschafft; und auf die Bildungen dieser Art von Parenthesen, werden wir

*) Ueber die Auflösungen der Parenthesen, siehe Tafeln 45. und 46.; über die Multiplikation der Buchstaben aber Tafeln 51. u. 52.

durch die Auflösung der, im vorigen Paragraph gehabten, hingeführt. Denn wenn man den Ausdruck $an+ab-ap$ hat, so kann man offenbar den Faktor a, den alle Glieder haben, außerhalb einer Parenthese setzen, während die anderen Faktoren mit ihren gehörigen Zeichen (d. h. welche sie in dem zuerst gegebenen Ausdrucke haben), in dieselbe kommen. So wird der obige Ausdruck zu diesem $a(n+b-p)$, denn, löset man diese Parenthese auf, so erhält man wieder $an+ab-ap$. Sollten die sämmtlichen Glieder mehrere gemeinschaftliche Faktoren haben, wohin auch die Koeffizienten zu rechnen sind, die sich auch vielleicht zum Theile zerlegen lassen, so schafft man alle diese gleichen Faktoren hinaus; z. B.

$$4nth-8tph+12htq=4th(n-2p+3q).$$

Ist ein ganzes Glied der gedachte gemeinschaftliche Faktor, so kommt das ganze Glied heraus, während für dasselbe eine Eins in Parenthese gesetzt wird. Z. B. $an+4ant=an(1+4t)$, denn löset man wieder auf, so giebt $an.1=an$ *). — Sollten nun nicht sämmtliche gegebene Größen einen gemeinschaftlichen Faktor haben, so braucht man gedachte Verrichtung nur bei den Größen vorzunehmen, wo er sich befindet, und die anderen Größen auf die §. 47. erwähnte Art, entweder der ersten Parenthese anzuhängen, oder wenn auch sie einen anderen gemeinschaftlichen Faktor haben, für sie eine zweite Parenthese zu bilden, wobei dann wol genau auf das Zeichen zu achten ist, das man ihr vorsetzt.

Z. B. $4dp-8dh+7nf-3nt-2a+4af=$
$$4d(p-2h)+n(7f-3t)-(1-2f)2a$$

wo man den Faktor auch rechts der Parenthese setzen kann (§. 48.), und wo die dritte Parenthese, indem sie das Zeichen — hat, in sich die gegebenen Größen $-2a+4af$,

*) Dies Setzen der Eins ist wol zu merken, da Anfänger es so gern vernachlässigen.

mit den entgegengesetzten Zeichen als $-(2a-4af)=-(1-2f)2a$, schließt. (Siehe §. 47.).

Nun kann es sich aber auch häufig finden, daß man die Parenthese auf höchst mannigfaltige Weise zu bilden im Stande ist, und dann entscheidet in vorkommenden Fällen der Zweck, den man durch die Parenthese erreichen will, oder sonst etwa gemachten Bedingungen und Bestimmungen. Z. B. es wird der Ausdruck gegeben: $16anf-12adf+8adg-6an$, so kann man sagen es sey dieser Ausdruck

1. $4af(4n-3d)+2a(4dg-3n)$
2. $2an(8f-3)-4ad(3f-2g)$
3. $8a(2nf+dg)-6a(2df+n)$
4. $2a(8nf-6df+4dg-3n)$ u. s. w.

wo man die vorstehenden Bildungen, leicht aus dem Gesagten ableiten kann. Will man etwa einer Parenthese das entgegengesetzte Vorzeichen geben, so kann das immer geschehen, nur muß man den einzelnen Gliedern in derselben, alsdann auch das entgegengesetzte Zeichen vorsetzen. So ist der zweite obige Ausdruck auch

$$=2an(8f-3)+4ad(2g-3f),$$

wo man lieber in der Parenthese mit der positiven Größe anfängt, wenn es sonst angeht und nicht hindert.

Wenn man nun in eine Parenthese mehrere Größen hineingesetzt hat, so kann es sich finden, daß einige derselben noch einen gemeinschaftlichen Faktor haben, (alle können sie keinen mehr besitzen, sonst wäre er schon herausgekommen bei der Bildung der Parenthese), und dann erhält man eine Parenthese in einer Parenthese, wo sich der erwähnte Fall noch öfter zutragen kann. Z. B.

$$16ndaf-12ndah-16ndqt+8nmp+4$$
$$=4(4ndaf-3ndah-4ndqt+2nmp+1)$$
$$=4[n(4daf-3dah-4dqt+2mp+1]$$
$$=4[n(d(4af-3ah-4qt)+2mp)+1]$$
$$=4[n(d(a(4f-3h)-4qt)+2mp)+1]$$

Eben so hätte man noch viele ganz andere Formen von Parenthesen, die aber alle natürlich denselben Werth gehabt haben würden, aus obiger Komplexion erhalten können. Diesen Weg wählt man gewöhnlich, wenn sonst keine nähere Bedingung, die Bildung der Parenthese bestimmt *).

So kann es sich aber auch treffen, daß wenn man zwei oder mehrere Parenthesen gebildet hat, daß nun die, in den verschiedenen Parenthesen stehenden Komplexionen ganz dieselben sind, und alsdann können diese wieder als gemeinschaftlicher Faktor angesehen werden, und ihre Faktoren in eine neue Parenthese kommen, wodurch man zwei (oder auch mehrere, je nachdem die erst erhaltenen ausfielen), mit einander zu multiplizirende Parenthese erhält; z. B. $35anth + 15fgth - 56annp - 24fgnp$; dies giebt $5th(7an + 3fg) - 8np(7an + 3fg) = (5th - 8np)(7an + 3fg)$. Dies wird sich immer ereignen, sobald man eine Komplexion von Anfang an hat, die durch Multiplikation zweier oder mehrerer Komplexionen entstanden ist **).

Man kann aber auch mit einer gegebenen Komplexion, ehe man die Parenthesen bildet, Aenderungen vornehmen, um gewisse Zwecke zu erreichen, z. B. man kann Größen zuaddiren, wenn man sie nur wieder subtrahirt, man kann gegebene Glieder mit beliebigen Faktoren multipliziren, wenn man sie nur wieder durch dieselben dividirt, wodurch man gemeinschaftliche Faktoren erhält u. s. w. Z. B. $16an - 11anp$ giebt $an(16 - 11p)$; es ist aber $16an - 11anp$ auch $= 16an - 16anp + 5anp = 16an(1 - p) + 5anp$. Eben so: $7dp + 14d = 7d(p + 2)$

*) Zur Uebung in der Bildung der Parenthesen, dient Tafel 47 und 48 meiner Aufgaben.

**) Wenn man diese Operation, mit den von Tafel 51 und 52 erhaltenen Produkten vornimmt, so muß man ja die Parenthesen wieder erhalten.

aber es ist auch $7dp + 14d = 7dp + \frac{14dp}{p} = 7dp\left(1+\frac{2}{p}\right)$ dann löset man die letzte Parenthese wieder auf, so muß man den Quotienten $\frac{2}{p}$ (§. 41, 4.) mit dem gemeinschaftlichen Faktor $7dp$ multipliziren (§. 37, 9.), und dies giebt wieder $\frac{14dp}{p} = 14d$.

Endlich kann man auch gegebene Komplexionen, wo schon Parenthesen vorhanden sind, in andere umwandeln, indem man die ersteren nach den gehabten Regeln auflöset, und so neue aus den erhaltenen bildet. Z. B.

$$7[(3ap - 7f)2d - 5a(9dp + 2fd)]$$
$$= 7(6apd - 14fd - 45adp - 10afd)$$
$$= 42apd - 98fd - 315adp - 70afd.$$

Betrachtet man hier das erste und dritte, dann das zweite und vierte Glied, so erhält man $-273adp - 14fd(7+5a) = 14fd(-7-5a) - 273adp$.

So kann man oft beim ersten Anblicke nicht gleich entscheiden, ob zwei oder mehrere Formen auch wirklich denselben Werth geben, was uns aber nicht berechtiget, die Werthe der Formen für ungleich zu erklären, da sich bei näherer Entwickelung wol gleiche Werthe finden können.

Wenn nun auch in dem bis hierher Gehabten, die vorzüglichsten Fälle der Bildungen und Auflösungen der Parenthesen wol vorgekommen sind, so werden wir dennoch bei den folgenden Rechnungarten den Gebrauch der Parenthesen im größeren Umfange kennen lernen; aber leicht wird sich jeder neue Fall, auf die nunmehr bekannten, zurückführen lassen. Und wenn auch bis hierher, der Vortheil der Parenthese noch nicht bekannt seyn kann, so werden wir ihren Gebrauch doch bald erfahren, und dürfen durchaus nicht vergessen, daß wir ja eigentlich nur uns erst hier Hülfsmittel bereiten, die ihre Anwendung in den weiten Feldern die wir noch vor uns haben, finden.

§. 50. Zusatz.

Wenn wir nun bei der Addition und Subtraktion der zusammengesetzten Buchstabenausdrücke §§. 42. und 43., die Vereinigung nur da vollziehen konnten, wo die verschiedenen Glieder durchaus dieselben Buchstaben hatten, und nur in den Zeichen und Koeffitienten verschieden waren; so sehen wir jetzt, da wir die Parenthesen kennen gelernt haben, wie wir mittelst derer Gebrauch, auch zum Theile vereinigen können. Dies mag durch ein Beispiel, das seinen Grund ganz in dem vorigen §. hat, erläutert werden:

$$\left.\begin{array}{l} 7n - 5pq + ht - 11dx - 15vf \\ 14nd + 9ph - 4t - 7dxh \end{array}\right\} \text{addirt}$$

$$\overline{7n(1 + 2d) + p(9h - 5q) + t(h - 4) - dx(11 + 7h) - 15vf}$$

Eben so bei der Subtraktion

$$\begin{array}{l} -22fad + 8qp - 9nb - 14hg - 5fp + 16dp \\ \pm 16fpa \pm 4qt \pm 18hnb \mp 11ht \mp 7fx \pm 4pn \\ \hline 2fa(8p - 11d) + 4q(2p + t) + 9nb(2h - 1) - h(14g - 11t) \\ \qquad - f(5p + 7x) + 4p(4d + n) \end{array}$$

Daß beide Beispiele auch noch anders hätten addirt und subtrahirt werden können, ist wol deutlich, sobald man nur anders untergesetzt hätte, da mehrere Fälle waren, wo andere Glieder der zweiten Reihe, unter den einzelnen der ersten stehen konnten, als es hier geschehen war.

§. 51. Aufgabe.

Zusammengesetzte Buchstabenausdrücke zu dividiren.

Auflösung. Soll eine Komplexion durch eine Größe, die entweder einfach oder selbst wieder eine Komplexion seyn kann, dividirt werden, so bedient man sich auch wieder der Parenthesen, und es bedeutet hiernach $(3a + 6bd) : 3$ so viel, als daß 3 der Divisor ist, indem er durch das Divisionszeichen vom Dividendus getrennt ist; auch kann man dies so setzen $\frac{3a + 6bd}{3}$. Eben so sind $4n:(7f-3h)$ und $(2d-7k):(5g-9n)$ Divisionen, wo beim ersten Beispiele $4n$ der Dividendus war, beim letzten aber $5g-9n$ der Divisor.

Wird nun verlangt die Division zu vollziehen, so wollen wir erst den Fall betrachten, wo der Divisor ein einzelnes Glied ist. Z. B. $(16af-4an-72ag):4a$. Es muß offenbar, da die Division sich auf die ganze Komplexion bezieht, auch jedes Glied derselben dividirt werden, und wir erhalten für den gegebenen Fall zum Quotienten die Komplexion $\frac{16af}{4a}-\frac{4an}{4a}-\frac{72ag}{4a}$. Wenn man nun sucht, bei jedem dieser drei Quotienten die Division zu vollziehen, indem Dividendus und Divisor ja gleiche Faktoren haben können, so erhält man hier $4f-n-18g$. Sollte sich die Division bei einigen Gliedern nicht vollziehen lassen, so deute man dieselbe blos an, z. B. $\frac{6n-4f+3nf-7}{2nf}$ $=\frac{6n}{2nf}-\frac{2nf}{4f}+\frac{3nf}{2nf}-\frac{7}{2nf}=\frac{3}{f}-\frac{n}{2}+\frac{3}{n}-\frac{7}{2nf}$ denn hier war dieselbe, immer nur zum Theil zu vollziehen.

Wenn aber der Dividendus eine einzelne Größe, und der Divisor eine Komplexion ist, z. B. wie $\frac{8np}{4nt-6ph}$ so kann die Division nie vollkommen vollzogen werden, denn der Quotient muß doch mit dem Divisor multiplizirt, den Dividendus wieder erzeugen (§. 35, 7.), aber wie kann eine Komplexion (wie hier der Divisor doch ist) multiplizirt, ein einzelnes Glied (hier der Dividendus) erzeugen? (Es müßten denn alle Glieder des Divisors sich sogleich in ein Glied vereinigen lassen.) Jedoch ist hier für viele Fälle eine Abkürzung möglich, die darin besteht, daß vielleicht jedes Glied des Divisors einen Faktor hat, der auch beim Dividendus vorhanden ist, da solcher Faktor alsdann überall weggelassen werden kann, indem ja ein Quotient ungeändert bleibt, wenn man Divisor und

Dividendus durch dieselbe Größe dividirt, und in dem gedachten Falle, der Divisor eine Komplexion ist, wo jedes Glied dividirt werden muß. Also für $\frac{8np}{4nt-6ph}$ könnte man setzen $\frac{4np}{2nt-3ph}$, nun ist aber dieser Ausdruck nicht mehr abzukürzen, und man kann durchaus nicht (wie Anfänger immer gern gesonnen sind), die n im Divisor, gegen die n im Dividendus tilgen, weil ja das Glied $-3ph$ kein n hat; würde man so setzen: $\frac{4p}{2t-\frac{3ph}{n}}$ so wäre dies allerdings richtig, aber keine Abkürzung, sondern nur eine noch unbequemere Form.

Wenn aber eine Komplexion durch eine solche dividirt werden soll, so kann es sich leicht ereignen, daß die Division sich nicht genau vollziehen läßt; und in diesem Falle, würde man lieber die Andeutung der Division stehen lassen, wenn man nicht ein Mittel erwählen wollte, die Division durch die unendlichen Reihen, die wir in der Folge werden kennen lernen (die uns aber hier noch unbekannt bleiben) zu vollziehen, so viel es nöthig wäre. Einen andern Weg, die Division zum Theil zu vollziehen, werden wir gleich kennen lernen. Zuerst wollen wir daher diejenige Division untersuchen, wo der Quotient sich genau angeben läßt. Es sey also zu suchen z. B. $\frac{8ap-14np}{4a-7n}$ Wenn es nun eine Größe gebe, die genau den Quotienten anzeigte, so müßte dieselbe mit $4a-7n$ multiplizirt, den Dividendus erzeugen; d. h. jedes Glied des Divisors müßte mit ihr multiplizirt, ein Glied des Dividendus geben. Man untersuche daher, was es für eine Größe ist, die mit dem einen Gliede des Divisors multiplizirt, e i n Glied des Dividendus giebt, indem man mit einem Gliede des Divisors in eins des Dividendus dividirt; diese Größe multiplizire man mit dem anderen Gliede des

Divisors, wo man alsdann das andere des Dividendus erhalten müßte. Eben so wäre es, wenn der Divisor und Dividendus mehrere Theile hätten. Z. B.

$$\begin{array}{l} 4a - 7n \mid 8ap - 14np \mid 2p \\ \underline{\mp 8ap \pm 14np} \\ \quad — \end{array}$$

$$\begin{array}{l} 5dn - 8pq - 2t \mid 20dnh - 32pqh - 8th \mid 4h \\ \underline{\mp 20dnh \pm 32pqh \pm 8th} \\ \quad — \end{array}$$

Wenn aber, nachdem man den Quotienten gesucht hat, und nun das Produkt aus ihm mit dem Divisor, vom Dividendus subtrahirt, noch einen Rest läßt; so versuche man, ob man noch einmal dieselbe Operation machen kann, und vielleicht noch einen neuen Theil des Quotienten findet; geht aber dies nicht an, so hänge man den Rest, durch den Divisor als dividirt angedeutet, dem Quotienten an. Z. B.

$$\begin{array}{l} 5f - 2g \mid 20fn - 8gn + 15fp - 6gp \mid 4n + 3p = \text{d. Quot.} \\ \underline{\mp 20fn \pm 8gn} \\ \qquad + 15fp - 6gp \\ \qquad \underline{\mp 15fp \pm 6gp} \\ \qquad\quad — \end{array}$$

$$\begin{array}{l} 7hk + 5nt \mid 28hkf + 2hn + 20ntf \mid 4f + \frac{2hn}{7hk + 5nt} \\ \underline{\mp 28hkf \qquad \mp 20ntf} \\ \qquad + 2hn \end{array}$$

Denn es waren hier beim zweiten Beispiele im Dividendus nur zwei Glieder, die eine vollkommene Division zuließen; das dritte Glied $+2hn$ sollte aber auch noch dividirt werden, und es wurde die Division nur angedeutet; aber was sie gab, war noch mit Quotient, daher es demselben beigefügt werden mußte.

Wenn nun Divisor und Dividendus groß sind, und man hat beim Suchen des ersten Theils des Quotienten nicht gleich den richtigen gesucht, so kann man bis ins

Unendliche fort dividiren, und erhält immer von neuem Reste. Für jeden Fall Regeln zu geben, sich diesem nicht auszusetzen, geht nicht an, und es ist daher bei den meisten Divisionsexempeln dafür gesorgt, daß der erste Theil des Divisors in den ersten Theil des Dividendus hinein dividirt, auch den ersten Theil des Quotienten erzeuge; ist dies aber nicht so gegeben, so suche man sich einen Theil des Divisors auf, der in irgend einem des Dividendus genau enthalten ist, wo man Wahrscheinlichkeit hat, die richtige Wahl getroffen zu haben. Dies mag folgendes Beispiel noch zeigen *):

Divis. $= 3fn - 4nh + 8ah - 11af$ Quot. $= 4h - 5f$

$$| 32fnh - 16nhh + 32ahh - 84ahf - 15ffn + 55aff |$$
$$\mp 12fnh \pm 16nhh \mp 32ahh \pm 44ahf$$
$$\overline{+ 20fnh - 15ffn + 55aff - 40ahf}$$
$$\mp 20fnh \pm 15ffn \mp 55aff \pm 40ahf$$
$$\overline{\quad - \qquad - \qquad - \qquad - \quad}$$

Die erste Division war hier mit $8ah$ in $32ahh$ u. s. w.

Wenn im Divisor und Dividendus Parenthesen vorkommen, so löset man dieselben auf, wenn sie nicht in der Form, wie sie gegeben sind, schon Vortheile darbieten. Z. B.

1. $\frac{4nd(6a-5n)}{2nd(8d+4p)} = \frac{2(6a-5n)}{8d+4p} = \frac{6a-5n}{4d+2p}$

2. $\frac{7nh(20hg-36p)}{4df(5hg-9p)} = \frac{7nh.4}{4df} = \frac{7nh}{df}$

3. $\frac{6hg(16fp-8np+8tpq)}{3h(2f-n+tq)} = 2g.8p = 16gp$

Wir sehen bei diesen Beispielen, wie theils die Faktoren der Parenthesen, theils die Parenthesen selbst, theils beide zusammen, eine vollkommene Division zulassen, die man daher sogleich vollzieht, und nicht erst die Parenthesen auflöset.

*) Tafel 53 und 54 enthalten Beispiele zur Uebung in der Division.

Jeder zusammengesetztere Ausdruck, sobald die in ihm vorkommenden Größen, nur einigermaßen die hier erwähnten Formen haben, wird sich nach dem Gesagten auch leicht behandeln oder auflösen lassen.

§. 52. Erklärung.

Die Gleichsetzung zweier Größen, welche durch das Gleichheitszeichen verbunden werden, heißt eine Gleichung. Z. B. $10 = 16 - 6$, $2 . 4 + 7 = 3 . 5$, $\frac{24}{2} = 14 - 2$ u. s. w. — Jeder, zu einer Seite des Gleichheitszeichens stehender Ausdruck, heißt eine Seite oder ein Theil der Gleichung, und zwar die linke Seite oder der erste Theil, welcher vor dem Gleichheitszeichen steht, und die rechte Seite oder der zweite Theil, der diesem Zeichen folgt. Glieder der Gleichung, heißen alle darin vorkommenden Größen, die das + oder — Zeichen haben.

§. 53. Erklärung.

Wenn man die Richtigkeit einer Gleichung daraus herleiten kann, daß man dem einen Theile derselben die Form des andern zu geben im Stande ist, oder wenn die Richtigkeit aus den Zeichen und den bezeichneten Größen folgt; so heißt eine solche Gleichung, eine analytische Gleichung, wie z. B. $4a + 2ba = 2a(2 + b)$, oder $7(n - ad) - 5(d - h)a = 7n - 7ad - 5ad + 5ha = 7n - 12ad + 5ha$ u. s. w. — Kann man aber die Wahrheit einer Gleichung nicht auf die erwähnte Art herleiten, sondern erhält sie erst ihre Richtigkeit, wenn man für die darin bezeichneten Größen, gewisse Werthe setzt; so nennt man sie, eine algebraische Gleichung: z. B. $a = d + n$, $mp - d + \frac{h}{p} = vt - p$ u. s. w.

Derjenige Theil der Arithmetik welcher lehrt, die unbekannten Größen aus bekannten zu entwickeln, wenn die Verbindung unter einander durch eine Gleichung gegeben ist, heißt die Algebra. (§. 12, 3.)

§. 54. Zusatz.

Die analytischen Gleichungen, haben es daher mit der Umwandelung aller Arten von Formen zu thun, und wir haben uns ihrer bis hierher, schon oft bedient, indem wir Ausdrücke abänderten, Bezeichnungen auflöseten u. s. w.; und werden uns immer mehr mit ihnen beschäftigen, indem es oft nicht gleichgültig ist, unter welcher Form eine Größe erscheint. Die algebraischen Gleichungen aber, die wir noch nicht betrachteten, werden in ihrem ganzen Umfange auch erst in der Folge vorkommen; jedoch liegen die Elemente derselben, in dem bereits bis hierher Bekannten, und da wir uns dieser Elemente auch schon früher bedienen werden, so ist es nöthig, sie hier vorzutragen.

Anmerk. 1. So findet es sich öfter in der Mathematik, daß ein später kommender höherer Theil, seine ersten Elemente nicht nur in einem viel früheren Theile hat *); sondern daß diese Elemente auch schon angewendet werden, ehe man jenen höheren Theil selbst betrachtet, und daß der Theil, worin sie gebraucht wurden, abermals zu jenem späteren Theile mitwirkt. Daher müssen denn die erwähnten Elemente bis zu dem Punkte geführt werden, wo sie durchaus selbst, aus dem noch Früheren, verstanden werden können, und wo das von ihnen Gelehrte hinlänglich ist, um das Folgende auf sie zu gründen.

Anmerk. 2 Wenn wir zur Theorie der Gleichungen selbst kommen, so müssen wir allerdings dieselben noch einmal, von ihren Elementen an, betrachten; damit wir dort wieder ein Ganzes haben.

§. 55. Grundsatz.

Eine Gleichung bleibt richtig, wenn man auch beide Seiten derselben verwechselt. Also wenn $a = b + c$ so ist auch $b + c = a$.

Anmerk. Ich führe diesen Grundsatz an, da er oft Anfänger verführt, die glauben, daß jene Umkehrung bewiesen werden muß, indem sie dieselbe für einen umgekehrten Satz halten,

---

*) Dieses ist bei einer Kette von Wahrheiten, wie die mathematischen sind, fast immer der Fall.

der, wenn er wahr seyn soll, auch eines Beweises bedarf *). Wenn man aber z. B sagt: sobald $2(a+b)=2a+2b$ ist, ist auch $2a+2b=2(a+b)$; so hat man ja hier nicht etwa aus einer Annahme eine Folge hergeleitet, und nachher die Folge zur Annahme und diese zu jener gemacht; dies wäre allerdings ein umgekehrter, noch zu beweisender Satz; sondern hier ist ja nur gesagt: die erste Wahrheit (oder der Ausdruck, die Bezeichnung, die Bedeutung u. s. w.) ist dieselbe wie die zweite, weshalb die zweite ja auch dieselbe wie die erste seyn muß.

§. 56. Aufgabe.

Es ist eine Gleichung gegeben, man soll mit beiden Seiten derselben Aenderungen vornehmen, ohne die Gleichheit (die Richtigkeit der Gleichung) zu stöhren.

Auflösung. Wir können bis jetzt mit einer Gleichung noch keine andere Aenderung vornehmen, als solche, die sich auf die bis hierher gehabten Rechnungarten beziehen, und diese sind:

1. Gleiche Größen zu gleichen Größen addirt, giebt gleiche Größen (§. 21, 4.). Hat man also die Gleichung $a+b=n-d$, so ist auch $a+b+h+k=n-d+h+k$.

2. Gleiche Größen von gleichen subtrahirt, lassen gleiche Größen zu Resten (§. 25, 4.). Ist also gegeben: $f+4d=h-k$, so wird auch $f+4d-n=h-k-n$.

Anmerk. Dieser zweite Satz ist auch im erstern schon enthalten, (Siehe §. 26.)

3. Gleiche Größen mit gleichen Faktoren multiplizirt, geben gleiche Produkte (§. 30, 4.); so wird also, wenn: $gn-7h+k=4f+np$ ist, auch $gnd-7hd+kd=4fd+npd$ seyn. (Indem man jedes Glied multiplizieren muß, da ja beide Seiten Komplexionen sind; §. 48.)

4. Gleiche Größen durch gleiche Größen dividirt, geben gleiche Quotienten, (§. 35, 3.). Wäre daher $4nd+12hn=16np-5a$, so ist auch $d+3h=4p-\frac{5a}{4n}$, wenn man nämlich alle Größen (also beide Seiten)!, durch

*) Siehe die Theorie der Beweise, vierter Zusatz.

4n dividirte; wo die Division nicht zu vollziehen geht, wird sie daher nur angedeutet.

§. 57. Zusätze.

So folgen nun aus denen, im vorigen §. gehabten Aenderungen, folgende Sätze:

1. Man kann jedes Glied einer Gleichung, mit dem entgegengesetzten Zeichen auf die andere Seite bringen. Also wenn: $a+d-p=h-t$ ist, so ist auch $a-p+t=h-d$; denn es ist zu beiden Seiten addirt $+t-d$, wodurch zuerst würde: $a+d-p+t-d=h-t+t-d$, und wo sich die gleich großen entgegengesetzten Größen auf jeder Seite gegen einander aufhoben. — Daher kann man nun auch irgend ein Glied auf einer Seite allein stehen lassen, und dieses Glied von allen anderen befreien; und wenn auf beiden Seiten der Gleichung ein und dieselbe Größe vorkommt, so kann man sie auch allein auf eine Seite bringen, während alle andere Größen auf der anderen Seite stehen. Z. B. $4a-7n=8a-5f+q$ man wollte die a auf einer Seite allein haben, so erhält man $5f-q-7n=8a-4a=4a$: indem man die wenigsten a (hier 4a) zu den meisten, hinüberschafft.

2. Wenn eine Größe einer Gleichung dividirt ist, so kann man die Divisionsform wegschaffen, indem man alle Glieder mit dem Divisor multiplizirt. Z. B. $\frac{a}{4}-n=6d+p$, so hat man $a-4n=24d+4p$. (Der Quotient $\frac{a}{4}$ giebt nämlich mit dem Divisor 4 multiplizirt, den Dividendus a [§. 35, 7.].) Haben mehrer Glieder Divisionen, so geschieht die eben erwähnte Verrichtung nach und nach; z. B. $\frac{a}{d}+b=\frac{n}{t}-\frac{h}{c}$ so ist $a+db=\frac{dn}{t}-\frac{dh}{c}$ ferner $at+dbt=dn-\frac{dht}{c}$, und endlich $atc+dbtc=dnc-dht$. Hat man daher aus einer Gleichung irgend ein beliebiges oder verlangtes Glied, allein auf eine

Seite geschafft, so kann man es auch noch, wenn es dividirt ist, vom Divisor befreien, wenn dies nicht gleich zu Anfange geschehen ist.

3. Hat ein Glied einer Gleichung einen Faktor, und es soll dieser weggeschafft werden, so wird die ganze Gleichung durch diesen Faktor dividirt; z. B. $6d - 5n = 12h + 18f$, und man wollte die d ohne Koeffitienten haben, so erhält man die Gleichung $d - \frac{5n}{6} = 2h + 3f$.

4. So sind wir jetzt im Stande, jedes Glied einer Gleichung, welches verlangt wird, das mit anderen Größen in einer der gedachten Verbindungen ist, von allen Verbindungen befreien, und ganz allein auf einer Seite zu behalten. Z. B. $\frac{4a}{5} - 7n = 8h + d$, man wollte wissen, was a allein ist; so ist:

1. $\frac{4a}{5} = 7n + 8h + d$, hieraus wird
2. $4a = 35n + 40h + 5d$, und zuletzt
3. $a = \frac{35n}{4} + 10h + \frac{5d}{4}$ wie verlangt.

Auch hätten diese Wege in anderer Ordnung folgen können.

Eben so sey folgendes Beispiel gegeben:

$$14n + \frac{7n - d}{4} = (5f + 2n)3 - 6f \quad \text{so ist}$$

1. $56n + 7n - d = 60f + 24n - 24f$; ferner
2. $56n + 7n - 24n = 60f - 24f + d$, dies giebt
3. $39n = 36f + d$ und endlich
4. $n = \frac{36f + d}{39}$.

Anmerk. Der Divisor 4 bezog sich oben auf die Komplexion $7n - d$; dies ist wol zu unterscheiden.

Noch ist zu merken daß, wenn die verschiedenen Werthe des allein verlangten Buchstabens, allgemeine Koeffitienten haben, die Vereinigung derselben mittelst der §§. 49. und 50. gehabten Regeln geschieht. Z. B. $ta - n + ha = 5a - 4d$ man verlangt a zu haben, so ist

ta

$ta + ha - 5a = n - 4d$; ferner kann dies so geschrieben werden $a(t + h - 5) = n - 4d$, wo nun die Komplexion der Faktor des a ist, daher wird hier $a = \frac{n - 4d}{t + h - 5}$. Wäre $nx - b = ax - d$ gegeben, so wäre $(n - a)x = b - d$ und $x = \frac{b - d}{n - a}$; oder $d - b = (a - n)x$ und $x = \frac{d - b}{a - n}$ (§. 37, 15.).

5. Auch bleibt eine Gleichung richtig, wenn man allen Gliedern derselben, das entgegengesetzte Zeichen giebt: denn, man darf nur die Gleichung mit -1 multipliziren, so bleiben die Werthe dieselben, aber die Zeichen werden entgegengesetzt. Z. B.

$$\begin{array}{r} n + d - 5h = 7d - 5p \\ -1 = -1 \\ \hline -n - d + 5h = 7d + 5p \end{array}$$

Ist daher $-a = -n - b$, so ist $+a = +n + b$.

Anmerk. So sieht man also schon jetzt daß, wenn die Größe, welche wir hier allein auf eine Seite schafften, die unbekannte Größe wäre, wie wir mittelst des Gehabten, eine solche einfache Gleichung auflösen könnten — Es versteht sich, daß die Verbindungen noch mannigfaltiger seyn könnten, aber dies kann erst in der Theorie der Gleichungen selbst, erwähnt werden *).

Viertes Kapitel.

Eigenschaften der ganzen Zahlen, in sofern diese unter einander verglichen werden.

§. 58. Anmerkung.

Wenn wir bis hierher die besonderen und allgemeinen Zahlen, nur als Mengen von Einheiten betrachteten,

*) Tafeln 95 bis 98 enthalten Aufgaben zur Uebung der Gleichungen, und x ist die, dort immer zu entwickelnde Größe. Wenn nun auch diese Tafeln für die Theorie der Gleichungen selbst bestimmt wird, so werden doch die meisten Aufgaben schon hier lösbar seyn.

die wir in verschiedene Verbindungen unter einander brachten, um neue Zahlen zu erhalten; so kümmerte uns selten die Zahl, als gerade die Zahl welche es war, sondern sie diente entweder blos zum Beispiele, oder es war doch nur mehr beiläufig, daß wir gerade die vorkommende Zahl und keine andere nahmen. Aber, wenn wir unser Zahlensystem betrachten, so entgeht es dem aufmerksamen Beobachter desselben gewiß nicht, daß einige Zahlen Eigenschaften *) haben, die anderen ganz abgehen, daß mehrere unter ihnen Gesetzen unterworfen sind, die wieder anderen auf diese Weise fehlen u. s. w. So könnten wir nicht aufhören Beschaffenheiten dieser Zahlenreihe zu suchen, und wir nehmen also diejenigen zuerst heraus, die uns für unseren Zweck am unmittelbarsten jetzt dienen sollen, indem wir die übrigen später werden untersuchen. Haben wir aber gewisse Zahlen unter ein Gesetz gebracht, oder bei ihnen dasselbe Gesetz entdeckt, so können wir auch wieder diese besonderen Zahlen durch allgemeine Zeichen oder Buchstaben darstellen, die uns alsdann zu den Beweisen dienen, für behauptete Wahrheiten, denen diese verschiedenen Zahlen sollen unterworfen seyn; nur muß alsdann bei der Wahl des Buchstabens, die Bedeutung desselben angegeben seyn (§. 38.), weil widrigen Falls, der nicht näher bestimmte Buchstabe jede Zahl bedeutet.

§. 59 Erklärungen.

1. Eine Zahl heißt ein Maaß einer anderen, wenn sie diese ohne Rest dividirt, da hingegen diese in Hinsicht jener ein Vielfaches, Multiplum oder Dividuus heißt. Auch sagt man, das Maas sey ein aliquoter Theil des Vielfachen. So ist 7 ein Maaß oder ein aliquoter Theil von 21, diese Zahl aber das Vielfache von 7.

*) Hier so viel als Beschaffenheit, nicht aber bedeutend ob sie positiv oder negativ sind, das gilt jetzt gleichviel.

2. Ist eine Zahl ein Maaß mehrerer anderer, so heißt sie ein gemeinschaftliches Maaß derselben. So ist 6 ein gemeinschaftliches Maaß von 18, 24 u. s. w. Diese aber heißen in Hinsicht der 6, die gemeinschaftlichen Multiplen.

3. Sind mehrere Zahlen Maaße einer gemeinschaftlichen Zahl, so heißen sie die gemeinschaftlichen Maaße derselben, diese aber heißt in Hinsicht jener, das gemeinschaftliche Multiplum; z. B. 4, 6, 8 von 24.

4. So werden nun auch die Zahlen, welche in mehreren Zahlen zugleich enthalten sind, die gemeinschaftlichen Maaße, und jene die gemeinschaftlichen Multiplen genannt. Z. B. 4 und 7 in Hinsicht von 28 und 56.

5. Haben mehrere Zahlen mehrere gemeinschaftliche Maaße (ob sie diese immer haben, oder wann, oder wieviel, werden wir in diesem Kapitel sehen), so heißt das größte unter diesen, das größte gemeinschaftliche Maaß.

6. Haben mehrere Zahlen mehrere gemeinschaftliche Multiplen, so heißt das kleinste unter diesen vorzugsweise, das kleinste gemeinschaftliche Multiplum.

7. Wenn zwei oder mehrere Zahlen ein gemeinschaftliches Maaß haben, so nennt man sie auch kommensurabel oder meßbar, widrigenfalls heißen sie inkommensurabel oder unmeßbar.

§. 60. Grundsätze.

1. Die Eins ist das Maaß aller ganzen Zahlen.

2. Die Einheit ist das Maaß ihrer Mehrheit.

3. Jede Zahl ist ein Maaß von sich selbst.

4. Die Eins ist das gemeinschaftliche Maaß aller Zahlen, wird aber, wenn von den gemeinschaftlichen Maaßen die Rede ist, weggelassen.

5. Ist eine Zahl das Maaß einer anderen, so ist sie auch das gemeinschaftliche Maaß für sich und für diese

andere, und gilt mit, wenn von den gemeinschaftlichen Maaßen beider die Rede ist.

6. Der Theil ist nicht immer ein Maaß des Ganzen.

§. 61. Erklärungen.

1. Eine Zahl, welche die Zahl 2 zum Maaß hat, heißt eine gerade oder Paarzahl; läßt sie aber durch 2 dividirt, Eins zum Rest, so heißt sie eine ungerade oder Unpaarzahl.

2. Alle Zahlen welche außer der Einheit und sich selbst (§. 60, 1. und 3.) kein Maaß haben, heißen einfache oder Primzahlen. Z. B. 5, 7, 19, 71 u. s. w.

3. Die Zahlen welche auch noch andere Maaße haben als die Einheit und sich selbst, heißen zusammengesetzte Zahlen.

4. Alle Primzahlen, welche mit einander multiplizirt, eine zusammengesetzte Zahl erzeugen, heißen die einfachen Faktoren derselben; z. B. 2, 2, 3 sind die von 12; 5, 7 von 35 u. s. w.

5. Zahlen, welche kein gemeinschaftliches Maaß haben (also inkommensurabel sind), heißen auch Primzahlen unter oder gegen einander. (Eins ist natürlich immer ein Maaß für beide.)

6. Alle Maaße einer Zahl nennt man auch deren Theiler.

§. 62. Lehnsatz.

In unserem Zahlensysteme wechselt immer eine gerade mit einer ungeraden Zahl ab; dagegen ist das Gesetz noch unbekannt, wonach die Primzahlen fortgehen, und man kann nicht unbedingt von jeder Zahl sogleich sagen, ob sie eine Primzahl ist oder nicht. Dennoch ist die Kenntniß der Primzahlen, besonders für höhere Rechnungarten so wichtig, daß man dieselben oft kennen muß.

§. 63. Grundsätze.

1. Eine größere Zahl kann nie das Maaß einer kleinern Zahl seyn.

2. Das Maaß einer Zahl kann nie die Hälfte derselben übersteigen.

3. Es giebt so viele gerade wie ungerade Zahlen.

4. Eine gerade Zahl (die 2 ausgenommen), kann nie eine Primzahl seyn.

5. Alle Primzahlen (die 2 wieder ausgenommen) sind ungerade Zahlen.

6. Nicht alle ungerade Zahlen sind Primzahlen; z. B. die 9, 15, 21 u. s. w.

7. Zwei Zahlen sind Primzahlen gegen einander:

a. Wenn beide Primzahlen sind; denn nun haben sie für sich schon gar kein Maaß, also auch kein gemeinschaftliches Maaß *).

b. Wenn die eine Zahl Primzahl, die andere aber zusammengesetzt ist, und die Primzahl nicht selbst das gemeinschaftliche Maaß ist (§. 60, 5.). Denn jedes andere gemeinschaftliche Maaß, wäre ja auch ein Maaß der Primzahl alsdann; die solches doch nicht haben kann.

c. Auch können zwei zusammengesetzte Zahlen, wol Primzahlen unter einander seyn; z. B. 8 und 9, 14 und 15 u. s. w.

8. Zwei Zahlen können mehrere gemeinschaftliche Maaße haben, aber nur ein größtes gemeinschaftliches Maaß.

§. 64. Zusätze.

1. Wenn wir auch die Menge der Primzahlen nicht wissen (§. 62.), so giebt es doch mehr zusammengesetzte Zahlen als Primzahlen; denn: jede gerade Zahl ist zusammengesetzt (die 2, wie erwähnt, ausgenommen),

---

*) Siehe Einleitung, I. Theorie der Sätze, 2. den Grundsatz.

wäre nun jede ungerade Zahl eine Primzahl, so wären die Klassen beider gleich (§. 63, 5.); da aber unter den ungeraden Zahlen viele sind, die auch zu den zusammengesetzten gehören (§. 63, 6.), so steigt die Menge derselben über die der Primzahlen.

2. Die Differenz zweier Primzahlen (die drei ersten ausgenommen) kann nie Eins seyn; denn da jede Primzahl ungerade ist (§. 63, 5.), so wird sie durch Hinzufügung der 1 gerade, also ist sie dann nicht mehr Primzahl.

3. Das Produkt zweier Zahlen ist ein Multiplum jedes Faktors (§. 37, 12.); wird dies Produkt mit einer beliebigen Zahl multiplizirt, so ist das neue Produkt stets wieder ein Multiplum der ersten Zahlen (§. 37, 9.); und so haben zwei Zahlen immer unendlich viele gemeinschaftliche Multiplen, aber eins derselben kann doch nur das kleinste gemeinschaftliche Multiplum seyn. Das größte Multiplum kann man daher (weil es unendlich ist), nie finden. (Das Nähere hierüber §. 74.)

4. Jeder Faktor, und jedes Maaß eines der Faktoren, ist auch ein Maas des Produkts (§. 37, 12. u. 6.), oder das Maaß eines Maaßes, ist auch ein Maaß des Multiplums.

5. Läßt eine Zahl a, in eine andere b dividirt, einen Rest c, (der natürlich kleiner als a ist), so ist a ein Maaß von $(b-c)$. Denn c zeigte ja an, was b zu groß sey, um durch a genau dividirt werden zu können.

6. Das Maaß m, zweier Zahlen a und b, ist auch ein Maaß der Summe und Differenz dieser beiden Zahlen; denn: es sey $a = mp$ und $b = mq$, so ist $(a \mp b) = mp \mp mq = m(p \mp q)$ nach §. 49., und m ist ja Maaß des Produkts $m(p \mp q)$. Man sieht sogleich hieraus, was der Quotient wird, nämlich eine Summe oder Differenz der beiden ersten Quotienten $\frac{a}{m} = p$ und $\frac{b}{m} = q$.

Oder man kann auch sagen: die Summe und Differenz zweier Multiplen ist auch ein Multiplum für das Maaß.

7. Wenn man unter a sich eine jede beliebige Zahl vorstellt, so ist 2a die Formel für alle geraden Zahlen (d. h. jede ganze Zahl doppelt genommen, giebt eine gerade Zahl); aber $2a \mp 1$ ist eine Formel für alle ungerade Zahlen.

8. So kann man Formeln *) für jeden beliebigen Divisor bilden, z. B. 5a ist eine Formel für jede durch 5 dividirbare Zahl, $5a \mp 1$, $5a \mp 2$, $5a \mp 3$, $5a \mp 4$ aber, sind Formeln für die, nicht durch 5 dividirbaren Zahlen; nämlich $5a + 1$ für diejenigen, die bei der Division durch 5 zum Rest 1 lassen, $5a - 1$ für die, welche zum Rest 4 lassen u. s. w. — Die Formel für jede durch n dividirbare Zahl wird an seyn, dagegen werden die Formeln für die Zahlen, so nicht durch n zu dividiren sind, folgende seyn: $an \mp 1$, $an \mp 2$, $an \mp 3 \ldots an \mp (n-1)$ d. h. so lange, bis man eine Zahl zu an addirt hat (+ oder —), als die 1 weniger ist als n.

Anmerk. Dergleichen Formeln haben nicht nur in der Folge ihren bedeutenden Nutzen, sondern sie machen früh aufmerksam, wie man aufgefundene Gesetze, der Form unterwirft. Auch werden in vorkommenden Fällen, Anwendungen ähnlicher Gesetze, leicht zu verstehen seyn.

§. 65. Aufgabe.

Alle Primzahlen, bis zu einer bestimmten gegebenen Zahl, zu finden.

Auflösung. Unter den verschiedenen Mitteln dieselben zu finden, ist ein einfaches, aber am mühsamsten und unsichersten das, daß man nach der Reihe eine jede Zahl prüfet, ob sie einen Theiler hat oder nicht; bei welcher Prüfung, wenn man sie häufig anstellt, man auch bald selbst Abkürzungen finden wird, wo nicht, so muß man jede niedere Zahl versuchen, ob sie in der zu un=

*) Siehe §. 38., über die Formeln.

tersuchenden Zahl enthalten ist. Folgendes ganz sichere Mittel ist auch dies: man schreibt alle Zahlen von 1 bis zu der Zahl, wie weit man die Primzahlen verlangt, hin, und durchstreicht jede gerade Zahl zuerst, die 2 ausgenommen, weil diese auch Primzahl ist. Dann fange man von vorne an zu zählen, immer bis 3, und durchstreiche alle Zahlen worauf man mit 3 zu zählen kommt, außer 3; die erste Zahl, welche jetzt außer 1, 2 und 3 stehen geblieben ist, ist eine Primzahl (denn wäre sie dies nicht, so müßte sie ihr Maaß in 2 oder 3 ja haben, und würde alsdann durchstrichen seyn); nun zähle man wieder, von vorn anfangend, immer so weit, wie diese Zahl es anzeigt (also jetzt bis 5), und durchstreiche abermals jede Zahl, worauf man bei diesem Zählen stößt, außer 5 selbst; ist dies vollendet, so fängt man die nämliche Verrichtung mit der nächsten stehen gebliebenen Zahl an, indem man immer so weit zählt, als diese Zahl es anzeigt, von vorne anfangend. So fahre man nun fort, bis man die Hälfte der Zahl erreicht hat, bis zu welcher man die Primzahlen suchen wollte, denn über diese Hälfte kann keine Zahl mehr, ein Maaß der hingeschriebenen Zahlen seyn (§. 63, 2.). Ist man zu Ende, so sind alle die Zahlen, welche stehen geblieben sind, die Primzahlen, welche man suchte.

Es gründet sich dieses Verfahren sehr einfach darauf: daß keine der stehen gebliebenen Zahlen ein Maaß haben kann, denn hätte sie ein solches, so wäre man auf sie gekommen (sie also durchgestrichen), wie man mit ihrem Maaße zählte; eben so ist aber auch jede der weggestrichenen Zahlen, gewiß eine zusammengesetzte Zahl, indem man auf sie kam, als man mit ihrem Maaße zählte.

Anmerk. 1. Auf mehrere der weggestrichenen Zahlen ist man mehreremale gekommen, sobald sie nämlich mehrere Maaße hat. (§. 59, 3.)

Anmerk. 2. Auch hierbei kann man die Sache abkürzen, wenn man, anstatt zu zählen, immer die Zahl mit welcher man zähl zu sich selbst addirt, uud die Zahl der neuen Summe immer wegstreicht; u s. w.

Anmerk 3. Man suche z. B. die Primzahlen von 1 bis 60. Also: 1, 2, 3, 4, 5, 6, 7, 8, 9, 10, 11, 12, 13, 14, 15, 16, 17, 18, 19, 20, 21, 22, 23, 24, 25, 26, 27, 28, 29, 30, 31, 32, 33, 34, 35, 36, 37, 38, 39, 40, 41, 42, 43, 44, 45, 46, 47, 48, 49, 50, 51, 52, 53, 54, 5 , 56, 57, 58, 59, 60. Es sind demnach die gesuchten Primzahlen, die Zahlen: 1, 2, 3, 5, 7, 11, 13, 17, 19, 23, 29, 31, 37, 41, 43, 47, 53 und 59.

Anmerk. 4. Betrachtet man diese Reihe, und wenn man sie noch so weit fortsetzt, so wird man vergebens ein Gesetz suchen.

§. 66. Aufgabe.

Alle einfache Faktoren einer zusammengesetzten Zahl A zu finden. (§. 61, 4.)

Auflösung. Man fange von der ersten Primzahl, also von 2 an, und versuche ob dieselbe in der gegebenen Zahl A enthalten ist; geht dies, so bemerke man den Quotienten Q; nun nehme man wieder die 2, und versuche ob sie in Q enthalten ist, geht dies wieder, so bemerke man abermals den Quotienten, dieser sey p, und nun fährt man fort immer mit 2 in den neuen Quotienten zu dividiren, bis diese Division nicht mehr angeht; nun geht man zur folgenden Primzahl 3 und versucht ob diese in dem zuletzt erhaltenen Quotienten enthalten ist, und ist dies der Fall, so fährt man mit 3 eben so wie vorher mit 2 fort, bis die Division auch hiermit nicht mehr geht. Jetzt wird die folgende Primzahl 5 genommen, und mit ihr ganz das Verfahren wie mit den früheren Primzahlen wiederholt; und so geht man weiter, bis ein Quotient kommt, der selbst eine Primzahl ist; alsdann hört das Dividiren natürlich auf, und die gesuchten einfachen Faktoren, sind nun die verschiedenen Primzahlen, welche als Divisoren dienten (gleichviel wie oft sie als solche gebraucht wurden, denn alsdann sind mehrere einfache Faktoren dieselben), so wie der zuletzt erhaltene Quotient.

Es versteht sich von selbst daß, wenn eine Primzahl, und wenn es schon die 2 selbst ist, ihre Dienste als Maaß versagt, man sogleich zur folgenden u. s. w. geht, bis man eine findet, die dividirt, und findet man keine, so ist die gegebene Zahl selbst eine Primzahl, zu welchem Ende man nur die Primzahlen, bis zu ihrer Hälfte ohngefähr, zu versuchen hat (§. 63, 2.); eben so hat man auch nicht nöthig, wenn eine Primzahl versagt hat, zu dividiren, dieselbe in der Folge noch einmal zu versuchen, denn wäre sie in einem der künftigen Quotienten enthalten, so müßte sie um so eher schon in einem früheren enthalten gewesen seyn, da ja die vorhergehenden Quotienten, die vielfachen der späteren sind (§. 64, 4). Daß man die zusammengesetzten Zahlen nicht als Divisoren braucht, hat natürlich darin seinen Grund, daß, wenn sie Divisoren wären, ja ihre einfachen Faktoren (die früheren Primzahlen nämlich) schon dividirt haben müßten. Wenn eine gegebene Zahl übrigens, sich leicht als ein Produkt zusammengesetzter Zahlen ergiebt, so kann man diese Faktoren wieder zerlegen, und so die einfachen Faktoren der zuerst gegebenen Zahl finden. (Siehe Anmerkung 2 dieses §.)

So kommt das Suchen der einfachen Faktoren, allerdings auf einem mühsamen, aber doch sicheren Weg zu Stande, der seinen Grund schon in dem Verfahren selbst findet. Wenn man die Primzahlen schon hat (sie vielleicht in Tabellen sogar gebracht), so geht das Suchen rascher als man glaubt. Z. B. es werden die einfachen Faktoren der Zahl 30030 gesucht; so würde die Darstellung des vorher erwähnten Suchens, ohngefähr diese seyn:

$$30030 = 2 . 15015$$
$$= 2 . 3 . 5005$$
$$= 2 . 3 . 5 . 1001$$

$$30030 = 2.3.5.7.143$$
$$= 2.3.5.7.11.13$$

Wo man durch das Multiplikationszeichen die neuen gefundenen Faktoren mit den frühern, so wie mit den Quotienten, verbindet.

Also sind 2, 3, 5, 7, 11 und 13 die gesuchten einfachen Faktoren.

Anmerk. 1. Mehrere Beispiele hierüber kann man sich leicht selbst machen, und wenn man eine Zahl haben will, die gewisse einfache Faktoren hat, so braucht man diese ja nur mit einander zu multiplizieren.

Anmerk. 2. Wenn auch das Suchen der einfachen Faktoren einer Zahl, allgemein auf keinem kürzeren Wege, als den erwähnten, vollzogen werden kann; so hat man doch für einzelne Fälle gefunden, daß einige Divisoren mit ihren Dividenden in gewissen Verbindungen stehen, so daß man sogleich finden kann, ob eine dieser gegebenen Zahlen, ein Maaß einer anderen gegebenen ist, oder nicht. Hierzu gehören folgende Fälle:

1. Die Zahl 2 ist das Maaß jeder Zahl, die sich auf eine gerade Zahl endet. (Denn alsdann ist sie selbst gerade, und 2 ihr Maaß; §. 61, 1.)

2. Die Zahl 4 ist ein Maaß jeder Zahl, wo die beiden letzten Ziffern (als Zehner und Einer, wie sie ausgesprochen werden, betrachtet sich durch 4 theilen lassen. Z. B. bei der Zahl 75612, läßt sich 12 durch 4 theilen, also die ganze Zahl; denn: gesetzt man habe beim Theilen, wie man bis zu den Hunderten gekommen ist, einen Rest behalten, so läßt sich dieser Rest, weil er einige Hunderte enthält, durch 4 theilen, indem 100 durch 4 theilbar ist; deshalb muß dieser Rest von Hunderten plus den Zehnern und Einern (die sich, der Annahme nach, durch 4 theilen lassen), sich auch durch 4 dividiren lassen; $\frac{75612}{4} = 18903$. Geht die Division bei den Hunderten schon auf, nun so läßt sich gewiß die ganze Zahl durch 4 theilen.

3. So ist die Zahl 8 ein Maaß jeder Zahl, wo die drei letzten Stellen sich durch 8 theilen lassen; z. B. 41512, wo $\frac{512}{8} = 64$ ist. Denn: ist man hier bis zu den Tausenden gekommen, und es bleibt ein Rest, so ist dieser etliche Tausende, und da 1000 durch 8 dividirbar ist, so auch dieser Rest; folglich auch derselbe, wenn noch die 3 letzten Ziffern, die der Annahme nach

durch 8 theilbar sind, hinzukommt. (Man kann sich nemlich 41512 als 41000 + 512 vorstellen, wo nun $\frac{41512}{8} = \frac{41000}{8} + \frac{512}{8}$ $= 5125 + 64 = 5189$ (§. 51.) ist; indem man die gegebene Zahl in eine Komplexion auflöset.)

4. Die Zahl 10 ist ein Divisor, wenn sich der Dividendus auf 0, die Zahl 100 wenn dieser sich auf 2 Nullen u. s. w. endiget; dies ist aus der Natur unseres Zahlensystems einleuchtend.

5. Die Zahl 5 ist das Maaß jeder, sich auf 0 oder 5 endigenden Zahl; denn, im ersteren Falle ist die Zahl durch 10 theilbar (nach 4), also auch durch 5 als das Maaß von 10; bei der Endigung des Dividendus auf 5, geht daher 5 einmal öfter, als wenn die Einer 0 wären, folglich wieder ohne Rest auf.

6. Die 3 ist ein Maaß jeder Zahl, wo die Summe der einzelnen, die Zahl darstellenden Ziffern, sich durch 3 dividiren läßt; z. B bei der Zahl 4752 ist $4 + 7 + 5 + 2 = 18$ und 18 ist durch 3 theilbar, daher auch 4752. Dies beruhet hierauf: die Zahl 10 läßt durch 3 dividirt zum Rest 1, daher kann man, wenn man mit 3 in ein Mehrfaches der Zahl 10 dividirt, immer zum Rest so viel behalten, als die Zahl ein Vielfaches von 10 ist, wobei uns nicht kümmert, ob der Rest selbst noch etwa durch 3 dividirbar ist; wird der Dividendus aber auch 100 oder ein Vielfaches von 100, so bleibt doch der Rest so viel, als die Menge der Hunderte anzeigt; z. B. bei 200 ist er $= 2$, bei 700 $= 7$ (den $\frac{700}{3} = 233$ und Rest 1, oder $= 231$ und Rest 7); so könnte man zu den Tausenden u. s. w. gehen. Eben so ist bei $\frac{40}{3}$ der Rest $= 1$ oder auch 4, wenn 12 als Quotient genommen wird. Stellt daher abcdn irgend eine Zahl vor (indem die Buchstaben hier nicht die Bedeutung von Faktoren, sondern von einfachen Ziffern haben), so daß $a + b + c + d + n$ durch 3 dividirbar ist; so zerlege man die Zahl abcdn in:

$$a0000 + b000 + c00 + d0 + n, \text{ so ist nun}$$

$$\frac{abcdn}{3} = \frac{a0000}{3} + \frac{b000}{3} + \frac{c00}{3} + \frac{d0}{3} + \frac{n}{3}.$$

Nach dem Gesagten aber bleibt bei jedem dieser 5 Quotienten a dann b dann c dann d und zuletzt n zum Rest (wenn man 3 in n Nullmal nimmt); die Summe dieser Reste muß aber auch noch durch 3 dividirt werden, und der Quotient, dem ersten Quotienten hinzugefügt; es ist aber nach der Annahme $a + b + c + d + n$ durch 3 dividirbar, daher denn auch die ganze Zahl abcdn. Folgendes Beispiel in Zahlen wird dies auch noch anschaulicher machen. Z. B. die Zahl 974502 sey gegeben. Dies giebt nun:

$$\frac{900000}{3} = 300000 \text{ oder } = 299997 \text{ und } 9 \text{ zum Rest}$$

$$\frac{70000}{3} = 23333 + \tfrac{1}{3} \text{ oder } = 23331 \text{ und } 7 \text{ zum Rest}$$

$$\frac{4000}{3} = 1333 + \tfrac{1}{3} \text{ oder } = 1332 \text{ und } 4 \text{ zum Rest}$$

$$\frac{500}{3} = 166 + \tfrac{2}{3} \text{ oder } = 165 \text{ und } 5 \text{ zum Rest}$$

$$\tfrac{2}{3} = \tfrac{2}{3} \text{ oder } = 0 \text{ und } 2 \text{ zum Rest}$$

diese Reste $9+7+4+5+2=27$ müssen noch durch 3 dividirt werden, welches der Annahme gemäß angeht ohne Rest; daher muß dies auch mit der ganzen Zahl 974502 geschehen können.

7. Die Zahl 9 ist ein Maaß jeder Zahl, wo die Summe aller einfachen Ziffern, welche die Zahl darstellen sich durch 9 dividiren läßt. Z. B. von 45621, weil $4+5+6+2+1=18$ durch 9 dividirbar ist. Auch dies läßt sich zeigen wie vorher; denn, da $\frac{10}{9}$ zum Rest 1 läßt, eben so $\frac{100}{9}$ zum Rest auch 1 ꝛc.; so läßt jedes Vielfache von 10 oder von 100 u. s. w., zum Rest ein so Vielfaches von 1 als der Dividendus das Mehrfache von 10 oder von 100 u. s. w. war (wobei wir noch den Vortheil haben, daß der Rest, der doch kleiner als 9 ist, auch so gedacht werden darf); so ist $\frac{70}{9} = 7$ und zum Rest 7, ferner $\frac{500}{9} = 55$ und zum Rest 5 u. s. w. Haben wir also wieder die Zahl abcdn*), so ist $\frac{abcdn}{9} = \frac{a0000}{9} + \frac{b000}{9} + \frac{c00}{9} + \frac{d0}{9} + \frac{n}{9}$; seyen nun auch die Quotienten was sie wollen, so sind die Reste a, b, c d und n noch übrig, welche auch noch durch 9 dividirt werden müssen; daher man auch ihre Summe durch 9 dividiren kann, von der man es aber der Annahme nach weiß, daß sie durch diese Zahl dividirbar ist.

Anmerk. 3. Daß man die Menge der eben erwähnten Fälle noch vermehren, und daß man sie in vorkommenden Fällen auch mit Nutzen anwenden kann, ist wol einleuchtend. Zugleich aber ge-

---

*) Mit derselben Bedeutung wie bei 6; welche war, daß a, b, c, d und n bloße beliebige einfache Ziffern vorstellten.

währen die angeführten Beweise, besonders die letzteren, interessante Betrachtungen über die Art, wie man durch gewisse Zerlegungen zum Zwecke kommt, und wie allgemeine arithmetische Wahrheiten bewiesen werden, wovon wir bald mehr noch erhalten; eben so lernen wir kennen, wie oft Regeln, die in Rechenbüchern kurz angegeben werden, einen tieferen Grund, in der Natur der Zahlen selbst haben. Wenn auch Anfänger sich oft schwer losmachen, von der Vorstellung, daß der Rest kleiner sey als der Divisor, so ist es doch nöthig, früh sich auch an größere Reste zu gewöhnen. Ueberhaupt sind gedachte Beweise hier mehr zur Uebung gegeben, als daß die durch sie bewiesenen Wahrheiten einen großen Zweck hätten; dies zeigt schon, daß die Sätze nur in einer Anmerkung vorkommen. Sollten diese Beweise aber Anfängern in der That zu schwer fallen, so ist der Grund nur die Unkunde der Beweise überhaupt in der Arithmetik, und sie werden gewiß ganz klar werden, wenn erst mehr Uebung hierin erlangt ist.

Anmerk. 4. Die Eigenschaften vieler Zahlen sind so merkwürdig, daß sie, in gewisse Verbindungen gebracht, den Unkundigen oft nicht wenig überraschen, der alsdann sich sogenannte Kunststücke daraus macht, oder die Resultate für solche hält. Den Grund wird der Nachdenkende oft sehr einfach finden. Wer sich hierüber mehr unterrichten will, der findet in „Grüsons enthüllte Zauberei der Arithmetik“ (zwei Bände) viel Belehrendes.

§. 67. Aufgabe.

Alle Theiler einer zusammengesetzten Zahl zu finden (§. 60, 6.).

Auflösung. Man zerlege die Zahl in ihre einfache Faktoren, so sind die besonderen unter diesen schon einige der Theiler: dann setze man immer zwei und zwei dieser Faktoren zusammen, und bilde daraus alle Produkte, welche diese zwei Faktoren in allen nur möglichen Verbindungen unter einander gewähren, so sind auch diese Produkte, welche von den gesuchten Theilern; dann nehme man immer drei der einfachen Faktoren, in allen Verbindungen unter einander und bilde aufs neue Produkte; ist dies geschehen, so werden immer vier, dann fünf u. s. w. Faktoren genommen, bis zuletzt das Produkt aus allen Faktoren, den höchsten Theiler, als die Zahl selbst, giebt.

Daß jedes der, auf diese Art entstandenen Produkte ein Theiler der gegebenen Zahl ist, versteht sich von selbst, denn das Produkt aus mehreren Faktoren (die gegebene Zahl, als Produkt aus ihren einfachen Faktoren), ist immer durch das Produkt aus einigen dieser Faktoren dividirbar (weil ja dieses Produkt auch ein Faktor, nur kein einfacher, ist). Hätte man also z. B. von der Zahl A die einfachen Faktoren a, b, c, d gefunden, so wären nun die sämmtlichen Theiler von A folgende Zahlen oder Produkte: a, b, c, d, ab, ac, ad, bc, bd, cd, abc, acd, abd, bcd, abcd; also 15 Theiler, wobei die Zahl A selbst mit gerechnet ist.

Daß die gegebene Zahl aber nicht mehr Theiler, als die auf erwähnte Art erzeugte hat, beruhet darauf: wäre dieser neue Theiler eine Primzahl, so müßte er unter den einfachen Faktoren schon seyn, wäre er eine zusammengesetzte Zahl, so ließ er sich in Primzahlen zerlegen, und so müßten diese unter den gefundenen einfachen Faktoren schon seyn, und wäre dies, so würde ihr Produkt bei den gebildeten Produkten schon mit seyn, und der Theiler wäre kein neuer.

Anmerk. 1. Daß es auf die Ordnung der Faktoren in den verschiedenen Produkten nicht ankommt, ist leicht zu erachten, denn ba giebt dasselbe Produkt als ab u. s. w.

Anmerk. 2. Sind mehrere der einfachen Faktoren gleiche, so dürfen sie deshalb bei den verschiedenen Verbindungen nicht fehlen, wenn auch einige der Theiler nun dieselben werden; man kann diese nach vollendeter Arbeit doch noch herauswerfen. Z. B. von der Zahl 90, sind die einfachen Faktoren 2, 3, 3, 5; setzt man diese auf die beschriebene Art zusammen, so erhält man zu den Theilern: 2, 3, 3, 5, 6, 6, 10, 9, 15, 15, 18, 30, 30, 45 und 90; wirft man die gleichen heraus, und ordnet die übrigen nach ihrer Größe, so erhält man 2, 3, 5, 6, 9, 10, 15, 18, 30 45 und 90 als Theiler.

Anmerk. 3. Ein Beispiel, wie sehr sich die Anzahl der Theiler häuft, wenn nur ein Paar der einfachen Faktoren mehr werden, selbst wenn mehrere derselben, dieselben sind, mag hier zur Uebung stehen. Von der Zahl 44100 sind die einfachen Faktoren folgende: 2, 2, 3, 3, 5, 5, 7, 7. Die Theiler gehörig geordnet sind folgende: 2, 3, 4, 5, 6, 7, 9, 10, 12, 14, 15, 18, 20, 21, 25, 28, 30, 35, 36, 42, 45, 49, 50, 60, 63, 70, 75, 90, 98, 100, 105, 126, 147, 150, 175, 180, 210, 225, 245, 294, 300, 315, 350, 420, 441, 450, 490, 525, 630, 700, 735, 882, 900, 1050, 1225, 1470, 1575, 2100, 2205, 2450, 3150, 3675, 4410, 4900, 6300, 7350, 11025, 14700, 22050 und 44100; also sind es 70 Theiler, was man gewiß bei der ersten Ansicht der gegebenen Zahl nicht vermuthet hätte; wären die einfachen Faktoren gar alle unter einander verschieden gewesen, so würde die Menge der Theiler noch viel größer geworden seyn.

Anmerk. 4. Wie man aus der Menge der einfachen Faktoren die Menge der Theiler finden kann, wird in der Kombinationslehre gelehrt.

§. 68. Anmerkungen.

Zu den drei Aufgaben des 65., 66. und 67. §., mögen hier folgende Bemerkungen noch stehen. Es ist erwähnt (§. 62.), daß die Kenntniß der Primzahlen für höhere Rechnungen oft nöthig ist, und dies wird sich in der Folge bestätigen; eben so ist die Kenntniß der einfachen Faktoren und der Theiler von nicht geringerem Nutzen. Man hat daher Tabellen entworfen, welche die einfachen Faktoren von allen Zahlen, von 1 bis zu einer gewissen sehr hohen Zahl enthalten. Die verschiedenen Tafeln hierüber haben ihre eigenen Einrichtungen, die man bei ihnen selbst näher nachsehen kann. Zu solchen Tafeln gehören unter andern die, in Vega's logarithmischen Tafeln (2 Bände) vorkommenden; eben so befinden sich in Grüson's Pinakothek (bereits §. 36. erwähnt) Tafeln für diesen Gebrauch. Gewöhnlich läßt man in diesen Tafeln die Primzahlen selbst aus, eben so die durch 2 und 5, auch wol die durch 3, 4, 8 und 9 theilbaren Zahlen (§. 66. Anmerk. 2), um Raum zu gewinnen, da man alsdann für diese Zahlen die einfachen Faktoren findet, wenn man sie durch diese eben erwähnten Zahlen theilt, und ihren Quotienten, (im Falle er nicht abermals theilbar durch eine jener Zahlen ist) in der Tafel aufsucht, den ersten Theiler aber, wenn er 4, 8 oder 9 ist,

ist, für sich zerlegt. Ueber die Theiler einer Zahl, stellt Lambert in seinen herrlichen Beiträgen zum Gebrauch der Mathematik (2. Theil, 1. Abschnitt) sehr scharfsinnige Untersuchungen an, und bedient sich nicht selten höherer mathematischer Mittel hierzu, als wir bis jetzt verstehen können; auch giebt er eine Tafel für die Theiler an, so wie Abkürzungen zur Berechnung derselben u. s. w. Bei dem Wege den wir §. 65. zur Aufsuchung der Primzahlen anstellten, kann man gleich die einfachen Faktoren mit suchen, wenn man nemlich bei jeder Zahl die weggestrichen wird, die Zahl dabei setzt, mit welcher man auf sie kam; so würde z. B. bei 35 die 5 und 7 stehen, weil $5 \cdot 7 = 35$ ist; da wo die beigeschriebenen Faktoren nicht zureichen die Zahl zu erzeugen, ist dies ein Beweis, daß mehrere der einfachen Faktoren dieselben sind, die man alsdann bald findet; z. B. bei 24 würde blos stehen: 2 und 3; da nun $2 \cdot 3 = 6$, und $\frac{24}{6} = 4$ ist, so ist $2 \cdot 3 \cdot 4 = 2 \cdot 2 \cdot 2 \cdot 3 = 24$, wo 2, 2, 2 und 3 die einfachen Faktoren sind. So kann man sich oft eine mühsame Arbeit sehr verkürzen, wenn man gehörig auf das achtet, was sich uns bei Vollführung eines Theils der Arbeit darbietet.

§. 69. Aufgabe.

Das größte gemeinschaftliche Maaß zweier Zahlen zu finden.

Auflösung. Man nenne die beiden gegebenen Zahlen a und b; jetzt dividire man mit der kleineren, z. B. a in die größere b, geht die Division auf, nun so ist a schon selbst das gesuchte größte gemeinschaftliche Maaß (§. 60, 5.). Geht die Division nicht auf, so dividire man mit dem erhaltenen Reste in den vorigen Divisor, mit dem neuen Reste wieder in den vorigen Divisor, und so immer fort, bis die Division endlich aufgehet; dann ist der letzte Divisor das verlangte größte gemeinschaftliche Maaß für beide gegebene Zahlen. Es stehe demnach die ganze Rechnung hier so, wo wir alles durch Buchstaben andeuten wollen, und annehmen, daß mit der fünften Division dieselbe aufgehe:

a | b | c
ac
d | a | f
df
g | d | h
gh
k | g | n
kn
m | k | p
kp
—

So soll also m das gesuchte größte gemeinschaftliche Maaß seyn.

Beweis. Daß die Division endlich einmal aufgehen muß, ist zuerst einleuchtend; denn jeder folgende Rest d, g, k und m ist immer kleiner als der vorhergehende; folglich nehmen die Reste selbst ab, und müssen endlich einmal Null oder Eins werden; und wird bewiesen, daß der letzte Divisor das größte gemeinschaftliche Maaß ist, so folgt, daß, wenn 1 dieser letzte Divisor ist, daß die beiden gegebenen Zahlen Primzahlen gegen einander sind (§. 61, 5.). Zuerst ist nun hier zu beweisen nöthig, daß der letzte Divisor m auch ein Maaß für die beiden Zahlen a und b sey; dann wird ferner gezeigt, daß es das größte gemeinschaftliche Maaß ist. Es war aber angenommen, daß m ein Maaß für k sey, deshalb ist es auch ein Maaß für kn (§. 64, 4.) und da m ein Maaß von sich selbst auch ist (§. 60, 3.), so ist m auch ein Maaß von kn + m (§. 64, 6.) d. h. von g (denn der Rest m macht + dem Subtrahendus den Minuendus aus). Ist aber m ein Maaß für g, so auch für gh, und da m ein Maaß für k war, so ist es auch ein Maaß für gh + k d. h. für d (ganz nach denselben Gründen wie vorher); ist m aber ein Maaß für d, so auch für df, und da es ein Maaß für g war, so auch ein solches für df + g d. h. für a (wie oben); endlich ist m nun auch ein Maaß für ac, und da es für d auch ein Maaß war, so ist es auch für ac + d d. h für b ein Maaß. Es ist also erwiesen, daß m ein Maaß für a und für b ist. Um zu beweisen, daß m auch das größte gemeinschaftliche Maaß für a und für b sey, nehme man an, x sey noch irgend ein gemeinschaftliches Maaß für a und für b, so wird nun bewiesen werden, daß x in m enthalten sey, woraus alsdann folgt, daß x, welches doch alle noch mögliche Maaße von a und von b vorstellte, kleiner als m sey (§. 63, 1.), woraus wiederum sich ergiebt, daß nun m das größte gemeinschaftliche Maaß nothwendig seyn muß. Also: wenn x ein Maaß ist für a, so ist es auch ein Maaß für ac, und da es ein Maaß für b der Annahme nach war, so ist es ein gemeinschaftliches Maaß für b und für ac, daher auch für b — ac (§. 64, 6.), d. h. für d (als Rest); ist x ein Maaß für d, so auch für df, und da es für a ein Maaß war, so ist es auch für a — df, d. h. für g ein solches (Grund wie oben); nun ist es auch alsdann Maaß für gh, daher auch für d — gh = k, sodann auch Maaß für kn, und da es für g ein Maaß war, so ist nun auch x ein Maaß für g — kn d. h. für m. Daher ist x nothwendig kleiner als m, und m das größte gemeinschaftliche Maaß. Welches zu beweisen war.

§. 70. Zusatz 1.

Jedes **kleinere** gemeinschaftliche Maaß zweier Zahlen, ist auch ein Maaß des **größten** gemeinschaftlichen Maaßes. Denn im vorigen §. stellte x alle noch mögliche gemeinschaftliche Maaße der Zahlen a und b vor, und wir fanden, daß x in m, d. h. im größten Maaße enthalten war; es gilt dies also von allen kleineren

Maaßen. Z. B. für 24 und 36 wird 12 das größte gemeinschaftliche Maaß seyn; die Zahlen 2, 3, 4, 6 aber die kleineren, und alle diese gehen in 12 auf.

Anmerk. Es geht aber nicht immer das kleinere Maaß im größeren auf; so geht 2 nicht in 3, 3 nicht in 4, und 4 nicht in 6 auf; zuweilen kann dies indessen seyn, so geht 2 in 4 und in 6, die 3 in 6 u. s. w auf.

§. 71. Zusatz 2.

Da jedes kleinere Maaß im größten Maaße enthalten ist, so kann man alle Maaße zweier Zahlen finden, wenn man das größte gemeinschaftliche Maaß sucht, und dann alle Theiler dieses größten Maaßes nach §. 67.; denn nun kann es außer diesen Theilern kein Maaß mehr geben, wie wol klar ist, da dieses denn doch auch im größten gemeinschaftlichen enthalten seyn müßte, also bei den Theilern desselben vergessen wäre.

§. 72. Aufgabe.

Das größte gemeinschaftliche Maaß mehrerer Zahlen zu finden.

Auflösung. Es seyen a, b, c, d und n die gegebenen Zahlen, so suche man nach §. 69. das größte gemeinschaftliche Maaß für zwei Zahlen a und b zuerst; dies heiße m, nun suche man wieder das größte gemeinschaftliche Maaß für dieses eben gefundene m und der dritten Zahl c; dieses heiße p, nun wieder für p und für d, dies nenne man q, dann abermals für q und für n, welches h heißen mag, und so fahre man fort, so lange noch eine neue Zahl unter den gegebenen ist. Das zuletzt gefundene größte gemeinschaftliche Maaß h nun, ist auch das für sämmtliche gegebene Größen. Es stehe also die ganze Rechnung so:

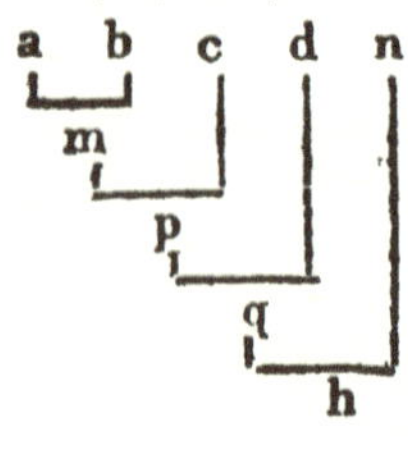

Beweis. Auch hier zeige man zuerst, daß das gefundene h ein Maaß der gegebenen Zahlen ist, und dann ferner, daß es auch das verlangte größte gemeinschaftliche Maaß sey. Es ist aber nach der gegebenen Auflösung, h ein Maaß für n und für q, q aber ein Maaß für p und für d, daher auch h ein Maaß für p und für d (§. 64, 4), p ist eben so das Maaß für m und für c, daher auch wieder h für m und für c, und weil endlich m ein Maaß für a und für b ist, so ist auch h ein Maaß für a und für b; folglich h das Maaß aller gegebenen fünf Zahlen.

Um nun den zweiten Theil des Beweises zu führen, nehme man wieder eine Größe x an, die alle übrige Maaße, welche die fünf Größen noch haben könnten, vorstellt; so kann nun eben so gezeigt werden, wie §. 69., daß x in h enthalten, oder ein Maaß für h sey, woraus alsdann folgen würde, daß alle noch möglichen Maaße der gegebenen Zahlen (die eben x vorstellt) in h enthalten seyen, oder daß h das größte gemeinschaftliche Maaß aller Zahlen ist. Da nemlich x ein Maaß aller Zahlen ist, so auch für a und für b; m aber ist das größte gemeinschaftliche Maaß für a und für b, daher x ein kleineres, folglich x ein Maaß für m (§. 70.); da aber x auch ein Maaß für c ist, so ist x ein gemeinschaftliches Maaß für m und für c, und weil p das größte gemeinschaftliche Maaß für m und für c ist, so ist x ein kleineres, also auch ein Maaß für p (wieder §. 70.); aber es war auch x ein Maaß für d, daher für p und für d, und aus denselben Gründen wie vorher auch ein Maaß für q, als des größten gemeinschaftlichen Maaßes für p und für d; endlich ist x auch als Maaß für n angenommen, daher für q und für n, und folglich auch für deren größtes gemeinschaftliches Maaß h. (Siehe Anmerk. 5.) Wie zu beweisen war.

Anmerk. 1. Daß der Beweis, wenn es der gegebenen Größen auch noch so viel gewesen wären, eben so fort geführt werden würde, ist wol leicht einzusehen.

Anmerk. 2. Ist unter den gegebenen Zahlen auch nur eine Primzahl, und diese ist nicht selbst das Maaß aller übrigen, so haben sämmtliche gegebene Zahlen kein gemeinschaftliches Maaß; ist die Primzahl aber das Maaß aller übrigen, so ist sie auch selbst das größte gemeinschaftliche Maaß, das man suchte. Z. B. für die Zahlen 25, 5, 10, 15 ist 5 das größte gemeinschaftliche Maaß; für 12, 24, 8 und 7 aber giebt es kein gemeinschaftliches Maaß (denn 4 ist nur ein solches für 12, 24 und 8). Sollte man z. B. für die Zahlen 180, 252, 132 und 18 das größte gemeinschaftliche Maaß suchen, so steht die Rechnung nach der gehabten Anweisung so:

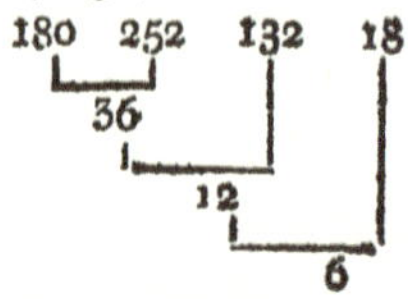

Daher 6 das gesuchte Maaß ist.

Anmerk 3. Die Aufgabe dieses §. kommt nur selten in Anwendung, desto öfter das Suchen des größten gemeinschaftlichen Maaßes für zwei Zahlen.

Anmerk. 4. Würden sämmtliche Maaße mehrerer Zahlen verlangt, so ist wol einleuchtend, daß dies die sämmtlichen Theiler des größten gemeinschaftlichen Maaßes wären, da unser Beweis deutlich zeigte, daß alle kleinere Maaße (die x eben vorstellte) im größten enthalten sind.

Anmerk. 5. Wollte man annehmen, daß das x welches ein Maaß für a und für b ist (da es für alle gegebene Zahlen eins war), gleich mit m sey, nachher eben so daß es gleich mit p, daß es ferner gleich mit q und auch zuletzt gleich mit h wäre; so würde man ja ganz unnöthig haben, den zweiten Theil des Beweises zu führen, der ja eben zeigen soll, daß die von h verschiedenen Maaße, kleiner als h sind.

§. 73. Lehrsatz.

Das kleinste gemeinschaftliche Multiplum p, zweier Zahlen a und b, ist ein Maaß jedes größeren gemeinschaftlichen Multiplums M, derselben Zahlen.

Beweis. Gesetzt p ließe in M dividirt, einen Rest x (der kleiner als p ist), so wäre p ein Maaß für M — x

(§. 64, 5.), oder $M-x$ ein Multiplum von p, daher auch $M-x$ ein Multiplum von a und von b (§. 64, 4.); nun war aber auch M ein Multiplum für a und für b, deshalb sind M und $M-x$ gemeinschaftliche Multiplen für a und für b; weshalb $M-(M-x)=M-M+x$ (§. 46.) $=x$ auch ein Multiplum für a und für b seyn müßte (§. 64, 6.); da aber p das kleinste gemeinschaftliche Multiplum für a und für b war (nach der Annahme), und x kleiner als p ist, so kann x kein Multiplum mehr seyn (§. 64, 3.). Hierauf kommen wir aber immer, wenn wir annehmen, p in M dividirt ließ einen Rest x; daher kann dieser Rest nicht statt finden, sondern p ist ein Maaß für M *).

Anmerk. Man hüte sich wol zu sagen: das kleinere Multiplum sey ein Maaß des größeren; dies ist nicht nur hier nicht gesagt, sondern auch unrichtig; z. B. für die Zahlen 6 und 8, sind die Zahlen 24, 48, 72, 96 u. s. w. Multiplen; nun ist 72 allerdings ein kleineres Multiplum als 96, aber deshalb noch kein Maaß für 96 u. s. w. Dies zeigt zugleich, daß zwei Zahlen ein kleineres gemeinschaftliches Multiplum als ihr Produkt ist, haben können.

§. 74. Zusatz.

Da das kleinste gemeinschaftliche Multiplum ein Maaß jedes größeren ist, so können wir, wenn wir nur erst das kleinste zu finden, kennen gelernt haben (§. 77. wird dies gelehrt), auch alle größeren finden, indem man nemlich das gedachte kleinste immer zu sich selbst addirt; denn hierzwischen können nun keine mehr liegen. Das größte gemeinschaftliche Multiplum aber ist unendlich groß. (§. 64, 3.)

§. 75. Lehrsatz.

Wenn man das Produkt ab zweier Zahlen a und b, durch irgend ein gemeinschaftliches Maaß m dieser beiden Zahlen, dividirt; so ist der Quotient q stets ein gemeinschaftliches Multiplum für die Zahlen a und b.

---

*) Siehe die Einleitung, die Theorie der apagogischen Beweise.

Beweis. Der Annahme nach ist $\frac{ab}{m}=q$; es soll bewiesen werden, daß $\frac{q}{a}$ und $\frac{q}{b}$ ganze Zahlen sind, denn d. h. ja q ist ein Multiplum für a und für b; wie doch zu beweisen ist. Zuerst ist aber zu zeigen, daß q selbst eine ganze Zahl ist; dies muß jedoch seyn, denn da m ein Maaß für a ist, so ist es auch ein solches für ab (§. 64, 4.), oder q ist eine ganze Zahl. (Eben so hätte man sagen können, da m ein Maaß für b ist, so ist es auch ein solches für ba). Wenn aber $\frac{ab}{m}=q$ ist, so ist auch $\frac{a}{m}=\frac{q}{b}$ und $\frac{b}{m}=\frac{q}{a}$ (nach §. 56, 4.); weil nun aber $\frac{a}{m}$ und $\frac{b}{m}$ ganze Zahlen sind, indem m als Maaß für a und für b angenommen wurde, so sind auch die, mit diesen Werthen gleiche Werthe $\frac{q}{b}$ und $\frac{q}{a}$ ganze Zahlen, oder q ist ein Multiplum für b und für a. Wie zu beweisen war.

§. 76. Lehrsatz.

Daß zwei Zahlen a und b, immer unendlich viele gemeinschaftliche Multiplen haben, und daß ihr Produkt immer ein solches ist, wurde schon §. 64, 3. erwähnt. Jetzt wird behauptet, daß, wenn zwei Zahlen zu ihrem kleinsten gemeinschaftlichen Multiplum, eine kleinere Zahl als ihr Produkt, haben (§. 73., Ende der Anmerkung), so ist der Quotient, wenn man mit diesem kleinsten Multiplum in das Produkt dividirt, immer ein gemeinschaftliches Maaß der beiden gegebenen Zahlen.

Beweis. Gesetzt das kleinste gemeinschaftliche Multiplum wäre p, so soll, wenn $\frac{ab}{p}=m$ ist, auch m ein Maaß für a und für b seyn, d. h. es sollen $\frac{a}{m}$ und $\frac{b}{m}$ ganze Zahlen werden. Zuerst muß m eine ganze Zahl selbst seyn, denn p ist das kleinste, und ab ein größeres

Multiplum für a und für b (§. 73.). Wenn aber $\frac{ab}{p} = m$ ist, so ist $ab = pm$, ferner hieraus $\frac{ab}{m} = p$ und hieraus wieder $\frac{a}{m} = \frac{p}{b}$ oder $\frac{b}{m} = \frac{p}{a}$ (§. 56.). Weil aber $\frac{p}{b}$ und $\frac{p}{a}$ ganze Zahlen sind (indem p das Multiplum für b und für a war), so sind auch die, diesen Werthen gleiche Werthe $\frac{a}{m}$ und $\frac{b}{m}$ ganze Zahlen; d. h. m ist ein Maaß für a und für b. Wie zu beweisen war.

§. 77. Lehrsatz.

Das Produkt zweier Zahlen, durch ihr größtes gemeinschaftliches Maaß dividirt, giebt zum Quotienten das kleinste gemeinschaftliche Multiplum der gedachten Zahlen.

Beweis. Wenn a und b die beiden Zahlen sind, und m ihr größtes gemeinschaftliches Maaß, so ist $\frac{ab}{m} = p$, wo p nach §. 75. ein Multiplum für a und für b ist. Wenn aber die Zahlen a und b auch noch so viele gemeinschaftliche Maaße haben, so geben zwar alle diese in das Produkt ab dividirt, zum Quotienten gemeinschaftliche Multiplen, und das größte unter ihnen m erzeugt das kleinste Multiplum von allen den erhaltenen; allein weil die Anzahl der Multiplen für zwei Zahlen immer unendlich ist, so könnte das gesuchte kleinste gemeinschaftliche Multiplum, doch noch auf einem anderen Wege erhalten werden, und kleiner als p seyn. Man nehme daher an, x sey das kleinste gemeinschaftliche Multiplum, so ist $\frac{ab}{x}$ eine ganze Zahl die z heiße, und überdies ist z noch ein gemeinschaftliches Maaß für a und für b (§. 76.). Wenn aber $\frac{ab}{m} = p$ gab, so auch $\frac{ab}{p} = m$; ist nun $x < p$ so ist auch $z > m$ (denn ein größerer Divisor erzeugt, bei ungeändertem Dividendus, einen kleineren Quotienten); also würde man noch ein größeres gemeinschaftliches Maaß z als das gegebene größte ist, gefunden haben; welches unmöglich ist (§. 63, 8.). Man kam auf diesen Widerspruch, durch die Annahme, daß es noch ein kleineres gemeinschaftliches Multiplum als p gebe, d. h. als dasjenige, welches durch Division mit dem größten gemeinschaftlichen Maaße in das Produkt erzeugt war; folglich kann ein solches nicht stattfinden, und p ist das gesuchte **kleinste**. Wie zu beweisen war.

§. 75. Zusätze.

1. So ist also z. B. für 18 und 24 das kleinste gemeinschaftliche Multiplum $\frac{18 \cdot 24}{6} = 3 \cdot 24 = 18 \cdot 4 = 72$; wo man nur einen der Faktoren zu dividiren, und mit dem Quotienten, den anderen zu multipliziren hat (§. 37, 7.); überdies ist die 6 als größtes gemeinschaftliches Maaß nach §. 69. gesucht.

2. Sind die beiden gegebenen Zahlen, Primzahlen unter einander (§. 63, 7.), so ist ihr Produkt selbst ihr kleinstes gemeinschaftliches Multiplum (§. 61, 5.); also von 7 und von 11 ist dies 77, von 13 und von 8 ist solches 104, endlich von 8 und von 9 ist es 72.

3. So werden also alle Multiplen für z. B. 8 und 12, wo das kleinste $= \frac{8 \cdot 12}{4} = 24$ ist, die Zahlen 24, 48, 72, 96, 120 u. s. w. seyn; zwischen diesen kann **nie**, noch ein Multiplum liegen, denn 24 muß in jedem größeren ja enthalten seyn (§. 74.).

4. Das kleinste gemeinschaftliche Multiplum zweier Zahlen, kann **nie** kleiner als die größte der beiden Zahlen, wol aber ihr gleich seyn, wenn nemlich das größte gemeinschaftliche Maaß, die kleinere von beiden Zahlen ist; z. B. für 8 und 24, ist $\frac{8 \cdot 24}{8} = 24$ dasselbe.

5. Daß das kleinste gemeinschaftliche Multiplum zweier Zahlen, **nie** größer als das Produkt derselben

seyn kann, indem dies immer ein Multiplum ist, ward schon §. 64, 3. erwähnt.

§. 79. Aufgabe.

Das kleinste gemeinschaftliche Multiplum mehrerer Zahlen zu finden.

Diese Aufgabe, welche eine der wichtigsten dieses Kapitels ist, beruhet nun einfach auf die gehabten früheren Sätze, und hat folgende:

Auflösung. Es seyen die gegebenen Zahlen, die Zahlen a, b, c, d und f; man suche nun nach §. 78., zuerst das kleinste gemeinschaftliche Multiplum für die beiden ersten Zahlen a und b, dieses heiße p, nun sucht man für das eben gefundene p und für die dritte Zahl c abermals das kleinste Multiplum, dies heiße q, nun für q und die vierte Zahl d wieder dasselbe, welches h heißen mag, dann für h und die folgende Zahl f u. s. w., so viel es noch der gegebenen Zahlen sind; so ist nun das zuletzt gefundene Multiplum, welches m heißen mag, das verlangte kleinste für alle gegebene Zahlen. Es stehe auch hier, der leichteren Uebersicht wegen, die Rechnung beisammen; also:

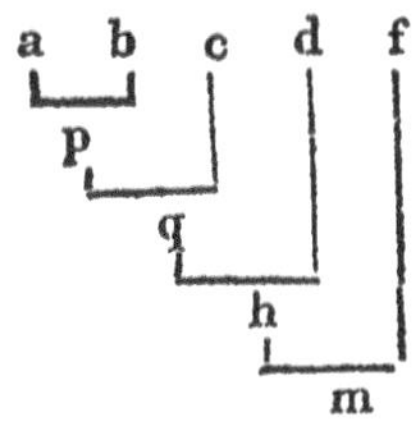

Beweis. Zuerst werde wieder gezeigt, daß m ein Multiplum für alle die gegebenen Zahlen sey, und dann zweitens, daß es das kleinste gemeinschaftliche auch ist. Nach der Annahme gehen a und b in p auf, p aber in q, daher auch a und b in q (§. 64, 4.), in welche Zahl auch c aufging; q geht aber in h auf (weil nach der Auflösung h das kleinste Merniplum für q und für d war), daher auch a, b und c in h aufgehen, worin auch d enthalten ist; endlich ist h ein Maaß für m, weshalb auch a, b, c und d Maaße für m sind, worin auch f laut Auflösung, aufgeht. Daher ist m ein gemeinschaftliches Multiplum Gesetzt nun ferner, es gebe für die gegebenen fünf Zahlen, noch ein kleineres gemeinschaftliches Multiplum x als m ist, so wäre dies auch ein Multiplum für a und für b, für diese ist aber p das kleinste, daher geht p in x auf; aber auch c gehet nach der Annahme in x auf, deshalb ist x ein Multiplum für p und für c, für diese ist aber q das kleinste, daher q in x aufgehet (§. 73); weil ferner auch d in x aufgehen sollte, so ist x ein Multiplum für q und für d. weshalb nun wieder h, als kleinstes für diese beide Zahlen in x aufgehet; endlich ging auch f in x nach der Annahme auf, also h und f beide in x, aus welchem Grunde auch eben so wie früher, m als kleinstes gemeinschaftliches Multiplum für h und für f, in x aufgehen muß. Dies ist aber nicht möglich, da ja $x < m$ seyn sollte (§. 63. 1.). Wir stoßen also auf diesen Widerspruch, durch die Annahme, daß x ein kleineres Multiplum für die gegebenen Zahlen, als das gefundene m seyn sollte; daher dies nicht möglich ist, sondern m das gesuchte kleinste ist. Wie zu beweisen war.

Zusatz 1. Wird x blos als ein Multiplum angenommen, welches alle die noch möglichen vorstellt, so kommen wir durch unseren Beweis darauf, daß das kleinste gemeinschaftliche Multiplum, ein Maaß jedes größeren ist, was wir für zwei Zahlen, schon §. 73. gesehen haben, und welche Wahrheit sich also auch hier bei mehreren Zahlen findet.

Zusatz 2. Es seyen die Zahlen 24, 72, 80, 90 und 56 gegeben, um für sie das kleinste gemeinschaftliche Multiplum zu suchen, so stehet auch hier die Rechnung so:

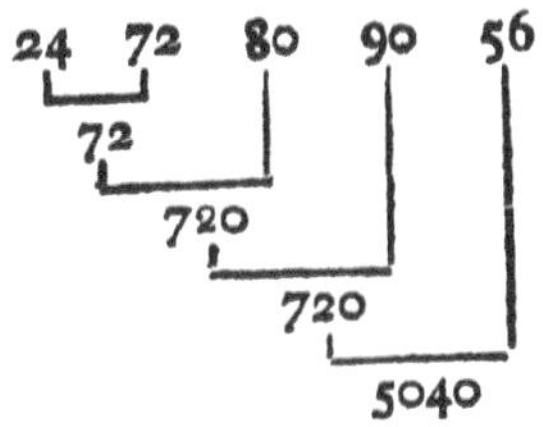

Daher es keine kleinere Zahl als 5040 giebt, worin die fünf gegebenen Zahlen aufgehen.

Zusatz 3. Auch kann man das kleinste gemeinschaftliche Multiplum mehrerer Zahlen noch finden, wenn man dieselben in ihre einfache Faktoren zerfällt (§. 66.), und alsdann verfährt, wie folgendes Beispiel zeigen mag. Es seyen die Zahlen 15, 18, 22, 16, 12, 27, 10, gegeben, so werden ihre einfache Faktoren folgende seyn:
3 5, 2.3.3, 2.11, 2.2.2.2, 2.2.3, 3.3.3, 2.5.
Nun untersuche man, in welchem dieser Produkte die meisten *gleichen* Faktoren vorkommen; dies ist in 2.2.2.2, indem kein anderes der Produkte vier Zweien hat; diese lasse man stehen, und streiche aus allen übrigen Produkten sämmtliche Zweien weg; dann untersuche man, wo man nun wieder einen anderen einfachen Faktor am öftersten in einem Produkte findet; dies ist hier 3 im Produkte 3.3.3, indem diese wieder stehen bleiben, werden alle Dreien die in den verschiedenen Produkten stehen weggestrichen; so fährt man nun immer weiter fort, bis man zuletzt auf *die* Faktoren kommt, welche in mehreren der Produkte zwar ein oder mehrere Male vorkommen, aber in den verschiedenen Produkten doch gleich oft erscheinen, wie hier z. B. die 5; diese läßt man irgend wo stehen, und streicht alle übrigen Fünfen aus den anderen Produkten weg. Ist dies geschehen, so daß also in keinem Produkte ein Faktor mehr steht, der auch in einem anderen Produkte sich noch befindet; so ist das Produkt aus allen stehen gebliebenen Faktoren, das kleinste gemein-

schaftliche Multiplum für die gegebenen Zahlen. Für unser Beispiel würde dies also so stehen:

3.5, 2.3.3, 2.11, 2.2.2.2, 2.2.3, 3.3.3, 2.5. weshalb 5.11.2.2.2.2.3.3.3 = 23760 das gesuchte kleinste gemeinschaftliche Multiplum seyn wird.

Der Grund hiervon liegt einfach darin: zuerst wird das gefundene Produkt sich durch alle die gegebenen Zahlen dividiren lassen, weil alle einfache Faktoren jeder der gegebenen Zahlen, darin erscheinen, indem man ja dieselben in dem Produkte hat stehen lassen, wo sie am meisten erschienen; zugleich wird es kein kleineres gemeinschaftliches Multiplum, als das gefundene ist, geben, indem jede der gegebenen Zahlen nur in ein Produkt aufgehen kann, wo sie als Faktor erschien, oder was dasselbe ist, wo ihre einfache Faktoren alle als Faktoren vorkommen; und dies ist, laut unserem Verfahren, hier der Fall gewesen. Daß die Ordnung der Faktoren nichts für die Größe des Produkts thut, haben wir gesehen, und in dem Produkte das wir durch unser Verfahren erhielten, ist ja auch nur dieselbe anders, als in den ursprünglich gegebenen Produkten oder Zahlen. Bei diesem Verfahren kann man sich der §. 68. erwähnten Faktorentafeln bedienen, die bei großen Zahlen bedeutenden Nutzen gewähren, weil sonst das hier genannte Verfahren wol wenig Abkürzung giebt, wenn man erst lange nach §. 66. die einfachen Faktoren mühsam aufsuchen wollte. Ueberhaupt wird der, welcher viel nach einer gewissen Methode rechnet, oft Vortheile entdecken, die sich nicht einmal alle aufzählen lassen, ja, die nicht selten gehörig untersucht, zu wichtigen mathematischen Wahrheiten führen. Zu solchen Vortheilen gehört z. B. folgende Auflösung unserer eben gehabten Aufgabe.

Man wähle die vorher gehabten Zahlen, und mache folgende Rechnung:

3)	15,	18,	22,	16,	12,	27,	10.
3)	5,	6,	22,	16,	4,	9,	10.
2)	5,	2,	22,	16,	4,	3,	10.
2)	5,	1,	11,	8,	2,	3,	5.
5)	5,	1,	11,	4,	1,	3,	5.
	1,	1,	11,	4,	1,	3,	1.

Das Verfahren ist folgendes: man wähle irgend eine Primzahl, welche in zwei oder mehreren der gegebenen Zahlen enthalten ist, z. B. 3, und dividire hiermit in die sämmtlichen Zahlen; wo nun 3 nicht enthalten ist, da schreibe man die Zahl selbst herunter, sonst aber den erhaltenen Quotienten; so bekommt man die zweite Reihe: 5, 6, 22, 16, 4, 9 und 10; die 3 aber kommt zur Linken der ersten Reihe. Nun suche man, ob die 3 noch einmal in mehreren der Zahlen der zweiten Reihe enthalten ist, und bemerke abermals die Quotienten oder die Zahlen selbst (da wo 3 kein Maaß ist) in die dritte Reihe; die 3 aber am Anfang der zweiten Reihe, gehörig abgesondert von den übrigen Zahlen derselben. Für mehrere der Zahlen der dritten Reihe suche man abermals ein gemeinschaftliches Maaß, das hier 2 ist, und verfahre jetzt so wie fernerhin eben so wie bisher; so kommt man zuletzt auf eine Reihe, wie hier 1, 1, 11, 4, 1, 3, 1, wo alle Zahlen Primzahlen unter einander sind; jetzt ist endlich das Produkt aus diesen, so wie aus den früher gefundenen Maaßen, das kleinste gemeinschaftliche Multiplum, das man suchte; also hier $3 . 3 . 2 . 2 . 5 . 11 . 4 . 3 = 23760$. Der Grund hiervon ist leicht einzusehen, und beruhet wie im vorigen Verfahren darauf, daß man nun in den eben gedachten Faktoren, alle diejenigen wiederfindet, welche in den einzelnen Zahlen enthalten sind, nur in einer anderen Ordnung; denn z. B. ist hier $2.2.4$, statt dort $2.2.2.2$ war, ja es ist sogar hier die 2.2 von der 4 noch erst durch andere Faktoren getrennt, welches aber auf das Produkt selbst keinen Einfluß hat. Dies zeigt eine leichte Uebersicht des Verfahrens zur Genüge.

Anmerk. 1. Dies letzte Verfahren, was in der Ausübung vielleicht sich am schnellsten anwenden läßt, ist auch das gebräuchlichste; allein bei großen Zahlen, wo eine leichte Uebersicht der Theiler, so wie die Kenntniß der Primzahlen unter einander, oft fehlt, mögte es doch nicht so allgemein bedeutende Abkürzungen gewähren.

Anmerk. 2. Sind die sämmtlichen gegebenen Zahlen Primzahlen unter einander, so ist natürlich, nach jeder der gehabten Auflösungen, ihr Produkt das gesuchte Multiplum.

Fünftes Kapitel.

Die Theorie der Brüche im Allgemeinen.

---

§. 80. Erklärung.

Wenn man eine Einheit in mehrere gleiche Theile theilt, und nennt irgend eine beliebige Menge (oder einen) dieser Theile nach der getheilten Einheit; so hat man einen Bruch dieser getheilten Einheit, welche selbst in Hinsicht des Bruches, die Brucheinheit genannt wird.

Anmerk. Es beruhet also der Unterschied zwischen Bruch und ganzer Zahl nur darauf, daß die Menge von Einheiten bei dieser letzteren, nach der Einheit selbst genannt werden. So sind z. B. sechs Groschen ein Bruch vom Thaler, aber eine ganze Zahl von Groschen. (§. 5.)

§. 81. Grundsätze.

1. Jeder Bruch ist eine Zahl, denn er bestehet aus Einheiten, welche nur selbst Theile einer größeren Einheit (der Brucheinheit) sind. Daher nennt man Brüche auch gebrochene Zahlen. (Siehe §. 6, 2.)

2. Der Unterschied zwischen Bruch und ganzer Zahl ist nur relativ, denn jeder Bruch ist eine ganze Zahl seiner Ein-

Einheiten, und jede ganze Zahl ist ein Bruch, in Hinsicht einer höheren Einheit. (Siehe §. 6, 3.)

3. Jeder Bruch hat außer der Menge von Einheiten die er enthält, noch eine Beziehung auf die Brucheinheit (§. 80.); also einen Namen, der die Größe der Theile bestimmt.

§. 82. Erklärung.

Ein Bruch heißt ein unbenannter Bruch, wenn die Brucheinheit eine unbenannte Zahl ist; ist diese aber benannt, so heißt der Bruch auch ein benannter Bruch. (§. 3, 2 und 3.)

§. 83. Grundsätze.

1. Auch unbenannte Brüche haben ihre Namen. (§. 81, 3.)

2. Der Bruch ist mit der Brucheinheit immer gleichartig. (Siehe Einleit., Art der Größen, 6. Grundsatz.)

3. Unbenannte ganze Zahlen und unbenannte Brüche, sind gleichartig. (Art der Größen, 5. Grundsatz.)

Anmerk. Wir haben es blos mit den unbenannten Brüchen hier zu thun.

§. 84. Erklärung.

Die Zahl, welche die Menge der Theile (oder Einheiten) eines Bruchs angiebt, heißt der Zähler; die Zahl aber, welche die Größe der Theile, in Hinsicht der getheilten Brucheinheit nennt, wird der Nenner genannt. Beide trennt man von einander durch dies Zeichen —, der Zähler steht über, der Nenner unter dem Striche, z. B. $\frac{5}{7}$; wird ausgesprochen: fünf Siebentel von der Brucheinheit. Ist diese Eins, so sagt man blos fünf Siebentel. Bei den Brüchen die wir hier betrachten, ist immer Eins die Brucheinheit.

§. 85. Grundsätze.

1. Der Zähler bei einem Bruche ist dessen Zahl; denn er zählt die Menge der Einheiten. §. 1.)

2. Der Nenner eines Bruchs ist sein Name, denn er nennt die Größe der Theile. (§. 84. und §. 81, 3.)

3. Wenn man z. B. sagt fünf Siebentel, so ist dies so gut als: fünf siebente Theile (§. 80.), oder fünfmal der siebente Theil (von der Brucheinheit).

4. Brüche, welche man in Hinsicht ihrer Größe mit einander auf irgend eine Art vergleichen will, müssen gleiche Nenner (nach 2.) haben; wie man ihnen solche giebt, wird §. 90. gelehrt werden.

5. Ein Bruch verkleinert oder vergrößert sich, wenn der Zähler sich verkleinert oder vergrößert; er vergrößert sich aber auch, wenn der Nenner sich verkleinert, und verkleinert sich mit der Vergrößerung des Nenners.

Anmerk. Wie vielmal oder um wieviel dies geschieht, wird §. 87. und §. 91. näher bestimmt.

§. 86. Zusatz.

Wenn man sagt $\frac{3}{4}$, so hat man nach § 85, 3. so viel als den vierten Theil (das Viertel) der Brucheinheit 3 Mal; man erhält aber den vierten Theil einer Größe durch die Division mit 4, und ein Viertel oder $\frac{1}{4}$ ist der Quotient; nimmt man aber denselben dreimal, so ist dies so gut als hätte man den Dividendus dreimal genommen, und $\frac{3}{4}$ ist der Quotient (§. 37, 9.). Hieraus folgt die so überaus wichtige Wahrheit: jeder Bruch ist der Quotient einer Division, der Zähler des Bruchs ist der Dividendus, und der Nenner ist der Divisor; jede Division ist aber auch ein Bruch.

Anmerk. 1. Hieraus wird klar, warum man für die Bezeichnung der Brüche, das Divisionszeichen gewählt hat.

Anmerk 2. Was also von der Division bisher gesagt wurde, gilt auch von Brüchen.

Anmerk. 3. Wenn bei einer Division ein Rest bleibt, so wird derselbe aus diesem Grunde als Zähler, durch den Divisor als Nenner dividirt, in Bruchform, dem Quotienten beigesetzt.

§. 87. Zusätze.

Wenden wir das von der Division Gesagte, auf die Brüche an, so erhalten wir folgende, für gegenwärtige Theorie so wichtige, Sätze:

1. Wenn ein Bruch negativ ist, so ist es entweder der Zähler oder der Nenner (§. 35, 2.), man giebt in diesem Falle das Zeichen — dem ganzen Bruche; z. B. $-\frac{a}{b} = \frac{-a}{b} = \frac{a}{-b}$, wo es also gleichgültig ist, ob Zähler oder Nenner negativ angenommen wird.

2. Ein Bruch ist stets so vielmal kleiner als der Zähler, wie der Nenner anzeigt; also z. B. $\frac{4}{11}$ ist 11 Mal kleiner als 4; indem ja die 4 durch 11 dividirt ist, und $\frac{4}{11}$ der Quotient wurde. Oder: ein Bruch entsteht aus der Einheit, indem man dieselbe mit dem Zähler multiplizirt und durch den Nenner dividirt; weshalb die Einheit aus dem Bruch wieder entsteht, indem man diesen mit dem Nenner multiplizirt und durch den Zähler dividirt.

3. Ein Bruch wird so vielmal größer, als dies der Zähler wird, wenn der Nenner ungeändert bleibt. (§. 37, 9.)

4. Ein Bruch wird bei ungeändertem Nenner, so vielmal kleiner als der Zähler dies wird. (§. 37, 9.)

5. Bei ungeändertem Zähler, wird ein Bruch so vielmal größer, als der Nenner kleiner wird. (§. 37, 10.)

6. Es wird aber ein Bruch so vielmal kleiner, als bei ungeändertem Zähler, der Nenner größer wird. (§. 37, 10.)

7. Der Werth eines Bruchs bleibt ungeändert, wenn man Zähler und Nenner beide gleich vielmal vergrößert oder verkleinert (§. 37, 11.)

Anmerk. Auch kann man diese Sätze, rein aus der Erklärung des Bruchs herleiten (§. 80.), denn wenn man die Menge (den Zähler) der Theile eine gewisse Anzahl Male vergrößert, so ist der ganze Werth der Größe um so vielmal vergrößert; wenn man aber die Einheit in eine gewisse Anzahl Male mehr gleiche Theile theilt, so werden die Theile eben so vielmal kleiner. Hieraus folgt das Gleichbleiben eines Bruchs, bei dem gleich vielmaligen Verändern des Zählers und Nenners.

§. 88. Erklärungen.

1. Ein Bruch welcher kleiner ist als die Brucheinheit, heißt ein echter Bruch; man erkennt ihn daran, daß sein Nenner größer ist als der Zähler; denn man hat nun nicht so viele Theile betrachtet, als vorhanden waren.

2. Ein Bruch, welcher größer ist als die Brucheinheit, heißt ein unechter Bruch, dessen Kennzeichen seyn wird, daß sein Zähler größer als der Nenner ist, indem nun der gleichen Theile mehrere betrachtet werden, als vorhanden sind.

3. Wenn bei einem Bruche noch eine ganze Zahl ist, so heißt er ein vermischter Bruch, oder eine vermischte Zahl (§. 81, 1.); z. B. $4 + \frac{2}{5}$; in diesem Falle macht man aber das +Zeichen nicht hin, sondern schreibt die ganze Zahl nur beim Bruchzeichen als $4\frac{2}{5}$.

§. 89. Zusätze.

1. Hat man einen unechten Bruch als z. B. $\frac{15}{4}$, so vollziehe man die Division so weit es geht, und da wird $\frac{15}{4} = \frac{12 + 3}{4} = \frac{12}{4} + \frac{3}{4} = 3\frac{3}{4}$. Dies giebt die Verwandelung der unechten Brüche in gemischte.

2. Ein Bruch dessen Zähler gleich dem Nenner ist, ist gleich der Brucheinheit; und diese ist wiederum gleich einem Bruche, wo Zähler und Nenner gleich sind; z. B. $\frac{8}{8} = 1$. Es ist also ein Bruch von der Form $\frac{a}{a}$ die Grenze zwischen den echten und unechten Brüchen, und gehört demnach zu keinem von beiden.

3. Man kann jede ganze Zahl als einen Bruch ansehen, dessen Nenner Eins ist; z. B. $\frac{4}{1} = 4$.

4. Man kann jede ganze Zahl zu einem unechten Bruche machen, wo der Nenner eine beliebige Zahl ist;

z. B. es soll 7 zu einem Bruche mit dem Nenner 9 werden, so ist $7 = \frac{7}{1} = \frac{7 \cdot 9}{1 \cdot 9} = \frac{63}{9}$.

5. Man kann jede vermischte Zahl in einen unechten Bruch verwandeln, z. B. $5\frac{3}{4}$; so ist $5 = \frac{20}{4}$ (nach 4) und $5 + \frac{3}{4} = \frac{23}{4}$ (siehe auch 1.).

6 Man kann Brüche wiederholt dividiren; dies führt auf die gebrochenen Brüche. (Siehe das Ende des folgenden Kapitels §. 104.)

§. 90. Aufgabe.

Zwei oder mehrere Brüche auf gleiche Nenner oder Zähler zu bringen. (Einen Generalnenner zu suchen.)

Auflösung. Es seyen die Brüche $\frac{4}{9}$, $\frac{3}{4}$, $\frac{5}{12}$ und $\frac{7}{10}$ gegeben; so könnte man das Produkt aus sämmtlichen Nennern, welches 4320 ist, machen; nun würde man für jeden der gegebenen Nenner, dieses Produkt als neuen Nenner setzen können, und indem man durch Division mit dem alten Nenner in diesen neuen suchte, wie vielmal derselbe vergrößert worden ist, müßte man den Zähler eben so vielmal vergrößern, wodurch der Bruch ungeändert bliebe. So wäre die Aufgabe allerdings gelöset. Aber, da es hier nur auf eine Zahl ankommt, in welche sämmtliche Nenner aufgehen (damit man die Zähler eben so vielmal vergrößern kann), so suche man nach §. 79, das kleinste gemeinschaftliche Multiplum für sämmtliche Nenner, dies ist hier 180, und nun nehme man dasselbe für den gemeinschaftlichen Nenner der gegebenen Brüche, welcher Nenner auch Generalnenner oder Hauptnenner genannt wird. Dies giebt nun folgende Verwandlung der Brüche, in Brüche mit gleichen Nennern:

$\frac{4}{9} = \frac{4 \cdot 20}{9 \cdot 20} = \frac{80}{180}$; $\frac{3}{4} = \frac{3 \cdot 45}{4 \cdot 45} = \frac{135}{180}$; $\frac{5}{12} = \frac{5 \cdot 15}{12 \cdot 15} = \frac{75}{180}$;

$\frac{7}{10} = \frac{7 \cdot 18}{10 \cdot 18} = \frac{126}{180}$.

Daher $\frac{30}{180}$, $\frac{135}{180}$, $\frac{75}{180}$ und $\frac{126}{180}$ die gegebenen Brüche mit dem gemeinschaftlichen Nenner sind.

Anmerk. Sind die Nenner Primzahlen unter einander, so ist das Produkt aus ihnen das kleinste gemeinschaftliche Multiplum. Sollen die gegebenen Brüche auf gleiche Zähler gebracht werden, so ist allerdings das Verfahren ganz das ähnliche, nur daß ein Generalzähler gesucht wird.

§. 91. Zusatz.

So kann man also die Größe zweier oder mehrerer Brüche mit einander vergleichen (§. 85. 4.); wenn man ihnen gleiche Nenner oder Namen (§. 85, 2) giebt, da nun nur die Größe der Zähler, über die Größe der Brüche selbst entscheidet. Z. B. $\frac{4}{7}$ und $\frac{5}{8}$, sind so groß als $\frac{32}{56}$ und $\frac{35}{56}$; daher ist $\frac{35}{56}$ nur $\frac{3}{56}$ größer als $\frac{32}{56}$, oder $\frac{5}{8}$ ist um so viel größer, als $\frac{4}{7}$. Hätte man beiden Brüchen gleiche Zähler gegeben, so würde man $\frac{20}{35}$ und $\frac{20}{32}$ bekommen haben, wo nun der Bruch, welcher den kleineren Nenner hat, also $\frac{20}{32}$ oder $\frac{5}{8}$ der größere von beiden ist, um was, oder um wieviel er aber größer ist, bleibt hier ganz unentschieden. (Siehe §. 85, 5.)

§. 92 Aufgabe.

Einen Bruch, unbeschadet seiner Größe, durch die kleinsten Zahlen auszudrücken oder ihn zu heben.

Auflösung. Man suche für Zähler und Nenner das größte gemeinschaftliche Maaß nach § 69., und dividire beide durch dasselbe, so geben die Quotienten den neuen Bruch, d. h. der Quotient beim Zähler den Zähler, der beim Nenner den Nenner desselben. Denn: der gegebene Bruch bleibt durch gedachte Verrichtung ungeändert (§. 87, 7.), und nun kann der neue Zähler und Nenner, kein gemeinschaftliches Maaß mehr haben (weil ja sonst das gesuchte gemeinschaftliche Maaß nicht das größte gewesen wäre). Z. B. $\frac{272}{304} = \frac{16 \cdot 17}{16 \cdot 19} = \frac{17}{19}$. Auch könnte man den Zähler und Nenner in seine einfachen Faktoren zerlegen, und die gleichen unter beiden ganz gegen einander tilgen; so würde der Bruch auch hierdurch ungeändert bleiben, und kein Maaß für den Zähler und Nenner mehr vorhanden seyn; daher die Produkte aus den stehen gebliebenen einfachen Faktoren des Zählers und des Nenners, den neuen, durch kleinere Zahlen dargestellten Bruch geben würden; z. B. $\frac{272}{304} = \frac{2.2\ 2.2.17}{2.2.2.2.19} = \frac{17}{19}$. Eben so $\frac{420}{1386} = \frac{2.2.3.5.7}{2.3.3.7.11} = \frac{2.5}{3.11} = \frac{10}{33}$ u. s. w. Dies nennt man das **Heben** der Brüche.

§. 93. Aufgabe.

Jedem Bruche, jeden Zähler oder Nenner zu geben.

Auflösung. Soll man einem Bruche einen neuen Zähler geben, so multiplizire man Zähler und Nenner mit dem neuen Zähler, und dividire auch beide durch den alten Zähler, so bleibt der Bruch ungeändert. Dasselbe thue man, wenn man ihm einen neuen Nenner geben soll, mit dem neuen und alten Nenner. Z. B. $\frac{n}{m}$ soll zum Zähler a haben, so erhält man $\frac{n}{m} = \frac{n.a}{m.a} = \frac{a}{\frac{m.a}{n}}$; sollte der Nenner des Bruchs z. B. h werden, so ist

$$\frac{n}{m} = \frac{n.h}{m.h} = \frac{\frac{nh}{m}}{h}.$$

Dies führt abermals auf die gebrochenen Brüche in vielen Fällen, wenn sich nicht gerade zufällig ein Heben trifft; z. B. $\frac{6}{10}$ soll 3 zum Zähler erhalten, so ist dies $= \frac{3}{5}$; sollte $\frac{6}{10}$ zum Zähler 18 erhalten, so ist dies $= \frac{18}{30}$; wenn aber der Nenner z. B. 15 werden sollte, so würde $\frac{6}{10} = \frac{6.15}{10\ 15} = \frac{\frac{6.15}{10}}{15} = \frac{9}{15}$ u. s. w. Dies werden wir im folgenden Kapitel näher betrachten, und ist diese Verwandlung von großem Nutzen in vielen Fällen. (S. §. 105, 3.

§. 94. Zusatz.

Wenn der Nenner eines Bruchs kleiner wird, so wird der Bruch größer (§. 85, 5. und §. 87, 5.), wird also der Nenner so klein als möglich, d. h. wird er Null, so wird der Bruch so groß als möglich, d. h. er wird unendlich groß; also $\frac{n}{o} = \infty$ (Zeichen des Unendlichen). Wird dagegen der Zähler o, so ist der Werth des Bruchs auch Null, d. h. $\frac{o}{n} = o$. (Vergleiche §. 35, 6.)

§. 95. Anmerkung.

Es stehe hier ein für allemal folgende Bemerkung. Null ist für uns nur ein Zeichen des Nichtdaseyns einer Zahl. Hierdurch werden wir aber keineswegs berechtiget, nun mit der Null wie mit anderen wirklichen Zahlen zu verfahren; sondern, wird Null irgendwo eingeführt, und nimmt sie Stellen von Zahlen ein, so muß jedesmal aus der Natur des vorliegenden Falls, auch die Erscheinung hergeleitet werden, welche die Null verursacht So war es in dem Falle des vorigen §., und so werden wir dies noch öfter sehen. Dagegen können wir die Null als eine unendlich kleine Größe ansehen, denn wäre eine solche noch Etwas und nicht Null; so könnte man sie ja abermals theilen und verkleinern, und sie würde nicht unendlich klein seyn. Dies ist gewiß klar, auch ohne auf die Bedeutung zu sehen die man dem unendlich Kleinen oft in den höheren Theilen der Mathematik gegeben hat. Wir haben durchaus kein Recht, das, was von einer Größe gilt sobald sie ist, auch noch auf die Größe übertragen zu wollen, wenn sie nicht mehr ist; und geben wir uns besonders bei der Behandlung der Null, dem Irrthum hin, diese wie eine wirkliche Größe behandeln zu wollen; so können wir mit Leichtigkeit Erscheinungen hervorbringen, die oft mehr als Unsinn sind; z. B. wenn wir sagten $12 > 7$; nun nach Grundsatz 15 der Einleitung ist 12.0>7.0 d. h. 0>0 u. s. w. Dergleichen Widersprüche zu bilden, als seyen sie Wahrheiten, ist keine Kunst, aus jener unrichtigen Setzung. In eben diesem Falle sind wir, wenn wir z. B. sagen: $\frac{4}{0} = \infty$, und wollten nun sagen, es müsse hieraus folgen $4 = 0.\infty = 0$ (§. 56, 3.) u. s. w., so hätten wir auch hier den Fehler begangen und Null wie eine wirkliche Zahl, oder wie jeden anderen Divisor anzusehen. Ganz so behutsam müssen wir aber auch verfahren, wenn wir von den unendlich großen Größen reden, worüber in der Folge das Nähere vorkommen wird.

Sechstes Kapitel.

Von den einfachen Rechnungarten mit Brüchen, so wie die Lehre von den gebrochenen Brüchen.

---

§. 96. Aufgabe.

Brüche zusammen zu zählen.

Auflösung. Da nur Größen die gleichartig sind, sich zusammenzählen lassen, aber auch nur alsdann erst wenn sie gleiche Namen haben (§. 18, 2.); der Nenner eines Bruchs aber der Name desselben ist; so folgt hieraus die Nothwendigkeit, den zusammenzuzählenden Brüchen gleiche Nenner zu geben. Wie man ihnen solche giebt ist §. 90. gelehrt. Haben sie nun alle gleiche Nenner bekommen, so werden nur ihre Mengen oder Zähler (§. 84.) wie gewöhnliche Zahlen zusammengezählt, und der erhaltenen Zahl der Name oder Nenner der einzelnen Brüche selbst gegeben. Ist der entstandene Bruch noch unecht, so verwandelt man ihn in einen vermischten (§. 89, 1.), und zählt die Ganzen die man erhält, zu den vielleicht noch gegebenen Ganzen hinzu. Die Rechnung würde ohngefähr so stehen:

```
           504                              360
   2/7  |  72 # 144                9 2/9  |  40 #  80
2 1/12  |  42 #  42                4 5/8  |  45 # 225
   4/7  |  56 # 224                7 3/5  |  72 # 216
 4 5/8  |  63 # 315                 7/10  |  36 # 252
(1                                (2
--------------------              --------------------
7 221/504 |  504 | 725 | 1 221/504    22 53/360 |  360 | 773 | 2 53/360
                 504                                     720
                 ---                                     ---
                 221                                      53
```

Die rechts, von dem beliebig gewählten Zeichen # stehenden Zahlen, bedeuten die Zähler von Brüchen, deren Nenner der Generalnenner ist (der selbst im oberen Bogen steht), und welche mit den gegebenen Brüchen (die mit ihnen in derselben Zeile links stehen) gleich sind; die Zahlen links dem Zeichen #, bedeuten, wie vielmal der alte Nenner in dem Generalnenner enthalten ist, und geben daher an, daß man mit ihenn die gegebenen Zähler zu multipliziren habe, um die neuen Zähler zu erhalten. So wird das Verfahren bei beiden Beispielen einleuchtend. Die Summe der, rechts der Zeichen # stehenden Größen, ist nun der Zähler des verlangten Bruchs, welcher den Generalnenner zum Nenner hat; die Ganzen werden herausgesucht, und wie oben erwähnt ward behandelt.

§. 97. Aufgabe.

Brüche von einander abzuziehen.

Auflösung. Außer dem, daß auch die von einander abzuziehenden Größen gleichartig und gleichnamig (§. 18, 2.) seyn müssen, kann auch nur eine kleinere Größe von einer größeren abgezogen werden. Man hat daher auch hier nur nöthig die Brüche sowol für sich, als auch die etwa noch vorhandenen Ganzen wieder für sich von einander abzuziehen, und Ersteres geschieht durch das Abziehen der Zähler von einander, wenn beide, von einander abzuziehende Brüche, bereits gleiche Nenner haben, wozu auch hier der Generalnenner dient. Ist der Bruch welcher abgezogen werden soll größer als der, von welchem abgezogen wird, so borgt man bei den Ganzen, die ersterer Bruch bei sich führt, ein Ganzes, welches man zu einem Bruche macht, wo Zähler und Nenner gleich, und gleich dem Generalnenner sind (§. 89, 2.); dann wird zuerst noch der kleinere Bruch hinzugezählt, und von der Summe der Zähler beider, wird nun der Zähler des abzuziehenden Bruchs abgezogen. Hat der kleinere Bruch keine Ganze bei sich, so läßt sich auch gar kein Abziehen vornehmen. Daß man die gegebenen Brüche nicht nur auf ihre kleinste Benennung zurückführt (nach §. 92.), ehe man die Rechnung vornimmt, sondern daß man auch die Ganzen, so noch in ihnen stecken könnten, erst heraushebt, versteht sich von selbst. Dies mögen nun folgende Beispiele zeigen:

$$
\begin{array}{r|l}
 & \;\;36 \\
\frac{4}{9} & 4 \;\#\; 16 \\
\frac{5}{12} & 3 \;\#\; 15 \\
\hline
 & \;\;\;\;\;\;\frac{1}{36}
\end{array}
\qquad
\begin{array}{r|r}
 & 5 \\
 & 5 \\
12\cdot\frac{3}{5} & 1 \;\#\; 3 \\
 & 8 \\
3\,\frac{4}{5} & 1 \;\#\; 4 \\
\hline
8\,\frac{4}{5} & \frac{4}{5}
\end{array}
\qquad
\begin{array}{r|r}
 & 24 \\
 & 24 \\
9\cdot\frac{11}{12} & 2 \;\#\; 22 \\
 & 46 \\
4\,\frac{23}{24} & 1 \;\#\; 23 \\
\hline
4\,\frac{23}{24} & \frac{23}{24}
\end{array}
$$

Wo bei den beiden letzten Beispielen, sogleich der Generalnenner mit dem Zähler des Bruches, von dem abgezogen werden sollte, zusammengezählt wurden, und so die neuen Zähler 8 und 46 erzeugten.

§. 98. Aufgabe.

Brüche zu addiren.

Auflösung. Die Addition erfordert nur, daß man alle Zahlen (und Brüche sind ja Zahlen §. 81, 1) welche gleiche Eigenschaften haben, für sich zusammenzählt, und alsdann die kleinere der erhaltenen Summen von der größeren abzieht, wobei der Rest das Zeichen der größeren Zahl (d. h. der beiden entgegengesetzten Summen) erhält. (§. 21, 3.) Hiernach haben wir nur nöthig, die in §.

96. und 97. erwähnten Aufgaben anzuwenden, wenn die zu addiren gegebenen Brüche entgegengesetzt sind; haben sie alle dieselbe Eigenschaft, so ist nur §. 96. anzuwenden nöthig. Man wird hierbei wohl thun, sogleich für die positiven und negativen Brüche, gemeinschaftlich den Generalnenner zu suchen, indem man alsdann das doppelte Suchen desselben gleich Anfangs erspart, und nachher beim Tilgen der entgegengesetzten Summen in einander, nicht auch noch einmal einen neuen Generalnenner zu suchen hat. Es stehe folgendes Beispiel nur hier *):

	2520		
$4\frac{2}{5}$	504	# 1008	
$-3\frac{1}{7}$	360	#	-360
$-2\frac{4}{9}$	280	#	-1120
$10\frac{7}{10}$	252	# 1764	
$-4\frac{5}{6}$	420	#	-2100
$3\frac{5}{8}$	315	# 1575	
$-2\frac{3}{4}$	630	#	-1890
$+17-11$		4347	-5470

$$+17\tfrac{4347}{2520} \qquad \begin{array}{r}4347\\2520\\\hline 6867\end{array}$$

$$-11\tfrac{5470}{2520} \qquad \begin{array}{r}5470\\\hline 1397\end{array}$$

$+5\frac{1397}{2520}$ ist also die gesuchte Summe.

Anmerk. Gewiß wird vorstehendes Exempel ganz den Gang der Rechnung zeigen, die wol schwerlich kürzer hätte vollzogen werden können; die Zähler der negativen Brüche kann man, wie es oben geschah, etwas herausrücken, und so werden 4347 — 5470 die Zähler der Summen der positiven und der negativen Brüche; die Rechnung zur Seite zeigt die fernere Behandlung dieser Zähler, wenn man die Ganzen, die den gegebenen Brüchen beistehen, mit berücksichtiget, indem es alsdann entschieden werden kann, wo die größere Zahl ist. Allgemein würde ich es nicht rathsam finden, wenn man die Zähler gefunden hat, die Ganzen herauszusuchen, indem man doch noch oft borgen muß, und so den unechten Bruch wieder erhält, den man eben weggeschafft hat. Dies hängt jedoch ganz von Umständen ab, und bleibt Jedem überlassen; hat der Bruch der die Summe angiebt noch Ganze in sich, so werden natürlich diese herausgeschafft (§. 89, 1.) und den übrigen Ganzen hinzugefügt.

---

*) Mehrere Beispiele hierüber stehen auf Tafel 7 und 8 meiner Sammlung 2c.

§. 99. Aufgabe.

Brüche von einander zu subtrahiren.

Auflösung. Die Subtraktion haben wir als eine Addition mit der entgegengesetzten Eigenschaft des Subtrahendus zum Minuendus kennen gelernt (§. 25, 1.), daher dieselbe aus der Addition folgt. Es ist also nur diese Andeutung und vielleicht einige Beispiele nöthig, um die Subtraktion ganz deutlich zu machen *).

		20		42		36
Minuend.	$+15\frac{3}{4}$	$5 \# 15$	$-9\frac{3}{7}$	$6 \# 18$	$-15\frac{7}{12}$	$3 \# 21$
						36
Subtrah.	$\mp 7\frac{2}{5}$	$4 \# 8$	$\pm 12\frac{4}{6}$	$7 \# 28$		57
	$+8\frac{7}{20}$	7	$+3\frac{5}{21}$	10	$\pm 10\frac{17}{18}$	$2 \# 34$
					$-4\frac{23}{36}$	23

Anmerk. Sollte der Minuendus und Subtrahendus selbst aus mehreren Größen bestehen (eine Komplexion seyn), so werden diese erst für sich vereiniget, und nachher die Subtraktion mit den Summen vollzogen.

§. 100. Aufgabe.

Brüche mit einander zu multipliziren.

Auflösung. Wie ein Bruch vervielfältiget wird, haben wir §. 87, 3 gesehen; und soll ein Bruch $\frac{a}{b}$ z. B. n Mal genommen werden, so ist $\frac{an}{b}$ das Resultat, welches man auch bekommen haben würde, wenn man den Bruch $\frac{a}{b}$ zu sich selbst n Mal addirt hätte, denn hier wären ja auch nur die Zähler addirt, der Nenner aber für die Summe der Zähler, derselbe geblieben. Soll aber ein Bruch mit einem Bruche multiplizirt werden, z. B. $\frac{a}{b} \cdot \frac{n}{m}$; so ist die Auflösung folgende: wenn blos $\frac{a}{b}$ mit n zu multipliziren wäre, so würde $\frac{an}{b}$ das Produkt

*) Tafel 11 und 12 enthalten Aufgaben zur Uebung hierin.

seyn, da aber der Faktor nicht n sondern m Mal kleiner als n ist (§. 87, 2), so ist das Produkt $\frac{an}{b}$ auch m Mal zu groß geworden, und muß deßhalb m Mal kleiner gemacht werden, welches geschieht, wenn der Nenner m Mal größer wird (§. 87, 6.), daher $\frac{an}{bm}$ das Produkt ist. Diese leichte Auflösung für die Multiplikation der Brüche, würde man auch aus der Erklärung der Multiplikation (§. 28.) erhalten haben, wenn man gesagt hätte: es soll das Produkt aus dem Multiplikandus $\frac{a}{b}$ entstehen, wie der Multiplikator $\frac{n}{m}$ aus der Einheit entstanden ist; es ist aber $\frac{n}{m}$ aus der Einheit entstanden, indem man dieselbe n Mal nahm, und dann durch m dividirte (§. 87, 2.), oder den mten Theil von n nahm; daher nehme man auch $\frac{a}{b}$ jetzt n Mal, und von dem erhaltenen $\frac{an}{b}$ den mten Theil, welcher $\frac{bm}{an}$ ist. Was übrigens die Eigenschaft des Produktes anbetrifft, so richtet sich diese, wie bekannt (§. 32.), nach den Eigenschaften der Faktoren. So erhalten wir also ganz einfach die Regel, daß bei Brüchen, welche mit einander zu multipliziren sind, man Zähler mit Zähler und Nenner mit Nenner zu multipliziren habe, wo die Produkte wieder den Zähler und Nenner des Bruchs, der das Produkt ist, geben.

Hierbei ist nur noch Folgendes anzuführen: wenn ein vermischter Bruch mit einer ganzen Zahl, oder mit einem Bruche oder selbst mit einem vermischten Bruche multiplizirt werden soll, so richtet man solche vermischte Brüche erst auf unechte ein (§. 89, 5.), indem nun die Multiplikation kürzer ist; z. B. $2\frac{4}{5} \cdot 4\frac{7}{9} = \frac{14}{5} \cdot \frac{43}{9} = \frac{602}{45} = 13\frac{17}{45}$. Hätte man dieses Einrichten versäumt, so würde die Multiplikation bei grösserer Weitläuftigkeit dennoch eben das Resultat gegeben halen. Dies wäre so geschehen: $2\frac{4}{5} = 2 + \frac{4}{5}$ und $4\frac{7}{9} = 4 + \frac{7}{9}$ (§ 88, 3.); daher (§. 48.)

$$2\tfrac{4}{5} \cdot 4\tfrac{7}{9} = (2 + \tfrac{4}{5}) \cdot (4 + \tfrac{7}{9}) = 8 + \frac{16}{5} + \frac{14}{9} + \frac{28}{45} =$$

$$8 + \frac{144}{45} + \frac{70}{45} + \frac{28}{45} = 8 + \frac{242}{45} = 8 + 5\frac{17}{45} = 13\tfrac{17}{45}.$$

Eben so wird $\frac{3}{5} \cdot -3\frac{1}{4} = -\frac{169}{20} = -8\frac{9}{20}$. Man setzt nemlich das − Zeichen, das hier dem Bruche $3\frac{1}{4}$ zugehört, nach dem Multplikationszeichen. Besteht das Produkt aus mehreren Fktoren, so wird auch hier nach und nach das Produkt gemacht; z. B.

$$2\tfrac{1}{4} \cdot -\tfrac{2}{5} \cdot -5 -2\tfrac{1}{7} \cdot +\tfrac{7}{9} = \tfrac{9}{4} \cdot -\tfrac{2}{5} \cdot -5 \cdot -\tfrac{15}{7} \cdot +\tfrac{7}{9} =$$

$$-\frac{9 \cdot 2 \cdot 5 \cdot 15 \cdot 7}{4 \cdot 5 \cdot 7 \cdot 9} = -\tfrac{15}{2} = -7\tfrac{1}{2}$$

indem die drei negativen Zeichen das Produkt zu minus machen, und sie bei jener Andeutung der Multiplikation, mehrere Faktorn im Zähler, gegen mehrere im Nenner ganz oder zum Theil heben; ein Produkt aber ungeändert bleibt, wie ma auch die Ordnung der Faktoren nimmt (§. 31.), und ds Produkt aus sämmtlichen Zählern, doch den Zähler des Produkts erzeugt hätte, wenn man auch nach und nach würde multiplizirt haben; eben so bei dem Produkte aus den Nennern *). Manche Abkürzungen werden sich auh hier bei vielem Rechnen ergeben.

§. 101. Zusätze.

1. Das Produkt zweier echten Brüche ist immer **kleiner** als jder der Faktoren; denn: wird ein echter Bruch mit 1 multiplizirt, so bleibt das Produkt ungeändert; daher es kleiner wird, wenn der Faktor kleiner als Eins ist (§ 88, ..). So ist $\frac{4}{5} \cdot \frac{3}{7} = \frac{12}{35}$, und $\frac{12}{35} < \frac{4}{5}$ so wie auch kliner als $\frac{3}{7}$.

*) Beispiele zu Uebung befinden sich Tafel 15 und 16

2. Ist ein Bruch echt, der andere unecht (oder vermischt) so ist das Produkt kleiner wie der unechte, und größer wie der echte Bruch, denn ersterer (der echte Bruch) wird mit einem größeren Faktor als 1 ist, der unechte Bruch aber mit einem kleineren als 1 multiplizirt.

3. Daher ist nicht jede Multiplikaion ein Vervielfältigen (§. 30, 1.).

4. Zwei unechte Brüche mit einander multiplizirt, geben immer ein größeres Produkt als jeder der Faktoren ist. (Wird aus 1 und 2 wol deulich seyn.)

5. Wenn man z. B. verlangt, von einer Größe $\frac{n}{m}$ zu nehmen, so heißt das so viel als den m ten Theil n Mal; daher man die Größe mit $\frac{n}{m}$ zu multipliziren hat; so ist $\frac{3}{4}$ von $20 = \frac{60}{4} = 15$ u. s. w. Also heißt dies nicht etwa so viel als $20 - \frac{3}{4} = 19\frac{1}{4}$.

§. 102. Aufgabe.

Brüche durch einander zu dividiren.

Auflösung. Bereits §. 87, 4. und 6 haben wir gesehen, wie man einen Bruch eine beliebige Anzahl Mal kleiner macht, oder ihn theilt; daher z. B. $\frac{7}{15}:4$ (wo 4 der Divisor ist; siehe §. 33.) $= \frac{7}{15.4} = \frac{7}{60}$ seyn wird. Wenn aber ein Bruch durch einen Bruch dividirt werden soll, z. B. $\frac{a}{b} : \frac{n}{m}$ so geschieht dies folgendermaßen: sollte $\frac{a}{b}$ durch n dividirt werden, so wäre $\frac{a}{bn}$ der Quotient, wie wir eben sahen; da aber der Divisor nicht n sondern eine m Mal kleinere Zahl ist §. 87, 2.), so hat man den Dividendus, durch eine m Mal zu große Zahl dividirt, folglich einen m Mal zu kleinen Quotienten erhalten (§. 37, 10.), der daher m Mal größer gemacht werden muß, und nun statt $\frac{a}{bn}$ jetzt $\frac{am}{bn}$ wird. Aber auch hier könnte man

das

das Resultat auf dem Wege durch die Erklärung der Division erhalten; denn es soll der Quotient aus dem Dividendus $\frac{a}{b}$ entstehen, wie die Einheit aus dem Divisor (§. 33.) $\frac{n}{m}$; diese entsteht aber aus $\frac{n}{m}$ indem man den Bruch mit m multiplizirt und durch n dividirt (§. 87, 2.); folglich muß auch $\frac{a}{b}$ mit m multiplizirt und durch n dividirt werden, woraus $\frac{am}{bn}$ wie vorher, zum Quotienten entsteht. Das Zeichen des Quotienten wird übrigens aus den Zeichen des Divisors und Dividendus ganz wie §. 35, 1., bestimmt *). Betrachten wir nun unser allgemeines Beispiel für die Division der Brüche, $\frac{a}{b}:\frac{n}{m}$, und vergleichen diese Andeutung mit dem Quotienten $\frac{am}{bn}$, so folgt die Regel: der Quotient ist ein Bruch, dessen Zähler ein Produkt aus dem Zähler des Dividendus und dem Nenner des Divisors, dessen Nenner aber ein Produkt aus dem Nenner des Divisors mit dem Zähler des ividendus, ist. Um diese lange Regel nun kürzer zu machen, sagt man auch oft blos: man kehre den Divisor um, d. h. verwechsele Zähler und Nenner mit einander, und dann multiplizire man den Dividendus mit dem, so umgekehrten Divisor; also $\frac{a}{b}:\frac{n}{m}=\frac{a}{b}\times\frac{m}{n}=\frac{am}{bn}$; dies hat daher seine vollkommene, in unseren gehabten Beweisen liegende, Richtigkeit. Ist der Dividendus eine ganze Zahl, so kann man sie als einen Bruch vom Nenner 1 ansehen (§. 89,

*) Die aus der Erklärung der Multiplikation und Division erhaltenen Zeichen für die Produkte und Quotienten, folgten aus der positiven Eigenschaft der Einheit, und lassen sich auch auf die Brüche ganz wie dort auf die ganzen Zahlen übertragen, indem Brüche ja Zahlen sind.

3.), also $a : \frac{n}{m} = \frac{a}{1} : \frac{n}{m} = \frac{a}{1} \times \frac{m}{n} = \frac{am}{n}$. Ist Dividendus und Divisor, oder nur einer von beiden eine vermischte Zahl, so verwandele man solche in einen unechten Bruch ehe man dividirt. Also

$4\frac{1}{7} : -3\frac{5}{6} = \frac{29}{7} : -\frac{23}{6} = -\frac{29.6}{7.23} = -\frac{174}{161} = -1\frac{13}{161}$ ꝛc. *)

§. 103. Zusätze.

1. Wird ein Bruch durch einen echten Bruch dividirt, so wird der Quotient größer als der Dividendus war, und **kann** daher unecht werden, wenn der Dividendus auch echt war; z. B. $\frac{5}{6} : \frac{3}{4} = \frac{20}{18} = 1\frac{1}{9}$; aber er **kann** auch unecht werden, als z. B. $\frac{3}{11} : \frac{2}{3} = \frac{9}{22}$. Ist der Dividendus unecht, so wird der Quotient natürlich auch immer unecht, und noch größer als der Dividendus war, seyn.

2. Daher ist die Division nicht immer eine Theilung, indem durch eine solche, wol schwerlich eine Vergrößerung entstehen mögte (§. 35, 1.)

3. Wenn die Zahl 1 durch einen Bruch dividirt wird, so ist der Quotient gleich dem umgekehrten Divisor; z. B. $1 : \frac{n}{m} = \frac{1}{1} : \frac{n}{m} = \frac{1}{1} \times \frac{m}{n} = \frac{m}{n}$. Wird daher 1 durch einen unechten Bruch dividirt, so ist der Quotient ein echter Bruch; so auch umgekehrt, ist 1 dividirt durch einen echten Bruch, immer gleich einem unechten Bruche.

4. Sind zwei Brüche einander gleich, so sind sie auch umgekehrt einander gleich; z. B. ist $\frac{a}{b} = \frac{c}{d}$ so auch $1 : \frac{a}{b} = 1 : \frac{c}{d}$ (§. 35, 3.) d. h. $\frac{b}{a} = \frac{d}{c}$.

Anmerk. Dergleichen Zusätze lassen sich sehr vermehren, und werden in vorkommenden Fällen leicht herzuleiten seyn. Eben so werden sich auch hier dem, der viel zu rechnen hat, mannigfaltige Abkürzungen darbieten.

---

*) Aufgaben für die Division befinden sich Tafel 2.

§. 104. Aufgabe.

Brüche wiederholt zu dividiren. Oder: das Entstehen und Auflösen der gebrochenen Brüche.

Wenn ein Bruch ein oder mehreremale dividirt werden soll, so bedient man sich statt des Divisionszeichens :, auch wiederholt des Bruchstrichs; nur deutet alsdann ein längerer Strich die Trennung des Divisors vom Dividendus an, und die ganze Divisionsform heißt nun: ein gebrochener Bruch. Z. B. $\frac{a}{\frac{n}{m}}$, hier ist a der Zähler und $\frac{n}{m}$ der Nenner; schreibt man aber $\frac{\frac{a}{n}}{m}$ so ist $\frac{a}{n}$ der Zähler und m der Nenner, und schreibt man $\frac{\frac{a}{n}}{\frac{m}{p}}$ so ist $\frac{a}{n}$ der Zähler und $\frac{m}{p}$ der Nenner. Wenn nun auch die Formen der gebrochenen Brüche noch viel zusammengesetzter seyn können, so sind sie doch leicht aufzulösen, besonders wenn man sich die Resultate der drei eben erwähnten Formen merkt, welche wir die einfachen Formen nennen wollen; denn es wird immer seyn: $\frac{a}{\frac{n}{m}} = a : \frac{n}{m} = \frac{ma}{n}$, ferner $\frac{\frac{a}{n}}{m} = \frac{a}{n} : m = \frac{a}{nm}$ und endlich $\frac{\frac{a}{n}}{\frac{m}{p}} = \frac{a}{n} : \frac{m}{p} = \frac{ap}{nm}$. Daß die Länge der einzelnen Bruchstriche einen entscheidenden Einfluß auf die Bedeutung der ganzen Form hat, ist wol leicht einzusehen; so kann man leicht finden, daß die Form

$$\frac{\frac{\frac{a}{n}}{m}}{p} = \frac{\frac{a}{n.m}}{p} = \frac{a}{nmp}$$ ist, und daß die Form $$\frac{\frac{a}{n}}{\frac{m}{p}} = \frac{a}{\frac{n}{mp}} = \frac{amp}{n}$$

wird; denn bei der ersteren dieser beiden Darstellungen, ist ja der Zähler selbst ein gebrochener Bruch von der Form $\frac{\frac{a}{n}}{m}$, und bei dem letzteren Ausdrucke ist der Nenner von der Form $\frac{n}{\frac{m}{p}}$, daher auch wieder ein gebrochener Bruch. Wenn man nun dies alles berücksichtiget, so ist es gewiß nicht schwer, folgende Form in die dabei stehende umzuwandeln; nämlich:

I.		II.		III.		IV.		V.
$\dfrac{\dfrac{\dfrac{a}{\dfrac{\dfrac{b}{c}}{d}}}{\dfrac{f}{g}}}{\dfrac{\dfrac{\dfrac{h}{i}}{k}}{l}}$	=	$\dfrac{\dfrac{\dfrac{a}{\dfrac{b}{cd}}}{\dfrac{f}{g}}}{\dfrac{\dfrac{h}{ik}}{l}}$	=	$\dfrac{\dfrac{\dfrac{acd}{b}}{\dfrac{f}{g}}}{\dfrac{h}{ikl}}$	=	$\dfrac{\dfrac{acdg}{bf}}{\dfrac{h}{ikl}}$	=	$\dfrac{acdgikl}{bfh}$

(Klammern in I.: 5 um b, c, d; 3 um a bis d; 4 um f, g; 1 um den ganzen Zähler; 6 um h, i, k; 2 um den ganzen Nenner. In II.: 2, 3, 1, 4. In III.: 1, 2.)

Die Gründe der vorstehenden Auflösung sind nun folgende: bei dem ersten Bruche bezeichnet die Klammer Nr. 1. den Zähler des ganzen Bruchs, so wie die Nr. 2. den Nenner; Nr. 3. giebt den Zähler vom Zähler, und Nr. 4. den Nenner vom Zähler an; Nr. 5. ist der Nenner vom Zähler des Zählers, und Nr. 6. der Zähler vom Nenner; so kann man nun auch jeden einzelnen Buchstaben durch Worte seinen Platz anweisen, z. B. die c ist der Nenner vom Zähler des Nenners vom Zähler im

Zähler; für jeden anderen Buchstaben gilt eine ähnliche leichte Benennung. Hat man nun durch dergleichen Klammern den ganzen Bruch so bezeichnet, daß die innersten Klammern, wie hier 5 und 6 einen gebrochenen Bruch von einer der drei unserer Grundformen (siehe oben) angiebt; so löset man solche Formen zuerst auf, während man die übrigen (auch die, wo nur ein einfacher Zähler und Nenner ist) unverändert läßt; indem nun die erwähnten Formen auf einen einfachen Bruch führen, so erhält man für den ganzen gebrochenen Bruch eine durchaus neue einfache Form, wie hier unsere zweite Form ist, wo aus $\frac{\frac{b}{c}}{d}$ der Bruch $\frac{b}{cd}$, und aus $\frac{\frac{h}{i}}{k}$ nun $\frac{h}{ki}$ würde. Jetzt wird die ganz neu erhaltene Form abermals durch Klammern, wie vorher bezeichnet, bis man wieder auf die einfachen Formen zurückkommt; wir haben auf diese Weise nun nur 4 Klammern, wo die Nr. 2. und Nr. 4. wieder unsere Formen abgeben; so entsteht die dritte Hauptform des ganzen gegebenen Bruchs, wo wir nur 2 Klammern haben, indem aus Nr. 2. und Nr. 3 der Form II., nun nur die dritte einfache Form entsteht; diese wird zu $\frac{acdg}{bf}$ in der Hauptform IV. des ursprünglichen gebrochenen Bruchs, welche unsere dritte einfache Form wieder giebt, die nun endlich das gesammte Resultat, nemlich den Bruch $\frac{acdgikl}{bfh}$ giebt. So kann es nicht fehlen, daß man es durch Uebung in einigen Beispielen bald dahin bringt, mit Leichtigkeit jede gebrochene Bruchform aufzulösen *). Sind statt der Buchstaben Zahlen gegeben, so thut man besser, die Produkte nur nach und nach anzudeuten und nicht zu vollziehen, da es seyn könnte, daß in diesem

---

*) Zur die Uebung im Rechnen mit gebrochenen Brüchen, dient Tafel 23 und 24.

Endresultate sich mehrere Faktoren des Zählers, gegen welche im Nenner ganz oder zum Theile heben. So würde es auch rathsam seyn, wenn große Zahlen die einzelnen Glieder darstellten, für sie während der Rechnung Buchstaben zu setzen, und erst nach erhaltenem Resultate die Zahlenwerthe wieder zu setzen, da man hierdurch auch Rechenfehlern die bei der Auflösung (wollte man die einzelnen Multiplikationen immer gleich vollziehen) leicht vorkommen können, indem die ganze Form des gegebenen Bruchs zu sehr die Aufmerksamkeit auf sich zieht, als man diese den einzelnen Rechnungen widmen könnte.

Wenn einzelne Glieder des gebrochenen Bruchs, in seiner ursprünglichen Form, negativ sind; so kann man diese Eigenschaft während der Rechnung selbst ganz außer Acht lassen, denn: das Endresultat wird, als Zahl betrachtet, durch negative Faktoren nicht geändert, und das Zeichen desselben wird + werden, wenn die Menge der negativen Glieder (gleichgültig, wo sie im gegebenen Bruche standen), eine Paarzahl war; war sie aber unpaar, so ist das Resultat negativ. Der Grund hiervon ist dieser: wenn die Menge der negativen Glieder gerade war, so mögen diese im erhaltenen Bruche auch stehen wo es sey, so erscheinen sie doch immer als Faktoren; nun können sie nur folgendermaaßen vertheilt seyn: sind sie sämmtlich im Zähler oder sämmtlich im Nenner, so ist ihr Produkt, und mithin der Bruch positiv (§ 32. und §. 35, 2.); sind sie aber im Zähler und im Nenner vertheilt, so kann dies zweifach seyn: entweder sind im Zähler eine gerade Menge derselben, und sodann hat der Nenner auch eine gerade Menge; beide geben einen positiven Zähler und positiven Nenner (§. 32.) also einen positiven Bruch; befindet sich aber im Zähler eine ungerade Menge von negativen Faktoren, so muß im Nenner auch eine ungerade Menge derselben seyn *), und sodann werden Zähler und Nenner negativ (§. 32.), und der Bruch wieder positiv (§. 35, 2.). Wenn aber die Menge der negativen Glieder im gegebenen Bruche ungerade war, so mögen sie allein im Zähler oder im Nenner seyn, so ist ihr Produkt, und mithin der Bruch negativ; sind sie aber im Zähler und Nenner vertheilt, so kann sich in einem von beiden nur eine gerade und alsdann im anderen eine ungerade Menge von ihnen befinden **); indem nun ersterer positiv und letzterer negativ wird, ist der Quotient oder der ganze Bruch negativ (§. 35, 2). Daß die positiven Glieder nicht berücksichtiget werden, bei Bestimmung der Eigenschaft des Quotienten, versteht sich von selbst (§. 32.).

§. 105. Zusätze.

1. Die Formen unter denen die gebrochenen Brüche erscheinen, sind so mannigfaltig, daß man sie nicht zählen kann; immer werden sie sich jedoch bei gehöriger Berücksichtigung auf die im vorigen §. erwähnten Formen, und dann auf gewöhnliche Brüche zurückführen lassen. Oft sind die einzelnen in ihnen vorkommenden Glieder auch ganze Bruchexempel, die alsdann vorher noch erst aufgelöset werden müssen. Es mögen hierzu folgende Beispiele dienen:

a. $\frac{1}{4+\frac{1}{3}} = \frac{1}{\frac{4{,}3+1}{3}} = \frac{3}{4.3+1} = \frac{3}{13}$ oder $\frac{1}{a+\frac{m}{n}} = \frac{n}{an+m}$

b. $\frac{4\frac{2}{5}}{3.\frac{5}{7}} = \frac{\frac{22}{5}}{\frac{26}{7}} = \frac{22\,.\,7}{5\,.\,26} = \frac{11\,.\,7}{5\,.\,13} = \frac{77}{65} = 1\frac{12}{65}.$

*) Wenn eine gerade Zahl in zwei andere zerlegt werden soll, so können sie nur beide entweder wieder gerade oder beide ungerade seyn.

**) Eine ungerade Zahl läßt sich nur in eine gerade und in eine ungerade Zahl zerlegen, sobald man sie in 2 Theile zerlegen soll.

c. $\frac{3\frac{1}{4}+7\frac{2}{3}-5\frac{5}{8}}{\frac{2.\frac{4}{9}+5\frac{1}{7}}{8\frac{1}{4}-11\frac{3}{7}}} = \frac{5\frac{7}{24}}{\frac{380}{63}} \Big/ -3\frac{5}{28} = \frac{\frac{127}{24}}{\frac{\frac{380}{63}}{-\frac{89}{28}}} = \frac{\frac{127}{24}}{-\frac{380.28}{63.89}} = -\frac{127.63.89}{24.380.28} = -2\frac{9589}{12160}.$

2. Man kann jede ganze Zahl oder jeden Bruch als ein Produkt aus einer beliebigen Zahl und einer zu findenden ansehen; denn man multiplizire und dividire die gegebene Zahl mit der verlangten, so bleibt sie ungeändert. Z. B. es sollte 4 als ein Produkt aus 7 angesehen werden, so ist $4 = 7 . \frac{4}{7}$; ferner sollte $\frac{7}{5}$ zu einem Produkte, wo der eine Faktor $\frac{4}{5}$ ist werden, so wird

$$\frac{7}{5} = \frac{4}{5} . \frac{\frac{7}{5}}{\frac{4}{5}} = \frac{4}{5} . \frac{35}{20} \text{ u. s. w.}$$

3. Man kann jedem Bruche jeden Zähler oder Nenner geben, welchen man will; z. B. man verlangte für den Zähler 7 des Bruchs $\frac{7}{11}$ den Zähler 9, so ist

$$\frac{7}{11} = \frac{7 \cdot 9}{11 . 9} = \frac{9}{\frac{11 . 9}{7}} = \frac{9}{\frac{99}{7}};$$

oder es sollte $\frac{2}{5}$ der Zähler werden, so ist auch jetzt

$$\frac{7}{11} = \frac{7 \cdot \frac{2}{5}}{11 . \frac{2}{5}} = \frac{\frac{2}{5}}{\frac{11 . \frac{2}{5}}{7}} = \frac{\frac{2}{5}}{\frac{\frac{22}{5}}{7}} = \frac{\frac{2}{5}}{\frac{22}{35}}$$

(was wieder $\frac{35 , 2}{22 . 5} = \frac{7}{11}$ giebt).

Anmerk. Wie sich dergleichen Zusätze hier ungemein vermehren lassen, wird wol einleuchtend seyn.

§. 106. Aufgabe.

Die einfachen Rechnungarten mit Buchstabenbrüchen zu vollziehen.

Auflösung. Was die Addition und Subtraktion der Buchstabenbrüche betrifft, so haben diese weiter keine Schwierigkeit, als das Suchen des kleinsten gemeinschaftlichen Multiplums für sämmtliche Nenner. Aber auch dies wird einfach, wenn man ganz wie beim Suchen desselben für Zahlen verfährt (§. 79.) mit gehöriger Rücksicht auf die Lehre von der Buchstabenrechnung. Die Behandlung des so gefundenen Multiplums ist alsdann auch hier, wie bei den besonderen Zahlen *). Auch wie die Komplexionen, welche etwa vorkommen könnten, zu behandeln sind, ist bereits hinlänglich in der Lehre von ihnen erwähnt. Ueber die Multiplikation und Division der Buchstabenbrüche, ist es wol kaum nöthig hier ein Wort zu erwähnen, da wir ja bis hierher, in der Theorie der Brüche selbst, oft dieselben schon gebraucht haben. Einen Buchstabenbruch zu heben, dient auch ganz das §. 92. angegebene Verfahren, mit Rücksicht auf die Buchstaben.

Zusatz. Es mögen hier noch einige Untersuchungen über das Wachsen und Fallen der Brüche stehen, die uns in der Folge von Nutzen seyn werden, und deren Beweis wir eben nur durch Buchstaben allgemein führen können. Nemlich, es wächst, wie wir §. 85, 5. sahen ein Bruch, wenn sein Zähler wächst, oder wenn sein Nenner fällt; so ist $\frac{a}{b} < \frac{a+n}{b}$ aber auch kleiner als $\frac{a}{b-d}$, wo n und b beliebige hinzugethane Zahlen bedeuten. Nun wird behauptet, daß ein echter Bruch immer wachse, wenn man zu seinem Zähler und Nenner gleich viele Einheiten hinzuthut **). Es soll also $\frac{a}{b} < \frac{a+n}{b+n}$ seyn, wenn $a < b$ d. h. wenn der Bruch ein echter ist. Man suche deshalb die Differenz zwischen $\frac{a+n}{b+n} - \frac{a}{b}$, und ist diese positiv so ist unser Satz erwiesen. Es ist aber

---

*) Tafel 49. und 50. enthalten die hierher gehörigen Aufgaben.

**) Ist nicht zu verwechseln mit dem Gleichbleiben eines Bruchs ach § 87, 7 Dies stöhrt Anfänger in der Anwendung unseres obigen Satzes oft.

$$\frac{a+n}{b+n}-\frac{a}{b}=\frac{(a+n)b}{(b+n)b}-\frac{a(b+n)}{b(b+n)}=\frac{ab+nb-ab-an}{b(b+n)}=\frac{nb-an}{b(b+n)}$$

(nach §. 99., und weil $ab - ab$ im Zähler sich heben). Da aber $b > a$ ist, so auch $nb > an$, und der Zähler, mithin der Bruch positiv, und unser Satz bewiesen. Daß ein echter Bruch fällt, wenn Zähler und Nenner um gleich viel fallen (s. die unterste Bemerkung auf der vorigen Seite), ist hieraus leicht zu sehen; und eben so daß, wenn der gegebene Bruch ein unechter ist, das Gegentheil von dem oben bewiesenen stattfindet, weil alsdann $b < a$, folglich $bn - an$ negativ ist. Ist der Bruch von der Form $\frac{a}{a}$ so bleibt er bei beiden Operationen ungeändert.

Wenn aber der Zähler und Nenner eines echten Bruchs um ungleich viele Einheiten wachsen oder fallen soll, so fragt es sich, wie es nun mit dem Wachsen oder Fallen des ganzen Bruchs aussieht. Es sey also $\frac{a}{b}$ wieder gegeben, so soll untersucht werden, ob $\frac{a+n}{b+p} >$ oder $< \frac{a}{b}$ ist. Wenn $n > p$ ist, so ist der Bruch offenbar gewachsen, da er nach dem eben Gesagten, schon bei $n = p$ wächst; wenn aber $n < p$ ist, so sieht man bald, daß der Bruch nun gefallen seyn kann; ob er es aber immer ist, wird so untersucht. Man sucht die Differenz von $\frac{a+n}{b+p} - \frac{a}{b}$, ob diese positiv oder negativ ist. Es ist aber $\frac{a+n}{b+p} - \frac{a}{b} = \frac{ab+nb-ab.-pa}{(b+p)b} = \frac{nb-pa}{(b+p)b}$. Hier ist nun im Zähler $nb - pa$ zu untersuchen. Es ist $b > a$ (da $\frac{a}{b}$ ein echter Bruch ist), aber $n < p$ (nach der Annahme); daher kann $nb >$ oder $< pa$ seyn. Wären beide Produkte gleich, so würde die Differenz $nb - pa = 0$

und beide Brüche $\frac{a+n}{b+p}$ und $\frac{a}{b}$ gleich seyn. Man sieht hieraus, wie die n und p bestimmt werden müssen, sobald eine von beiden angenommen ist, damit durch die andere, jene Grenze, die uns die Produkte nb und pa anzeigen nicht überschritten werden, wenn man den Bruch $\frac{a}{b}$ wachsend verlangt. Z. B. man wählte den Bruch $\frac{7}{11}$ und wollte zu 7 noch 4 hinzuthun, so ist $nb = 4.11 = 44$; nun muß eine Zahl gewählt werden, die mit 7 multiplizirt, weniger als 44 giebt, und dies ist höchstens 6, daher denn $\frac{7+4}{11+6} = \frac{11}{17}$ gegen $\frac{7}{11}$ gestiegen ist, (es ist nemlich $\frac{11}{17} - \frac{7}{11} = \frac{2}{187}$); wäre aber zum Nenner 7 hinzugekommen, so würde $\frac{7+4}{11+7} = \frac{11}{18}$ gegen $\frac{7}{11}$ gefallen seyn; denn nun wäre $nb < pa$ geworden ($4.11 < 7.7$); woraus man zugleich sieht, wie man die abzuziehenden Zahlen zu wählen hat, wenn der Bruch gegen den gegebenen fallen soll.

Wollte man endlich vom Zähler und Nenner eines echten Bruchs, ungleich viel subtrahiren, so müßte der Bruch unbedingt fallen, wenn vom Zähler mehr als vom Nenner subtrahirt würde *); um aber zu bestimmen, wie viel vom Nenner wenigstens subtrahirt werden muß, damit der Bruch selbst steige; wird so bestimmt. Es sey $\frac{a}{b}$ wieder gegeben, man will $\frac{a-n}{b-p} > \frac{a}{b}$ haben, und muß daher $p > n$ seyn; nun ist

$$\frac{a-n}{b-p} - \frac{a}{b} = \frac{ab-nb-ba+ap}{(b-p)b} = \frac{ap-nb}{(b-p)b};$$

daher muß $ap > nb$ seyn; sobald der Rest positiv seyn, also der Bruch $\frac{a-n}{b-p}$ steigen soll; ist $nb > ap$, so ist

*) Denn beim gleich viel Subtrahiren, fällt der Werth, nach dem im Anfange dieses Zusatzes Gehabten schon.

der neue Bruch noch nicht gestiegen. Der Nenner ist übrigens positiv, da $b > p$ bleibt. Z. B. es sollte bei $\frac{7}{17}$ die 7 um $3 = n$ fallen, so wäre $nb = 3.17 = 51$; da nun $a = 7$ ist, so müßte p wenigstens $= 8$ angenommen werden, damit $ap > nb$ oder $7.8 > 3.17$ würde; wird $p > 8$ angenommen, nun so ist der Bruch noch um so mehr gestiegen; bei $p = 7$, würde er noch nicht gestiegen seyn, weil $7.7 < 51$ ist. Es giebt hier, auf unser Beispiel angewendet: $\frac{7-3}{17-8} = \frac{4}{9} > \frac{7}{17}$, aber $\frac{7-3}{27-7} = \frac{4}{20} = \frac{2}{5} < \frac{7}{17}$; denn es ist $\frac{4}{9} - \frac{7}{17} = \frac{5}{153}$, aber $\frac{7}{17} - \frac{2}{5} = \frac{1}{85}$.

Dergleichen Zusätze könnten wir nun noch in Menge hier anführen, und das Gesagte z. B. auf die unechten Brüche, ähnlich anwenden, als hier auf die echten geschehen ist. Man wird sich in vorkommenden Fällen, also leicht auf dergleichen Sätze berufen können, und ihre Beweise, durch das unerschöpfliche Mittel der Buchstaben, die auch sogleich die Grenzen angeben, leicht finden.

Siebentes Kapitel.
Theorie der Dezimalbrüche.

§. 107. Erklärung.

Ein Bruch, dessen Nenner eine Eins mit einer gewissen Menge von Nullen ist, heißt ein Zehntheiliger oder ein Dezimalbruch; z. B. $\frac{4}{10}$ oder $\frac{672}{100}$ u. s. w., gleich viel ob er echt oder unecht ist.

§. 108. Wahlsatz.

Indem die Dezimalbrüche, wie wir bald sehen werden, eine so überaus leichte Behandlung beim Rechnen gewähren, so, daß man fast alle höhere Rechnungen mit ihnen vollzieht; so hat man auch für ihre Darstellung eine eigene Bezeichnung gewählt. Man schreibt nemlich, wenn der Bruch echt ist, nur seinen Zähler hin, aber mit so vielen Ziffern, als der Nenner Nullen hat; daher man in dem Falle, wo der Zähler, wie er ursprünglich gegeben ist, nicht so viele Ziffern hat, als im Nenner Nullen sind, vor die Ziffern des Zählers noch so viele Nullen setzt, daß jene Menge von Ziffern erreicht wird. Alsdann setzt man vor die letzte Ziffer zur Linken, ein Komma, vor welchem endlich die Ganzen stehen, die der Bruch noch etwa bei sich hat, oder wo im entgegengesetzten Falle eine Null, das Nichtdaseyn der Ganzen anzeigt. Soll daher ein Dezimalbruch wieder ausgesprochen werden, so nennt man die Ganzen zuerst, oder sagt: Null Ganze, hierauf wird die Ziffer nach dem Komma, wie eine gewöhnliche Ziffer ausgesprochen, indem man den Nenner sich darunter denkt, der ja aus der Ziffermenge des geschriebenen Zählers folgt. Ist der zu schreiben gegebene Dezimalbruch unecht, so sucht man zuerst die Ganze heraus, und schreibt den anderen Bruch wie erwähnt. Also heißt z. B. 4,25 so viel als 4 Ganze und $\frac{25}{100}$; eben so 0,008 ist gleich Null Ganze und $\frac{8}{1000}$. Soll endlich $\frac{425}{100000}$ als Dezimalbruch geschrieben werden, so hat man 0,00425 indem der Nenner 5 Nullen hat; aber $\frac{62478}{100}$ ist gleich $624\frac{78}{100} = 624{,}78$. Die Ziffern des Dezimalbruchs heißen allgemein Dezimalstellen. Auch hat man zur Bezeichnung solcher Dezimalbrüche, wo nach dem Komma erst mehrere Nullen folgen, ehe die ersten Ziffern kommen die Werthe haben, eine Bezeichnung erdacht, ähnlich mit der, welche wir §. 15. für die ganzen Zahlen hatten. Nemlich, wenn man schreibt z. B. 4^{-1} so heißt dies so viel, als: die Zahl 4 hat die erste Stelle nach dem Komma und ist $= 0{,}4$, ferner 6^{-2}

heißt 0,006 u. s. w.; überhaupt zeigt die kleine Ziffer über der großen, durch ihren — Strich, die Ordnung *nach* dem Komma an, oder die Menge der Nullen, die der Nenner hat; daher sind die, der Ziffer vorhergehende Nullen immer so viel, als Eins weniger, wie die kleine Ziffer andeutet. Eben so wird $\overset{-4}{765} = 0.000765$ bedeuten u. s. w. Daß z. B. $\overset{0}{4}$ die Andeutung von 4 Ganzen ist, haben wir §. 15. gesehen, und man sieht deutlich das hierbei befolgte Gesetz. Auch sagt man wol zuweilen bei $\overset{-3}{7}$ es habe die 7 die *dritte niedere Ordnung*, im Gegensatze jener *höheren Ordnung* der ganzen Zahlen.

Anmerk. Man sieht hieraus, daß es unvorsichtig ist, eine auszusprechende Ziffer durch das Komma zu klassifiziren, indem leicht die Bedeutung der Dezimalbrüche, auf diese so bezeichnete Ziffer übergetragen werden könnte. Man kann sie ja leicht, wie wir bei §. 14. thaten, eintheilen.

§. 109. Zusätze.

Aus jener Bezeichnung folgen nun folgende Zusätze:

1. Die erste Stelle nach dem Komma ist die der *Zehntel*, die zweite die der *Hundertel* u. s. w. Ueberhaupt folgen die Dezimalbrüche in ihrer Bezeichnung ganz dem Decadischen System *unterhalb* der Eins, wie die ganzen Zahlen es *oberhalb* derselben thaten.

2. Ein Dezimalbruch wird um so vielmal immer zehnmal größer, als das Komma in ihm eine Stelle zur Rechten rückt, im Gegentheile immer zehnmal kleiner; z. B. wird 45,726 wenn man schreibt: 4572,6 um hundertmal größer, aber bei der Bezeichnung von 4,5726 wird er zehnmal kleiner.

3. Einem Dezimalbruche kann man, unbeschadet seines Werthes, so viele Nullen zur Rechten anhängen, als man will; so ist 0,46 = 0,4600, denn: indem man den Zähler (der ja nur geschrieben wird) um hundertmal vergrößert, so ist dies auch schon mit dem Nenner ge-

schehen, denn nun ist 0,4600 = $\frac{4600}{10000}$ = $\frac{46}{100}$ = 0,46. Daher man Nullen die gegeben sind auch hier weglassen kann.

4. Soll daher ein, in Form eines gewöhnlichen Bruchs geschriebener Dezimalbruch, als Dezimalbruch geschrieben werden, so kann man gleich die Nullen im Zähler, gegen eben so viele im Nenner streichen; daher $\frac{456000}{10000000}$ = $\frac{456}{10000}$ = 0,0456 ist.

5. Soll ein Dezimalbruch, der schon 0 Ganze hat, noch zehn-, hundert- u. s. w. mal verkleinert werden, so setzt man zwischen das Komma und die erste Ziffer nach demselben noch die gehörige Menge von Nullen; z. B. wird 0,456 um tausendmal verkleinert, wenn man 0,000456 setzt.

6. Soll ein unechter Dezimalbruch, der in Form eines gewöhnlichen Bruchs gegeben ist, als Dezimalbruch geschrieben werden, so darf man ja nur vom Zähler so viele Stellen von der Rechten gegen die Linke abstreichen, als im Nenner Nullen sind; z. B. $\frac{74359}{100}$ = 743,59.

7. Hat ein Dezimalbruch Ganze bei sich und ist in Form des Dezimalbruchs geschrieben, so kann man ihn sogleich in einen gewöhnlichen Bruch wieder übertragen, wenn man das Komma wegläßt, und zum Nenner eine Eins mit so vielen Nullen setzt, als in der ersten Form Ziffern nach dem Komma standen; waren hier Null Ganze, und vielleicht noch Nullen nach dem Komma zuerst, so bleiben auch diese weg. Z. B. 17,54 = $\frac{1754}{100}$; 0,032 = $\frac{32}{1000}$; 6,05 = $\frac{605}{100}$ u. s. w.

8. Wenn ein Dezimalbruch viele Stellen hat, und man verlangt nur einige derselben vom Komma abwärts zu haben, so sieht man noch auf die zunächst abgeschnittene Ziffer; ist diese eine 5 oder mehr als 5, so vermehrt man die zuletzt stehen gebliebene Ziffer um 1, ist jene Ziffer aber weniger als 5, so bleibt diese Vermehrung weg. Der Grund davon ist einfach der, weil eine Zahl über 5 sich der 10 schon mehr nähert als der 0, unter 5

aber der Werth der Zahl näher an Null ist; sollte aber aus irgend einer Ziffer eines Dezimalbruchs 10 werden, so vermehrt sich die nächst höhere um 1. Die 5 aber ist gleich nahe an 0 (hier ist sie 5 mehr), als an 10 (hier ist sie 5 zu wenig), allein wegen der vielleicht noch folgenden Stellen, nähert sie sich doch schon der 6 und mithin der 10. Z B. man wollte statt 4,72359632 nur 6 Stellen haben, so wären diese = 4,723596, wollte man nur 4 Stellen, so würde dies 4,7236 seyn, bei 3 Stellen aber 4,724 u. s. w.

§. 110. Aufgabe.

Dezimalbrüche zusammenzuzählen.

Auflösung. Man setze die Kommata sämmtlicher Brüche unter einander, so kommen die Ganzen gehörig unter einander zu stehen, und die gleichnamigen Theile des Dezimalbruchs ebenfalls, d. h. Zehntel unter Zehntel, Hundertel unter Hundertel u. s. w. Daß das Zusammenzählen nun wie bei gewöhnlichen Zahlenausdrücken geschieht, ist leicht einleuchtend. (Siehe §. 18, 3.)

Z. B.		oder	
	7,624		0,41569
	25,14		718,453
	0,7952		4,1567224
	33,5592		16,9406
			739,7660124

Beim ersten Beispiele waren weiter keine Zehntausentel als die 2, daher sie auch allein abgeschrieben wurden, die Fünftausentel machten mit den Viertausenteln zusammen Neuntausentel; die Hundertel machten zusammen 15, d. h. es war 1 Zehntel aus 5 Hundertel

$$\left(\frac{15}{100} = \frac{10+5}{100} = \frac{10}{100} + \frac{5}{100} = \frac{1}{10} + \frac{5}{100}\right)$$

daher das Zehntel zu den übrigen 14 Zehnteln hinzukam, und nun von den $\frac{15}{10}$ wieder 1 Ganzes zu den Ganzen hinüber kam u. s. w.

§. 111. Aufgabe.

Dezimalbrüche von einander abzuziehen.

Auflösung. Gewiß wird es nur der Andeutung bedürfen, um diese Verrichtung, mit gehöriger Berücksichtigung des Gesagten, ganz zu verstehen.

$$\text{Z. B.}\quad \begin{array}{r} 47,256 \\ 8,97 \\ \hline 38,286 \end{array} \qquad \begin{array}{r} 7,2956 \\ 0,784986 \\ \hline 6,510614 \end{array} \qquad \begin{array}{r} 3,192576 \\ 1,987576 \\ \hline 1,205 \end{array}$$

Was also das Borgen wie beim zweiten Beispiele anbetrifft, so geschieht es ganz wie bei den ganzen Zahlen, denn das Zehntausentel was man borgt ist gleich

$$\frac{1}{10000} = \frac{10}{100000} = \frac{9}{100000} + \frac{1}{100000} = \frac{9}{100000} + \frac{10}{1000000}$$

und 6 Milliontel von 10 Milliontelн läßt 4 Milliontel übrig u. s. w. Daß beim letzten Beispiele die Nullen hinten weggelassen sind, folgt leicht aus §. 109. 3.

§. 112. Aufgabe.

Dezimalbrüche zu addiren und zu subtrahiren.

Auflösung. Wir ziehen hier diese beide Rechnungsarten zusammen, weil sie nichts erfordern, als jene beiden in §. 110. und §. 111. angegebenen Verrichtungen, mit gehöriger Berücksichtigung der Gesetze für die Addition und Subtraktion (§. 21, 3. u. §. 25, 1.). Also z. B.

$$\left.\begin{array}{r} -\ 76,415 \\ +\ 4,2795 \\ +\ 92,013 \\ +\ 10,61425 \\ -454,25 \end{array}\right\} \begin{array}{c} \text{zu} \\ \text{addi} \\ \text{ren} \end{array} \left\{\begin{array}{r} +\ 4,2795 \\ +\ 92,013 \\ +\ 10,61425 \\ \hline +106,90675 \end{array}\right. = \begin{array}{r} -\ 76,415 \\ -\ 454,25 \\ \hline -530,665 \\ +106,90675 \\ \hline -423,75825 \end{array} = \text{der}$$

verlangten Summe.

$$\begin{array}{lrrr} \text{Minuend.} & -\ 6,45 & +\ 0,1795 & +\ 16,9546 \\ \text{Subtrah.} & \mp\ 10,794 & \mp\ 11,29 & \pm\ 3,253 \\ \hline & -\ 17,244 & -\ 11,1105 & +\ 20,2076 \end{array}$$

u. s. w. *).

---

*) Tafel 9. und 10. enthalten Aufgaben für die Addition, Tafel 13 und 14. für die Subtraktion der Dezimalbrüche.

§. 113. Aufgabe.

Dezimalbrüche mit einander zu multipliziren.

Auflösung. Wir wollen sogleich ein Beispiel hier wählen; es sey $4,23 . 5,4$ verlangt. Dies ist so gut als $\frac{423}{100} . \frac{54}{10}$ (§. 109, 7.) $= \frac{423 . 54}{100 . 10} = \frac{22842}{1000} = 22,842$ (§. 109, 6.). Oder: $23,07 . 0,005 = \frac{2307.005}{100.1000} = \frac{2507.5}{100.1000} = \frac{11535}{100000}$. Gewiß wird man sogleich hierin das Gesetz finden, daß der Zähler des Produkts, ein Produkt aus den beiden gegebenen Dezimalbrüchen ist, wenn man sie als bloße Zahlen, ohne auf ihr Komma zu achten, betrachtet; der Nenner aber ist eine Eins, mit so vielen Nullen als beide Faktoren gemeinschaftlich hatten; dies sind aber so viele, als beide Dezimalstellen haben; nun muß man, um einen Dezimalbruch, der in Form eines gewöhnlichen Bruchs gegeben ist, in Form eines Dezimalbruchs zu schreiben, vom Zähler von der rechten gegen die linke Hand, so viele Dezimalstellen abstreichen, als Nullen im Nenner sind; also werden hier vom Produkte beider Zähler, so viele Stellen abgeschnitten, als beide Faktoren zusammengenommen Dezimalstellen haben. Hat das Produkt nicht so viele Stellen, so werden so viele Nullen vorgesetzt, daß jene Stellenmenge herauskommt. Z. B.

$$0,0074 . 0,06 = . \frac{444}{1000000} = 0,000444 \text{ u. s. w.}$$

Was die Zeichen der Faktoren anbetrifft, so ist ihre Bestimmung nach §. 32. leicht zu finden. Eben so kann man mehrere Faktoren haben, die mit einander zu multipliziren sind *).

§. 114. Zusatz.

Die Multiplikation der Dezimalbrüche, führt uns noch auf die Methode der abgekürzten Multipli-

*) Tafel 17. und 18. hat die Beispiele zur Uebung hierüber.

kation. Wenn nemlich ein Paar Dezimalbrüche mit einander zu multiplizieren sind, und haben viele Dezimalstellen, so lohnt es oft der Mühe nicht, die Multiplikation auf die Art des vorigen §. zu vollziehen. Sondern man verfährt folgendermaßen: z. B. 5,6287 . 0,297; hier setzt man

5,6287		5,6287
0,297	die Art wie in	0,297
112574	§. 113. würde	394009
50658	geben:	506583
3940		112574
1,67172		1,6717239

Die Art des Verfahrens ist nun folgende: man fängt bei der höchsten Ziffer des Multiplikators an, also hier bei $\frac{2}{10}$, und multiplizirt mit der 2 den ganzen Multiplikandus, was 112574 giebt; nun geht man zur nächsten Ziffer d. h. zur 9, und multiplizirt mit ihr auch den Multiplikandus, nur mit Ausnahme dessen letzter Ziffer, also fängt man bei der 8 an; allein, man multiplizirt in Gedanken doch noch 9 . 7 = 63 um die linke Ziffer, hier die 6 (im Fall das Produkt zwei Ziffern hat), mit zum nächsten Produkte, d. h. zu 9 . 8 hinzuzuthun, so erhält man 9 . 8 + 6 = 78 wo die rechte Ziffer 8 unter die letzte Ziffer 4 des ersten Produkts zu stehen kommt. Sollte das Produkt, was man in Gedanken suchte, in seiner rechten Ziffer mehr als 5 oder 5 selbst seyn, so vermehrt man die linke hinzuzuaddirende Ziffer um Eins (vergl. §. 109, 8.). Ist man mit der zweiten Reihe fertig, so nimmt man die dritte Ziffer, hier 7, und multiplizirt mit ihr ebenfalls den ganzen Multiplikandus, aber erst von der dritten letzten Ziffer anfangend, also von der 2, indem man wieder 7 . 8 noch erst im Gedanken sucht; hier trifft sich der oben erwähnte Fall, daß nemlich aus 56 eine 60 gemacht wird, und so entsteht 7 . 2 + 6 = 20, wo die 0 wieder ganz rechts unter die 8 zu stehen kommt, die übrigen Ziffern des Produkts aber, wie das Beispiel zeigt, folgen. So fährt man nun fort, bis alle Ziffern des Multiplikators gebraucht sind, indem man immer im Multiplikandus bei einer höheren Ziffer anfängt, mit steter Berücksichtigung des vorhergehenden Produkts, das vorgeschriebenermaßen stets zukommt. Nun werden die erhaltenen Produkte wie gewöhnliche Zahlen summirt, und das Komma bestimmt, wie wir gleich sehen werden.

Der Grund des Verfahrens ist gewiß ganz einleuchtend, wenn man die daneben stehende weitläuftige Multiplikation ansieht. Was bei dieser die letzte Zeile (unter den verschiedenen Produkten) ist, ist bei der abgekürzten Methode die erste, und was in der zweiten Multiplikationsform über einander steht, steht bei der ersten unter einander. Daß man überdies die erste Ziffer jedes neuen Produkts immer unter die erste des vorhergehenden setzt, hat seinen Grund auch im Verfahren, denn jede neue Ziffer im Multiplikator, wie wir sie gebrauchen, hat einen zehnmal kleinern Werth, als die vorhergehende hatte; im Multiplikandus ist es gerade umgekehrt mit der Ziffer die zuerst multiplizirt wurde, diese ist zehnmal größer als die vorhergehende, so wird das Produkt aus diesen beiden Ziffern bei jedem neuen Anfange denselben Nenner haben, wie beim vorigen, und es kommen diese Stellen alle rechts unter einander. Daß man im Gedanken die vorhergehende Ziffer multiplizirte, ist wol einfach darum geschehen, damit das, was diese bei der weitläuftigen Multiplikation auf die zuerst multiplizirte (in der abgekürzten Multiplikation) übergetragen hätte (d. h. zum Zuzählen), nicht verloren geht; und weil die Zahlen über 5 sich der 10, über 15 der 20 u. s w. mehr nähern als der 0 oder als der 10; so rechnet man solche Zahlen Eins mehr, die 5 aber wird schon als 10 gerechnet, weil wahrscheinlich wenn man noch mehr zurückgegangen wäre, aus der 5 etwas mehr geworden wäre.

Um das Komma zu bestimmen, darf man dasselbe nur in der ersten, durch die Multiplikation erhaltenen Zeile bestimmen, und hier wird man es immer so zu setzen haben (d. h. von der rechten zur linken), wie die Menge der Dezimalstellen des Multiplikandus und der Nenner der zuerst multiplizirenden Zahl erforderte; dieser war in unserem Beispiele 10 (bei $\frac{2}{10}$) und der Multiplikandus hatte 4 Stellen, daher $4 + 1 = 5$ Stellen abgeschnitten werden; auch kann man das Abschneiden erst beim Resultate vornehmen, wo es eben dasselbe ist. Ist die erste Zahl die multiplizirt hat, die der Einer, so werden blos die Menge der Stellen des Multiplikandus genommen, ist sie die der Zehner, so wird eine Stelle weniger abgeschnitten, denn nun wird das Produkt zehnmal größer als wenn Einer multiplizirt hätten; so wird man den Ort des Kommas immer bestimmen können.

Alles was also durch dies Verfahren der abgekürzten Multiplikation gewonnen wird, ist: eine längere Rechnung zu vollziehen nicht nöthig zu haben; alles was verloren wird ist: einige Dezimalstellen; bei unserem Beispiele 0,0000039. Schadet also dieser Verlust nichts, so wähle man die abgekürzte Multiplikation, sonst nicht. Wollte man übrigens den Fehler ein für allemal bestimmen, der durch den Verlust der letzten Dezimalstellen entsteht, so sieht man daß dies sich nicht allgemein bestimmen läßt, sondern daß diese letzten Ziffern einmal etwas zu klein werden können, dadurch, daß man die Summe der ihnen folgenden Ziffern nicht betrachtet (die ja weggelassen sind), welche vielleicht so groß geworden wäre, daß sie über 10 gegeben hätte, wo sodann die linke Ziffer zur nächsten Summe (also unsere erste Summe zur Rechten) hinzugekommen und dieselben vermehrt hätte; ein andermal werden jene letzten Ziffern vielleicht etwas zu groß, dadurch, daß die Ziffern welche 5 oder über 5 hinaus waren, bei den verschiedenen Produkten für 10 u. s. w.

angenommen wurden, was ihnen vielleicht nicht zukam, sondern nur wahrscheinlich so angenommen werden konnte. Man kann daher allgemein wol sagen, daß beide Fehler in zuviel und in zuwenig der letzten Ziffern sich vielleicht aufheben und das Produkt wirklich dem weitläuftigen gleich komme, d. h. allerdings nur bis zu der betrachteten Stelle. Alles dies hängt nun wieder von den gegebenen Ziffern selbst ab, und ist bei jedem besonderen Fall der Faktoren verschieden. Man überzeugt sich durch einige Beispiele am einfachsten von dem Gesagten, weshalb hier noch einige folgen mögen:

24,79186		24,79186
0,40392	oder die weit-	0,40392
9916744 (I.)	läuftige Art,	4958372 (IV.)
74375 (II.)	welche giebt:	22312674 (III.)
22312 (III.)		7437558 (II.)
496 (IV.)		9916744 (I.)
10,013927		10,0139280912

Hier ist die Abweichung in der letzten Ziffer des Produkts nur 1 Milliontel, welches daher rührt, daß bei den weitläuftigen Produkten, die Kolumne der 10 Milliontel noch 2 Milliontel herüberschickten, in der Zeile IV. aber der abgekürzten Methode eine 6, statt der 5 in der anderen Multiplikation stand, daher nur 1 der Unterschied ist. Um aber auch diese Differenz zu vermeiden, kann man bei den verschiedenen Produkten die man nur im Gedanken machte, immer noch auf die zweite vorhergehende Stelle zurückgehen, wo das Produkt vielleicht noch etwas überträgt, auf jenes, dessen letzte Ziffer (linke Ziffer) erst betrachtet wird; wäre dies bei dem eben gemachten Beispiele geschehen, so würde die Reihe (II.) sich schon auf eine 6 endigen; denn es entstand die 5, indem man sagte $3 . 8 = 24$, und die 2 von 24 zu $3 \quad 1 = 3$ hinzuthat; so würde man aber erhalten: $3 \quad 6 = 18$, diese als 20 genommen, giebt $3 . 8 + 2 = 26$, welche als 30 genommen

3.1+3 = 6 giebt; bei der Multiplikation mit der 9 würde man bis auf die 8 (im Multiplikandus) zurückgehen müssen, und sagen: 9.8 = 72, also 9.1+7 = 16, diese als 20 genommen, giebt 9.9+2 = 83, weshalb die Zeile (III.), nun auf eine 3 sich endigen würde; die Multiplikation der 2 macht keine Aenderung hier. Jetzt wird aber die Summe der letzten Ziffern 2 größer als früher, und nun wäre der entgegengesetzte Fehler entstanden, daß das erhaltene Produkt in seiner letzten Stelle um 1 Milliontel zu groß würde. Noch diene zu Beispielen:

+ 0,72468	− 24,789	− 45,7326
+ 0,00976	+ 3,65	− 85,43
652212	74367	3658608
50728	14873	228663
6522	744	18293
0,00709462	− 89,984	1372
		+ 39069,36

Die Abweichungen von den weitläuftigen Produkten wird man leicht suchen können, und verlassen wir diesen §., indem leicht einzusehen seyn wird, was man von dieser abgekürzten Multiplikation in vorkommenden Fällen zu erwarten hat.

§. 115. Aufgabe.

Dezimalbrüche durch einander zu dividiren.

Auflösung. Wir betrachten hier zuerst diejenigen Fälle, wo der Divisor vollkommen im Dividendus aufgeht, da der Fall, wo ein Rest bleibt in §. 118. näher vorkommen wird. Wenn z. B. gegeben ist 0,084:4,2 so ist dies so gut als $\frac{84}{1000}:\frac{42}{10} = \frac{840}{42000} = \frac{84}{4200}$. Wäre der Dividendus 8400 so würde 2 der Quotient seyn, da aber 84 um 100 Mal kleiner als 8400 ist, so ist auch der Quotient 100 Mal kleiner als 2, d. h. = 0,02. So würde es nun leicht seyn einen jeden Quotienten zu finden, allein folgende Regel ist offenbar einfacher. Man zähle die Dezimalstellen des Divisors und des Dividendus, wo die wenigsten sind, da nehme man das Komma ganz weg, und rücke es im anderen um so viele Stellen zur Rechten, als dort Stellen weggeblieben sind, so ist nun Divisor und Dividendus gleich oft vergrößert, und der Quotient wird ungeändert seyn. Nun dividire man ohne auf das Komma zu achten, als wären beide ganze Zahlen. Wären im Divisor jetzt z. B. n Dezimalstellen gewesen, so müßte man den Quotienten um so vielmal zehn vergrößern, als es der Stellen waren, denn, indem man diese Stellen nicht achtete nahm man einen 10 oder 100 u. s. w. Mal zu großen Divisor an, der einen 10 oder 100 Mal zu kleinen Quotienten gab, welcher letzterer also 10 oder 100 (immer eine 1 mit n Nullen) vergrößert werden muß, um nicht mehr zu klein zu seyn. Wenn aber der Dividendus diese n Dezimalstellen gehabt hätte, so müßte man vom Quotienten so viele Stellen abstreichen (von der rechten gegen die linke Hand) als n anzeigt, denn man hätte ja nun während der Division einen 10, oder 100 u. s. w. Mal zu großen Dividendus angenommen (durch das Nichtachten seiner Dezimalstellen) der einen eben so vielmaligen zu großen Quotienten erzeugt hat, dessen Verkleinerung daher vorgenommen werden muß.

Also: 4,8 : 0,06 = 48 : 0,6 = 80 } die beiden oben
0,5768 : 7,21 = 57,68 : 721 = 0,08 } erwähnten Fälle
4800 : 0,024 = 200000
6,2 : 310 = 0,02 u. s. w.

Beim dritten Beispiele hatte der Dividendus schon lauter Ganze, wären diese nur 48 gewesen, so würde 2000 der Quotient gewesen seyn; da er aber 100 Mal größer als 48 war, so vergrößert sich der Quotient auch um 100 Mal. Beim vierten Beispiele ist es umgekehrt; da war der Divisor 10 Mal größer als 31, weshalb der Quotient noch 10 Mal kleiner als 0,2 werden muß, was er bei der Division von $\frac{6,2}{31}$ geworden wäre. Zuweilen scheint eine

Division nicht aufzugehen, z. B. $\frac{1,2}{2,4}$, aber da man der 2 eine Null anhängen kann (im Dividendus), so ist nun $\frac{1,20}{2,4} = \frac{12,0}{24} = 0,5$, indem man 120 als Dividendus annahm.

Die Regel, welche wir angegeben haben, ist nun ganz dieselbe die auch oft gegeben wird, nemlich: man achte auf das Komma im Divisor und Dividendus nicht, sondern dividire wie bei gewöhnlichen Zahlen; dann ziehe man die Menge der Dezimalstellen des Divisors von der Menge derselben im Dividendus ab, so viel als Rest bleibt, streiche man im Quotienten von der rechten gegen die linke Hand ab; hat aber der Divisor mehr Stellen als der Dividendus, so ziehe man letztere von ersteren ab, und hänge nun so viele Nullen dem Quotienten an, als jener Rest giebt. Dies ist aber dieselbe als unsere Regel, wo wir durch Versetzung des Komma's schon, vom Divisor und Dividendus gleich viele Stellen wegnahmen, daher die stehen gebliebenen Stellen schon jene Differenz bezeichneten, und wir auch im Quotienten Nullen anhingen oder Stellen abstrichen, je nachdem die stehen gebliebenen Stellen im Divisor oder im Dividendus waren. Was das Zeichen des Quotienten anbetrifft, so ergiebt sich dies leicht nach §. 35, 2. *).

Endlich hätte man auch können die Division in eine solche verwandeln, wo Divisor und Dividendus ganze Zahlen sind; man müßte nemlich sehen, welcher von beiden die meisten Dezimalstellen hat, und indem man bei diesem das Komma weggelassen hätte, würde es im anderen um eben so viele Stellen rechts gerückt werden, d. h. um alle die vorhanden sind, und man müßte noch so viele Nullen anhängen, daß jene Stellenmenge erreicht würde.

*) Beispiele hierüber geben Tafel 21. und 22.

Das Komma im Quotienten, bestimmt sich nun nach der Anzahl der eben erwähnten angehängten Nullen, d. h. es werden Stellen abgestrichen, wenn jene Nullen dem Divisor, und Nullen dem Quotienten hinzugefügt (d. h. derselbe um 10 oder 100 u. s. w. Mal vergrößert) wenn sie dem Dividendus angehängt waren. Z. B.

$$-271,2:9,04=-27120:904=30,$$

indem nun während der Division auf die angehängten Nullen nicht geachtet wird; eben so

$$-0,00024:-0,08=-24:-8000=+0,003.$$

So laufen also alle jene Regeln auf eins hinaus.

Anmerk. Die abgekürzte Division werden wir §. 119. bekommen.

§. 116. Aufgabe.

Jeden Bruch in einen Dezimalbruch zu verwandeln.

Auflösung. Gesetzt es sey der Bruch $\frac{3}{4}$ gegeben, man sucht einen ihm gleichen Dezimalbruch. Es ist ja $\frac{3}{4}$ so viel als 3 dividirt durch 4, und die Division ist nur darum nicht vollzogen, weil 3 zu klein war, als daß 4 eine gewisse Anzahl Male darin enthalten wäre. Würde aber der Dividendus 30 seyn, so könnte die Division sich schon vollziehen lassen: allein 3 ist ja $=\frac{30}{10}=\frac{300}{100}$ u. s. w., da nun 4 in 300 vollkommen 75 Mal enthalten ist, so ist es in $\frac{300}{100}$ auch $\frac{75}{100}=0,75$ Mal enthalten, und $\frac{3}{4}$ ist gleich 0,75. Dies kann man aber bei jedem echten Bruche wiederholen, indem man seinen Zähler 10 oder 100 oder 1000 u. s. w. Mal vergrößert, und nun dividirt, so lange es angeht, oder so lange man will; man hat alsdann nur bei Bestimmung der Größe des Quotienten hierauf Rücksicht zu nehmen und diesen wieder 10 oder 100 u. s. w. Male kleiner zu machen, wodurch er ein Dezimalbruch wird; oder man bestimmt das Komma beim ersten Theile des Quotienten, wo alsdann durch Heranhängung von Nullen alle folgende Theile des Quotienten Dezimalstellen werden. Ist der Bruch unecht, so werden die Ganzen zuerst herausgeholt; z. B. $\frac{17}{4} = 4\frac{1}{4} =$ $4\frac{\frac{100}{100}}{4} = 4{,}25$. Dies so eben erwähnte stimmt nun ganz mit dem überein, daß man einem Dezimalbruche hinten so viele Nullen anhängen könne, als man will (§. 109, 3.) ohne seinem Werthe zu schaden; indem man also die ganze Zahl a (des Zählers) als a,0000 u. s. w. ansieht, kann man bei jedem Falle die Division vollziehen, mit Berücksichtigung der Dezimalstellen (die hier Nullen sind) nach §. 115.

Jedoch wird nicht ein jeder gegebener Bruch sich genau in einen Dezimalbruch verwandeln lassen, und alsdann hat der Quotient, der die Division erzeugt, immer eine merkwürdige Eigenschaft, die wir durchaus genau betrachten müssen. Es sey $\frac{4}{9}$ in einen Dezimalbruch zu verwandeln gegeben, so ist die Verrichtung folgende:

9 | 4,00000 | 0,44444 u. s. w.,
36
40
36
40
36
40
36
40

indem man so viele Nullen sich an den Dividendus heran denken kann, als man will, oder dieselben nach und nach sich heruntergeholt vorstellt.

Hier ist gewiß sogleich einleuchtend, daß man bis ins Unendliche fort, im Quotienten lauter Vieren erhält, denn der Rest ist immer 4, also 40 der stete neue Dividendus. Aber so ist es nun auch bei jeder anderen Division; sobald nämlich so viele Divisionen vollzogen sind (durch stetes Herunterholen der 0), als der Divisor Einheiten hat weniger 1, so muß ein Rest wiederkehren, der schon einmal da war, wenn dieser nicht bereits eher wiedergekommen ist. Denn da der Rest höchstens nur um Eins kleiner als der Divisor seyn kann, so sey derselbe (der Divisor) a, und nun können höchstens nur a — 1 verschiedene Reste stattfinden, nemlich wenn 1 und 2 und 3 und jede Zahl bis zu a — 1 Rest gewesen ist. Indem aber ein Rest wiederkehrt, der schon einmal da gewesen ist, so kehrt auch durch das Herunterholen der Null ein Dividendus wieder, der schon einmal da war, und indem der Divisor stets derselbe bleibt, so kehren von nun an, alle Quotienten in derselben Ordnung wieder, wie sie erschienen, als jener Dividendus zum ersten Male dividirt wurde; aber nun ist jene Wiederkehr auch bis ins Unendliche dieselbe, und man nennt deshalb die wiederkehrenden Ziffern, die Periode des Dezimalbruchs. Daß diese Periode, die man auch durch einen Strich, der über den Ziffern der Periode steht, zu bezeichnen pflegt, schon früher wiederkehren kann, als nach Verlauf von a — 1 Divisionen, ist aus obigem Beispiele von $\frac{4}{9}$ klar, wo 4 die Periode selbst ist. Zugleich leuchtet auch die größt möglichste Stellenzahl der Periode selbst ein, nämlich a — 1, welche Stellen die Quotienten der verschiedenen Divisionen sind; die kleinstmöglichste Stellenmenge der Periode aber ist natürlich eine Stelle. Ueberdies können, ehe die Periode anfängt, noch Stellen im Quotienten vorhergehen, und ist es keineswegs nöthig, daß die Periode vom Komma selbst abwärts sogleich beginnt. Alles dies werden wir sogleich durch Beispiele sehen *), und bald kennen lernen, wie man ohne Mühe sich gewöhnliche Brüche bilden kann, die in Dezimalbrüche verwandelt, jede beliebige Form von Perioden und vor dieser hergehenden Ziffern hat (§. 117). Es bleibt für uns demnach das Gesetz, daß die Periode anfängt, sobald

*) Siehe die Theorie der Beweise, zweiter Zusatz.

ein Rest wiederkehrt, der schon einmal Rest war, und der bei jenem ersten Reste erhaltene Quotient, ist die erste Ziffer der Periode, von welcher an, bis zu der letzten Stelle des Quotienten (ehe jener Rest wieder kam), dieselbe geht. So sei $\frac{7}{17}$ in einen Dezimalbruch zu verwandeln gegeben:

```
17|7,0|0,4117647058823529
   68
   --
    20         150
    17         136
    --         ---
     30         140
     17         136
     --         ---
     130          40
     119          34
     ---          --
      110          60
      102          51
      ---          --
        80          90
        68          85
        --          --
        120          50
        119          34
        ---          --
          100        160
           85        153
          ---        ---
           150         7
```

und dies ist der erste Dividendus, der durch Anhängung der Null den ersten Quotienten 4 gab; jetzt kehren jene 16 Ziffern des Quotienten immer wieder, und diese bilden daher die Periode. Betrachtet man übrigens die verschiedenen Reste, so sind sie von 1 an, bis 16 sämmtlich da gewesen (0 kann nicht Rest seyn, denn sonst wäre die Division aufgegangen), aber in keiner bemerkenswerthen Ordnung unter diesen 16 Zahlen selbst. So wäre also dieses Beispiel eins von der Art, daß die Periode a − 1 Ziffern hat, und von Anfang an wiederkehrte. Nun noch folgende Beispiele: die gegebenen Brüche seyen $\frac{106}{185}$ und $\frac{176}{333}$.

165 | 106,0 | 0,6$\overline{42}$
990
700
660
400
330
70 dies ist der erste Rest oder der zweite Dividendus.

333 | 176,0 | 0,$\overline{528}$
1665
950
666
2840
2664
176 dies ist der erste Dividendus.

Bei dem ersten dieser Beispiele sehen wir also daß 42 die Periode ist, und daß vor dieser noch erst eine Ziffer 6 steht, beim zweiten Beispiele aber, sehen wir die Periode 528 vom Anfange an wiederkehren; bei beiden aber kehrte sie eher wieder, als nach Verlauf von a — 1 Division, nach welcher sie auch, wie erwähnt, nur spätestens hätte wiederkehren müssen.

Wenn endlich der, in einen Dezimalbruch zu verwandelnde Bruch, ein unechter Bruch ist, so kann man die Menge der Divisoren erst von da an zählen, wo die Nullen anfangen, heruntergeholt zu werden, denn bleibt auch früher schon ein Rest, der bereits da war, so giebt er nicht unbedingt denselben Dividendus wie das erstemal, sondern dies hängt noch erst von der herunterkommenden Zahl ab, die ja eine andere als Null seyn kann, so wie auch eine andere als jene beim ersten Erscheinen des Restes heruntergeholte. Z. B. man verwandle $\frac{954}{7}$, so ist dies 7 | 954 | 136,$\overline{285714}$

7
25
21
44
42
20
14
60
56
40

40
35
50
49
10
7
30
28
2

Bei diesem Beispiele fängt die Periode auch vom Komma schon an, es gingen aber auch noch erst drei Divisionen vorher, ehe die Nullen anfingen heruntergeholt zu werden; so bleibt auch bei der zweiten Division schon 4 zum Rest, da aber der Dividendus 44 würde, so konnte die Periode nicht von dem Quotienten 6 anfangen, als das zweitemal wieder 4 Rest ward, da hier der Dividendus nur 40, also 5 der Quotient wurde. Wenn aber der gegebene Bruch auch unecht ist, nur daß der Dividendus sich gleich auf Nullen endigt, so kann die Periode schon in den Ganzen anfangen, ja sogar von vorne an beginnen, z. B. beim Bruche $\frac{300}{11}$ wird sie:

$$\begin{array}{r|l|l} 11 & 300 & 27,2727 \\ & \underline{22} & \\ & 80 & \\ & \underline{77} & \\ & 30 & \end{array}$$

u. s. w., d. h. sie ist schon in den Ganzen und zwar von vorne an.

Wenn man daher die späteste Wiederkehr der Perioden angeben, und sagen will: sie kehren wenigstens nach a — 1 Divisionen wieder; wenn a die Menge der Einheiten des Divisors vorstellt, so ist hierbei nicht zu vergessen, daß die Divisionen erst von da an gezählt werden dürfen, wo keine Ziffern, die noch Werthe haben, herunterkommen können, oder herunter zu holen sind, und daher die erste herunter kommende Null, die erste Division die gezählt wird, giebt. Endlich können auch in den Ganzen, die man beim Dezimalbruche erhält, erst einige Ziffern kommen, alsdann die Periode anfangen, und in den Dezimalstellen sich fortsetzen; so könnte z. B. $47\overline{862,38623}$ sehr gut der erhaltene Dezimalbruch, mit der Periode 8623 seyn, nur wird auch klar werden, daß der Bruch, der jenen Bruch erzeugte, nicht nur ein unechter war, sondern daß er sich auch im Zähler auf drei Nullen endigte, weil drei Stellen der Periode, als 862 zu den Ganzen gehören, also schon eine Null muß herunter gekommen seyn, als 8 der Quotient wurde. (Es ist der Bruch der jenen Dezimalbruch erzeugt $= \frac{478576000}{9999}$, wovon man sich leicht überzeugen kann, wenn man diesen Bruch, wie bereits bekannt ist, in einen Dezimalbruch verwandelt.)

So ergiebt sich nun auch von selbst, daß, wenn der Nenner eines Bruchs sehr groß ist, man sehr oft im Quotienten Nullmal nehmen muß, ehe durch das Heranhängen von Nullen ein Quotient von Werth entsteht, und daß man daher auch erst anfangen darf die Divisionen zu zählen (um die Wiederkehr der Periode zu bestimmen), wenn ein wirklicher Rest bleibt, oder wenn der Quotient einen Werth erhält; z. B. bei dem Bruche $\frac{59}{16500}$, welcher giebt

```
16500 | 59,000 | 0,00357
        49500
        -----
         95000
         82500
        ------
        125000
        115500
        ------
          9500
```

welches der erste Rest war, oder die Periode ist 57; wenn die Periode aber nicht schon so früh wieder gekommen wär (da sie doch erst nach 16499 Divisionen zu kommen brauchte), so hätte man die Zahl 3 doch nur als ersten Quotienten betrachten dürfen.

Es kann also ein Bruch gegeben werden, welcher es auch sey, so wird man ihn immer in einen Dezimalbruch verwandeln können, und erhält aus dem bis hierher Gesagten folgende Regel: der Dezimalbruch ist entweder ein endlicher vollkommener Bruch (wie bei $\frac{3}{4} = 0{,}75$); oder die Division geht ins Unendliche fortgesetzt, nicht auf, und alsdann nennt man einen solchen Dezimalbruch einen unendlichen Dezimalbruch, im Gegensatze der endlichen oder vollkommenen. Dieser hat jedesmal seine Periode, deren Wiederkehr man für jeden besondern Fall be-

bestimmen kann, d. h. die Stelle im Quotienten angeben, wo sie spätestens kommen muß; früher kann sie kommen, aber dann ist die Stelle ihres Anfangs doch noch unbestimmt; die Menge ihrer Stellen ist ebenfalls unbestimmt, und man wird immer nur angeben können, wie viel Stellen sie höchstens haben kann. Selten jedoch liegt an der Kenntniß der Periode eines unendlichen Dezimalbruchs etwas *), und man begnügt sich, denselben auf eine so große Stellenmenge zu berechnen, als das Bedürfniß der Genauigkeit der Rechnung es jedesmal erfordert. In jedem Falle aber, bemerkt man durch einige Punkte hinter die letzte Dezimalstelle, daß der erhaltene Bruch ein unendlicher, d. h. daß das Erhaltene nur eine Annäherung an den wahren Werth des gegebenen Bruchs ist **). Z. B. man soll den Bruch $\frac{73}{213}$ auf vier Dezimalstellen in einen Dezimalbruch verwandeln, so ist $\frac{73}{213} = 0{,}3427\ldots$ wo die Punkte hinter 7 anzeigen, daß die Verwandlung nicht vollkommen, sondern nur eine Annäherung ist; und es ist möglich, daß man 212 Divisionen zu machen hätte, ehe die Periode kommt, vielleicht liegt sie aber auch ganz nahe. Bei einer Verwandelung auf eine gewisse Stellenmenge, vergesse man aber nicht, immer noch die nächst folgende Stelle mit zu suchen, um zuzusehen ob sie eine 5 oder mehr wie 5 ist, in welchem Falle man die letzte Ziffer, die noch verlangt wird, um eine Einheit vergrößert, wovon der Grund sehr einfach in dem §. 109, 8. Gesagten, liegt.

Anmerk. 1. Man könnte auch Untersuchungen anstellen, ob eine gewisse Division auf einen unendlichen Dezimalbruch führe oder nicht, d. h. für einige Fälle. Wenn sich z. B. der Divisor auf eine 1 oder auf 3 oder auf 7 und endlich auf 9 endigt, so ist der Bruch unbedingt unendlich, weil der Quotient (versteht sich,

*) Die Fälle wo sie Nutzen schafft, werden wir später bekommen.

**) Tafel 27 enthält die Verwandelung gewöhnlicher Brüche in Dezimalbrüche.

in der Voraussetzung, daß man bereits angefangen hat Nullen herunterzuholen) seyn mag welche einziffrige Zahl er auch will, keine derselben mit oben genannten vier Zahlen im Produkte zur Rechten eine Null erzeugt, welches doch seyn müßte, wenn die Division aufgehen, oder der Bruch endlich werden sollte. Ist aber die letzte Ziffer des Divisors eine 2 oder 4 oder 5, so wie 6 oder 8, so giebt es unter diesen selbst wieder Ziffern, die, wenn sie im Quotienten erscheinen, mit jenem multiplizirt ein, sich auf Null endigendes Produkt hervorbringen, als $2 . 5 = 10$, oder $4 . 5 = 20$, auch $6 . 5 = 30$. Dergleichen Untersuchungen, die man leicht ausdehnen könnte (wo die Divisoren die Primzahlen sind, interessante Betrachtungen darbieten) führen immer gleich in weite Felder, und gewähren wenige Vortheile in der Anwendung selbst, aber einen hohen Reiz und Genuß an und für sich.

Anmerk. 2. Wenn uns ein Dezimalbruch gegeben ist, und einige Stellen in ihm sind überstrichen, so haben wir gesehen, daß dies seine Periode bedeutet, z. B. $4,7\overline{62}$ wo 62 die Periode ist. Ein solcher Bruch ist natürlich unendlich, aber dennoch macht man oft die Punkte dahinter, als $4,7\overline{62}\ldots$ Wenn uns aber ein Bruch von dieser Form 65,253253. . gegeben ist, so darf uns dies nicht verleiten, die Stellen 253 für seine Periode zu halten, da diese Wiederkehr rein zufällig seyn könnte; wenn aber gesagt wird, daß irgend ein Dezimalbruch der gegeben ist, in seiner Darstellung die Periode enthalte; so können wir wiederum, wenn dieselbe nicht durch ihre Bezeichnung (den Strich über ihren Stellen) angedeutet ist, solche auch nicht herausfinden, oder sie müßte denn wenigstens zweimal geschrieben seyn, wo es leicht ist sie, wenn man die Stellen von rückwärts an betrachtet, herauszufinden. Z. B. wenn 9,5762762... die Periode zweimal ganz geschrieben enthält, so kann dieselbe nur 762, und wenn sie sich in 56,433.. zweimal geschrieben befindet, nur 3 selbst seyn.

Anmerk. 3. Dieses, sich einem Resultate immer mehr Nähern und dasselbe nie erreichen, gewährt ganz eigene Betrachtungen, und noch öfter werden wir Gelegenheit haben, ähnliche Beobachtungen anzustellen. Man kann aber immer sagen: der Werth des unendlichen Dezimalbruchs, ist dem Werthe des gegebenen gleich. Ob man diese und ähnliche Erscheinungen in der Mathematik als eine Unvollkommenheit der Wissenschaft ansehen kann, oder ob sie ihr im Gegentheile zur höchsten Zierde gereichen — darüber gehören tiefere Untersuchungen in die Betrachtungen über die Mathematik selbst; und hier darf nicht die Rede weiter davon seyn.

§. 117. Aufgabe.

Einen gegebenen Dezimalbruch in einen gewöhnlichen Bruch zu verwandeln.

Auflösung. Wenn uns ein vollkommener oder endlicher Dezimalbruch gegeben ist, so ist die Verwandelung einfach die, daß man seinen Nenner darunter setzt (§. 108. und 109, 7), und nun ihn zu heben sucht (§. 92.); geht dies nicht, so bleibt er in seiner Form stehen; z. B. $0{,}25 = \frac{25}{100} = \frac{1}{4}$, ferner $7{,}625 = 7\frac{625}{1000} = 7\frac{5}{8}$ und $2{,}17 = 2\frac{17}{100}$. Wird uns aber ein unendlicher Dezimalbruch gegeben, so können wir, wenn wir seine Periode nicht kennen, ihn auch nur in so fern verwandeln, als er gegeben ist, und das Resultat wird dem Bruche, der jenen unendlichen Dezimalbruch erzeugte, nur so nahe kommen, als es der gegebene unvollkommne selbst war; kann man eine Hebung noch vornehmen, so geschieht auch dies noch. Z. B. $4{,}273\ldots = 4\frac{273}{1000}$ oder $0{,}6255\ldots = \frac{6255}{10000} = \frac{1251}{2000}$ u. s. w.

Wenn wir aber die Periode eines Dezimalbruchs kennen, so sind wir im Stande, den Bruch genau zu verwandeln, oder denjenigen Bruch wieder zu suchen, der jenen unendlichen Dezimalbruch erzeugte. Das Verfahren hierzu ist folgendes: gesetzt, man wollte den Bruch $0{,}\overline{725}\ldots$ in einen gewöhnlichen Bruch verwandeln, so hat er, da 725 seine Periode ist (wie der Strich dies andeutet) ohne Ende die Wiederkehr dieser Stellen. Nun rücke man bei ihm, so wie bei jedem anderen gegebenen Dezimalbruch (wo die Periode bekannt ist) das Komma um so viele Stellen zur Rechten, als die Periode Ziffern hat, so erhält man hier 725,725... Unter diesen so geänderten Bruch schreibe man den ursprünglich gegebenen 0,725 hin, und subtrahire beide Brüche von einander, so wird sogleich ein Rest erscheinen, der ein sich auf lauter Nullen endigender Dezimalbruch ist, die durchaus keinen Werth haben (§. 109, 3.), und weshalb der Rest ein endlicher Dezimalbruch ist, also hier:

$$\begin{array}{r} 725{,}725725\ldots \\ 0{,}725725\ldots \\ \hline 725{,}000000 = 725 \end{array}$$

wo sich zufällig lauter Ganze finden. Weil nun der Minuendus das 1000fache des gegebenen Bruchs ist (durch die Verrückung des Komma's), der Subtrahendus aber der gegebene Bruch selbst oder sein Einfaches war; so ist der Rest das 1000 — 1 = 999fache des gegebenen Bruchs; folglich, wenn der Rest durch 999 dividirt wird, so ist $\frac{725}{999}$ abermals vollkommen das Einfache des gegebenen Bruchs, oder dieser Bruch selbst. Läßt er sich noch heben, so geschieht auch dies. Durch Umwandelung dieses gefundenen Bruchs, dessen Richtigkeit aus seinem Suchen schon hervorgeht, kann man nun abermals jenen gegebenen Bruch wieder entwickeln.

Aber, ob das genannte Verfahren auch bei allen periodischen Brüchen dieselbe Wirkung hervorbringen wird, das muß durchaus noch näher gezeigt werden, besonders wenn der Periode noch Ziffern, die nicht zu ihr gehören, vorhergehen, oder wenn sie Ganze hat. Die Hauptsache aber wird seyn zu zeigen, daß der Rest jener Subtraktion auch sich auf unendlich viele Nullen immer endiget, denn nur alsdann kann man diese Stellen unbeschadet des Werths vernachlässigen, da sie dem Dezimalbruche nichts geben; wenn aber, sey es auch in einer noch so hohen Stelle, irgend ein Rest bleibt, so ist jene Verwandelung ja nur eine Annäherung und nicht, wie behauptet wurde, genau. Dieses letztere aber zu zeigen bedarf es nichts weiter, als darzuthun, daß durch unser Verfahren, wie es vorher vorgeschrieben wurde, immer eine Periode des Subtrahendus unter eine Periode des Minuendus zu stehen kommt, welches aber geschehen wird, sobald nun einmal eine Periode unter eine solche ihren Platz findet, denn nun folgen sie **immer** in dieser Ordnung, und bei der Subtraktion lassen die gleichen Zahlen, von einander subtrahirt, stets Nullen, wie es seyn sollte, zum Rest.

Um nun dies Erwähnte **allgemein** zu beweisen, so nehmen wir zu den Buchstaben unsere Zuflucht. Es bedeute also P die **Menge** der Ziffern der Periode, und V bedeute die Menge der Ziffern, welche vom Komma abwärts der Periode vorhergehen, so wird V + P die Menge der Ziffern vom Komma abwärts, bis zum Ende der ersten Periode anzeigen. Wird nun durch die Verrückung des Komma's (laut Auflösung) eine Menge von P Ziffern abgeschnitten, so bleiben von der neuen Stelle des Kommas bis zum Ende der ersten Periode noch eine Menge von V Ziffern übrig; **diese** dienen nun eben dazu, damit durch das Untersetzen des gegebenen Bruchs, die V Ziffern ihren Ort finden, und wo sodann ins Unendliche fortgesetzt Periode unter Periode zu stehen kommt, und also diese durchaus nöthige Erscheinung ihren Grund **immer** findet. Nun habe der gegebene Bruch noch Ganze oder nicht, reiche die Periode in die Ganzen hinüber oder nicht, — immer wird uns obiger Beweis das gewünschte Resultat liefern. Durch einige Beispiele mag das Gesagte noch erläutert werden *). Es sey der Bruch $0{,}526\overline{47}47\ldots$ gegeben, so hat seine Periode zwei Ziffern, also P = 2; es gehen der Periode aber noch drei Ziffern vorher, daher V = 3, weshalb P + V = 5 wird; schneidet man vorgeschriebenermaßen hiervon P = 2 Ziffern ab, so erhält man 52,64747... und es bleiben vom Komma an, noch V = 3 Ziffern, nemlich 647 übrig, bis zum Ende der ersten Periode; hierunter kommen nun beim Abschreiben des gegebenen Bruchs die Ziffern 526 zu stehen, und

*) Beispiele über die Verwandelung der Dezimalbrüche in gewöhnliche, enthält Tafel 28.

nun folgen Perioden unter Perioden. Der Minuendus war um 100 Mal vergrößert (immer um eine Anzahl Mal, die durch eine 1 mit so vielen Nullen als die Periode Dezimalstellen hat, bezeichnet wird) weshalb der Rest das 99fache seyn wird, daher er durch 99 dividirt werden muß, d. h. er wird immer durch eine aus so vielen Neunen bestehende Zahl dividirt, als die Periode Stellen hatte. Wenn nun der hierdurch entstehende Bruch, der genau dem gegebenen unendlichen Dezimalbruche gleich wird, im Zähler etwa noch die Form eines Dezimalbruchs haben sollte, so tilge man das Komma, und hänge dem Nenner so viele Nullen an, als man oben Stellen hatte. Dies giebt also, auf unser obiges Beispiel übergetragen, folgende Verrichtung:

$$\begin{array}{r} 52,64747\ldots \\ 0,52647\ldots \\ \hline \end{array}$$
$$\frac{52,121}{99} = \frac{52121}{99000}$$

Gesetzt der gegebene Bruch habe noch Ganze bei sich, so thun diese nichts, denn es sey 72,56325... gegeben so erhält man durch das Abschneiden 72563,25325..., die 72 Ganze kommen beim Untersetzen doch vor das Komma zu stehen, und die nachfolgenden Ziffern sind ganz dem früheren Gesetze unterworfen. Man könnte aber auch die Ganze von Anfang an weglassen und nur den Dezimalbruch verwandeln, und dem erhaltenen Bruche die Ganzen wieder vorsetzen, denn es ist doch offenbar immer 45,23535... = 45 + 0,23535... wo also nur der Bruch, ohne auf die 45 zu sehen, zu verwandeln ist. Unser obiges Beispiel stehe hier auf beide Arten vollzogen:

$$\begin{array}{r} 72563,25325\ldots \\ 72,56325\ldots \\ \hline \end{array}$$
$$\frac{72490,69}{999} = \frac{7249069}{99900}$$
$$= 72\tfrac{56269}{99900}$$

$72 + 0,56325\ldots = 72,56325$

giebt
$$\begin{array}{r} 563,25325\ldots \\ 0,56325\ldots \\ \hline \end{array}$$
$$\frac{562,69}{999} = \frac{56269}{99900}$$

also $72\tfrac{56269}{99900}$.

Man erspart demnach bei der zweiten Art, wo man die Ganze zuerst herauswirft, das abermalige Herausschaffen derselben aus dem unechten Bruche bei der ersten Art; sonst müssen natürlich beide richtige Verrichtungen auch dasselbe geben. Wenn überdies die Periode vom Komma selbst sogleich anfängt, so wird V = o, und das Verfahren ist eben so wie oben. Wenn aber die Periode in den Ganzen noch übergeht, z. B. $7\overline{26},5265$ so ist wol hierin keine Schwierigkeit zu suchen, denn nun nenne man V die Ziffern der Periode, welche noch hinter dem Komma stehen, und die jetzt dasselbe sind, was vorher andere Ziffern waren, nach diesen kehrt die Periode wieder, und unser Verfahren ist ganz das alte, das denselben Grund wie dort hat. So haben wir nun alle Formen der periodischen Dezimalbrüche gehabt, und gesehen, daß wir diese sämmtlich genau in gewöhnliche Brüche verwandeln können. Was nun auch noch für besondere Fälle vorkommen mögen, so werden sie sich leicht unter die genannten bringen lassen.

Anmerk. 1. Wir können uns hiernach immer einen Bruch erzeugen, der in einen Dezimalbruch verwandelt eine beliebige gewählte Form desselben giebt; so war es bei den Beispielen des §. 116. geschehen.

Anmerk. 2. Da der Nenner der, durch die angegebenen Verrichtungen erzeugten Brüche immer eine durch lauter Neunen dargestellte Zahl ist, die sich zuweilen auf einige Nullen endiget, so ist der Nenner immer durch 9 und durch 3 dividirbar, in jenen Fällen aber auch durch 10 oder 100 oder 5, so auch durch 2, oft durch 4 bei der Endigung auf 2 Nullen rc.) u. s. w theilbar; man kann daher die in §. 66, Anmerk. 2 angegebenen Sätze für die Theiler gewisser Zahlen sehr vortheilhaft anwenden, besonders für 9 und für 3.

Anmerk. 3 Daß man einen unendlichen Dezimalbruch, den man also nie vollkommen kennt, genau in einen gewöhnlichen Bruch verwandeln kann, sobald man nur das Gesetz seines Fortganges (seine Periode) kennt; ist offenbar eine interessante Erscheinung, über die sich vieles sagen ließ.

§. 118. Aufgabe.

Jede Division zweier Dezimalbrüche zu vollziehen.

Auflösung. Wir betrachteten §. 115. nur solche Divisionen, wo der Zähler genau im Nenner enthalten war, daß aber dies nicht nöthig ist, wird wol aus dem bis hierher ferner Vorgekommenen deutlich seyn. Also: man zähle die Dezimalstellen des Divisors und des Dividendus, da wo die meisten sind, lasse man das Komma weg, und vermehre durch Anhängung von Nullen auch den anderen der beiden um so viele Stellen, daß diese in der Menge gleich jenen sind, und lasse auch hier das Komma weg. Indem so der Divisor und der Dividendus gleich vielmal vergrößert sind, bleibt der Quotient ungeändert, und man hat eine Division, wie wir sie in §. 116. ja immer betrachteten, und die wir nun vollziehen können auf so viel Stellen als man nur will, im Fall sie nicht aufgeht, und wo allerdings auch Perioden kommen müssen, nach dem was wir vom Entstehen derselben sagten; doch wird man sich wol selten die Mühe nehmen, diese aufzusuchen, sondern begnügt sich mit einer, der Genauigkeit der vorliegenden Rechnung entsprechenden Menge *); auch nimmt man die nächst folgende Stelle noch wahr, ob sie 5 oder darüber ist (wovon wir den Grund § 109. 8. und §. 116. gehabt haben **). Auch hier thut man am besten, sogleich im Quotienten das Komma zu bestimmen, da man nun nach Belieben Nullen herunterholen kann, ohne die Menge derselben weiter zu merken, was genau geschehen muß, wenn man das Komma im Quotienten erst nach dessen Vollendung bestimmen will; überdies zeigen auch hier Punkte den unendlichen,

*) In mehreren Fällen schreibt die Rechnung die Menge der Stellen vor.

**) Tafel 30 und 31 so wie Tafel 32., enthalten mitunter hierfür einige Beispiele.

oder wenigstens den nicht vollständigen Quotienten, an. Z. B. man sucht $\frac{0,45}{21,6}$ so ist dies so gut als $\frac{45}{2160}$ und die Rechnung stehet so:

```
2160 | 45,00 | 0,02083...
        4320
        ----
         18000
         17280
         -----
           7200
           6480
           ----
            720
```

wo man also die 3 als die Periode findet, da 720 abermals Rest ist (anstatt daß man hätte 2159 mal dividiren können, ehe die Periode nothwendig kommen mußte). Indem also hier der Divisor 2160 und 45 zum Dividendus gebildet war, gab der Quotient Null Ganze; hierdurch ward das Komma bestimmt, nun ging 2160 in $\frac{450}{10}$ noch 0 Zehntelmal, und erst in $\frac{4500}{100}$ ging es 2 Hundertelmal u. s. w. So mögen noch hier folgende nur angefangene Beispiele stehen:

$\frac{76,4}{5,19} = \frac{7640}{519}$

```
519 | 7640 | 14,7...
      519
      ----
      2450
      2076
      ----
       3740
       3633
       ----
        107
```

$\frac{0,043}{176,4} = \frac{43}{176400}$

```
176400 | 43,0000 | 0,000243...
         352800
         ------
          772000
          705600
          ------
           674000
```

Wenn also, wie beim ersten Beispiele die Ganze des Divisors in denen des Dividendus enthalten sind, so wird das Komma im Quotienten erst dann gemacht, sobald die letzte Stelle der Einer des Divisors heruntergeholt, und der Quotient für diesen neuen Dividendus gebildet ist.

Zusatz 1. Wenn ein gebrochener Bruch oder sonst eine Bruchform in einen Dezimalbruch soll verwandelt werden, so führt man sie erst auf einen gewöhnlichen Bruch zurück, der alsdann in den Dezimalbruch verwandelt wird.

Zusatz 2. Wir können also nun jede zwei Zahlen durch einander dividiren, und uns dem Quotienten, im Falle er nicht genau zu finden ist, so weit wir nur wollen, nähern.

Zusatz 3. So kann man jede Bruchrechnung in eine Rechnung mit Dezimalbrüche verwandeln.

§. 119. Zusatz.

Auch hier wollen wir zum Schlusse noch die abgekürzte Division vornehmen. Es sey folgendes Beispiel gegeben, an dem wir sodann die Regel, die nichts als die Beobachtung des entgegengesetzten Verfahrens der abgekürzten Multiplikation ist, zeigen wollen.

```
17,4562 | 38,9526 | 2,23145...
          349124
          ------
           40402
           34912
           -----
            5490
            5237
            ----
             253
             175
             ---
              78
              70
              --
               8
               8
               -
               -
```

Sobald man nemlich den ersten Theil des Quotienten 2 wie gewöhnlich gesucht hat, der auch hier 2 Ganze ist, indem der Divisor und Dividendus so gut als ganze Zahlen anzusehen sind (da beide 4 Dezimalstellen haben, also sich in Ganze verwandeln könnten; siehe §. 118.), und den Rest 40402 fand; so vermehre man denselben nicht, wie es sonst immer zu geschehen pflegte um 10 Mal, sondern man denke sich die rechte Stelle im Divisor, also die 2 weg, und dividire blos mit 17,456, so geht dies wieder 2 Mal; indem man den Divisor multiplizirt, so mache man in Gedanken das Produkt der weggelassenen Ziffer, um dies, im Falle es zum ersten Produkte etwas hinzugiebt, auch zuaddiren zu können; in gegenwärtigem Falle ist dies aber nicht. Den neuen Rest 5490 vermehre man abermals nicht, dafür aber wird wieder vom Divisor die letzte Ziffer, also nun die 6 weggelassen, und der Quotient 3 nur mit 1745 multiplizirt, wo noch das Produkt 3.6 = 18 gemacht, und für 20 gerechnet wird. So geht die Division fort, bis zuletzt die 8 durch 1 dividirt wird, wo man wegen der 7 nur 5 Mal nehmen kann, wenn man von 7.5 = 35 nur die drei hinzuthun will zu 5.1 = 5. Daß jeder folgende Theil des Quotienten immer die folgende Dezimalstelle ist, wird aus dem Verfahren klar; denn hätte man den Divisor immer ganz gelassen (d. h. keine Ziffer weggelassen) und den Rest stets um 10 Mal vergrößert (durch Herunterholen einer Null), so würde der neue Quotient jene Stelle in den Dezimaltheilen behaupten (§. 118.); so aber wird durch das Hinweglassen jener Ziffer im Divisor derselbe 10 Mal und noch einige Einheiten verkleinert (um die weggelassene Einheiten), der Dividendus aber durch das Nichtherunterholen der Null, auch 10 Mal verkleinert, weswegen der Quotient ungeändert bleibt. Also: der ganze Nachtheil der abgekürzten Division besteht nur blos in dem Fehler der gedachten Einheiten des Divisors. Will man den Fehler bestimmen, der natürlich nur in der letzten Stelle des Quotienten seyn kann, so vollziehe man die Division nach der weitläuftigen Art. So fällt dies Verfahren aus dem bei der abgekürzten Multiplikation Gehabten, einfach in die Augen, und es mögen folgende Beispiele nur dienen, um das Bestimmen des Komma's im Quotienten zu zeigen:

756,384 | 7,350000 | 0,00971728 . . .
6807456
542544
529469
13075
7564
5511
5295
216
151
65
60
5

Es war nemlich $\frac{7,35}{756,384} = \frac{7350}{756384}$ wo also der Quotient erst 0 Ganze, und dann noch 2 Nullen erhält, weil man noch 2 Mal nicht dividiren kann, wenn man auch dem Dividendus Nullen anhängt. Ueberdies geht man auch hier bei dem Produkte das man in Gedanken macht, auf die zweite Stelle vorher zurück, wie wir dies §. 114. hinlänglich sahen. Ferner sey gegeben:

0,625 | 42,800 | 68,48 . . .
3750
5300
5000
300
250
50
50
—

8,19 | 0,5600 | 0,0683 . . .
4914
686
655
31
24
7

Bei dem ersten dieser Beispiele kann man allenfalls die Null der Ganzen noch herunterholen; hätte man schon dies nicht mehr gethan, so würde man die $\frac{8}{100}$ verloren, und nur 68,4 . . . bekommen haben. Gewiß werde ich hier diese Rechnungart auch verlassen können, deren Nutzen und Schaden gerade wie der, der abgekürzten Multiplikation ist.

Achtes Kapitel.

Die Lehre von den Kettenbrüchen.

§. 120. Erklärung.

Ein Kettenbruch oder auch kontinuirlicher Bruch genannt, ist ein solcher Bruch, wo der Nenner eine ganze Zahl plus einem Bruche, dessen Nenner abermals eine ganze Zahl plus einem Bruche u. s. w. ist. Die einzelnen Brüche, die den Kettenbruch bilden, heißen die Glieder desselben und werden vom ersten oder obersten an gezählt. Es hat hiernach ein Kettenbruch folgende Form:

$$\cfrac{a}{b+\cfrac{c}{d+\cfrac{n}{m+\cfrac{p}{q+\cfrac{t}{h}}}}} \text{ u. s. w.}$$

Welches also ein Kettenbruch von fünf Gliedern ist, wo $\frac{a}{b}$ das erste, $\frac{c}{d}$ das zweite u. s. w. Glied, seyn wird. Hat ein Kettenbruch noch Ganze bei sich, so setzt man diese vor den ersten Bruch, wie gewöhnlich hin.

§. 121. Aufgabe.

Einen Kettenbruch auf einen gewöhnlichen Bruch zurück zu führen, oder einen solchen zu suchen, der dem Kettenbruche gleich ist.

Auflösung. Es sey der Bruch:

$$\cfrac{4}{5+\cfrac{1}{7+\cfrac{2}{3+\cfrac{5}{7}}}}$$

gegeben; so geht aus der Erklärung und Form der Kettenbrüche hervor, daß jeder Nenner ein gemischter Bruch ist, der daher auf einen unechten Bruch zurück zu führen seyn wird, welcher alsdann mit seinem Zähler zusammen einen gebrochenen Bruch bildet, den man auf einen einfachen Bruch zurückführen kann; so fängt die Verrichtung abermals an, bis man auf einen **letzten Bruch**, welcher der gesuchte seyn wird, zurück kommt. Die Auflösungen, welche wir nach dieser Anleitung zu machen haben, sind alle bereits da gewesen, und die ganze Operation steht nun so:

$$\frac{4}{5+\frac{1}{7+\frac{2}{3+\frac{5}{7}}}} = \frac{4}{5+\frac{1}{7+\frac{2}{\frac{26}{7}}}} = \frac{4}{5+\frac{1}{7+\frac{14}{26}}} = \frac{4}{5+\frac{1}{\frac{196}{26}}} = \frac{4}{5+\frac{26}{196}} = \frac{4}{\frac{1006}{196}}$$

$$= \frac{784}{1006} = \frac{392}{503}.$$

So ist also $\frac{392}{503}$ der Werth des gesuchten Bruchs. Daß man übrigens die Auflösung von unten anfängt, ist der Natur der Sache angemessen, da ja jeder frühere Nenner, selbst noch die Form des Kettenbruchs hat *).

§. 122. Erklärungen.

1. Der Bruch, welcher mit einem Kettenbruch, oder schlechtweg mit einer **Kette**, gleich ist, heißt auch der **Werth der Kette**; er heiße allgemein immer $\frac{N}{M}$.

2. Ein Kettenbruch, wo jeder Zähler der verschiedenen Glieder eine **Eins** ist, heißt ein **echter Kettenbruch** oder eine **echte Kette**.

3. Wenn die verschiedenen Zähler auch noch andere Zahlen als **Eins** sind, so heißt der Bruch, ein **unechter Kettenbruch** oder eine **unechte Kette**.

*) Tafel 25. und 26. enthalten hierher gehörige Beispiele.

§. 123. Anmerkungen.

1. Wir haben es in diesem Kapitel, sobald von einem Kettenbruche die Rede ist, blos mit echten Ketten zu thun; sollen andere betrachtet werden, so wird es zuvor gesagt werden.

2. Auch betrachten wir blos hier solche Ketten, wo keine Ganze dem Bruche hinzugefügt werden; diese kann man sich in vorkommenden Fällen herandenken, um die nachfolgenden Lehren auch auf diese überzutragen.

3. Daß einzelne Glieder einer Kette auch negativ seyn können, ist natürlich, doch lassen wir die Betrachtung derselben hier ganz weg. Eben so betrachten wir die Kettenbrüche nicht, wo die Nenner selbst etwa noch die Bruchform haben.

§. 124. Lehrsatz.

Jeder (also auch der unechte) Kettenbruch hat die Eigenschaft, daß der Werth jeder unpaarigen Anzahl von Gliedern vom ersten abwärts gegen den Werth $\frac{N}{M}$ der ganzen Kette zu groß, der Werth jeder paarigen Menge von Gliedern aber, einen zu kleinen Werth der Kette, giebt; so, daß also der Unterschied der verschiedenen Werthe der Glieder vom ersten an stets abwärts, gegen den ganzen Werth $\frac{N}{M}$ einmal negativ dann positiv ist.

Beweis. Hat man folgenden Kettenbruch:

$$\frac{N}{M} = \cfrac{a}{b + \cfrac{c}{d + \cfrac{n}{m + \cfrac{p}{q + \cfrac{h}{k}}}}} \text{ u. s. w.}$$

so ist es einleuchtend, daß, wenn man vom ersten Gliede abwärts nur einige Glieder für die ganze Kette nimmt, man nicht den Werth $\frac{N}{M}$ bekommen kann; daß man aber diesem Werthe immer näher kommt, je mehr Glieder genommen werden, je weniger also übrig bleiben und je genauer man daher verfährt; ist gewiß eben so klar. — Stellt man sich nun das erste Glied $\frac{a}{b}$ allein vor, so hat man ja den Nenner b um etwas, nemlich um die ganze ihm folgende Kette, zu klein gemacht, wodurch der Bruch $\frac{a}{b}$ selbst etwas zu groß wird (§. 85, 5.) gegen den Werth $\frac{N}{M}$, der ja $=\frac{a}{b+}$ der folgenden Kette ist. Werden die beiden ersten Glieder $\frac{a}{b+\frac{c}{d}}$ genommen, so ist abermals der Nenner d durch das Zurücklassen der folgenden Glieder um etwas zu klein geworden, daher der Bruch $\frac{c}{d}$ etwas zu groß seyn wird; deshalb kommt aber zum Nenner b etwas zu viel hinzu, wodurch der Bruch $\frac{a}{b+\frac{c}{d}}$ etwas zu klein wird (§. 85, 5.). Wollte man nur drei Glieder annehmen, so würde der Bruch $\frac{n}{m}$ aus gleichem Grunde wie oben, etwas zu groß, daher $\frac{c}{d+\frac{n}{m}}$ etwas zu klein und $\frac{a}{b+\frac{c}{d+\frac{n}{m}}}$ wieder etwas zu groß werden. So kann man den Beweis fortführen so weit man will, und man wird immer beim untersten Gliede, sobald man nemlich einige wegläßt, damit beginnen: etwas zu groß, dann folgt für den folgenden Bruch: etwas zu klein, für den folgenden (immer nach oben zu gehend) wieder etwas

etwas zu groß u. s. w., so daß man immer mit zu groß endigen wird, wenn man bei der vorigen Menge von Gliedern mit zu klein endigte; und eben so umgekehrt. Haben wir daher bei der ersten paarigen Menge (d. h. bei den beiden ersten) von Gliedern, mit zu klein geendiget, so ist dies bei jeder folgenden paarigen Menge wieder geschehen, so wie bei jeder folgenden unpaarigen Menge von Gliedern mit zu groß geendiget werden muß. Welches zu beweisen war.

Daß also die Differenz eines jedes solchen erhaltenen Werthes von einer paarigen Menge von Gliedern mit $\frac{N}{M}$ positiv, die einer unpaarigen Menge von Gliedern aber mit $\frac{N}{M}$ negativ ist; leuchtet ein, sobald nämlich $\frac{N}{M}$ immer der Minuendus bleibt.

§. 125. Erklärung.

Wenn man vom ersten Gliede abwärts erst eins, dann zwei, dann drei u. s. w. Glieder nimmt und diese als für sich bestehende Ketten auflöset (nach §. 121.), so heißen die hierdurch erhaltenen Werthe, die Näherungswerthe gegen den Werth der Kette $\frac{N}{M}$, oder auch: die gegen $\frac{N}{M}$ konvergirenden Brüche.

§. 126. Aufgabe.

Sämmtliche Näherungswerthe einer Kette zu finden.

Auflösung. Man betrachte vom ersten Gliede abwärts erst eins, dann zwei und so immer ein Glied der Kette mehr, und löse diese verschiedenen Ketten auf, wie wir §. 121. bei einer Kette gesehen haben. Der Kürze halber, wollen wir jeden auf diese Weise erhaltenen Näherungswerth durch $\frac{N}{M}$ bezeichnen, nur mit dem Unterschiede, daß wir bei N und bei M durch eine kleine, diesen Buchstaben zur Rechten oben gesetzte römische Ziffer, bezeichnen, wie viel Glieder man genommen habe, oder der wie vielte Näherungswerth ein gefundener Werth ist, so daß z. B. $\frac{N^{V}}{M^{V}}$ den fünften Näherungswerth, also N^{V} den Zähler und M^{V} den Nenner desselben bezeichnet. Es sey die Kette $\frac{1}{3+\frac{1}{2+\frac{1}{5+\frac{1}{4+\frac{1}{3}}}}}$ so ist nun:

$\frac{1}{3}=\frac{N^{I}}{M^{I}}>\frac{N}{M}$ (oder größer als der Werth der ganzen Kette)

$$\frac{1}{3+\frac{1}{2}}=\frac{1}{\frac{7}{2}}=\frac{2}{7}=\frac{N^{II}}{M^{II}}<\frac{N}{M}$$

$$\frac{1}{3+\frac{1}{2+\frac{1}{5}}}=\frac{1}{3+\frac{1}{\frac{11}{5}}}=\frac{1}{3+\frac{5}{11}}=\frac{1}{\frac{38}{11}}=\frac{11}{38}=\frac{N^{III}}{M^{III}}>\frac{N}{M}$$

$$\frac{1}{3+\frac{1}{2+\frac{1}{5+\frac{1}{4}}}}=\frac{1}{3+\frac{1}{2+\frac{4}{21}}}=\frac{1}{3+\frac{21}{46}}=\frac{46}{159}=\frac{N^{IV}}{M^{IV}}<\frac{N}{M}$$

$$\frac{1}{3+\frac{1}{2+\frac{1}{5+\frac{1}{4+\frac{1}{3}}}}}=\frac{1}{3+\frac{1}{2+\frac{1}{5+\frac{3}{13}}}}=\frac{1}{3+\frac{1}{2+\frac{13}{68}}}=\frac{1}{3+\frac{68}{149}}=\frac{149}{515}=$$

$$\frac{N^{V}}{M^{V}}>\frac{N}{M}$$

Dieses Verfahren ist nach dem Begriffe von den Kettenbrüchen und nach §. 121. gewiß deutlich, wobei noch die echten Ketten den Vortheil bringen, einen jeden nach und nach erhaltenen Bruch, der ein gebrochener Bruch von der beständigen Form $\frac{1}{\frac{a}{b}}$ seyn wird (d. h. den man erhält, wenn man den letzten Bruch mit seinen Ganzen auf einen unechten Bruch zurückführt, welcher dann in 1 dividirt wird), durch Umkehrung des Divisors $\frac{a}{b}$ in den Bruch $\frac{b}{a}$ verwandelt (§. 103, 3.), wodurch immer ein Glied weniger in der Kette wird, bis man den Werth selbst erhält. Dies ist bei der Auflösung der Werthe in unserem Beispiele, bei den beiden letzten Werthen sogleich so gemacht, dagegen in den früheren Werthen auch die Formen jener gebrochenen Brüche noch erschienen.

§. 127. Zusätze.

1. Man sieht hieraus, daß man immer den $n$ten Näherungswerth erhält, wenn man beim $n-1$ten (d. h. beim vorhergehenden) Werth, anstatt der Ganzen des Nenners, dieselbe um das folgende, also $n$te Glied der Kette vermehrt, setzt. Eben so würde man aus irgend einem Näherungswerthe, sogleich den Werth der ganzen Kette erhalten, wenn man statt jenes Nenners, sogleich denselben + der ganzen folgenden Kette setzte.

2. Also entsteht jeder Werth aus seinem vorhergehenden auf dieselbe Weise, oder durch dieselbe Verrichtung, wie dieser aus seinem vorhergehenden Werthe entstand. Daß dies zu einem Gesetze für das kürzere Finden der Näherungswerthe dient, werden wir §. 134. sehen.

3. Wollte man die Abweichung jeder der Näherungswerthe vom Werthe $\frac{N}{M}$ der ganzen Kette wissen, so suche man $\frac{N}{M}$ und verfahre nach §. 91., indem man den Brüchen gleiche Nenner giebt; sonst ist uns bis jetzt nur bekannt, daß die Werthe abwechselnd größer und kleiner

als $\frac{N}{M}$ sind (§. 124.) was im Beispiele bei §. 126. durch $>$ und $<$ angedeutet wurde.

4. Jeder der Näherungswerthe ist ein echter Bruch; denn: nehmen wir z. B. den nten Näherungswerth, so hat der Theil der Kette, der ihn gab, und der selbst wieder eine Kette ist, lauter Glieder von der Form $\frac{1}{m}$ (siehe §. 123, 1.); deshalb kommt zum Nenner des $n-1$ten Gliedes, der eine ganze Zahl ist, ein Bruch $\frac{1}{m}$ hinzu, der echt, oder doch höchstens nur 1 ist (wenn $m=1$ ist); daher wird nun jener Nenner und $+\frac{1}{m}$ gewiß ein unechter Bruch werden, woraus abermals für $\frac{1}{\text{unechter Bruch}}$, ein echter Bruch entsteht (§. 103, 3.); so kommt nun, nach oben fortgesetzt, jedesmal ein echter Bruch zum folgenden Nenner hinzu, der daher stets ein unechter Bruch (oder erst eine vermischte Zahl, die sich in einen unechten Bruch verwandelt) werden muß. Diesen Schluß kann man nun bis auf das erste Glied zurückführen, wo also der Nenner + seiner Folge, die man schon gesucht hat, einen unechten Bruch giebt, der zuletzt wieder in 1 dividirt, einen echten Bruch zum Resultat erzeugt; und dies ist der gesuchte Näherungswerth; oder auch der Werth $\frac{N}{M}$ selbst, als letzter Näherungswerth. — Daß, wenn die Kette unecht ist, sich der Werth des Näherungsbruchs, ob er echt oder unecht wird, nach der Beschaffenheit der Kette richtet, ist leicht einzusehen; so ist z. B.

$$\frac{5}{4+\frac{2}{3}}=\frac{15}{14},\quad \frac{7}{6+\frac{5}{4}}=\frac{28}{29},\quad \frac{3}{5+\frac{1}{7}}=\frac{21}{36},\quad \frac{3}{5+\frac{5}{3}}=\frac{9}{20}\quad \text{u. s. w.}$$

§. 128. Lehrsatz.

Wenn man einen echten Kettenbruch hat, so ist jeder andere echte Kettenbruch, dessen Werth dem des ersteren gleich ist, auch mit jenem ersteren identisch, oder, beide haben dieselben Glieder, in Form und in der Menge der Glieder.

Beweis. Es sey der echte Kettenbruch

$$\cfrac{1}{a+\cfrac{1}{b+\cfrac{1}{c+\cfrac{1}{d \text{ etc.}}}}} = \frac{N}{M}$$

gegeben, und man habe einen zweiten echten Kettenbruch

$$\cfrac{1}{n+\cfrac{1}{m+\cfrac{1}{p+\cfrac{1}{q \text{ etc.}}}}}$$

dessen Werth $\frac{Q}{P} = \frac{N}{M}$ wäre; so soll nach der Behauptung $a=n$, $b=m$, $c=p$, $d=q$ u. s. w. seyn. Man nenne zu dem Ende

$$a+\cfrac{1}{b+\cfrac{1}{c+\cfrac{1}{d \text{ etc.}}}} = h,$$

so ist $\frac{N}{M} = \frac{1}{h}$, eben so heiße

$$n+\cfrac{1}{m+\cfrac{1}{p+\cfrac{1}{q \text{ etc.}}}} = k,$$

so wird auch $\frac{Q}{P} = \frac{1}{k}$ seyn; war nun $\frac{N}{M} = \frac{Q}{P}$, so ist $\frac{1}{h} = \frac{1}{k}$ und folglich $h = k$. Es sind aber h so wie k ein Paar unechte Brüche (die in 1 dividirt den Werth der Kette geben), weshalb die in beiden steckenden Ganzen, auch gleich seyn müssen; es sind aber die in h steckenden Ganzen $= a$ (denn $\cfrac{1}{b+\cfrac{1}{c \text{ etc.}}}$ machen ja einen echten Bruch aus §. 127, 4.), die mit der folgenden Kette erst den unechten Bruch h bilden; eben so werden auch die in k steckenden Ganzen $=n$ seyn (derselbe Grund wie vorher), d. h. also $a=n$. Ist aber $a=n$, so auch $\frac{1}{a} = \frac{1}{n}$ und daher die Ketten $\frac{1}{b+\frac{1}{c+\frac{1}{d \text{ ꝛc.}}}} = \frac{1}{m+\frac{1}{p+\frac{1}{q \text{ ꝛc.}}}}$

indem sie ja wechselsweise auf gleiche Art zu $\frac{1}{a}$ und $\frac{1}{n}$ hinzugethan, die Werthe $\frac{N}{M} = \frac{Q}{P}$ geben. Nun wird, ganz auf demselben Wege wie vorher, gewiesen, daß $b = m$, $c = p$ u. s. w. ist, d. h. daß alle Glieder dieselbe Form haben von beiden Brüchen. Es kann aber ferner auch die eine Kette nicht mehr oder weniger Glieder haben als die andere, weil ja sonst diese Glieder wo sie mehr sind, nicht mit den ersteren vollkommen gleichen Gliedern, gleiche Werthe $\frac{N}{M} = \frac{Q}{P}$ erzeugen könnten. Es sind also beide Ketten identisch.

§. 129. Zusätze.

1. Alle echte Ketten von gleichen Werthen, sind aus gleichen Mengen gleicher Glieder, bestehende Ketten

2. Keine echte Kette kann, in Hinsicht ihrer Glieder, auf eine kleinere Benennung gebracht werden, sey es in Form oder in der Menge der Glieder; denn könnte dies seyn, so gäbe es ja zwei verschiedene Darstellungen, derselben echten Kette, was unmöglich ist; §. 128.

§. 130. Aufgabe.

Jeden gegebenen Bruch in einen Kettenbruch zu verwandeln.

Auflösung. Es sey der Bruch $\frac{49}{234}$ gegeben. Man dividire Zähler und Nenner dieses Bruchs durch den Zähler, so bleibt der Werth des Bruchs ungeändert, (§. 87, 7.). Also $\frac{49}{234} = \frac{1}{4+\frac{38}{49}}$; bei dem hier erhaltenen

Bruche, dividire man wieder Zähler und Nenner durch den Zähler, so wird man den Werth abermals ungeändert lassen; und hiermit fahre man fort, bis man auf einen Bruch kommt, dessen Zähler 1 ist. So ist nun

$$\frac{49}{234}=\frac{1}{4+\frac{38}{49}}=\frac{1}{4+\frac{1}{1+\frac{11}{38}}}=\frac{1}{4+\frac{1}{1+\frac{1}{3+\frac{5}{11}}}}=\frac{1}{4+\frac{1}{1+\frac{1}{3+\frac{1}{2+\frac{1}{5}}}}}$$

So wird der erhaltene Bruch der gesuchte Kettenbruch seyn, und daß sein Werth $=\frac{49}{234}$ ist, beruhet auf das, stets richtig fortgesetzte Verfahren, nach §. 87. 7., wodurch der Werth eines Bruchs, immer ungeändert bleibt.

§. 131. Zusätze.

1. Ein, auf die eben beschriebene Art erhaltener Kettenbruch, wird immer ein echter seyn; denn, der Zähler entstand stets, indem man mit einer Größe (dem Zähler, der früher Rest war) in sich selbst dividirte, wo 1 der Quotient ist, der den Zähler giebt.

2. Ist der gegebene Bruch ein unechter, so sucht man die Ganze heraus, und verwandelt den übrigen Bruch nach §. 130. in eine Kette; z. B. $\frac{103}{47}=2\frac{9}{47}=2+\frac{1}{5+\frac{1}{4+\frac{1}{2}}}$

3. Ein jeder Bruch läßt sich in einen Kettenbruch verwandeln, denn es hindert nie etwas, die erwähnte Verrichtung vorzunehmen; hat der gegebene Bruch die Form eines gebrochenen Bruchs oder eines Dezimalbruchs u. s. w., so kann man ihn ja in einen gewöhnlichen Bruch erst verwandeln *).

4. Wenn man das Verfahren bei Verwandelung der gewöhnlichen Brüche in Kettenbrüche (§. 130.) beob-

*) Tafel 29. hat die hierher gehörigen Beispiele.

achtet; so entdeckt man leicht das Gesetz: daß die Nenner immer die Quotienten von Divisionen, wo der Divisor der Zähler, und der Dividendus der Nenner eines Bruchs, vor der jedesmaligen Division, sind, und daß die Reste die hier bleiben, immer die Zähler der hinzugefügten Brüche, vor deren abermaliger Division, werden, die sich daher abermals in Divisoren verwandeln, wo die Dividenden jene früheren Reste sind u. s. w. So erhalten wir eine Regel, auf einem kürzeren Wege die Nenner der verschiedenen Glieder zu bekommen. Wenn wir nemlich das Verfahren von §. 69 anstellen, als wollten wir das größte gemeinschaftliche Maaß für Zähler und Nenner suchen, so sind die hierbei erhaltenen Quotienten, die Nenner der einzelnen Glieder, wo natürlich die Zähler alle = 1 werden. Z. B. es sey der Bruch $\frac{722}{2495}$ gegeben, so ist die Verrichtung folgende:

```
722|2495|3
    2166
    ----
     329 722|2
         658
         ---
          64|329|5
             320
             ---
               9|64|7
                 63
                 --
                  1|9|9
                    9
                    -
```

daher der Kettenbruch $= \cfrac{1}{3+\cfrac{1}{2+\cfrac{1}{5+\cfrac{1}{7+\cfrac{1}{9}}}}}$

5. Wenn man also einen gewöhnlichen Bruch in einen Kettenbruch verwandeln will, so erhält man immer einen solchen, und hat nie zu fürchten, daß man ohne Ende*) die erwähnte Verrichtung fortzusetzen hätte; denn: jene Reste werden immer kleiner, müssen also einmal 0 oder 1 werden; im ersteren Falle geht die Division auf, im letztern wird mit 1 dividirt, wo sie also auch aufgeht.

*) Wie bei Auflösung der Brüche in Dezimalbrüche oft geschieht.

6. Wollte man einen gegebenen Bruch in eine unechte Kette auflösen, so würde man deren sehr viele von verschiedener Form erhalten können.

7. Wird ein, noch nicht gehörig gehobener Bruch, in einen Kettenbruch verwandelt, so ist die Kette doch ganz dieselbe, als sie würde geworden seyn, wenn der Bruch auch vor der Verwandelung gehoben gewesen wäre; denn Ketten von gleichem Werthe, sind ja identisch (§. 129.). Auch kann man dies daraus leicht einsehen, daß, wenn man die Verrichtung der Verwandelung (§. 130. oder §. 131, 4.) vornimmt, und es ist Divisor und Dividendus eine gleiche Anzahl Male z. B. a Mal zu groß (Zähler und Nenner sollten ja noch nicht gehoben seyn), so wird der Quotient doch ganz derselbe (§. 37, 11.) werden, der Rest ist aber auch alsdann a Mal zu groß, und dies wird ja der neue Divisor in den vorigen a Mal zu großen Divisor als Dividendus; so erscheint abermals derselbe Quotient, wie er beim gehörig gehobenen Divisor und Dividendus, erschienen wäre. Die Quotienten sind ja aber die Nenner der Glieder der Kette, die deshalb ganz dieselbe wird. Wie zu beweisen war.

§. 132. Zusätze.

Durch Verbindung von §. 128. und §. 130. erhalten wir noch folgende Zusätze.

1. Wenn man einen gewöhnlichen Bruch in einen Kettenbruch auflöset, so kann der erhaltene Bruch immer nur Einer seyn, d. h. seine Glieder sind in Form und Menge dieselben, man mag auflösen so oft man will; versteht sich, daß wenn man den zu findenden Kettenbruch als echten aufsucht; denn nun kann kein zweiter echter Kettenbruch, der von jenem ersteren verschieden wäre, mit diesem denselben Werth, oder den gegebenen Bruch, erzeugen. (§. 128.)

2. Jeder Näherungswerth ist bereits auf seine *kleinsten Zahlen* zurückgeführt, oder er läßt sich *nie* mehr heben (Zähler und Nenner sind Primzahlen gegen einander, §. 92.)*). Denn: gesetzt man verwandele einen *gehobenen* Bruch in einen Kettenbruch (siehe das Verfahren bei §. 130.), so muß derselbe rückwärts in einen gewöhnlichen Bruch verwandelt, wieder *denselben* gehobenen Bruch der gegeben war, erzeugen; wie sich dies aus einer einfachen Betrachtung jener Verwandelung des Kettenbruchs in einen gewöhnlichen leicht ergiebt. Wird aber ein *nicht gehobener* Bruch in einen Kettenbruch verwandelt, so ist die Kette *identisch* der, welche der gehobene Bruch würde gegeben haben (§. 131, 7.); weshalb nun diese Kette aufgelöset, durchaus den *gehobenen* Bruch, aber *nicht* den ihm gleichen *ungehobenen*, erzeugen muß. (§. 126. kann hier zum Beispiel dienen.)

3. Wenn ein gegebener Bruch, der *noch nicht* auf seine kleinsten Zahlen zurückgeführt ist, in einen Kettenbruch verwandelt, und dieser wieder auf einen gewöhnlichen Bruch zurückgeführt wird; so ist der *neue* Werth nicht nur *gleich* dem ersten Bruche, sondern er ist auch nun jener Bruch *gehoben*. Denn: *gleich* muß er ihm seyn, vermöge des Verfahrens; *gehoben* ist er aber, weil jener erhaltene Kettenbruch ein echter, und daher nur *Einer* seyn kann (nach 1.), der aufgelöset immer einen gehobenen Bruch (nach 2.) giebt. Es sey z. B. $\frac{16}{38}$ gegeben, so ist

$$\frac{16}{38} = \cfrac{1}{2+\cfrac{1}{2+\cfrac{1}{1+\cfrac{1}{2}}}} = \cfrac{1}{2+\cfrac{1}{2+\cfrac{2}{3}}} = \cfrac{1}{2+\cfrac{3}{8}} = \frac{8}{19}.$$

(Siehe auch §. 131, 7.)

*) Dieser Satz ist einer der wichtigsten aus der Lehre von den Kettenbrüchen.

§. 133. Aufgabe.

Einen unechten Kettenbruch in einen echten zu verwandeln.

Auflösung. Man führe den unechten Kettenbruch nach §. 121. auf einen gewöhnlichen Bruch zurück, und diesen verwandele man in einen echten Kettenbruch nach §. 130. Z. B.

$$\cfrac{4}{5+\cfrac{2}{3+\cfrac{1}{2+\cfrac{3}{7}}}} = \cfrac{4}{5+\cfrac{2}{3+\cfrac{7}{17}}} = \cfrac{4}{5+\cfrac{34}{58}} = \frac{232}{324} \quad \text{ferner}$$

$$\begin{array}{l}
232|324|1 \\
\underline{232} \\
\quad 92|232|2 \\
\qquad \underline{184} \\
\qquad 48|92|1 \\
\qquad\quad \underline{48} \\
\qquad\quad 44|48|1 \\
\qquad\qquad \underline{44} \\
\qquad\qquad 4|44|11 \\
\qquad\qquad\quad \underline{44} \\
\qquad\qquad\quad -
\end{array}
\qquad \text{daher der Kettenbruch} = \cfrac{1}{1+\cfrac{1}{2+\cfrac{1}{1+\cfrac{1}{1+\cfrac{1}{11}}}}} = \frac{58}{81}$$

wo man den obigen Bruch $\frac{242}{324}$ sogleich gehoben erhält. (§. 132, 3.)

§. 134. Aufgabe.

Ein Gesetz zu entdecken, ob man nicht einen Näherungswerth aus seinem nächst vorhergehenden Näherungswerth finden kann, ohne wie bei §. 126. die Auflösung von neuem nöthig zu haben; d. h. bei echten Ketten.

Anmerk. 1. Das Entdecken eines Gesetzes kann allerdings nicht immer in der Mathematik so gerade hin als Aufgabe gestellt werden, sondern nur da, wo man aus der Natur des Gegenstandes für den man das Gesetz zu haben wünscht, auch auf ein Gesetz schließen kann; daß aber bei den Kettenbrüchen dies der Fall ist, wird man nicht nur wegen des regelmäßigen Fortschreitens der Glieder (deren Zähler alle 1 sind, bei der hier betrachteten echten Kette) schon ahnen; sondern die Auflösung §. 126. so wie die beiden ersten Zusätze des §. 127. lassen dies schon erblicken.

Auflösung. Es sey wieder die Kette $\cfrac{1}{a+\cfrac{1}{b+\cfrac{1}{c+\cfrac{1}{d+\cfrac{1}{f}}}}}$

gegeben, so untersuche man ganz nach §. 126. was die ersten Näherungswerthe erzeugen, nur eben mit dem Unterschiede, daß wir hier allgemeine Nenner haben. Es wird sich nun aus dem in der Buchstabenrechnung und in der Bruchrechnung Gehabten, folgende Auflösung leicht ergeben:

$\frac{1}{a} = \frac{N^{I}}{M^{I}}$ (siehe die Bezeichnung bei §. 126.)

$\cfrac{1}{a+\cfrac{1}{b}} = \cfrac{1}{\cfrac{ab+1}{b}} = \frac{b}{ab+1} = \frac{N^{II}}{M^{II}}$ (siehe unter andern das Beispiel a bei §. 105, 1.)

$$\cfrac{1}{a+\cfrac{1}{b+\cfrac{1}{c}}} = \cfrac{1}{a+\cfrac{c}{bc+1}} = \cfrac{1}{\cfrac{(bc+1)a+c}{bc+1}} = \frac{bc+1}{bca+a+c} = \frac{bc+1}{(ab+1)c+a}$$

$$= \frac{N^{III}}{M^{III}}$$

So könnten wir fortfahren, für jedes Glied der Kette das mehr genommen wird, allgemein den Näherungswerth zu finden, und dann müßten wir untersuchen, ob man in jenen allgemeinen Werthen ein bestimmtes Gesetz für die sämmtlichen Näherungswerthe auffinden könnte, und es müßte gezeigt werden, daß dies Gesetz auch für alle folgende Näherungswerthe gültig wäre, da die Menge derselben ja beliebig ist, man sich auch einen Kettenbruch sogar ins Unendliche fortgesetzt vorstellen kann. Wenn es nun auch leicht seyn würde, die ferneren Näherungswerthe allgemein auszudrücken; so werden doch die Ausdrücke für ihre Werthe immer verwickelter, und es gehört manche Umwandelung ihrer Formen dazu, ehe man in jenen Ausdrücken das Gesetz findet. (Siehe Anmerk. 2. dieses §.) Wir haben aber schon genug Glieder allgemein entwickelt, um mit Hülfe von §. 127. I. jenes allgemeine Gesetz finden zu können. Wir fanden eben drei allgemeine Näherungswerthe, aus welchen man durch Substituirung *) noch folgende Aenderungen erhält:

$$\frac{1}{a} = \frac{N^{I}}{M^{I}} \quad (\text{Wo } N^{I} = 1 \text{ und } M^{I} = a \text{ ist; §. 126.})$$

$$\frac{1}{a+\frac{1}{b}} = \frac{N^{II}}{M^{II}} = \frac{b}{ab+1} = \frac{b}{M^{I}b+1} \quad (N^{II} \text{ ist hier } = b \text{ und } M^{II} = ab+1)$$

$$\frac{1}{a+\frac{1}{b+\frac{1}{c}}} = \frac{N^{III}}{M^{III}} = \frac{bc+1}{(ab+1)c+a} = \frac{N^{II}c+1}{M^{II}c+a} \quad (N^{III} = N^{II}c+1 \text{ u. } M^{III} = M^{II}c+a)$$

Schon in diesen drei Werthen liegt ein Gesetz; wir fahren aber fort: aus §. 127, I. ist bekannt, daß jeder Näherungswerth aus seinem nächst vorhergehenden entsteht, wenn man in diesem für den Nenner des letzten Gliedes der Kette (oder des Theils der Kette die ihn giebt), diesen Nenner + dem folgenden Gliede der Kette setzt. Also wird unser vierter allgemeiner Näherungswerth aus dem gefundenen dritten entstehen, wenn wir für c setzen $c+\frac{1}{d}$; jetzt wird

*) Substituiren heißt in der Mathematik, jedes Setzen eines gleichen Werths, für eine gewisse Größe.

$$\cfrac{1}{a+\cfrac{1}{b+\cfrac{1}{c+\cfrac{1}{d}}}} = \frac{N^{II}\left(c+\frac{1}{d}\right)+1}{M^{II}\left(c+\frac{1}{d}\right)+a} = \frac{N^{II}\left(\frac{cd+1}{d}\right)+\frac{d}{d}}{M^{II}\left(\frac{cd+1}{d}\right)+\frac{da}{d}} =$$

$$\frac{\frac{N^{II}(cd+1)+d}{d}}{\frac{M^{II}(cd+1)+da}{d}} = \frac{N^{II}(cd+1)+d}{M^{II}(cd+1)+da} = \frac{N^{II}cd+N^{II}+d}{M^{II}cd+M^{II}+da} =$$

$$\frac{(N^{II}c+1)d+N^{II}}{(M^{II}c+a)d+M^{II}} = \frac{N^{III}d+N^{II}}{M^{III}d+M^{II}} = \frac{N^{IV}}{M^{IV}}.$$

Betrachten wir aufmerksam diesen vierten Näherungswerth, so ist er aus dem dritten entstanden, indem man Zähler und Nenner des dritten $\left(\text{der } \frac{N^{III}}{M^{III}} \text{ ist}\right)$, mit dem vierten Nenner der Kette (nemlich mit d) multiplizirte, und zum neuen Zähler den Zähler, so wie zum neuen Nenner den Nenner des zweiten Näherungswerthes addirte. Dies ist nun auch das Gesetz des Entstehens des dritten Näherungswerthes aus dem zweiten und ersten, natürlich auf ähnliche Art, d. h. Zähler und Nenner des zweiten, ist mit dem dritten Nenner (mit c) multiplizirt, und zum Zähler der Zähler, zum Nenner aber der Nenner des ersten Werths addirt. Wollten wir dies Gesetz auch auf die Bildung des zweiten Näherungswerths übertragen, so müssen wir den, dem ersten Bruche vorhergehenden Bruch, als den nullten, oder als $\frac{0}{1}$ setzen (denn $\frac{0}{1} = 0$, §. 94.), und würden auch hier dies Gesetz entdecken; denn: $\frac{b}{M^{I}b+1}$ ist gleich $\frac{N^{I}b+0}{M^{I}b+1}$ weil $N^{I} = 1$ ist. Der erste Näherungswerth wird übrigens nicht gebildet, denn er ist das erste Glied der Kette selbst.

Jenes gefundene Gesetz für die vier ersten Näherungswerthe würde, wenn es allgemein wäre, so ausgedrückt, nun folgendes seyn: man findet den nten Näherungswerth aus dem n — 1ten und aus dem n — 2ten *) folgendermaßen: multiplizire mit dem nten Nenner der Kette, Zähler und Nenner des n — 1ten Näherungswerths, und addire zum Zähler den Zähler, zum Nenner aber den Nenner des n — 2ten Näherungswerths hinzu, so giebt jenes Produkt + dem Zähler den Zähler, und das des Nenners + dem Nenner, den Nenner des nten Näherungswerthes.

Daß aber dies Gesetz für die vier ersten Näherungswerthe, auch das für alle folgende ist, wird aus der Betrachtung des Suchens des vierten Näherungswerths deutlich; denn es war der dritte Werth $= \frac{N^{II}c + 1}{M^{II}c + a} = \frac{N^{II}c + N^{I}}{M^{II}c + M^{I}}$ (wir nahmen der Vollständigkeit halber, lieber N^{I} als 1 und M^{I} als a an, wie denn diese Werthe, laut Bezeichnung, dieselben sind), der vierte aber ward gefunden $= \frac{N^{III}d + N^{II}}{M^{III}d + M^{II}}$; würde daher hier für d gesetzt $d + \frac{1}{f}$, so erhielt man ja den vierten Näherungswerth (§. 127, 1.), und es müßte die Form $\frac{N^{III}\left(d + \frac{1}{f}\right) + N^{II}}{M^{III}\left(d + \frac{1}{f}\right) + M^{II}}$ ganz dieselbe Auflösung und Umwandelung wie jene dort gemachte erleiden; wie dort das c verschwand und nur d im Resultate erschien, so verschwindet hier d und es kommt nur f; wie dort aus N^{II} und M^{II} wurde N^{III} und M^{III}, und N^{I} so wie M^{I} ganz verschwanden, dafür aber

*) D. h. aus seinen beiden vorhergehenden Näherungswerthen.

N^{II} und M^{II} kamen; so wird hier aus N^{III} und M^{III} werden N^{IV} und M^{IV}, und es wird für N^{II} und M^{II} jetzt N^{III} und M^{III} entstehen. Daher der fünfte Näherungswerth $= \frac{N^{IV} f + N^{III}}{M^{IV} f + M^{III}}$ werden muß. — Unser oben genanntes Gesetz ist also das gesuchte, und so weitläuftig der Weg war, um es zu erkennen; so kurz ist nun die Art es anzuwenden.

Anmerk. 2. Es gewährt eine gute Uebung im Umwandeln der Formen und im Rechnen, wenn man den eben genannten Weg einigemale nicht nur wiederholt; sondern auch die Näherungswerthe, blos aus den Gliedern der Kette sucht, ohne auf jenes Gesetz Rücksicht zu nehmen, und untersucht, wie die Umwandelungen vorgenommen werden müssen, um auch in diesen allgemeinen Näherungswerthen, unser gefundenes Gesetz zu erblicken. So wollen wir die vier ersten Glieder der Kette einmal vornehmen. Hier wird:

$$\cfrac{1}{a+\cfrac{1}{b+\cfrac{1}{c+\cfrac{1}{d}}}} = \cfrac{1}{a+\cfrac{1}{b+\cfrac{d}{cd+1}}} = \cfrac{1}{a+\cfrac{cd+1}{bcd+b+d}} =$$

$$\frac{bcd+b+d}{bcad+ba+da+cd+1} = \frac{d(bc+1)+b}{(bca+\ldots+1)\ldots+\ldots+1}$$

Hier wird man finden, daß dieser vierte Näherungswerth, aus dem dritten und zweiten (deren allgemeine Form wir gleich zu Anfange unserer Auflösung fanden) so entsteht, wie es das oben erwähnte Gesetz verlangt.

Kehren wir zu unserem gefundenen Gesetze zurück, so giebt folgende Darstellung eine sehr einfache Verrichtung zur Aufsuchung sämmtlicher Näherungswerthe Es seyen 2, 3, 5, 4, 1, 7 die Nenner der Glieder einer Kette, so findet man die Näherungswerthe also;

	2	3	5	4	1	7
$\frac{0}{1}$	$\frac{1}{2}$	$\frac{3}{7}$	$\frac{16}{37}$	$\frac{67}{155}$	$\frac{83}{192}$	$\frac{648}{1499}$

d. h. man schreibe in eine Reihe sämmtliche Nenner, unter den ersten Nenner setze man einen Bruch, dessen Zähler

Zähler 1 und dessen Nenner jener erste Nenner ist, denn dies ist der erste Näherungswerth immer; vor jenen ersten Bruch setze man ein für allemal $\frac{0}{1}$ *), und multiplizire nun immer mit dem neuen Nenner, den Zähler und Nenner des vorigen Näherungswerthes, zu welchen Produkten wieder Zähler und Nenner des nächst vorhergehenden Werthes addirt werden, wobei also der Bruch $\frac{0}{1}$ zur Vollständigkeit für die Bildung des zweiten Werthes dient, der nun $=\frac{3.1+0}{3.2+1}=\frac{3}{7}$ wird; u. s. w. Wie ungemein kurz ist diese Art also, gegen die des §. 126. — Zugleich sieht man aus diesem Verfahren, daß jeder nachfolgende Näherungswerth immer durch größere Ziffern als sein vorhergehender dargestellt wird; denn, ist der Nenner (der in der oberen Reihe steht) auch nur 1, so ist doch der Zähler und Nenner des neuen Werthes wenigstens eine Summe zweier Zahlen, also schon größer als der Zähler und Nenner des früheren Werthes (dessen Zähler und Nenner eben, mit denen des früheren Werthes wechselseitig summirt, den neuen Zähler und Nenner geben). Nur in einem Falle kann der Zähler eines neuen Werthes dem des früheren gleich seyn, das ist nemlich der des zweiten Werthes, wenn der obere Nenner (d. h. der Nenner des zweiten Gliedes der Kette) eine Eins ist; wie sich dies leicht aus dem Gesetze für die Bildung der Näherungswerthe ergiebt. Daß übrigens Zähler und Nenner eines jeden Näherungswerthes, Primzahlen gegen einander sind, ist §. 132, 2. bereits erwähnt.

§. 135. Zusatz.

Wenn man drei unmittelbar auf einander folgende Näherungswerthe nimmt, so wird immer der mittlere gleich seyn einem Bruche, dessen Zähler gleich ist der

*) Wovon wir den Grund kurz vor der Nennung unseres Gesetzes hatten.

Differenz des Zählers vom folgenden, weniger dem Zähler des vorhergehenden Näherungswerths, der Nenner aber wird die Differenz der Nenner jener beiden Näherungswerthe seyn. Z. B. *) $\frac{16}{37}$, $\frac{67}{155}$ und $\frac{83}{192}$ sind drei solche Näherungswerthe, die unmittelbar auf einander folgen; es ist aber $\frac{67}{155} = \frac{83-16}{192-37} = \frac{67}{155}$; eben so bei den drei Werthen $\frac{3}{7}$, $\frac{16}{37}$ und $\frac{67}{155}$, wo $\frac{16}{37} = \frac{67-3}{155-7} = \frac{64}{148} = \frac{4 \cdot 16}{4 \cdot 37} = \frac{16}{37}$ ist. Dies ist offenbar klar, wenn man die Bildung des dritten dieser drei Näherungswerthe aus den beiden vorhergehenden Werthen betrachtet. Ob jene Differenzen (im Zähler und Nenner) sich noch gegen einander heben lassen, hängt von dem Nenner des letzten Gliedes der Kette, die den letzten dieser drei Näherungswerthe gab, ab, ob dieser eine 1 oder eine andere Zahl war.

Wenn wir uns für unsere verschiedene Näherungswerthe eine allgemeine Darstellung bilden, so können wir nicht nur jenen Satz auch allgemein der Form nach beweisen, sondern diese Bezeichnung wird uns auch zu den Sätzen des folgenden §. helfen. Bis jetzt bezeichneten wir z. B. den fünften Näherungswerth durch $\frac{N^{v}}{M^{v}}$ (§. 126.); jetzt wollen wir allgemein den mten Näherungswerth durch $\frac{N^{m}}{M^{m}}$ bezeichnen **), so wird der, diesem Werthe vorhergehende Näherungswerth durch diese Darstellung: $\frac{N^{m-1}}{M^{m-1}}$ angedeutet werden müssen u. s. w. Fer-

*) Wir wollen bei allen Beispielen hier immer, die kurz vor dem Ende des vorigen § gefundenen Näherungswerthe annehmen.

**) Es kann diese Bezeichnung mit einer ähnlichen in der Arithmetik, die wir bald bekommen werden, keine Irrung veranlassen, da wir mit diesem Kapitel auch diese Bezeichnung wieder verlassen.

ner mögen allgemein alle Nenner der Glieder der echten Kette, welche jene Näherungswerthe hat, h heißen, wo wieder h^m so viel als: den Nenner des $m$ten Gliedes der Kette, h^{m-1} den Nenner des $m-1$ten Gliedes (also des vorhergehenden) u. s. w. bedeutet; so ist die allgemeine Darstellung dreier, unmittelbar auf einander folgender Näherungswerthe diese:

$$\frac{N^{m-1}}{M^{m-1}},\quad \frac{N^m}{M^m} \quad \text{und} \quad \frac{N^{m+1}}{M^{m+1}}$$

Nun giebt uns unser Gesetz des §. 134. folgende Gleichung:

$$\frac{N^{m+1}}{M^{m+1}} = \frac{N^m h^{m+1} + N^{m-1}}{M^m h^{m+1} + M^{m-1}}$$

wo der Zähler $N^{m+1} = N^m h^{m+1} + N^{m-1}$

und der Nenner $M^{m+1} = M^m h^{m+1} + M^{m-1}$ ist,

welches aus dem Entstehen des Zählers und Nenners folgt. Nun wird aus der ersten dieser beiden Gleichungen:

$$N^{m+1} - N^{m-1} = N^m h^{m+1}$$

und aus der zweiten wird

$$M^{m+1} - M^{m-1} = M^m h^{m+1}$$

(nach §. 56, 2.) daher wird nun (nach §. 35, 3.)

$$\frac{N^{m+1} - N^{m-1}}{M^{m+1} - M^{m-1}} = \frac{N^m h^{m+1}}{M^m h^{m+1}} = \frac{N^m}{M^m} \quad (\text{§. } 87, 7.)$$

Dies ist nun der Beweis unseres Satzes der Form nach, indem wir ihn zu Anfange des §. schon aus dem Entstehen jedes neuen Näherungswerthes durch Worte bewiesen.

§. 136. Lehrsatz.

Wenn man die unmittelbar auf einander folgende Näherungswerthe hat, so ist immer das Produkt aus dem Nenner eines dieser Werthe, mit dem Zähler des folgenden, minus dem Produkte aus dem Zähler jenes, mit dem Nenner dieses, gleich ∓ 1, und zwar -1, wenn der folgende ein paariger Näherungswerth, $+1$ aber, wenn er ein unpaariger ist.

Anmerk. Wenn also $\frac{1}{a}$, $\frac{b}{c}$, $\frac{d}{f}$, $\frac{g}{h}$, $\frac{k}{n}$ u. s. w. die Näherungswerthe sind, so soll:

$$ab - c = cd - bf = fg - dh = hk - gn = \mp 1$$

seyn, d. h. eine dieser Differenzen ist $+1$ die folgende -1. Dies wollen wir nun allgemein beweisen.

Beweis. Es stellen wieder, wie im vorigen §. die Ausdrücke:

$$\frac{N^{m-1}}{M^{m-1}},\quad \frac{N^m}{M^m} \quad \text{und} \quad \frac{N^{m+1}}{M^{m+1}}$$

drei auf einander folgende Näherungswerthe vor, so soll bewiesen werden, daß:

$$M^{m-1} N^m - N^{m-1} M^m = \mp 1$$

und ferner soll alsdann

$$M^m N^{m+1} - M^{m+1} N^m = \pm 1$$

seyn, wo alsdann (§. 27.)

$$M^{m+1} N^m - M^m N^{m+1} = \mp 1$$

wieder seyn würde, also hat man nur zu beweisen, daß:

$$M^{m-1} N^m - N^{m-1} M^m = M^{m+1} N^m - M^m N^{m+1}$$

sey. Ob jeder dieser Werthe ∓ 1 ist, gilt hier gleich viel, und richtet sich dies wie oben erwähnt, und wir bald sehen werden, nach der gerader oder ungeraden Stelle der Näherungswerthe, in der Reihe sämmtlicher Näherungswerthe.

Wir wissen aber aus §. 135. daß:

$$\frac{N^{m+1} - N^{m-1}}{M^{m+1} - M^{m-1}} = \frac{N^m}{M^m} \text{ ist.}$$

Hieraus folgt nun, daß folgende Produkte gleich sind:

$$N^{m+1} M^m - N^{m-1} M^m = M^{m+1} N^m - M^{m-1} N^m \text{ *)}.$$

---

*) Denn hat man allgemein die Gleichung $\frac{p}{q} = \frac{t}{v}$ so ist offenbar (laut Theorie der Gleichungen §. 57, 2.) $pv = qt$; es stelle nun p den Zähler der linken Seite unserer obigen Gleichung, und q den Nenner derselben vor, so wird man jene Entwickelung, mit Berücksichtigung der Komplexionen die im Zähler oder Nenner sind, in diesem eben gemachten Beispiele finden. — Dergleichen abgekürzte Bezeichnungen, wie wir hier eben wählten, nimmt

Wenn man aber die Gleichung $t-h=p-q$ hat, so wird auch $q-h=p-t$ seyn; dies giebt für unsere Gleichung:

$$M^{m-1}N^m - N^{m-1}M^m = M^{m+1}N^m - N^{m+1}M^m$$

welches die Gleichung ist, die wir beweisen sollten. Es stellt uns aber diese Gleichung unseren Satz vollkommen dar, in so fern, daß alle jene genannten Produkte wirklich gleich sind. Wenn wir also die Differenz jener Produkte bei irgend zwei zunächst auf einander folgenden Näherungswerthen wüßten, so hätten wir sie für alle diese Produkte. Es sind aber, wenn $\frac{1}{a+\frac{1}{b \text{ etc.}}}$ eine echte Kette ist, die beiden ersten Näherungswerthe $=\frac{1}{a}$ und $\frac{b}{ab+1}$; hier sind jene Produkte differirt: $ab+1-ab=+1$, und hätte man die Produkte umgekehrt differirt, so wäre $ab-(ab+1)=ab-ab-1=-1$ gewesen. Beobachten wir aber unsere oben bewiesene Gleichung in Hinsicht der allgemeinen Näherungswerthe, so ist ja auch die Differenz der Produkte der rechten Seite, jene in unserem Satze genannte Differenz von Produkten entgegengesetzt; ist also die linke Seite der Gleichung $=\mp 1$, so ist die rechte Seite, wenn wir die Differenz umkehren $=\pm 1$, d. h. alsdann werden beide Differenzen nur in Hinsicht der Zeichen verschieden, bleiben aber sonst als Zahl, welche 1 immer giebt, sich völlig gleich. Es werden also jene Produkte differirt, immer abwechselnd $+1$ und -1 geben, und weil bei den beiden Näherungswerthen $\frac{1}{a}$ und $\frac{b}{ab+1}$ wir $ab-(ab+1)=-1$ erhielten, so wird die

---

man oft in der Mathematik an, um so dasjenige kürzer zu erläutern oder zu finden, was die großen Ausdrücke weitläuftiger machen würden.

Differenz negativ werden, wenn das **vordere** Glied ein unpaariges, oder wenn das folgende ein paariges ist *). Daß, wenn man die Produkte entgegengesetzt, als unser Lehrsatz es sagte, von einander subtrahirt, auch immer die Differenz $+1$ statt -1 oder -1 statt $+1$ wird, versteht sich natürlich von selbst. (§. 27.)

§. 137. Zusätze.

1. Die Differenz zweier auf einander folgender Näherungswerthe, ist immer gleich einem Bruche, dessen Zähler 1, und dessen Nenner ein Produkt aus beiden Nennern der Näherungswerthe ist. Denn es mögen $\frac{p}{q}$ und $\frac{h}{t}$ zwei auf einander folgende Näherungswerthe seyn, so ist $\frac{pt}{qt} - \frac{hq}{qt} = \frac{pt - hq}{qt}$ ihre Differenz, wenn $\frac{p}{q}$ der größere ist, wäre er aber der kleinere (§. 124.) so würde $\frac{hq - pt}{qt}$ die Differenz seyn. Nun ist $hq - pt = \mp 1$ (§. 136.), also entweder $hq - pt = +1$ oder $pt - hq = +1$ (§. 27.); der Nenner des Bruchs der die Differenz anzeigt, ist aber immer tq oder ein Produkt aus beiden Nennern (siehe die Subtraktion der Brüche).

2. Da nun die Nenner der Näherungswerthe immer mehr und mehr wachsen **), so muß auch jene Differenz immer mehr und mehr schwinden, je weiter die Näherungswerthe sich von dem **ersten** derselben entfernen, oder je **näher** sie dem Werthe der $\frac{N}{M}$ der Kette kommen. Wir sehen hieraus abermals, wie die Näherungswerthe sich immer mehr dem Werthe $\frac{N}{M}$ nähern, was wir schon §. 124. erwähnten.

*) Es diene das erwähnte Beispiel des §. 134. hier auch zum Beispiele, wo man jene Produkte machen kann und sie differiren.

**) Siehe das Ende vom §. 135.

§. 138. Aufgabe.

Die Grenzen zu finden, zwischen welche die Differenz irgend eines Näherungswerthes und dem Werthe der Kette immer fällt.

Auflösung. Bedeuten wieder $\frac{N^{m-1}}{M^{m-1}}$, $\frac{N^m}{M^m}$ und $\frac{N^{m+1}}{M^{m+1}}$ drei auf einander folgende Näherungswerthe; so soll man untersuchen, welche Grenzen $\frac{N}{M} - \frac{N^m}{M^m}$ nicht überschreiten kann, wenn nemlich $\frac{N}{M}$ den Werth der Kette bedeutet. Es ist nach §. 134.

$$\frac{N^{m+1}}{M^{m+1}} = \frac{N^m h^{m+1} + N^{m-1}}{M^m h^{m+1} + M^{m-1}}$$

Setzt man nun für h^{m+1}, was der Nenner des $m+1$ten Gliedes der Kette ist *), diesen Nenner + der ganzen folgenden Kette, welche Summe wir mit x bezeichnen wollen; so ist nicht nur $x > h^{m+1}$ (weil h^{m+1} nur ein Theil von x ist), sondern nun wird auch aus unserm oberen Ausdrucke, der Werth der ganzen Kette entstehen (§. 127, 1.); also erhalten wir:

$$\frac{N}{M} = \frac{N^m x + N^{m-1}}{M^m x + M^{m-1}};$$

deshalb wird nun auch

$$\frac{N}{M} - \frac{N^m}{M^m} = \frac{N^m x + N^{m-1}}{M^m x + M^{m-1}} - \frac{N^m}{M^m} \text{ seyn.}$$

Lösen wir die Differenz dieser Brüche auf, so erhalten wir:

$$\frac{N}{M} - \frac{N^m}{M^m} = \frac{N^m x M^m + N^{m-1} M^m - M^m x N^m - M^{m-1} N^m}{(M^m x + M^{m-1}) M^m};$$

da sich das erste Glied hier gegen das dritte ganz hebt, die Differenz des zweiten und vierten aber nach §. 136. $= \mp 1$ ist, so wird nun

$$\frac{N}{M} - \frac{N^m}{M^m} = \frac{\mp 1}{(M^m x + M^{m-1}) M^m} \text{ (Z) **)}.$$

*) Nach der Annahme dieser Bezeichnung § 135.

**) Es heiße diese Gleichung Z; um uns durch diesen Namen auf sie zu berufen.

Wird nun für x wieder h^{m+1} gesetzt, so verkleinert sich dadurch der Nenner dieses Bruches, daher der Bruch selbst nächst (§. 85 5; denn $x > {}^{m+1}$ und es wird

$$\frac{N}{M} - \frac{N^m}{M^m} < \frac{\mp 1}{(M^m h^{m+1} + M^{m-1}) M^m}$$

Es ist aber $M^m \; {}^{m+1} + M^{m-1} = M^{m+1}$ *), daher wird endlich unsere gesuchte Differenz:

$$\frac{N}{M} - \frac{N^m}{M^m} < \frac{\mp 1}{M^{m+1} M^m}$$

seyn. D. h. es ist jene Differenz immer **kleiner** als ein Bruch, dessen Zähler = 1 und dessen Nenner ein Produkt aus dem Nenner des Näherungswerthes und des folgenden Näherungswerthes ist; der Zähler wird + 1 seyn, wenn $\frac{N^m}{M^m}$ ein gerader Näherungswerth ist, denn alsdann ist er kleiner als $\frac{N}{M}$ (§. 124.), sonst ist der Zähler − 1 wenn m (die ja die Stelle des Näherungswerthes in der Reihe derselben erzeugt) ungerade ist.

Um nun die zweite Grenze zu finden, schließe man: Es ist $x < h^{m+1} + 1$, denn h^{m+1} + der ganzen folgenden Kette ist = x, diese Kette ist für sich ein echter Bruch **), daher kleiner als 1, folglich $h^{m+1} + 1$ schon **mehr** als x. Jetzt wird man haben ***):

$$x M^m < M^m h^{m+1} + M^m$$

und daher auch

$$x M^m + M^{m-1} < M^m h^{m+1} + M^m + M^{m-1} \; ****).$$

Braucht man diese beiden Ausdrücke als Nenner von Brüchen, deren Zähler **gleich** sind, so giebt der kleinere Nenner den größeren Bruch, daher ist (§. 85, 5.)

$$\frac{1}{x M^m + M^{m-1}} > \frac{1}{M^m h^{m+1} + M^m + M^{m-1}}$$

---

*) Laut Erzeugung des Nenners eines folgenden Näherungswerthes.

**) Nach der Natur der echten Ketten.

***) Einleitung V., der 5te Satz.

****) Einleitung V., der 12te Satz.

Es ist aber auch $M^m b^{m+1} + M^{m-1} = M^{m+1}$ (nach der Bildung der Nenner für die Näherungswerthe), wenn man daher in den Nenner des letzten Bruchs, für zwei Glieder desselben, diesen letzten Werth setzt, so wird auch

$$\frac{1}{xM^m + M^{m-1}} > \frac{1}{M^m + M^{m+1}}$$

und deshalb auch

$$\frac{1}{(xM^m + M^{m-1})M^m} > \frac{1}{(M^m + M^{m+1})M^m}$$

Es ist aber hier der größere Werth nach der Gleichung Z. so viel als $\frac{N}{M} - \frac{N^m}{M^m}$, nur ∓ 1 jenachdem m eine gerade Anzahl Glieder anzeigt (alsdann +, weil nun $\frac{N^m}{M^m}$ einen kleinern Werth als $\frac{N}{M}$ andeutet) oder ungerade ist (in welchem Fall man -1 erhält). Daher erhält man zuletzt:

$$\frac{N}{M} - \frac{N^m}{M^m} > \frac{\mp 1}{(M^m + M^{m+1})M^m}$$

d. h. es ist die Differenz des Näherungswerthes und des Werthes der Kette, immer größer als ein Bruch, dessen Zähler = 1 und dessen Nenner ein Produkt ist, aus dem Nenner des Näherungswerthes, und aus der Summe eben dieses Nenners + dem Nenner des folgenden Näherungswerthes.

Zusatz. Man suche z. B. jene Grenzen für den Näherungswerth $\frac{16}{37}$ (im Beispiele §. 134.), wo $\frac{648}{1499}$ der Werth der Kette ist. So ist

$$\frac{648}{1499} - \frac{16}{37} < \frac{-1}{155 \cdot 37};$$

es ist aber

$$\frac{648}{1499} - \frac{16}{37} = \frac{-8}{55463} \quad \text{und} \quad \frac{-1}{155 \cdot 37} = \frac{-1}{5735}$$

ferner soll seyn:

$$\frac{648}{1499} - \frac{16}{37} > \frac{-1}{(37 + 155)37}$$

Ausgerechnet giebt dies nun:

$$\frac{-8}{55463} \text{ oder } \frac{-1}{6932\frac{7}{8}} < \frac{-1}{5735} \text{ aber } \frac{-1}{6932\frac{7}{8}} > \frac{-1}{7104}.$$

Vergleicht man diese beide Grenzen mit einander $\frac{-1}{5735}$ und $\frac{-1}{7104}$, so ist schon ihre Abweichung nicht so sehr beträchtlich, der Näherungswerth aber auch noch einer der ersten; also schon eine ziemliche Uebereinstimmung, wenn man bedenkt, daß $\frac{1}{6932\frac{7}{8}}$ ja nur der Ueberschuß des Bruchs $\frac{16}{37}$ (als unpaariger) über den Werth der Kette ist.

§. 139. Zusatz.

Da $\frac{N}{M} - \frac{N^m}{M^m} < \frac{1}{M^m M^{m+1}}$, überdies $M^{m+1} > M^m$ ist (als Nenner des folgenden Näherungswerths), so ist

$$\frac{1}{M^m M^m} > \frac{1}{M^m M^{m+1}},$$

weshalb um so viel mehr

$$\frac{N}{M} - \frac{N^m}{M^m} < \frac{1}{M^m M^m}$$

seyn wird *). D. h. die Differenz eines Näherungswerthes und des Werthes der Kette, ist immer kleiner als ein Bruch dessen Zähler = 1 und dessen Nenner das Produkt des Nenners des Näherungswerthes mit sich selbst multiplizirt ist. So kann man also aus dem Näherungswerthe selbst schon einigermaaßen finden, ob man den Werth der ganzen Kette um etwas Bedeutendes verfehlt habe. Es ist daher der Fehler des Näherungswerthes $\frac{67}{155}$, geringer als $\frac{1}{155 \cdot 155} = \frac{1}{24025}$, welches gewiß eine ziemliche Genauigkeit ist. Ob übrigens der Näherungswerth zu groß oder zu klein sey, wird nach §. 124. entschieden.

---

*) Einleitung V., der 6te Satz.

§. 140. Lehrsatz.

Zwischen zwei zunächst auf einander folgenden Näherungswerthen einer echten Kette, giebt es durchaus keinen Bruch, welcher mit größeren Ziffern im Zähler oder im Nenner oder in beiden zugleich, als der vorhergehende Näherungswerth, und zugleich doch mit kleineren Ziffern als der folgende der Näherungswerthe, geschrieben werden könnte.

Beweis. Es theilt sich der Beweis dieses, für die Kettenbrüche so merkwürdigen Satzes, seiner Natur nach in zwei Haupttheile; nemlich zuerst, wenn man zwei Näherungswerthe betrachtet, wo der vorhergehende einen kleineren Werth als der folgende, und dann, wo der nachfolgende einen geringeren Werth, als der des früheren ist, hat (§. 124.); daß übrigens die Ziffern welche den folgenden Werth ausdrücken (Zähler und Nenner), größer als die des früheren sind, ist schon §. 134. erwähnt. Es seyen daher zuerst $\frac{p}{q}$ und $\frac{h}{t}$ zwei auf einander folgende Näherungswerthe, und zwar sey $\frac{p}{q} < \frac{h}{t}$, ferner $p < h$ und $q < t$; daß aber auch $hq - pt = +1$ ist, folgt aus §. 136., und hieraus, daß $pt - hq = -1$ ist (§. 27.). Nun untersuche man die möglichen Fälle, wo der Bruch $\frac{p}{q}$ in seinen Ziffern wächst (oder auch nur in einer derselben) und zugleich auch am Werthe zunimmt, immer in der Voraussetzung, daß diese Ziffern nicht die des Bruchs $\frac{h}{t}$ übertreffen, wie es ja im Lehrsatze auch gesagt war. Es kann aber jene Veränderung mit dem Bruche $\frac{p}{q}$ nur in folgenden vier Fällen vor sich gehen; nemlich wenn aus $\frac{p}{q}$ wird $\frac{p+a}{q}$, oder $\frac{p+a}{q+a}$ wo a jede beliebige ganze Zahl bedeutet, nur nicht $p + a =$

oder $> h$, oder $q + a =$ oder $> t$; ferner wenn aus $\frac{p}{q}$ wird $\frac{p+a}{q+b}$ und dabei $a > b$ ist, und endlich wenn daraus wird $\frac{p+a}{q+b}$ wo $b > a$, aber dabei doch $qa > pb$ ist; bei jedem dieser vier Fälle ist das Wachsen aus §. 106. (Zusatz) klar. Die anderen Fälle, wo z. B. aus $\frac{p}{q}$ wird $\frac{p}{q+a}$, oder $\frac{p+a}{q+b}$ wo $qa < pb$ ist, können hier nicht bemerkenswerth seyn, indem sie den Bruch $\frac{p}{q}$ verkleinern, und er doch vergrößert werden soll. Jetzt haben wir jeden der vier obigen Fälle zu betrachten, wo nun behauptet wird, daß keine dieser Vergrößerungen zwischen $\frac{p}{q}$ und $\frac{h}{t}$ liegt, sondern daß jeder dieser neuen Werthe, auch an Größe bereits den Bruch $\frac{h}{t}$ übertreffe *). Um dies zu zeigen, braucht man nur immer die Differenzen von diesen neuen Werthen und dem Werthe $\frac{h}{t}$ zu machen, wo man $\frac{h}{t}$ als Subtrahendus erscheinen läßt; sind diese Differenzen positiv, so ist wirklich $\frac{h}{t}$ überstiegen und unser Satz bewiesen, wird sie negativ, so wäre der Satz nicht wahr **). Man mache daher die Differenzen; diese sind:

1. $\frac{p+a}{q} - \frac{h}{t} = \frac{pt + at - qh}{qt} = \frac{-1 + at}{qt}$

2. $\frac{p+a}{q+a} - \frac{h}{t} = \frac{pt + at - qh - ah}{(q+a)t} = \frac{-1 + at - ah}{(q+a)t}$

---

*) Sonst müßte er ja zwischen $\frac{p}{q}$ und $\frac{h}{t}$ fallen, was ja eben als unmöglich behauptet wurde.

**) Siehe Einleitung: Theorie der Beweise, dritter Zusatz.

3. $\frac{p+a}{q+b} - \frac{h}{t} = \frac{pt+at-qh-bh}{(q+b)t} = \frac{-1+at-bh}{(q+b)t}$

4. $\frac{p+a}{q+b} - \frac{h}{t} = \frac{pt+at-qh-bh}{(q+b)t} = \frac{-1+at-bh}{(q+b)t}$

Da die Nenner der vier Brüche, welche hier die Reste sind, alle positiv werden, so hat man nur die Zähler zu untersuchen. Zuerst ist in den Zählern aller vier Reste, eine -1, welche von den Gliedern $pt - qh$ im Zähler des unabgekürzten Restes, herrühren, die -1 (nach §. 136.) geben; sollte nun at im ersten Zähler, oder die beiden entgegengesetzten Produkte in den anderen Zählern vereiniget $= +1$ geben, so wären die Reste $= 0$, und unsere neuen Brüche wären ja dieselben wie $\frac{h}{t}$, was nicht seyn darf, denn sonst hätten sie ja diesen Bruch $\frac{h}{t}$ erreicht, in den Ziffern sogar, weil sie nicht etwa, als mit $\frac{h}{t}$ gleich seyend, in kleineren Ziffern dargestellt werden können (§. 132, 2.). Dies kann also nicht seyn, daher wir die Produkte welche sich differirt in den Zählern befinden, näher betrachten. Zuerst ist $at > 1$, daher $-1 + at > +1$ *) und der erste Rest positiv; zweitens ist $at - ah > +1$, da ja $t > h$, indem $\frac{h}{t}$ ein echter Bruch (nach §. 127, 4.) ist; also auch der zweite Rest positiv; drittens ist $at - bh > +1$ weil $t > h$ und dann $a > b$ laut Annahme, ist; folglich ist auch der dritte Rest positiv. Beim vierten Reste muß nun ebenfalls $at - bh > +1$ bewiesen werden; da aber hier $a < b$ und $t > h$ ist (ersteres nach der Annahme beim vierten Falle), so könnte $at =$ oder auch wol gar $< bh$ seyn, was doch nicht darf. Nun wissen wir, daß

*) Wenigstens ist $-1 + at$ noch nicht $=$ Null, sondern hat noch einen Werth.

$\frac{p}{q} < \frac{h}{t}$ ist, (gegeben), ferner ist $qh - 1 = pt$ (§. 136.), deshalb ist $\frac{h}{t} - \frac{1}{qt} = \frac{p}{q}$, wenn man nemlich die Gleichung durch qt dividirt. Es ist ferner gegeben, daß $qa > pb$ ist (Annahme beim vierten Falle), daher kann man setzen $qa - d = pb$, wo d irgend eine Größe, zum wenigsten aber Eins ist. Aus dieser zweiten Gleichung erhalten wir, wenn wir sie durch qb dividiren, diese:

$$\frac{a}{b} - \frac{d}{qb} = \frac{p}{q};$$

vorher fanden wir aber:

$$\frac{h}{t} - \frac{1}{qt} = \frac{p}{q},$$

daher ist $\frac{a}{b} - \frac{d}{qb} = \frac{h}{t} - \frac{1}{qt}$ *)

es ist aber $\frac{d}{qb} > \frac{1}{qt}$ **)

} addirt

giebt $\frac{a}{b} > \frac{h}{t}$ (Einleit. V, d. 12. Satz)

deshalb ist auch $\frac{at}{b} > h$ und endlich $at > bh$. Welches zu beweisen war.

Wenden wir dies auf die Näherungswerthe $\frac{67}{155}$ und $\frac{83}{192}$ des §. 134. an, so ist $\frac{67}{155} < \frac{83}{192}$, aber $\frac{67+1}{155} = \frac{68}{155}$ oder $\frac{67+1}{155+1} = \frac{68}{156}$ oder $\frac{67+2}{155+1} = \frac{69}{156}$ und endlich $\frac{67+1}{155+2} = \frac{68}{157}$ (wo $155 . 1 > 67 . 2$ ist), sind sämmtlich größer als $\frac{83}{192}$, wo man sich die Differenzen leicht suchen kann [beim 4ten,

---

*) Einleitung V., vierter Satz.

**) Weil $t > b$ ist (da ja sogar $q + b$ noch nicht einmal die t erreichen darf), so ist auch $tq > bq$, deshalb ist $\frac{1}{tq} < \frac{1}{bq}$ (§. 85, 5.), folglich um so viel mehr $\frac{1}{tq} < \frac{d}{bq}$, da ja d viel mehr als 1 seyn kann, und wie erwähnt, nur mindestens 1 seyn muß.

also beim unvortheilhaftesten Falle (wegen seiner Einschränkung ist die Differenz $= \frac{25}{20144}$].

Wir kommen jetzt erst zum zweiten Theile des Beweises, nemlich wo der erste Näherungswerth größer am Werthe als der zweite ist, oder wo $\frac{p}{q} > \frac{h}{t}$ wird (wo doch natürlich immer $h > p$ und $t > q$ bleibt). Hier giebt es aber nur zwei Fälle, wie der Bruch $\frac{p}{q}$ am Werthe fallen kann *), indem er doch dabei in einer oder in beiden seiner Ziffern wächst, wie ja die Voraussetzung verlangt. Diese Fälle sind: erstlich, wenn aus $\frac{p}{q}$ wird $\frac{p}{q+a}$, oder zweitens, wenn er zu $\frac{p+a}{q+b}$ wird, wo b größer als a, und dabei zugleich $qa < pb$ ist (§. 106. Zusatz). Alle andere Fälle, wo der Werth eines Bruchs fällt, als: wenn aus $\frac{p}{q}$ wird $\frac{p-a}{q}$ oder $\frac{p-a}{q-a}$ oder $\frac{p-a}{q-b}$ (bei $aq > bp$), können hier nicht in Betracht kommen, denn sie verkleinern uns ja, gegen unsere Annahme, die Ziffern des Bruchs; eben so ist $\frac{p+a}{q+a}$ keine Verkleinerung sondern nur eine Vergrößerung (§. 106. Zusatz **). Die Behauptung ist nun hier wieder, daß jeder dieser beiden neuen Werthe, nicht zwischen $\frac{p}{q}$ und $\frac{h}{t}$ fallen könne, sondern, daß sie sogleich mit jenem Fallen, auch kleiner als $\frac{h}{t}$ werden, und man hat daher zu zei-

---

*) Denn, würde er größer, nun so kann der neue Bruch gewiß nicht zwischen $\frac{p}{q}$ und $\frac{h}{t}$ fallen, eben weil schon $\frac{p}{q} > \frac{h}{t}$ ist.

**) Bei §. 106 Zusatz, wurden jene Lehren, die wir hier anwenden, nur von echten Brüchen behauptet; aber die Näherungswerthe sind ja auch echte Brüche. §. 127, 4.

gen, daß die Differenzen der neuen Brüche und $\frac{h}{t}$ (wo $\frac{h}{t}$ der Minuendus ist), positiv werden, denn alsdann sind die neuen Werthe kleiner als $\frac{h}{t}$; überdies ist jetzt $pt - qh = +1$ oder $qh - pt = -1$, §. 136. Man suche die Differenzen, so ist:

$$1.\quad \frac{h}{t} - \frac{p}{q+a} = \frac{hq + ha - tp}{(q+a)t} = \frac{-1 + ha}{(q+a)t}$$

$$2.\quad \frac{h}{t} - \frac{p+a}{q+b} = \frac{hq + hb - pt - ta}{(q+a)t} = \frac{-1 + hb - ta}{(q+a)t}$$

Der erste dieser Reste ist positiv (da $ha > +1$ daher der Zähler $-1 + ha$ positiv ist). Es ist aber beim zweiten Reste eine ähnliche Erscheinung wie beim ersten Theile unseres Beweises; denn hier ist $b > a$ und $h < t$, weshalb wol $hb =$ oder kleiner als ta seyn könnte. Hier ist nun gegeben daß $\frac{p}{q} > \frac{h}{t}$ ist, daher wird $pt - 1 = qh$ (§. 136.) seyn, und wenn man diese Gleichung durch ph dividirt, so wird $\frac{t}{h} - \frac{1}{ph} = \frac{q}{p}$. Da aber bei diesem zweiten Falle $pb > qa$ war, so setze man wieder $pb - d = qa$, wo d wenigstens Eins seyn muß; dividirt man diese Gleichung durch pa, so wird:

$$\frac{b}{a} - \frac{d}{pa} = \frac{q}{p};$$ nun fanden wir

$$\frac{t}{h} - \frac{1}{ph} = \frac{q}{p},$$ daher ist (Einleit. V, 4ter Satz)

$$\frac{b}{a} - \frac{d}{pa} = \frac{t}{h} - \frac{1}{ph},$$ es ist ferner

$$\frac{d}{pa} > \frac{1}{ph}$$ *); wird also addirt,

so erhält man $\frac{b}{a} > \frac{t}{h}$, und hieraus nun $\frac{bh}{a} > t$ und endlich $bh > at$. Welches zu beweisen war.

*) Es ist auch hier $h > a$ (weil $p + a$ sogar noch nicht den Zähler h erreichen darf), daher $hp > ap$, folglich $\frac{1}{hp} < \frac{1}{ap}$ (§ 35, 5.); und um so viel mehr $\frac{1}{hp} < \frac{d}{ap}$.

Zeigen

Zeigen wir auch dies an einem Beispiele aus unseren Näherungswerthen von §. 134., so mögen die beiden Werthe $\frac{16}{37}$ und und $\frac{67}{155}$ dazu dienen, weil $\frac{16}{37} > \frac{67}{155}$ ist. Es werde also auch $\frac{16}{37}$ nur $\frac{16}{37+1} = \frac{16}{38}$, so ist $\frac{16}{38}$ schon kleiner als $\frac{67}{155}$, indem $\frac{67}{155} - \frac{16}{38} = \frac{66}{5890}$; ferner werde aus $\frac{16}{37}$ wieder $\frac{16+1}{37+3} = \frac{17}{40}$ (weil $16.3 > 37.1$ ist, so ist $\frac{17}{40} < \frac{16}{37}$); so ist auch jetzt $\frac{67}{155} - \frac{17}{40} = \frac{45}{6200} = \frac{9}{1240}$ (wäre auch nur $\frac{17}{39}$ aus $\frac{16}{37}$ gemacht, so würde der Bruch $\frac{17}{39}$ gestiegen seyn, da $2.16 < 1.37$ ist).

§. 141. Zusätze.

1. Zwischen den Werthen zweier Näherungswerthe, liegen allerdings noch viele Brüche; nur können sie nicht mit kleineren Ziffern, als der folgende der beiden Werthe, geschrieben werden, d. h. im Zähler und Nenner, und doch zugleich mit größeren Ziffern als der vorhergehende. Z. B. zwischen $\frac{3}{7}$ und $\frac{16}{37}$ (aus §. 134. genommen) ist die Differenz $= \frac{1}{7.37} = \frac{1}{259}$ (§. 136.); nun giebt es aber offenbar unendlich viele Brüche die kleiner als $\frac{1}{259}$ sind, und die daher von $\frac{16}{37}$ (als größeren der beiden Werthe) subtrahirt, einen Bruch geben, der zwischen $\frac{3}{7}$ und $\frac{16}{37}$ liegt; nur werden hier die Ziffern dieses Bruchs größer, aber nicht kleiner, als die des Bruchs $\frac{16}{37}$ werden; dies würde sonst unserem Lehrsatze §. 140. widersprechen. Eben so liegen zwischen $\frac{16}{37}$ und $\frac{67}{155}$ unendlich viele Brüche, die man bekommt, wenn man die Differenz $\frac{16}{37} - \frac{67}{155}$ (es ist nemlich $\frac{16}{37} > \frac{67}{155}$) $= \frac{1}{37.155}$ $\frac{1}{5735}$ noch verkleinert, und sie von $\frac{16}{37}$ subtrahirt; daß auch hier größere Ziffern, als $\frac{67}{155}$ ist, erscheinen werden (wenn auch nur im Zähler oder Nenner), ist eben so gewiß (nach §. 140.).

2. Es giebt durchaus keinen Bruch, der dem Werthe der Kette näher käme, als einer der Näherungs=

werthe, und zugleich mit kleineren Ziffern als dieser geschriebeu würde. Denn: gäbe es einen solchen Bruch, so müßte er irgendwo, zwischen zwei auf einander folgenden Näherungswerthen, doch offenbar liegen, weil er weder vor dem ersten *) Näherungswerthe, noch nach dem Werth $\frac{N}{M}$ der Kette selbst liegen kann (denn dieser ist sich selbst am nächsten); ein solcher aber, zwischen zwei Näherungswerthen liegender Bruch, der mit kleinern Ziffern als der folgende von beiden geschrieben werden könnte, ist gar nicht möglich, weil er dem Lehrsatze §. 140. widerspräche.

§. 142. Aufgabe.

Einen gegebenen Bruch mittelst der Kettenbrüche zu heben, wenn sein Zähler und Nenner Primzahlen gegen einander sind, ohne daß man dem Werthe des Bruchs bedeutend schadet.

Auflösung. Wenn der Zähler und Nenner eines Bruchs kein gemeinschaftliches Maaß haben, so kann man die Hebung des Bruchs auch nicht nach §. 92. vollziehen; es ist aber dennoch oft gut, daß man ihn durch kleinere Ziffern darstelle, und dies kann mittelst der Kettenbrüche leicht geschehen, wo man allerdings dem Werthe des Bruchs etwas schadet, wenn einer der Näherungswerthe für den ganzen Bruch genommen wird; um was man fehlt, kann nach §. 138., oder nach §. 139. ohngefähr bestimmt werden; wie genau man den Näherungswerth nöthig habe, muß immer der jedesmalige Fall entscheiden. Z. B. man wollte den Bruch $\frac{3317}{4933}$, wo Zähler und Nen-

*) Läge er vor dem ersten Näherungswerth, der immer die Form $\frac{1}{n}$ hat, so müßte sein Nenner (wenn der Bruch mit kleineren Ziffern geschrieben werden sollte) kleiner als n seyn; da aber $\frac{1}{n}$ schon zu groß gegen den Werth der Kette ist (§. 124.) so wäre dieser andere Bruch noch größer.

ner Primzahlen gegen einander sind (sie sind sogar beide Primzahlen §. 63, 7.), so verkleinern, daß man im Zähler so wie im Nenner des neuen Bruchs, höchstens nur drei Ziffern habe. Man verwandle den gegebnen Bruch nach §. 130. in eine echte Kette, so erhält man diese:

$$\cfrac{1}{1+\cfrac{1}{2+\cfrac{1}{17+\cfrac{1}{1+\cfrac{1}{2+\cfrac{1}{1+\cfrac{1}{3+\cfrac{1}{1+\cfrac{1}{4}}}}}}}}}$$

Die Näherungswerthe sind nun nach §. 134. folgende:

	1	2	17	1	2	1	3	1	4
$\frac{0}{1}$	$\frac{1}{1}$	$\frac{2}{3}$	$\frac{35}{52}$	$\frac{37}{55}$	$\frac{109}{162}$	$\frac{146}{217}$	$\frac{547}{813}$	$\frac{693}{1030}$	$\frac{3319}{4933}$

Es würde also $\frac{547}{813}$ der verlangte nächste Werth seyn, da der Nenner 1030 des folgenden Näherungswerthes, schon vier Ziffern hat, und dieses gegen die Bedingung ist. Die Differenz, oder der Fehler, der hierbei begangen wird, ist noch nicht $\frac{-1}{813 \cdot 1030} = \frac{-1}{837390}$, d. h. der Werth $\frac{547}{813}$ ist noch nicht um diesen geringen Bruch zu groß (als siebenter Werth ist er zu groß, §. 124.); und hätte man den folgenden Bruch $\frac{693}{1030}$ nicht gesucht, so würde der Fehler doch nicht einmal $\frac{-1}{813 \cdot 813} = \frac{-1}{660969}$ in zu groß betragen. Eine Genauigkeit, die wol wenig zu wünschen übrig läßt. Ja, selbst wenn der zweite Näherungswerth $\frac{2}{3}$ gewählt wäre, so würde der Fehler in zu klein, noch nicht einmal $\frac{1}{3 \cdot 52} = \frac{1}{156}$ betragen haben.

§. 143. Zusatz.

Wie wir in der Folge sehen werden, stößt man in einer Rechnung auch wol auf Kettenbrüche, die ohne Ende fortlaufen, oder unendlich sind, d. h. die Größe, welche der Kettenbruch darstellt, ist selbst nicht genau anzugeben. Alsdann muß man sich natürlich mit einer endlichen Menge von Gliedern begnügen, deren Anzahl, aus der größeren oder minderen Genauigkeit der vorliegenden Rechnung, bestimmt wird. Wie nahe man aber dem Werthe des unendlichen Kettenbruchs kommt, ist schon aus der Aufgabe §. 142. ohngefähr zu sehen, wenn man selbst nur einige Glieder der Kette nimmt.

§. 144. Erklärung.

Wenn die Nenner einer echten Kette, in einer gewissen Ordnung immer wiederkehren, so nennt man den Bruch: einen periodischen Kettenbruch. Z. B.

$$\cfrac{1}{a+\cfrac{1}{b+\cfrac{1}{c+\cfrac{1}{a+\cfrac{1}{b+\cfrac{1}{c+\cfrac{1}{a+\cfrac{1}{b+\cfrac{1}{c..}}}}}}}}}$$

wo a, b, c die Periode ist.

Oder auch $\cfrac{1}{a+\cfrac{1}{a+\cfrac{1}{a..}}}$ wo a die Periode ist.

Anmerk. Wenn ein Kettenbruch sich aus der Aufgabe als ein unendlicher ergiebt, und man kann eine Periode bei ihm entdekken; so ist dies sehr vortheilhaft, da man nun, statt dem Suchen der neuen Quotienten, nur die Periode abzuschreiben braucht.

§. 145. Zusätze.

1. Wie nun Kettenbrüche in Dezimalbrüche, oder Dezimalbrüche in Kettenbrüche, oder jede andere Bruchform, als z. B. die gebrochenen Brüche, in Kettenbrüche verwandelt werden; ist aus dem Gehabten hinlänglich zu finden; der gewöhnliche Bruch ist der Uebergang bei diesen Verwandelungen und muß daher immer erst gesucht werden, was wir hinlänglich gesehen haben *). (Siehe §. 131, 3.)

2. Was die Kettenbrüche für einen Nutzen in der Mathematik haben, oder bei welchen Rechnungen man auf sie stößt, kann erst in der Folge, wenn wir auf ihren Gebrauch kommen, eingesehen werden; der Nutzen, beim Heben der Brüche ist schon ein sehr bedeutender, wie die Aufgabe §. 142. dies lehrt.

3. Wenn unechte Ketten, negative Glieder, oder Ganze beim Kettenbruche vorkommen, so wird man auch diese leicht behandeln können, wozu die Aufgabe §. 133. mit dient. Die echten Ketten sind die, am häufigsten vorkommenden, da ja bei Verwandelung der gewöhnlichen Brüche in Kettenbrüche, immer die echte Kette erscheint (§. 131, 1.). Deshalb sind auch die echten Ketten hier vorzugsweise von uns betrachtet.

4. Die Kettenbrüche bieten in ihren mannigfaltigen Eigenschaften, oft sehr merkwürdige Erscheinungen dar, die wir hier nicht alle beisammenstellen können, da sie oft auf Lehren beruhen, die selbst erst in der Folge vorkommen. Auch ist ihr Nutzen und Einfluß auf verschiedene Theile der Mathematik bedeutender, als man vielleicht glaubt, daher wir sie in der Folge auch noch öfter betrachten werden, und leicht an das, in diesem Kapitel von ihnen Gesagte, anknüpfen können. Wer sich ausschließlich über die Kettenbrüche zu unterrichten wünscht,

*) Tafel 30. bis 32. enthalten vermischte Bruchverwandelungen.

findet sie gründlich abgehandelt in: Kausler's Lehre von den kontinuirlichen Brüchen, nebst ihren vorzüglichsten Anwendungen auf Arithmetik und Algebra; Stuttgart 1803. Eben so stellt Lambert in seinen, schon erwähnten, Beiträgen zum Gebrauch der Mathematik. 2ter Theil 1ter Abschnitt, unter der Rubrik III., die Verwandelung der Brüche betreffend, sehr belehrende Untersuchungen über die Kettenbrüche und deren Gebrauch, an.

§. 146. Anmerkung.

Wir verlassen hiermit die Lehre von den Brüchen und das erste Hauptstück, dessen Anwendung wir in allen folgenden Theilen wieder finden werden. Die Lehre von den Brüchen, besonders dieses letzte Kapitel, hätten wir unmöglich in diesem Umfange vornehmen können, wenn wir nicht durch die Buchstabenrechnung und die Anfangsgründe der Gleichungen dazu vorbereitet worden wären.

Zweites Hauptstück.
Die Lehre von den Potenzen und Wurzeln.

Erstes Kapitel.
Begriffe von den Potenzen und Wurzeln, nebst Umwandelung der vorzüglichsten Formeln.

§. 147. Erklärung.

Ein Produkt aus lauter gleichen Faktoren, heißt eine Potenz (auch Potestät oder Dignität genannt) dieses gleichen Faktors; dieser aber heißt in Hinsicht der Potenz, die Wurzel derselben. So ist z. B. $64 = 4.4.4$, eine Potenz von 4, aber vier ist eine Wurzel von 64. Sagt man allgemein $p = aaaa$ ꝛc., so ist p die Potenz von a, und a die Wurzel von p. Die Potenzen einer gewissen Wurzel werden selbst wieder nach Graden gezählt, und zwar ist die Potenz, vom so vieltem Grade oder die so vielte, als es der gleichen Faktoren im Produkte waren; daher ist 64 die dritte Potenz von 4, aber 4 wieder die dritte Wurzel von 64.

Der Abkürzung wegen, schreibt man aber bei Bezeichnung einer Potenzgröße die Wurzel nur einmal hin, und setzt derselben zur Rechten oben, eine kleine Ziffer, die den Grad der Potenz anzeigt; z. B. $64 = 4^3$, oder $a^4 = p$, wenn $aaaa = p$, oder $a^n = t$ wenn die Anzahl der gleichen Faktoren durch eine allgemeine Zahl ausgedrückt werden soll u. s. w. Diese kleine Ziffer heißt alsdann der Exponent oder der Logarithmus der Potenzgröße. Man spricht den Ausdruck ^{4} alsdann aus: a zur vierten Potenz erhoben, oder blos a zur Vierten. Der Ausdruck a^4 ist die Potenzgröße selbst.

Anmerk. 1. Die zweite Potenz als z. B. a^2 wird auch oft das Quadrat, die dritte a^3 der Kubus, die vierte a^4 das Biquadrat von a genannt; die beiden ersteren Namen sind aus der Geometrie genommen.

Anmerk. 2. Man hüte sich zu sagen: a^n sey so viel als a, welche n mal mit sich selbst multiplizirt ist; denn z. B. die 4 dreimal mit sich selbst multiplizirt, giebt $4 \cdot 4 \cdot 4 \cdot 4$ oder 4^4 d. h, schon die vierte Potenz von 4, indem offenbar $4 \cdot 4$ erst 4 einmal mit sich selbst multiplizirt ist u. s w. Dagegen könnte man sagen die nte Potenz von a, sey gleich Eins, n mal mit a multiplizirt, denn z. B. $h \cdot h \cdot h = 1 \cdot h \cdot h\ h = h^3$.

Anmerk. 3. Wenn der Exponent eine Komplexion ist, so wird diese beim Aussprechen zwischen die Sylben zur und ten gesetzt; z. B a^{n+m-p} heißt: a zur n + m — pten Potenz, nicht aber: zur nten + mten — pten.

Anmerk. 4. Hat eine Potenzgröße noch einen Koeffitienten bei sich, so setzt man diesen vor oder hinter die Potenzgröße, doch gehört er natürlich alsdann nur der Potenzgröße an; z. B. $7n^d$, ist so gut als $n^d 7$ oder n^d multiplizirt mit 7; daher auch n für sich erst muß potenzirt werden, und dann mit 7 multiplizirt. Soll das Produkt 7n aber zur Potenz erhoben werden, so werden wir §. 153, 2. diese Bezeichnung kennen lernen. So ist z. B $4 \cdot 6^2 = 4 \cdot 36 = 144$, nicht aber 24^2 welches $= 576$ wäre. Ist der Exponent eine Komplexion, und man setzt den Faktor der Porenzgröße hinter dieselbe, so muß er nach dem letzten Gliede jener Komplexion, wieder gehörig tief gesetzt werden, z. B. $a^{n+d-g}h$ u. s. w.

Anmerk. 5. Man kann bei der Bezeichnung der Potenzausdrücke nicht vorsichtig genug seyn, da es oft einen ganz anderen Sinn giebt, wenn der Ort eines Zeichens etwas tiefer, höher oder sonst nicht an der rechten Stelle steht; die Folgen eines solchen kleinen Versetzens sind nicht abzusehen.

Anmerk 6. Wir bedienen uns hier des Wortes Logarithmus, nicht für den Exponenten; indem jenes Wort noch eine eingeschränktere Bedeutung in der Mathematik hat, worüber das Nähere in der Theorie der Logarithmen vorkommen wird. (Im 2ten Abschnitte, 3tes Hauptstück, 1stes Kapitel.)

§. 148. Erklärung.

Dem Potenziren steht das Extrahiren oder Wurzelausziehen entgegen, d. h. aus einer gegebenen Größe eine andere zu finden, welche zu einer verlangten Potenz erhoben, die gegebene Größe wieder erzeugt. Die Größe, aus welcher die Wurzel gezogen werden soll, wird unter dies Zeichen $\sqrt{}$ (Radix- oder Wurzelzeichen) gesetzt, in dessen obere Oeffnung eine kleine Ziffer, der Wurzelexponent genannt, gesetzt wird, welche alsdann anzeigt, die wie vielte Wurzel ausgezogen werden soll, oder zur wie vielten Potenz die zu suchende Größe wieder erhoben werden soll, um die gegebene Größe zu erzeugen. So heißt z. B. $\sqrt[n]{a}$ so viel als: eine Größe x finden, welche zur nten Potenz erhoben a giebt; ausgesprochen wird der Ausdruck aber: die nte Wurzel aus a, und x ist alsdann wieder die nte Wurzel, überdies heißt der Ausdruck $\sqrt[n]{a}$ selbst, eine Wurzelgröße, und a ist die Potenzgröße derselben, weil sie ja durch die Potenzirung der zu suchenden Größe, wieder hervorgebracht werden soll.

Anmerk. 1. Die zweite Wurzel wird auch oft die Quadratwurzel genannt, und wenn diese ausgezogen werden soll, so setzt man den Wurzelexponenten nicht in das Wurzelzeichen; z. B. $\sqrt[2]{a} = \sqrt{a}$. Die dritte Wurzel aus einer Größe, heißt auch die Kubikwurzel. (Auch diese Namen sind wieder aus der Geometrie entlehnt.)

Anmerk. 2. Die Anmerkungen des vorigen §. sind auch hier zu wiederholen, mit gehöriger Uebertragung der hier, gegen die dort vorkommenden Ausdrücke.

§. 149. Grundsätze.

1. Jede Größe für sich, ist die erste Potenz, daher man ihr den Exponenten Eins geben kann, so ist $a = a^1$.

2. Die erste Wurzel aus jeder Grösse, ist die Grösse selbst, und man kann 1 zum Wurzelexponenten setzen; so ist $n = \sqrt[1]{n}$.

3. Jede Grösse zu einer Potenz erhoben, und dieselbe Wurzel ausgezogen, läßt die Grösse ungeändert; d. h. $\sqrt[n]{a^n} = a$.

4. Wenn $\sqrt[n]{a} = d$ ist, so ist auch $a = d^n$ (nach der Bedeutung von $\sqrt[n]{a}$).

5. Jede Potenz von 1 ist 1; also $1^n = 1$.

6. Jede Wurzel aus 1 ist 1; daher $\sqrt[n]{1} = 1$.

§. 150. Zusatz.

Potenzen einer Zahl, erhält man durch die wiederholte Multiplikation; z. B. $3^4 = 3.3.3.3 = 9.3.3 = 27.3 = 81$. Wie man aber Wurzeln erhält, soll erst in diesem Hauptstücke gelehrt werden. Man merke jedoch schon hier die Quadrate und Kuben der Zahlen von 1 bis 10, theils weil, wie wir beim Wurzelausziehen werden kennen lernen, das Ausziehen aus grösseren Zahlen, auf diese kleinern zurückgeführt wird; theils, weil wir die Formeln, die bald entwickelt werden, auf diese kleine Potenzen anwenden wollen. Umgekehrt merke man aber auch die Wurzeln dieser Quadrate und Kuben. Dies giebt folgendes sogenannte Wurzeltäfelchen:

Einfache Zahlen oder Wurzeln:	1	2	3	4	5	6	7	8	9	10
Quadrate:	1	4	9	16	25	36	49	64	81	100
Kuben:	1	8	27	64	125	216	343	512	729	1000

Es ist also z. B. $7^3 = 343$; $\sqrt[3]{729} = 9$ u. s. w.

§. 151. Zusätze.

1. Wenn ein Bruch zu einer Potenz erhoben werden soll, so muß man Zähler und Nenner zu dieser Potenz erheben; man schließt alsdann den Bruch in eine Paren-

these und setzt den Exponenten außerhalb derselben; z. B. $\left(\frac{a}{b}\right)^4$; dies giebt nun aufgelöst

$$\frac{a}{b} \cdot \frac{a}{b} \cdot \frac{a}{b} \cdot \frac{a}{b} = \frac{aaaa}{bbbb} = \frac{a^4}{b^4}.$$

2. Wenn eine Wurzel eine ganze Zahl oder ein unechter Bruch ist, so wird die Potenzgröße um so größer, je größer der Exponent ist; also $a^n > a^m$ wenn $n > m$ ist (§. 150.).

3. Wird ein echter Bruch zu einer Potenz erhoben, so wird die Potenzgröße um so kleiner, je größer der Exponent ist; also $\left(\frac{a}{b}\right)^n > \left(\frac{a}{b}\right)^m$ wenn $n < m$ und wenn $a < b$ (d. h. wenn $\frac{a}{b}$ ein echter Bruch ist. §. 101, 1.)

4. Man wird immer finden können, was a^n ist, wenn a und n gegeben sind, a mag ganze Zahl oder Bruch seyn, oder auch vermischter Bruch u. s. w.; nur muß n eine ganze Zahl seyn *) (nach §. 150.).

5. Wenn man eine noch so große Wurzel aus einer Zahl, die auch nur etwas größer als 1 ist zieht, so muß die Wurzel doch immer größer als 1 seyn; also $\sqrt[n]{2} > 1$ wo n auch noch so groß seyn kann; denn: wenn $\sqrt[n]{2} = x$, so ist $2 = x^n$ (§. 149, 4.), wäre nun x ein echter Bruch, so würde $x^n < 1$ seyn (nach 3.), und wäre $x = 1$, so ist $x^n = 1$, und doch soll es 2 seyn.

6. Die Wurzel aus einem echten Bruche ist immer größer als der Bruch selbst, und wird um so größer, je größer der Wurzelexponent wird; aber, wenn man auch eine noch so große Wurzel aus einem echten Bruche zieht, so ist diese doch immer kleiner als 1. Z. B.

*) Auch können wir bis jetzt noch keine andere Exponenten, als solche, die ganze Zahlen sind (siehe §. 154, 1.).

$\sqrt[n]{\frac{a}{b}} < 1$, wenn $\frac{a}{b}$ ein echter Bruch iſt; übrigens iſt $\sqrt[n]{\frac{a}{b}} > \sqrt[m]{\frac{a}{b}}$ wenn $n > m$ iſt (ſiehe auch §. 152, 7.).

7. Man kann ſich jedesmal vorſtellen, daß es jede Wurzel aus jeder Zahl (alſo auch aus einem Bruche) giebt; ob man dieſe Wurzel in Zahlen darſtellen kann, wird ſich erſt in der Folge beim Wurzelausziehen ergeben. Alſo $\sqrt[n]{a}$ kann immer $= x$ geſetzt werden; überdies weiß man von dieſem x ja auch, daß $x^n = a$ iſt (§. 149, 4), ja man weiß ſogar (nach 5. und 6.) von dieſem x ob es größer oder kleiner als 1 iſt, je nachdem a beſchaffen iſt. Daß n eine ganze Zahl ſeyn muß, verſteht ſich von ſelbſt *). Man wird ſogar die Zahlen beſtimmen können, zwiſchen welche x fällt; z. B. $\sqrt[3]{24} > 2$ und doch < 3, weil 2^3 erſt 8 aber 3^3 ſchon 27 giebt; eben ſo $\sqrt{\frac{3}{5}} > \frac{3}{4}$ und doch $< \frac{4}{5}$, denn $(\frac{3}{4})^2 = \frac{9}{16}$ das noch $< \frac{3}{5}$ iſt, aber $(\frac{4}{5})^2 = \frac{16}{25}$ und ſchon $> \frac{3}{5}$.

8. Es wird immer eine Zahl möglich ſeyn, die zu einer gegebenen Potenz erhoben, eine andere gegebene Zahl erzeugt; z. B. $x^a = b$, wo a und b gegebene Zahlen, x aber eine, ſich ergebende Zahl iſt; auch hier wird ſich erſt in der Folge zeigen, ob x immer darſtellbar iſt. Z. B. bei $x^7 = 5$, ſieht man offenbar, daß $x > 1$ und doch < 2 iſt; bei $x^3 = 70$ wird x zwiſchen 4 und 5 liegen; bei $x^4 = \frac{2}{3}$ wird $x < 1$ und doch $> \frac{2}{3}$ selbſt ſeyn, denn $(\frac{2}{3})^4 < \frac{2}{3}$ (nach 3.), daher $\frac{2}{3}$ noch größer werden muß, um zur vierten Potenz erhoben $\frac{2}{3}$ zu geben, ꝛc. (ſiehe §. 184, 5.).

9. Eben ſo wird man aber auch immer eine Größe ſich vorſtellen können, aus der eine gewiſſe Wurzel

*) Bis jetzt kennen wir auch noch keinen andern Wurzelexponenten, als ſolchen, der eine ganze Zahl iſt. (Siehe §. 154, 1.)

gezogen, eine andere Größe erzeugt; z. B. $\sqrt[a]{x} = b$, wo a und b gegeben sind; denn, ist b eine ganze Zahl (oder ein unechter Bruch), so ist $x > 1$, ist b ein echter Bruch, so ist x auch ein echter Bruch, und wir könnten leicht die Grenzen auch hier finden, wo zwischen x, für jeden besonderen Fall, sobald a und b gegeben sind, fallen muß; oder: ist $\sqrt[a]{x} = b$, so ist $x = b^a$, wo man nach 150 die x immer findet.

Anmerk. Wenn wir auch die Größe x, nicht in jedem Falle, der hier gehabten vier Gleichungen bis jetzt bestimmen können, so ist es uns doch von ungemeinem Vortheile, daß wir wissen, wenn a und b zwei beliebig gegebene Zahlen sind, sich immer ein x denken läßt, so daß: $a^b = x$ (nach 4.), $\sqrt[a]{b} = x$ (nach 7.), $x^a = b$ (nach 8.) und $\sqrt[a]{x} = b$ (nach 9.) (siehe auch §. 154, 4. und 5.). Und ist es denn die Ueberzeugung von dem Daseyn eines verlangten Resultats nicht immer, was uns beim Lösen jeder Aufgabe begleitet? — Aber die allgemeinen Zeichen sind es ja auch, die wir brauchen, um Größen zu bezeichnen, die wir entweder noch gar nicht kennen, oder deren Werth noch nicht genau anzugeben ist; sind wir aber vom Daseyn dieser Größen überzeugt, so können wir sogar von ihnen etwas aussagen; nur dürfen wir uns der genauen Werthe für sie, nicht eher bedienen, als bis wir diese zu finden kennen gelernt haben; z. B. wenn jemand behauptete $\sqrt{\frac{2}{3}}$ sey $\frac{1}{2}$, so müßte dies allerdings erst bewiesen werden, daß aber $\sqrt{\frac{2}{3}}$ irgend eine Größe ist, das ist gewiß (nach 7).

§. 152. Lehr- und Zusätze.

1. Gleiche Größen zu gleichen Potenzen erhoben, geben gleiche Größen. Denn wenn $a = a$, so ist auch $aa = aa$, ferner $aaa = aaa$ rc., d. h. $a^n = a^n$.

2. Ungleiche Größen zu gleichen Potenzen erhoben, geben ungleiche Größe. Denn: es sey $a > b$, so ist auch $aa > bb$, ferner $aaa > bbb$ u. s. w., oder $a^n > b^n$; wo a und b auch echte Brüche seyn können.

3. Gleiche Größen zu ungleichen Potenzen erhoben, geben ungleiche Größen; nur die Zahl 1 giebt zu jeder Potenz erhoben 1 (§. 149, 5.), daher $1^n = 1^m$. Wenn also $a = a$, so soll a^n ungleich a^m seyn, sobald n ungleich m ist; sind a und b ganze Zahlen oder unechte Brüche, so wird $a^n > a^m$ seyn, wenn $n > m$ ist: sind aber a und b echte Brüche, so ist bei $n > m$ die $a^n < a^m$ (§. 151, 3.); auf jeden Fall aber ist ein Produkt aus einer gewissen Menge von a d. h. a^n, ungleich einem Produkte aus einer anderen Menge von a oder als a^m.

4. Ungleiche Größen zu ungleichen Potenzen erhoben, können gleiche Größen geben; z. B. $4^3 = 64$, aber 8^2 auch $= 64$. Daß dies nicht immer der Fall ist, versteht sich von selbst; denn es wird wol nicht $4^2 = 7^3$ seyn u. s. w.

5. Aus gleichen Größen gleiche Wurzeln gezogen, giebt gleiche Größen. Denn es sey $a = b$ *), so soll $\sqrt[n]{a} = \sqrt[n]{b}$ seyn. Nennt man $\sqrt[n]{a} = x$ (§. 151, 7.) und $\sqrt[n]{b} = y$, so ist $a = x^n$ und $b = y^n$ (§. 149 4.); wäre nun x ungleich y, so könnte nicht $x^n = y^n$ oder es könnte nicht $a = b$ seyn (nach 2), was doch seyn soll.

6. Wenn a ungleich b, so kann nicht $\sqrt[n]{a} = \sqrt[n]{b}$ seyn; denn es sey $\sqrt[n]{a} = x$ und $\sqrt[n]{b} = y$, so ist $a = x^n$ und $b = y^n$; wäre nun $x = y$ (oder jene beide Wurzeln gleich), so müßte auch $x^n = y^n$ seyn (nach 1), oder a wäre $= b$, was gegen die Annahme ist. Ist übrigens $a > b$, (gleich viel ob a und b ganze Zahlen oder Brüche sind), so ist $\sqrt[n]{a} > \sqrt[n]{b}$.

---

*) Daß man gleiche Größen ungleich bezeichnen kann, ist §. 38. erwähnt, und geschieht hier, weil die mit a gleiche Größe ja auch eine andere Form als a haben kann.

7. Wenn $a = b$ ist (siehe die vorige Seite unten bei *), so ist $\sqrt[n]{a}$ ungleich $\sqrt[m]{b}$; es sey denn $a = 1$, wo alsdann jede Wurzel aus a, gleich jeder anderen ist (§. 149, 6.). Man nenne $\sqrt[n]{a} = x$ und $\sqrt[m]{b} = y$ so wird wieder $a = x^n$ und $b = y^m$ seyn; wenn nun $y = x$ wäre, so würde x^n ungleich y^m (nach 3) seyn, oder a ungleich b, was gegen die Annahme ist. Sind a und b ganze Zahlen (oder unechte Brüche), so ist $\sqrt[n]{a} > \sqrt[m]{b}$, wenn $n < m$ ist; bei a und b aber als echte Brüche, ist immer $\sqrt[n]{a} < \sqrt[m]{b}$, wenn $n < m$ ist (§. 151, 6.).

8. Daß, wenn a ungleich b ist, doch $\sqrt[n]{a} = \sqrt[m]{b}$, bei n ungleich m seyn kann, läßt sich zeigen; z. B. $\sqrt[3]{64} = \sqrt{16} = 4$; daß dies aber nicht immer ist, ist wol sehr natürlich; so ist nicht $\sqrt[3]{81}$ etwa gleich $\sqrt{4}$ ꝛc. *).

Anmerk. 1. Man kann die Sätze 6, 7 und 8 leicht in Worte übertragen, oder das nennen, was sie in der Form darstellen.

Anmerk. 2. Ferner halte man die Sätze dieses §. nicht etwa für Grundsätze, sondern sie sind begründet in der Multiplikation, so wie in den, bereits §. 151. u. s. w gehabten Sätzen. Welche unter ihnen Zusätze sind, wird man bald finden.

§. 153. Aufgaben und Zusätze.

Verschiedene Potenz- und Wurzelformen aufzulösen oder abzuändern.

1. Wenn man hat $\left(\frac{a}{b}\right)^n$ so ist dies (nach §. 151, 1.) $= \frac{a^n}{b^n}$, daher wird auch wieder $\frac{p^a}{q^a} = \left(\frac{p}{q}\right)^a$ seyn (§. 55.); oder: sind Divisor und Dividendus einer Division Potenzgrößen mit gleichen Exponenten, so kann man

*) Siehe die allgemeine Einleitung II., Theorie der Beweise, Zusatz 2.

den Quotienten aus beiden Wurzeln $\frac{p}{q}$, zu derselben Potenz erheben *); also $\frac{8^3}{2^3} = (\frac{8}{2})^3 = 4^3 = 64$.

2. Wenn ein Produkt zu einer Potenz erhoben werden soll, so schließt man es in Parenthese, und setzt den Exponenten außerhalb derselben, z. B. $(abc)^n$; nun bezieht er sich auf das ganze Produkt, dagegen bei abc^n er sich nur auf c bezieht (§. 147, Anmerk. 4.). Soll nun $(abc)^n$ aufgelöset werden, so erhält man

$(abc)^n = abcabcabc$ ꝛc. $= aaabbbccc = a^n b^n c^n$, indem man die gleichen Faktoren immer zusammensetzt, wodurch das Produkt (§. 31.), also auch die Potenz ungeändert bleibt. Es ist deshalb auch wieder

$$a^m b^m f^m d^m = (abfd)^m.$$

Z. B. $2^3 . 3^3 . 5^3 = (2 . 3 . 5)^3 = 30^3 = 27000$.

3. Es ist $\sqrt[n]{\left(\frac{a}{b}\right)} = \frac{\sqrt[n]{a}}{\sqrt[n]{b}}$. Denn: es sey

$\sqrt[n]{\left(\frac{a}{b}\right)} = \sqrt[n]{\left(\frac{x^n}{y^n}\right)} = \sqrt[n]{\left(\frac{x}{y}\right)^n}$ **), so ist $\sqrt[n]{\left(\frac{a}{b}\right)} = \frac{x}{y}$ (§. 149, 3.), ward nun $a = x^n$ und $b = y^n$ gesetzt, so ist

$$\sqrt[n]{a} = x \text{ und } \sqrt[n]{b} = y \quad (\S. 152, 5.)$$

$$\text{daher } \sqrt[n]{\left(\frac{a}{b}\right)} = \frac{x}{y} = \frac{\sqrt[n]{a}}{\sqrt[n]{b}}.$$

Deshalb ist auch immer wieder

$\frac{\sqrt[m]{p}}{\sqrt[m]{q}} = \sqrt[m]{\left(\frac{p}{q}\right)}$. Z. B. $\frac{\sqrt{2}}{\sqrt{8}} = \sqrt{\left(\frac{2}{8}\right)} = \sqrt{\left(\frac{1}{4}\right)} = \frac{\sqrt{1}}{\sqrt{4}} = \frac{1}{2}$.

Wenn

*) Dergleichen Sätze, wie hier, die der Form nach gegeben sind, in Worte überzutragen ist, wie §. 152, Anmerk. 1. erwähnt, leicht, und wird auch bei den folgenden Sätzen, wenn es nicht besonders wichtig oder nöthig ist, dem Leser überlassen

**) Wenn man nemlich $a = x^n$ und $b = y^n$ setzt, was man nach §. 151, 8. immer thun kann.

Wenn aus Brüchen Wurzeln gezogen werden sollen, so schließt man den Bruch in Parenthese, und setzt ein kleines $\sqrt{}$ Zeichen vor dieselbe, schließt man ihn nicht in dieselbe, so muß das Wurzelzeichen über den Zähler und Nenner wegreichen; z. B. $\sqrt{\left(\frac{a}{b}\right)} = \sqrt{\frac{a}{b}}$. Zum Ueberfluß sind in diesem dritten Satze beide Bezeichnungen angebracht.

4. Es ist beim Ausziehen einer Wurzel aus einem Produkte, immer ein solches in Parenthese zu schließen, und das Zeichen $\sqrt{}$ vor dieselbe zu setzen, oder: es muß das Zeichen, über dem ganzen Produkte stehen; z. B. $\sqrt[n]{(abcd)} = \sqrt[n]{abcd}$. Die Auflösung für $\sqrt[n]{(abc)}$ ist diese: $\sqrt[n]{(abc)} = \sqrt[n]{a}\sqrt[n]{b}\sqrt[n]{c}$, denn man setze:

$$\sqrt[n]{(abc)} = \sqrt[n]{(x^n y^n z^n)}\,^{*)} = \sqrt[n]{(xyz)^n} = xyz = \sqrt[n]{a}\sqrt[n]{b}\sqrt[n]{c}.$$

Daher wird auch wiederum $\sqrt[m]{p}\sqrt[m]{q}\sqrt[m]{h} = \sqrt[m]{(pqh)}$ **) seyn. Z. B. $\sqrt{2}\sqrt{8} = \sqrt{(2.8)} = \sqrt{16} = 4$. Ferner $\sqrt{8} = \sqrt{(4.2)} = \sqrt{4}\sqrt{2} = 2\sqrt{2}$. Soll eine Wurzelgröße einen bloßen Faktor noch haben, so setzt man diesen lieber vor das $\sqrt{}$ Zeichen, z. B. $a\sqrt{d}$, weil $\sqrt{da}$ leicht den Sinn von $\sqrt{da}$ geben kann, wenn das Zeichen $\sqrt{}$ nicht deutlich genug gemacht ist.

5. Soll eine negative Größe zu einer Potenz erhoben werden, so wird auch sie in Parenthese geschlossen, da es jetzt von dem Exponenten noch erst abhängt, ob er Paar oder Unpaar ist, und dieses auf das Zeichen des Produkts oder auf die Potenzgröße entscheidet; z. B. $(-a)^3 = -a . -a . -a = -a^3$, aber $(-a)^2 = -a . -a = +a^2$; allgemein ist $(-a)^{2n+1} = -a^{2n+1}$, aber $(-a)^{2n} = +a^{2n}$. (Siehe §. 32. und §. 64, 7.)

*) D. h. für $a = x^n$, für $b = y^n$ u. für $c = z^n$; woraus $\sqrt[n]{a} = x$ ꝛc. folgt.

**) Der Grund dieser umgekehrten Gleichsetzungen liegt, wie erwähnt, in §. 56.

6. Es giebt daher keine negative Paar-Potenz, und wenn man hat $-a^4$, so ist diese negative Größe durchaus keine negative vierte Potenz; sondern sie ist entweder die vierte Potenz von a, die nachher negativ genommen ist, oder es ist $-a^4$ blos als ein Produkt aus einer negativen und einer positiven Größe anzusehen, z. B. von $-a^3 . a$.

7. Daher giebt es auch aus einer negativen Größe, durchaus keine gerade Wurzel, und es ist keineswegs $\sqrt{-4}$ etwa 2 oder -2, denn 2^2 so wie $(-2)^2$ geben beide $+4$, weil zur Potenz ja gleiche Faktoren gehören, §. 147. Solche Wurzeln, welche durch Ausziehung einer geraden Wurzel aus einer negativen Größe entstehen, werden deshalb auch imaginäre oder unmögliche auch eingebildete Größen genannt, deren Betrachtung von nicht geringem Nutzen in der Mathematik ist, und die wir besonders vornehmen werden*). Allgemein also ist jede Größe von der Form $\sqrt[2n]{-a}$ imaginär.

Anmerk. Man verwechsele ja nicht $-\sqrt[2n]{a}$ mit $\sqrt[2n]{-a}$, denn $-\sqrt[2n]{a}$ heißt nur, daß $\sqrt[2n]{a}$ soll negativ genommen werden.

8. Dagegen ist eine unpaarige Wurzel aus einer negativen Größe immer eine negative Größe; so ist $\sqrt[3]{-8} = -2$, und allgemein $\sqrt[2n+1]{-a} = -x$.

9. Ferner hat die gerade Wurzel aus einer positiven Größe, immer einen positiven und einen negativen Werth; so ist $\sqrt{4} = \mp 2$, denn $(-2)^2$ giebt auch wieder $+4$; allgemein: $\sqrt[2n]{a} = \mp x$.

10. Soll eine Potenzgröße wiederholt potenzirt werden, so wird die erste Potenzgröße abermals in Parenthese geschlossen. Z. B. $[(a^n)^m]^p$ heißt: a^n soll zur

*) Im vierten Kapitel dieses Hauptstücks.

mten, und diese neue Potenzgröße wieder zur pten Potenz erhoben werden. Die Auflösung vom Ausdrucke $(a^n)^m$ ist nun diese: $(a^n)^m = a^{nm}$; denn: $a^n = aaa...$ ꝛc., dieses Produkt soll wiederholt als Faktor dienen, und zwar m Mal, also erhält man ein Produkt aus nm Faktoren, die jeder a sind, oder a^{nm}. Z. B.

$$(a^3)^2 = (aaa)^2 = aaa\,aaa = a^6.$$

Eben so wird nun auch $[(a^n)^m]^p = a^{nmp}$ seyn. Man kann deshalb auch umgekehrt einen gegebenen Exponenten in Faktoren zerlegen, und die Potenz als eine wiederholte Potenzirung ansehen; z. B. $a^n = a^{bcd} = [(a^b)^c]^d$, wenn nemlich $n = bcd$ ist; also $a^{30} = [(a^2)^3]^5$.

11. Es wird daher eine wiederholte Potenzirung sich gleich bleiben, wenn man auch die Exponenten verwechselt; z. B. $[(a^n)^m]^d = [(a^m)^d]^n = [(a^d)^n]^m$ u. s. w., denn jeder dieser Ausdrücke giebt a^{nmd}, weil $nmd = mdn = dnm$ u. s. w. ist (§. 31.).

12. Ein wiederholtes Wurzelausziehen, wird nun so angedeutet $\sqrt[m]{\sqrt[n]{\sqrt[a]{p}}}$. Dieser Ausdruck giebt so viel als $\sqrt[mna]{p}$; denn: man nenne $p = x^{anm}$, so ist:

$$\sqrt[m]{\sqrt[n]{\sqrt[a]{p}}} = \sqrt[m]{\sqrt[n]{\sqrt[a]{x^{anm}}}} = \sqrt[m]{\sqrt[n]{x^{nm}}}\ (\text{§. } 149, 3.)^{*)} = \sqrt[m]{x^m} = x;$$

wenn aber angenommen wird $p = x^{anm}$, so ist: $\sqrt[nma]{p} = x$ (§. 152, 5.); deshalb sind beide Ausdrücke für x einander gleich, oder $\sqrt[nma]{p} = \sqrt[m]{\sqrt[n]{\sqrt[a]{p}}}$ so wie auch umgekehrt. Man kann sich deshalb einen Wurzelexponenten in Faktoren zerlegen, und die Ausziehung einer großen Wurzel durch

---

*) Weil $x^{amm} = (x^{nm})^a$, daher $\sqrt[a]{(x^{mn})^a} = x^{mn}$ ist; eben so bei den folgenden Setzungen.

wiederholte Ausziehung bewirken; z. B. $\sqrt[6]{64}=\sqrt[3]{\sqrt{64}}=\sqrt[3]{8}=2$. Eben so wird man aber auch bei wiederholten Ausziehungen, die Wurzelexponenten unter sich verwechseln können, ohne dem Werthe der Wurzel zu schaden; z. B. $\sqrt[n]{\sqrt[a]{\sqrt[c]{f}}}=\sqrt[c]{\sqrt[n]{\sqrt[a]{f}}}$ u. s w.

13. So werden also nach den hier gehabten Sätzen auch folgende Ausdrücke leicht zu verstehen seyn. Z. B. $a^4.b^8=a^4.b^{2.4}=(ab^2)^4$; ferner $\sqrt[6]{a}\sqrt[3]{b}=\sqrt[3]{\sqrt{a}\sqrt[3]{b}}=\sqrt[3]{(\sqrt{a}.b)}$ u. s. w., wo man also durch die Zerlegung der Exponenten in ihre Faktoren, oft Abkürzungen und Aenderungen vornehmen kann, die von großen Nutzen werden können.

14. Hat man gleichwurzliche Potenzgrößen mit einander zu multiplizieren, z. B. $a^n.a^m$, so braucht man die Exponenten nur zu addiren, und die Wurzel a zur Potenz der Summe dieser Exponenten zu erheben. Also soll $a^n a^m = a^{n+m}$ seyn. Denn $a^n = aaa\ldots$ ferner $a^m = aaaa\ldots$, daher $a^n a^m = aaa\ldots aaaa\ldots$ d. h. ein Produkt aus so vielen a, als in beiden Faktoren zusammengenommen es der aen waren, dies sind $n+m$ welches wieder a^{n+m} giebt. — So kann man nun auch wieder einen Exponenten in eine beliebige Summe zerlegen, und die Potenzgröße als ein Produkt aus gleichwurzlichen Potenzgrößen ansehen, z. B.

$$a^7 = a^{1+2+4} = a.a^2.a^4.$$

§. 154. Aufgaben und Zusätze.

Bei der Entwickelung mehrerer Potenzausdrücke, werden wir zuweilen auf Fälle geführt, wo ungewohnte Formen erscheinen, deren Bedeutung sich aber leicht aus der Art wie man sie erhält, ergiebt. Wir nehmen diese Umwandelungen jetzt vor.

1. Es soll der Ausdruck $\sqrt[n]{a^m}$ aufgelöset werden. Nun ist $a^m = aaa\ldots$, und wenn man so viel der a en hier hat, daß sich ihre Menge durch n genau theilen läßt, so ist die Wurzel offenbar eine Potenz von a, wo so viele der gleichen Faktoren vorkommen, als $\frac{m}{n}$ giebt; z. B. $\sqrt[3]{a^6} = \sqrt[3]{(aaaaaa)} = aa = a^2$, denn: wenn man aa nun zum Kubus erhebt, so ist $(a^2)^3 = a^6$ wieder. Also könnte man für diesen Fall $\sqrt[n]{a^m} = a^{\frac{m}{n}}$ setzen. Ist aber n kein Maaß von m, so kann man dennoch $\sqrt[n]{a^m}$ als $a^{\frac{m}{n}}$ bezeichnen, mit dem Bewußtseyn, daß es eine bloße Form des Ausdrucks $\sqrt[n]{a^m}$ ist, oder daß man die Wurzel des Nenners (vom Exponenten) aus der Größe a, wenn solche zur Potenz des Zählers erhoben wird, ziehen soll. So werden wir auf die Formen der Bruchexponenten geführt. — Ueber diese Formen aber können wir uns noch folgende Vorstellung machen. Hat man z B. $\sqrt[n]{a^m}$ oder $a^{\frac{m}{n}}$, so heißt dies doch so viel als: man soll den nten Theil von der Menge der gleichen Faktoren nehmen, die a^m hat (siehe oben), und wenn diese Menge eben nicht durch n dividirbar ist, tritt die Form des Bruchexponenten ein; nun sage man aber

$$\sqrt[n]{a^m} = \sqrt[n]{(x^n)^m} = \sqrt[n]{x^{mn}} = \sqrt[n]{(x^m)^n} = x^m,$$

d. h. man hat m der gleichen Faktoren genommen, die a als eine Potenzgröße angesehen, n Mal enthielt, oder von diesen n gleichen Faktoren (die eben x sind) hat man einen d. h. den nten Theil von der Menge aller, m Mal als Faktor genommen, welches x^m gab, oder auch $\frac{m}{n}$ der Faktorenmenge jenes Produktes a, d. h. wieder $a^{\frac{m}{n}}$ Hat man daher z. B. blos $\sqrt[n]{a}$, so ist dies = der Form

$a^{\frac{1}{n}}$, weil $a = a^1$ ist (§. 149, 1.). Auf diese Weise wird nun das Rechnen mit Bruchexponenten sehr einfach seyn, indem sie jetzt ganz wie gewöhnliche Exponenten betrachtet und behandelt werden. So ist ferner die Form

$$\sqrt[\frac{n}{m}]{a^d} = a^{\frac{d}{\frac{n}{m}}} = a^{\frac{md}{n}} = \sqrt[n]{a^{md}} \text{ u. s. w.}$$

Auch kann man die Abänderung des Ausdrucks $\sqrt[n]{a^m} = a^{\frac{m}{n}}$ beweisen, wenn man setzt:

$$\sqrt[n]{a^m} = \sqrt[n]{a^{\frac{mn}{n}}} = \sqrt[n]{(a^{\frac{m}{n}})^n} = a^{\frac{m}{n}};$$

welches also ganz aus der bloßen Umwandelung der Formen hergeleitet ist. — Die, §. 153, 12. gezeigte Umwandelung, läßt sich auch durch diese eben gezeigte Verwandelung so beweisen:

$$\sqrt[n]{\sqrt[m]{\sqrt[a]{p}}} = \sqrt[n]{\sqrt[m]{p^{\frac{1}{a}}}} = \sqrt[n]{p^{\frac{1}{am}}} = p^{\frac{1}{anm}} = \sqrt[anm]{p}.$$

Dies ist abermals ein Belag, auf wie verschiedenen Wegen, dieselbe Wahrheit kann gefunden una bewiesen werden.

2. Wenn man gleichwurzliche Potenzgrößen durch einander dividiren soll, z. B. $\frac{a^n}{a^m}$, so braucht man nur vom Exponenten des Zählers den des Nenners zu subtrahiren, und die Differenz als Exponenten, der gegebenen Wurzel beizusetzen, also ist $\frac{a^n}{a^m} = a^{n-m}$. Denn es sey $\frac{a^n}{a^m} = \frac{aaaa\ldots}{aaaaaa\ldots}$ so wird sich immer ein a des Zählers gegen ein a im Nenner heben; hat nun der Nenner mehr der gleichen Faktoren als der Zähler, so kommen die des Zählers durch die Hebung sämmtlich weg, und es bleibt nur 1 stehen, oder im Nenner bleiben noch so viele stehen, als er mehr wie der Zähler hatte; im Fall der Zähler mehr als der Nenner hat, kommen die des Nenners sämmtlich weg, und es bleiben im Zähler noch

so viel stehen, als er mehr wie der Nenner hatte. Z. B. $\frac{a^3}{a^5} = \frac{aaa}{aaaaa} = \frac{1}{aa} = \frac{1}{a^2}$, bei $\frac{a^5}{a^2}$ aber hat man $\frac{aaaaa}{aa} = aaa = a^3$. Würde nun allgemein $\frac{a^n}{a^m}$ als a^{n-m} angedeutet werden, so wäre bei letzterem der beiden obigen Fälle, der Exponent eine positive Zahl, im ersteren aber würde er negativ geworden seyn; und dies ist eine neue Form von Exponenten, deren Bedeutung alsdann so viel ist, als: ein Bruch, dessen Zähler 1, und dessen Nenner dieselbe Potenzgröße, aber mit dem Exponenten als positiv betrachtet, wird; weil eben dieser letztere Ausdruck den Werth des Quotienten darstellt. Daher hat man $a^{-d} = \frac{1}{a^d}$. Ist endlich ein Exponent eine Differenz, so kann man den Ausdruck als die Division zweier gleichwurzlichen Potenzgrößen ansehen, wo der Exponent des Zählers der Minuendus, der des Nenners aber der Subtrahendus (jener Differenz) ist; z. B. $a^{5-7} = \frac{a^5}{a^7}$; $a^{9-5} = \frac{a^9}{a^5}$. Man kann auch jeden Exponenten einer Potenzgröße in eine Differenz zerlegen, und diese, wie eben erwähnt wurde, behandeln z. B. $a^3 = a^{5-2} = \frac{a^5}{a^2}$, oder $a^{-3} = a^{1-4} = \frac{a}{a^4}$ u. s. w. Sollte z. B. die Form $\frac{1}{a^{-n}}$ gegeben seyn, so ist diese wieder gleich $\frac{1}{\frac{1}{a^n}} = a^n$.

Ist $(a^n)^{-m}$ gegeben, so wird dies natürlich $= a^{-nm} = \frac{1}{a^{nm}}$ werden; bei $[(a^{-n})^m]^{-p}$ wird der Ausdruck wieder a^{+nmp} rc. Hiernach kann man auch, wenn in einem Bruche, im Zähler oder im Nenner, Potenzgrößen mit negativen Exponenten vorkommen, sie in den Nenner oder in den Zähler, mit dem Exponenten als positiv genommen, bringen. Z. B. $\frac{a^n\, b^{-m}}{h^{-d} \cdot f^{-h}} = \frac{a^n\, h^d\, f^h}{b^m}$, welches sich leicht ergiebt, wenn man erst $\frac{1}{b^m}$ u. s. w. setzt, und die gebrochene Bruchform, die alsdann erscheint, auflöset. Eben so kann man aber auch für $\frac{a^n}{b^m}$ setzen $\frac{b^{-m}}{a^{-n}}$, weil diese Form umgewandelt, wieder die erstere giebt, u dgl. m.

3. Jede Größe zur nullten Potenz erhoben, giebt Eins. Z. B. $a^0 = a^{n-n} = \frac{a^n}{a^n} = 1$; daß aber a^0 ebenfalls nur eine Form für den Werth der Größe 1 ist, wird einleuchtend seyn, denn aus der Bedeutung und Erklärung der Potenzgrößen, wird man keinen Werth für a^0 erhalten.

4. Sind Potenzgrößen mit negativen Brüchen gegeben, z. B. $a^{-\frac{n}{m}}$, so erhält man auch hier durch Auflösung $\frac{1}{a^{\frac{n}{m}}} = \frac{1}{\sqrt[m]{a^n}}$. So könnte man auch sagen, daß z. B. $a^{\frac{1}{-n}} = \sqrt[-n]{a^1} = \sqrt[-n]{a} = \frac{1}{a^{\frac{1}{n}}} = \frac{1}{\sqrt[n]{a}}$ sey; doch kommt in wirklichen Rechnungen die Form $\sqrt[-n]{a}$ wol selten oder nie vor, welches aber nicht hindert ihre Bedeutung kennen, und ihre Umwandelung vollziehen zu lernen.

4. Wenn man zwei beliebige Zahlen a und b hat so wird man immer eine dritte Zahl x finden, so daß $a^x = b$ ist, wo auch x einen Bruch oder eine negative Größe vorstellen oder werden kann; z. B. bei $3^x = 12$ wird x zwischen 2 und 3 liegen, denn $3^2 < 12$ und $3^3 > 12$, daher ist x ein unechter Bruch, und nennen wir diesen $\frac{m}{n}$ (also $m < n$), so ist $3^{\frac{n}{m}} = \sqrt[m]{3^n} = 12$. Sollte aber z. B. $6^x = 2$ werden, so müßte x kleiner wie 1 und doch

größer als o seyn (denn $6^1 = 6$ und $6^0 = 1$), daher ein bloßer echter Bruch; würde aber $5^x = \frac{3}{4}$ verlangt, so müßte x negativ werden, denn $5^{-x} = \frac{1}{5^x}$, wo x selbst wieder die Form eines echten Bruchs erhalten mußte, damit 5^x zwischen 1 und 2 fiele, wodurch $\frac{1}{5^x}$ erst $= \frac{3}{4}$ werden könnte; denn, wäre $x = 0$, so ist $\frac{1}{5^0} = \frac{1}{1}$ also zu viel, und würde $x = 1$ seyn, so ist $\frac{1}{5^1}$ wieder zu wenig gegen $\frac{3}{4}$. (Siehe §. 167.)

5. So wird sich auch eine Zahl x immer ergeben, die der Gleichung $\sqrt[x]{a} = b$ ein Genüge leistet, denn nun müßte wieder $a = b^x$ werden, wo der vorige Satz erscheint. (Vergleiche hiermit die Anmerk. §. 151.)

6. Hat man aus gleichen Größen verschiedene Wurzeln zu ziehen, z. B. $\sqrt[n]{a} \cdot \sqrt[m]{a}$, so daß beide Wurzeln mit einander multiplizirt werden sollen; so ist die Abänderung diese: $\sqrt[n]{a}\sqrt[m]{a} = a^{\frac{1}{n}} \cdot a^{\frac{1}{m}} = a^{\frac{m}{nm}} a^{\frac{n}{nm}} = (a^m)^{\frac{1}{nm}} (a^n)^{\frac{1}{nm}}$ $= (a^m a^n)^{\frac{1}{nm}} = \sqrt[nm]{(a^m a^n)} = \sqrt[nm]{a^{m+n}}$. Diese Umwandelungen folgen einfach aus den gehabten Sätzen, und das Resultat läßt sich leicht in Worte ausdrücken, in Beziehung auf die gegebenen Exponenten n und m, so wie in Hinsicht auf a.

7. Eben so erhält man $\sqrt[n]{a}\sqrt[m]{b} = a^{\frac{1}{n}} b^{\frac{1}{m}} = a^{\frac{m}{nm}} b^{\frac{n}{nm}}$ $= (a^m)^{\frac{1}{nm}} (b^n)^{\frac{1}{nm}} = (a^m b^n)^{\frac{1}{nm}} = \sqrt[nm]{(a^m b^n)}$.

8. Es ist gleichgültig, ob man eine Größe erst zu einer Potenz erhebt und alsdann eine gewisse Wurzel herauszieht, oder umgekehrt verfährt; z. B. es soll $\sqrt[n]{a^m} = (\sqrt[n]{a})^m$ seyn; denn: $\sqrt[n]{a^m} = a^{\frac{m}{n}}$, aber $(\sqrt[n]{a})^m$ auch $= (a^{\frac{1}{n}})^m = a^{\frac{m}{n}}$. So ist also $\sqrt[3]{64^2} = (\sqrt[3]{64})^2 = 4^2 = 16$ rc.

Daß dieser Satz bei den imaginären Größen noch besonders berücksichtiget wird, werden wir §. 187, 2. sehen.

9. Die Behandlung der Komplexionen, in ihren verschiedenen Verbindungen mit Exponenten oder anderen Potenzgrößen, werden wir in der Folge näher untersuchen; sie veranlassen oft sehr schwierige Formen, und wir merken für jetzt nur so viel, daß der Exponent oder Wurzelexponent außerhalb der Parenthese die verlangte Verrichtung andeutet; z. B. $(a-n)^d$ oder $\sqrt[a]{(hp-f^2+\sqrt{y})}$ ꝛc. wo d und a sich auf die ganzen Komplexionen bezog.

10. Wir haben bis hierher die wichtigsten der einfachen Umwandelungen und Andeutungen von Potenzformen kennen gelernt, die sich auf unzählige Arten verbinden lassen, um neue Formen zu erzeugen, die selbst wieder oft auf mannigfaltige Arten dargestellt werden können, sich aber aus dem Gesagten leicht ergeben *).

Zweites Kapitel.

Von den einfachen Rechnungarten mit Potenz- und Wurzelgrößen, nebst einigen Lehrsätzen und Aufgaben, die aus der Lehre von den Potenzen folgen.

§. 155. Anmerkung.

Die Formen der Potenz- und Wurzelgrößen nebst ihren Umwandelungen, die wir im vorigen Kapitel kennen lernten, sind allein hinreichend die nachfolgenden einfachen Rechnungarten zu verstehen; wenn man überdies immer an das denkt, was wir in der Buchstabenrechnung

*) Tafel 63. bis 67. enthalten die hierher gehörigen Aufgaben.

über die verschiedenen zu vollziehenden Vereinigungen ꝛc. sagten, und wenn man ferner Rücksicht darauf nimmt, daß ja eine Potenzgröße nur ein Produkt aus gleichen Faktoren ist, und daß sich jede Wurzelgröße, in Form einer Potenzgröße darstellen läßt. Es sind auch die Formen, unter denen jedesmal das Resultat erscheinen kann, hier so mannigfaltig, daß oft ganz verschieden scheinende Formen, denselben Werth haben, was sich bei der näheren Betrachtung und Umwandelung derselben erst ergiebt. Es sind daher auch mehr Beispiele in den folgenden Aufgaben gegeben, als die weitläuftige wörtliche Entwikkelung der Resultate, die nur eine Wiederholung des, im dritten Kapitel des vorigen Hauptstücks, Gesagten seyn würde.

§. 156. Aufgabe.

Potenz- und Wurzelgrößen zu addiren.

Auflösung. Man vollziehe bei den einfachen Ausdrücken die Addition da ganz, wo nur die Zeichen und die Koeffitienten verschieden sind, oder zum Theil durch Parenthesen da, wo nur einige Faktoren in den einzelnen Ausdrücken dieselben Formen haben; überdies versuche man die Ausdrücke, bei Verschiedenheit der Formen, noch erst so viel es angeht, gleich zu machen. Z. B. *)

1.
$$\begin{array}{r} a^4 + 2d^3 \\ -b^5 - 5d^3 \\ \hline a^4 - b^5 - 3d^3 \end{array}$$

2.
$$\begin{array}{r} -7n^6 d + 3d^{-2}b - 18a^{-3}\sqrt{f} + 11n^4\sqrt[3]{p} \\ +2n^6 a - 6fd^{-2} + 7a^{-3}\sqrt{f} - 5h^3\sqrt[3]{p} \\ \hline n^6(2a-7d) - 3d^{-2}(2f-b) - 11a^{-3}\sqrt{f} + \sqrt[3]{p}(11n^4 - 5h^3) \end{array}$$

*) Tafel 55. und 56. haben die Beispiele zur Uebung hierin.

3. $4a^6d^2+4n^{-5}d^4-10b^0\sqrt{f}+9\sqrt[3]{h^2}+7d^{-7}f^4$
$-a^8d-8n^{-5}d^3-15b^3f^{\frac{1}{2}}-12h^{\frac{2}{3}}+7d^3f^{-2}$

$$a^6d(4d-a^2)+4n^{-5}d^3(n^{-2}d-2)-5f^{\frac{1}{2}}(2+3b^3)-3\sqrt[3]{h^2}+7d^3f^4(d^{-10}+f^{-6})$$

4. $2\sqrt{dn^{-5}}+8h^3\sqrt[5]{a^2d^{\frac{2}{7}}}+7n^{-3}\sqrt[d]{q}.f^{\frac{1}{4}}-p\sqrt[3]{a^{-2}f^{\frac{1}{5}}}$
$-6d^{\frac{1}{2}}.\frac{1}{n^5}-4h^3a^{\frac{2}{5}}\sqrt[7]{d^2}-9.\frac{1}{n^3}q^{\frac{1}{d}}\sqrt[8]{f^2}+t.\frac{1}{a^{\frac{2}{3}}}f^{\frac{3}{5}}$

$$-4\sqrt{dn^{-5}}+4h^3a^{\frac{2}{5}}d^{\frac{2}{7}}-2n^{-3}q^{\frac{1}{d}}f^{\frac{1}{4}}-a^{-\frac{2}{3}}f^{\frac{3}{5}}(p-t)$$

Daß die Resultate, die hinlänglich die verschiedenen Abänderungen zeigen, auch noch andere Formen hätten haben können, ist §. 155. erwähnt, und es gewährt eine neue Uebung, diese aufzusuchen.

Anmerk. Siehe die Anmerkung des folgenden §.

§. 157. Aufgabe.

Potenz- und Wurzelgrößen von einander zu subtrahiren.

Auflösung. Nachdem wir die Subtraktion als eine Addition, mit den entgegengesetzten Zeichen der Glieder des Subtrahendus, zum Minuendus kennen lernten (§. 25, 1.); so folgt sie aus der Addition, weshalb auch nur folgendes Beispiel hier für sie stehen mag *):

$11a^2n^{-4}d^{\frac{1}{5}}+9\sqrt[3]{h}\sqrt[4]{p^{16}}-5p^{-n+m}q^{\frac{a}{c}}+9h^4\sqrt[4]{pf^d}$
$\pm33\sqrt{a^4n^{-4}\sqrt[5]{d}}\mp12h^{\frac{1}{3}}.\frac{1}{p^{-4}}\mp10p^{m-n}\sqrt[c]{q^a}\mp7h^6p^{\frac{1}{n}}\sqrt[d]{f}$

$$+44a^2n^{-4}d^{\frac{1}{5}}-3h^{\frac{1}{3}}p^4-15p^{m-n}q^{\frac{a}{c}}+h^4p^{\frac{1}{n}}(9f^d-7h^2\sqrt[d]{f})$$

Anmerk. Wenn bei der Addition und Subtraktion der Potenz- und Wurzelgrößen, statt der Buchstaben, Zahlen gegeben sind; so kann man oft noch bedeutende Abkürzungen vornehmen, worüber wir das Nähere in dem vierten Kapitel dieses Hauptstücks sehen werden. Sind ferner die zu addirenden oder zu subtrahirenden Größen in Parenthesen geschlossen, haben aber weiter

*) Tafel 57. und 58. enthalten mehrere hierher gehörige Beispiele.

keinen Faktor bei sich, so folgt aus §. 45. und §. 47. die Behandelung derselben sehr einfach, so wie die Bildung dieser Komplexionen, aus einer gegebenen Komplexion.

§. 158. Aufgabe.

Potenz- und Wurzelgrößen mit einander zu multipliziren.

Auflösung. Hier ist es vorzüglich wo die, im vorigen Kapitel angegebenen Umwandelungen von Formen anzuwenden sind, und man wird die Rechnung immer ungemein erleichtern, wenn man statt der Wurzelexponenten sich Bruchexponenten bildet, da alsdann die Exponenten der gleichwurzlichen Potenzgrößen, blos addirt zu werden brauchen (§. 153, 14.); sind aber die Wurzeln ungleich, so kann man noch die Exponenten oder auch die Wurzelexponenten in Faktoren zerlegen (§. 153, 13.), um so durch Parenthesen noch Abänderungen in der Form zu erhalten. Uebrigens ist das Verfahren oder der Weg auch hier, wie wir §. 48. verfuhren *) Z. B.

1. $(a^2b^3 - 4n^{-5}h)3a^3n^4h^{-2}b^{-3} = 3a^5n^4h^{-2} - 12n^{-1}h^{-1}a^3b^{-3}$

2. $(\sqrt{a}\sqrt[3]{b}.d^7 - 4\sqrt[5]{a^2h^7d^3} + 16n^{-4}\sqrt{a^{-3}b^5})$ = Mltplknd.

$(4\sqrt{a}.d^{-7}\sqrt{b}.h^{-4}\sqrt[3]{n})$ = Multiplikator

$4a\sqrt[6]{b^5}h^{-4}\sqrt[3]{n} - 16\sqrt[10]{a^9}d^{-4}h^4\sqrt{b}\sqrt[3]{n} + 64n^{-\frac{11}{3}}a^{-1}b^{\frac{11}{2}}d^{-7}h^{-4}$

3. $(7a^2\sqrt[3]{d}b^{-4}h^{-\frac{1}{5}} + 3n^8a^{-2})(2a^{-2}d^4h - 2b^4n^5) =$

$14\sqrt[3]{d^{13}}b^{-4}\sqrt[5]{h^4} + 6n^3a^{-4}d^4h - 14a^2\sqrt[3]{d}n^5h^{\frac{1}{5}} - 6n^8b^4a^{-2}$

Wenn die Komplexionen welche Faktoren sind, selbst unter dem Wurzelzeichen stehen, so kann man die Multiplikation dennoch vollziehen, sobald die Wurzelexponenten gleich sind, sind sie dies nicht, so kann man sie gleich machen (§. 154, 7.); z. B.

---

*) Tafel 59. und 60. haben die Beispiele hierüber.

1. $\sqrt[n]{(a^2+\sqrt[m]{g})} \cdot \sqrt[n]{(b-\sqrt[d]{h})} = \sqrt[n]{[(a^2+\sqrt[m]{g})(b-\sqrt[d]{h})]} =$
$\sqrt[n]{(a^2 b + b\sqrt[m]{g} - a^2\sqrt[d]{h} - \sqrt[m]{g}\sqrt[d]{h})}$

2. $\sqrt[a]{(p-\sqrt[n]{b})} \cdot \sqrt[p]{(f^d+\sqrt[c]{q})} = \sqrt[ap]{[(p-\sqrt[n]{b})^p \cdot (f^d+\sqrt[c]{q})^a]}$,
wo man wegen der allgemeinen Exponenten p und a, die Potenzirung weiter nicht vollziehen kann.

Was die Potenzirung von Komplexionen dieser Art anbetrifft, so ist diese ja nur eine wiederholte Multiplikation —

Anmerk. Wie würden die Produkte heißen, wenn alle Wurzelexponenten und alle negative Exponenten weggeschafft werden sollten?

Siehe auch die Anmerkung 2. des folgenden §.

§. 159. Aufgabe.

Potenz- und Wurzelgrößen durch einander zu dividiren.

Auflösung. Die Regeln der Division der Buchstaben §. 51., mit den Gesetzen der Umwandelungen der verschiedenen Formen verbunden, geben uns hier die verlangte Auflösung. Die Formen der Bruchexponenten sind auch hier vorzüglich geeignet, die Rechnung zu erleichtern. Ueberdies nehmen wir auch hier nur solche Fälle an, wo der Divisor genau im Dividendus enthalten ist, widrigenfalls die Division blos angedeutet wird. Es ist ferner die Hauptregel die, daß bei der Division der gleichwurzlichen Potenzgrößen, der Exponent des Divisors, von dem des Dividendus zu subtrahiren ist (§. 154, 2.); sollen Wurzelgrößen durch einander dividirt werden, so müssen die Wurzelexponenten bei beiden dieselben seyn, wenn man den Quotienten unter ein $\sqrt{\ }$ Zeichen bringen will (§. 153, 3.); haben sie aber nicht denselben, so gebe man ihnen erst einen solchen. Es dienen nun hierzu folgende Beispiele *):

*) Tafel 61. und 62. haben hierüber Beispiele zur Uebung.

$$1.\quad \frac{a^4 n^7}{4a^3 n^9} = 4^{-1} a n^{-2}$$

$$2.\quad \frac{9p^2 f^{-n} q^{-d}}{4p^5 h q^{4d}} = \frac{9f^{-4} q^{-5d}}{4p^3 h} = \frac{9}{4p^3 h f^4 q^{5d}}$$

$$3.\quad \frac{14a^{12}d^{-7}p^5 + 21a^{-7}d^4\sqrt{p}}{7a^{-3}d^{-2}\sqrt[3]{p}} = 2a^{15}d^{-5}\sqrt[3]{p^{14}} + 3a^{-4}d^{+6}p^{\frac{1}{6}}$$

$$4.\quad (36npd^3 - 9\sqrt{n^{-3}d^7p^5}\sqrt{h} + 63\sqrt[n]{an^{-2}p^5d^{-2}}):(9n^{-2}p^5d^5)$$
$$= (4n^3p^{-4} - \sqrt{nd^4}\sqrt{h} + 7\sqrt[n]{ad^{-5}})$$

5. Divisor = Quotient =

$$4f^{-3}\sqrt{p}\sqrt[3]{h^4} - 3\sqrt[3]{p}f^{-4}g^{\frac{1}{2}} \qquad 9f^4\sqrt[3]{p^2}g - 6h^{-3}n^3$$

Dividendus =

$$|\,36n^3p^{\frac{7}{6}}gf^4h^{\frac{4}{3}} - 27g^{\frac{3}{2}}p - 24n^6h^{-\frac{5}{3}}p^{\frac{1}{2}} + 18n^3p^{\frac{1}{3}}h^{-3}f^{-4}g^{\frac{1}{2}}\,|$$
$$36n^3\sqrt[6]{p^7}gf^4\sqrt[3]{h^4} - 27\sqrt{g^3}p - 24n^6\sqrt[3]{h^{-5}}p^{\frac{1}{2}} + 18n^3\sqrt[3]{p}h^{-3}f^{-4}\sqrt{g}$$

Sind die zu dividirenden Komplexionen unter dem Wurzelzeichen, so vollziehe man die Division, wenn die Wurzelexponenten dieselben sind, oder mache jene Exponenten erst gleich, wo auch alsdann die Division oft blos angedeutet werden kann. Z. B.

$$\frac{\sqrt[n]{(a^2 - 2ab + b^2)}}{\sqrt[n]{(a-b)}} = \sqrt[n]{\left(\frac{a^2 - 2ab + b^2}{a-b}\right)} = \sqrt[n]{(a-b)};$$

$$\text{ferner}\quad \frac{\sqrt[n]{(ad - q^m)}}{\sqrt[c]{(b + \sqrt[x]{f})}} = \sqrt[nc]{\frac{(ad - q^m)^c}{(b + \sqrt[x]{f})^n}}$$

Anmerk. 1. Auch die bei der Multiplikation im vorigen §. erhaltenen Produkte können hier zu neuen Beispielen dienen.

Anmerk. 2. Im vierten Kapitel dieses Hauptstücks wird die Multiplikation und Division der Potenz und Wurzelgröße noch einmal vorkommen, wenn nemlich Zahlen statt der Buchstaben gegeben sind, wo man oft bedeutende Abkürzungen vornehmen kann.

§. 160. Zusätze.

1. Für die Bruchrechnung mit Potenz- und Wurzelgrößen, liegen die Regeln in den vier vorhergehenden Paragraphen, in gehöriger Verbindung mit der Lehre von den Brüchen, wie wir solche im sechsten Kapitel des vorigen Hauptstücks kennen lernten.

2. Eben so wird die Bildung und Auflösung der Multiplikationsparenthesen, sich in jedem vorkommenden Fall bei den Potenz und Wurzelgrößen, aus dem Früheren hinlänglich ergeben.

3. Das, was wir im vierten Kapitel dieses Hauptstücks, und besonders in §. 194. sehen werden, kann auch vortheilhaft bei den Buchstaben in vielen Fällen angewendet werden.

§. 161. Zusätze.

Wie einfach man durch die Multiplikation von Potenz- und Wurzelgrößen, auf Sätze geführt werden kann, die oft in der Folge von ungemeinem Nutzen sind; davon mögen uns folgende Beispiele, die wir zu ihrer Zeit benutzen werden, überzeugen.

1. Das Quadrat einer zweitheiligen Größe ($\mp a \mp b$) besteht aus dem Quadrate des ersten Theils + dem Quadrate des zweiten Theils, $\mp$ dem doppelten Produkte aus beiden Theilen, je nachdem das gegebene Binom §. 64.) eine Summe zweier Größen mit gleichen Zeichen war, oder wenn die Zeichen beider Glieder entgegengesetzt waren. Man mache demnach diese vier verschiedenen Produkte:

$$\begin{array}{ll}
(a+b)^2 = & (a-b)^2 = \\
(a+b)\times & (a-b)\times \\
\underline{(a+b)} & \underline{(a-b)} \\
+a^2+ab & +a^2-ab \\
\underline{+ab+b^2} & \underline{-ab+b^2} \\
+a^2+2ab+b^2 & +a^2-2ab+b^2
\end{array}$$

$(-a-b)^2 =$
$(-a-b) \times$
$(-a-b)$
$+a^2+ab$
$+ab+b^2$
$+a^2+2ab+b^2$

$(-a+b)^2 =$
$(-a+b) \times$
$(-a+b)$
$+a^2-ab$
$-ab+b^2$
$+a^2-2ab+b^2$

Beim dritten Falle hatten wir dieselbe Größe als beim ersten, und beim vierten Falle dieselbe wie beim zweiten Falle, nur daß die Zeichen entgegengesetzt waren (siehe §. 27.), was aber beim Quadrate keine Veränderung hervorbringt (§. 153. 5.). Haben die Glieder des Binoms, welches quadrirt werden soll, eine andere Form als a und b, so thut dies nichts, wir können ja jede einzelne Größe dennoch quadriren, oder die Multiplikation mit dem Binom vollziehen. Z. B.

$$(3\sqrt{d}+5a^2)^2 = 9d + 30a^2\sqrt{d} + 25a^4$$

[weil $(3\sqrt{d})^2 = 3^2\sqrt{d^2} = 9d$, $(5a^2)^2$ aber $= 25a^4$ ist].

2. Eben so kann man auch auf diesem Wege untersuchen, was jede höhere Potenz eines Binoms, oder eines Polynoms enthält, oder wie diese Potenz aus den Theilen der Wurzel zusammengesetzt ist; indem man hier eine wiederholte Multiplikation von Komplexionen hat (§. 150. und §. 158.). So viel sehen wir aber hieraus, daß die Potenz einer Komplexion noch mehr, als die bloßen Potenzen der Theile der Wurzel, enthält, weshalb umgekehrt $\sqrt{(a^2+b^2+c^2)}$ auch nicht seyn kann $(a+b+c)$. Höhere Potenzen von Binomen oder Polynomen zu finden, lehrt der Binomische und Polynomische Lehrsatz *), ohne daß man nemlich nöthig hat, erst alle die verschiedenen Multiplikationen zu machen.

3. Die Summe zweier Größen, mit ihrer Differenz multiplizirt, giebt immer die Differenz der Quadrate

*) Siehe das vierte Kapitel des dritten Hauptstücks.

beider Größen. — Auch dieser Satz, dessen Anwendung oft ungemein nützlich ist, läßt sich auf dem Wege der Multiplikation leicht zeigen; so ist nämlich:

$$(a+b)(a-b) = a^2 + ab - ab - b^2 = a^2 - b^2.$$

Ganz eben so ist nun auch

$$(\sqrt{n}\sqrt[3]{d} + p\sqrt[3]{h^2})(\sqrt{n}\sqrt[3]{d} - p\sqrt[3]{h^2}) = n\sqrt[3]{d^2} - p^2\sqrt[3]{h^4}$$

wo man auch die Differenz der Quadrate, jener beiden Glieder der gegebenen Komplexion hat. Deshalb wird man aber auch die Differenz zweier Quadrate, stets wieder als ein Produkt aus der Summe und Differenz ihrer Wurzeln ansehen können, und sieht man auch in den Gliedern der gegebenen Differenz, nicht sogleich die Quadratform, sondern stellen sie eine gewöhnliche Differenz vor, so kann man die Quadratwurzeln ja andeuten, indem diese doch vorhanden ist (§. 151, 7.); es wird also seyn: $(a^6 - a^4) = (a^3 + a^2)(a^3 - a^2)$; ferner

$$(1 - n^3) = (1 + \sqrt{n^3})(1 - \sqrt{n^3})$$

(da ja $\sqrt{n^3}$ zum Quadrat erhoben, wieder n^3 giebt); eben so ist auch

$$(n^{\frac{4}{7}} - x^{\frac{2}{3}}) = (n^{\frac{2}{7}} + x^{\frac{1}{3}})(n^{\frac{2}{7}} - x^{\frac{1}{3}});\quad \text{oder}$$

$$(\sqrt[n]{a^m} - d^{-c}) = (\sqrt[2n]{a^m} + d^{-\frac{c}{2}})(\sqrt[2n]{a^m} - d^{-\frac{c}{2}})$$

und allgemein

$$(a-b) = (\sqrt{a} + \sqrt{b})(\sqrt{a} - \sqrt{b}).$$

3. Wenn man $(a^2 + ab + b^2)$ mit $(a-b)$ multiplizirt, so erhält man die Differenz der Kuben $(a^3 - b^3)$; wird aber $(a^2 - ab + b^2)$ mit $(a+b)$ multiplizirt, so ist die Summe der Kuben $(a^3 + b^3)$ das Produkt. Dies findet man durch die bloße Multiplikation. Man wird daher auch in vorkommenden Fällen, die Differenz oder die Summe zweier Kuben (und als Kubus kann man wieder jede Größe ansehen) immer wieder in jene Faktoren zerlegen können; z. B.

$$(p^2 + \sqrt[5]{h}) = (\sqrt[3]{p^4} - \sqrt[3]{p^2}\sqrt[15]{h} + \sqrt[15]{h^2})(\sqrt[3]{p^2} + \sqrt[15]{h})$$

denn was vorher a^5 war, heißt hier p^2, was dort b^3 hieß, ist hier $\sqrt[5]{b}$, woraus sich leicht die Werthe von b und a, also auch von b^2 und a^2 ergeben. Hierin sieht man wieder einen ungemeinen Vortheil der Bezeichnung mit Buchstaben bei allgemeinen Sätzen, da a nachher jede Größe, sie mag eine Form haben welche es auch sey, vorstellen kann.

§. 162. Zusätze.

1. Das Produkt, so wie der Quotient zweier Quadrate, ist immer wieder ein Quadrat. Denn:

$a^2 b^2 = (ab)^2$ (§. 153, 2.) und $\frac{a^2}{b^2} = \left(\frac{a}{b}\right)^2$ (§. 153, 3.);

z. B. $4 \cdot 9 = 2^2 . 3^2 = (2 . 3)^2 = 6^2 = 36$; ferner

$$\frac{64}{4} = \frac{8^2}{2^2} = \left(\frac{8}{2}\right)^2 = 4^2 = 16.$$

Hat man aber auch z. B $\frac{25}{4}$, so ist zwar hier kein vollkommnes Aufgehen wie bei $\frac{64}{4}$, aber $\frac{25}{4} = 6\frac{1}{4}$ ist deshalb doch ein Quadrat, dessen Wurzel $\frac{5}{2}$ oder $1\frac{1}{2}$ ist.

2. Ein Quadrat, mit keinem Quadrate multiplizirt, kann nie ein Quadrat zum Produkt geben; denn wäre z. B. $a^2 . n = q^2$, wo n kein Quadrat bedeutet, so müßte $n = \frac{q^2}{a^2}$ seyn; dieser Quotient ist aber ein Quadrat (nach 1.), daher müßte n wieder ein Quadrat seyn, was gegen die Annahme ist.

3. Ein Quadrat durch kein Quadrat, oder kein Quadrat durch ein Quadrat dividirt, kann im Quotienten nie ein Quadrat geben. Denn es gebe $\frac{n^2}{p} = q$, und q sey ein Quadrat, so müßte $n^2 = pq$ seyn, nun ist aber p der Annahme nach kein Quadrat; daher könnte kein Quadrat p mit einem Quadrat q, ein Quadrat n^2 geben; was nicht möglich ist (nach 2.). Wenn ferner $\frac{p}{n^2} = q$ giebt, so kann auch hier q kein Quadrat seyn,

sobald p kein solches ist; denn sonst müßte, da $p = n^2 q$ ist, p ein Quadrat seyn, sobald q ein solches wäre (nach 1.), was gegen die Annahme ist.

4. Kein Quadrat mit keinem Quadrate multiplizirt, oder kein Quadrat durch kein Quadrat dividirt, können zum Produkt oder zum Quotienten ein Quadrat geben; z. B. $3 \cdot 12 \overset{\text{II.}}{=} 36 = 6^2$, oder $\frac{48}{12} = 4 = 2^2$ u. s. w. Daß dies aber nicht immer der Fall ist, kann man leicht sehen, z. B. $5 \cdot 7 = 35$, oder $\frac{24}{3} = 8$ u. s. w. *).

5. Diese Sätze kann man auch in ähnlicher Art, auf jede höhere Potenz übertragen. — Daß ferner in den eben gehabten Sätzen, nur von vollkommenen Potenzzahlen, bei denen man die Wurzeln angeben kann, die Rede war, ist wol deutlich; denn, wenn man z. B. die Zahlen 3 und 5 als vollkommene Quadrate betrachtet, da ihre Wurzeln $\sqrt{3}$ und $\sqrt{5}$ gewiß irgend einen bestimmten Werth haben, (§. 151, 7.); so ist allerdings auch $3 \cdot 5 = 15$ ein Quadrat, dessen Wurzel $\sqrt{15}$ ist. Uebersdies wissen wir bis hierher auch noch keineswegs, ob nicht $\sqrt{3}$ u. s. w. ihre genaue Wurzeln, so gut als die Zahlen 9 oder 16 u. s. w. haben, und wenn diese Wurzeln auch nur Brüche wären, so sind ja solche auch Zahlen (§. 81, 1.) Sollte es sich aber vielleicht in der Folge ergeben, daß die Quadratwurzeln mehrerer Zahlen sich nicht genau darstellen lassen; so werden uns die gehabten Sätze doch oft Vortheile gewähren.

§. 163. Lehrsatz.

Wenn die Summe oder Differenz zweier Quadratzahlen $a^2 \mp b^2$, wieder ein Quadrat giebt, die beiden Wurzeln a und b aber ein gemeinschaftliches Maaß m haben, und man dividirt beide Wurzeln durch dasselbe;

---

*) Siehe die Einleitung II., Theorie der Beweise, zweiter Zusatz.

so ist die Summe oder Differenz der Quadrate der Quotienten, immer wieder ein Quadrat.

Beweis. Es sey $a^2 \mp b^2 = n^2$; ferner sey $a = qm$ und $b = pm$ (weil m ein gemeinschaftliches Maaß für a und b angenommen ist); so ist
$a^2 \mp b^2 = (qm)^2 \mp (pm)^2 = q^2m^2 \mp p^2m^2 = m^2(q^2 \mp p^2) = n^2$; deshalb wird seyn:

$$(q^2 \mp p^2) = \frac{n^2}{m^2} = \left(\frac{n}{m}\right)^2$$

d. h. ein Quadrat (§. 162, 1.); weshalb auch die, diesem Quadrate gleiche Summe oder Differenz $q^2 \mp p^2$ ein Quadrat seyn muß; aber q und p sind die beiden Quotienten von $\frac{a}{m}$ und $\frac{b}{m}$. Was zu beweisen war.

Z. B. $16^2 + 12^2 = 256 + 144 = 400 = 20^2$; nun haben 16 und 12 das gemeinschaftliche Maaß 4, daher muß auch $\left(\frac{16}{4}\right)^2 + \left(\frac{12}{4}\right)^2 = 4^2 + 3^2 = 16 + 9 = 25$ ein Quadrat seyn, wie es sich auch findet; $(25 = 5^2)$.

Anmerk. Daß die Summe zweier Quadratzahlen nicht immer wieder ein Quadrat giebt, ist leicht zu zeigen, denn z. B. $25 + 36 = 61$ ist kein Quadrat. (Siehe den folgenden §.)

§. 164. Aufgabe.

Zwei Quadratzahlen zu finden, deren Summe wieder ein Quadrat giebt.

Auflösung. Wenn man zwei einfache Ausdrücke a und b *) nähme, so würde man in der Summirung ihrer Quadrate $a^2 + b^2$ wol kein Quadrat finden (§. 161, 2.), und zwei Werthe müssen es doch seyn, die als Wurzeln gesetzt, uns unsere Aufgabe lösen. Könnte man aber auch nur zwei Komplexionen angeben, deren Wurzeln bekannte Größen wären, und wo die Summe beider Komplexionen wieder ein Quadrat würde; so wären jene

*) Die einfachen Ausdrücke sind nemlich im Gegensatze der Komplexionen.

beide Wurzeln die Formeln für zwei beliebige Zahlen, wo die Quadrate der Bedingung der Aufgabe entsprächen. — Wir müssen nun in den bis hierher gehabten Sätzen, die Mittel zur Lösung unserer Aufgabe suchen. Betrachten wir aber die Quadrate der Binome von §. 161, 1., so finden wir in $a^2 + 2ab + b^2$ und in $a^2 - 2ab + b^2$ zwei Quadrate, deren Wurzeln $(a + b)$ und $(a - b)$ wir kennen. Allein die Summe dieser beiden Quadrate ist $2a^2 + 2b^2$, worin wir abermals kein Quadrat entdecken. Wenn aber auch nur die Differenz jener beiden Quadrate ein Quadrat, z. B. $= d^2$ wär, so würde doch die Aufgabe gelöset seyn, denn nun müßte d^2 + dem Subtrahendus (der doch ein Quadrat ist), wieder das Quadrat des Minuendus geben. Macht man jene Differenz, so ist sie:

$$\begin{array}{l} a^2 + 2ab + b^2 = (a + b)^2 \\ \underline{\mp a^2 \pm 2ab \mp b^2} = (a - b)^2 \\ \quad + 4ab \end{array}$$

Nun hat zwar die Differenz nicht vollkommen (wegen a und b die Form eines Quadrates, wenigstens sieht man in a und in b die Quadratform noch nicht. Es waren aber a und b zwei beliebig gewählte Ausdrücke, deren Form ja auch als n^2 und als m^2 angenommen werden kann; und führen wir diese neuen Werthe in $4ab$ ein, so ist $4n^2m^2$ das Quadrat von $2nm$ (§. 153, 4.). Setzen wir nun in obige Ausdrücke $(a + b)^2$ u. s. w. für a und b diese neue Quadratformen, so muß unsere Aufgabe gelöset seyn. Also:

$$(a + b)^2 = (n^2 + m^2)^2 = n^4 + 2n^2m^2 + m^4 \quad \text{ferner}$$
$$(a - b)^2 = (n^2 - m^2)^2 = \underline{\mp n^4 \pm 2n^2m^2 \mp m^4} \; (\text{subtrahirt})$$
$$\text{die Differenz ist} = 4n^2m^2 \; [= (2nm)^2]$$

Haben wir aber drei Quadrate, wo die Differenz zweier das dritte giebt, so haben wir auch drei Quadrate wo die Summe zweier, wieder ein Quadrat wird; und da wir für jedes dieser Quadrate die Wurzel kennen, so haben wir in den drei allgemeinen Wurzeln obiger Quadrate, d. h. in $(n^2 + m^2)$ ferner in $(n^2 - m^2)$ und in $2nm$ die allgemeine Formel für drei Zahlen, deren Quadrate die Aufgabe lösen. Es steht jetzt in unserer Willkühr für n und für m Zahlen zu wählen, welche wir wollen, und hiernach die drei erwähnten Wurzeln zu bilden. — Es sey $n = 5$, ferner $m = 4$, so ist $(n^2+m^2)=5^2+4^2=25+16=41$; $n^2-m^2=25-16=9$ und $2nm = 2.5.4 = 40$; daher 41 und 9 und 40 die drei Wurzeln sind. Es ist nemlich $9^2 = 81$, dann $40^2 = 1600$, also $9^2 + 40^2 = 1681$ und dies ist auch 41^2. Eben so sey $n = 2$ und $m = 1$, so sind die drei Wurzeln 5 ferner 3 und 4, und es ist $5^2=25=3^2+4^2=9+16$. Wie unendlich groß also die Menge von drei Quadratzahlen ist, welche die Aufgabe erfüllen, ist einleuchtend, da wir ja für n und m jede zwei Zahlen wählen können. — Haben übrigens zwei der Wurzeln, ein gemeinschaftliches Maaß, so kann man durch §. 163. die Wurzeln auf kleinere Zahlen zurückführen, ohne den Bedingungen der Aufgabe zu schaden. (Wenn nemlich allgemein $A^2 + B^2 = N^2$ ist, so ist ja auch $A^2 = N^2 - B^2$ oder $B^2 = N^2 - A^2$, d. h. es können das gemeinschaftliche Maaß haben, welche beide unter den drei Wurzeln es auch sind; denn §. 163. galt auch bei zwei Quadraten, deren Differenz wieder ein Quadrat war.)

Anmerk. Diese Aufgabe gehört zu den unbestimmten Aufgaben *) und sollte hier eine Andeutung für die Auflösung dieser Art von Aufgaben seyn, die in der Folge in größerer Menge vorkommen werden **). Ueberdies dient diese Aufgabe in der

---

*) Siehe Theorie der Sätze, 8. die Aufgabe.

**) Ueber dergleichen Aufgaben, wo in den Resultaten Quadratzahlen verlangt werden, und wo auch größtentheils Quadratzahlen gegeben sind; findet man eine sehr schätzbare Sammlung in Sauderson's Algebra, aus dem Englischen übersetzt von

Geometrie dazu, nur die drei Seiten eines rechtwinklichen Triangels durch ganze Zahlen darzustellen.

§. 165. Erklärung.

Die größte unter allen denen Größen, die sämmtlich einer gewissen Bedingung ein Genüge leisten, heißt ein Maximum dieser Größen; dagegen heißt die kleinste unter solchen Größen, ein Minimum derselben.

Zusatz. So lernten wir (§. 77.) unter allen gemeinschaftlichen Multiplen zweier Zahlen, durch gewisse Verrichtungen das kleinste, also das Minimum der Multiplen kennen, indem wir das Maximum derselben, als unendlich groß fanden (§. 78. 3.); eben so gab uns §. 69. ein Mittel an, das Maximum der gemeinschaftlichen Maaße zweier Zahlen zu finden. Auch in der Lehre von den Kettenbrüchen berührten wir nicht selten das Maximum und Minimum, wenn auch diese Namen selbst nicht genannt wurden. Ob bei den Resultaten einer Aufgabe, oder bei den Bedingungen eines Lehrsatzes, ein Maximum oder Minimum, oder beide, oder keins von beiden stattfindet, muß sich allerdings aus der jedesmaligen Lage der Aufgabe, so wie des Gegenstandes des Lehrsatzes erst ergeben, und läßt sich nicht allgemein hierüber etwas festsetzen.

§. 166. Lehrsätze.

1. Unter allen Produkten zweier Zahlen, deren Summe immer ungeändert bleibt, ist das Quadrat der Hälfte der Summe, oder das Produkt, wo beide Faktoren einander gleich sind; ein Maximum.

Beweis. Es sey die Summe zweier Zahlen $= 2a$, und die Zahlen $n + m$, wo $n > m$ seyn mag, machen

---

Grüson, im zweiten Theile, unter der Rubrik: diophantische Aufgaben; doch gehören zu deren Auflösung oft Mittel, die wir bis hierher noch nicht gehabt haben.

auch 2a aus; so wird behauptet, daß: $a^2 > nm$ sey, wie man auch n und m wählen mag. — Man nehme nun an, die größere der beiden ungleichen Zahlen n, sey um d größer als a, so ist also $n - d = a$ oder $n = a + d$; dann muß aber die kleinere m, geben $m + d = a$ oder $m = a - d$, damit wieder $n - d + m + d = n + m = 2a$ werde. Wenn aber: $n = a + d$ und $m = a - d$ ist, so ist $nm = (a + d)(a - d) = a^2 - d^2$ (§. 161, 3.), d. h. man muß von jenem Quadrate aus der Hälfte der Summe (die 2a war) immer erst d^2 subtrahiren, ehe man das Produkt nm erhält; daher muß a^2 selbst, alle jene Produkte übertreffen, oder ein Maximum seyn. — Zugleich zeigt d^2 an, um wieviel a^2 die Produkte nm übertrifft. Z. B. zwei Zahlen die in Summe immer 20 ausmachen, sind $19+1 = 18+2 = 15+5 = 12+8 = 10+10$ und wenn man Brüche einführt, steigt die Menge solcher zwei Zahlen auf unendlich viele; nun ist aber $10 \cdot 10 = 100$ das größte unter allen denen Produkten, als $19 \cdot 1 = 19$, ferner $18 \cdot 2 = 36$, oder 75 oder 96 u. s. w. Nehmen wir z. B. 15.5, so ist hier $d = 5$ (nemlich $= 15 - 10 = 10 - 5$), aber es ist auch $100 = 15 \cdot 5 + 5^2 = 75 + 25$.

2. **Unter den Summen jeder zwei Quadrate, wo die Summe der beiden Wurzeln immer ungeändert bleibt, ist diejenige Summe, wo die Wurzeln beider Quadrate sich gleich sind; ein Minimum.**

Beweis. Wenn also wieder $n + m = 2a$, wo $n > m$ ist; so soll $n^2 + m^2 > a^2 + a^2 (= 2a^2)$ seyn. Es sey daher abermals $n - d = a$ und $m + d = a$, so wird $n = a + d$ und $m = a - d$; nun ist;

$$\begin{aligned} n^2 &= (a + d)^2 = a^2 + 2ad + d^2 && \text{(§. 161, 1.)} \\ m^2 &= (a - d)^2 = a^2 - 2ad + d^2 && \text{(beide addirt)} \\ \hline n^2 + m^2 &= 2a^2 + 2d^2 \end{aligned}$$

d. h. man muß zu $2a^2$ immer noch erst $2d^2$ addiren, um die Summe jener zwei Quadrate, wo die Wurzeln ungleich sind, zu erhalten; daher ist $2a^2$ kleiner als jede der Summen n^2+m^2, oder es ist $2a^2$ ein Minimum. Zugleich sieht man in $2d^2$ die Größe, welche man noch zu zuaddiren hat, damit jene Summe der Quadrate erreicht werde. Z. B. (die Zahlen wie vorher) $18^2+2^2>2.10^2$, denn $18^2+2^2=324+4=328$, aber $2.10^2=200$; d ist hier $=18-10=8$, und $2d^2=2.8^2=2.64=128$, um was auch wirklich 328 größer als 200 ist.

3. Hat man abermals zwei Zahlen a und b, so daß $a-b=d$, so ist immer a^2+b^2, um d^2 größer als $2ab$. Denn wenn $a-b=d$, so ist $(a-b)^2=d^2$ oder $a^2-2ab+b^2=d^2$, also $a^2+b^2=2ab+d^2$, d. h. man muß zu $2ab$ noch d^2 zu addiren, um die Summe jener Quadrate zu erhalten. — Setzt man $a=b$, so wird $d=0$, dann ist also $a^2+a^2=2.aa+0$ d. h. es ist $2a^2=2a^2$.

Anmerk. Wie ungemein leicht man dergleichen Lehrsätze bilden, und die hier angeführten vermehren kann, ist außerordentlich; und man kommt oft spielend auf Sätze, deren Anwendung von bedeutendem Nutzen ist, wie denn in der Folge alle die hier angeführten Sätze auch gebraucht werden.

§. 167. Aufgabe.

Zu welcher Potenz muß eine gewisse gegebene Zahl a erhoben werden, um eine andere b zu erzeugen?

Auflösung. Die zu suchende Größe sey x, so soll man finden was in der Gleichung $a^x=b$, der Exponent ist (siehe §. 154, 4.). Der natürlichste Weg ist wol der, die a nach und nach zu den verschiedenen Potenzen zu erheben, bis man b erhält; z. B. $4^x=256$, so ist $4.4=16$ dann $4^3=64$ und $4^4=256$, wo also $x=4$ ist. Dies ist aber der eingeschränkteste Fall, wo b sogleich eine vollkommene Potenz von a ist; für jeden anderen Fall, wird x entweder eine vermischte Zahl, oder ein unechter Bruch ꝛc. seyn, und wir wollen daher an einem Beispiele die ganze Auflösung zeigen. Z. B. es sollte $3^x = 15$ seyn, so liegt x zwischen 2 und 3, denn $3^2 = 9$ und 3^3 schon 27; es ist also $x = 2 +$ einem echten Bruche der $\frac{1}{y}$ heißen mag. Wenn aber $x = 2 + \frac{1}{y}$ so ist $3^x = 3^{2+\frac{1}{y}} = 15 = 3^2 . 3^{\frac{1}{y}}$ (§. 153, 14.) oder $15 = 9 . 3^{\frac{1}{y}}$ wo $\frac{15}{9} = \frac{5}{3} = 3^{\frac{1}{y}}$ wird, und es entsteht die Frage was y ist? — Wenn nun $\frac{5}{3} = 3^{\frac{1}{y}}$, so ist $\left(\frac{5}{3}\right)^y = 3$ *), und man hat zu versuchen, zu welcher Potenz $\frac{5}{3}$ zu erheben ist, um 3 zu geben. Es ist $\left(\frac{5}{3}\right)^2 = \frac{25}{9}$ noch zu wenig gegen 3, ferner $\left(\frac{5}{3}\right)^3 = \frac{125}{27}$ schon zu viel gegen 3 **), woraus folgt, daß y zwischen 2 und 3 liegt, oder $= 2 +$ einem echten Bruche sey, der $\frac{1}{z}$ heißen mag, und wodurch $\left(\frac{5}{3}\right)^y = \left(\frac{5}{3}\right)^{2+\frac{1}{z}} = 3$ wird, dies giebt abermals $\left(\frac{5}{3}\right)^2 . \left(\frac{5}{3}\right)^{\frac{1}{z}} = \frac{25}{9} . \left(\frac{5}{3}\right)^{\frac{1}{z}} = 3$, woraus folgt

$$\left(\frac{5}{3}\right)^{\frac{1}{z}} = \frac{3}{\frac{25}{9}} = \frac{27}{25}; \quad \text{also} \quad \frac{5}{3} = \left(\frac{27}{25}\right)^z.$$

So sind wir wieder auf die Untersuchung geführt, die Zahl $\frac{27}{25}$ nach und nach zu potenziren, bis wir den Werth

---

*) Nach §. 152, 1. ist $\left(\frac{5}{3}\right)^y = \left(3^{\frac{1}{y}}\right)^y$, welches nach §. 153, 10. $= 3^{\frac{y}{y}} = 3$ ist.

**) Unechte Brüche, wie hier $\frac{5}{3}$, geben immer eine größere Potenz wenn der Exponent wächst (§. 151, 1.), es wird sich also immer ein Exponent endlich finden, so daß die Potenz von einem unechten Bruche, und sey er selbst noch so wenig über 1, jede noch so große gegebene Zahl übersteigt.

$\frac{5}{3}$ bekommen; wie dies geschieht, ist bekannt (§. 150.) und wie man die neu erhaltenen Potenzen mit $\frac{5}{3}$ vergleicht, um zu sehen ob die Potenz nicht schon den Werth von $\frac{5}{3}$ überstiegen hat, folgt aus der Vergleichung zweier Brüche (§. 91.); so findet man im gegenwärtigen Falle, daß die Zahl 8 noch eine zu kleine, die 9 aber schon eine zu große Potenz giebt, weshalb $z = 8 +$ einem echten Bruche ist, der $\frac{1}{p}$ sey. Setzt man nun diesen Werth für z in $\left(\frac{27}{25}\right)^z$, so erhält man

$$\left(\frac{5}{3}\right) = \left(\frac{27}{25}\right)^z = \left(\frac{27}{25}\right)^{8+\frac{1}{p}} = \left(\frac{27}{25}\right)^8 \cdot \left(\frac{27}{25}\right)^{\frac{1}{p}},$$

wo wieder $\dfrac{\frac{5}{3}}{\left(\frac{27}{25}\right)^8} = \left(\frac{27}{25}\right)^{\frac{1}{p}}$, und wiederum $\frac{27}{25} = \left(\dfrac{\frac{5}{3}}{\left(\frac{27}{25}\right)^8}\right)^p$

wo man nach Auflösung dieser gebrochenen Bruchform, wieder dieselbe Untersuchung anzustellen hat, für das Finden von p, um durch die Potenzirung $\frac{27}{25}$ zu erhalten. Alle fernere Annäherungen geschehen auf dieselbe Weise fortgesetzt wie bis hierher. Nun setzt man in den zuerst angenommenen Werth x, nach und nach die verschiedenen gefundenen Werthe, so daß

$$x = 2 + \frac{1}{y} = 2 + \cfrac{1}{2 + \cfrac{1}{z}} = 2 + \cfrac{1}{2 + \cfrac{1}{8 + \cfrac{1}{p}}} \text{ ꝛc. wird.}$$

So erhalten wir einen Kettenbruch, bei welchem wir uns mit einer beliebigen Menge von Gliedern begnügen müssen, indem das letzte Glied als unbekannt fort bleiben muß. Nun giebt die übrige Kette $= 2 + \frac{8}{17} = \frac{42}{17}$ (nach §. 121.) $= x$, woraus folgt, daß $3^x = 3^{\frac{42}{17}} = \sqrt[17]{3^{42}} = 15$ ist, aber nur in einer Annäherung, indem die Kette nicht genau, oder bis an ihr Ende fortgesetzt ist. Uebrigens ist der Werth von $\frac{8}{17}$ gegen den wahren Werth etwas zu klein (§. 124.), aber der Fehler ist noch nicht $\frac{1}{17^2} = \frac{1}{289}$ (§. 139.). — Ob aber der Kettenbruch, wenn er fortgesetzt worden wäre, irgend wo genau den Werth von x gegeben hätte, oder ob er unendlich ist; hierüber werden die näheren Untersuchungen in der Folge vorkommen. Die Frage: was in der Gleichung $\sqrt[x]{a} = b$ die x für einen Werth habe; ist nun ganz dieselbe, denn es wird jetzt wieder $a = b^x$, welches unsere eben gehabte Auflösung giebt (§. 149. 4.).

Anmerk. 1. Die Auflösung dieser Aufgabe, auf einem sehr leichten Wege zu verrichten, wird in der Lehre von den Logaritmen gelehrt, wo aber diese Aufgabe gewissermaßen, selbst zum Grunde liegt.

Anmerk. 2. Wäre z. B. die Größe a (unserer obigen Aufgabe) größer als b gegeben, so würde x blos ein Bruch werden. Z. B. in der Aufgabe $17^x = 13$ wird

$$x = \cfrac{1}{1+\cfrac{1}{9+\cfrac{1}{1+\cfrac{1}{1+\cfrac{1}{3 \text{ ic.}}}}}} = \frac{67}{74},$$

welches man zur Uebung in dieser Aufgabe leicht nachrechnen kann, so daß also $17^{\frac{67}{74}} = \sqrt[74]{17^{67}} = 13$ wird; denn offenbar muß man eine höhere Wurzel aus 17 ziehen, als die Potenz ist, zu der man es erhebt, wenn man weniger wie 17 (hier 13) erhalten will.

Anmerk. 3. Es wären demnach so, die Werthe für x, der beiden Gleichungen $a^x = b$ und $\sqrt[x]{a} = b$ (§. 154, 4. und 5.) immer zu finden, und das folgende Kapitel wird die beiden Gleichungen $\sqrt[a]{b} = x$ und $x^a = b$ (siehe §. 151, 7. und 8.) aufzulösen lehren. Eben so werden alsdann auch die beiden Gleichungen $a^n = x$ und $a = \sqrt[n]{x^m}$, (§. 151, 4. und 9.) welche für n als ganze Zahl immer nach §. 150. auflösbar sind, für n als Bruch aufzulösen seyn.

Drittes Kapitel.
Vom Ausziehen der Wurzeln aus Buchstabenausdrücken und Zahlen.

§. 168 Erklärung.

Das Ausziehen der Wurzeln, hat es mit dem Suchen einer Größe aus einer gegebenen Größe zu thun, so, daß die verlangte Größe wieder potenzirt, die gegebene Größe erzeugt (§. 148.). Der Grad der Wurzel wird durch den Wurzelexponenten bezeichnet, der auch wieder Exponent wird, wenn man die gesuchte Größe potenziren soll, um die gegebene Größe wieder zu erhalten.

§. 169. Zusatz.

Was wir in den beiden früheren Kapiteln über das Wurzelausziehen gehabt haben, wird nunmehr hier vorausgesetzt, und bestand es nur im Ausziehen der Wurzeln aus einer einfachen Größe im Gegensatze der Komplexionen, mit deren Wurzeln wir es hier zu thun haben. Man findet, wie dort erwähnt wurde, aus jedem einfachen Ausdrucke jede Wurzel, wenn man solche aus jedem Faktor auszieht (§. 153, 4.) und aus diesem, indem man seinen Exponenten, durch den Wurzelexponenten dividirte (§. 154, 1.), so daß also z. B. $\sqrt[n]{(a^m b^n d^p)} = a^{\frac{m}{n}} b^{\frac{n}{m}} d^{\frac{p}{n}}$ wird. Kommen Zahlen als Faktoren vor, so setzen wir hier blos die Ausziehung aus denen in §. 150. erwähnten Potenzzahlen voraus, widrigenfalls auch die Extrahirung aus ihnen (die Wurzelausziehung) blos angedeutet wird, z. B. $\sqrt[n]{4} = 4^{\frac{1}{n}}$ u. s. w. — Es sind demnach die Komplexionen, deren Wurzeln uns hier beschäftigen sollen, allein auch nur in sofern, als die Wurzeln vollkommen angegeben werden können; aus den meisten Komplexionen sind die Wurzeln unendliche Ausdrücke oder unendliche Reihen, deren Betrachtung der Gegenstand des zweiten Kapitels im dritten Hauptstücke seyn wird, und welche das Ausziehen aus vollkommene Potenzen voraussetzen. Eben so haben wir es hier auch nur mit besonderen Exponenten zu thun, d. h. wenn solche ganze Zahlen sind, da wir die allgemein Exponenten, im vierten Kapitel des dritten Hauptstücks betrachten. Sind aber die gegebenen Wurzelexponenten Brüche, so wissen wir die Behandlung dieser, auch bereits aus §. 154, 1., wo es alsdann wieder darauf ankommt, auf was für Formen diese führen, worüber das Nähere auch in diesem Kapitel vorkommen wird. Wir fangen nun die Ausziehung der Wurzeln zuerst aus Buchstabenkomplexionen an, und gehen nachher zu dem Ausziehen aus Zahlen über, weil dieses sich einfach auf jenes zurückführen läßt. Die Quadratwurzel ist es zuerst die wir vornehmen, und wir werden bei diesem Ausziehen unfehlbar sogleich den allgemeinen Charakter der Ausziehung für jede höhere Wurzel finden. — Wie die Andeutung der Wurzelausziehung bei den Komplexionen ist, ward §. 154, 9. auch bereits erwähnt. — Es bleibt ferner die Betrachtung der Wurzeln aus imaginären Größen, hiernach ganz weg, indem diese im vierten Kapitel besonders betrachtet werden.

§. 170. Lehnsatz.

Die Wurzelausziehung aus Komplexionen beruhet auf die Art der Entstehung der Potenzen von Komplexionen, indem man beim Ausziehen, gerade den entgegengesetzten Weg, der sich uns bei der Erhebung darbietet, einschlägt. Es läßt sich ferner die Ausziehung aus jedem noch so großen Ausdrucke, auf die Ausziehung der Wurzel aus einer Komplexion zurückführen, wo die Wurzel zweitheilig (ein Binom) ist, welches allgemein durch $(A \mp B)$ dargestellt werden mag. Wir betrachten demnach noch einmal das Quadrat desselben, indem wir es auf dem Wege der Multiplikation suchen, und finden (§. 161, 1.)

$$(A \mp B)^2 = A^2 \mp 2AB + B^2.$$

Deshalb ist auch wieder

$$\sqrt{(A^2 \mp 2AB + B^2)} = (A \mp B) \quad (\S.\ 149,\ 4.)$$

Soll demnach aus einer dreigliedrigen Größe die Quadratwurzel ausgezogen werden, so muß dieselbe aus zwei vollkommnen Quadraten bestehen, die beide positiv sind, und wenn man das Produkt aus den Wurzeln dieser beiden doppelt nimmt, so muß dasselbe das dritte Glied der gegebenen Potenz erzeugen, und ist dies + oder −, so ist die Wurzel von der Form $A + B$ oder $A - B$, wo A ein für alle Male hier so viel als erster Theil der Wurzel und B so viel als zweiter Theil der Wurzel bedeutet; was für andere Formen diese Theile haben können, gilt hier gleich viel; es ist also

$$\sqrt{(4n^6 - 12n^3\sqrt{p} + 9p)} = (2n^3 - 3\sqrt{p}).$$

Wir können aber jede Komplexion uns als ein Binom vorstellen, und so durch die Potenzirung desselben, die Potenz des Polynoms erhalten. Z. B. $(a + b - c)^2$ sey verlangt, so nenne man z. B. $a + b = A$ und $-c = -B$, so ist $(a + b - c)^2 = (A - B)^2 = A^2 - 2AB + B^2$; werden für A und B jene Werthe wieder substituirt, so ist

$$A^2 - 2AB + B^2 = (a + b)^2 - 2(a + b)c + c^2 =$$
$$a^2 + 2ab + b^2 - 2ac - 2ab + c^2$$

Ganz eben so würden wir $(a + b + c + d)^2$ erhalten, wenn wir z. B. $a + b + c = A$ und $d = B$ setzten, nachher überall für A wieder $a + b + c$ einführten, indem wir dies abermals als $a + b = A$ und $c = B$ setzten u. s. w. Wenn wir aber jede Komplexion bei der Potenzirung, als ein Binom nach und nach ansehen dürfen; so können wir uns auch vorstellen, daß die Wurzel aus jeder Komplexion ein Binom sey, und haben wir dies gefunden (natürlich aus einigen Gliedern), so benennen wir solches mit A, suchen dann wieder unser B, und haben wir abermals

mals ein Glied gefunden, so bliben jetzt unsere drei gefundene Glieder das A, und ein neues B, oder ein neuer zweiter Theil wird gesucht; so lange nur noch Glieder in der Komplexion vorhanden sind, geht diese Verrichtung in eben dieser Art fort, bis entweder kein Rest mehr bleibt, oder bis man sieht, daß die Wurzel sich nicht durch einen endlichen Ausdruck darstellen läßt, wo alsdann jene, §. 169. erwähnten unendlichen Reihen erscheinen.

§. 171. Aufgabe.

Aus vollkommenen Potenzen, die Komplexionen sind, die Quadratwurzel zu ziehen.

Auflösung. Die Formel $(A \mp B)^2 = A^2 \mp 2AB + B^2$ ist nun die allgemeine Formel für die Ausziehung aller Quadratwurzeln. Wenn wir aber auch schon §. 170. durch eine einfache Betrachtung aus vollständigen dreigliedrigen Komplexionen die Wurzeln ausziehen lernten, so diene doch hierüber noch folgende Untersuchung. Es sey z. B. $\sqrt{(9a^4 - 24 h^2 d^3 + 16 d^6)}$ verlangt, so sage man: wenn dieser Ausdruck ein vollkommnes Quadrat seyn soll, so muß seine Wurzel die Form $A \mp B$ haben*), und hiervon ist das Quadrat $A^2 \mp 2AB + B^2$, welche Form sich auch in diese $A^2 \mp (2A \mp B)B$ umwandeln läßt. Nun untersuche man, ob in obiger gegebenen Größe ein vollkommnes Quadrat sey, und ziehe aus diesem die Wurzel (nach §. 153, 4. und §. 154, 1.); nenne solche Wurzel A und subtrahire A^2 von der gegebenen Größe. Jetzt muß das übrig Bleibende noch in sich ent-

*) Denn eingliedrig kann die Wurzel nicht seyn, weil solche im Quadrate nur einen einfachen Ausdruck (§. 153, 2.) und keine Komplexion geben kann. Ob aber die Wurzel nicht drei- oder mehrgliedrig seyn kann, bleibt bis jetzt noch dahin gestellt; aber eine noch so große Komplexion, kann ja auch unter die Form $(A \mp B)$ gebracht werden.

halten $(2A+B)B$, wo B auch negativ seyn kann. Um ferner B zu finden, bilde man den Divisor $2A$, und dividire mit ihm in dasjenige Glied, worin es enthalten ist, den Quotienten nenne man B, und addire ihn zu $2A$ hinzu, und nun muß $(2A+B)$ mit B multiplizirt, die folgenden Theile (wenn nemlich nur noch zwei solcher vorhanden sind) geben. Die ganze Verrichtung stehet also so:

$$\sqrt{(9h^4-24h^2d^3+16d^6)}=3h^2(=A)-4d^3(=B)$$

$$\begin{array}{r|l}
 & \mp 9h^4 \\
\text{Divisor} = 6h^2 & -24h^2d^3+16d^6 \\
(2A+B)=(6h^2-4d^3) & -24h^2d^3+16d^6 \quad [=(2A+B)B]
\end{array}$$

Daß man aber in der Form dieser Rechnung noch Abkürzungen treffen kann, und daß die Andeutungen von A u. s. w. hier nur der Deutlichkeit wegen stehen, und beim bloßen Ausziehen wegbleiben können, indem man sich immer ihrer bewußt bleiben muß; ist wol für sich klar. Es stehe also nur noch hier die Ausziehung der Wurzel aus einer größeren Komplexion mit allen Andeutungen, die sich aus §. 170. vollkommen ergeben.

$$\sqrt{(h^2+4dh-2hp-2ha+4d^2-4dp-4da+p^2+2pa+a^2)}\; h=A,\; +2d=B$$

$$\begin{array}{l|l}
2h=2A & \mp h^2 \mp 4dh \quad \mp 4d^2 \;[\text{diese drei Glieder zusammen}=(A+B)^2] \\
\hline
(h+2d)=A & \\
(2h+4d)=2A & -2hp-2ha-4dp-4da+p^2+2pa+a^2 \quad \Big| \; -p=B \\
(2h+4d-p)= & \pm 2hp \quad \pm 4dp \quad \mp p^2 [=B(2A+B)] \\
(2A+B) & \\
\hline
(h+2d-p)=A & \\
(2h+4d-2p)=2A & -2ha-4da+2pa+a^2 \quad \Big| \; a=-B \\
(2h+4d-2p-a)= & \pm 2ha \pm 4da \mp 2pa \mp a^2 \quad [=(2A+B)B] \\
(2A+B) & \\
\hline
 & -\;-\;-\;-
\end{array}$$

So war also zuerst $(A+B)=h+2d$, wie dies $=A$ und $B=-p$ wurde, ward $(A+B)=h+2d-p$, dies wurde nun $=A$ und $B=-a$, so entstand von neuem $(A+B)=h+2d-p-a$, welches die ganze Wurzel war, indem kein Rest blieb. Es hätte nun diese ganze

Rechnung, zumal da nirgends ein Rest in den einzelnen Subtraktionen blieb, abgekürzt so stehen können:

$$\text{Wurzel} = (h + 2d - p - a)$$

$$\sqrt{}(h^2 + 4dh - 2hp - 2ha + 4d^2 \quad 4dp - 4da + p^2 + 2pa + a^2)$$
$$\underline{\mp h^2 \mp 4dh \pm 2hp \pm 2ha \mp 4d^2 \pm 4dp \pm 4da \mp p^2 \mp 2pa + a^2}$$
$$-\quad -\quad -\quad -\quad -\quad -\quad -\quad -\quad -\quad -$$

$2h$, $2h + 4d$, $2h + 4d - 2p$ waren die verschiedenen Divisoren.

Wenn die einzelnen Glieder auch noch so verwickelte Potenz- oder Wurzelformen gehabt hätten, so wäre der Weg zur Ausziehung doch ganz derselbe gewesen.

Anmerk. Wer viel rechnet, macht sich allein Abkürzungen genug, und findet mehr derselben, als sich oft aufzählen lassen, zumal, da sie dem Rechner oft eigenthümlich sind; so giebt es mehrere Abkürzungen auch beim Ausziehen der Wurzeln, die aber zu unbedeutend sind, als daß sie einer langen Erwähnung verdienten.

§. 172. Zusätze.

1. Soll aus einem Bruche, wo Zähler und Nenner, oder nur einer von beiden Komplexionen sind, die Wurzel gezogen werden, so geschieht es aus beiden auf die §. 171. erwähnte Art. Z. B.

$$\sqrt{\left(\frac{4d^2 + 12dn + 9n^2}{q^2 - 4pq + 4p^2}\right)} = \frac{\sqrt{(4d^2 + 12dn + 9n^2)}}{\sqrt{(q^2 - 4pq + 4p^2)}} = \frac{2d + 3n}{q - 2p}$$

2. Ist der Zähler und der Nenner kein vollkommenes Quadrat, so versuche man eine Hebung bei beiden vor der Ausziehung, wodurch sie noch eine vollkommene Quadratform erhalten können. Ueberhaupt dienen hier die §. 162. angeführten Sätze sehr, um eine oft schwierige Form, schon vor der Behandlung auf eine einfachere zurück zu führen, u. s. w. Z. B.

$$1)\ \sqrt{\left(\frac{2d^2 - 8dq + 8q^2}{8n^2}\right)} = \sqrt{\left(\frac{d^2 - 4dq + 4q^2}{4n^2}\right)} = \frac{d - 2q}{2n}$$

2) $\sqrt{\left(\frac{12h^4n - 60h^2tn + 75t^2n}{3n}\right)} = \sqrt{(4h^2 - 20h^2t + 25t^2)}$
$= 2h - 5t$ u. s. w. *).

Haben einige Glieder der gegebenen Komplexionen die Bruchform, so werden nach §. 153, 3. die Wurzeln ausgezogen.

3. Man kann eigene Untersuchungen über die Menge der Glieder einer Potenz anstellen, wenn die Menge der Glieder der Wurzel gegeben ist; doch haben diese vorzüglich nur dann einen Nutzen, wenn eine Potenz gegeben ist, zu sehen, ob eine vollkommene Wurzel vorhanden ist oder nicht. Die Untersuchungen selbst beruhen auf Kombinationen, und werden, wenn wir diese gehabt haben, erwähnt werden. Da sie aber auch nicht allgemein sind, indem man Fälle angeben kann, wo sich wol Ausnahmen finden ließen **), und für höhere Potenzen als für die zweite, die Untersuchungen hier noch nicht her gehören, so übergehe ich solche hier ganz. Eben so die Untersuchungen über das Ordnen der Glieder in der gegebenen Potenz, welche dazu dienen sollen, nicht so leicht in unrichtige Glieder zu dividiren ***), werden hier übergangen; sie sind für allgemeine, so wie für verwickelte Potenz- und Wurzelformen überdies nicht brauchbar, und es ergiebt sich bald, ob man das richtige Glied getroffen hat oder nicht; ein Blick auf den gefundenen Theil der Wurzel und auf das gegebene Beispiel, entscheidet hier mehr, als viele Regeln dies können.

§. 173. Aufgabe.

Aus vollkommenen Potenzen die Komplexionen sind, die Kubikwurzel zu ziehen.

---

*) Tafel 69. und 70. enthalten die Beispiele hierüber.

**) Wenn nemlich in der gegebenen Wurzel einige Glieder sich ganz oder zum Theil vereinigen lassen. Das Nähere hierüber beim Binomischen Lehrsatze. (§. 237, 2. und §. 244.)

***) Siehe das, Seite 74. unten bei der Division, hierüber Gesagte.

Auflösung. Das, in §. 170. Gesagte, ist ein allgemeiner Charakter für jede Wurzelausziehung. Man suche demnach auch hier nur den Kubus eines Binoms, und betrachte die Theile der Potenz im Vergleich mit den Theilen der Wurzel. So findet man auch hier durch die Multiplikation, daß (siehe §. 161, 2.)

$$(A \mp B)^3 = A^3 \mp 3A^2B + 3AB^2 \mp B^3 \text{ ist.}$$

Indem man aber jedes Polynom als ein Binom ansehen kann, so kann man die Erhebung eines solchen zur dritten Potenz, durch die eben gefundene Formel verrichten. Wenn demnach eine Komplexion gegeben ist, so stellt man sich die Wurzel wieder als ein Binom vor, und sucht die Theile der dritten Potenz nach und nach heraus, wobei, wenn A gefunden ist, der Divisor $3A^2$ alsdann weiter, zum Auffinden von B dient, indem man mit $3A^2$ in dasjenige Glied dividirt, wovon es ein Faktor ist; A selbst wird gefunden, wenn man aus den Gliedern der gegebenen Komplexion einen vollkommenen Kubus heraus sucht. Hat man B gefunden, so sind die Glieder $3AB^2$ und B^3 leicht zu bilden, und wenn nach ihrem Subtrahiren von der gegebenen Größe noch ein Rest bleibt, so ist das gefundene $A+B$ wieder von neuem A, und es wird abermals der neue Divisor und dann B gesucht u. s. w.; dies kann durchaus keine Schwierigkeit machen, weshalb wir es hier blos an ein Paar Beispiele zeigen wollen.

$\sqrt[3]{(8n^6 + 60n^4d + 150n^2d^2 + 125d^3)}$ | $2n^2 (= A) + 5d (= B)$

$\mp 8n^6 (= A^3)$ $(2n^2 + 5d)$ die Wurzel

$12n^4 (= 3A^2)$ | $\mp 60n^4d\ (= 3A^2B)$

als Divisor $\mp 150n^2d^2\ (= 3AB^2)$

$\mp 125d^3\ (= B^3)$

(Diese Glieder sämmtlich subtrahirt.)

— — —

(oder der Rest ist Null.)

Ferner:

$3z^2 - 2az + a^2$ die Wurzel

$$\sqrt[3]{(27z^6 - 54az^5 + 63a^2z^4 - 44a^3z^3 + 21a^4z^2 - 6a^5z + a^6)}\,|$$

$27z^4$ (= 1sten Divisor) | $\mp 27z^6 \pm 54az^5 \mp 36a^2z^4 \pm 8a^3z^3$ $(= 3z^2 - 2az)^3$

$27z^4 - 36az^2 = 12a^2z^2$ $\quad + 27a^2z^4 - 36a^3z^3 + 21a^4z^2 - 6a^5z + a^6$

$[= 3A^2 = 3(3z^2 - 2az)^2]$ $\quad \mp 27a^2z^4 \pm 36a^3z^3 \mp 12a^4z^2 \pm 6a^4z \mp a^6$

(= 2ten Divisor) $\quad \mp 9a^4z^2$

— — — — —

Man sieht bei diesem letzten Exempel, daß bei den verschiedenen Subtraktionen auch Reste in den einzelnen Gliedern bleiben können, ja sogar einzelne der verschiedenen Produkte noch **unter sich** einer Vereinigung fähig seyn können (wie hier $12a^4z^2$ und $9a^4z^2$), ehe sie subtrahirt werden *).

Zusatz. Alles was wir § 172. beim Wurzelausziehen aus Quadraten erwähnt haben, gilt auch, mit gehöriger Uebertragung, für die Kubikwurzeln.

§. 174. Zusätze.

1. Wird irgend eine größere Wurzel als die Kubikwurzel aus einem Buchstabenausdrucke verlangt, so sucht man sich die Formel $(A + B)^n$ wo n so groß als der Wurzelexponent ist, und verfährt auf dieselbe Art mit dieser Formel, wie mit denen für die Quadrat- und Kubikwurzel. — Läßt sich der Wurzelexponent aber in einfache Faktoren zerlegen, so ziehe man nach und nach die kleineren Wurzeln heraus (§. 153, 12.). Z. B.

$$\sqrt[6]{(64n^6 - 576n^5p + 2160p^2n^4 - 4320n^3p^3 + 4860n^2p^4 - 2916p^5n + 729p^6)};$$

zieht man hier zuerst die Kubikwurzel aus, so ist dieselbe $(4n^2 - 12np + 9p^2)$ woraus abermals die Quadratwurzel $= (2n - 3p)$ ist.

---

*) Tafel 71. und 72. siehe hierüber. (Auf Tafel 72. lese man beim achten Exempel statt $96n^2$ u. s. w., nur $24n^2$ u. s. w. im Zähler.)

2. Wenn der Ausdruck, woraus eine Wurzel gezogen werden soll, keine vollkommene Potenz ist, so nennt man die Wurzel eine irrationale Wurzel. Es giebt zuweilen Mittel, dergleichen irrationale Ausdrücke rational zu machen, d. h. gewisse Werthe für die gegebenen Größen zu substituiren, damit die Wurzel vollkommen werde *). Doch würden diese Untersuchungen hier zu weit führen, und werden wir sie in der Folge da, wo sie ihre Anwendung finden bekommen (in der allgemeinen Theorie der Gleichungen, im dritten Theile dieses Werks). Will man die Wurzel nur in einer Annäherung haben, so führt dies, wie schon erwähnt, auf die unendlichen Reihen. (Siehe das zweite Kapitel des dritten Hauptstücks). Wie sich aber in manchen Fällen die Form eines solchen irrationalen Ausdrucks durch eine geschickte Behandlung, ändert, und zu ferneren Rechnungen bequemer eignet; davon werden wir im nächsten Kapitel, bei der Rechnung mit irrationalen Ausdrücken noch manche Beispiele bekommen.

3. Die Behandlung der Potenz- und Wurzelkomplexionen ist von der größten Wichtigkeit, und kann man schon bei der Bezeichnung der verschiedenen Ausdrücke nicht vorsichtig genug seyn. Auch werden wir im nächsten Kapitel hierüber neue Untersuchungen anstellen, wenn gleich die Gründe zu dieser Behandlung, bereits in dem, bis hierher Gehabten, zum größten Theile liegen. So ist z. B. $\sqrt{(a-b)}.\sqrt{(a-b)} = \sqrt{[(a-b)(a-b)]} = \sqrt{(a^2-2ab+b^2)} = a-b$ **); eben so kann man für $\frac{1}{a-b}$ setzen $(a-b)^{-1}$ $\left(\text{denn } \frac{1}{a-b} = \frac{1}{(a-b)^1}\right)$ (§. 154, 2.); für $\frac{1}{(\sqrt{a-n^2})^3}$ wird aber auch gesetzt $(\sqrt{a-n^2})^{-3}$, indem man den Nenner

*) Siehe unter andern Eulers Algebra, zweiter Theil (übersetzt von Grüson).

**) Oder: $\sqrt{(a-b)}.\sqrt{(a-b)} = \sqrt{(a-b)^2} = a-b.$

$(\sqrt{a-n^2})^3$ als eine zur dritten Potenz erhobene Größe ansehen kann, z. B. $(\sqrt{a-n^2}) = p$, so ist $(\sqrt{a-n^2})^3 = p^3$ und $\frac{1}{p^3} = p^{-3}$. Auch wird $\sqrt{(n+m)} . \sqrt{(n-m)} = \sqrt{(n^2-m^2)}$ geben, weil (§. 161, 3.) für $(n+m)(n-m)$ kann n^2-m^2 gesetzt werden. Es wird sich oft ein Ausdruck einfach behandeln lassen, wenn man für die, darin vorkommenden Potenz- und Wurzelformen, sobald sie sehr zusammengesetzt sind, einen Buchstaben setzt, und für diesen nachher seinen Werth wieder substituirt; daß es hier sehr auf geschickte Wahl dieses Buchstabens ankommt, indem man leicht durch denselben, einen abzuändernden Ausdruck, nur in seiner unbequemeren Form lassen würde; ist wol deutlich, und muß hier der vorliegende Fall allein entscheiden. Auch hierin ist dem Forschen eines Jeden ein weites Feld geöffnet, und die, bereits in einer gegebenen Form liegende Abkürzung und Hülfe bei deren ferneren Entwickelung, sogleich in ihrer ursprünglichen Form zu entdecken, kann nur durch einen Scharfblick und eine Uebung erlernt werden *).

§. 175. Aufgabe.

Aus einer vollkommenen Quadratzahl die Quadratwurzel auszuziehen.

Auflösung Das, was wir §. 170. allgemein über die Wurzelausziehung aus gegebenen Größen sagten, wird nun auch auf die Zahlen gehörig übergetragen, anwendbar seyn, indem die Kenntniß der, §. 150. angegebenen

*) Beispiele zur unumgänglich nöthigen Uebung hierin, waren für den Raum und ersten Zweck meiner Tafeln, für diese nicht geeignet; man findet aber in der herrlichen Sammlung von Beispielen, Formeln und Aufgaben aus der Buchstabenrechnung und Algebra von Meier Hirsch, die hierher gehörigen Beispiele, besonders von Seite 62 bis 70; mehrere der dortigen Aufgaben werden erst durch das, was wir im nächsten Kapitel untersuchen werden, lösbar seyn; auch kann diese Sammlung u. s. w. für die meisten der bis hierher gehabten Rechnungen dienen.

Wurzeltafel hierbei vorausgesetzt wird. Wenn nun eine Zahl immer so geschrieben würde, wie man sie sich nach ihren Theilen, in Hinsicht der Einer, Zehner u. s. w. zerlegen kann (Seite 28, Zeile 4 von oben); so würde das Ausziehen der Wurzeln aus ihnen, ganz wie das aus Buchstabenausdrücken, stattfinden. So ist z. B. $24^2 = (20+4)^2 = 20^2 + 2.20.4 + 4^2 = 400 + 160 + 16 = 576$, und würde uns dieses Quadrat als $(400 + 160 + 16)$ gegeben, so wäre die Wurzelausziehung diese:

$$\begin{array}{r|l} & \sqrt{(400+160+16)} \quad \left.\begin{array}{l}20 = a\\ 4 = b\end{array}\right\} = a + b = 24. \\ & \mp 400\ (= a^2) \qquad\qquad (\text{siehe §. 171.}) \\ \hline 40\ (= 2a) & +160+16 \\ & \mp 160 \mp 16\ (= 2ab + b^2) \\ \hline & - \quad - \end{array}$$

Aber, eben weil wir in den Potenzen der Zahlen, sogleich alle die Theile, welche dieselbe hat, nach den Gesetzen des Numerirens (§. 14.) zu einer Zahl, oder zu einem Gliede vereiniget finden; so haben wir noch Untersuchungen nöthig, die dem Ausziehen selbst vorhergehen. — In allen Fällen, ist aber dies für uns von Vortheil, eben weil wir es nun nur mit einer Größe zu thun haben, wenn wir uns auch diese, wie gleich gezeigt werden wird, als eine zusammengesetzte Größe, vorstellen müssen. Denn, wenn wir z. B. die $\sqrt{(a+b)}$ nicht genau angeben können *), so ist auch $\sqrt{(13+3)}$ aus den Theilen 13 und 3 nicht genau anzugeben; aber aus $13 + 3 = 16$ ist die Quadratwurzel $= 4$, und so können wir den weitläuftigsten Zahlenausdruck, immer auf eine Größe zurückführen.

Jene, oben erwähnte Untersuchungen, die sich, gehörig übertragen, auf jede Wurzel anwenden lassen, be-

*) Weil zu einem vollkommenen Quadrate, das eine Komplexion ist, wenigstens drei Glieder gehören (s. §. 170. u. die folgenden §.).

stehen nun in Folgendem: zuerst kann man in jeder gegebenen Zahl erkennen, wie viele Ziffern irgend eine aus ihr verlangte Wurzel hat, und dies ist von großer Wichtigkeit. Diese Untersuchung beruhet aber wieder auf der Betrachtung der Potenz einer Zahl, in Hinsicht ihrer Ziffermenge (d. h. mit wie vielen einfachen Ziffern sie geschrieben wird, §. 14.) und der Ziffermenge ihrer Wurzel. Jede Zahl nun, die z. B. mit $n+1$ Ziffer geschrieben wird *), liegt zwischen einer Zahl, die mit einer 1 und n Nullen, und einer Zahl die mit einer 1 und $n+1$ Nullen geschrieben werden kann. Eine Zahl aber, die mit einer 1 und einer Anzahl von Nullen geschrieben wird, ist immer die niedrigste Zahl von der vorhandenen Ziffermenge; so ist 100 die niedrigste dreiziffrige Zahl, 1000000 die niedrigste siebenziffrige rc.; sobald aber die Menge der Nullen sich auch nur um eine vermehrt, so ist die neue Zahl größer, als jede Zahl von der Ziffermenge der, noch nicht um eine Null vergrößerten Zahl; so ist z. B. 1000 größer als jede dreiziffrige Zahl u. s. w. Es wird daher jede Zahl, die aus einer $n+1$ziffrigen Stellenmenge besteht, größer als eine 1 mit n Nullen **), und kleiner als eine 1 mit $n+1$ Null seyn; wir wollen aber eine Eins mit Nullen immer so bezeichnen: $1(n)$ oder $1(n+1)$, wo die in der Parenthese stehende Größe, die Nullenmenge, die der 1 folgt, bezeichnet. Also ist: eine $n+1$ziffrige Zahl, immer größer wie $1(n)$ und doch kleiner als eine $1(n+1)$. Hat man aber eine $1(n)$, so hat jede Potenz hiervon wieder eine 1 mit so oft n Nullen, als der Exponent

*) Es bedeutet also $n+1$ blos eine Menge von Ziffern, z. B. bei der Ziffer 479268 würde $n+1$ so viel als 6, daher n so viel als 5 bedeutet, (weil die gedachte Ziffer mit sechs einfachen Ziffern geschrieben ist).

**) Es müßte denn die 1 mit Nullen selbst seyn.

der Potenz ist; so ist $100^3 = 1000000$ (wo also $n = 2$ war); ferner 100000^4 wird eine 1 mit 20 Nullen seyn, weil 5.4 (oder n.4) = 20 ist. Dies ist gewiß deutlich, wenn man die Multiplikation der 1(n) für irgend einen Fall macht. Da aber die Potenz von 1(n), wie eben gezeigt ist, immer wieder eine 1 mit Nullen ist, so ist sie wieder die niedrigste Zahl von dieser Ziffermenge. — Gesetzt nun, man verlange das Quadrat irgend einer $n+1$ ziffrigen Zahl, so ist dies Quadrat größer, als das von 1(n) was doch 1(2n) ist, und zugleich kleiner als das von 1(n+1), was 1(2n+2) seyn wird; d. h. es ist jenes Quadrat größer, als die niedrigste $1+2n$ ziffrige Zahl [denn so viele Ziffern hat ja die 1(2n)], und doch kleiner als das Quadrat der 1(n+1) *) welches 1(2n+2), also eine $2n+3$ ziffrige Zahl ist. Vergleichen wir diese Stellenmengen mit der angenommenen $n+1$ ziffrigen Wurzel, so erhält man die Regel: eine $n+1$ ziffrige Zahl muß wenigstens in ihrem Quadrate $1+2n$ Ziffern geben, das Quadrat kann aber nie die Menge von $2n+3$ Ziffern erreichen; oder: es muß das Quadrat wenigstens die doppelte Stellenmenge der Wurzel, weniger Eine enthalten ($1+2n$ ist $= 2+2n-1$), kann aber nie die doppelte Menge der Stellen der Wurzel, plus Einer erreichen ($2n+3$ ist $= 2n+2+1$). Zwischen diesen beiden Stellenmengen, liegt aber noch die doppelte Stellenmenge der Wurzel selbst, und dies ist daher die höchste Ziffermenge, die ein Quadrat erreichen kann. Also z. B. eine siebenziffrige Zahl, kann höchstens $2.7 = 14$, muß aber wenigstens $2.7 - 1 = 13$ Stellen oder Ziffern im Quadrate haben; aber weder 15 Stellen noch 12 sind möglich, indem 15 Stellen schon

*) Nach §. 152, 2.; indem 1(n+1) eine größere Zahl, als jede $n+1$ ziffrige Zahl ist, die höchstens nur aus lauter Neunen bestehen kann, als z. B. 9999 die höchste vierziffrige Zahl ist.

für achtziffrige Wurzeln (2.8 — 1 = 15), aber zwölfziffrige Zahlen noch für sechsziffrige Wurzeln gehören. Daher kann man auch umgekehrt, sagen: wenn eine Zahl gegeben ist, so kann man aus der Menge der Ziffern, sogleich die Menge der Ziffern der Quadratwurzeln finden, denn: ist die Zahl von einer geraden Ziffermenge, so hat die Wurzel halb so viele Stellen, ist aber das gegebene Quadrat von einer ungeraden Stellenmenge, so muß man diese erst um 1 vermehren, und dann die Hälfte nehmen, die abermals jene Menge Stellen in der Wurzel, anzeigt. Es hat also eine 21ziffrige Zahl, so gut wie die 22ziffrige, in der Quadratwurzel 11 Stellen. — Eine ein- oder zweiziffrige Zahl aber, kann nur eine Ziffer in der Wurzel haben.

Anmerk. Sollte auch diese Untersuchung Anfängern wegen der allgemeinen, ungewohnten Bezeichnung, schwer geworden seyn, so hielt ich doch die allgemeine Betrachtung für sehr nöthig, wenn auch ein einziges Beispiel in Ziffern selbst, vielleicht dasselbe geleistet haben würde; denn: einmal können nur allgemeine Untersuchungen zu allgemeinen Resultaten führen, (siehe die allgemeine Einleitung, Theorie der Beweise, erster Zusatz, auf Seite 16.), und was bei höheren Potenzen von Zahlen, als Quadraten der Erfolg, in Hinsicht der Ziffermenge, seyn wird, ist in unserer Untersuchung bereits enthalten; anderntheils kann man sich nicht genug üben, die verschiedenen allgemeinen Bezeichnungen zu verstehen, um selbst dergleichen zu bilden, wozu das Verlangen bei Jedem, der etwas anderes als ein Rechenbuch in gegenwärtigem Werke sucht, vorausgesetzt wird. Ein Mehreres über diesen Gegenstand der allgemeinen Bezeichnung, der oft schon erwähnt ist, werde ich an einem anderen Orte sagen.

Wir kommen jetzt zum zweiten Theile unserer Untersuchung, der darin besteht, zu prüfen, in welchen Stellen der Potenz, die Potenzen der einzelnen Stellen der Wurzel stecken, denn: sucht man die Potenz irgend einer Komplexion, so erscheint in ihr die Potenz jedes einzelnen Gliedes der Wurzel, und außerdem noch andere Glieder*).

*) Wie man bei Betrachtung der Multiplikation einer Komplexion mit sich selbst leicht finden wird. (§. 170.)

Was wir aber durch die Wurzelausziehung aus einer Zahl bezwecken wollen, ist ja nur, die Stellen der Wurzel, d. h. die Wurzel selbst zu erhalten. — Hat man aber die Zahl $abcdf$ *), so ist dieselbe $= a0000 + b000 + c00 + d0 + f$, und die Potenz jedes dieser Glieder, muß in der ganzen Potenz erscheinen; nun sind aber a so wie b u. s. w. nur einziffrige Ziffern, und die Nullenmenge hinter ihnen giebt, zur $n$ten Potenz erhoben, n Mal jene Nullenmenge; indem nun die ganze Komplexion zur Potenz erhoben, und alle Theile der Komplexion summirt werden, sieht man sogleich, wie viele Stellen, der $n$ten Potenz von a folgen müssen **); ist a z. B. die $p$te Ziffer, von der rechten gegen die linke Hand in der Wurzel, so folgen der a noch $p - 1$ Nullen, und erhebt man also a mit der Folge seiner Nullen zur $n$ten Potenz, so folgen der $n$ten Potenz von a noch $(p - 1)n$ Nullen. Dies mag ein Beispiel beim Quadrat der Zahl 4276 anschaulich zeigen. — Man zerlege 4276 in $4000 + 200 + 70 + 6$, nenne $4000 = g$, $200 = h$, $70 = k$ und $6 = t$; so ist jetzt: $(g+h+k+t)^2 = g^2 + 2gh + 2gk + 2gt + h^2 + 2hk + 2ht + k^2 + 2kt + t^2$; substituirt man wieder die Werthe für g, h rc. so ist:

$g^2 =$	4000^2	$= 16000000$	*
$2gh =$	$2 . 4000 . 200$	$= 1600000$	
$2gk =$	$2 . 4000 . 70$	$= 560000$	
$2gt =$	$2 . 4000 . 6$	$= 48000$	
$h^2 =$	200^2	$= 40000$	*
$2hk =$	$2 . 200 . 70$	$= 28000$	
$2ht =$	$2 . 200 . 6$	$= 2400$	
$k^3 =$	70^2	$= 4900$	*
$2kt =$	$2 . 70 . 6$	$= 840$	
$t^2 =$	6^2	$= 36$	*
		$18\|28\|41\|76 = 4276^2$.	

(Die Zeichen * stehen hier bei den Theilen, welche die Quadrate der einzelnen Theile der Wurzel sind.)

*) Es bedeuten hier die Buchstaben nur bloße Ziffern, indem diese für jede Zahl, besonders ausfallen, nicht aber Faktoren. (Siehe §. 66. die Anmerk. 2., den 6ten Satz, Seite 92.)

**) Wird a0000 potenzirt, so wird nur a zur $n$ten Potenz erhoben, und $4n$ Nullen angehängt; eben so bei b000 zur $n$ten Potenz, $3n$ Nullen u. s. w.

Hier hat also 6^2 keine Stellen hinter sich, bei 70^2 hat die 7^2 hinter sich zwei Stellen, bei 200^2 die 2 aber vier Stellen, und die 16 bei 4000^2 hinter sich sechs Stellen (übrigens ist n hier $= 2$, weil die zweite Potenz gesucht ist).

Fassen wir nun unsere beiden Untersuchungen zusammen, so ergiebt sich für die Ausziehung der Quadratwurzel, folgende Regel. Man theile die Zahl aus welcher die Quadratwurzel gezogen werden soll, von der rechten gegen die linke Hand in Klassen zu zwei Ziffern, so giebt die Klassenmenge die Menge der Ziffern der Wurzel an, wenn auch in der letzten Klasse zur linken, nur eine Ziffer stehen sollte (erste Untersuchung). Nun aber steckt auch in jeder Klasse, das Quadrat der einzelnen Stellen der Wurzel, d. h. z. B in der nten Klasse, steckt auch das Quadrat der nten Ziffer der Wurzel (von der rechten gegen die linke Hand gerechnet); dies gab uns die zweite Untersuchung. Ist die Ziffermenge des Quadrats gerade, so ist es gleichgültig, ob von der rechten gegen die linke Hand, oder umgekehrt eingetheilt wird; bei ungerader Ziffermenge, aber würde dies einen bedeutenden Unterschied machen.

Nachdem nun obige Untersuchungen vorhergehen, kommen wir auf das Ausziehen selbst. Hier betrachten wir nun wieder zuerst ein Quadrat, das in der Wurzel nur zwei Stellen hat, und was selbst vollkommen ist, d. h. wir würden uns, im Falle ein Rest bliebe, um selbigen jetzt noch nicht kümmern. Es sey gegeben das Quadrat 729, so theile man es in 7|29 und mache folgende Verrichtung:

$\sqrt{(7|29)}$ | 20 = a ferner 7 = b, daher 27 die Wurzel.

	400 (= a^2)
40 (= 2a)	329
47 (= 2a + b)	329 [= (2a + b) b]
	—

Man schließt nemlich so: in 7 muß das Quadrat der Zehner stecken, und das Quadrat 4 kommt der 7 am nächsten, daher 2 als Wurzel genommen werden mußte; weshalb $a = 20$; wird $a^2 = 400$ subtrahirt, so bleibt 329 zum Rest, worin noch $2ab + b^2 = (2a + b)b$ steckt; wird nun $2a = 40$ zum Divisor genommen, so ist 7 der Quotient, daher $40 + 7 = 47 = 2a + b$, und $47.7 = 329 = (2a + b)b$; da jetzt kein Rest bleibt, so ist $20 + 7 = 27$ die gesuchte Quadratwurzel. Man wird hierin ganz den §. 171. eingeschlagenen Weg wieder finden. Indem man sich nun dieses weitläuftigen Weges, wie die obere Darstellung ihn angiebt, bewußt bleibt, kann man das ganze Verfahren abgekürzt so vollziehen;

$$
\begin{array}{r|l}
 & \sqrt{(60|84)}\ |\ 78 \\
 & \underline{49} \\
148 & 1184 \\
 & \underline{1184} \\
 & \text{—}
\end{array}
$$

D. h. 1. Man suche die Wurzel des Quadrats, das der Klasse zur Linken am nächsten kommt, so ist dies der erste Theil der Wurzel (die Zehner), hinter welche man weiter keine Null macht. 2. Quadrire diesen ersten Theil, und subtrahire das Quadrat von der Klasse zur Linken (indem die Null, die eigentlich nach der 7 steht, im Quadrate zwei Nullen, die unter 84 zu stehen kämen, geben würde). 3. Hänge an den Rest die folgende Klasse an (die bei der Subtraktion der 4900 mit zum Reste gehört). 4. Verdoppele den gefundenen ersten Theil der Wurzel 7, und mache 14 zum Divisor. 5. Man denke sich von der Zahl 1184 die Einer hinweg (weil nach 14 eigentlich eine Null steht, also 140 dividirt) und dividire mit 14 in 118, so erhält man den zweiten Theil der Wurzel, also die 8 hier. 6. Diesen zweiten Theil, hänge man dem Divisor 14 an, als 148 (denn 8 ist $= b$, und $140 = 2a$, daher 148 = 2a + b). 7. Mit dem zweiten Theile 8 multiplizire man 148, [dies giebt (2a + b) b], und das Produkt subtrahire man von 1184. Bleibt kein Rest so ist 78 die verlangte Wurzel, und die Probe des Verfahrens ist, daß 78^2 wieder 6084 erzeugen muß; bleibt ein Rest, so muß er natürlich zum Quadrate der gefundenen Wurzel hinzuaddirt werden, und werden wir diesen Rest noch besonders betrachten.

Anmerk. Dies sind die gewöhnlich angegebenen Regeln für das Ausziehen der Quadratwurzeln, und wer viel dergleichen auszuziehen hat, wird gewiß selbst noch Abkürzungen für manche besondere Fälle finden.

Das Ausziehen der Quadratwurzel aus einer Quadratzahl, deren Wurzel nur zweitheilig ist, liegt nun dem Quadratwurzel-Ausziehen aus jeder, noch so großen Zahl, zum Grunde, indem man jenes Verfahren auf folgende Weise wiederholt. Gesetzt es sollte das Quadrat der Zahl z. B. 864 gemacht werden, so kann man diese Zahl in 860 + 4 = a + b zerlegen, und das Quadrat muß drei Klassen, oder fünf bis höchstens sechs Ziffern haben, so, daß das Quadrat von 86, wegen der ihm folgenden Null, in den beiden Klassen zur Linken liegen muß. Könnte man nun sogleich eine zweiziffrige Zahl finden, deren Quadrat den Ziffern jener beiden Klassen am nächsten käme, so hätte man sogleich a gefunden, und das vorher gezeigte Verfahren für die zweiziffrigen Wurzeln, wäre dasselbe, jetzt anzuwendende Verfahren. Da wir nun aber nicht geübt sind, für drei- oder vierziffrige Zahlen, sogleich die Quadratwurzel, oder das jener Zahl am nächsten kommende Quadrat zu finden, sondern dies nur für einziffrige Wurzeln können; so betrachten wir jene beiden Klassen zur Linken, als die allein gegebene Zahl, und nachdem wir die Wurzel hieraus, wie oben gezeigt ist, gefunden haben, so suchen wir wieder unseren zweiten Theil b, wie dort erwähnt ist. Dies würde folgende Rechnung geben:

$\sqrt{(74|64|96)}$ | 860 = a und 4 = b, daher 864
739600 (= a^2) die verlangte Quadratw.

1720 (= 2a) | 6896
1724 (2a+b) | 6896 [= (2a + b) b]

Hier ist also 86 blos aus 7464 gesucht; da aber noch eine Klasse 96 folgt, so ist 860 unser a^2, das subtrahirt, 6896 zum Rest giebt, wo man also wieder das Herunterholen der folgenden Klasse (in der abgekürzten Rechnung), sieht; ferner hat abermals 2a als Divisor, zur Rechten eine Null, weshalb das gefundene b, sogleich der 1720 (= 2a) hinzugesetzt, oder der 2, wenn man nur 172 als Divisor angenommen hätte (wo die Einer des Dividendus dann hinweggedacht werden mußten) angehangen würde, wodurch 1724 = 2a + b wird, welches mit b multiplizirt = 2ab + b^2, oder die beiden noch zu subtrahirenden Theile des vollständigen Quadrats, giebt. — Dies würde in einer abgekürzten Rechnung nun so stehen:

$\sqrt{(32|83|29)}$ | 573
25
107 | 783
749
1143 | 3429
3429

welche Rechnung man in jenen vorher gegebenen Regeln (beruhend auf unseren Untersuchungen) begründet sieht.

Wenn endlich die Zahl, aus der die Quadratwurzel gezogen werden soll, auch noch so viele Klassen hat; so kann man jene Vorstellung von der zweitheiligen Wurzel immer fortsetzen, und sich die beiden Klassen zur Linken, als nur gegeben, zuerst vorstellen, hieraus das zweiziffrige a suchen, und nun ein neues b, wo sodann die dreiziffrige gefundene Zahl wieder a, und abermals ein b gesucht wird u. s. w. Auch dies werde noch durch folgende abgekürzt gerechnete Beispiele erläutert:

$\sqrt{(71|44|81|37|28)}$ | 84527

```
       64
164|  744
      656
1685| 8881
      8425
16902|45637
      33804
169047|1183329
       1183329
       —
```

$\sqrt{(9|04|20|49)}$ | 3007

```
      9
6    | 4
60   | 420
600  | 42049
6007 | 42049
       —
```

Sollte in der Wurzel ein Theil Null werden, welches immer geschieht, wenn der Divisor größer als der jedesmalige Dividendus ist, so kommt natürlich eine Klasse herunter, und dem Divisor wird eine Null angehangen, da jenes a sich auf eine Null endiget, daher 2a ebenfalls. Dies kann selbst wiederholentlich geschehen, wie obiges zweites Beispiel zeigt, wo man die verschiedenen Divisoren, wie sie nach und nach entstehen, neben ihren Dividenden sieht.

So sind wir jetzt im Stande jede hierher gehörige Aufgabe zu lösen; wozu noch die Zusätze des folgenden §. kommen mögen.

§. 176. Zusätze.

Es können beim Ausziehen der Quadratwurzeln aus Zahlen folgende Fragen vorkommen, die näher zu erwähnen, hier nicht versäumt werden kann.

1. Kann das doppelte Produkt aus beiden Theilen der Wurzel, oder das 2ab in der allgemeinen Formel $a^2 + 2ab + b^2$, nicht so groß werden, daß die Klasse zur Linken, einen so bedeutenden Zuwachs erhält, wodurch sie das Quadrat der Zahl erreicht oder übertrifft, welche schon 1 mehr ist als a, oder als der

Theil der Wurzel, der die Zehner enthält? — Dies kann aber nie geschehen; denn: wenn auch die Einer der Wurzel die möglichst größten, d. h. 9 sind, die Zehner aber irgend eine Menge z. B. n wären (wo n nur eine jede einziffrige Zahl bedeuten kann), also die Zahl selbst n9 hieße *); so würde doch die Klasse zur Linken erst dann das Quadrat von n + 1 erreichen, wenn aus n9 würde (n + 1)0 (d. h. die gegebene Zahl n9 um 1 vermehrt), indem nun die Klasse zur Linken genau $(n + 1)^2$ enthalten, und zur Rechten ihr zwei Nullen folgen würden; dies ist aber die kleinste Zahl deren beide Stellen zur Linken $(n + 1)^2$ wären, daher $n9^2$ selbst, in der linken Klasse noch nicht jenes Quadrat erreichen, und um so viel weniger übertreffen kann. Sind die Einer weniger als 9 oder ist z. B. die Zahl n8 oder n7 ꝛc. gegeben, so kann um so viel weniger das Quadrat der um 1 vergrößerten Zehner, erreicht werden. — Dies läßt sich nun ganz eben so darthun, wenn die Wurzel mehr als zwei Theile hat, daß die verschiedenen doppelten Produkte, nicht ein Häufen in der Klasse zur Linken hervorbringen können, wodurch diese Klasse schon das Quadrat der folgenden Zahl, oder der um 1 vergrößerten höchsten Stelle der Wurzel erreichen kann. — So kann also z. B. die Klasse zur Linken, die 19^2 erzeugt, auf keinem Falle schon 4 [als $(1 + 1)^2 = 2^2$] erreichen, denn erst 20^2 ist 400. Ferner kann bei 699^2 die Klasse zur Linken nicht $7^2 = 49$ [oder $(6 + 1)^2 = 7^2$] erreichen, weil erst $700^2 = 490000$ wird; u. s. w.

2. Aus vorhergehender Betrachtung folgt nun auch, daß, wenn man das Quadrat nimmt, was der linken Klasse am nächsten kommt, und die Wurzel desselben als ersten Theil der ganzen Wurzel annimmt, man keinen

*) Wo also n nur die Bedeutung einer Stelle, nicht aber eines Faktors hat; z. B. n = 6 wenn n9 = 69 bedeutete.

zu großen Theil angenommen hat. Denn wenn z. B. bei $\sqrt{(7225)}$ der erste Theil = 8 genommen wird, weil $8^2 = 64$ der 72 am nächsten kommt, so ist 8 nicht zu viel; denn, wenn man nur 7 annehmen, und der folgende Theil (die Einer) wäre auch 9, so kann 79^2 doch nicht einmal $80^2 = 6400$ erreichen, geschweige denn die Klasse zur Linken, oder 64 so übertreffen, als 72 es thut. Daß übrigens auch die Wurzel 8 nicht zu wenig genommen ist, ist wol natürlich; denn 9 angenommen, müßte ja, wenn auch der zweite Theil nur 0 wäre, doch $90^2 = 8100$ schon in der linken Klasse, das nächste Quadrat nach 64, nemlich 81 erreichen, und könnte nicht weniger, wie hier 72 ist, werden.

3. Die Untersuchung, wie viel man nach der Bildung eines neuen Divisors, wenn man in den Dividendus dividirt, den neuen Theil der Wurzel zu nehmen habe; ist nicht minder wichtig. Zuerst ist gewiß, daß, da der Divisor immer nur 2a, der Dividendus aber $2ab + b^2$ ist, man leicht zu oft nehmen könnte (was nicht vorfallen könnte, wenn 2ab blos Dividendus wäre). Wird nun aber das gefundene b zu 2a addirt, dann $(2ab + b)b$ vom Dividendus subtrahirt, und findet sich dies Produkt größer als der Dividendus, so hat man unbedingt einen zu großen Theil in der Wurzel angenommen, denn: wäre wirklich das angenommene b der wahre zweite Theil, so könnte ja der Dividendus, der immer $2ab + b^2$ ist, nicht größer seyn. — Wenn nun zu oft genommen ist, so vermindere man den angenommenen Theil um 1, und sehe zu, ob der nun so verminderte Theil, nicht noch zu groß ist, wo man die Verminderung fortsetzt, bis bei jener Subtraktion ein Rest bleibt, oder die Rechnung aufgehet. — Aber, wenn man nun zu wenig bei der ersten Division genommen hat, woran wird man dies erkennen? Die hierbei oft gegebene Regel, den Divisor jedesmal mit dem Reste zu vergleichen und, im Fall

der Rest größer als der Divisor ist, alsdann den gefundenen Theil um 1 zu vergrößern, ist nicht unbedingt richtig; sondern es kann wirklich ein Rest stattfinden, der größer als der Divisor ist, und man darf doch nicht, den gefundenen Theil um 1 vergrößern. Daß dies wahr ist, davon kann uns dies Beispiel überzeugen:

$$\sqrt{(24|99|00|01)}\ |\ 4999$$

```
  16
  --
89|899
   801
   ---
989|9800
    8901
    ----
9989|89901
     89901
     -----
       -
```

Hier war der zweite Rest 98, der Divisor nur 89, und doch hätte man aus dem zweiten Theile der Wurzel, d. h. aus der 9 (nach der 4) keine 10 machen dürfen, weil sonst aus der 4 eine 5 geworden wäre, und die linke Klasse eine 25 hätte seyn müssen. — Es lohnt daher wol der Mühe, näher zu untersuchen, welche Grenzen der Rest nicht übersteigen darf. — Nachdem man also den Divisor $2a$ um b vermehrt, und die Summe $2a+b$ mit b multiplizirt, und dann $2ab+b^2$ vom Dividendus subtrahirt hat, so bleibe n zum Rest; man will wissen, ob man für das gefundene b schon $b+1$ setzen kann. Würde aber aus b alsdann $b+1$, so verwandelt sich auch das frühere $(2a+b)b=2ab+b^2$ jetzt in $[2a+(b+1)](b+1)=2ab+b^2+b+2a+b+1=2ab+b^2+2a+2b+1$; dieser neue Subtrahendus übertrifft den alten $2ab+b^2$, um $2a+2b+1$; ist nun der Rest $n=2a+2b+1$, so kann man genau für b setzen $b+1$, ist er größer, so kann man natürlich um so mehr für b, dies $b+1$ setzen, wo alsdann abermals ein Rest bleiben muß, der vielleicht auch wieder noch zu groß seyn könnte, und womit man dieselbe Untersuchung, wie mit dem vorigen Reste anstellt, nur, daß das b jetzt, gleich dem zu allererst gefundenen $b+1$ ist u. s. w.; wenn aber $n < 2a+2b+1$ ist, so kann jene Vermehrung nicht stattfinden. Es ist also $2a+2b$ das Maximum *) des Restes n (eben weil $2a+2b+1$ schon die Vermehrung von b vorschreibt), wo noch keine Vergrößerung von b vorgenommen wird. Nun ist aber $2a+2b$, um b größer als $2a+b$, woraus denn endlich folgt, daß: wenn der Rest höchstens um dem gefundenen neuen Theil b, den bereits um b vergrößerten Divisor 2a, also die $2a+b$ übertrifft, noch keine Vermehrung mit b vorgenommen werden darf, also noch viel weniger, wie der Rest kleiner als der Divisor ist. Es mögen hierzu folgende Beispiele dienen:

$\sqrt{}(2\|56) \| 15$	$\sqrt{}(73\|44\|49) \| 84$	$\sqrt{}(15\|13\|21) \| 38$
1	64	9
25 | 156	164 | 944	68 | 613
125	656	544
31	288	69

Beim ersten Beispiele ist $b = 5$, der Divisor $+ b$ wird $25+5 = 30$, und weil der Rest gerade $31 = 30+1$ ist, so muß durch die Vermehrung der 5 um 1, die Quadratwurzel genau 16 seyn. Das zweite Beispiel hat auch einen zu großen Rest gegen 164, da aber $b = 4$, also $2a+b+b = 164+4 = 168 < 288$ ist, so kann man nicht nur aus der 4 eine 5 machen, sondern es muß auch noch von neuem ein Rest bleiben; dieser würde nun 119, also kleiner als der Divisor 164 seyn

$$(944 - 165 \cdot 5 = 944 - 825 = 119),$$

daher man keine Vermehrung weiter mit $b = 5$ vornehmen darf. Beim dritten Beispiele ist der Rest 69 auch größer als 68, allein $b = 8$, und $68 + 8 = 76$ übertrifft

*) Siehe §. 165.

den Rest schon, weshalb 8 nicht zu klein als zweiter Theil angenommen ist.

§. 177. Aufgabe.

Aus einem echten Bruche die Quadratwurzel auszuziehen.

Auflösung. Das Ausziehen der Wurzeln aus Brüchen, erfordert nach §. 153, 3., daß aus Zähler und Nenner die Wurzel ausgezogen werde; daher z. B. $\sqrt{\frac{25}{81}} = \frac{5}{9}$ ist. Wir würden aber bis hierher, auch nur aus solchen Brüchen die Quadratwurzeln ziehen können, wo Zähler und Nenner vollkommene Quadratzahlen wären, wobei uns für einige Fälle §. 164, 4. noch auf vollkommene Quadratzahlen führen könnte; z. B. $\sqrt{\frac{32}{50}} = \sqrt{\frac{16}{25}} = \frac{4}{5}$; dagegen wir durch keine Hebung aus $\sqrt{\frac{25}{18}}$ oder $\sqrt{\frac{10}{18}}$ vollkommene Wurzeln erhalten könnten (§. 162, 3.); endlich würde man noch beim Ausziehen aus einem vermischten Bruche, denselben erst zu einem unechten machen müssen, wo vielleicht ein vollkommenes Quadrat entstünde; z, B. $\sqrt{6\frac{1}{4}} = \sqrt{\frac{25}{4}} = \frac{5}{2}$; doch sind dies alles nur einige seltene Fälle, und nicht allgemein.

Wenn wir also aus jedem Bruche die Quadratwurzel ausziehen wollen, so müssen wir dieselbe aus jeder Zahl bereits ausziehen können, was bis hier noch nicht gelehrt ist. Da man aber jeden Bruch in einen Dezimalbruch verwandeln kann (§. 116.), so würde, wenn die Wurzel aus einem Dezimalbruch immer angegeben werden könnte, das Ausziehen aus einem anderen Bruche, durch dessen Verwandelung in einen Dezimalbruch, auch geschehen können. Wir nehmen daher die Dezimalbrüche vor. Es werde z. B. $\sqrt{0{,}4096}$ verlangt, so ist dieser Bruch $= \sqrt{\frac{4096}{10000}}$, wo also abermals aus Zähler und Nenner die Wurzel zu ziehen ist, und diese würde in unserem Falle $= \frac{64}{100} = 0{,}64$ seyn. Hier ist nun folgendes zu merken: wenn der Nenner eines Dezimalbruchs eine 1 mit einer geraden Menge von Nullen ist, so ist die

Quadratwurzel aus ihm eine 1 mit halb so vielen Nullen, weil $1(n)^2 = 1(2n)$, daher $\sqrt{1(2n)} = 1(n)$ ist*); ist aber der Nenner eine Eins mit einer ungeraden Menge von Nullen, z. B. 1000 u. dgl. m.; so befinden wir uns bei der Ausziehung der Wurzel aus diesem Nenner in demselben Falle, wie bei jeder nicht vollkommenen Quadratzahl. — Der Nenner des Dezimalbruchs hat aber jedesmal so viele Nullen, wie der Zähler (der doch nur geschrieben wird) Ziffern hat (§. 108.); und hieraus erhalten wir das Resultat, daß, wenn der Dezimalbruch eine paarige Stellenmenge hat, aus dem Nenner die Wurzel genau wieder angegeben werden kann, und zwar wieder der Nenner eines Dezimalbruchs ist, dessen Zähler, die Wurzel aus dem nur geschriebenen Zähler ist, aus dem man daher wie aus einer bloßen ganzen Zahl die Wurzel auszieht. Wenn man also die Dezimalstelle vom Komma abwärts, in Klassen zu zwei Stellen theilt, so ist in der ersten Klasse zur Linken, das Quadrat der Zehntel [denn diese Klasse enthält die Hundertel, und $\left(\frac{a}{10}\right)^2$ ist ja $\frac{a^2}{100}$] in der zweiten Klasse das Quadrat der Hundertel der Wurzel u. s. w. So ist also

```
√(0,32|71|84) | 0,572
       25
       --
  107 |771
       749
       ---
 1142 |2284
       2284
       ----
```

Wenn aber der gegebene Dezimalbruch eine ungerade Stellenmenge hat, so kann man ja ihm, unbeschadet seines Werthes, so viele Nullen hinten anhängen, als man nur will (§. 109, 3.), wodurch man nicht nur die Stellenmenge gerade machen, sondern sie auch so viel ver-

*) Siehe die Wahl dieser Bezeichnung in §. 175.

grössern kann, daß jeder neue Rest der bleiben sollte, immer eine Klasse von 2 Nullen herunter bekommt, und woburch man die Auszziehung beliebig weit fortsetzen kann; die Wurzel bekommt nun immer eine Stelle mehr, aber dies sind auch immer kleinere Dezimalstellen. Sollte also z. B. $\sqrt{0{,}457}$ verlangt werden, so ist diese $= \sqrt{0{,}4570} = \sqrt{0{,}457000}$ u. s. w., weshalb man auch hier vom Komma abwärts nach der rechten Hand zu, abtheilt, damit, wenn die rechte Klasse nur eine Ziffer bekommen sollte, man gleich eine, oder mehrere Nullen anhängen, oder diese auch nach und nach bei fortgesetztem Auszziehen, sich als heruntergeholt, vorstellen kann. So ist also

$\sqrt{(0{,}45|70)}\ |\ 0{,}67601\ldots$
36
127 | 970
889
1346 | 8100
8076
135201 | 240000
135201
104799

$$= \sqrt{\frac{4570000000}{10000000000}} = \frac{67601\ldots}{100000} = 0{,}67601\ldots$$

Wo man die Auszziehung beliebig hätte fortsetzen können; wenn man sie aber irgend wo abbricht, so macht man bei der Wurzel auch die Punkte, welche eine nicht vollkommne Wurzel anzeigen. Ganz eben so würde man aber auch verfahren seyn, wenn der gegebene Dezimalbruch bei einer paarigen Stellenmenge einen Rest gelassen hätte; oder man könnte eine beliebige Menge von Nullen, sich noch hinter den Dezimalstellen denken.

Soll nun aus einem gewöhnlichen Bruche, die Quadratwurzel gezogen werden, so verwandelt man ihn in einen Dezimalbruch, und zieht aus diesem die Wurzel, denn nun erspart man die Auszziehung aus Zähler und Nenner, als aus besonderen Zahlen (siehe §. 178.). Man merke jedoch noch hierbei, daß, wenn man aus einem gegebenen Bruche auf a Stellen die Wurzel ausziehen soll, man diesen Bruch auf 2a Stellen in einen Dezimalbruch verwandelt*) (im Falle er keinen genauen, sondern einen unendlichen Dezimalbruch giebt), damit man a Klassen bekomme, also die Wurzel so weit sie ausgezogen wird, doch noch genau die verlangte ist; die Kenntniß der Perioden (§. 116.) kommt hierbei oft zu statten, weil sie das Verwandeln erleichtert**) (durch das bloße Abschreiben der Periode). Z. B. man verlangt $\sqrt{\frac{5}{7}}$ auf 3 Dezimalstellen. Nun ist

$$\sqrt{\tfrac{5}{7}} = \sqrt{0{,}714285\ldots} = \sqrt{(0{,}71|42|85)} \mid 0{,}845\ldots$$

$$\begin{array}{r|l} & 64 \\ \hline 164 & 742 \\ & 656 \\ \hline 1685 & 8685 \\ & 8425 \\ \hline & 260 \end{array}$$

Würde man nur bis 0,714 verwandelt haben, so wäre $\sqrt{0{,}714}$ auf drei Stellen (also $\sqrt{0{,}714000}$) gleich 0,844... geworden seyn, was bei noch mehreren Dezimalstellen, natürlich ganz andere Ziffern in der Wurzel erzeugt hätte. Ist der gegebene Bruch genau in einen Dezimalbruch zu verwandeln, so werden allerdings Nullen herangehängt; z. B. $\sqrt{\frac{3}{4}} = \sqrt{0{,}75} = \sqrt{(0{,}750000)} = 0{,}866\ldots$ (Siehe §. 179.)

§. 178. Aufgabe.

Aus jeder Zahl, und aus jedem unechten Bruche, die Quadratwurzel auszuziehen.

Auflösung. Ist eine Zahl gegeben, die keine vollkommene Quadratzahl ist, so können wir dennoch das Ausziehen der Wurzel noch weiter fortsetzen, als bis auf die Einer der Wurzel, und das was noch hinzukommt,

*) Siehe Seite 168 unten bei *

**) Siehe Seite 161 unten bei *

ist ein Bruch, der immer gleich in Form eines Dezimalbruchs erscheint; wenn wir nemlich den gegebenen Ganzen, eine beliebige Menge von Dezimalnullen anhängen. So ist $\sqrt{21} = \sqrt{21{,}0000} = \sqrt{\frac{210000}{10000}} = \frac{\sqrt{210000}}{100}$; oder man darf nur aus der, durch angehängte Nullen vergrößerten gegebenen Zahl, wie aus einer gewöhnlichen Zahl die Wurzel ausziehen; das was die gegebenen Ganzen in der Wurzel erzeugen, sind wieder Ganze, und deshalb werden auch jene gegebene Ganze für sich, vom Komma abwärts abgetheilt. Also ist

$$\sqrt{147} = \sqrt{(1|47|00|00)}\,|\,12{,}12\ldots$$

$$\begin{array}{r|l} & 1 \\ \hline 22 & 47 \\ & 44 \\ \hline 241 & 300 \\ & 241 \\ \hline 2422 & 5900 \\ & 4844 \\ \hline & 1056 \end{array}$$

Haben endlich die Ganzen noch einen Dezimalbruch bei sich, so wird der ganze gegebene Ausdruck, als eine einzige Zahl betrachtet, woraus die Quadratwurzel, wie wir es bis hierher thaten, gezogen wird, nachdem man die Ganzen vom Komma zur Linken, die Dezimalstellen aber vom Komma nach der rechten Hand abtheilt; so lange wie die Ganzen noch Klassen herunterschicken, sind die Ziffern der Wurzel auch noch Ganze, nachdem fangen die Dezimalstellen in derselben an. Z. B.

```
√(7|14,|25|68)|26,725...
  4
 46|314
    276
527|3825
    3689
5342|13668
     10684
53445|298400
      267225
       31175
```

```
√(52,|17|60)|7,2232...
  49
 142|317
     284
1442|3360
     2884
14443|47600
      43329
144462|427100
       288924
       138176
```

Ist sonst irgend ein vermischter Bruch, oder jede andere Bruchform (gebrochener Bruch, Kettenbruch u. s. w.) gegeben, um aus ihr die Wurzel zu ziehen; so bringe man diese erst auf die Form eines Dezimalbruchs, und dann verfahre man, wie wir hier thaten *).

§. 179. Zusätze.

Wir können die Aufgabe des Quadratwurzelausziehens nicht ohne folgende Zusätze schließen, die auf jede höhere Wurzelausziehung gehörig übergetragen werden können.

1. Wenn man beim Wurzelausziehen angefangen hat, Nullen herunterzuholen, um sich der Wurzel zu nähern, so kann man hiermit bis ins Unendliche fortfahren, und nie wird die Wurzel endigen. Denn: es könnte nur alsdann die Wurzel endigen und vollkommen werden, wenn der Rest einmal Null würde; dies kann aber wieder nur geschehen, wenn einmal der Subtrahendus dem Minuendus gleich wäre; der Minuendus endiget sich aber immer auf eine Null (weil ja zwei Nullen heruntergeholt wurden) und der Minuendus endiget sich nie auf eine Null, da seine Einer immer die Einer vom Quadrate des neu gefundenen zweiten Theiles sind,

*) Tafel 33. bis 35 haben die Beispiele hierüber.

dieser ist aber eine einziffrige Zahl (also von 1 bis 9 kann es jede Zahl seyn *)), und keine einziffrige Zahl endiget in ihrem Quadrate auf eine Null (wie man durch Betrachtung der neun Quadrate §. 150. sieht). Dies giebt die Beobachtung des Verfahrens beim Ausziehen der Wurzel sehr deutlich. — Es bleibt also immer von neuem ein Rest, und die Wurzel ist eine Annäherung ins Unendliche. — (Siehe §. 116. Anmerk. 3.)

2. Eine solche Wurzel, die sich nie genau angeben läßt, heißt eine Irrationalzahl, oder eine surdische Zahl, im Gegensatze der Rationalzahlen, welche angebbare Wurzeln sind; also $\sqrt{7}$ ist irrational, $\sqrt{25}$, so wie $\sqrt{\frac{25}{36}}$ oder $\sqrt{6\frac{1}{4}} = \sqrt{\frac{25}{4}}$ sind rational.

3. Es werden sich aus der in I. gehabten Beobachtung folgende Zahlen sogleich als solche ergeben, deren Quadratwurzeln irrational sind:

a. Alle Zahlen die auf einer ungeraden Menge von Nullen endigen; als 240 oder 1000 u. s. w.

b. Alle Zahlen die sich auf 2 oder 3, so wie auf 7 oder 8 endigen; denn das Quadrat keiner einziffrigen Zahl endiget sich auf eine dieser Ziffern, weshalb ein Rest bleiben muß, wenn der Minuendus bei der letzten Subtraktion sich auf eine jener Zahlen endiget. — Es sind aber deshalb noch keineswegs die Zahlen, welche sich auf 1 oder 4 oder 5 oder 6, so wie auf 9 endigen, unbedingt Quadratzahlen.

c. Die Wurzel aus jedem Dezimalbruche, dessen Stellenmenge ungerade ist, ist irrational; denn nun wird ja eine Null angehangen (siehe a u. Nr. 5 d. §.).

d. Die Wurzel aus jedem unendlichen Dezimalbruche ist irrational; denn, da dieser ohne Ende fortgeht, so muß es auch die Wurzel.

---

*) Ist die Ziffer der Wurzel Null, so geht ja die Rechnung weiter, bis ein anderer Werth kommt.

e. Die Wurzel aus jeder nicht vollkommenen Quadratzahl ist irrational, mithin auch aus jeder Primzahl. — U. s. w.

4. Daß man einen gewöhnlichen Bruch, vor seiner Wurzelausziehung (im Falle die zu Anfang § 177. gedachten Fälle nicht stattfinden) in einen Dezimalbruch verwandelt, ist eine bedeutende Ersparniß; denn sonst müßte man zwei Wurzeln ausziehen, und mit diesen beiden Irrationalzahlen in einander dividiren; z. B.

$$\sqrt{\frac{5}{13}} = \frac{\sqrt{5}}{\sqrt{13}} = \frac{2,23606\ldots}{3,60555\ldots} = 0,62017\ldots$$

(zufolge der abgekürzten Division, § 119.); so aber hat man nur eine leichte Division (die Verwandelung selbst) und nur eine Wurzelausziehung.

5. Die Abtheilung der Dezimalstellen vom Komma abwärts nach der Rechten, ist nur eine Erleichterung, aber keine Nothwendigkeit; denn man bekommt dadurch sogleich die Wurzel in einem Dezimalbruch (§. 117.); ist die Stellenmenge in dem gegebenen Dezimalbruche gerade, so würde die Abtheilung doch so ausfallen, wenn man auch von der Rechten gegen die Linke abtheilte; bei einer ungeraden Stellenmenge hingegen, könnte sogar der Zähler der Wurzel rational werden; aber dann wäre die Wurzel des Nenners irrational *); z. B. $\sqrt{0,144} = \sqrt{\frac{144}{1000}} = \frac{12}{31,62\ldots} = \frac{1200}{3162\ldots}$ welche Form offenbar unbequemer ist, als $\sqrt{0,144} = 0,3794$; wenn sie sich auch bei Fortsetzung des Nenners 3162... (wobei alsdann der Zähler 1200 auch wächst), auf diesen Ausdruck zurückführen läßt; wäre gar der Zähler irrational, so würde die Mühe noch weit bedeutender seyn. Man könnte aber auch wol aus Ursachen, die Dezimalstelle von der Rechten gegen die Linke abtheilen; z. B.

*) Sie wäre alsdann eine 1 mit einer ungeraden Menge von Nullen, (siehe 3 bei a).

$$\sqrt{0,016}+\sqrt{0,144}+\sqrt{0,004}=\frac{4}{31,62\ldots}+\frac{12}{31,62\ldots}+\frac{2}{31,62\ldots}=$$
$$\frac{400}{3162\ldots}+\frac{1200}{3162\ldots}+\frac{200}{3162\ldots}=\frac{1800}{3162\ldots}$$
(indem $\sqrt{1000}=31,62\ldots$ ist).

6. Wenn bei der Ausziehung der Quadratwurzel, in der Wurzel auch wiederholentlich einige Stellen Nullen werden, so müssen doch endlich einmal wieder Stellen einen anderen Werth erhalten; denn, indem man mit dem Ausziehen fortfährt (d. h. immer zwei Nullen herunterholt), so erhält der Anfangs zu kleine Dividendus stets zwei Nullen (oder wächst immer um 100 Mal); wenn der neue Theil der Wurzel aber Null ist, so wächst der Divisor um 10 Mal *) (oder erhält eine Null hinter sich); daher muß endlich einmal der Dividendus den Divisor übertreffen, oder eine Stelle der Wurzel wieder einen Werth bekommen.

7. Wenn die Frage entstände, ob die Wurzel, sobald sie irrational ist, Perioden erhält, so ist die Antwort: nein. Denn, jene Perioden bei Verwandelung der Brüche in Dezimalbrüche (§. 116.), entstanden durch den immer unverändert bleibenden Divisor, daher ein früherer Rest endlich wiederkehren mußte, der die Periode erzeugte; bei Ausziehung der Wurzel aber, ändert sich der Divisor jedesmal bedeutend, daher die Wiederkehr eines früheren Restes nicht nur nicht nöthig ist, sondern auch, wenn er zufällig wiederkehrte, der Divisor bereits ein anderer, wie bei jener früheren Division war; derselbe Divisor aber wie er früher einmal war, kann nie wiederkehren.

8. Eine irrationale Wurzel, ist durch keine Zahl und durch keinen Bruch darstellbar; denn könnte z. B. ein endlicher Kettenbruch angegeben werden, der jene

*) Dies ergiebt sich durch Beobachtung des Verfahrens bei gedachter Ausziehung.

Wurzel darstellte *), so müßte sich auch ein endlicher Bruch finden, der die Wurzel anzeigte; dieser Bruch müßte sich in einen Dezimalbruch verwandeln lassen, der entweder endlich oder unendlich wäre; könnte aber ein endlicher Dezimalbruch jene Wurzel darstellen, so wäre sie nicht irrational, und wenn jener Bruch verwandelt einen unendlichen Dezimalbruch gebe, so muß dieser Perioden haben (§. 116.) und alsdann wäre jene irrationale Wurzel, die keine Perioden hat (nach 7.), und die ein Dezimalbruch ist, gleich einem periodischen Dezimalbruche; dies ist aber offenbar unmöglich, da ein Dezimalbruch der einen Werth darstellt, nicht zwei so verschiedene Formen, wie jene es wären, geben kann. (Siehe §. 202.)

9. Eine Irrationalzahl hat natürlich mit einer jeden angebbaren Zahl kein gemeinschaftliches Maaß, ja es läßt sich kein endlicher Ausdruck finden, der in einer Irrationalzahl genau enthalten ist; denn, könnte man solchen endlichen Ausdruck finden, so wäre die Irrationalzahl ein Vielfaches von ihm, also selbst ein endlicher Ausdruck. Hingegen kann eine Irrationalzahl, genau in einer anderen Irrationalzahl enthalten seyn; so ist $\frac{\sqrt{8}}{\sqrt{2}} = \sqrt{\frac{8}{2}} = \sqrt{4} = 2$. Dies ist wichtig zu bemerken. —

Anmerk. Die Geometrie ist in dem Besitze von Mitteln, um durch Konstruktion die Quadratwurzel jeder Zahl darstellen; hierüber wird das Nähere in der Folge gelehrt werden.

§. 80. Aufgabe.

Aus einer vollkommenen Kubikzahl die Kubikwurzel auszuziehen.

Auflösung. Indem wir ganz auf das zurückblikken, was wir §. 175. über die Stellenmenge einer Zahl, im

*) Denn die Näherungswerthe des Kettenbruchs, stellen viele Werthe dar, die oft durch keine Dezimalbrüche dargestellt werden können. (Siehe die Theorie der Kettenbrüche.) Also könnten sie doch vielleicht jene irrationale Wurzel auch geben.

im Vergleiche mit einer Potenz von ihr, sagte; so wie auf die Untersuchungen in welchen Stellen der Potenz, die Potenzen der einzelnen Stellen der Wurzel stecken; so können wir jetzt, mit Anwendung dieser Gesetze auf die Kuben, folgende Regeln für diesen jetzigen Zweck aufstellen:

1. Der Kubus einer Zahl, hat höchstens die dreifache Stellenmenge der Wurzel, er kann aber auch: die dreifache Menge weniger eine, aber er muß wenigstens diese dreifache Menge weniger zwei Stellen, haben. Denn, der Kubus von $1(n)$ oder $1(n)^3$ ist $= 1(3n)$ d. h. eine $1+3n$ ziffrige Zahl; aber $1(n+1)^3 = 1(3n+3)$, welches eine $3n+4$ ziffrige Zahl ist; nun ist $1(n)$ die niedrigste $1+n$ ziffrige Zahl, weshalb deren Kubus wenigstens $1+3n = 3(1+n)-2$ Stellen haben muß, aber nicht $3n+4 = 3(1+n)+1$ Stellen erreichen kann; also $1+3n$ dann $2+3n$ und endlich $3+3n$ Stellen, sind die einzig möglichen. —

2. Soll also aus einer Zahl die Kubikwurzel gezogen werden, so theile man die Ziffernmenge der Zahl durch 3, zu welchem Ende man sie noch um 1 oder 2 vermehren kann, damit das Drittel eine ganze Zahl werde; dies giebt alsdann die Ziffermenge der Kubikwurzel; also von einer 13 oder 14 oder 15ziffrigen Zahl, ist die Kubikwurzel x fünfziffrig.

3. Stellt man sich die Zahl abcd *) als $a000 + b00 + c0 + d$ zerlegt vor, so hat der Kubus dieser Komplexion, außer den Kuben der einzelnen Theile, noch viele andere Glieder (die man leicht finden kann); aber der Kubus jeder der Zahlen a, b, c und d, wird hinter sich dreimal so viele Nullen haben, als ihr Stellen in der Wurzel selbst folgen, denn $a000^3 = a000000000$, ferner $b00^3 = b000000$ und $c0^3 = c000$, (d hat keine Null hinter sich). Wenn man sich also eine Zahl, deren Ku-

*) Bedeutung wie in §. 178.

bikwurzel man sucht, von der rechten gegen die linke Hand in Klassen zu **drei** Ziffern abtheilt, so steckt in jeder Klasse von der rechten zur linken, auch der Kubus der Ziffern der Wurzel von der rechten zur linken Hand, gleich viel was noch darin steckt, und ob in der Klasse zur linken nur ein oder zwei Ziffern sich befinden.

Diese Bemerkungen sind nun hinreichend, um mittelst der Beobachtung des Verfahrens §. 173. (für Buchstabenkomplexionen), und dessen was bei der Quadratwurzel-Ausziehung aus Zahlen §. 175. gesagt wurde, folgende Verrichtung und ihre Bezeichnungen zu verstehen, indem die Formel:

$$A^3 + 3A^2B + 3AB^2 + B^3$$

auch hier zum Grunde liegt. — Es sey zuerst eine Zahl gegeben, deren Wurzel zweizifrig ist, z. B.

	$\sqrt[3]{(12\|167)}\|20 = A,\ 3 = B$			$\sqrt[3]{(12\|167)}\|23$	
	8000	$(=A^3)$		8	Welches die
1200	|4167		12	|4167	abgekürzte
$(=3A^2)$	3600	$(=3A^2B)$		36	Ausrechnung blos
	540	$(=3AB^2)$		54	ist.
	27	$(=B^3)$		27	
	4167	$(=3A^2B+3AB^2+B^3)$		4167	

Die Regeln sind demnach hier: 1. nehme den Kubus welcher der Klasse zur Linken am nächsten kommt, so ist die Wurzel desselben der erste Theil A. 2. Nehme den Kubus hiervon, und subtrahire ihn von der linken Klasse. 3. Hänge die folgende Klasse dem Reste an. 4. Bilde aus $3A^2$ einen Divisor, und denke die beiden Stellen zur rechten im Dividendus weg (wegen der beiden Nullen, die eigentlich dem Divisor folgen, von A^2 herrührend, da A ja **Zehner** ist). 5. Ist B gefunden, so bilde $3A^2B$, und setze dies Produkt unter jene Stellen, in die dividirt ist; dann bilde $3AB^2$, und setze dies Produkt unter das vorige, nur blos daß man die Einer herausrückt (siehe unser Beispiel, bei 54 unter 36; denn A endiget auf Null, daher 3AB² auch auf Null endigen muß, welche Null eigentlich unter die letzte Stelle des vollständigen Dividendus zu stehen kommt); dann bilde B³ und rücke wieder, indem man dies unter die vorigen Produkte setzt, die Einer heraus. 6. Summire 3A²B, 3AB² und B³ und subtrahire diese Summe vom vollständigen Dividendus; geht die Subtraktion auf, so ist die Wurzel gefunden, wo nicht, so fährt man fort, wie gleich näher erwähnt werden wird.

Hat die gegebene Zahl in der Wurzel mehr als drei Ziffern, so bedarf es wol für das Verfahren nur der Andeutung in einem Beispiele, um es ganz deutlich zu machen, wie jenes oben erwähnte Verfahren blos fortgesetzt angewendet wird:

$\sqrt[3]{(115|145|914|625)}$ | 4865 = der verlangten Wurzel.

```
   64
   --
48|51145          708588|354658625
 (384                    3542940
   768                     36450
    512)                     125
 -------               ---------
  46592                354658625
                       =========
6912|4553914               —
     41472
      5184
       216
    -------
   4199256
```

§. 181. Zusätze.

War man schon beim Ausziehen der Quadratwurzel nicht ganz sicher, sogleich den richtigen zweiten Theil der Wurzel immer zu finden; so ist dies beim Ausziehen der Kubikwurzel noch schwieriger, weil der Dividendus ja, außer dem Theile $3a^2b$ noch $3ab^2 + b^3$ enthält. Es mögen daher folgende Untersuchungen über den Rest, hier stehen, um zu sehen, was dieser vielleicht größer wie der

Divisor seyn kann, ohne daß man den gefundenen Theil b der Wurzel zu vergrößern nöthig habe. Wenn also a und b gefunden, und man vom Dividendus $3a^2b+3ab^2+b^3$ subtrahirt hat, so bleibe n zum Rest; jetzt nehme man für b die Vermehrung $b+1$, so wird die zu subtrahirende Größe nun $3a^2(b+1)+3a(b+1)^2+(b+1)^3 = 3a^2b+3a^2+3ab^2+6ab+3a+b^3+3b^2+3b+1$. Es übertrifft dieser Subtrahendus den vorigen $3a^2b+3ab^2+b^3$ um die Größe $3a^2+6ab+3a+3b^2+3b+1$; wenn also n größer als diese Größe ist, so kann die Vermehrung vorgehen, sonst nicht. Ist n gleich dieser Größe, so geht die Subtraktion nach der Vermehrung von b um 1, auf; zugleich ist das Maximum des Uebertreffens $= 3a^2+6ab+3a+3b^2+3b$, wo also noch keine Vergrößerung vorgenommen wird. Ist also der Rest gar kleiner als der Divisor, so hat man gewiß, gerade richtig den neuen Theil der Wurzel genommen; kann man übrigens nicht subtrahiren, so ist natürlich zu oft genommen. — Es diene folgendes Beispiel hier:

$$\sqrt[3]{405224)}\,|\,73$$

$$\begin{array}{l} \underline{343} \\ 147\,|\,62224 \\ \left(\begin{array}{r} 441 \\ 189 \\ 27 \end{array}\right) \\ \underline{46017} \\ 16207 \text{ Rest} \end{array}$$

Hier ist der Rest größer als der Divisor, wobei man die beiden Nullen, worauf sich der Divisor endiget, nicht vergessen darf (dieser ist eigentlich = 14700). Man suche nun alle jene Theile der Formel, welche den Rest angab, wo eine Vergrößerung stattfand. So ist:

$$\begin{aligned} 3a^2 &= 3\cdot 70^2 = 14700 \\ 6ab &= 6\ 3\cdot 70 = 1260 \\ 3a &= 3\cdot 70 = 210 \\ 3b^2 &= 3\cdot 3^2 = 27 \\ 3b &= 3\cdot 3 = 9 \\ 1 &= 1 = 1 \\ \hline \text{Summa} &= 16207 \end{aligned}$$

welches genau der oben gebliebene Rest ist; mithin ist der zweite Theil genau $4 = 3 + 1$, oder 74 ist die verlangte Wurzel; wäre der Rest aber auch nur 16206 gewesen, so hätte noch keine Vermehrung für die 3 stattgefunden.

Anmerk. 1 Daß man in vorkommenden Fällen oft schneller hier zum Zweck kommt, wenn man die Vergrößerung versucht, ist wol deutlich; obige Untersuchung ist aber deshalb doch sehr nützlich und interessant.

Anmerk. 2. Vergleiche die Zusätze §. 176. hiermit.

§. 182. Aufgabe.

Aus jedem Bruche, so wie aus jeder Zahl die Kubikwurzel auszuziehen.

Auflösung. Daß die $\sqrt[3]{\frac{64}{125}} = \frac{4}{5}$, $\sqrt[3]{\frac{729}{125}} = \frac{9}{5} = 1\frac{4}{5}$ rc. ist, ist nach §. 153, 3. richtig. Wir gehen daher gleich zur Ausziehung der Wurzeln aus Dezimalbrüchen, indem wir dieselben Betrachtungen wie §. 177. für die Quadratwurzeln, wiederholen könnten. So finden wir die Abtheilung in Klassen, vom Komma abwärts zur Rechten in den Dezimalstellen (zu drei Ziffern), darin bewährt, daß man ein oder zwei Nullen hinten anhängen kann, wodurch alsdann der Nenner eine 1 mit einer durch 3 dividirbaren Menge von Nullen wird, dessen Wurzel eine 1 mit dem dritten Theile jener Stellenmenge ist. Auch hier kann man mit dem Herunterholen von drei Nullen fortfahren so weit man will. Sind Ganze vorhanden, so werden diese für sich wieder abgetheilt u. s. w. Ein Bruch aus dem die Kubikwurzel gezogen werden soll, wird erst in einen Dezimalbruch auf dreimal so viele Stellen verwandelt, als man Ziffern in der Wurzel verlangt u. s. w. Kurz, der Grund aller dieser Verrichtungen ist begründet in unseren Untersuchungen bei den Quadratwurzeln. Folgende Beispiele mögen nur hier stehen *)

$\sqrt[3]{(582,|169|17)}\,|\,8,34\ldots$

512

192 | 70'69

(576
216
27)

59787

20667 | 10382170

(82668
3984
64)

8307704

$\sqrt[3]{\tfrac{4}{5}} = \sqrt[3]{0,8} = \sqrt[3]{0,800} =$

$\sqrt[3]{(0,|800|000)}\,|\,0,92\ldots$

729

243 | 7'000

486
243
8

51038

19962 u. s. w.

§. 183. Zusatz.

Die Zusätze §. 179., lassen sich nun gehörig übertragen, auf die Kubikwurzeln ebenfalls anwenden; als:

1. Die Kubikwurzel aus einer Zahl ist, wenn man erst anfängt Nullen herunterzuholen, irrational. Denn der Kubus keiner einziffrigen Zahl hat in seinen Einern eine Null, und diese Einer kommen doch bei den verschiedenen Subtraktionen unter Nullen zu stehen, sobald man dergleichen herunterholt.

2. Alle Zahlen, welche sich nicht auf eine durch 3 theilbare Nullenmenge endigen, haben irrationale Wurzeln, z. B. 100 oder 10 u. s. w.; eben so die Dezimalbrüche, die eine nicht durch 3 dividirbare Stellenmenge haben. Da aber bei den Kuben der ersten neun Zahlen, in den Einern wieder alle neun einfache Ziffern erscheinen (wie sich in einer Betrachtung dieser neun Kuben ergiebt), so kann jede, sich auf irgend eine Ziffer endigende

*) Tafel 36. bis 38. haben die Beispiele hierfür.

Zahl, eine vollkommene Kubikzahl seyn. (Vergleiche §. 179, 3. bei b.)

3. Daß die Kubikwurzel die irrational ist, ebenfalls weder Perioden hat, noch durch einen endlichen Kettenbruch dargestellt werden kann; ist einleuchtend, und wird wie bei §. 179. gezeigt. — Daß aber zwei irrationale Kubikwurzeln in einander genau enthalten seyn können, ist auch einleuchtend; z. B. $\frac{\sqrt[3]{24}}{\sqrt[3]{3}} = \sqrt[3]{\frac{24}{3}} = \sqrt[3]{8} = 2.$

§. 184. Zusätze.

Für die Ausziehung jeder Wurzel aus jeder Zahl, gilt nun Folgendes:

1. Das Ausziehen der Wurzeln ist eine Entlehnung aus der Betrachtung der Art und Weise, wie Potenzen entstehen.

2. Um die nte Wurzel aus jeder Zahl zu ziehen, bilde man sich die Formel $(A + B)^n$; dann theile man die Zahl in Klassen zu n Ziffern von der rechten gegen die linke Hand, und bilde sich die Potenztafel für die nte Potenz der einziffrigen Zahlen, um die nächste Potenz zu finden; die Wurzel derselben ist a; nun wird nach der Formel $(A + B)^n$ der Divisor und dann die folgenden Glieder gesucht.

3. In welchen Fällen dergleichen Wurzeln irrational sind, wird man leicht finden können.

4. Ist der Wurzelexponent ein Bruch, z. B. $\sqrt[\frac{n}{m}]{a}$, so ist dies $= a^{\frac{1}{\frac{n}{m}}} = a^{\frac{m}{n}} = \sqrt[n]{a^m}$, wo man also a erst potenziren kann (§. 154, 8.).

5. Es sind daher die Formeln $\sqrt[a]{b} = x$ und $b = x^a$ immer lösbar, wenn auch das Resultat in Zahlen dar-

gestellt, sich dem Werthe der Form $\sqrt[a]{b}$, oft nur unendlich nähert, oder irrational ist. (Siehe §. 151, 7. u. 8.)

6. Das Produkt oder der Quotient zweier Irrationalzahlen von demselben Wurzelgrade, kann rational werden, doch ist dies nicht immer der Fall, z. B. $\sqrt[n]{a}\sqrt[n]{} = \sqrt[n]{(ab)}$, ferner $\sqrt[n]{a} : \sqrt[n]{b} = \sqrt[n]{\left(\frac{a}{b}\right)}$; wo es von der Beschaffenheit der a und der b abhängt, ob das Produkt ab oder der Quotient $\frac{a}{b}$ eine nte Potenz ist. (Siehe §. 162, 5; §. 179, 9. und §. 183, 3.)

7. Das Produkt einer Irrationalzahl und einer Rationalzahl, ist immer irrational; denn $a\sqrt[n]{b}$ sey $= c$, so müßte, wenn c eine rationale Zahl wäre, auch $\sqrt[n]{b} = \frac{c}{a}$ seyn, d. h. eine irrationale Zahl $\sqrt[n]{b}$ (der Annahme nach irrational), wäre gleich mit einer endlichen Größe $\frac{c}{a}$ (wenn auch $\frac{c}{a}$ ein Bruch wäre); dies streitet aber gegen den Begriff der Irrationalzahl.

Anmerk. 1. Man hat die Quadrate und Kuben für viele Zahlen in Tabellen gebracht, welche für vorkommende Fälle oft schnell zum Resultate führen; dergleichen Tafeln befinden sich unter andern in Vega's Sammlung (2 Theile) und in andern Sammlungen. Diese Tafeln gewähren auch Hülfe beim Wurzelausziehen aus großen Zahlen, indem man nun für mehrere Klassen sogleich die Wurzel finden oder aufsuchen kann.

Anmerk 2. In der Lehre von den Logarithmen werden wir bedeutende Abkürzungen für das Wurzelausziehen bekommen.

Viertes Kapitel.
Die Rechnung mit imaginären Größen und mit Irrationalzahlen.

§. 185. Erklärung.

Eine imaginäre oder eingebildete, auch unmögliche Größe genannt, ist eine solche Größe, welche entstehet, wenn man eine gerade Wurzel aus einer negativen Größe ziehet, indem eine solche Wurzel weder positiv noch negativ seyn kann (§. 153, 7.); es ist deshalb auch die allgemeine Form dieser Größen diese: $\sqrt[2n]{-a}$; aber der Werth dieses Ausdrucks ist nicht darstellbar, sondern nur denkbar. Den imaginären Größen stehen die reellen Größen entgegen, zu denen alle positive und negative Größen gehören.

§. 186. Anmerkung.

Die Erscheinung der imaginären Größen, gehört ohne Zweifel zu den wichtigsten und merkwürdigsten in der Mathematik. Nicht selten glaubt der Anfänger, diese Art von Größen ganz außer Acht lassen zu können, indem er sie als unmöglich, auch für unbrauchbar hält. Nichts aber berechtiget uns zu diesem Urtheile, sondern diese Größen sind im Gegentheile unserer größten Aufmerksamkeit würdig, und erfordern in vorkommenden Fällen genaue Beachtung, ja sie werden, wie uns dieses Kapitel lehren wird, durch ihre mannigfaltigen Verbindungen, oft zu reellen Größen. Ueberdies weiß man ja schon, aus ihrer bloßen Natur hergeleitet, von ihnen, daß z. B. $(\sqrt[2n]{-a})^{2n} = -a$ ist, und wenn man von ihnen auch nur dies Eine wüßte, so sind sie ja doch denkbar, wenn auch nicht anders als in ihrer Form darstellbar, d. h. keine reelle Größe, kann ihren Werth angeben; daher ihr Werth in unserer Vorstellung allerdings, aber auch nur hier, stattfindet. — Oft führen Rechnungen in ihren Resultaten auf imaginäre Größen *), welche alsdann entweder als Formen der verlangten Größen anzusehen sind, oder welche die Unmöglichkeit zeigen, der Aufgabe in reellen Größen, immer ein Genüge zu leisten. Kommen sie überdies in einer Rechnung vor, so sind sie auch in derselben als bloße Formen oder Bezeichnungen zu betrachten die, wie erwähnt, wieder ganz verschwinden können.

Aber, weil die imaginären Größen eine ganz eigene Art von Größen sind, so müssen wir auch die ersten Gründe zu ihrer Lehre, aus ihrer Natur selbst wieder herleiten, indem wir nicht unbedingt mit ihnen, wie mit reellen Größen umzugehen das Recht haben, welches uns nicht nur auf Unwahrheiten führen, sondern wodurch wir in den großen Fehler verfallen würden, die Form, über die Bedeutung der Form, oder über den Geist derselben, zu setzen.

§. 187. Grundsätze.

1. Eine imaginäre Größe zu derselben Potenz erhoben, als der Wurzelexponent anzeigt, giebt jene negative Größe, aus der die Wurzel gezogen werden sollte; oder es ist allgemein: $(\sqrt[2n]{-a})^{2n} = -a$. Denn $\sqrt[2n]{-a}$ heißt ja nur: eine Größe finden, die zur 2nten Potenz erhoben, $-a$ giebt, weshalb $\sqrt[2n]{-a}$ als Form dieser Größe, auch der Bedingung genügen muß.

2. Es ist ein großer Unterschied zwischen folgenden Formen, deren Bedeutung daher näher erwogen werden muß; nemlich zwischen $\sqrt[2n]{-a^m}$, ferner $(\sqrt[2n]{-a})^m$ und

*) Wie wir besonders in der Theorie der Gleichungen werden kennen lernen.

$\sqrt[2n]{(-a)^m}$. — Bei der ersten Form $\sqrt[2n]{-a^m}$ soll a zur mten Potenz erhoben, diese Potenz negativ genommen, und aus dieser negativen Größe die 2nte Wurzel gezogen werden, daher $\sqrt[2n]{-a^m}$ imaginär ist; bei der zweiten Form $(\sqrt[2n]{-a})^m$, soll eine imaginäre Größe $\sqrt[2n]{-a}$ potenzirt werden; ob hier das Resultat reell oder imaginär wird, hängt erst vom Exponenten m noch ab, und die Erscheinungen sind mannigfaltig, wie uns §. 189. besonders lehren wird; endlich ist $\sqrt[2n]{(-a)^m}$ nicht einmal eine imaginäre Größe, in dem Fall wo m gerade ist, denn alsdann ist $(-a)^m$ eine positive Größe (§. 153, 5.), und der Ausdruck $\sqrt[2n]{(-a)^m}$ reell und positiv, ist aber m ungerade, so wird der Ausdruck imaginär, weil $(-a)^m$ alsdann negativ ist.

3. Jeder einzelne imaginäre Ausdruck, läßt sich auf die Form $p\sqrt[2n]{-1}$ zurückführen, d. h. als ein Produkt aus einem reellen Faktor p (der selbst die Wurzelform haben könnte), und jener geraden Wurzel aus minus Eins. Denn: $\sqrt[2n]{-a} = \sqrt[2n]{(a.-1)} = \sqrt[2n]{a}\sqrt[2n]{-1}$ (§. 153, 4.) $= p\sqrt[2n]{-1}$ (indem man $\sqrt[2n]{a} = p$ setzt). Hat man aber eine Komplexion, worin reelle und imaginäre Ausdrücke mit demselben Wurzelexponenten vorkommen; so kann man die reellen und imaginären Werthe jede für sich zusammenwerfen, und die Form $q + p\sqrt[2n]{-1}$ erzeugen, wo q so wie p reell sind, und selbst Komplexionen seyn können.

4. Es wird sich auch immer -1 als $(\sqrt[2n]{-1})^{2n}$ vorstellen lassen, also auch z. B. $-1 = \sqrt{-1} . \sqrt{-1}$.

§. 188. Lehrsatz.

Es ist ein Unterschied zwischen $\sqrt[2n]{-1}$ u. $\sqrt[2m]{-1}$.

Beweis. Obgleich es scheinen mögte als wenn, da jede Wurzel aus 1 wieder 1 ist (§. 149, 6.), auch jede Wurzel aus -1 wieder denselben imaginären Werth gebe; so ist dies dennoch nicht der Fall, sondern, wenn die geraden Wurzelexponenten verschieden sind, so wird der Werth der imaginären Größen auch verschieden seyn. Z. B. $\sqrt[4]{-1}$ ist ungleich $\sqrt{-1}$. Denn: da $(\sqrt[4]{-1})^4 = \sqrt[4]{-1} \cdot \sqrt[4]{-1} \cdot \sqrt[4]{-1} \cdot \sqrt[4]{-1} = -1$, ferner $(\sqrt{-1})^2 = \sqrt{-1} \cdot \sqrt{-1} = -1$ ist (§. 187, 1.), so ist $\sqrt[4]{-1} \cdot \sqrt[4]{-1} \cdot \sqrt[4]{-1} \cdot \sqrt[4]{-1} = \sqrt{-1} \cdot \sqrt{-1}$, und daher kann $\sqrt[4]{-1}$ nicht gleich $\sqrt{-1}$ seyn, weil erst der Faktor $\sqrt[4]{-1}$ vier Mal nöthig ist, um dasselbe Produkt (nemlich -1) zu erzeugen, als der Faktor $\sqrt{-1}$ schon mit sich selbst multiplizirt, giebt. Eben so kann allgemein $\sqrt[2n]{-1}$ nicht $= \sqrt[2m]{-1}$ seyn, denn es wird auch $\sqrt[2n]{-1} \cdot \sqrt[2n]{-1} \cdot \sqrt[2n]{-1}$ ꝛc. $= \sqrt[2m]{-1} \cdot \sqrt[2m]{-1}$ ꝛc. $= -1$ seyn, aber auf beiden Seiten sind eine ungleiche Menge von Faktoren. Welches zu beweisen war. (Daß übrigens nicht schon $\sqrt[4]{-1} \cdot \sqrt[4]{-1} = -1$ ist, folgt bereits aus §. 187, 1., auch müßte ja alsdann $(\sqrt[4]{-1})^4 = -1 \cdot -1 = +1$ seyn, und ist doch dies erst -1.) (Siehe auch §. 190.)

§. 189. Aufgabe.

Imaginäre Größen zu potenziren.

Auflösung. Die Größen welche wir hier betrachten, sind unter der Form $(\sqrt[2n]{-a})^m$ begriffen, indem die Form $\sqrt[2n]{-a}$ unbedingt eine imaginäre Größe ist, also $(\sqrt[2n]{-a})^m$ die Potenzirung einer solchen anzeigt, wie die Parenthese und der Exponent außer derselben, bezeichnet. — Wir wollen daher zuerst $(\sqrt{-a})^m$ untersuchen, welchen Ausdruck wir auch erst auf die Form $(p\sqrt{-1})^m$ (§. 187, 3.)

bringen. Zuerst ist $(p\sqrt{-1})^1 = p\sqrt{-1}$; ferner $(p\sqrt{-1})^2 = p\sqrt{-1}.p\sqrt{-1} = p.p.\sqrt{-1}.\sqrt{-1} = p^2.-1 = -p^2$ *); dann ist
$(p\sqrt{-1})^3 = p.p.p.\sqrt{-1}\sqrt{-1}\sqrt{-1} = p^3.-1.-\sqrt{-1} = -p^3\sqrt{-1}$;
so ist auch
$(p\sqrt{-1})^4 = p^4\sqrt{-1}\sqrt{-1}\sqrt{-1}\sqrt{-1} = p^4.-1.-1 = p^4.+1 = +p^4$.
Nehmen wir endlich $(p\sqrt{-1})^5$, so ist dies =
$(p\sqrt{-1})^4(p\sqrt{-1}) = p^4.p\sqrt{-1} = p^5\sqrt{-1}$. U. s. w.
Betrachten wir aufmerksam die Exponenten und die erhaltenen Resultate, so werden wir vier Formen von Exponenten unterscheiden, die vorzüglich einen Einfluß auf das Resultat haben, und dies sind die Exponenten von der Form $4n$, $4n+1$, $4n+2$, $4n+3$, auf welche Form sich jeder Exponent (sobald er eine ganze Zahl ist) bringen läßt, §. 64, 8. Es wird nemlich seyn:

1. $(p\sqrt{-1})^{4n} = +p^{4n}$
2. $(p\sqrt{-1})^{4n+1} = +p^{4n+1}\sqrt{-1}$
3. $(p\sqrt{-1})^{4n+2} = -p^{4n+2}$
4. $(p\sqrt{-1})^{4n+3} = -p^{4n+3}\sqrt{-1}$

Dies bestätigen nicht nur unsere vorigen Beispiele, wo wir 1 bis 5 zu Exponenten setzten; sondern wir finden diese Resultate durch einfache Potenzirung für jeden Fall, wenn wir uns den Exponenten nur nach der entsprechenden, von jenen vier Formen zerlegen; z. B. $(p\sqrt{-1})^{11} = (p\sqrt{-1})^{8+3} = (p\sqrt{-1})^{2.4+3} = [(p\sqrt{-1})^4]^2(p\sqrt{-1})^3$ ** $= (p^4)^2.-p^3\sqrt{-1} = p^8.-p^3\sqrt{-1} = -p^{11}\sqrt{-1}$, wo 11 unter die Form $2n+3$ (also $n=4$) zu bringen ist. (Wird $4n+3$ z. B. $= 3$ gesetzt, so ist $n = 0$.)

Nehmen wir $4n = 0$ an, so ist $(p\sqrt{-1})^{4n} = +p^{4n} = p^0 = 1 = (p\sqrt{-1})^0$; woraus wir also sehen, daß auch

---

*) Indem man den Faktor 1 weglassen kann, oder weil allgemein $-1.k = -k$ ist.

**) Siehe die Umwandelung der Potenzformen im ersten Kapitel dieses Hauptstücks.

imaginäre Größen zur nullten Potenz erhoben $= 1$ sind. (Siehe §. 154, 3.)

Ist aber in der Form $(\sqrt[2n]{-a})^m$, der Exponent 2n nicht gleich 2, sondern 4, 6, 8 u. s. w., so müssen auch neue Regeln für die Potenzirung gesucht werden. Wir haben es jedoch hier nur mit dem imaginären Faktor $\sqrt[2n]{-1}$ zu thun, da der reelle p immer zur mten Potenz erhoben wird, und dann noch vielleicht geändert werden kann. — Wenn also z. B. $(\sqrt[2n]{-1})^m$ gegeben ist, so würden wir fürs Erste im Allgemeinen im Falle $m < 2n$ ist, die Form ungeändert lassen, denn z. B. $(\sqrt[4]{-1})^3$, kann nicht füglich als $(-1)^{\frac{3}{4}}$ gesetzt werden (§. 154, 1.), weil sonst leicht die Umwandelung in $\sqrt[4]{(-1)^3}$ geschehen könnte, was für diesen besonderen Fall allerdings nichts schaden würde, aber bei anderen Fällen schaden könnte; denn z. B. $(\sqrt[8]{-1})^4$ kann offenbar nicht als $\sqrt[8]{(-1)^4}$ gesetzt werden, weil dies ja $=\sqrt[8]{+1} = +1$ ist (§. 187, 2.). — Haben der Exponent und Wurzelexponent ein gemeinschaftliches Maaß, so kann man sie gegen einander heben; z. B. $(\sqrt[6]{-1})^3 = \sqrt[6]{-1}\sqrt[6]{-1}\sqrt[6]{-1} = \sqrt{-1}$, denn jenes Produkt der drei gleichen Faktoren $\sqrt[6]{-1}$, würde mit noch einmal denselben Dreien multiplizirt $= -1$ geben, also $\sqrt[6]{-1}\sqrt[6]{-1}\sqrt[6]{-1}.\sqrt[6]{-1}\sqrt[6]{-1}\sqrt[6]{-1} = \sqrt{-1}.\sqrt{-1}$, weshalb $\sqrt[6]{-1}\sqrt[6]{-1}\sqrt[6]{-1} = \sqrt{-1}$ seyn muß. Eben so $(\sqrt[4]{-1})^2 = \sqrt{-1}$.

Um diese so wichtige Abänderung auch für die imaginären Größen allgemein zu beweisen *), nehme man

---

*) Siehe die Nothwendigkeit dieses besonderen Beweises für die imaginären Größen, in §. 186. (am Ende) begründet.

an, es sey $(\sqrt[pd]{-1})^d$ gegeben, wo pd eine gerade Zahl bedeutet *) und wo der Exponent d ein Maaß des Wurzelexponenten pd ist; so wird $(\sqrt[pd]{-1})^d = \sqrt[pd]{-1} . \sqrt[pd]{-1}$ ꝛc. so oft als d anzeigt, seyn. Nenner war das hieraus entstehende Produkt z. B. A **), so ist A . A u. s. w. so oft als p anzeigt, $= -1$; denn $[(\sqrt[pd]{-1})^d]^p] = (\sqrt[pd]{-1})^{dp} = -1$. Dies giebt aber $A^p = -1$, weshalb $A = \sqrt[p]{-1}$ seyn wird, daher wiederum $\sqrt[p]{-1} = (\sqrt[pd]{-1})^d$ seyn muß, indem diese Potenz $= A$ angenommen würde. Je nachdem nun p gerade oder ungerade war, wird auch $\sqrt[p]{-1}$ imaginär bleiben oder reell werden.

Haben beide Exponenten kein gemeinschaftliches Maaß, so kann man vielleicht den Exponenten noch geschickt zerlegen; z. B. $(\sqrt[6]{-1})^5 = (\sqrt[6]{-1})^{3+2} = (\sqrt[6]{-1})^3 (\sqrt[6]{-1})^2 = \sqrt{-1} . \sqrt[3]{-1} = \sqrt{-1} . -1 = -1\sqrt{-1} = -\sqrt{-1}$. So kann also auch ein imaginärer Ausdruck durch Potenzirung, wie hier $(\sqrt[6]{-1})^2$, reell werden, nemlich $= \sqrt[3]{-1} = -1$ (§. 153, 8.) Ist endlich $2n < m$, so kann man m in $2n +$ einer Größe zerlegen, die sich vielleicht abermals in $2n +$ u. s w. zerlegen läßt, und hierdurch können bedeutende Umwandelungen hervorgebracht werden; z. B. $(\sqrt[10]{-1})^{13} = (\sqrt[10]{-1})^{10+3} = (\sqrt[10]{-1})^{10} . (\sqrt[10]{-1})^3 = -1 . (\sqrt[10]{-1})^3 = -(\sqrt[10]{-1})^3 = -(\sqrt[10]{-1})^{2+1} = -(\sqrt[10]{-1})^2 (\sqrt[10]{-1}) = -(\sqrt[5]{-1})(\sqrt[10]{-1}) = -.-1 . (\sqrt[10]{-1}) = +1\sqrt[10]{-1} = \sqrt[10]{-1}$.

*) Alsdann ist entweder jeder der Faktoren p und d gerade, oder doch wenigstens einer derselben, da zwei ungerade Zahlen mit einander multiplizirt, nicht eine gerade Zahl geben können.

**) Es wird hier keine Rücksicht weiter darauf genommen, ob A imaginär oder reell ist, sondern es ist nur eine abgekürzte Bezeichnung für das Produkt aus jenen gleichen Faktoren.

Ferner $(\sqrt[8]{-1})^{24} = [(\sqrt[8]{-1})^{8}]^{3} = (-1)^{3} = -1$.
Oder $(\sqrt[4]{-1})^{24} = [(\sqrt[4]{-1})^{4}]^{6} = (-1)^{6} = +1$.
Aus allem diesen folgt einfach die Regel daß, wenn bei $(\sqrt[2n]{-a})^{m}$, die 2n in m eine ganze Anzahl Male enthalten ist, so wird der Ausdruck $(\sqrt[2n]{-a})^{m}$ selbst reell, und zwar positiv, wenn der Quotient $\frac{m}{2n}$ gerade, negativ aber, wenn er ungerade ist; dies rührt nemlich von der Potenzirung der -1 her. Ist aber 2n kein Maaß von m, so zerlege man auch hier m geschickt in eine Summe, wo ein Glied ein Multiplum von 2n ist, das andere Glied läßt sich alsdann behandeln, wie wir vorher sahen. Z. B. $(\sqrt[6]{-1})^{28} = (\sqrt[6]{-1})^{6\cdot 4+4} = [(\sqrt[6]{-1})^{6}]^{4}(\sqrt[6]{-1})^{4} = (-1)^{4}(\sqrt[6]{-1})^{4} = +1.(\sqrt[3]{-1})^{2} = +1(-1)^{2} = +1.+1 = +1$; dagegen würde $(\sqrt[6]{-1})^{29} = +1(\sqrt[6]{-1})^{5} = +1.(\sqrt[6]{-1})^{3+2} = 1.(\sqrt[6]{-1})^{3}(\sqrt[6]{-1})^{2} = 1\sqrt{-1}(\sqrt[3]{-1}) = 1.\sqrt{-1}.-1 = -1.\sqrt{-1} = -\sqrt{-1}$ seyn; welche wichtige Aenderung also der Exponent, indem er nur um 1 wuchs, schon verursachte. Da $(\sqrt[6]{-1})^{28} = 1$, aber $(\sqrt[6]{-1})^{28}\sqrt[6]{-1} = (\sqrt[6]{-1})^{29} = -\sqrt{-1}$ ist, so muß $\frac{(\sqrt[6]{-1})^{28}\sqrt[6]{-1}}{(\sqrt[6]{-1})^{28}} = \frac{-\sqrt{-1}}{1}$ oder $\sqrt[6]{-1} = -\sqrt{-1}$ seyn; so merkwürdig dies uns scheint, so ist es dennoch wahr, und $(\sqrt[6]{-1})^{3} = (-\sqrt{-1})^{3}$ indem sowol $\sqrt[6]{-1}\sqrt[6]{-1}\sqrt[6]{-1}$ als auch $-\sqrt{-1}.-\sqrt{-1}.-\sqrt{-1} = -.-1\sqrt{-1} = \sqrt{-1}$ giebt. Man könnte auf diese Weise, für jeden bestimmten Wurzelexponenten, ähnliche Formen von Exponenten suchen, als vorher beim Wurzelexponenten 2; wenn es nicht für jeden besonderen Fall leicht wäre, die Form

nach

nach dem Gesagten immer umzuwandeln. Daß, wenn die Form $\sqrt[2n]{(-1)^m}$ gegeben wird, erst die -1 zur $m$ten Potenz erhoben wird, ehe man den Wurzelexponenten $2n$ betrachtet, ist erwähnt, und macht dieser Fall keine besondere Betrachtung nöthig; ist $[\sqrt[2n]{(-1)^m}]^p$ gegeben, so ist dies $= (\sqrt[2n]{\mp 1})^p$, wo die vorher gehabten Regeln für -1 eintreten, für $+1$ der ganze Ausdruck aber immer wieder $+1$ geben muß. — Es ist z. B. $(\sqrt[8]{-1})^4 = \sqrt{-1}$, dagegen $\sqrt[8]{(-1)^4} = \sqrt[8]{+1} = 1$, woraus man den wichtigen Unterschied, der in §. 187, 2. angeführten Formen sieht; $\sqrt[8]{-1^4}$ aber, ist $\sqrt[8]{-1}$, denn $-1^4 = -1$, da sich das $-$ Zeichen ja auf $1^4 = 1$ bezieht. — Die Potenzirung der Komplexionen, worin imaginäre Größen vorkommen, werden wir §. 196. bekommen.

§. 190. Zusätze.

1. Wenn die imaginären Ausdrücke noch in anderen Verbindungen mit Exponenten oder Wurzelexponenten sind, so hat man wol auf die Bezeichnung zu achten, und darf nicht die Abänderungen, wie wir sie bei den reellen Größen kennen lernten, hier unbedingt vornehmen. Z. B. es sey gegeben $(\sqrt[2pd]{-a^n})^h$, so ist dies nicht $= \sqrt[2pd]{-a^{nh}}$, denn n ging blos der a an, h aber der imaginären Größe $\sqrt[2pd]{-a^n}$. Man darf aber eben so wenig, wenn $\sqrt[2n]{-1}$ gegeben ist, den Wurzelexponenten $\sqrt[2n]{}$ in $\sqrt[n]{\sqrt{}}$ oder in $\sqrt{\sqrt[n]{}}$ zerlegen; denn sonst müßte ja auch z. B. $\sqrt[6]{-1} = \sqrt{\sqrt[3]{-1}} = \sqrt{-1}$ seyn, aber nach §. 188. ist dies nicht möglich (auch ist vorher gezeigt worden, daß $\sqrt[6]{-1} = -\sqrt{-1}$ sey); überhaupt ist jede imaginäre Größe nur durch ihren Wurzelexponenten eine solche,

und darf daher derselbe nicht geändert werden, sobald nicht die Abänderung, die wir bei §. 189 sahen und bewiesen, eintritt.

2. Bei der Form $\sqrt[2n]{(-a)^m}$, darf man keinesweges 2n gegen m heben, sondern m gehört zunächst der —a an, und es muß sich erst entscheiden, ob $(-a)^m$ positiv oder negativ ist (§. 187, 2.) wo im ersteren Falle der Ausdruck $= \sqrt[2n]{+a^m}$ wird, und nur 2n gegen m nach Befinden gehoben werden kann (§. 154.); z. B. $\sqrt[8]{(-a)^4} = \sqrt[8]{+a^4} = \sqrt{+a}$; hätte man aber $\sqrt[8]{(-a)^4} = \sqrt{-a}$ gesetzt, so wäre der Ausdruck imaginär geworden.

3. Was die Form der Bruchexponenten anbetrifft, so sind sie, wie schon §. 189. erwähnt ist, nicht geschickt bei imaginären Größen zu dienen; denn z. B. $(-a)^{\frac{n}{m}}$ kann sowol heißen $\sqrt[m]{(-a)^n}$, als auch $(\sqrt[m]{-a})^n$, und daß beide Formen verschiedene Bezeichnungen sind, die auch ganz verschiedene Werthe geben können, ist hinlänglich erwähnt; man meide daher diese Bruchexponenten lieber hier ganz.

4. Die Bedeutungen aller übrigen Bezeichnungen bei imaginären Größen, sind in vorkommenden Fällen leicht zu verstehen, und Umwandelungen der Formen werden sich alsdann bald ergeben, die übrigens in wirklichen Rechnungen, wol nicht weiter so schwierig vorkommen mögten.

5. Wenn wir in den folgenden Paragraphen die Rechnung mit den Irrationalzahlen werden kennen gelernt haben, so kehren wir zu den imaginären Größen zurück, um den Faktor p, beim Ausdrucke $p\sqrt[2n]{-1}$ genauer zu untersuchen, da er ja selbst verschiedene Formen noch haben kann, und weil doch auch die imaginären Größen, in ihren verschiedenen Verbindungen unter einander, zu un-

tersuchen sind. Wir sehen aber schon hier, wie diese besondere Art von Größen, vorsichtig behandelt werden muß.

§. 191. Erklärung

Wenn irgend eine Wurzel aus einer Zahl gezogen werden soll, und man kann dieselbe durch keine Zahl (oder Bruch) genau angeben, sondern sich ihr nur bis ins Unendliche nähern; so heißt eine solche Wurzel eine Irrationalzahl oder eine surdische Zahl (§. 179, 2.).

Wir lernten beim Ausziehen der Wurzeln, diese Art Größen bereits kennen, und wollen jetzt untersuchen, was sie in ihren Verbindungen unter einander, für Abänderungen erhalten; wir betrachten übrigens nur ihre Formen, als $\sqrt{2}$ oder $\sqrt[3]{4}$ u. s. w., ohne uns um ihre annähernde Werthe weiter zu kümmern, (siehe §. 157. Anmerkung, und §. 159. Anmerk. 2.).

Oft wird ein Ausdruck wie $\sqrt{a}$, wo die Größe, aus der die Wurzel gezogen werden soll, ein Buchstabe ist, auch eine algebraische Irrationalgröße, im Gegensatze der arithmetischen Irrationalgröße, wo eine Zahl jene Stelle vertritt, genannt. Wenn man nun auch $\sqrt[n]{a}$ nur als $a^{\frac{1}{n}}$ abändern kann, so darf man ja doch immer $\sqrt[n]{a} = p$ setzen (§. 184, 5.), und nur, wenn man für a Zahlen setzt, kann die Irrationalität erscheinen. Wir benannten Ausdrücke, wie $\sqrt[n]{a}$ allgemein mit dem Namen: Wurzelgrößen, und haben die Rechnung mit ihnen im zweiten Kapitel dieses Hauptstücks hinlänglich kennen gelernt, so, daß wir uns jetzt ausschließlich mit den Irrationalzahlen beschäftigen.

Zahlen, die nicht irrational sind, heißen Rationalzahlen. (§. 179, 2.)

§. 192. Aufgabe.

Irrationalzahlen zu addiren und zu subtrahiren.

Auflösung. Die allgemeine Regel hierbei ist die, daß man auch diejenigen Irrationalgrößen welche gleich sind (wo also gleiche Wurzeln aus gleichen Größen gezogen werden), zusammenaddirt, d. h. ihre Koeffitienten vereiniget. Z. B.

$$4\sqrt{2}-\sqrt{2}+\sqrt[3]{5}+2\sqrt{2}-3\sqrt[3]{5}=5\sqrt{2}-2\sqrt[3]{5};$$

dagegen könnte man den Ausdruck $\sqrt{2}+\sqrt{3}$ nicht vereinigen, so wenig wie $\sqrt{2}+\sqrt[3]{2}$, da in beiden Fällen die beiden Glieder des Binoms verschiedene Irrationalzahlen sind, und man müßte die Wurzeln selbst ausziehen und diese als gewöhnliche Zahlen vereinigen, was weiter nichts Neues wäre. So würde die Addition und Subtraktion der Irrationalzahlen ganz auf die Verrichtungen des §. 156. zurückkommen. Aber, oft kann man durch geschickte Zerlegung der Größe unter dem Wurzelzeichen in Faktoren, bedeutende Abkürzungen in der Vereinigung hervorbringen, sobald ein Faktor alsdann eine vollkommene Potenz ist, die sich außer dem Wurzelzeichen setzen läßt, und wo der andere Faktor eine Irrationalzahl wird, die sich als Faktor bei mehreren der gegebenen Größen befindet §. 153, 4. Dies werden Beispiele deutlich machen. Z. B. $\sqrt{8}+2\sqrt{18}-5\sqrt{50}=\sqrt{4.2}+2\sqrt{9.2}-5\sqrt{25.2}=2\sqrt{2}+2.3\sqrt{2}-5.5\sqrt{2}=2\sqrt{2}+6\sqrt{2}-25\sqrt{2}=-17\sqrt{2}$. Ferner $\sqrt[3]{81}+\sqrt{28}-3\sqrt{63}+2\sqrt[3]{24}-5\sqrt[3]{3}=\sqrt[3]{(27.3)}+\sqrt{(4.7)}-3\sqrt{(9.7)}+2\sqrt[3]{(8.3)}-5\sqrt[3]{3}=3\sqrt[3]{3}+2\sqrt{7}-9\sqrt{7}+4\sqrt[3]{3}-5\sqrt[3]{3}=2\sqrt[3]{3}-7\sqrt{7}$. Oder $27\sqrt{\tfrac{2}{3}}+2\sqrt{6}-2\sqrt{\tfrac{1}{6}}=27\sqrt{\tfrac{6}{9}}+2\sqrt{6}-2\sqrt{\tfrac{6}{36}}=27.\frac{\sqrt{6}}{3}+2\sqrt{6}-2.\frac{\sqrt{6}}{6}=9\sqrt{6}+2\sqrt{6}-\tfrac{1}{3}\sqrt{6}=10\tfrac{2}{3}\sqrt{6}$. Daß diese und ähnliche höchst wesentliche Vereinigungen, ganz von den gegebenen Größen, für jeden besonderen Fall abhängen, ist wol deutlich, und die Mittel, für vorkommende Fälle, hierin selbst bequeme und brauchbare Formen zu schaffen, sind unendlich *). So ist z. B. $\sqrt{5}-2\sqrt{8}+3\sqrt{10}=\sqrt{5}-2\sqrt{(5.\frac{8}{5})}+3\sqrt{(5.2)}=\sqrt{5}-2\sqrt{\frac{8}{5}}\sqrt{5}+3\sqrt{2}\sqrt{5}=\sqrt{5}(1-2\sqrt{\frac{8}{5}}+3\sqrt{2})$ u. s. w. Eben so kann man, wenn die einzelnen Glieder verschiedene Wurzelexponenten haben sollten, sich bei allen ja denselben Exponenten erzeugen, was vielleicht auch Vortheile bringen könnte; z. B. $\sqrt{2}+\sqrt[3]{2}-\sqrt[3]{4}=\sqrt[6]{8}+\sqrt[6]{4}-\sqrt[6]{16}=\sqrt[6]{2}\sqrt[6]{4}+\sqrt[6]{4}-\sqrt[6]{4}\sqrt[6]{4}=\sqrt[6]{4}(\sqrt[6]{2}+1-\sqrt[6]{4})$. Es mögen nun nur noch folgende zwei Beispiele für die Addition und Subtraktion hier stehen, da wir in den gehabten Beispielen schon hinlänglich sahen, wie dergleichen Auflösungen für jeden Fall besonders sich ergeben müssen **). Was übrigens die Bruchexponenten anbetrifft, so werden auch diese erst auf die bekannte Weise weggeschafft. Also

$$\left.\begin{array}{l} 3\sqrt{5}-7\sqrt{216}+8\sqrt[3]{4}-5\sqrt{2}+9\sqrt[3]{108} \\ 4\sqrt{20}+3\sqrt{24}-5\sqrt[3]{32}-3\sqrt{18}-4\sqrt[3]{24} \\ -2\sqrt{45}+4\sqrt{54}+7\sqrt[3]{500}+7\sqrt{8}-6\sqrt[3]{81} \end{array}\right\}\text{ addirt.}$$

$$5\sqrt{5}-24\sqrt{6}+33\sqrt[3]{4} \;—\; +27\sqrt[3]{4}-26\sqrt[3]{3}=$$

$$5\sqrt{5}-24\sqrt{6}+60\sqrt[3]{4}-26\sqrt[3]{3}$$

Ferner:

$$\left.\begin{array}{l} 11\sqrt[3]{3}+7\sqrt{8}-9\sqrt{6}+7\sqrt[3]{5}-\sqrt[3]{16} \\ \mp 8\sqrt[3]{24}\pm 6\sqrt{18}\mp 3\sqrt{24}\mp 9\sqrt[3]{40}\pm 3\sqrt[3]{54} \end{array}\right\}\text{ subtrahirt.}$$

$$-5\sqrt[3]{3}+32\sqrt{2}-15\sqrt{6}-11\sqrt[3]{5}+7\sqrt[3]{2}$$

Bei beiden Beispielen sind die Größen gleich unter einander gesetzt, wo man jene Zerlegung in Faktoren und nachherige Vereinigung voraussehen konnte; beim ersten Beispiele fand sich diese Vereinigung nicht sogleich in den

---

*) Eine Sammlung von Beispielen über diesen, so wie über die folgenden Paragraphen, findet man in Meier Hirsch Sammlung u. s. w. Seite 41 bis 70.

**) Tafel 68. hat Beispiele hierüber.

drei letzten Theilen, und nachdem man sie als $27\sqrt[3]{4}-26\sqrt[3]{3}$ vollzogen hatte, fand sich noch die Vereinigung des Gliedes $27\sqrt[3]{4}$ mit dem Gliede $33\sqrt[3]{4}$ in der Summe.

Sollten die, zu vereinigen gegebene Größen, Komplexionen seyn, die unter dem Wurzelzeichen stehen, so kann die Addition allerdings nur da in den Koeffitienten vollzogen werden, wo dieselben irrationale Komplexionen sind; z. B. $4\sqrt[3]{(7+\sqrt[3]{2})}-7\sqrt[3]{(7+\sqrt[3]{2})}+11\sqrt[3]{(7+\sqrt[3]{2})}=8\sqrt[3]{(7+\sqrt[3]{2})}$. Sind aber die Wurzelexponenten, oder nur ein Glied in den Komplexionen, verschieden, so geht die Vereinigung nicht an; es sey denn, daß einer der gegebenen Ausdrücke sich zufällig auf einen der anderen auch gegebenen zurückführen ließe, was allerdings ein seltener Fall nur wäre.

§. 193. Aufgabe.

Irrationalzahlen zu multipliziren und zu potenziren.

Auflösung. Die einfachen Ausdrücke können uns hier nicht weiter beschäftigen, da sie ganz wie die von Potenz- und Wurzelgrößen vollzogen werden, wobei vorzüglich auf den gleichen Wurzelexponenten bei den einzelnen Faktoren zu sehen ist; z. B. $\sqrt{7}\sqrt{5}=\sqrt{35}$; $\sqrt{7}\sqrt[3]{2}=\sqrt[6]{7^3}\sqrt[6]{2^2}=\sqrt[6]{343}\sqrt[6]{4}=\sqrt[6]{1372}$ u. s. w.; wobei man in Zahlen den Vortheil hat, sogleich die Potenzirung vollziehen zu können, und so den Ausdruck immer einfach zu machen (siehe §. 154, 6.); auch kann durch diese Verrichtung leicht das Produkt rational werden, wie z. B. $\sqrt{8}\sqrt{2}=\sqrt{16}=4$. Will man übrigens einen Faktor, der eine ganze Zahl oder ein Bruch ist, unter das Wurzelzeichen mit bringen, so kann ja auch dies geschehen, z. B. $3\sqrt{2}=\sqrt{9}\sqrt{2}=\sqrt{18}$ u. s. w.

Wenn Komplexionen, deren einzelne Glieder, oder einige derselben, irrational sind, mit anderen Größen, die entweder auch einzelne Glieder oder wieder Komplexionen sind, multiplizirt werden sollen; so ist nur jene Multiplikation der einfachen Größen wiederholt vorzunehmen. Auch dies mögen einige Beispiele hier zeigen:

1. $(\sqrt{7}-4\sqrt[3]{5})2\sqrt{3}=2\sqrt{21}-8\sqrt[3]{5}\sqrt{3}=2\sqrt{21}-8\sqrt[6]{675}$.
2. $(\sqrt{7}-\sqrt{3})(\sqrt{5}-\sqrt{2})=\sqrt{35}-\sqrt{15}-\sqrt{14}+\sqrt{6}$.
3. $(\sqrt{2}+\sqrt[3]{4})(\sqrt[3]{7}-\sqrt{2}) = (\sqrt[6]{8}+\sqrt[6]{16})(\sqrt[6]{49}-\sqrt[6]{8}) =$
   $\sqrt[6]{392}+\sqrt[6]{784}-\sqrt[6]{64}-\sqrt[6]{128}=\sqrt[6]{392}+\sqrt[6]{784}-2-2\sqrt[6]{2}$.
4. $(\sqrt[3]{4}+\sqrt{7}-\sqrt{3})(\sqrt{5}-\sqrt[3]{3}+\sqrt[4]{2}) = \sqrt[6]{2000}+\sqrt{35}$
   $-\sqrt{15}-\sqrt[3]{12}-\sqrt[6]{3087}+\sqrt[6]{243}+\sqrt[12]{2048}+\sqrt[4]{98}-\sqrt[4]{18}$.
5. $(\sqrt{\tfrac{1}{2}}+3\sqrt{\tfrac{2}{5}}-2\sqrt[3]{4})(3\sqrt[3]{\tfrac{1}{3}}+4\sqrt{\tfrac{2}{5}}) = 3\sqrt[6]{\tfrac{1}{72}}+9\sqrt[6]{\tfrac{8}{1125}}$
   $-6\sqrt[3]{\tfrac{4}{3}}+4\sqrt{\tfrac{1}{5}}+\tfrac{24}{5}-8\sqrt[6]{\tfrac{128}{125}}$.
6. $(\sqrt{\tfrac{3}{5}}+\sqrt{\tfrac{4}{7}})(\sqrt{\tfrac{3}{5}}-\sqrt{\tfrac{4}{7}}) = \tfrac{3}{5}-\tfrac{4}{7}=\tfrac{1}{35}$. (Siehe auch §. 161, 3.)

In den verschiedenen Resultaten, kann man nun nach Gefallen Aenderungen treffen, und selbst da, wo es im Anfange gewiß nicht scheinen mögte, oft wichtige Umwandelungen vornehmen.

Beim Potenziren von Komplexionen, wie wir sie hier betrachten, ist ja auch nur die wiederholte Multiplikation anzuwenden; z. B. $(2\sqrt{5}+\sqrt[3]{4}-3\sqrt{3})^2 =$

$$
\begin{array}{l}
(2\sqrt{5}+\sqrt[3]{4}-3\sqrt{3}) \times \\
\underline{(2\sqrt{5}+\sqrt[3]{4}-3\sqrt{3})} \\
4.5+2\sqrt[6]{2000}-6\sqrt{15}+\sqrt[3]{16}-3\sqrt[6]{432}+27 \\
\underline{\quad +2\sqrt[6]{2000}-6\sqrt{15} \qquad\qquad -3\sqrt[6]{432}} \\
20+4\sqrt[6]{2000}-12\sqrt{15}+\sqrt[3]{16}-6\sqrt[6]{432}+27 = \\
47+4\sqrt[6]{1000}\sqrt[6]{2}-12\sqrt{15}+2\sqrt[3]{2}-6\sqrt[6]{216}\sqrt[6]{2} = \\
47+4\sqrt{10}\sqrt[6]{2}-12\sqrt{15}+2\sqrt[3]{2}-6\sqrt{6}\sqrt[6]{2} = \\
47+\sqrt[6]{2}(4\sqrt{10}-6\sqrt{6})-12\sqrt{15}+2\sqrt[3]{2}.
\end{array}
$$

Auch sieht man hier, wie in vorkommenden Fällen Komplexionen gebildet werden können.

Sind die zu multiplizirenden Größen noch gemeinschaftlich unter einem $\sqrt{}$ enthalten, so kann man die Multiplikation vollziehen, wenn der Wurzelexponent derselbe bei den verschiedenen Faktoren ist, wo nicht, so muß man sich erst denselben erzeugen; z. B.

1. $(\sqrt{4}+\sqrt{2}).\sqrt{(\sqrt{5}-3\sqrt{3})}=\sqrt{[(4+\sqrt{2})(\sqrt{5}-3\sqrt{3})]}=$
$\sqrt{(4\sqrt{5}+\sqrt{10}-12\sqrt{3}-3\sqrt{6})}=$
$\sqrt{(4\sqrt{5}+\sqrt{2}\sqrt{5}-12\sqrt{3}-3\sqrt{3}\sqrt{2})}=$
$\sqrt{[\sqrt{5}(4+\sqrt{2})-3\sqrt{3}(4+\sqrt{2})]}$,

woraus man auch leicht wieder die gegebene Form
$\sqrt{[(4+\sqrt{2})(\sqrt{5}-3\sqrt{3})]}$ herleiten kann.

2. $\sqrt{(\sqrt{3}-2\sqrt[3]{4})}.\sqrt[3]{(\sqrt{5}+2\sqrt{2})}=$
$\sqrt[6]{[(\sqrt{3}-2\sqrt[3]{4})^3(\sqrt{5}+2\sqrt{2})^2]}=$
$\sqrt[6]{[(\sqrt{27}-18\sqrt[3]{4}+12\sqrt{3}\sqrt[3]{16}-32)(13+4\sqrt{10})]}=$
$\sqrt[6]{(13\sqrt{27}-234\sqrt[3]{4}+156\sqrt[6]{6912}-416+4\sqrt{270}}$
$\overline{-72\sqrt[6]{16000}+48\sqrt[6]{6912000}-128\sqrt{10})}$

Auch diese Auflösung wird man durch Potenzirung der gegebenen irrationalen Komplexionen und durch die Multiplikation leicht finden. Uebrigens sind die Gründe des Verfahrens wol einfach einzusehen, denn $\sqrt[n]{a}\sqrt[n]{b}=\sqrt[n]{(ab)}$, wo a und b ja Größen von jeder beliebigen Form, also auch Komplexionen seyn können (siehe auch §. 158. die letzten Beispiele); ferner ist $\sqrt[n]{a}\sqrt[m]{b}=\sqrt[nm]{(a^m b^n)}$. (§. 154, 7.)

§. 194. Aufgabe.

Irrationalzahlen durch einander zu dividiren.

Auflösung. Die Division der einfachen Größen durch einander, besteht hauptsächlich darin, daß man die Wurzelexponenten **gleich** machet, wo alsdann der Quotient dasselbe Zeichen bekommt, wie §. 153, 3. schon gelehrt wurde; so ist $\frac{\sqrt{3}}{\sqrt{8}}=\sqrt{\tfrac{3}{8}}$; $\frac{\sqrt[3]{16}}{\sqrt[3]{54}}=\sqrt[3]{\tfrac{16}{54}}=\sqrt[3]{\tfrac{8}{27}}=\tfrac{2}{3}$; $\frac{\sqrt{5}}{\sqrt[3]{7}}=\sqrt[6]{\tfrac{125}{49}}=\sqrt[6]{2\tfrac{27}{49}}$ u. s. w. — Bei der Division der Komplexion durch einfache Größen, wird jenes Verfahren fortgesetzt, z. B. $(\sqrt{72}+\sqrt{32}-4):\sqrt{8}=\sqrt{\tfrac{72}{8}}+\sqrt{\tfrac{32}{8}}-\sqrt{\tfrac{16}{8}}$ $=\sqrt{9}+\sqrt{4}-\sqrt{2}=3+2-\sqrt{2}=5-\sqrt{2}$. Soll ein einfacher Ausdruck durch eine Komplexion dividirt werden, so suche man, ob sich die einzelnen Glieder des Nenners gegen den Zähler heben lassen, und wenn dies nicht ist, deute man die Division blos an, z. B.

$$\frac{\sqrt{2}}{\sqrt{8}+\sqrt{32}}=\frac{1}{\sqrt{(\frac{8}{2})}+\sqrt{(\frac{32}{2})}}=\frac{1}{\sqrt{4}+\sqrt{16}}=\frac{1}{2+4}=\frac{1}{6}\text{ *)};$$

aber $\frac{\sqrt{5}}{\sqrt{3}-\sqrt{7}}$ läßt sich schwerlich auf eine bequemere Form, durch Hebung, bringen; bei Ungleichheit der Wurzelexponenten, kann man dieselben auch gleich machen, um alsdann jene Abkürzungen zu versuchen; z. B.

$$\frac{\sqrt{6}}{2-\sqrt[4]{4}}=\frac{\sqrt[4]{36}}{\sqrt[4]{16}-\sqrt[4]{4}}=\frac{\sqrt[4]{(\frac{36}{4})}}{\sqrt[4]{(\frac{16}{4})}-1}=\frac{\sqrt[4]{9}}{\sqrt[4]{4}-1}=\frac{\sqrt{\sqrt{9}}}{\sqrt{\sqrt{4}}-1}$$

$\frac{\sqrt{3}}{\sqrt{2}-1}$ u. s. w. — Wie man bei der Division der Komplexionen durch Komplexionen zu verfahren hat, würde aus dem Gesagten wol einfach folgen, daß man aber hier selten auf Abkürzungen zu rechnen hätte, ist wol einleuchtend, wenn man die Division der Buchstabenkomplexionen durch einander, betrachtet. Allein, hier tritt nun noch eine Abkürzung ein, die von den bedeutendsten Folgen werden kann. Wenn nemlich die Wurzelexponenten nicht die 2 übertreffen **), so kann man jedesmal den Zähler

---

*) Wie also durch Verbindungen aus irrationalen Ausdrücken rationale werden können, bestätiget sich hier abermals. Siehe §. 179, 9.

**) Für die übrigen Wurzelexponenten werden wir die Behandlung auch gleich sehen.

oder Nenner rational machen, je nachdem man will, oder es für vorkommende Fälle am vortheilhaftesten ist. Dies geschieht dadurch, daß man, im Falle man den Zähler rational machen will, den Zähler (Dividendus) und Nenner (Divisor) beide mit dem Zähler multiplizirt, nachdem man sämmtlichen Gliedern desselben, außer dem ersten, die entgegengesetzten Zeichen gegeben hat; soll der Nenner rational werden, so geschieht dasselbe Verfahren mit dem Nenner. Wenn der Zähler oder der Nenner, je nachdem man den einen oder den anderen rational machen will, blos ein Binom ist, so liegt der Grund einfach in §. 161, 3. Dies mögen folgende Beispiele zeigen:
$\frac{\sqrt{2}-\sqrt{3}}{\sqrt{5}-2}$; will man den Zähler rational haben, so ist nach der gegebenen Regel:

$$\frac{\sqrt{2}-\sqrt{3}}{\sqrt{5}-2} = \frac{(\sqrt{2}-\sqrt{3})(\sqrt{2}+\sqrt{3})}{(\sqrt{5}-2)(\sqrt{2}+\sqrt{3})}$$

$$= \frac{2-3}{\sqrt{10}-2\sqrt{2}+\sqrt{15}-2\sqrt{3}} = -\frac{1}{\sqrt{10}-2\sqrt{2}+\sqrt{15}-2\sqrt{3}}$$

sollte der Nenner rational werden, so würde die Abänderung nun so werden:

$$\frac{\sqrt{2}-\sqrt{3}}{\sqrt{5}-2} = \frac{(\sqrt{2}-\sqrt{3})(\sqrt{5}+2)}{(\sqrt{5}-2)(\sqrt{5}+2)} = \frac{\sqrt{10}-\sqrt{15}+2\sqrt{2}-2\sqrt{3}}{5-4}$$

$$= \sqrt{10}-\sqrt{15}+2\sqrt{2}-2\sqrt{3}.$$

Daß man mit den Resultaten in beiden Fällen noch Veränderungen vornehmen kann, ist natürlich, ob es aber Abkürzungen sind, muß sich erst aus dem jedesmaligen Falle selbst, ergeben. Daß übrigens durch unser Verfahren, der Werth des gegebenen Bruchs (der Division) nicht geändert ist, beruhet wol einfach auf §. 87, 7. — Wenn aber der, rational zu machende Zähler oder Nenner, ein Polynom ist, so muß man jene Operation wiederholen, da das erste Mal noch nicht die Irrationalität verschwindet; z. B. man wollte bei der Division
$\frac{\sqrt{2}+\sqrt{5}-\sqrt{7}}{\sqrt{5}-\sqrt{8}+\sqrt{10}}$ den Nenner rational machen, so erhält man zuerst:

$$\frac{(\sqrt{2}+\sqrt{3}-\sqrt{7})(\sqrt{5}+\sqrt{8}-\sqrt{10})}{(\sqrt{5}-\sqrt{8}+\sqrt{10})(\sqrt{5}+\sqrt{8}-\sqrt{10})}$$

$$=\frac{\sqrt{10}+\sqrt{15}-\sqrt{35}+4+2\sqrt{6}-2\sqrt{14}-2\sqrt{5}-\sqrt{30}+\sqrt{70}}{-13+8\sqrt{5}}\ ^{*)}$$

Wird jetzt Zähler und Nenner abermals mit $-13-8\sqrt{5}$ (oder mit $8\sqrt{5}+13$, denn $-13+8\sqrt{5}=8\sqrt{5}-13$, wo also -13 zu $+13$ gemacht werden würde) multiplizirt, so wird jener letzte Ausdruck $=\frac{\mp A}{169-320}=\frac{\pm A}{-151}$ wenn man newlich $\mp A$ jenen neuen Zähler nennt, der durch die neue Multiplikation entstehen würde. Daß aber auch bei Komplexionen, durch die wiederholte Anwendung der vorher gegebenen Regel, der Ausdruck dessen Rationalität man verlangt, wirklich rational wird (worauf es ja doch blos ankommt), liegt wieder darin, daß er es werden muß, wenn der Ausdruck ein Binom ist (nach §. 161, 3., mit steter Berücksichtigung des Wurzelexponenten, der nach unserer obigen Annahme nur 2 seyn sollte), und jedes Polynom ja als ein Binom angenommen werden kann; denn ist der Ausdruck, der rational zu machen ist, z. B. allgemein dieser: $\mp\sqrt{a}\mp\sqrt{b}\mp\sqrt{c}$ $=\mp\sqrt{a}\mp N$, so wird er ja mit $\mp\sqrt{a}\pm\sqrt{b}\pm\sqrt{c}$ $=\mp\sqrt{a}\pm N$ **) multiplizirt, dies giebt $a-N^2$ (in jedem Falle, nach §. 161, 3., wodurch ja eben der Wurzelexponent 2 verschwindet); da nun N selbst ein Binom ist, so hat N^2 drei Glieder (§. 161, 1.), von denen aber nur das doppelte Produkt ($\mp 2\sqrt{b}\sqrt{c}$ im obigen Beispiele) die irrationale Form hat (weil diese bei den beiden Quadraten, die nun nur noch vorhanden sind, eben

*) Diesen Bruch findet man durch die gewöhnliche Multiplikation jener Komplexionen; hier ist alles schon gehörig abgekürzt und der zuerst erscheinende Nenner $-13+2\sqrt{80}$ in $-13+8\sqrt{5}$ umgeändert.

**) Indem die beiden hinteren Glieder, deren Zeichen abgeändert werden, laut der Regel, blos die entgegengesetzte Summe erzeugen werden, weshalb aus $\mp N$ wird $\pm N$.

durch die Quadrirung der $\sqrt{a}$ und $\sqrt{b}$, verschwunden ist), von diesen drei Gliedern lassen sich aber zwei vereinigen (die Quadrate), und somit bleibt ein Binom, aus einem rationalen und aus einem irrationalen Gliede bestehend, zurück, wozu noch a kommt, welches sich mit dem rationalen Gliede vereinigt, und so wird durch abermalige Anwendung der Regel, das Produkt ganz rational. Eben so wird man die Nothwendigkeit der Rationalität des Resultats laut der gegebenen Regel, für jedes Polynom beweisen können.

Wir können nun auch diese Regel anwenden, wenn der Divisor oder Dividendus einer Division, nur ein einfaches Glied, indem der andere von beiden eine Komplexion ist, wodurch auch merkwürdige Veränderungen und Umformungen in den gegebenen Ausdrücken hervorgebracht werden. Z. B.

1. $$\frac{1}{\sqrt{3}+2} = \frac{1.(\sqrt{3}-2)}{(\sqrt{3}+2)(\sqrt{3}-2)} = \frac{\sqrt{3}-2}{3-4} = \frac{-\sqrt{3}+2}{+1}$$
$$= 2-\sqrt{3}.$$

2. $$\frac{\sqrt{3}}{2\sqrt{5}-3\sqrt{2}} = \frac{\sqrt{3}(2\sqrt{5}+3\sqrt{2})}{(2\sqrt{5}-3\sqrt{2})(2\sqrt{5}+3\sqrt{2})} =$$
$$\frac{2\sqrt{15}+3\sqrt{6}}{20-18} = \sqrt{15}+\tfrac{3}{2}\sqrt{6}$$

3. $$\frac{2\sqrt{5}-\sqrt{3}}{\sqrt{2}} = \frac{(2\sqrt{5}-\sqrt{3})(2\sqrt{5}+\sqrt{3})}{\sqrt{2}(2\sqrt{5}+\sqrt{3})} =$$
$$\frac{20-3}{2\sqrt{10}+\sqrt{6}} = \frac{-17}{(2\sqrt{5}+\sqrt{3})\sqrt{2}}$$

4. $$\frac{1}{\sqrt{2}+\sqrt{3}-\sqrt{5}} = \frac{\sqrt{2}-\sqrt{3}+\sqrt{5}}{(\sqrt{2}+\sqrt{3}-\sqrt{5})(\sqrt{2}-\sqrt{3}+\sqrt{5})}$$
$$= \frac{\sqrt{2}-\sqrt{3}+\sqrt{5}}{2\sqrt{15}-6} = \frac{(\sqrt{2}-\sqrt{3}+\sqrt{5})(2\sqrt{15}+6)}{(2\sqrt{15}-6)(2\sqrt{15}+6)} \text{ *)}$$

---

*) Nach Wiederholung der Multiplikation mit dem, nach der Regel wieder veränderten, neuen Nenner $2\sqrt{15}.-6$ als $2\sqrt{15}+6$.

$$=\frac{2\sqrt{30}-2\sqrt{45}+2\sqrt{75}+6\sqrt{2}-6\sqrt{3}+6\sqrt{5}}{60-36}$$

$$=\frac{2\sqrt{30}-6\sqrt{5}+10\sqrt{3}+6\sqrt{2}-6\sqrt{3}+6\sqrt{5}}{24} \text{ *)}$$

$$=\frac{2\sqrt{30}+4\sqrt{3}+6\sqrt{2}}{24}=\frac{\sqrt{30}}{12}+\frac{\sqrt{3}}{6}+\frac{\sqrt{2}}{4}$$

$$=\sqrt{\left(\tfrac{30}{144}\right)}+\sqrt{\left(\tfrac{3}{36}\right)}+\sqrt{\left(\tfrac{2}{16}\right)}=\sqrt{\left(\tfrac{5}{24}\right)}+\sqrt{\left(\tfrac{1}{12}\right)}+\sqrt{\left(\tfrac{1}{8}\right)}.$$

So könnten wir fortfahren an neuen Beispielen unsere Regel zu zeigen, doch sind die gegebenen bereits hinlänglich; am mehrsten wird man gewiß dieselbe anwenden, um den Divisor rational zu machen, damit die Division in die einzelnen Theile des Dividendus zu vollziehen geht; doch hängt es abermals von Umständen ab, ob man überhaupt die Anwendung des Verfahrens vornehmen, oder lieber die Form der Division beibehalten will.

Wenn der, in §. 161, 3. liegende Grund für unsere Regel, zum Rationalmachen des Divisors oder des Dividendus, ganz verstanden ist; so wird man leicht einsehen, daß dasselbe Verfahren wiederholt, auch gelten muß, wenn die Wurzelexponenten 4, oder 8, oder 16, oder jeden neue, durch wiederholte Verdoppelung der Zahl 2 entstehende, allgemein unter der Form 2^n enthaltene Zahl, sind; denn dies liegt in der Natur der Quadrirung von Wurzelgrößen, wo jene Zahlen Wurzelexponenten sind, indem sie hierdurch immer auf einen halb so großen Wurzelexponenten, also endlich auf 2, zurückgeführt werden können. Gesetzt man wolle bei $\frac{A \text{ **)}}{\sqrt[4]{4}-\sqrt[4]{5}}$ den Nenner rational haben, so erhält man:

$$\frac{A}{\sqrt[4]{3}-\sqrt[4]{5}}=\frac{A(\sqrt[4]{3}+\sqrt[4]{5})}{(\sqrt[4]{3}-\sqrt[4]{5})(\sqrt[4]{3}+\sqrt[4]{5})}=\frac{N}{\sqrt{3}-\sqrt{5}}$$

*) Nach den Umwandelungen laut §. 192.

**) Der Zähler heiße A, indem es hier nur darum zu thun ist, zu sehen, ob der Nenner rational wird; eben so könnten wir diesen A nennen, wenn wir jenes am Zähler zeigen wollten.

[denn $(\sqrt[4]{3})^2 = \sqrt{3}$ u. s. w.; eben so heiße der neue Zähler N, M u. s. w.]

$$= \frac{N(\sqrt{3}+\sqrt{5})}{(\sqrt{3}-\sqrt{5})(\sqrt{3}+\sqrt{5})} = \frac{M}{3-5} = \frac{M}{-2}$$

Wenn wir nun die, nicht zur Form 2^n gehörigen Exponenten betrachten, so gewährt die Verrichtung, die wir vorher bei jenen Exponenten kennen lernten, hier nicht denselben Vortheil; denn, wenn z. B. $\frac{A}{\sqrt[3]{n}-\sqrt[3]{p}}$ gegeben ist, so würde man nach obiger Anleitung erhalten $\frac{A(\sqrt[3]{n}+\sqrt[3]{p})}{(\sqrt[3]{n}-\sqrt[3]{p})(\sqrt[3]{n}+\sqrt[3]{p})} = \frac{B}{\sqrt[3]{n^2}-\sqrt[3]{p^2}}$ wo also der Wurzelexponent 3 eben so im Nenner stehet, wie in der ersten Form, indem $\sqrt[3]{n^2}$ noch irrational ist. — Um nun zu zeigen, wie bei den unerschöpflichen Mitteln der allgemeinen Bezeichnung, sich auch hier Hülfen darbieten, die Irrationalität des Nenners (oder des Zählers, wenn man sie für diese verlangte) wegzuschaffen, diene Folgendes. Man multiplizire, wenn die Division $\frac{A}{\sqrt[3]{n}-\sqrt[3]{p}}$ gegeben ist, Zähler und Nenner mit $\sqrt[3]{n^2}+h\sqrt[3]{n}+c$, so erhält man:

$$\frac{A}{\sqrt[3]{n}-\sqrt[3]{p}} = \frac{A(\sqrt[3]{n^2}+h\sqrt[3]{n}+c)}{(\sqrt[3]{n}-\sqrt[3]{p})(\sqrt[3]{n^2}-h\sqrt[3]{n}+c)}$$

$$= \frac{B}{n+(h-\sqrt[3]{p})\sqrt[3]{n^2}+(c-h\sqrt[3]{p})\sqrt[3]{n}-c\sqrt[3]{p}}$$

wie man auf dem Wege der Multiplikation leicht findet. Es waren aber h und c beliebig gewählte Größen, und wir haben zu untersuchen, wie man sie zu bestimmen hat, wenn jener neue Nenner **rational** werden soll. Zuerst enthält der Nenner zwei Glieder $(h-\sqrt[3]{p})\sqrt[3]{n^2}$ und $(c-h\sqrt[3]{p})\sqrt[3]{n}$, die **durchaus irrational** sind,

(§. 184, 7.) weil der Faktor $\sqrt[3]{n^2}$ so wie $\sqrt[3]{p}$, laut Annahme, dies ist, man mag c und h wählen, wie man will *). Wenn aber diese beiden Glieder = Null würden, so könnten wir beim letzten Gliede $c\sqrt[3]{p}$ die c wählen als $=\sqrt[3]{p^2}$, wodurch $c\sqrt[3]{p}=\sqrt[3]{p^2}\sqrt[3]{p}=p$, rational, mithin der Nenner $n-p$ dies ebenfalls würde. Wenn aber $(h-\sqrt[3]{p})\sqrt[3]{n^2}=0$ werden soll, so muß der Faktor $h-\sqrt[3]{p}=0$ werden, da $\sqrt[3]{n^2}$ es *nicht* ist, und ein Produkt nur durch einen Faktor, der Null ist (d. h. *wenigstens einen*) auch Null werden kann (§. 30, 3.). Ist aber $h-\sqrt[3]{p}=0$, so ist $h=\sqrt[3]{p}$, wonach wir h daher anzunehmen haben. Eben so muß aber auch, wenn $(c-h\sqrt[3]{p})\sqrt[3]{n}=0$ werden soll, $c-h\sqrt[3]{p}=0$, oder $c=h\sqrt[3]{p}$ seyn; da nun $h=\sqrt[3]{p}$ seyn sollte, so muß $c=\sqrt[3]{p}\sqrt[3]{p}=\sqrt[3]{p^2}$ gewählt werden, wie es nach unserer obigen Betrachtung, auch wirklich für das Glied

*) Gesetzt es wäre $\sqrt[3]{p}=\sqrt[3]{n}$, und man hätte auch $h=\sqrt[3]{n}$ gewählt, so würde aus $(h-\sqrt[3]{p})\sqrt[3]{n^2}$ werden $(\sqrt[3]{n}-\sqrt[3]{n})\sqrt[3]{n^2}=n-n=0$, wodurch allerdings das Glied $(h-\sqrt[3]{p})\sqrt[3]{n^2}$ verschwände; aber nun wäre das dritte Glied $(c-h\sqrt[3]{p})\sqrt[3]{n}=c\sqrt[3]{n}-\sqrt[3]{n}\sqrt[3]{n}\sqrt[3]{n}=c\sqrt[3]{n}-n$, und es müßte $c=\sqrt[3]{n^2}$ gewählt seyn, damit auch $c\sqrt[3]{n}-n=n-n=0$ würde; alsdann wäre ferner das Glied $c\sqrt[3]{p}=\sqrt[3]{n^2}\sqrt[3]{n}=n$, und unser Nenner in der That rational. Wenn nun auch die Wahl der h und c ganz von uns abhängt, so wird doch der Fall selten seyn, daß $\sqrt[3]{n}=\sqrt[3]{p}$ oder jene beide Glieder in der Aufgabe gleich sind; ist dies nun *nicht* der Fall, so wird auch $(h-\sqrt[3]{p})\sqrt[3]{n^2}$ so wie $(c-h\sqrt[3]{p})\sqrt[3]{n}$ *nicht* rational werden. Dieser Fall ist daher nicht *allgemein*.

$c\sqrt[3]{p}$ nöthig ist *). Hiernach hat man für jeden besondern Fall zu wählen, was h und was c seyn muß. Z. B. $\frac{A}{\sqrt[3]{5}-\sqrt[3]{2}}$; hier ist $\sqrt[3]{3}=\sqrt[3]{n}$ und $\sqrt[3]{2}=\sqrt[3]{p}$, also $h=\sqrt[3]{2}$, und $c=\sqrt[3]{2^2}=\sqrt[3]{4}$. So wird nun

$$\frac{A}{\sqrt[3]{5}-\sqrt[3]{2}}=\frac{A(\sqrt[3]{5^2}+\sqrt[3]{2}\sqrt[3]{5}+\sqrt[3]{4})}{(\sqrt[3]{5}-\sqrt[3]{2})(\sqrt[3]{5^2}+\sqrt[3]{2}\sqrt[3]{5}+\sqrt[3]{4})}=$$

$$\frac{B}{5-\sqrt[3]{2^2}\sqrt[3]{2}}=\frac{B}{5-2}=\frac{B}{3}.$$ Was aber B ist, hängt noch vom Faktor A ab. — Wenn gegeben wäre $\frac{A}{\sqrt[3]{n}+\sqrt[3]{p}}$ also eine Summe in dem rational zu machenden Theile der Division, so würde jener Faktor $=\sqrt[3]{n^2}-h\sqrt[3]{n}+c$ seyn müsse, und man hätte h und c wie vorher zu wählen, und das Glied $-c\sqrt[3]{p}$ würde $=+c\sqrt[3]{p}$ werden.

So sey z. B. beim Ausdrucke $\frac{\sqrt[3]{7}+\sqrt[3]{4}}{A}$ der Zähler rational zu machen; so ist $h=\sqrt[3]{4}$ und $c=\sqrt[3]{16}$, daher:

$$\frac{\sqrt[3]{7}+\sqrt[3]{4}}{A}=\frac{(\sqrt[3]{7}+\sqrt[3]{4})(\sqrt[3]{49}-\sqrt[3]{4}\sqrt[3]{7}+\sqrt[3]{16})}{A(\sqrt[3]{7^2}-\sqrt[3]{4}\sqrt[3]{7}+\sqrt[3]{4^2}}=$$

$$\frac{\sqrt[3]{343}+\sqrt[3]{64}}{B}=\frac{7+4}{B}=\frac{11}{B}.$$

Wenn das eine Glied, der rational zu machenden Größe, selbst rational seyn sollte, so bleibt die Auflösung dieselbe, und wird z. B. $\frac{A}{\sqrt[3]{n}\mp q}$ gegeben, so ist $q=$ dem vorigen $\sqrt[3]{p}$, daher $h=q$ und $c=q^2$ zu nehmen ist; sollte ferner

*) Es ist also die Betrachtung der Faktoren $\sqrt[3]{n^2}$ und $\sqrt[3]{n}$ gar nicht weiter nöthig, die wir bei der Anmerkung * (vorige Seite, unten) nicht vergessen dürften.

ferner eines der Glieder $\sqrt[3]{n}$ oder $\sqrt[3]{p}$ noch einen Koeffitienten haben, so kann man diesen auch noch mit unter das Zeichen $\sqrt[3]{\ }$ bringen. — Dies mögen folgende Beispiele noch kurz erläutern:

1. $$\frac{A}{\sqrt[3]{5}+2} = \frac{B\ ^{*)}}{(\sqrt[3]{5}+2)(\sqrt[3]{25}-2\sqrt[3]{5}+4)} = \frac{B}{5+8} = \frac{B}{13}$$

2. $$\frac{4-\sqrt{6}}{A} = \frac{(4-\sqrt[3]{6})(16+4\sqrt[3]{6}+\sqrt[3]{6^2})}{B}\ ^{**)} = \frac{64-\sqrt[3]{6^3}}{B}$$
$$= \frac{58}{B}$$

3. $$\frac{A}{2\sqrt[3]{3}+3\sqrt[3]{5}} = \frac{B}{(2\sqrt[3]{3}+3\sqrt[3]{5})(4\sqrt[3]{5^2}-3\sqrt[3]{5}.2\sqrt[3]{3}+9\sqrt[3]{25})}\ ^{***)}$$
$$= \frac{B}{8.3+27.5} = \frac{B}{159}$$

4. $$\frac{\frac{2}{3}-2\sqrt[3]{7}}{A} = \frac{(\frac{2}{3}-2\sqrt[3]{7})(\frac{4}{9}+2\sqrt[3]{7}.\frac{2}{3}+4\sqrt[3]{49}}{B} = \frac{\frac{8}{27}-56}{B}$$
$$= \frac{-1504}{27B}$$

Wenn die Irrationalgrößen den Wurzelexponenten 6 haben sollten, so kann man sie durch das Verfahren, welches wir für die Wurzelexponenten von der Form 2^n hatten, zuerst auf den Wurzelexponenten 3 zurückführen, worauf die vorige Behandlung eintritt. Z. B.

---

*) Wo B gleich dem neuen, durch die Multiplikation erzeugten Zähler bedeutet, den wir hier nicht näher bestimmen, weil er für die eigentliche Untersuchung weiter nichts beiträgt.

**) Hier ist $\sqrt[3]{n}=4$ also $\sqrt[3]{n^2}=16$, und $\sqrt[3]{6}=\sqrt[3]{p}=h$, daher $h\sqrt[3]{n}=\sqrt[3]{6}.4=4\sqrt[3]{6}$.

***) Hier ist $\sqrt[3]{n}=2\sqrt[3]{3}$ also $\sqrt[3]{n^2}=(\sqrt[3]{n})^2=(2\sqrt[3]{3})^2=4\sqrt[3]{9}$ (§. 152, 1.) eben so ist auch $\sqrt[3]{p}=3\sqrt[3]{5}$, woraus $\sqrt[3]{p^2}=c=9\sqrt[3]{25}$ folgt.

$$\frac{A}{\sqrt[6]{4}+\sqrt[6]{3}} = \frac{A(\sqrt[6]{4}-\sqrt[6]{3})}{(\sqrt[6]{4}+\sqrt[6]{4})(\sqrt[6]{4}-\sqrt[6]{3})} = \frac{B}{\sqrt[3]{4}-\sqrt[3]{3}} \text{ ꝛc.}$$

wie vorher; eben so wird man, wenn 12 oder 24 oder allgemein $3 \cdot 2^n$ die Wurzelexponenten sind *), sich erst durch diese Methode, mittelst ihrer wiederholten Anwendung, den Wurzelexponenten 3 erzeugen.

Anmerkung 1. Wenn man wissen wollte, wie der Faktor $\sqrt[3]{n^2}+h\sqrt[3]{n}+c$ [der doch die Hauptursach war, weshalb die Irrationalität verschwand], gefunden wäre, so urtheile man: es würde eine Größe gesucht, die mit $\sqrt[3]{n}-\sqrt[3]{p}$ multiplizirt, ein rationales Produkt erzeugt; diese mußte eine Komplexion werden, da ein einfaches Glied noch nicht mit der irrationalen Komplexion $\sqrt[3]{n}-\sqrt[3]{p}$ multiplizirt, das Produkt rational machen kann; sollte aber $\sqrt[3]{n}$ rational werden, so ist wol $\sqrt[3]{n^2}$ die Größe, die man sogleich als einen Faktor entdeckt; es sey daher $\sqrt[3]{n^2}+h$ die verlangte Komplexion; so ist

$$(\sqrt[3]{n}-\sqrt[3]{p})(\sqrt[3]{2^2}+h) = n-\sqrt[3]{n^2}\sqrt[3]{p}+h\sqrt[3]{n}-h\sqrt[3]{p};$$

giebt man der h noch den Faktor $\sqrt[3]{n}$ bei, so kann man eine Vereinigung des zweiten und dritten Gliedes schon zum Theil vornehmen, und erhält: $(\sqrt[3]{n}-\sqrt[3]{p})(\sqrt[3]{n^2}+h\sqrt[3]{n}) =$

$$n-\sqrt[3]{n^2}\sqrt[3]{p}+\sqrt[3]{n^2}h-h\sqrt[3]{p}\sqrt[3]{n} = n+(h-\sqrt[3]{p})\sqrt[3]{n^2}-h\sqrt[3]{p}\sqrt[3]{n};$$

soll aber dies letzte Glied auch noch verschwinden, so müssen noch mehr Glieder im Faktor $\sqrt[3]{n^2}+h\sqrt[3]{n}$ kommen, damit das Produkt auch noch mehrere erhält, die sich mit jenem Gliede tilgen, also sey noch c dazu gesetzt; so wird

$$(\sqrt[3]{n}-\sqrt[3]{p})(\sqrt[3]{n^2}+h\sqrt[3]{n}+c) =$$

$$n+(h-\sqrt[3]{p})\sqrt[3]{n^2}+(c-h\sqrt[3]{p})\sqrt[3]{n}-c\sqrt[3]{p}$$

womit nun unsere obigen Untersuchungen fortgesetzt werden. — Eben so könnte man für noch größere Wurzelexponenten als 3, ähnliche Untersuchungen anstellen.

---

*) Unter der Form $3 \cdot 2^n$ sind alle Zahlen begriffen, die aus der wiederholten Verdoppelung der Zahl 3 entstehen, als 6, 12, 24, 48 u. s. w. [Bei $48 = 3 \cdot 2^n$ ist $2^n = \frac{48}{3} = 16$ also $n = 4$, da $2^4 = 16$ ist.]

Sollten endlich die Wurzelexponenten unter sich, selbst verschieden seyn, so kann man sie auf einen gemeinschaftlichen zurückführen; z. B.

$$\frac{A}{\sqrt{12}-\sqrt[4]{4}}=\frac{A}{\sqrt[4]{144}-\sqrt[4]{4}}=\frac{A(\sqrt[4]{144}+\sqrt[4]{4})}{(\sqrt[4]{144}-\sqrt[4]{4})(\sqrt[4]{144}+\sqrt[4]{4})}$$

$$=\frac{B}{\sqrt{144}-\sqrt{4}}=\frac{B}{12-2}=\frac{B}{10}$$

wo sich, indem $\sqrt{4}$ rational ist, ein Vortheil noch zufällig findet (das erste Glied $\sqrt{144}$ mußte rational werden, da $\sqrt{12}$ quadrirt war). Bei $\frac{A}{\sqrt{5}+\sqrt[3]{3}}$ wurde durch die Umwandlung in $\frac{A}{\sqrt[6]{125}+\sqrt[6]{9}}$ erst der Wurzelexponent 6 auf 3, und dann der Ausdruck wieder auf einen rationalen Divisor zurückzuführen seyn.

Anmerk. 2. Ist der Nenner [oder der Zähler im Falle man diesen rational machen will] eine Komplexion, so stellen sich, wenn der Wurzelexponent der verschiedenen Glider die 2 übertrifft, noch bei Anwendung der bewußten Regel, neue Schwierigkeiten dar, die darin ihren Grund finden, daß die Vereinigung von den Gliedern im Produkte nicht angeht, wie es der Fall war, beim Wurzelexponenten 2, indem sie noch die irrationale Form behalten *); man kann sich leicht bei der Wahl eines Beispiels (z. B. $\frac{A}{\sqrt[8]{5}-\sqrt[8]{2}+\sqrt[8]{4}}$) hiervon überzeugen. Bei näherer Betrachtung ist diese Schwierigkeit leicht zu finden, sie würde uns aber hier in zu weitläuftige Untersuchungen führen; für jeden vorkommenden Fall, muß nemlich die jedesmalige Lage hierüber entscheiden, und Abänderungen werden bei den unendlich vielen Mitteln, die wir bis hierher schon kennen lernten, gewiß zu machen seyn. [Die allgemeinen Glieder, wie vorher h und c leisten hierbei gute Dienste.]

Wenn die durch einander zu dividirenden Irrationalausdrücke Komplexionen sind, und sich noch unter einem

*) Die, wie wir vorher zeigten, beim Wurzelexponenten 2 verschwand.

Wurzelzeichen befinden, so kommt der Quotient, im Falle beide Wurzelexponenten (des Divisors und des Dividendus) gleich sind, unter dasselbe Wurzelzeichen, widrigenfalls man beide erst gleich macht; sind sie beide unter ein Wurzelzeichen gebracht, so kann man die Aenderungen und Abkürzungen, die wir vorher kennen lernten, noch bei der Division vollziehen; z. B.

1. $$\frac{\sqrt{(4+\sqrt{5})}}{\sqrt{(\sqrt{3}-\sqrt{2})}} = \sqrt{\left(\frac{(4+\sqrt{5})}{(\sqrt{3}-\sqrt{2})}\right)}$$
$$= \sqrt{\left(\frac{(4+\sqrt{5})(\sqrt{3}+\sqrt{2})}{(\sqrt{3}-\sqrt{2})(\sqrt{3}+\sqrt{2})}\right)}$$
$$= \sqrt{\left(\frac{4\sqrt{3}+\sqrt{15}+4\sqrt{2}+\sqrt{10}}{3-2}\right)}$$
$$= \sqrt{(4\sqrt{3}+\sqrt{15}+4\sqrt{2}+\sqrt{10})}$$

2. $$\frac{\sqrt{(3-\sqrt{2})}}{\sqrt[3]{(\sqrt{5}+\sqrt{3})}} = \sqrt[6]{\left(\frac{(3-\sqrt{2})^3}{(\sqrt{5}+\sqrt{3})^2}\right)}$$
$$= \sqrt[6]{\left(\frac{27-27\sqrt{2}+18-2\sqrt{2})}{(5+2\sqrt{15}+3)}\right)} = \sqrt[6]{\left(\frac{(45-29\sqrt{2})}{(8+2\sqrt{15})}\right)}$$
$$= \sqrt[6]{\left(\frac{(45-29\sqrt{2})(8-2\sqrt{15})}{(8+2\sqrt{15})(8-2\sqrt{15})}\right)}$$
$$= \sqrt[6]{\left(\frac{(360-232\sqrt{2}-90\sqrt{15}+58\sqrt{30})}{(64-60)}\right)}$$
$$\sqrt[6]{(90-58\sqrt{2}-22\tfrac{1}{2}\sqrt{15}+14\tfrac{1}{2}\sqrt{30})}$$

3. $$\frac{\sqrt{3}}{\sqrt[4]{(\sqrt[4]{36}+2\sqrt[4]{4})}} = \frac{\sqrt[4]{9}}{\sqrt[4]{(\sqrt[4]{36}+2\sqrt[4]{4})}} = \sqrt[4]{\left(\frac{9}{\sqrt[4]{36}+2\sqrt[4]{4}}\right)}$$
$$= \sqrt[4]{\left(\frac{9(\sqrt[4]{36}-2\sqrt[4]{4})}{(\sqrt[4]{36}+2\sqrt[4]{4})(\sqrt[4]{36}-2\sqrt[4]{4})}\right)} = \sqrt[4]{\left(\frac{9\sqrt[4]{36}-18\sqrt[4]{4}}{\sqrt{36}-4\sqrt{4}}\right)}$$
$$= \sqrt[4]{\left(\frac{9\sqrt[4]{36}-18\sqrt[4]{4}}{6-8}\right)} = \sqrt[4]{\left(\frac{18\sqrt[4]{4}-9\sqrt[4]{36}}{2}\right)} \text{ *)}$$
$$= \sqrt[4]{(9\sqrt[4]{4}-4\tfrac{1}{2}\sqrt[4]{36})}.$$

*) §. 37, 15.

Wenn nun auch die gegebenen Ausdrücke nicht immer so vortheilhaft abgeändert werden können, als es hier der Fall war, so ist doch der Weg, den man in vorkommenden Fällen einzuschlagen hat, hieraus gewiß deutlich. Dergleichen Vortheile aber zu benutzen, kann man nur durch eine Uebung in der Lösung hierher gehöriger Aufgaben, erlernen.

Anmerk. 3. Die Abänderung des Irrationalausdruckes $\sqrt{(a \pm \sqrt{b})}$ wird §. 199. gelehrt werden, die uns nicht nur abermals ein Beispiel merkwürdiger Umwandelungen geben wird, sondern die auch mit Vortheil bei der Rechnung mit Irrationalzahlen angewendet werden kann. Ferner siehe §. 198. über die Ausziehung der Wurzel aus Irrationalkomplexionen.

§. 195. Aufgabe.

Imaginäre Größen zu addiren und von einander zu subtrahiren.

Anmerk. Die Rechnung mit imaginären Zahlen, wird aus der der Irrationalzahlen einfach folgen, mit steter Berücksichtigung des Faktors $\sqrt[2n]{-1}$, und mit Achtung auf die, §. 187. bis §. 190. gehabten Lehren.

Auflösung. Nach §. 192. behandeln wir die Faktoren, die vor dem Faktor $\sqrt[2n]{-1}$ stehen, und mit Berücksichtigung des Faktors $\sqrt[2n]{-1}$, können wir die Addition nur da vollziehen, wo dieselben Faktoren ganz, und zum Theil kann man vereinigen, wo nur einige dieser Faktoren, dieselben sind. Z. B.

$$\sqrt{-4}+\sqrt{-16}-\sqrt{-49}=2\sqrt{-1}+4\sqrt{-1}-7\sqrt{-1}=-\sqrt{-1};$$

ferner

$$3\sqrt{-36}+2\sqrt[4]{-256}+7\sqrt{-9}-5\sqrt{-100}+3\sqrt[4]{-81}=$$
$$18\sqrt{-1}+8\sqrt[4]{-1}+21\sqrt{-1}-50\sqrt{-1}+9\sqrt[4]{-1}=$$
$$-11\sqrt{-1}+17\sqrt[4]{-1},$$

wo keineswegs -11 mit $+17$ vereiniget werden kann, weil $\sqrt{-1}$ nicht gleich $\sqrt[4]{-1}$ ist (§. 188.). — Sollten reelle Größen (die wieder irrational seyn können) mit gegeben werden, so behandelt man solche unter sich. Noch sey z. B gegeben:

$$\left.\begin{array}{l} 2\sqrt{-9}+3\sqrt{-32}-4\sqrt{72}-4\sqrt[4]{-16}-5\sqrt{-50} \\ -5\sqrt{-25}+11\sqrt{-18}+\sqrt{50}+3\sqrt[4]{-625}+7\sqrt{-48} \\ -3\sqrt{-16}-4\sqrt{-200}+\sqrt{32}\qquad -2\sqrt{-5} \end{array}\right\}\text{ad-dirt.}$$

$$-31\sqrt{-1}+5\sqrt{2}\sqrt{-1}-15\sqrt{2}+7\sqrt[4]{-1}$$
$$-(25\sqrt{2}-28\sqrt{3}+2\sqrt{5})\sqrt{-1}$$

Ferner:

$$\text{zu sub-trahiren.}\left\{\begin{array}{l} -\sqrt{-7}-\sqrt[4]{-32}+\sqrt[3]{-27}-5\sqrt{-64}-9\sqrt{-400} \\ +3\sqrt{-5}\mp6\sqrt[4]{-162}\mp4\sqrt[3]{+343}\mp3\sqrt{-121}\pm3\sqrt{-32} \end{array}\right.$$

$-\sqrt{-1}(\sqrt{7}+3\sqrt{5})-20\sqrt[4]{2}\sqrt[4]{-1}-31$ *) $-73\sqrt{-1}-(180-12\sqrt{2})\sqrt{-1}$

Sollten die, zum Vereinigen gegebene imaginäre Größen, in Buchstaben gegeben seyn, so würde man oft den Vortheil verlieren, einige Größen rational machen zu können; se ist z. B. $\sqrt{-a}+n\sqrt{-d^2}-c\sqrt{-f^4}+\sqrt{-x}$ $=\sqrt{-1}(\sqrt{a}+nd-cf^2+\sqrt{x})$, oder die Vereinigung bleibt nur größtentheils angedeutet. (Siehe das Ende von § 192. in Hinsicht der Komplexionen, wenn diese imaginär seyn sollten.)

§. 196. Aufgabe.

Imaginäre Größen zu multipliziren und zu potenziren.

Auflösung. Hier verschwindet durch die Multiplikation zweier oder mehrerer imaginären Faktoren oft die imaginäre Größe, und es entstehen relle Größen; denn $\sqrt{-1}.\sqrt{-1}$ ist $=-1$; daher wird auch

$$\sqrt{-a}.\sqrt{-b}=\sqrt{a}\sqrt{b}.-1=-\sqrt{(ab)}$$

werden; eben so ist

*) Denn $+\sqrt[3]{-27}=-3$ (§. 153, 8.) ferner $4\sqrt[3]{343}=4.7=28$, endlich ist $-3-(+28)=-3-28=-31$.

$\sqrt{-d}\,.\,n\sqrt{-b}\,.\,-p\sqrt{-h} = \sqrt{d}\,.\,n\sqrt{b}\,.\,-p\sqrt{h}\,.\,\sqrt{-1}\sqrt{-1}\sqrt{-1}$
$= -np\sqrt{(dbh)}\,.\,-1\,.\,\sqrt{-1} = +np\sqrt{(dbh)}\sqrt{-1}.$
Durch diese Zerlegung und Umwandelung der Faktoren, wird man immer bald zum Zwecke gelangen, wobei man nur nie die Zeichen übersehen darf, die noch vor dem $\sqrt{}$ stehen, wie im letzten Beispiele bei $-p\sqrt{-h}$. Aber auch auf die Wurzelexponenten achte man; so ist z. B. $\sqrt[4]{-a}\,.\,\sqrt[4]{-b}\,.\,\sqrt[4]{-d}\,.\,\sqrt[4]{-f} = -\sqrt[4]{(abdf)}$, denn jeder der Faktoren kann in $\sqrt[4]{a}\,.\,\sqrt[4]{-1}$ u. s. w. umgewandelt werden, und $(\sqrt[4]{-1})^4 = \sqrt[4]{-1}\,.\,\sqrt[4]{-1}\,.\,\sqrt[4]{-1}\,.\,\sqrt[4]{-1} = -1$ (§. 189.). Es mögen daher nur einige Beispiele noch folgen, die wir gleich in Zahlen nehmen, so wie die Fälle betrachten wollen, wo ein oder mehrere Faktoren, Komplexionen sind.

1. $-\sqrt{-4}\,.\,-\sqrt{-9} = -2\sqrt{-1}\,.\,-3\sqrt{-1}$
$= +6\,\sqrt{-1}\,\sqrt{-1} = -6$
2. $-2\sqrt{-2}\,.\,+5\sqrt{-8} = -2\sqrt{2}\,.\,5\sqrt{8}\,.\,\sqrt{-1}\,.\,\sqrt{-1}$
$= -10\sqrt{16}\,.\,-1 = +40$
3. $-(3\sqrt{-4}+\sqrt{-5})\sqrt{-2}$
$= -(6\sqrt{-1}+\sqrt{5}\sqrt{-1})\sqrt{2}\sqrt{-1}$
$= -(-6\sqrt{2}-\sqrt{10}) = 6\sqrt{2}+\sqrt{10}$
4. $(-2\sqrt{-27}-\sqrt{-12}+4\sqrt{-3})3\sqrt{-3} = +54+18-36$
$= +36$
5. $(4\sqrt{-5}+3\sqrt{-2})(-2\sqrt{-5}+4\sqrt{-8})$
$= +40+6\sqrt{10}-32\sqrt{10}-48 = -26\sqrt{10}-8$
6. $(3\sqrt{-7}+5\sqrt{-3})(3\sqrt{-7}-5\sqrt{-3}) = -63+75 = +12$*)
7. $(\sqrt[4]{-4}-2\sqrt[4]{-16})\sqrt[4]{-6}$
$= \sqrt[4]{4}\sqrt[4]{6}\sqrt[4]{-1}\sqrt[4]{-1}-2\sqrt[4]{16}\sqrt[4]{6}\sqrt[4]{-1}\sqrt[4]{-1}$
$= \sqrt[4]{24}\,.\,\sqrt{-1}-2\sqrt[4]{96}\sqrt{-1} = \sqrt[4]{24}\sqrt{-1}(1-2\sqrt[4]{4})$

*) 161, 3; denn $(3\sqrt{-7})^2 = 9\,.\,-7 = -63$, und $(5\sqrt{-3})^2 = 25\,.\,-3 = -75$; daher dieses Quadrat negativ genommen $= +75$ giebt; also $-63+75 = +12$.

Beim letzten Beispiele giebt nemlich $\sqrt[4]{-1}\,\sqrt[4]{-1} = (\sqrt[4]{-1})^2 = \sqrt{-1}$ nach §. 189.

Wenn die zu multiplizirenden Ausdrücke Komplexionen unter dem Wurzelzeichen sind, so kann man, wenn der Wurzelexponent derselbe ist, ja aus dem Produkte der beiden Komplexionen dieselbe Wurzel ziehen; so ist also: $\sqrt{(+5\sqrt{-2}-5\sqrt{-27})}\,\sqrt{(+5\sqrt{-27}+5\sqrt{-2})}$

$$=\sqrt{[(+5\sqrt{-2}-5\sqrt{-27})(+5\sqrt{-27}+5\sqrt{-2})]}$$
$$=\sqrt{(-50+675)}=\sqrt{625}=25.$$

Sind die Wurzelexponenten bei den Komplexionen nicht gleich, so mache man sie durch wechselseitige Potenzirung der beiden Komplexionen, gleich; diese aber zu potenziren, dient nur die fortgesetzte Multiplikation, wie folgendes Beispiel zeigen mag, indem wir schon §. 189. die einzelnen imaginären Ausdrücke potenzirten *):

1. $(5-\sqrt{-3})^2 = (5-\sqrt{3}\sqrt{-1})(5-\sqrt{3}\sqrt{-1})$
$$=25-10\sqrt{3}\sqrt{-1}-3=21-\sqrt{300}\sqrt{-1}$$
$$=21-\sqrt{-300}.$$

2. $(\sqrt{-11}+\sqrt{-2}-4\sqrt{-3})^2=(\sqrt{11}\sqrt{-1}+\sqrt{2}\sqrt{-1}-4\sqrt{3}\sqrt{-1})\times$
$$(\sqrt{11}\sqrt{-1}+\sqrt{2}\sqrt{-1}-4\sqrt{3}\sqrt{-1})=$$
$$-11-\sqrt{22}+4\sqrt{33}-2+4\sqrt{6}-16.3$$
$$-\sqrt{22}+4\sqrt{33}\qquad+4\sqrt{6}$$
$$-11-2\sqrt{22}+8\sqrt{33}-2+8\sqrt{6}-48=$$
$$-61-2(\sqrt{22}-4\sqrt{33}-4\sqrt{6})=$$
$$-61-2[\sqrt{11}(\sqrt{2}-4\sqrt{3})-4\sqrt{6}]$$

welcher Ausdruck also ganz reell geworden ist. Kommen andere Wurzelexponenten als 2 vor, so haben wir ihre Behandlung auch gehabt, und bleibt alsdann meist die imaginäre Form; z. B.

$$(\sqrt[4]{-7}+2\sqrt[4]{-3})^2=(\sqrt[4]{7}\sqrt[4]{-1}+2\sqrt[4]{3}\sqrt[4]{-1})^2$$
$$=\sqrt{7}\sqrt{-1}+4\sqrt[4]{7}\sqrt[4]{3}\sqrt[4]{-1}\sqrt[4]{-1}+4\sqrt{3}\sqrt{-1}$$
$$=\sqrt{-1}(\sqrt{7}+4\sqrt[4]{21}+4\sqrt{3})$$

*) Taf. 73 u. 74. haben die Beispiele für die imaginären Größen.

Wie man durch die Verrichtung der Potenzirung, und der Ausziehung der eben so vielten Wurzel, einen Ausdruck oft abändern kann, davon mag noch folgendes Beispiel einen Beleg geben. Es sey:

$$\sqrt{(3-\sqrt{-7})}+\sqrt{(3+\sqrt{-7})}=N.$$

Man quadrire auf beiden Seiten der Gleichung, so erhält man (§. 152, 1.)

$$3-\sqrt{-7}+2\sqrt{[(3-\sqrt{-7})(3+\sqrt{-7})]}+3+\sqrt{-7}\text{*)}$$
$$=N^2=6+2\sqrt{(9+7)}=6+2\sqrt{16}=6+2.4=15.$$

Daher der gegebene Ausdruck oder $N=\sqrt{15}$.

§. 197. Aufgabe.

Imaginäre Größen durch einander zu dividiren.

Auflösung. Die Auflösung des gegebenen imaginären Ausdrucks in $p\sqrt[2n]{-1}$ (§. 187, 3.) liegt nun auch hier zum Grunde, indem diese Form die Rechnung sehr erleichtert; ferner bringt es oft ungemeinen Vortheil, wenn man den Divisor und Dividendus mit $\sqrt[2n]{-1}$ multiplizirt, oder wenn man den Faktor -1 in $\sqrt{-1}\sqrt{-1}$ [allgemein -1 in $(\sqrt[2n]{-1})^{2n}$] zerlegt; ja man kann sogar den Faktor -1 sich hin schaffen, wenn er auch gar nicht bei einer der zu dividirenden Größen vorhanden ist, welches man aus §. 35, 15. leicht erkennen wird. So bietet sich hier abermals ein weites Feld, für die Verwandelung und Abkürzung der Quotienten, bei imaginären zu dividirenden Größen, dar, welches durch folgende Beispiele erläutert werden mag, indem die Gründe dieser Aenderungen, bereits in den §. 187 bis 190, so wie in der Division der irrationalen Zahlen §. 194. liegen.

---

*) Wenn man $\sqrt{(3-\sqrt{-7})}$ quadrirt, so erhält man $3-\sqrt{-7}$. Wir haben überhaupt beim obigen Ausdrucke, die Formel zur Quadrirung eines Binoms angewendet (§. 161, 1.).

1. $\frac{\sqrt[2n]{-a}}{\sqrt[2n]{-b}} = \frac{\sqrt[2n]{a}\sqrt[2n]{-1}}{\sqrt[2n]{b}\sqrt[2n]{-1}} = \sqrt[2n]{\frac{a}{b}}$

oder $\frac{\sqrt{-32}}{\sqrt{-2}} = \sqrt{\frac{32}{2}} = \sqrt{16} = 4$

indem der Faktor $\sqrt[2n]{-1}$ im Zähler, sich gegen den ihm gleichen im Nenner hebt (§. 37, II.).

2. $\frac{a}{\sqrt{-b}} = \frac{\sqrt{a^2}}{\sqrt{b}\,\sqrt{-1}} = \sqrt{\left(\frac{a^2}{b}\right)} \cdot \frac{1}{\sqrt{-1}}$

$= \sqrt{\left(\frac{a^2}{b}\right)} \cdot \frac{1.\sqrt{-1}}{\sqrt{-1}\sqrt{-1}} = \sqrt{\left(\frac{a^2}{b}\right)} \cdot \frac{\sqrt{-1}}{-1}$

$= -\sqrt{\frac{a^2}{b}}\sqrt{-1}$

Oder: $\frac{\sqrt{2}}{\sqrt{-8}} = \sqrt{(\tfrac{2}{8})} \cdot \frac{\sqrt{-1}}{-1} = -\sqrt{(\tfrac{1}{4})}.\sqrt{-1}$

$= -\tfrac{1}{2}\sqrt{-1}$

3. $\frac{-\sqrt{18}}{\sqrt{-2}} = \frac{\sqrt{18},-1}{\sqrt{2}.\sqrt{-1}} = \sqrt{(\tfrac{18}{2})}.\frac{\sqrt{-1}\sqrt{-1}}{\sqrt{-1}}$

$= \sqrt{9}\sqrt{-1} = 3\sqrt{-1} = \sqrt{-9}$

4. $\frac{-\sqrt{-5}\sqrt{-5}}{-\sqrt{-3}} = \frac{+5}{-\sqrt{3}\sqrt{-1}} = \frac{5.-1}{\sqrt{3}\sqrt{-1}}$

$= \frac{5.\sqrt{-1}\sqrt{-1}}{\sqrt{3}\sqrt{-1}} = \sqrt{(\tfrac{25}{3})}.\sqrt{-1} = \sqrt{(-\tfrac{25}{3})}$

5. $\frac{\sqrt[4]{-32}}{\sqrt[4]{-2}} = \sqrt[4]{(\tfrac{32}{2})}.\frac{\sqrt[4]{-1}}{\sqrt[4]{-1}} = \sqrt[4]{16} = 2$

6. $\frac{\sqrt[4]{-6}\sqrt[4]{-10\frac{2}{3}}}{-\sqrt{-2}} = \frac{\sqrt[4]{6}\sqrt[4]{\ 1}\sqrt[4]{(\frac{32}{3})}\sqrt[4]{-1}}{-\sqrt{2}\sqrt{-1}}$

$= \frac{\sqrt[4]{6}\sqrt[4]{(\frac{32}{3})}\sqrt[4]{\ 1}\sqrt[4]{-1}}{-\sqrt{2}.\sqrt{-1}} = \frac{\sqrt[4]{(\frac{32\cdot6}{3})}\sqrt{-1}}{-\sqrt{2}\sqrt{-1}}$ *)

$= -\frac{\sqrt[4]{64}}{\sqrt[4]{4}} = -\sqrt[4]{(\tfrac{64}{4})} = -\sqrt[4]{16} = -2.$

*) Nach §. 189. ist $\sqrt[4]{-1}\sqrt[4]{-1} = \sqrt{-1}$.

Wird eine Komplexion, worin imaginäre Grössen vorkommen, durch einen einfachen Ausdruck dividirt, so setze man das obige Verfahren, für jeden Theil des Dividendus, fort; ist ein einfaches Glied durch eine Komplexion zu dividiren, so kann man den Divisor nach den Regeln des §. 194. von der Irrationalität befreien, und so wird man oft reelle Grössen im Quotienten erhalten; bei der Division der Komplexionen durch Komplexionen, können wir abermals nach §. 194., uns Divisor oder Dividendus rational machen; steht etwa der Divisor oder der Dividendus unter dem Wurzelzeichen, so haben wir auch die Regeln zur Umwandelung solcher Ausdrücke gehabt. Dies sey auch noch durch folgende Beispiele erläutert:

1. $$\frac{\sqrt{-18}+3\sqrt{-50}-2\sqrt{-200}}{-2\sqrt{-1}}=-\tfrac{1}{2}\sqrt{\tfrac{18}{2}}-\tfrac{3}{2}\sqrt{\tfrac{50}{2}}+\sqrt{\tfrac{200}{2}}$$
$$=-\tfrac{3}{2}\cdot 5+10=+1.$$

Denn es hebt sich bei der Division jedes Gliedes, der Faktor $\sqrt{-1}$ gegen denselben im Divisor, welcher $-2\sqrt{2}\sqrt{-1}$ ist, wo man das negative Zeichen des ganzen Ausdrucks nicht vergessen darf.

2. $$\frac{\sqrt{-24}}{(\sqrt{-3}+\sqrt{-4})}=\frac{\sqrt{24}\sqrt{-1}(\sqrt{3}\sqrt{-1}-2\sqrt{-1})}{(\sqrt{3}\sqrt{-1}+2\sqrt{-1})(\sqrt{3}\sqrt{-1}-2\sqrt{-1})}$$
$$=\frac{\sqrt{72}+2\sqrt{24}}{-3+4}=\sqrt{24}(2-\sqrt{3})$$ (weil der Nenner $-3+4=1$ nicht dividirt.)

3. $$\frac{3+\sqrt{-5}}{\sqrt{2}-3\sqrt{-3}}=\frac{(3+\sqrt{-5})(\sqrt{2}+3\sqrt{-3})}{(\sqrt{2}-3\sqrt{-3})(\sqrt{2}+3\sqrt{-3})}$$
$$=\frac{3\sqrt{2}+\sqrt{10}\sqrt{-1}+9\sqrt{3}\sqrt{-1}-3\sqrt{15}}{2+9\cdot 3\ (=29)\ ^{*)}}$$

4. $$\frac{2\sqrt{-3}+\sqrt{7}}{3\sqrt{5}-\sqrt{-2}}=\frac{(2\sqrt{3}\sqrt{-1}+\sqrt{7})(2\sqrt{3}\sqrt{-1}-\sqrt{7})}{(3\sqrt{5}-\sqrt{2}\sqrt{-1})(2\sqrt{3}\sqrt{-1}-\sqrt{7})}$$
$$=\frac{-4.3-7\ (=-19)}{6\sqrt{15}+2\sqrt{6}-3\sqrt{35}+\sqrt{14}\sqrt{-1}}.$$

---

*) Dies (= 29) ist eine Abkürzung, um nicht die Division noch einmal mit diesem neuen Nenner zu schreiben; eben so bei dem folgenden Beispiele mit (= − 19) und beim fünften Beispiele mit (= 49).

Die Gründe für die einzelnen Multiplikationen liegen natürlich in §. 196.

5. $$\frac{\sqrt{(-2\sqrt{-3}+\sqrt{-7})}}{\sqrt{(5+2\sqrt{-6})}}$$

$$=\sqrt{\left(\frac{(-2\sqrt{3}\sqrt{-1}+\sqrt{7}\sqrt{-1})(5-2\sqrt{6}\sqrt{-1})}{(5+2\sqrt{6}\sqrt{-1})(5-2\sqrt{6}\sqrt{-1})}\right)}$$

$$=\sqrt{\left(\frac{-10\sqrt{3}\sqrt{-1}+\sqrt{35}\sqrt{-1}-4\sqrt{18}+2\sqrt{42}}{25+4\cdot 6\ (=49)}\right)}$$

Bei Ungleichheit der Wurzelexponenten, werden erst beide wieder einander gleich gemacht, wozu die Potenzirung der gegebenen Komplexionen dient, die man nach §. 196. ebenfalls vollzieht. Wie sehr es auf die Wahl der Zahlen ankommt, wenn man das Resultat in einer bequemen Form haben will, ist bei diesen letzteren Beispielen zu sehen, wo schwerlich die erhaltenen Resultate noch abgekürzt werden können, die Zahlen aber auch ganz willkührlich genommen sind.

§. 198. Aufgabe.

Aus irrationalen und imaginären Komplexionen, eine Wurzel zu ziehen.

Auflösung. Ist der gegebene Ausdruck so beschaffen, daß die Wurzel nicht genau angegeben werden kann, so gehört die Betrachtung derselben in das folgende Kapitel; aber selbst in Fällen, wo die Wurzel anzugeben ist, bedarf es einer Beachtung der irrationalen Werthe; deshalb mögen auch nur folgende Beispiele, deren Gründe im dritten Kapitel hinlänglich vorgekommen sind, hier stehen:

$$\begin{array}{l|l}
\sqrt{(63-6\sqrt{35}+12\sqrt{21}+5-4\sqrt{15}+12)} & 3\sqrt{7}-\sqrt{5}+2\sqrt{3} \\
\mp 63 \pm 6\sqrt{35} \qquad \mp 5\,[=(3\sqrt{7}-\sqrt{5})^2] & (=\text{der Wurzel}) \\
\hline
\end{array}$$

$$\begin{array}{l|l}
6\sqrt{7}-2\sqrt{5} & +12\sqrt{21}-4\sqrt{15}+12 \\
(=\text{d. Divis.}) & \mp 12\sqrt{21}\pm 4\sqrt{15}\mp 12 \quad [=(6\sqrt{7}-2\sqrt{5})2\sqrt{3}+(2\sqrt{3})^2] \\
 & \overline{\quad -\quad -\quad -\quad -\quad}
\end{array}$$

Ferner:

$$\begin{array}{r|l|l} & \sqrt{(-5+4\sqrt{15}-12)} & (\sqrt{-5}-2\sqrt{-3}) \\ 2\sqrt{-5} & \pm 5+4\sqrt{15}-12 & (=\text{der Wurzel}) \\ =\text{d. Divisor.} & - \quad - \quad - & \end{array}$$

(Es ist nemlich $\frac{4\sqrt{15}}{2\sqrt{-5}} = 2 \cdot \frac{\sqrt{15}}{\sqrt{5}\sqrt{-1}} = -2 \cdot \frac{\sqrt{15}.\sqrt{-1}}{\sqrt{5}.\sqrt{-1}}$

$= -2\sqrt{(\frac{15}{5})} \cdot \frac{\sqrt{-1}\sqrt{-1}}{\sqrt{-1}} = -2\sqrt{3}.\sqrt{-1} = -2\sqrt{-3}$

welches den zweiten Theil der Wurzel giebt.)

Wie man bei Wurzeln von höheren Graden zu verfahren hat, ist auch hieraus klar.

Anmerk. Die beiden folgenden §. werden uns merkwürdige Umwandelungen, für die Quadratwurzeln aus Binomen, geben, wenn darin irrationale oder imaginäre Glieder vorkommen.

§. 199. Lehrsatz.

Es ist der Ausdruck

$$\sqrt{(a \mp \sqrt{b})} = \sqrt{\left(\frac{a+\sqrt{(a^2-b)}}{2}\right)} \mp \sqrt{\left(\frac{a-\sqrt{(a^2-b)}}{2}\right)}$$

Beweis. Gesetzt es sey der Ausdruck

$$\sqrt{(a+\sqrt{n})} \mp \sqrt{(a-\sqrt{n})}$$

gegeben, welcher ein Binom aus jenem allgemeinen Irrationalausdrucke, den wir betrachten und umwandeln wollen, ist. Man setze diesen Ausdruck z. B. $= D$, so wird, wenn man ihn quadrirt,

$$\begin{aligned} D^2 &= [\sqrt{(a+\sqrt{n})} \mp \sqrt{(a-\sqrt{n})}]^2 \\ &= a+\sqrt{n} \mp 2\sqrt{[(a+\sqrt{n})(a-\sqrt{n})]} + a-\sqrt{n} \\ &= 2a \mp 2\sqrt{(a^2-n)} = 2[a \mp \sqrt{(a^2-n)}] \end{aligned}$$

werden, welche Umwandelung, aus der Quadrirung eines Binoms, so wie aus den in diesem Kapitel für die Irrationalzahlen gehabten Rechnungen, deutlich ist. Daher ist auch

$\frac{D^2}{2} = a \mp \sqrt{(a^2-n)}$, und $\sqrt{\frac{D^2}{2}} = \frac{D}{\sqrt{2}} = \sqrt{[a \mp (a^2-n)]}$.

Setzen wir für D den obigen Werth wieder, und dividiren durch $\sqrt{2}$, so ist auch

$$\frac{D}{\sqrt{2}} = \frac{\sqrt{(a+\sqrt{n})}}{\sqrt{2}} \mp \frac{\sqrt{(a-\sqrt{n})}}{\sqrt{2}}$$

$$= \sqrt{\left(\frac{a+\sqrt{n}}{2}\right)} \mp \sqrt{\left(\frac{a-\sqrt{n}}{2}\right)} = \sqrt{[a \mp \sqrt{(a^2-n)}]},$$

indem dieser letzte Ausdruck ja eben $= \frac{D}{\sqrt{2}}$ gefunden wurde. Nun würden wir in dem Ausdrucke $\sqrt{[a \mp \sqrt{(a^2-n)}]}$ unseren ursprünglich gegebenen Ausdruck haben, wenn, statt $\sqrt{(a^2-n)}$ stände $\sqrt{b}$, oder wenn für $a^2 - n = b$ gesetzt werden könnte; wollte man aber für $a^2 - n$ die b setzen, so müßte $a^2 - b = n$ seyn *); substituirt man für n diesen Werth, überall in der Gleichung, so wird nun die zuletzt erhaltene Gleichung diese **):

$$\sqrt{\left(\frac{a+\sqrt{(a^2-b)}}{2}\right)} \mp \sqrt{\left(\frac{a-\sqrt{(a^2-b)}}{2}\right)}$$

$$= \sqrt{[a \mp \sqrt{(a^2-(a^2-b)}]} = \sqrt{(a \mp \sqrt{b})}$$

indem $a^2 - (a^2 - b) = + b$ ist (§. 46.) Dies ist aber die zu beweisende Gleichung.

In der Form $\sqrt{(a \mp \sqrt{b})}$ kann nun a und b jeden Werth haben, ja sie können selbst Komplexionen seyn. Folgende Beispiele mögen hier stehen ***): $\sqrt{(30+\sqrt{500})}$ soll nach der gefundenen Formel aufgelöset werden; so ist $a = 30$ und $\sqrt{b} = \sqrt{500}$ oder $b = 500$, deshalb wird:

$$\sqrt{(30+\sqrt{500})} = \sqrt{\left(\frac{30+\sqrt{(900-500)}}{2}\right)} + \sqrt{\left(\frac{30-\sqrt{(900-500)}}{2}\right)}$$

$$= \sqrt{\left(\frac{30+20}{2}\right)} + \sqrt{\left(\frac{30-20}{2}\right)} = \sqrt{25} + \sqrt{5} = 5 + \sqrt{5}.$$

Wird verlangt $\sqrt{(f^2 d^2 + hp - 2fd\sqrt{hp})}$ so ist $a = f^2 d^2 + hp$ und $\sqrt{b} = 2fd\sqrt{hp} = \sqrt{(4f^2 d^2 hp)}$, wo also $b = 4f^2 d^2 hp$ ist, daher laut Formel unser gegebener Ausdruck =

---

*) Ist $a^2 - n = b$, so auch $a^2 = b + n$, und $a^2 - b = n$ (§. 57, 1.)

**) Siehe die allgemeine Einleitung V. den fünften Satz

***) In Meier Hirsch Sammlung ꝛc., Seite 51. findet man viele Beispiele hierüber.

$$\sqrt{\left(\frac{f^2d^2 + hp + \sqrt{(f^4d^4 + 2f^2d^2hp + h^2p^2 - 4f^2d^2hp)}}{2}\right)} -$$
$$\sqrt{\left(\frac{f^2d^2 + hp - \sqrt{(f^4d^4 + 2f^2d^2hp + h^2p^2 - 4f^2d^2hp)}}{2}\right)} =$$
$$\sqrt{\left(\frac{f^2d^2 + hp + \sqrt{(f^4d^4 - 2f^2d^2hp + h^2p^2)}}{2}\right)} -$$
$$\sqrt{\left(\frac{f^2d^2 + hp - \sqrt{(f^4d^4 - 2f^2d^2hp + h^2p^2)}}{2}\right)} =$$
$$\sqrt{\left(\frac{f^2d^2 + hp + f^2d^2 - hp}{2}\right)} - \sqrt{\left(\frac{f^2d^2 + hp - f^2d^2 + hp}{2}\right)} =$$
$$\sqrt{\left(\frac{2f^2d^2}{2}\right)} - \sqrt{\left(\frac{2hp}{2}\right)} = fd - \sqrt{(hp)}\ ^{*)}.$$

Ferner werde gesucht $\sqrt{[3h - 6\sqrt{(3h-9)}]}$; hier ist $a = 3h$ und $\sqrt{b} = \sqrt{[36(3h-9)]}$ daher $b = 108h - 324$; nun giebt die Formel für den gegebenen Ausdruck den Werth:

$$\sqrt{\left(\frac{3h+\sqrt{(9h^2-108h+324)}}{2}\right)} - \sqrt{\left(\frac{3h-\sqrt{(9h^2-108h+324)}}{2}\right)} =$$
$$\sqrt{\left(\frac{3h+3h-18}{2}\right)} - \sqrt{\left(\frac{3h-3h+18}{2}\right)} = \sqrt{\left(\frac{6h-18}{2}\right)} - \sqrt{\left(\frac{18}{2}\right)} =$$
$$\sqrt{(3h-9)} - 3.$$

Sollte $\sqrt{(\sqrt{27}+\sqrt{15})}$ gesucht werden, so ist $a = \sqrt{27}$ und $a^2 = 27$, ferner $b = 15$, weil $\sqrt{b} = \sqrt{15}$ ist, und wir bekommen jenen Ausdruck

$$\sqrt{(\sqrt{27}+\sqrt{15})} = \sqrt{\left(\frac{\sqrt{27}+\sqrt{(27-15)}}{2}\right)} + \sqrt{\left(\frac{\sqrt{27}-\sqrt{(27-15)}}{2}\right)}$$
$$= \sqrt{\left(\frac{\sqrt{27}+\sqrt{12}}{2}\right)} + \sqrt{\left(\frac{\sqrt{27}-\sqrt{12}}{2}\right)}$$
$$= \sqrt{\left(\frac{3\sqrt{3}+2\sqrt{3}}{2}\right)} + \sqrt{\left(\frac{3\sqrt{3}-2\sqrt{3}}{2}\right)} = \sqrt{\left(\frac{5\sqrt{3}}{2}\right)} + \sqrt{\left(\frac{\sqrt{3}}{2}\right)}$$
$$= \sqrt{\tfrac{5}{2}}\sqrt[4]{3} + \sqrt{\tfrac{1}{2}}\sqrt[4]{3}.$$

Zusatz. Wollte man untersuchen, was man in den allgemeinen Ausdruck $\sqrt{(a+\sqrt{b})}$ für a und b für Werthe zu setzen habe, damit man bei Anwendung jener

*) §. 171. hätte dasselbe auf dem Wege der Quadratwurzel-Ausziehung aus dem ursprünglichen Ausdruck gegeben.

Formel, im Resultate wenigstens ein Glied (des Binoms) rational erhalte; so kann man offenbar viele Werthe finden, die dies erfüllen. Wollte man Zahlen annehmen, so untersuche man z. B. was der erste Theil $\sqrt{\left(\frac{a+\sqrt{(a^2-b)}}{2}\right)}$ für Zahlen verlangt, damit die Wurzel rational werde. Nun wähle man für $\frac{a+\sqrt{(a^2-b)}}{2}$ eine Quadratzahl, z. B. 100, so muß $a+\sqrt{(a^2-b)}=200$ seyn; für a wählt man nun abermals eine beliebige Zahl z. B. 124, so muß $124+\sqrt{(a^2-b)}=200$, also $\sqrt{(a^2-b)}=200-124=76$ seyn, woraus $a^2-b=76^2=5776$ folgt; nun war $a=124$, also $a^2=15376$, deshalb ist $a^2-b=15376-b=5776$, endlich $b=15376-5776=9600$. Man mache also die Aufgabe so: $\sqrt{(a+\sqrt{b})}=\sqrt{(124+\sqrt{9600})}$, so bekommt man:

$$\sqrt{\left(\frac{124+\sqrt{(15376-9600)}}{2}\right)}+\sqrt{\left(\frac{124-\sqrt{(15376-9600)}}{2}\right)}$$

$$=\sqrt{\left(\frac{124+76}{2}\right)}+\sqrt{\left(\frac{124-76}{2}\right)}=\sqrt{\tfrac{200}{2}}+\sqrt{\tfrac{48}{2}}=10+\sqrt{24}.$$

wo das zweite Glied sich natürlich irrational ergiebt. Eine ähnliche Untersuchung hat man, wenn man Buchstaben in die Aufgabe einführen will.

Anmerk. Wenn man Aufgaben macht, wo der Erfolg ein verlangtes oder ein etwa gewünschtes Resultat seyn soll, so muß man immer einen ähnlichen Weg rückwärts einschlagen, sonst wagt man, daß das Resultat eine unbequeme Form erhält.

§. 200. Lehrsatz.

Es ist der Ausdruck

$$\sqrt{(a\mp b\sqrt{-1})}=\sqrt{\left(\frac{\sqrt{(a^2+b^2)}+a}{2}\right)}\mp\sqrt{\left(\frac{\sqrt{(a^2+b^2)}-a}{2}\right)}\sqrt{-1}$$

Beweis. Es sey gegeben

$$D=\sqrt{(a+b\sqrt{-1})}\mp\sqrt{(a-b\sqrt{-1})},\text{ so ist}$$

$$D^2=a+b\sqrt{-1}\mp 2\sqrt{[(a+b\sqrt{-1})(a-b\sqrt{-1})]}+a-b\sqrt{-1}$$
$$=2a\mp 2\sqrt{(a^2+b^2)},$$

(indem $+b\sqrt{-1}.-b\sqrt{-1}=-b^2-1=+b^2$ giebt).

Daher

Daher wird $\frac{D^2}{2} = a \mp \sqrt{(a^2 + b^2)}$ und

$$\frac{D}{\sqrt{5}} = \sqrt{[a \mp \sqrt{(a^2 + b^2)}]}.$$

Nach der ersten Annahme für D, folgt aber, daß

$$\frac{D}{\sqrt{2}} = \frac{\sqrt{(a + b\sqrt{-1})}}{\sqrt{2}} \mp \frac{\sqrt{(a - b\sqrt{-1})}}{\sqrt{2}}$$

ist, deshalb kann man wieder beide Werthe für $\frac{D}{\sqrt{2}}$ gleich setzen, und es wird:

$$\sqrt{\left(\frac{a + b\sqrt{-1}}{2}\right)} \mp \sqrt{\left(\frac{a - b\sqrt{-1}}{2}\right)} = \sqrt{[a \mp \sqrt{(a^2 + b^2)}]}.$$

Wenn wir in diesem letzten Ausdrucke statt $a^2 + b^2$ hätten $-b^2$, so würde er $\sqrt{(a \mp \sqrt{-b^2})} = \sqrt{(a \mp b\sqrt{-1})}$ oder der erste Theil der zu beweisenden Gleichung seyn. Wollte man aber für $a^2 + b^2$ setzen $-b^2$, so untersuche man was man für b^2 in den Werth $a^2 + b^2$ annehmen müßte; setzt man nun dies als x^2, oder $a^2 + x^2 = -b^2$, so erhält man $x^2 = -b^2 - a^2 = -(b^2 + a^2)$. Man substituire also überall, in der zuletzt gefundenen Gleichung, für b^2 jetzt $-(b^2 + a^2)$ oder für $-b^2 = b^2 + a^2$, so erhält man für $\sqrt{[a \mp \sqrt{(a^2 + b^2)}]}$ jetzt $=$
$\sqrt{[a \mp \sqrt{(a^2 - b^2 - a^2)}]} = \sqrt{(a \mp \sqrt{-b^2})} = \sqrt{(a \mp b\sqrt{-1})}$;
der andere Theil der Gleichung ist aber

$$\sqrt{\left(\frac{a + \sqrt{-b^2}}{2}\right)} \mp \sqrt{\left(\frac{a - \sqrt{-b^2}}{2}\right)}$$

und man wird durch jene Substitution erhalten

$$\sqrt{\left(\frac{a + \sqrt{(b^2 + a^2)}}{2}\right)} \mp \sqrt{\left(\frac{a - \sqrt{(a^2 + b^2)}}{2}\right)}$$

Hier scheint nun der imaginäre Faktor $\sqrt{-1}$ zu fehlen, der doch nach dem Lehrsatze vorhanden seyn soll; wenn aber in dem Ausdrucke $\sqrt{\left(\frac{a - \sqrt{(a^2 + b^2)}}{2}\right)}$ die Differenz des Zählers betrachtet wird, so ist sie negativ, denn $\sqrt{(a^2 + b^2)} > a$; verwechselt man also Subtrahendus mit Minuendus, so ist $\sqrt{(a^2 + b^2)} - a$ jener ersten Differenz gleich, und nur entgegengesetzt (§. 27.), daher

$[\sqrt{(a^2+b^2)}-a] . -1$ wieder der ersteren auch im Zeichen gleich seyn muß; daher ist

$$\sqrt{\left(\frac{a-\sqrt{(a^2+b^2)}}{2}\right)}=\sqrt{\left(\frac{\sqrt{(a^2+b^2)}-a}{2}\right)}\sqrt{-1}$$

und wir erhalten endlich aus jenem obigen Substituiren und dieser eben gezeigten Umwandelung, unsere zu beweisende Gleichung: $\sqrt{(a \mp b\sqrt{-1})}$

$$=\sqrt{\left(\frac{\sqrt{(a^2+b^2)}+a}{2}\right)}^{*)} \mp \sqrt{\left(\frac{\sqrt{(a^2+b^2)}-a}{2}\right)}\sqrt{-1}$$

Anmerk. Es ist hier nicht, wie beim Beweise §. 199. für b einstweilen ein anderer Buchstabe (wie dort n) gesetzt, da es sich auch oft findet, daß aus dem Werthe einer Komplexion, wie hier aus a^2+b^2 ein Werth werden soll, der in der Komplexion gewissermaßen selbst enthalten ist (nemlich $-b^2$). Hätten wir aber diese eben bewiesene Formel aus der des 199sten §. ableiten wollen, so wäre auch dies gegangen, denn die Formel
$\sqrt{(a \mp b\sqrt{-1})}$ ist $=\sqrt{(a \mp \sqrt{-b^2})} = \sqrt{(a \mp \sqrt{-k})}$
Nach §. 199. ist aber

$$\sqrt{(a \mp \sqrt{-k})}=\sqrt{\left(\frac{a+\sqrt{[a^2-(-k)]}}{2}\right)} \mp \sqrt{\left(\frac{a-\sqrt{[a^2-(-k)]}}{2}\right)}$$

$$=\sqrt{\left(\frac{a+\sqrt{(a^2+k)}}{2}\right)} \mp \sqrt{\left(\frac{a-\sqrt{(a^2+k)}}{2}\right)}$$

$$=\sqrt{\left(\frac{\sqrt{(a^2+k)}+a}{2}\right)} \mp \sqrt{\left(\frac{\sqrt{(a^2+k)}-a}{2}\right)}\sqrt{-1}$$

wo blos ein k für b^2 überall erscheint, welches man leicht wieder vertauschen kann.

Zusatz 1. Auch diese Formel mag durch einige Beispiele erläutert werden **), wo wir zugleich untersuchen wollen, was für Werthe man für a und b zu nehmen habe, wenn z. B. das Glied $\sqrt{\left(\frac{\sqrt{(a^2+b^2)}+a}{2}\right)}$ rational

---

*) Die Umwandelung von $\sqrt{\left(\frac{a+\sqrt{(b^2+a^2)}}{2}\right)}$ in $\sqrt{\left(\frac{\sqrt{(a^2+b^2)}+a}{2}\right)}$ bedarf keines Beweises, da ja hier durchaus keine Aenderung sondern nur eine Versetzung vorgenommen ist.

**) In Meier Hirsch Sammlung u. s. w. Seite 60. und 61. stehen mehrere Beispiele hierüber.

werden soll. Gesetzt man wollte $\sqrt{\left(\frac{\sqrt{(a^2+b^2)}+a}{2}\right)}=f$ haben, so ist $\frac{\sqrt{(a^2+b^2)}+a}{2}=f^2$ und $\sqrt{(a^2+b^2)}+a=2f^2$. Man wähle nun a, so wird nur noch b zu bestimmen seyn. Nun muß aber $\sqrt{(a^2+b^2)}=2f^2-a$, daher $(a^2+b^2)=(2f^2-a)^2=4f^4-4f^2a+a^2$, und subtrahirt man von beiden Seiten a^2, so ergiebt sich $b^2=4f^4-4f^2a=4f^2(f^2-a)$ also $b=2f\sqrt{(f^2-a)}$; man sieht hieraus, daß b, wenn es nicht selbst irrational seyn soll (da es in unserer Formel vor dem Zeichen $\sqrt{-1}$ als b selbst steht), erfordert, daß (f^2-a) ein Quadrat sey, damit $2\sqrt{(f^2-a)}$ rational werde; daher wähle man zuerst f, bestimme f^2, und subtrahire eine Zahl davon, so daß der Rest wieder ein Quadrat ist, so ist jene Zahl = der a, dann suche man $2f\sqrt{(f^2-a)}=b$. Z. B. $f=6$, so ist $f^2-a=36-a$; will man nun z. B. $36-a=$ der Quadratzahl 25 haben, so nehme man $a=11$ an, und man erhält $2\cdot\sqrt{(36-11)}=2.6.\sqrt{25}=12.5=60=b$. Nun wird die Aufgabe diese:

$$\sqrt{(a\mp b\sqrt{-1})}=\sqrt{(11\mp 60\sqrt{-1})}$$

und die Formel giebt dies

$$=\sqrt{\left(\frac{\sqrt{(11^2+60^2)}+11}{2}\right)}\mp\sqrt{\left(\frac{\sqrt{(11^2+60^2)}-11}{2}\right)}\sqrt{-1}$$

$$=\sqrt{\left(\frac{\sqrt{(3721)}+11}{2}\right)}\mp\sqrt{\left(\frac{\sqrt{(3721)}-11}{2}\right)}\sqrt{-1}$$

$$=\sqrt{\left(\frac{61+11}{2}\right)}\mp\sqrt{\left(\frac{61-11}{2}\right)}\sqrt{-1}=\sqrt{36}\mp\sqrt{25}\sqrt{-1}$$

$$=6\mp 5\sqrt{-1}=\sqrt{(11\mp 60\sqrt{-1})};$$

offenbar eine bedeutende Abkürzung. Hätte man $f=2$ gewählt, so wäre $a=3$ geworden, denn alsdann ist $\sqrt{(f^2-a)}=\sqrt{(4-3)}=1$ *), also $2f=4=b$, weshalb die Aufgabe $\sqrt{(3\mp 4\sqrt{-1})}$ ebenfalls wenigstens ein rationales Glied, bei Anwendung unserer Formel, geben muß. —

*) D. h. = einer Quadratzahl.

Wäre z. B. $\sqrt{(n+d-h\sqrt{-p})}$ gegeben, so wäre $n+d=a$, und $\sqrt{(-ph^2)}=\sqrt{-b^2}$, oder $h\sqrt{p}\sqrt{-1}$ $=b\sqrt{-1}$, weshalb $b=h\sqrt{p}$ gesetzt werden müßte. Wenn endlich $\sqrt{(\sqrt{-n})}$ gegeben ist, so wird dies $=\sqrt{(0+\sqrt{\ }\cdot\sqrt{-1})}$ wo $a=0$ und $b=\sqrt{n}$ wäre, und das Resultat würde nach unserer Formel

$$=\sqrt[4]{\left(\tfrac{n}{2}\right)}+\sqrt[4]{\left(\tfrac{n}{2}\right)}\sqrt{-1} \text{ seyn.}$$

Zusatz 2. Daß die Ausdrücke $\sqrt{(a\mp\sqrt{\mp n})}$ (denn so können wir allgemein die Formen des §. 199. und dieses §. zusammenfassen), wenn mehrere derselben in die verschiedenen Verbindungen der Addition, Subtraktion, Multiplikation oder Division kommen, durch unsere Umwandelungen bedeutende Aenderungen im Resultate hervorbringen, läßt sich denken, und durch die Betrachtungen, die wir über die Wahl von a und n anstellen, wird man leicht in den Stand gesetzt, sich hierher gehörige Beispiele zu machen.

§. 201. Zusatz.

Zuweilen gestattet es eine Rechnung, daß man ohne erhebliche Folgen ein Glied in einer Komplexion weglassen kann, indem dasselbe entweder selbst sehr klein, oder solches doch nur unbedeutend gegen andere Glieder ꝛc. ist; dies kann nun oft von bedeutenden Folgen werden, durch die Umwandelung die eine ganze Form hierdurch vielleicht erhält. Ob eine solche Vernachlässigung erlaubt sey, und ob sie Vortheil bringt; darüber muß natürlich immer die jedesmalige Rechnung entscheiden. Da aber doch dies zuweilen vorkommen kann, so wollen wir folgenden Fall einmal betrachten, da unsere vorigen Untersuchungen mit ihm zusammenhängen.

Wenn z. B. $\sqrt{(1\mp x)}$ verlangt wird, und x ist ein sehr kleiner Bruch; so kann man ohne merklichen Fehler $\sqrt{(1\mp x)}=1\mp\frac{x}{2}$ setzen. Denn hat man z. B.

$(1 \mp n)^2 = 1 \mp 2n + n^2$, und n ist sehr klein, so ist n^2 eine um so viel kleinere Größe (§. 151, 3), die man gegen $1 \mp 2n$ vernachlässigen kann, und annehmen darf (d. h. ohne merklichen Fehler) $(1 \mp n)^2 = 1 \mp 2n$, also $1 \mp n = \sqrt{(1 \mp 2n)}$. Setzt man nun $2n = x$ und $n = \frac{x}{2}$, so wird man für $1 \mp n$ erhalten $1 \mp \frac{x}{2}$ und für $\sqrt{(1 \mp 2n)} = \sqrt{(1 \mp x)}$, daher $1 \mp \frac{x}{2} = \sqrt{(1 \mp x)}$. Welches zu beweisen war.

Es sey z. B. $\sqrt{(1 + \frac{1}{20})}$ verlangt, setzt man dies $= 1 + \frac{1}{40} = 1{,}025$, so hat man gegen $\sqrt{(1 + \frac{1}{20}} = \sqrt{(\frac{21}{20})} = \sqrt{1{,}05} = 1{,}0246\ldots$ gefehlt, und zwar um 0,0004, welches offenbar nicht so sehr bedeutend ist.

§. 202. Aufgabe.

Aus einer unvollkommenen Quadratzahl, mittelst der Kettenbrüche die Quadratwurzel zu ziehen.

Auflösung. Daß eine Irrationalzahl (wozu ja die hier betrachtete Quadratwurzel aus einer unvollkommenen Quadratzahl gehört), durch keinen endlichen Kettenbruch dargestellt werden kann, ist bereits §. 179, 8. erwähnt; es kann daher ein Kettenbruch, der solche Wurzel darstellet, nur ein unendlicher seyn, dergleichen wir §. 167. schon einmal erhielten, wo man aber dem wahren Werthe, den die unendliche Kette darstellt, immer näher kommt, je mehr man der Glieder berechnet. Wie man aber durch Hülfe der Kettenbrüche, eine Wurzel, die irrational ist, darstellen kann, davon soll hier die Rede seyn. Es bedeute zu dem Ende A eine unvollkommene Quadratzahl, so daß $\sqrt{A}$ irrational wird. Man suche die, der A am nächsten kommenden Quadratzahl, und nenne solche a^2, so wird an a noch keine Einheit fehlen, um $\sqrt{A}$ darzustellen, sondern dies kann nur ein echter Bruch noch seyn, den wir $\frac{1}{x^1}$ nennen wollen *), so daß $\sqrt{A} = a + \frac{1}{x^1}$ wird. Es kommt jetzt alles auf die Erforschung der x^1 an; man erhält aber aus der Gleichung $\sqrt{A} = a + \frac{1}{x^1}$ diese: $x^1\sqrt{A} = x^1 a + 1$ (§. 57, 2.), hieraus folgt $x^1\sqrt{A} - x^1 a = 1$ oder $x^1 . \sqrt{A} - a = 1$, woraus wieder $x^1 = \frac{1}{\sqrt{A} - a}$ entsteht. Diese Division, wo der Divisor irrational ist, mache man nach §. 194, im Divisor, rational, so erhält man

$$x^1 = \frac{\sqrt{A} + a}{(\sqrt{A} - a)(\sqrt{A} + a)} = \frac{\sqrt{A} + a}{A - a^2};$$

nun ist A und a^2 bekannt, deshalb setze man $A - a^2 = p$, so wird $x^1 = \frac{\sqrt{A} + a}{p}$; nun suche man wieder, welche Zahl dem Quotienten $\frac{\sqrt{A} + a}{p}$ am nächsten kommt, und nenne diese z. B. h^1, so wird keine Einheit an h^1 fehlen, um jenen Quotienten darzustellen, sondern wieder ein Bruch, den wir $\frac{1}{x^{11}}$ bezeichnen wollen, so daß $\frac{\sqrt{A} + a}{p} = h^1 + \frac{1}{x^{11}}$ wird. Es war aber dieser Quotient $= x^1$, also $x^1 = h^1 + \frac{1}{x^{11}}$; hatten wir nun $\sqrt{A} = a + \frac{1}{x^1}$, so wird durch Substitution $\sqrt{A} = a + \frac{1}{x^1} = a + \cfrac{1}{h^1 + \cfrac{1}{x^{11}}}$ und die Kette beginnt **).

Um nun x^{11} zu bestimmen, setze man wieder: da $\frac{\sqrt{A} + a}{p} = h^1 + \frac{1}{x^{11}}$ ist, so wird $(\sqrt{A} + a)x^{11} = h^1 p x^{11} + p$

*) Wo wieder die kleine römische Zahl bei x^1 nur zum Unterschiede für die ferneren noch zu suchenden x dient, also der Werth jener Ziffer anzeigt, das wievielte x man sucht.

**) Da h^1 den ersten Nenner der Kette bedeutet, so ist hier für diese Nenner, derselbe Buchstabe h wie in der Theorie der Kettenbrüche gewählt.

seyn *), daher

$$x^{II}(\sqrt{A}+a)-h^{I}px^{II}=x^{II}(\sqrt{A}+a-h^{I}p)=p,$$

und nun wird $x^{II}=\frac{p}{\sqrt{A}+a-h^{I}p}$; setzt man $a-h^{I}p=-b$, so ist $x^{II}=\frac{p}{\sqrt{A}-b}$, wo man wieder den Divisor rational macht, und $x^{II}=\frac{p(\sqrt{A}+b)}{(\sqrt{A}-b)(\sqrt{A}+b)}=\frac{p(\sqrt{A}+b)}{A-b^{2}}$ wird wieder für b gesetzt $(a-h^{I}p)$, so erhält man

$$\frac{p(\sqrt{A}+b)}{A-b^{2}}=\frac{p(\sqrt{A}+b)}{A-(a-h^{I}p)^{2}}=\frac{p(\sqrt{A}+b)}{A-a^{2}+2ah^{I}p-h^{I2}p^{2}}$$

$$=\frac{p(\sqrt{A}+b)}{p^{**)}+2ah^{I}p-h^{I2}p^{2}}=\frac{\sqrt{A}+b}{1+2ah^{I}-h^{I2}p};$$

wird dieser ganz bekannte Nenner $=f$ gesetzt, so hat man $x^{II}=\frac{\sqrt{A}+b}{f}$.

Wir sind also für x^{II}, ganz auf dieselbe Form, als für x^{I} gekommen, die ja $=\frac{\sqrt{A}+a}{p}$ war; nennen wir daher, den an $\frac{\sqrt{A}+b}{f}$ kommenden nächsten Quotienten wieder h^{II}, so ist $x^{II}=h^{II}+\frac{1}{x^{III}}$ d. h. es kommt zu h^{II} ein echter Bruch noch hinzu. Es wächst nicht nur hierdurch die Kette um ein Glied mehr, so daß wir jetzt

$$\sqrt{A}=a+\cfrac{1}{h^{I}+\cfrac{1}{h^{II}+\cfrac{1}{x^{III}}}}$$

bekommen, sondern, indem es abermals darauf ankommt x^{III} zu finden, so müssen wir endlich wieder auf eine Form wie $\frac{\sqrt{A}+b}{f}$ und so bei jeder neuen Entwickelung eines x auf diese Form kommen, denn es

*) Alle die Veränderungen mit den Gleichungen hier, beruhen auf denen, im dritten Kapitel des ersten Hauptstücks gegebenen Sätzen von den Gleichungen.

**) Laut Annahme von p ist dies $=A-a^{2}$.

werden ähnliche Annahmen und ähnliche Umwandelungen wieder vorgenommen werden müssen, wie dies bei der Bestimmung von x^{II} der Fall war. — Da ein jedes neue x nicht nur den neuen Nenner der Kette, sondern auch die ganze Folge von übrigen Gliedern in sich enthält, so können wir allgemein sagen $x^{(n)}$*) $= \frac{\sqrt{A} + Q^n}{P^n}$, und nennen wir wieder den nächsten Quotienten dieser Division $= h^n$, so ist $x^n = \frac{\sqrt{A} + Q^n}{P^n} = h^n + \frac{1}{x^{n+1}}$. u. s. w.

Aus dieser allgemeinen Form für die vollständigen Nenner der Kette (d. h. der Nenner + der Folge), sind wir berechtiget, auf ein Gesetz für den Fortgang der h oder der Nenner der Kette selbst, zu schließen **), das wir daher näher untersuchen wollen.

Aus der letzten Gleichung $\frac{\sqrt{A} + Q^n}{P^n} = h^n + \frac{1}{x^{n+1}}$.
folgt nun zuerst $(\sqrt{A} + Q^n)x^{n+1} = h^n P^n x^{n+1} + P^n$;
hieraus weiter $(\sqrt{A} + Q^n) x^{n+1} - h^n P^n x^{n+1} = P^n$;
aufgelöset erhält man $x^{n+1}\sqrt{A} + x^{n+1}Q^n - x^{n+1}h^n P^n = P^n$
oder $x^{n+1}(\sqrt{A} + Q^n - h^n P^n) = P^n$,
daher $x^{n+1} = \frac{P^n}{\sqrt{A} + Q^n - h^n P^n}$

Dieser neue Werth von x^{n+1} muß, wie wir vorher sahen die Form $\frac{Q^n + \sqrt{A}}{P^n}$ haben, wo wir aber Q^n und P^n noch anders bezeichnen, indem es sonst mit den vorigen verwechselt werden könnte. Also setze man

$$\frac{P^n}{\sqrt{A} + Q^n - h^n P^n} = \frac{\sqrt{A} + Q^{n+1}}{P^{n+1}}$$

woraus man die Gleichung

$$P^n P^{n+1} = (\sqrt{A} + Q^{n+1})(\sqrt{A} + Q^n - h^n P^n)$$

erhält, die aufgelöset giebt

*) n ist hier allgemeine Bezeichnung eines der x, nicht aber Exponent.

**) Siehe §. 134. die Anmerkung gleich beim Anfange.

$P^n P^{n+1}$
$$= A + Q^n\sqrt{A} - h^n P^n \sqrt{A} + Q^{n+1}\sqrt{A} + Q^{n+1}Q^n - Q^{n+1}h^n P^n$$
oder
$$P^n P^{n+1} = A + Q^{n+1}Q^n - Q^{n+1}h^n P^n + (Q^n - h^n P^n + Q^{n+1})\sqrt{A}$$

Betrachten wir diese Gleichung aufmerksam, so hat sie auf der linken Seite das Produkt zweier Rationalzahlen P^n und P^{n+1}, auf der rechten Seite aber ist eine Komplexion, wo die drei ersten Glieder alle rational sind, das folgende Glied aber ist ein Produkt aus einer rationalen Komplexion (die in der Parenthese stehet) und der Irrationalzahl $\sqrt{A}$; daher ist dieses Produkt auch irrational (§. 184, 7.). Es kann also die Gleichung, nur alsdann wahr seyn, wenn das ganze Glied
$$(Q^n - h^n P^n + Q^{n+1})\sqrt{A} = 0$$
wird, weil unmöglich die Rationalzahl $P^n P^{n+1}$ gleich einer Summe, aus rationalen und einer irrationalen Zahl seyn kann *). Nun kann jenes Produkt wieder nur Null werden, wenn einer der Faktoren es ist **), und da es der Faktor $\sqrt{A}$ nicht ist, so kann es die Komplexion nur seyn, also $Q^n - h^n P^n + Q^{n+1} = 0$. Aus jener vorher gefundenen Gleichung aber wird, wenn man das eben betrachtete Produkt gleich Null setzt, nun diese neue Gleichung: $P^n P^{n+1} = A + Q^{n+1} Q^n - Q^{n+1} h^n P^n$. Es folgt ferner aus der Gleichung $Q^n - h^n P^n + Q^{n+1} = 0$, daß

*) Dies ist gewiß aus dem Begriff der Irrationalzahlen deutlich. Das Setzen eines ganzen Gliedes = Null, fällt Anfängern oft schwer einzusehen, bei näherer Betrachtung ist es aber gewiß nicht schwer zu verstehen. Ueberdies muß ja eine, aus richtiger Annahme und richtigen Schlüssen hergeleitete Gleichung, selbst richtig seyn (siehe Einleitung, Theorie der Beweise), und die Betrachtung der Gleichung muß Fälle, wie jener ist, ergeben. Wenn man z. B. auf die Gleichung stieße $a = a + n$, so ist dies keinesweges ein Unsinn, sondern n wäre alsdann nur = Null, damit $a = a + 0 = a$ entstände.

**) Eine ähnliche Erscheinung, wo auch ein Faktor = 0 wurde, hatten wir §. 194.

$Q^{n+1} = h^n P^n - Q^n$ sey, und aus der Gleichung für $P^n P^{n+1}$ folgt, daß $P^{n+1} = \frac{A + Q^{n+1} Q^n - Q^{n+1} h^n P^n}{P^n} = \frac{A + Q^{n+1}(Q^n - h^n P^n)}{P^n} = \frac{A - Q^{n+1}(h^n P^n - Q^n)}{P^n}$ ist *); wird endlich für die, hier in Parenthese stehende Differenz, der so eben gefundene Werth Q^{n+1} gesetzt, so erhält man $P^{n+1} = \frac{A - Q^{n+1} Q^{n+1}}{P^n}$. Aus diesen beiden Gleichungen für Q^{n+1} und für P^{n+1} sieht man nun deutlich, wie man ganz einfach, wenn irgend ein Werth für ein x gefunden, den des folgenden x finden kann, wo wieder die nächste Zahl die den Quotienten giebt, das zugehörige h, oder das eigentliche gesuchte neue Glied des Kettenbruchs ist. Aus diesen Untersuchungen ist also das Resultat, daß, wenn: $x^n = \frac{\sqrt{A} + Q^n}{P^n}$ ist (woraus sich h^n ergiebt), so wird $x^{n+1} = \frac{\sqrt{A} + Q^{n+1}}{P^{n+1}}$, wo nun zuerst $Q^{n+1} = h^n P^n - Q^n$, und dann $P^{n+1} = \frac{A - Q^{n+1} Q^{n+1}}{P^n}$ ist; aus dem Werthe $\frac{\sqrt{A} + Q^{n+1}}{P^{n+1}}$ ergiebt sich alsdann h^{n+1}. Weil nun aber das erste x oder $x^1 = \frac{1}{\sqrt{A} - a} = \frac{\sqrt{A} + a}{A - a^2}$ war, so ist $Q^1 = a$ und $P^1 = A - a^2$, woraus man also ganz einfach die folgenden x, und daher auch die verschiedenen h ableiten kann. Da überdies $\sqrt{A} = a + \frac{1}{x^1}$ ist, so kann auch $\frac{1}{x^1}$ nur $= \frac{\sqrt{A} - a}{1}$ seyn, woraus ja $x^1 = \frac{1}{\sqrt{A} - a}$ folgte. Auch kann man $\sqrt{A} = \frac{\sqrt{A} + 0}{1}$ setzen.

Es mag dies ganze Verfahren durch ein Beispiel in Zahlen gezeigt werden. Z. B. man sucht $\sqrt{22}$, so ist die Berechnung folgende:

*) Wenn man die Differenz in der Parenthese umkehrt, muß auch das Zeichen vor ihr umgekehrt werden (§. 47.).

$\sqrt{22} = 4 + \frac{\sqrt{22}-4}{1}$ $(= \frac{1}{x^{\text{I}}}$; natürlich ist $a = 4)$

ferner $x^{\text{I}} = \frac{1}{\sqrt{22}-4} = \frac{\sqrt{22}+4}{6} = 1 + \frac{\sqrt{22}-2}{6}$ $(= \frac{1}{x^{\text{II}}}$; ferner ist $2 = h^{\text{I}})$

" $x^{\text{II}} = \frac{6}{\sqrt{22}-2} = \frac{\sqrt{22}+2}{3} = 2 + \frac{\sqrt{22}-4}{3}$ $(= \frac{1}{x^{\text{III}}}$; also $1 = h^{\text{II}})$

" $x^{\text{III}} = \frac{3}{\sqrt{22}-4} = \frac{\sqrt{22}+4}{2} = 4 + \frac{\sqrt{22}-4}{2}$ $(= \frac{1}{x^{\text{IV}}}$; es ist $4 = h^{\text{III}})$

" $x^{\text{IV}} = \frac{2}{\sqrt{22}-4} = \frac{\sqrt{22}+4}{3} = 2 + \frac{\sqrt{22}-2}{3}$ $(= \frac{1}{x^{\text{V}}}$; und $2 = h^{\text{IV}})$

" $x^{\text{V}} = \frac{3}{\sqrt{22}-2} = \frac{\sqrt{22}+2}{6} = 1 + \frac{\sqrt{22}-4}{6}$ $(= \frac{1}{x^{\text{VI}}}$; daher $1 = h^{\text{V}})$

" $x^{\text{VI}} = \frac{6}{\sqrt{22}-4} = \frac{\sqrt{22}+4}{1} = 8 + \frac{\sqrt{22}-4}{1}$ $(= \frac{1}{x^{\text{VII}}}$; folglich $8 = h^{\text{VI}})$

" $x^{\text{VII}} = \frac{1}{\sqrt{22}-4} = \frac{\sqrt{22}+4}{6} = 1 + \frac{\sqrt{22}-2}{6}$ $(= \frac{1}{x^{\text{VIII}}}$; hier wird $1 = h^{\text{VII}})$

So könnten wir ins Unendliche fortfahren, und da wir auf den Werth $\frac{1}{\sqrt{22}-4}$ stießen, den wir schon bei x^{I} hatten; so müssen wir offenbar bei derselben Behandlung dieses Ausdrucks, auch für die folgenden h, immer wieder dieselben Werthe, in gleicher Ordnung wieder bekommen, als von da an, wo zum ersten Male dieser Ausdruck vorkam, oder, der erhaltene Kettenbruch ist hier ein periodischer Kettenbruch (§. 144.), und 1, 2, 4, 2, 1, 8 ist die Periode. Die Kette ist also zuerst folgende:

$$a+\cfrac{1}{h^{\mathrm{I}}+\cfrac{1}{h^{\mathrm{II}}+\cfrac{1}{h^{\mathrm{III}}+\cfrac{1}{h^{\mathrm{IV}}\ \text{rc.}}}}} \qquad = 4+\cfrac{1}{1+\cfrac{1}{2+\cfrac{1}{4+\cfrac{1}{2+\cfrac{1}{1+\cfrac{1}{8\ \text{rc.}}}}}}}$$

Suchen wir die Näherungswerthe, und addiren gleich die vier Ganze dazu, so erhalten wir folgende Werthe: $\frac{5}{1}$, $\frac{14}{3}$, $\frac{61}{13}$, $\frac{136}{29}$, $\frac{197}{42}$, $\frac{1712}{365}$. Hier giebt der sechste Näherungswerth (also ein etwas zu kleiner §. 124.) $\frac{1712}{365}=4,6904109..$, dagegen ist $\sqrt{22}=4,6904157...$ (nach §. 178. gesucht), also jener Näherungswerth etwa 0,0000048.. zu klein.

In der vorigen Rechnung wurde nun z. B. x^{II} so gesucht: es war

$$x^{\mathrm{II}}=\frac{6}{\sqrt{22}-2}=\frac{6(\sqrt{22}+2)}{(\sqrt{22}-2)(\sqrt{22}+2)}=\frac{6(\sqrt{22}+2)}{22-4}=\frac{\sqrt{22}+2}{3}$$

da nun $\sqrt{22}$ zunächst 4 ist, so gab der Bruch zunächst $\frac{4+2}{3}=\frac{6}{3}=2$, daher wurde gesetzt

$$\frac{\sqrt{22}+2}{3}=2+\frac{\sqrt{22}+2}{3}-2=2+\frac{\sqrt{22}+2-6}{3}=2+\frac{\sqrt{22}-4}{3}$$

und der Bruch wieder $=\frac{1}{x^{\mathrm{III}}}$ u. s. w. — Wollte man aber nach unseren allgemeinen Formeln aus $x^{\mathrm{I}}=\frac{\sqrt{22}+4}{6}=\frac{\sqrt{A}+Q^{\mathrm{I}}}{P^{\mathrm{I}}}$ (also $4=Q^{\mathrm{I}}$ und $6=P^{\mathrm{I}}$) den Werth x^{II} ableiten, so suche man zuerst h^{I}, welches sich aus $\frac{\sqrt{22}+4}{6}$ als $=1$ ergiebt; nun ist $Q^{\mathrm{II}}=h^{\mathrm{I}}P^{\mathrm{I}}-Q^{\mathrm{I}}=1.6-4=2$; ferner $P^{\mathrm{II}}=\frac{A-Q^{\mathrm{II}}Q^{\mathrm{II}}}{P^{\mathrm{I}}}=\frac{22-2.2}{6}=\frac{22-4}{6}=3$; daher muß $x^{\mathrm{II}}=\frac{\sqrt{A}+Q^{\mathrm{II}}}{P^{\mathrm{II}}}=\frac{\sqrt{22}+2}{3}$ seyn, wie wir es auch fanden; hieraus ergiebt sich $h^{\mathrm{II}}=2$, deshalb ist $\frac{\sqrt{22}+2}{3}=h^{\mathrm{II}}+\frac{1}{x^{\mathrm{III}}}=2+$ einem echten Bruche, dessen Nenner $x^{\mathrm{III}}=\frac{\sqrt{A}+Q^{\mathrm{III}}}{P^{\mathrm{III}}}$ ist, wo wieder $Q^{III} = h^{II} P^{II} - Q^{II} = 2.3 - 2 = 4$, und $P^{III} = \frac{A - Q^{III} Q^{III}}{P^{II}} = \frac{22 - 4.4}{3} = \frac{6}{3} = 2$ seyn wird, woraus denn $x^{III} = \frac{\sqrt{22} + 4}{2}$ folgt, daher man hierbei nicht nöthig hat noch erst das Glied $\frac{1}{x^{III}} = \frac{\sqrt{22} - 4}{2}$ zu betrachten und zu behandeln.

Anmerk. 1. Wir könnten hier noch mannigfaltige Betrachtungen anstellen, über die Werthe von den verschiedenen h sowol (die stets periodisch bei jeder Quadratwurzelausziehung wiederkehren), als über die verschiedenen Q und P (die nicht nur immer ganze Zahlen seyn müssen, sondern auch durch gewisse Grenzen eingeschränkt werden); eben so könnten wir die Ausziehung der Kubikwurzel durch Kettenbrüche, vornehmen (wo andere Gesetze statt finden, auch jene Periode in den Nennern nicht nöthig ist) u. s. w. Allein wir begnügen uns mit dem in diesem §. Gehabten, worin hinlänglich gezeigt ist, wie man in vorkommenden Fällen beim Wurzelausziehen, die Kettenbrüche anwenden kann; da überdies jene Untersuchungen, aus der Theorie der Gleichungen, mehrere Sätze erfordern (oder wir müßten die Gleichungen nach einander auflösen, wie es bisher, in ähnlichen Fällen, geschah) und uns lange aufhalten würden, wenn wir sie, wie doch nach begonnener Untersuchung nöthig wäre, ganz ergründen wollten. Daß übrigens die Kenntniß jener Gesetze, für die Folge, nicht unumgänglich nöthig sey, versteht sich von selbst, denn sonst dürften sie durchaus hier nicht fehlen. — In Kauslers, Theorie der Kettenbrüche (bereits §. 145. erwähnt), findet man die oben erwähnten Gesetze, so wie in Legendre, théorie des nombres, bewiesen.

Anmerk. 2. Wir schließen hiermit und mit nachfolgendem Anhange gegenwärtiges Hauptstück, indem wir die Lehren desselben im folgenden Hauptstück anwenden, und alsdann dieses gegenwärtige hierdurch wieder erweitern.

Anhang zum zweiten Hauptstücke.

Ueber die Auflösung der quadratischen Gleichungen.

Anmerkung. Daß die allgemeine Theorie der Gleichungen, den dritten Abschnitt unserer Eintheilung der niederen Arithmetik ausmachen werde, ist schon §. 12. erwähnt; und doch haben wir schon im dritten Kapitel des vorigen Hauptstücks, §. 52. u. s. w. die Elemente der Gleichungen vorgetragen, weil dieselben in dem bis dahin Gelehrten begründet waren, dort verstanden werden konnten, und schon bei den folgenden Lehren angewendet werden sollten. Indem ich nun auf das, §. 54. Anmerk. 1. und 2. Gesagte zurückweise, werde ich hier die Theorie der quadratischen Gleichungen kurz durchnehmen; einmal darum, weil sie aus der nunmehr vollendeten Theorie der Potenzen vollkommen verstanden werden können, und ferner, um auch von ihnen schon vor Anfang des dritten Abschnitts Gebrauch zu machen *). Allein dieser Gebrauch ist nicht so unumgänglich nothwendig, als jener der einfachen Gleichungen es war, daher auch hier die quadratischen Gleichungen nur kurz durchgenommen werden sollen, und ihre ganze Betrachtung der allgemeinen Theorie der Gleichungen, im ganzen Umfange, vorbehalten wird. Es wird deshalb auch diese Theorie nur hier in einem Anhange vorgetragen, und kann von Jedem, ohne Nachtheil der Deutlichkeit des Folgenden, übergangen werden.

---

*) In der Theorie der Progressionen, wo dieser Gebrauch aber auch nur beiläufig vorkommt.

Erklärung. Wenn in einer Gleichung die unbekannte Größe, in keiner höheren Potenz, als in der zweiten vorkommt; so heißt die Gleichung eine quadratische oder eine Gleichung vom zweiten Grade *).

Aus dieser Erklärung folgt, daß in einer quadratischen Gleichung die unbekannte Größe auch noch in der ersten Potenz vorkommen kann; daß ferner bekannte Größen in mannigfaltigen Verbindungen mit der unbekannten Größe vorkommen, folgt schon aus §. 10. — Wenn also z. B. die Gleichung: $a+nx^2-p=hx+dx^2-\frac{x}{g}$ gegeben wäre, so würde dies eine quadratische Gleichung seyn, wenn x die unbekannte **), und die anderen Buchstaben bekannte Größen bedeuteten.

Nun kann in einer quadratischen Gleichung das Glied fehlen ***) welches die unbekannte Größe in der ersten Potenz hat, und alsdann heißt die Gleichung: eine reine quadratische Gleichung. Wenn nun auch in der ursprünglich gegebenen Darstellung einer reinen quadratischen Gleichung, die einzelnen Größen noch so vermischt stehen, so wird man doch, durch die §. 56. und 57 gegebenen Mittel, immer im Stande seyn, das Glied welches die unbekannte Größe in der zweiten Potenz enthält, allein auf eine Seite der Gleichung zu schaffen, so, daß die andere Seite nur bekannte Größen enthält. Hat die unbekannte Größe in der zweiten Potenz,

---

*) Die höchste Potenz der unbekannten Größe, werden wir in der Folge kennen lernen, entscheidet immer über den Grad der Gleichung.

**) Die unbekannte Größe heißt bei den Gleichungen allgemein immer x, so auch hier in diesem Anhange.

***) Ueber den Begriff des Gliedes einer Gleichung: siehe §. 52; so ist nx^2 (in der obigen Darstellung) nur ein Glied; überhaupt hat jene Gleichung oben 6 Glieder.

auch noch einen Faktor, so dividire man beide Seiten der Gleichung durch denselben, und ist nun x^2 vielleicht noch mit dem negativen Zeichen versehen *), so kehre man auf beiden Seiten der Gleichung die Zeichen um (§. 57, 5.). So wird man immer einer reinen quadratischen Gleichung, diese Form: $x^2 = \mp a$ **) geben können, und es ist wol nichts leichter, als jetzt $x = \mp \sqrt{\mp a}$ zu setzen (§. 152, 5.). Das Zeichen $\mp$ unter dem $\sqrt{}$ Zeichen, ist bei jeder besonderen Gleichung nur eins von beiden, und ist es das negative, so ist der Werth von x imaginär (§. 153, 7.); das $\mp$ Zeichen vor dem $\sqrt{}$ Zeichen, ist aber immer doppelt (§. 152, 9.). — Es sey also z. B. gegeben:

$$3x^2 - 4 + \frac{x^2}{5} = 4x^2 - \frac{3x^2}{10} - \frac{33}{2}$$

(die Gleichung mit 10 ***) multiplizirt, giebt)

$$30x^2 - 40 + 2x^2 = 40x^2 - 3x^2 - 165$$

(alle x^2 auf die linke, und die bekannten Größen auf die rechte Seite geschafft)

$$30x^2 + 2x^2 - 40x^2 + 3x^2 = -165 + 40$$

(gehörig vereiniget)

$$-5x^2 = -125 \quad \text{(Zeichen umgekehrt)}$$

$$+5x^2 = +125 \quad \text{(durch 5 dividirt)}$$

$$x^2 = 25 \quad \text{(die Wurzel jetzt ausgezogen giebt)}$$

$$x = \mp\sqrt{25} = \mp 5$$

Will man die Probe machen, so führe man die Werthe von + 5 und — 5 in die gegebene Gleichung ein, wo alsdann eine richtige Gleichung entstehen muß.

Nach-

*) Dieses ist, wenn es auch kein negatives Quadrat giebt, nach §. 153, 6. doch möglich; z. B. $-x^2 = a - n$.

**) Wo also a nur bekannte Größen vorstellt, die selbst mannigfaltige Formen haben können, und, je nachdem es die Gleichung mit sich bringt, positiv oder negativ seyn können ($\mp a$).

***) Zehn ist die kleinste Zahl, worin die drei Nenner 5, 10 und 2 aufgehen (§. 79); hierdurch fallen alle Brüche aus der Gleichung weg (§. 57, 2.), was man, anstatt es nach und nach zu thun, auch gleich mit einem Male verrichten kann.

Nachdem wir so die Auflösung der **reinen** quadratischen Gleichungen als einfach kennen lernten, wenden wir uns zu solchen quadratischen Gleichungen, worin die unbekannte Größe auch noch in der **ersten** Potenz vorkommt. Bei diesen Gleichungen könnte aber jetzt das Glied fehlen, was **bloße bekannte** Größen enthält, so daß die in der Gleichung vorkommenden bekannten Größen, blos als Faktoren der x^2 und der x erscheinen. Allein eine solche quadratische Gleichung verwandelt sich sogleich in eine einfache Gleichung *), wenn man nemlich die ganze Gleichung alsdann durch x dividirt. Z. B.

$$7x^2 + 8x - 4x^2 = 10x - 5x^2,$$

so erhält man sogleich

$$7x + 8 - 4x = 10 - 5x,$$

wo also das Quadrat der unbekannten Größe sogleich verschwindet, und nur x^1 nebst bekannten Gliedern zurück bleibt.

Wir kommen also zu solchen quadratischen Gleichungen, wo Glieder sind die bloße bekannte Größen enthalten, während auch in anderen Gliedern die unbekannte Größe in der ersten Potenz vorkommt. Solche Gleichungen heißen alsdann: **unreine** oder **vollständige quadratische Gleichungen**; z. B. $a + nx^2 = px$. Die Auflösung dieser Gleichungen erfordert nun folgende Vorbereitung. Jede unreine quadratische Gleichung, läßt sich auf diese allgemeine Form bringen:

$$x^2 \mp ax = \mp b$$

d. h. man kann das Glied, welches x^2 hat, **ohne** Koeffitienten und **positiv** erhalten, hierzu kommt + oder — je nachdem es jede besondere Gleichung mit sich bringt) die unbekannte Größe in der ersten Potenz, mit einem **bekannten** Koeffitienten (der hier a heißen mag, und der daher auch 1 seyn kann) und dieses Binom ist gleich

*) D. h. wo x nur in der ersten Potenz vorkommt.

einer bloßen bekannten Größe (hier $\mp b$, die wieder + oder — ist, je nachdem es sich bei jeder besonderen Gleichung trifft). Daß diese allgemeine Form der unreinen quadratischen Gleichungen immer wird zu erreichen seyn, ist wieder leicht einzusehen, denn sey die Anfangs gegebene Gleichung auch noch so verwickelt *), so kann man sie auf eine Form zurück führen, wo man nur lauter einzelne Glieder, die das + oder —Zeichen haben, erhält. Bringt man nun alle Glieder die x^2 oder die x haben auf eine Seite, alle ganz bekannte Glieder aber auf die andere Seite, und vereinigt in den Koeffitienten die x^2 so wie die x, dividirt alsdann durch den Koeffitienten den x^2 hierdurch vielleicht noch hat, die ganze Gleichung, so erhält man sogleich jene allgemeine Formel; und sollte x^2 vielleicht negativ seyn, so kehrt man wieder alle Zeichen der Gleichung um, wodurch man x^2 positiv erhält. Nachdem also jene allgemeine Formel, die bekannten Größen a und b mögen auch Formen haben, welche sie wollen, als immer zu erreichen gezeigt ist, sey z. B. gegeben:

$$m + ax^2 + \frac{nx - dx^2}{p} = \frac{x^2}{h} - d + fx;$$

so wird zuerst

$$mph + phax^2 + nhx - dhx^2 = px^2 - phd + phfx;$$

hieraus:

$$phax^2 - dhx^2 - px^2 + nhx - phfx = - phd - mph;$$

gehörig vereiniget:

$$(pha - dh - p)x^2 + (nh - phf)x = - phd - mph;$$

und endlich:

$$x^2 + \frac{nh - phf}{pa - dh - p} . x = \frac{phd - mph}{pa - dh - p}$$

wo man sogleich unsere allgemeine Form erkennt, indem aber in derselben das $\mp a$, hier $+ \frac{nh - phf}{pa - dh - p}$, so

*) D. h. wenn sie Bruchformen, Parenthesen u. dgl. m. hat.

wie das dortige $\mp b$, hier $+\frac{-phd-mph}{pa-dh-p}=-\frac{phd+mph}{pa-dh-p}$ (§. 87, 1.) bedeutet.

Könnten wir also nur das x aus der allgemeinen Formel $x^2 \mp ax = \mp b$ entwickeln, so wäre es aus jeder besonderen Gleichung ja auch zu entwickeln. Betrachtet man aber diese Gleichung, so liegen in den bis hierher bekannten Mitteln, für die Auflösung der einfachen Gleichungen, noch keine Mittel x zu finden, denn die Quadratwurzel kann aus $x^2 \mp ax$ nicht ausgezogen werden (§. 170. und §. 171.), und schafft man ax auf die andere Seite, so hat man $x^2 = \mp b \pm ax$, wo man wieder aus der rechten Seite, eben wegen der unbekannten Größe x, keine Wurzel ausziehen kann, wenn es jetzt auch auf der linken Seite bei x^2 sehr gut anginge. Es bleibt so kein anderes Mittel übrig, als die linke Seite der allgemeinen Form, zu einem vollkommenen Quadrate zu machen, wozu das erste Glied x^2 so wie das folgende ax ein sehr bequemes Mittel darbieten; denn, sagt man: es sey die Wurzel aus der linken Seite ein Binom, so enthält dasselbe wegen x^2 zuerst x, und so kann man das folgende Glied $\mp ax$ als das doppelte Produkt aus beiden Theilen der Wurzel ansehen *); ist nun x der erste Theil der Wurzel, so ist a der doppelte zweite, und folglich $\frac{a}{2}$, der fehlende zweite Theil selbst, dessen Quadrat, also $\left(\frac{a}{2}\right)^2 = \frac{a^2}{4}$ (§. 151, 1.), blos zu $x^2 \mp ax$ zu addiren ist, um ein vollständiges Quadrat $x^2 \mp ax + \frac{a^2}{4}$ zu erzeugen, dessen Wurzel wieder $x \mp \frac{a}{2}$ ist, d. h. $x + \frac{a}{2}$ wenn im Quadrate $+ax$, und

*) Siehe bei diesen und den folgenden Betrachtungen vorzüglich §. 161, 1. so wie §. 170. und §. 171.

$x - \frac{a}{2}$, wenn in denselben $- ax$ steht. So haben wir die linke Seite zu einem vollkommenen Quadrate ergänzt, und müssen $\frac{a^2}{4}$ auch auf der anderen Seite zuaddiren, damit die Gleichung richtig bleibe. Es ist daher:

$$x^2 \mp ax + \frac{a^2}{4} = \mp b + \frac{a^2}{4}$$

Die rechte Seite enthält jetzt nur bekannte Größen, und wir können $\mp b + \frac{a^2}{4}$ in eine Größe zusammen werfen *), daher aus beiden Seiten die Quadratwurzel ausziehen, so erhalten wir:

$$x \mp \frac{a}{2} = \mp \sqrt{\left(\frac{a^2}{4} \mp b\right)}$$

weshalb endlich $x = \pm \frac{a}{2} \mp \sqrt{\left(\frac{a^2}{4} \mp b\right)}$ wird.

Dies ist die allgemeine Formel für die Auflösung der unreinen quadratischen Gleichungen; für jeden besonderen Fall, gilt von den drei $\mp$ Zeichen die man hier sieht, nur das doppelte Zeichen vor dem $\sqrt{}$ Zeichen (wegen §. 153, 9.), und dieses bringt daher auch in jeder unreinen quadratischen Gleichung die höchst merkwürdige Erscheinung hervor, daß immer zwei Werthe für x kommen **), je nachdem man das + oder − Zeichen nimmt. — Man kann nun, wenn die gegebene quadratische Gleichung auf die allgemeine Formel gebracht ist, sogleich die Formel des eben erhaltenen allgemeinen Resultats anwenden, oder nach und nach die Auflösung wie hier geschehen, machen ***).

---

*) In der Form des Binoms hat $\mp b + \frac{a^2}{4}$ auch keine angebbare Wurzel, sondern es müßte dieselbe blos angedeutet werden, wenn man die Vereinigung nicht vornehmen wollte.

**) Diese höchst wichtige Erscheinung, findet sich auf ähnliche Art bei allen höheren Gleichungen, worüber in dem dritten Abschnitt das Vollständige vorkommen wird.

***) Anfängern sind beide Wege gleich anzurathen.

Es sey also gegeben *): $2x^2 - 5x = 12$, so erfordert die allgemeine Formel x^2 ohne Koeffitienten, wodurch zuerst wird: $x^2 - \frac{5}{2}x = \frac{12}{2}$ $(a = \frac{5}{2},\ b = \frac{12}{2} = 6)$

daher $x^2 - \frac{5x}{2} + \frac{25}{16} = 6 + \frac{25}{16} = \frac{121}{16}$

und $x - \frac{5}{4} = \mp \sqrt{(\frac{121}{16})} = \mp \frac{11}{4}$

weshalb $x = + \frac{5}{4} \mp \frac{11}{4}$ ist.

Dies giebt nun x entweder $= \frac{5}{4} + \frac{11}{4} = \frac{16}{4} = 4$, oder $= \frac{5}{4} - \frac{11}{4} = -\frac{6}{4} = -1\frac{1}{2}$, welche beide Werthe $+4$ und $-1\frac{1}{2}$ der obigen Gleichung, gehörig eingeführt, ein Genüge leisten müssen, wobei nicht zu vergessen ist, daß, wenn $x = -1\frac{1}{2} = -\frac{3}{2}$ gesetzt wird, einmal $(-\frac{3}{2})^2 = +\frac{9}{4} = x^2$ ist, und $-\frac{5}{2}x = -\frac{5}{2} \cdot -\frac{3}{2} = +\frac{15}{4}$ giebt, daher für diesen Werth von x die Gleichung wird:

$$(-\tfrac{3}{2})^2 - (\tfrac{5}{2} \cdot -\tfrac{3}{2}) = \tfrac{9}{4} + \tfrac{15}{4} = \tfrac{24}{4} = 6.$$

Auch kann eine unreine quadratische Gleichung in dem Falle, daß die Menge der x^2 sich auf beiden Seiten der Gleichung gegenseitig ganz heben, sogleich in eine einfache Gleichung verwandelt werden; z. B.

$$4x^2 + 7x - 8 = x^2 + 15 - 2x + 3x^2,$$

welche Gleichung wegen der $4x^2$ auf beiden Seiten, sogleich diese giebt: $7x - 8 = 15 - 2x$, welcher Fall aber nur selten vorkommen wird. Es würden diese Gleichungen, so wie die vorher betrachteten, wo alle Glieder den Faktor x haben, auch scheinbar quadratische Gleichungen genannt werden können. —

Alles was sich noch über die quadratischen Gleichungen sagen läßt, wird vollständig im dritten Abschnitt vorgetragen werden, und gehört nicht für einen bloßen Anhang. —

*) Tafel 105. bis 108. meiner Sammlung, enthalten die Beispiele für die unreinen quadratischen Gleichungen.

Drittes Hauptstück.

Die unendlichen Reihen, das Wichtigste aus der Kombinationslehre, der binomische Lehrsatz für jeden Exponenten, nebst der Anwendung dieses Satzes.

Erstes Kapitel.

Von den, aus der Division entstehenden unendlichen Reihen.

§. 203. Erklärung.

Bei der Division der Buchstabenausdrücke durch einander, betrachteten wir nur solche Fälle, wo der Divisor genau im Dividendus enthalten war, oder fügten den Rest, im Falle ein solcher blieb, durch den Divisor mittelst der bloßen Andeutung dividirt, in Bruchform dem Quotienten bei (§. 51.). — Wenn nun auch Divisionen dieser letzteren Art nie genau vollzogen werden können; so kann man sich dennoch dem Werthe des Quotienten nähern, und da die Annäherung alsdann ins Unendliche fortgesetzt werden kann, so nennt man auch den Quotienten: eine unendliche Reihe. Die Betrachtung dieser unendlichen Reihen, ist in der Mathematik von der größten Wichtigkeit, da ihre Form doch oft der, der bloßen Bezeichnung der Division vorzuziehen ist, und die wichtigsten Resultate nicht selten hieraus hergeleitet werden, ja, in den höheren Theilen der Mathematik sind sie, fast bei jedem Schritte, unentbehrlich. Uebrigens geben sie oft den Quotienten in ihren ersten Theilen, wie wir gleich sehen werden, schon so genau, daß für den Gebrauch der Reihe fast nichts zu wünschen übrig bleibt. — Daß wir aber hier nur solche Divisionen betrachten können, wo der Divisor eine Komplexion ist, versteht sich von selbst, denn die Form $\frac{A}{n}$, wo der Divisor ein einfaches Glied ist, läßt sich nicht anders einfacher allgemein darstellen, und ist der Dividendus eine Komplexion, so ist die Aenderung auch nur die, daß man allenfalls jeden Theil derselben durch n dividirt, in Divisionsform darstellen kann. — Es ist ferner die Entdeckung des Gesetzes, wonach die Theile im Quotienten fortgehen, eine Hauptuntersuchung bei diesen unendlichen Reihen, und diese Betrachtung, aus gewissen vorhandenen Resultaten mit Gewißheit auf den Fortgang des Gesetzes zu schließen, gewährt schon an sich ein hohes Interesse, und ist uns auch schon bis hierher, nicht unbekannt geblieben. — Da aber die Formen der unendlichen Reihen so unendlich mannigfaltig sind, als man die Divisionen selbst verschieden wählen kann; so können wir auch nur einige derselben hier anführen, um an ihnen für die übrigen, den Weg der Untersuchung kennen zu lernen, und zu sehen, wie oft schon in einer solchen Division, der Keim zu vielen anderen Divisionen liegt. —

§. 204. Aufgabe.

Den Quotienten $\frac{1}{1-a}$ durch eine unendliche Reihe darzustellen.

Auflösung. Man beginne die Division wie gewöhnlich, und dividire den Rest, so wie den abermaligen Rest u. s. w. immer von neuem, wobei es nichts schadet, wenn auch die Theile des Quotienten selbst, die Divisionsform erhalten sollten. Will man aber die Division irgendwo abbrechen, so vergesse man nie, den Rest durch den Divisor dividirt, in Bruchform dem Quotienten beizufügen. Also:

$$\begin{array}{l|l|l}
1-a & 1 & 1+a+a^2+a^3+a^4+\frac{a^5}{1-a} \\
 & \underline{\mp 1 \pm a} & \\
 & \quad +a & \\
 & \quad \underline{\mp a \pm a^2} & \\
 & \qquad +a^2 & \\
 & \qquad \underline{\mp a^2 \pm a^3} & \\
 & \qquad\quad +a^3 & \\
 & \qquad\quad \underline{\mp a^3 \pm a^4} & \\
 & \qquad\qquad +a^4 & \\
 & \qquad\qquad \underline{\mp a^4 + a^5} & \\
 & \qquad\qquad\quad +a^5 &
\end{array}$$

Daß der hier erhaltene Quotient, wirklich der Divisionsform $\frac{1}{1-a}$ gleich ist, beruhet auf die Richtigkeit des beobachteten Verfahrens; daß man aber mit der Division bis ins Unendliche hätte fortfahren können, ist eben so leicht einzusehen. — Das Gesetz, wonach die Quotienten, oder vielmehr die Theile im Quotienten fortgehen, ist gewiß sogleich entdeckt, und bei aufmerksamer Beobachtung der ganzen Division, wird man dieses Gesetz, als bis ins Unendliche fortgehend, sogleich finden. Es würde allgemein so ausgedrückt werden müssen; der $n$te Theil im Quotienten, ist $= a^{n-1}$; also der 10te $= a^9$, der 100te $= a^{99}$ u. s. w.; ja selbst der erste Theil ist $= a^0 = 1$ (§. 154, 3.); oder: jeder Theil ist $= a$ erhoben zur so vielten Potenz, als Theile vorhergehen. — Es wäre daher die allgemeine Darstellung jenes Quotienten diese:

$$\frac{1}{1-a} = 1 + a + a^2 \ldots a^n + \frac{a^{n+1}}{1-a}$$

wo jene Punkte bedeuten, daß eine unbestimmte Menge von Theilen hier noch folgen, deren Menge von der Anzahl der Glieder, oder von n abhängt; der hinzuzufügende Bruch ist übrigens positiv, hat in seinem Zähler den letzten Rest, oder den folgenden Theil des Quotienten, in seinem Nenner den gegebenen Divisor.

§. 205. Zusatz.

Man kann also mit Recht sagen: jene Reihe des Quotienten, ins Unendliche fortgesetzt, stellt den Werth der Division dar; da wir aber nie ins Unendliche mit dem Dividiren fortfahren können, so müssen wir uns mit einer beliebigen Stellenmenge begnügen, und den letzten Rest, noch gehörig dividirt, der Reihe hinzufügen.

Unsere, im vorigen §. betrachtete Reihe, muß nun auch wahr werden, man mag für a setzen welche Zahl man will. Man nehme z. B. $a = \frac{1}{2}$, so wird

$$\frac{1}{1-a} = \frac{1}{1-\frac{1}{2}} = \frac{1}{\frac{1}{2}} = 2 = 1 + \frac{1}{2} + \frac{1}{4} + \frac{1}{8} + \frac{1}{16} \ldots$$

Wenn nun diese Reihe auch wirklich bei ihrer weiteren Fortsetzung, den Werth von 2 immer genauer darstellen wird, indem die folgenden Glieder immer unbedeutender und geringer werden; so dürfen wir doch den Rest nicht vergessen, durch welchen erst die Reihe genau $= 2$ wird; in diesem Falle ist der Rest $= a^5 = (\frac{1}{2})^5 = \frac{1}{32}$, welcher durch $1 - a = 1 - \frac{1}{2} = \frac{1}{2}$ dividirt $= \frac{\frac{1}{32}}{\frac{1}{2}} = \frac{2}{32} = \frac{1}{16}$ wird; dies der Reihe hinzugefügt, giebt

$$2 = 1 + \frac{1}{2} + \frac{1}{4} + \frac{1}{8} + \frac{1}{16} + \frac{1}{16} = \text{genau } 2.$$

Wenn nun auch die Reihe $1 + \frac{1}{2} + \frac{1}{4} \ldots$ in der That so beschaffen ist, daß man sich in den meisten vorkommenden Fällen mit einer, der Genauigkeit der Rechnung entsprechenden Menge von Gliedern wol begnügen könnte; so ist dies dennoch nicht von jedem Werthe für a genommen, der Fall, sondern es scheint sogar die Erscheinung der Reihe, oft etwas Widersprechendes mit sich zu führen. Z. B. man setze $a = 2$, so ist

$$\frac{1}{1-a} = \frac{1}{1-2} = \frac{1}{-1} = -1 = 1 + 2 + 4 + 8 + 16 \ldots (!)$$

Daß man sich hier dem Werthe von -1 nicht nähern wird bei jedem weiteren Fortgange, ist wol einleuchtend, und dennoch sollte ja die Reihe genau den Werth von -1 darstellen? Aber, es ist der Rest noch zu betrachten, welcher $= +32$ ist, und der daher als $\frac{32}{1-a} = \frac{32}{-1} = -32$ der Reihe hinzuzufügen ist; so wird nun auch werden

$$-1 = 1+2+4+8+16-32 = 31-32 = -1.$$

Noch sey für $a = 1$ gesetzt, so wird $\frac{1}{1-a} = \frac{1}{0} = 1+1+1+1..;$ aber es ist nicht nur $\frac{1}{0} = \infty$ (§. 35, 6.), sondern wir haben der Reihe $1+1+1...$ noch $\frac{1}{1-a} = \frac{1}{0}$ hinzuzufügen, wo wir immer erhalten werden, daß

$$\tfrac{1}{0} = 1+1+1...+\tfrac{1}{0} = \infty \quad \text{sey.}$$

Wir sehen also aus diesen Beispielen, daß unser, zu Anfange dieses §. aufgestellter Satz, seine vollkommene Richtigkeit hat, daß es aber ganz auf die Wahl der Werthe ankommt, ob in vorkommenden Fällen schon einige Theile der Reihe für die Division gewählt werden dürfen mit Vernachlässigung des Restes, oder ob man diesen nicht übergehen darf, wenn man sich selbst nur dem Werthe der Division nähern will; bei vollkommen erreichtem Werthe, darf er nie vergessen werden, denn er ist ein Theil der zu dividirenden Größe, und ihr daher immer zugehörig, also noch mit zu dividiren (s. Seite 74).

Anmerk. Mehrere Beispiele, sowol hier als bei den folgenden §. in Zahlen, wird man sich leicht wählen können, die überdies sehr zur Uebung für den Gebrauch der unendlichen Reihen dienen. (Siehe auch §. 209)

§. 206. Aufgabe.

Den Quotienten $\frac{1}{1+a}$ in eine unendliche Reihe zu verwandeln.

Auflösung. Auch hier verfahre man, wie zu Anfange der Auflösung von §. 204. gesagt wurde, so erhält man:

$$\begin{array}{l|l|l}
1+a & 1 & 1 - a + a^2 - a^3 + a^4 - \frac{a^5}{1+a} \\
 & \underline{\mp 1 \mp a} & \\
 & \quad - a & \\
 & \quad \underline{\pm a \pm a^2} & \\
 & \qquad + a^2 & \\
 & \qquad \underline{\mp a^2 \mp a^3} & \\
 & \qquad\quad - a^3 & \\
 & \qquad\quad \underline{\pm a^3 \pm a^4} & \\
 & \qquad\qquad + a^4 & \\
 & \qquad\qquad \underline{\mp a^4 \mp a^5} & \\
 & \qquad\qquad\quad - a^5 &
\end{array}$$

Diese Reihe ist ganz die des vorhergehenden §., nur daß alle Glieder, die einen ungeraden Exponenten haben, negativ sind *); es wäre daher dieser Reihe allgemeine Darstellung diese:

$$1 - a + a^2 \dots - a^{2n+1} + \frac{a^{2n+2}}{1+a}$$

Verlangt man also z. B. das 16te Glied, so ist dies = $-a^{15}$, das 23ste Glied aber = $+a^{22}$, denn dem pten Gliede kommt ja erst der Exponent $p - 1$ zu, weil das zweite Glied erst $a^{2-1} = a^1$ ist, oder 1 zum Exponenten hat. Wollte man z. B. die Summe aller Glieder in jener Reihe allgemein vollziehen, so müßte man erst allen Gliedern den Nenner $1 + a$ geben, wobei nicht zu vergessen ist, daß zwischen dem Gliede a^2 und $-a^{2n+1}$ noch die Glieder $-a^3 + a^4 - a^5 \dots$ stehen; es ist somit jene Summe =

$$\frac{1 + a - a - a^2 + a^2 + a^3 - a^3 - a^4 \dots - a^{2n+1} - a^{2n+2} + a^{2n+2}}{1 - a} = \frac{1}{1-a}$$

*) Wovon man keineswegs den Grund darin zu suchen hat, daß die Glieder mit geraden Exponenten nicht negativ seyn könnten; dies könnte bei einem Quotienten sehr gut der Fall seyn. Z. B. $\frac{a^4}{-1} = -a^4$ u. s. w.; jene Eigenschaft ist dieser obigen Reihe wesentlich.

Anmerk. Es tilgt sich nemlich immer ein Glied im Zähler gegen ein gleiches entgegengesetztes, nur das erste oder 1 bleibt stehen — Das Glied $-a^{2n+1}$ tilgt sich gegen das ihm vorhergehende, was zwar nicht mit angemerkt ist, was aber aus den Gliedern entspringt, die durch die Punkte angedeutet wurden; eben so das Glied $-a^4$, was sich gegen ein $+a^4$, das ebenfalls aus jenen, nur durch Punkte angedeuteten Gliedern entspringt, tilgt. — Dergleichen Erscheinungen hat sich der Anfänger wol zu merken, da sie ihn in vorkommenden Fällen oft lange täuschen. —

§. 207. Zusatz.

Gesetzt, man wählte für a Zahlen, so sey z. B. $a = 1$; wodurch man erhält $\frac{1}{1+a} = \frac{1}{1+1} = 1 - 1 + 1 - 1 + 1 - 1 \ldots$ Würde man sich mit zweien, vieren, oder allgemein mit $2n$ Gliedern begnügen wollen, so hätte man 0, und bei $2n+1$ Gliede würde man $+1$ haben; und doch soll man $\frac{1}{2}$ erhalten? Man betrachte den Rest; werden $2n$ Glieder genommen, so ist das, der Reihe Hinzuzufügende $= +\frac{a^{2n}}{1+a} = \frac{1^{2n}}{1+1} = \frac{1}{2}$, und man hat $0 + \frac{1}{2} = \frac{1}{2}$; nimmt man $2n+1$ Glied, so muß hinzugefügt werden $-\frac{a^{2n+1}}{1+a} = -\frac{1}{2}$, weshalb $+1 - \frac{1}{2} = \frac{1}{2}$ wieder die Summe ist. — Ferner nehme man $a = \frac{1}{3}$, so ist

$$\frac{1}{1+a} = \frac{1}{1+\frac{1}{3}} = \frac{1}{\frac{4}{3}} = \frac{3}{4} = 1 - \frac{1}{3} + (\tfrac{1}{3})^2 - (\tfrac{1}{3})^3 + (\tfrac{1}{3})^4 \ldots$$

$$= 1 - \frac{1}{3} + \frac{1}{9} - \frac{1}{27} + \frac{1}{81} = \frac{81 - 27 + 9 - 3 + 1}{81} = \frac{61}{81}$$

was gegen $\frac{3}{4}$ nur $\frac{1}{324}$ zu groß ist; also ziemlich genau diesen Werth giebt; das der Reihe nach Hinzuzufügende ist aber

$$-\frac{a^5}{1+a} = -\frac{(\frac{1}{3})^5}{1+\frac{1}{3}} = -\frac{\frac{1}{243}}{\frac{4}{3}} = -\frac{3}{243.4} = -\frac{1}{81.4} = -\frac{1}{324}$$

was also jenes $+\frac{1}{324}$ zu groß, wieder getilgt hätte. —

§. 208. Zusätze.

1. Die beiden Reihen, so wir aus §. 204. und 206. erhalten haben, können allgemein zusammengefaßt, auch so dargestellt werden:

$$\frac{1}{1\mp a} = 1 \mp a + a^2 \mp a^3 + a^4 \ldots + a^{2n} \mp a^{2n+1} \ldots a^p \mp \frac{a^{p+1}}{1\mp a}$$

wo alle Glieder die einen ungeraden Exponenten haben, $\mp$ sind, je nachdem der Divisor $1 \mp a$ ist, die andern aber sämmtlich $+$; dies zeigen auch die allgemeinen Glieder $+a^{2n}$ und $\mp a^{2n+1}$, und wenn man bis zum Gliede a^p fortgegangen wäre (wo p gerade seyn mag), so ist das, der Reihe Hinzuzufügende $\mp \frac{a^{p+1}}{1\mp a}$, d. h. der Zähler ist so, wie das folgende Glied in der Reihe es seyn würde (nemlich $\mp a^{p+1}$), der Nenner aber der Divisor $1 \mp a$.

2. Wenn man bei der Division $\frac{1}{1+a}$ den Divisor beibehält, aber ihn $a+1$ schreibt, so muß der unendliche Quotient, zwar derselbe als bei der Division $\frac{1}{1+a}$ werden, denn beide unendliche Reihen stellen den Werth $\frac{1}{1+a}$ dar (§. 205.); allein die Form der Reihe wird doch bedeutend geändert, wie man bei der Division leicht findet. Denn:

$$\frac{1}{a+1} = a+1 \mid 1 \quad \Big| \frac{1}{a} - \frac{1}{a^2} + \frac{1}{a^3} - \frac{1}{a^4} + \frac{\frac{1}{a^4}}{a+1}$$

$$\begin{array}{l}
\mp a \mp \frac{1}{a} \\
\hline
-\frac{1}{a} \\
\mp\frac{1}{a} \pm \frac{1}{a^2} \\
\hline
+\frac{1}{a^2} \\
\mp\frac{1}{a^2} \mp \frac{1}{a^3} \\
\hline
-\frac{1}{a^3} \\
\pm\frac{1}{a^3} \pm \frac{1}{a^4} \\
\hline
+\frac{1}{a^4}
\end{array}$$

Das leicht zu entdeckende Gesetz, wäre hier dies: jedes Glied ist ein Bruch, dessen Zähler ist 1, der Nenner aber a zur sovielten Potenz, als das Glied selbst, Glied in der Reihe ist; bei geradem Gliede ist das Zeichen —, bei ungeradem +; daher ist z. B. das 17te Glied $= + \frac{1}{a^{17}}$; das 2nte Glied $= - \frac{1}{a^{2n}}$.

3. Setzt man hier z. B. $a = 2$, so ist $\frac{1}{a+1} = \frac{1}{3}$, und die Reihe giebt: $\frac{1}{2} - \frac{1}{4} + \frac{1}{8} - \frac{1}{16} \ldots$, wo diese vier Glieder z. B. $= \frac{8-4+2-1}{16} = \frac{5}{16}$ geben, das gegen $\frac{1}{3}$ um $\frac{1}{48}$ zu klein ist; der Rest dividirt, würde noch hinzuzufügen, geben: $+ \frac{\frac{1}{16}}{2+1} = \frac{1}{48}$, daher $\frac{1}{2} - \frac{1}{4} + \frac{1}{8} - \frac{1}{16} + \frac{1}{48}$ genau $= \frac{1}{3}$ giebt.

4. Würde man die Form $\frac{1}{a-1}$ aufgelöset haben, so wäre der Quotient derselbe geworden, nur alle Glieder positiv *), oder $\frac{1}{a-1} = \frac{1}{a} + \frac{1}{a^2} + \frac{1}{a^3} \ldots \frac{1}{a^n} + \frac{\frac{1}{a^n}}{a-1}$, denn da der nte Rest, immer gleich dem nten Quotienten ist, so wird nach dem Quotienten $\frac{1}{a^n}$ erst der Rest $\frac{1}{a^n}$ folgen (wo $\frac{\frac{1}{a^n}}{a} = \frac{1}{a^{n+1}}$ giebt), und daher das Hinzuzufügende $= \frac{\frac{1}{a^n}}{a-1}$ seyn.

5. Würde man in $\frac{1}{a-1} = \frac{1}{a} + \frac{1}{a^2} \ldots$ für $a = 2$ setzen, so wäre $\frac{1}{2-1} = \frac{1}{1} = \frac{1}{2} + \frac{1}{4} + \frac{1}{8} + \frac{1}{16} + \frac{1}{32} \ldots$, welche eine sehr brauchbare Reihe würde, die sich sehr rasch dem Werthe von $\frac{1}{1} = 1$ nähert; der Rest dividirt, gäbe hier

*) Wie man sich durch Auflösung leicht überzeugen kann.

$=\frac{\frac{1}{32}}{2-1}=\frac{1}{32}$, welcher zur Reihe hinzuaddirt $= 1$ erzeugte.

6. Daß der Werth einer unendlichen Reihe keineswegs einen unendlich großen Werth darstellt, sondern einen Werth, der durch die Division in ihrer ursprünglichen Form begrenzt und bestimmt ist; wird man aus alle dem Gesagten leicht einsehen. So wird man aus der zuletzt betrachteten Reihe (in 5.) leicht wahrnehmen, daß sie sich, so weit man will fortgesetzt, dem Werthe von 1 nähert, aber ihn nie erreichet, sondern nur als unendlich fortgesetzt, mit 1 gleich angenommen werden kann (siehe §. 116. Anmerkung).

So finden wir überall die herrlichste Bestätigung der entdeckten Gesetze, aber in den verschiedenen Reihen auch verschiedene merkwürdige Erscheinungen.

§. 209. Erklärung.

Wenn man durch eine unendliche Reihe, dem Werthe des Quotienten oder der Division immer näher kommt, je mehr Glieder man nimmt, so heißt diese Reihe: eine gegen den Werth der Division konvergirende oder sich nähernde Reihe; [von dieser Art hatten wir unter andern §. 205. (zu Anfange), §. 208, 5. u. s. w. Beispiele]. Wenn man sich aber vom Werthe der Division immer weiter entfernt, je mehr Glieder man nimmt, so heißt die Reihe: eine gegen den Werth der Division divergirende oder sich entfernende Reihe. (Z. B. §. 205. für $-1 = 1 + 2 + 4$ u. s. w.)

§. 210. Zusätze.

1. Konvergirende und divergirende Reihen, geben den Werth der Division genau, wenn man den letzten Rest gehörig betrachtet, behandelt (§. 203. u. §. 205.) und der Reihe hinzufügt.

2. In konvergirenden so wie in divergirenden Reihen, können die Zeichen sämmtlicher Quotienten-

dieselben seyn. (Siehe die beiden Reihen für $\frac{1}{2}$ und für -1 in §. 205., wobei für -1 der Rest außer Acht gelassen ist.)

3. Auch können sowol in konvergirenden als in divergirenden Reihen, die Zeichen der Glieder unter einander wechseln (§. 207).

4. Es sind daher nur die konvergirenden Reihen geschickt, um durch einige Glieder (die Menge muß sich nach dem Grade der Genauigkeit richten, den die vorliegende Rechnung erfordert) dem Werthe des Quotienten sich zu nähern.

5. Ob eine Reihe konvergirend oder divergirend wird, hängt von den besondern Werthen, denen man den allgemeinen Größen giebt, ab; und dieselbe Reihe, kann für gewisse Fälle konvergirend, für andere Fälle divergirend werden, wie wir z. B. §. 205. bei der Reihe für $\frac{1}{1-a}$ deutlich sahen.

§. 211. Aufgabe.

Die Divisionen $\frac{c}{1 \mp a}$ und $\frac{c}{a \mp 1}$ in unendliche Reihen aufzulösen.

Auflösung. Oft ist die Lösung einer mathematischen Aufgabe sehr kurz, wenn man den vorliegenden Fall mit einem früheren vergleicht, weil jener vielleicht in diesem enthalten ist. So ist es hier der Fall, denn jene eben gegebene Divisionsformen sind dieselben wie die Formen $\frac{1}{1 \mp a}$ und $\frac{1}{a \mp 1}$, nur daß der Dividendus 1 noch mit c multiplizirt ist; wir brauchen daher auch jene dort erhaltene Quotienten, oder die unendlichen Reihen nur mit c zu multipliziren, so ersparen wir, die Division hier von neuem zu vollziehen, und wir erhalten folgende vier Reihen:

$$\frac{c}{1-a} = c.\frac{1}{1-a} = c\left(1+a+a^2+\ldots+\frac{a^n}{1-a}\right) = c+ac+a^2c+\ldots\frac{ca^n}{1-a}$$

$$\frac{c}{1+a} = c.\frac{1}{1+a} = c\left(1-a+a^2-a^3+\ldots\mp\frac{a^n}{1+a}\right)$$
$$= c-ac+a^2c-a^3c+\ldots\mp\frac{ca^n}{1+a}$$

$$\frac{c}{a-1} = c.\frac{1}{a-1} = c\left(\frac{1}{a}+\frac{1}{a^2}+\frac{1}{a^3}+\ldots+\frac{\frac{1}{a^n}}{a-1}\right)$$
$$= \frac{c}{a}+\frac{c}{a^2}+\frac{c}{a^3}+\ldots+\frac{\frac{c}{a^n}}{a-1}$$

$$\frac{c}{a+1} = c.\frac{1}{a+1} = c\left(\frac{1}{a}-\frac{1}{a^2}+\frac{1}{a^3}-\ldots\mp\frac{\frac{1}{a^n}}{a+1}\right)$$
$$= \frac{c}{a}-\frac{c}{a^2}+\frac{c}{a^3}-\ldots\mp\frac{\frac{c}{a^n}}{a-1}$$

Wir haben bei allen vier Reihen angenommen, daß man nur n Glieder gesucht, und dann den dividirten Rest gehörig hinzugefügt hätte; bei den beiden ersten Reihen (die sich nur im Wechseln der Zeichen, bei der zweiten Reihe, unterscheiden) ist das nte Glied $= a^{n-1}$ (bei der zweiten Reihe + oder −, je nachdem n ungerade oder gerade ist), der nte Rest aber a^n (siehe §. 204. u. 206.), daher $\frac{a^n}{1\mp a}$ das Hinzuzufügende; bei den beiden letzten Reihen, ist das nte Glied $=\frac{1}{a^n}$, und der nte Rest auch $=\frac{1}{a^n}$, daher $\frac{\frac{1}{a^n}}{a\mp 1}$ hinzuzufügen ist. (Siehe §. 207.)

§. 212. Zusätze.

1. Da der Faktor (oder Zähler) c der Reihen des vorigen §. auch eine Komplexion seyn kann, so hat man auch in diesem Falle z. B. $\frac{p+q}{1-a}$, nur die Reihe aus $\frac{1}{1-a}$ mit $p+q$ zu multipliziren, und erhält:

$$\frac{p+q}{1-a}=(p+q)\cdot\frac{1}{1-a}=(p+q)\left(1+a+a^2+a^3\ldots\frac{a^n}{1-a}\right)=$$

$$p+q+pa+qa+pa^2+qa^2+pa^3+qa^3\ldots\frac{pa^n+qa^n}{1-a}$$

2. Der Nenner mag auch jede beliebige Form haben, so kann man die Rechnung, auf die Form der Reihen $\frac{1}{a\mp1}$ so wie $\frac{1}{1\mp a}$ zurückführen, welche Reihen noch multiplizirt werden mit einem Faktor, der sich aus dem jedesmal gegebenen Bruche herleiten läßt. Achten wir also auf den Zähler nicht, so sey gegeben $\frac{1}{m\mp p}$, so ist dies $=\frac{1}{\left(1\mp\frac{p}{m}\right)m}=\frac{1}{m}\cdot\frac{1}{1\mp\frac{p}{m}}$ wo der Nenner die Form $1\mp a$ hat, oder wo $a=\frac{p}{m}$ zu setzen ist. Ferner bei $\frac{1}{a-n+m}$, setze man $(-n+m)=\mp q$, so ist $\frac{1}{a-n+m}=\frac{1}{a\mp q}=\frac{1}{a\left(1\mp\frac{q}{a}\right)}=\frac{1}{a}\cdot\frac{1}{1\mp\frac{q}{a}}$, wo $\frac{q}{a}$ die Form von a im Ausdrucke $\frac{1}{1\mp a}$ hat, auch könnte man $\frac{1}{a\mp q}=\frac{1}{\left(\frac{a}{q}\mp1\right)q}=\frac{1}{q}\cdot\frac{1}{\frac{a}{q}\mp1}$ setzen, wo wir die Form $\frac{1}{a\mp1}$ erhalten.

3. Jeder allgemeine Divisionsausdruck, läßt sich auf jede der vier Formen $\frac{1}{1\mp a}$ oder $\frac{1.}{a\mp1}$ (jede dieser Darstellungen hat zwei Formen in dem $\mp$) bringen; dies ist aus 1. und 2. (dieses §.) deutlich; z. B.

$$\frac{f+g}{d+q-n}=\frac{f+g}{d\mp p}=\frac{f+g}{d\left(1\mp\frac{p}{d}\right)}=\frac{f+g}{d}\cdot\frac{1}{1\mp\frac{p}{d}}$$

wo also die Form $\frac{1}{1 \mp a}$ als ein Faktor erscheint, und die Reihe hieraus, ist mit $\frac{f+g}{d}$ zu multipliziren. Oder

$$\frac{f+g}{d+q-n} = \frac{f+g}{d \mp p} = \frac{f+g}{\left(\frac{d}{p} \mp 1\right)p} = \frac{f+g}{p} \cdot \frac{1}{\frac{d}{p} \mp 1}$$

wo die Form $\frac{1}{a \mp 1}$ erscheint. Es werde nun z. B. verlangt, nach der unendlichen Reihe der Form $\frac{1}{1-a}$, den Bruch $\frac{f+g}{d+q-n}$ aufzulösen; so ist er also $= \frac{f+g}{d} \cdot \frac{1}{1-\frac{p}{d}}$ wo also $-p = (-q+n)$ gesetzt ist [denn $d+q-n = d-(-q+n) = d-(n-q)$]; zuerst ist wegen $\frac{1}{1-a} = \frac{1}{1-\frac{p}{d}}$, wo $a = \frac{p}{d}$ ist:

$$\frac{1}{1-\frac{p}{d}} = 1 + \frac{p}{d} + \frac{p^2}{d^2} + \frac{p^3}{d^3} \ldots + \frac{p^n}{d^n} + \frac{\frac{p^n}{d^n}}{1-\frac{p}{d}}$$

$$= 1 + \frac{n-q}{d} + \frac{(n-)q^2}{d^2} + \frac{(n-q)^3}{d^3} \ldots + \frac{(n-q)^n}{d^n} + \frac{\frac{(n-q)^n}{d^n}}{1-\left(\frac{n-q}{d}\right)}$$

da nun diese Reihe mit $\frac{f+g}{d}$ multiplizirt werden soll, so wird sie =

$$\frac{f+g}{d} + \frac{(n-q)(f+g)}{d^2} + \frac{(n-q)^2(f+g)}{d^3} \ldots \frac{(n-q)^n(f+g)}{d^{n+1}} + \frac{\frac{(n-q)^n(f+g)}{d^{n+1}}}{\frac{d-(n-q)}{d}}$$

Hier könnte man nun die einzelnen Glieder in den Zählern wieder auflösen und durch die Nenner dividiren, welches für die drei ersten Glieder geben würde:

$$\frac{f+g}{d}+\frac{nf-qf+ng-qg}{d^2}+\frac{n^2f-2nqf+q^2f+n^2g-2nqg+q^2g}{d^3}=$$

$$\frac{f}{d}+\frac{g}{d}+\frac{nf}{d^2}-\frac{qf}{d^2}+\frac{ng}{d^2}-\frac{qg}{d^2}+\frac{n^2f}{d^3}-\frac{2nqf}{d^3}+\frac{q^2f}{d^3}+\frac{n^2g}{d^3}-\frac{2nqg}{d^3}+\frac{q^2g}{d^3}$$

Vollzöge man die Division nach und nach wirklich mit dem Ausdrucke $\frac{f+g}{d+q-n}$, so müßte man natürlich jene Reihe auch erhalten, wo aber die Theile des Quotienten in anderer Ordnung folgen könnten *).

4. Auch auf Brüche in Zahlen wollen wir noch jene Formen $\frac{1}{1\mp a}$ und $\frac{1}{a\mp 1}$ anwenden. — Da wir aber schon sahen, wie sich jeder Bruch auf diese Formen bringen läßt, so sey der Bruch in Zahlen z. B. allgemein $\frac{p}{q}$, so ist $\frac{p}{q}=\frac{1}{\frac{q}{p}}=\frac{1}{\frac{q}{p}+1-1}=\frac{1}{a-1}$ (wenn $\frac{q}{p}+1=a$ ist) $=\frac{1}{a+1}$ (wenn $\frac{q}{p}-1=a$ gesetzt wird) $=\frac{1}{1+a}$ (wieder bei der Annahme von $a=\frac{q}{p}-1$) $=\frac{1}{1-a}$ [sobald man $-a=-\left(-\frac{q}{p}+1\right)$ oder $a=\left(1-\frac{q}{p}\right)$ setzt]. So würde man den Faktor c ersparen; wollte man diesen aber haben, so ist

$$\frac{p}{q}=p.\frac{1}{q}=p.\frac{1}{1+q-1}=p.\frac{1}{1\mp a}=p.\frac{1}{a\mp 1},$$

wo man leicht den Werth für a bestimmen kann, nach dem eben Gesagten, und wo $c=p$ ist. Hat der Bruch in seiner ursprünglichen Form, noch eine zusammengesetzte Form, so bringe man diese auf die einfachste zurück, und ist er etwa negativ, so ist dies auch die ganze Kette. —

*) Diese Division zu vollziehen und den Quotienten mit jener Reihe zu vergleichen, gewährt gute Uebung.

z. B. der Bruch $\frac{3}{5}$ soll nach der Form $\frac{1}{1+a}$ aufgelöset werden; so ist $\frac{3}{5} = 3 \cdot \frac{1}{5} = 3 \cdot \frac{1}{1+4}$ also $a = 4$; daher $\frac{3}{5} = 3(1-4+16-64+256-\frac{1024}{5}) = 3-12+48-192+768-\frac{3072}{5}$, welche divergirende Reihe natürlich für die Anwendung (d. h. wenn man sich nur mit einigen Gliedern begnügen wollte) sehr unbrauchbar wäre, übrigens mit Beachtung des Restes, allerdings $= \frac{3}{5}$ werden muß $\left(\frac{4095-4092}{5} = \frac{3}{5}\right.$ giebt jene Reihe). Hätte man

$$\frac{3}{5} = 3 \cdot \frac{1}{5} = 3 \cdot \frac{1}{4+1} = 3\left(\frac{1}{4} - \frac{1}{16} + \frac{1}{64} - \frac{1}{256} + \frac{\frac{1}{256}}{5}\right)$$

$$= \frac{3}{4} - \frac{3}{16} + \frac{3}{64} - \frac{3}{256} + \frac{\frac{3}{256}}{5}$$

gesetzt, und nimmt die vier ersten Glieder, so hat man $= \frac{153}{256}$, gegen $\frac{3}{5}$ nur um $\frac{3}{1280}$ zu wenig $\left(\frac{768-765}{1280}\right)$; also ist die Reihe eine gut konvergirende. Wie also bei demselben Werthe die Reihen so verschiedene Resultate geben können, bestätiget sich hier augenscheinlich, daher die Wahl der Reihe bei einer Auflösung, wo man einige Glieder für die Reihe annehmen will, sehr behutsam getroffen werden muß.

5. Wenn man einen Bruch in eine unendliche Reihe auflösen, und sich mit einigen Gliedern derselben für die ganze Reihe begnügen will; so muß man nicht nur eine konvergirende Reihe nehmen, sondern man kann auch noch folgendes Mittel anwenden, um dem Werthe des Bruchs schon in diesen Gliedern sehr nahe zu kommen. Wenn wieder $\frac{p}{q}$ allgemein den aufzulösenden Bruch bedeutet, so setze man $\frac{p}{q} = \frac{ph}{qh} = h \cdot \frac{p}{qh+1-1} = h \cdot \frac{c}{a-1}$, wo $a = qh + 1$ und $c = p$ seyn wird *). Setzt man nun

---

*) Die Form $\frac{c}{a-1}$ ist darum gewählt, weil nun alle Glieder aus

für h irgend eine große Zahl, so wird die Reihe schnell konvergiren. Z. B.

$$\frac{p}{q} = \frac{5}{3} = \frac{5.100}{3.100} = 100 \cdot \frac{5}{300} = 100 \cdot \frac{5}{301-1}$$

$$= 100\left(\frac{5}{301} + \frac{5}{301^2} + \frac{5}{301^3} \cdots\right) = 100\left(\frac{5}{301} + \frac{5}{90601} + \frac{5}{27270901} \cdots\right),$$

wo also a = 301 war; wie schnell nun diese Reihe konvergirt, ist wol deutlich, denn das nte Glied würde $\frac{5}{301^n}$ seyn, und da die Summe der Glieder in der Parenthese, durch jedes folgende Glied nur wenig gewinnen würde, so kann man leicht dieselben entbehren; summirt man also einige Glieder, und multiplizirt mit 100 (wegen des Faktors außerhalb der Parenthese), so hat man den Werth $\frac{5}{3}$ ziemlich genau erreicht. Je größer h gewählt wird, je schneller ist natürlich die Konvergenz der Reihe.

Anmerk. Hülfsmittel, wie die Wahl der h, sind oft von ungemeiner Wichtigkeit; sie zu finden, läßt sich nicht lehren, sondern hängt auch dies von Umständen ab, ob sie sich gebrauchen lassen, so wie von der Uebersicht und Uebung, die der Löser, von hierher gehörigen Aufgaben, hat.

§. 213. Aufgabe.

Die Summe von einer bestimmten Menge von Gliedern einer unendlichen Reihe zu finden.

Auflösung. Wenn man einmal das Gesetz einer unendlichen Reihe kennt, so ist es leicht, die Summe einer verlangten Anzahl von Gliedern zu finden. Denn, man berechne nach dem bekannten Gesetze den letzten Rest und dividire ihn durch den ursprünglichen Divisor; dies ist nun immer, wie wir kennen gelernt haben (schon §. 204.) die Ergänzung der Reihe zum vollkommenen Werthe der Division; wenn also dieser Theil positiv ist, so subtrahire man ihn von dem gegebenen Quotienten (denn er

---

der Form $\frac{1}{a-1}$ Brüche werden, und alle positiv sind §. 208., daher die Reihe schnell konvergiren wird.

fehlt bei der Annahme von einigen Gliedern, der Reihe), ist er aber negativ, so addire man seinen Werth (als positiv genommen), zum gegebenen Bruche (indem ja die Glieder der Reihe, erst nach der Wegnahme *) dieses Theils, gleich dem Bruche werden, daher ohne ihn zusammen zu groß sind). Z. B. wenn man den Bruch $\frac{7}{105}$ auf vier Glieder auflösen wollte, was würde die Summe derselben seyn? Man wähle die allgemeine Form

$$\frac{c}{a+b} = \frac{c}{a\left(1+\frac{b}{a}\right)} = \frac{c}{a} \cdot \frac{1}{1+\frac{b}{a}} \text{**)} = \frac{c}{a}\left(1 - \frac{b}{a} + \frac{b^2}{a^2} \ldots \mp \frac{\frac{b^n}{a^n}}{1-\frac{b}{a}}\right)$$

$$= \frac{c}{a} - \frac{cb}{a^2} + \frac{cb^2}{a^3} \ldots \mp \frac{\frac{cb^n}{a^n}}{a\left(1-\frac{b}{a}\right)},$$ wo der letzte Theil

$$= \mp \frac{\frac{cb^n}{a^n}}{a\left(\frac{a-b}{a}\right)} = \mp \frac{\frac{cb^n}{a^n}}{a-b} = \mp \frac{cb^n}{a^n(a-b)} = \mp \frac{cb^n}{a^{n+1}-a^nb} \text{***)}.$$

Wenn wir daher unsern Bruch $\frac{7}{105}$ in $\frac{c}{a+b} = \frac{7}{100+5}$ zerlegen, so ist $c = 7$, $a = 100$ und $b = 5$; will man also die Summe von vier Gliedern haben, so ist $n = 4$, daher jener hinzuzufügende Theil

$$= + \frac{7 \cdot 5^4}{100^5 - 100^4 \cdot 5} \text{****)} = \frac{7 \cdot 625}{100^4(100-5)} = \frac{4375}{100000000 \cdot 95}$$

$$= \frac{875}{1900000000} = \frac{7}{15200000};$$

---

*) Wenn man $a = b - c$ hat, so kann man sagen: b ist um c zu groß gegen a, daher a mit c als positiv genommen, erst b giebt, oder $a + c = b$.

**) Also die Form $\frac{1}{1+a}$ (§. 206.), wo $a = \frac{b}{a}$ wird für obigen Fall.

***) Auflösung: laut Theorie der gebrochenen Brüche §. 104.

****) Da das vierte Glied negativ ist, so wird das Hinzuzufügende wieder positiv.

also ist die Summe der vier ersten Glieder

$$=\frac{7}{105}-\frac{7}{15200000}=\frac{21270853}{319200000}.$$

Wenn z. B. der Bruch $\frac{7}{94}$ gegeben wäre, so würde die Form $\frac{c}{a-b}$ vortheilhafter seyn, denn man könnte nun $\frac{7}{94}=\frac{7}{100-6}$ setzen, wo a die Zahl 100 wird, die sehr bequem zu potenziren ist. U. s. w.

§. 214. Aufgabe.

Die Division $\frac{1}{1-a+a^2}$ in eine unendliche Reihe aufzulösen.

Auflösung. Indem man die Division, so wie wir es bei den früheren Reihen sahen, zu vollziehen sucht, wird man auch hier die Reihe, welche den Quotienten angiebt, leicht finden. Das Gesetz in derselben, wollen wir alsdann näher aufsuchen, wo wir uns überzeugen können, daß man durch genaue Beobachtung des Fortgangs der einzelnen Glieder, auch da bestimmte Gesetze findet, wo sie vielleicht Anfangs verborgener liegen, als bei den vorher betrachteten Reihen. — Die Division giebt nun *):

*) Diese Reihe befindet sich unter andern in Eulers Algebra (übersetzt von Grüson), 1ter Theil, §. 304.

$$1 - a + a^2 \mid 1 \mid 1 + a - a^3 - a^4 + a^6 + a^7 - a^9 - a^{10} + a^{12} + a^{13} \ldots$$

$$\mp 1 \pm a \mp a^2$$

(erster Rest) $+ a - a^2$

$$\mp a \pm a^2 \mp a^3$$

(zweiter Rest) $- a^3$

$$\pm a^3 \mp a^4 \pm a^5$$

(dritter Rest) $- a^4 + a^5$

$$\pm a^4 \mp a^5 \pm a^6$$

(vierter Rest) $+ a^6$

$$\mp a^6 \pm a^7 \mp a^8$$

(fünfter Rest) $+ a^7 - a^8$

$$\mp a^7 \pm a^8 \mp a^9$$

(sechster Rest) $- a^9$

$$\pm a^9 \mp a^{10} \pm a^{11}$$

(siebenter Rest) $- a^{10} + a^{11}$

$$\pm a^{10} \mp a^{11} \pm a^{12}$$

(achter Rest) $+ a^{12}$

$$\mp a^{12} \pm a^{13} \mp a^{14}$$

(neunter Rest) $+ a^{13} - a^{14}$

Wenn wir die erhaltene Reihe in Klassen zu zwei und zwei Gliedern oder in Paare eintheilen, ferner jedes Glied mit einer Ziffer bezeichnen, die seine Stelle in der ganzen Reihe anzeigt, und die sein Name heißen mag; so erhalten wir folgende Darstellung:

1 2	3 4	5 6	7 8	9 10	
$+a^0+a^1$	$-a^3-a^4$	$+a^6+a^7$	$-a^9-a^{10}$	$+a^{12}+a^{13}$	...
1stes Paar	2tes Paar	3tes Paar	4tes Paar	5tes Paar	

Die Gesetze die wir zuerst erkennen über den Fortgang der Glieder, sind folgende:

I. Die Glieder jedes 2nten Paars sind negativ, die eines $2n+1$ten Paars aber positiv. Da nun leicht zu finden ist, zum wievielten Paare irgend ein verlangtes Glied gehört, so kann man das Zeichen desselben leicht bestimmen; z. B. das Zeichen des 17ten Gliedes ist, da es zum $\frac{17+1}{2} = 9$ten Paare *) gehört, positiv, das des 24sten Gliedes, als zum $\frac{24}{2} = 12$ten Paare gehörig, ist negativ

II. Jedes Glied ist a zu irgend einer Potenz erhoben, und der Exponent ist das, was wir jetzt zu bestimmen haben. Ueber die Exponenten selbst, ist nun Folgendes deutlich: in jedem Paare, sind die Exponenten der Glieder, die Folge zweier gewöhnlichen Zahlen; ist also der Exponent des ersten Gliedes eines Paars $= n$, so ist der des folgenden Gliedes in demselben Paare $= n+1$.

III. Vom zweiten Gliede eines Paars, bis zum ersten Gliede des nächsten Paars, ist der Exponent immer um zwei gewachsen; schließt also das Glied $\mp a^p$ ein Paar, so beginnt das Glied $\pm a^{p+2}$ das neue Paar, wor-

*) Ist das Glied ein unpaariges, so muß man 1 zuaddiren, um die Hälfte oder das Paar zu finden, zu dem es gehört.

auf das Glied $\pm a^{p+3}$ folgt, und das erste Glied des folgenden Paars, wieder $\mp a^{p+5}$ wird, u. s. w.

IV. Wenn die Differenz zwischen dem Namen eines ungeraden Gliedes und dem Exponenten desselben $= d$ ist, so muß die Differenz zwischen dem nächsten ungeraden Gliede und dessen Exponenten $= d + 1$ seyn; eben so ist es bei der Differenz des Namens eines geraden Gliedes und des Exponenten, in Hinsicht des nächsten geraden Gliedes und dessen Exponenten. Dies Gesetz ist eine Folge aus Nr. III. Wenn also die Differenz des Namens des 7ten Gliedes (also 7.) und des Exponenten desselben 9, gleich $9 - 7 = 2$ ist, so ist die Differenz des Namens des neunten Gliedes und seines Exponenten, gleich 3 (nemlich $12 - 9$).

V. Bei den beiden Gliedern eines Paares, ist die Differenz, zwischen dem Namen der Glieder und der Exponenten derselben, immer gleich; so ist im vierten Paare: $9 - 7 = 10 - 8$, im fünften Paare $12 - 9 = 13 - 10$ rc. (Dies folgt aus II., da ja die Namen nicht nur unmittelbar auf einander folgende Zahlen sind, sondern auch die Exponenten der Glieder in demselben Paare).

VI. Sucht man die Differenz zwischen dem Namen und dem Exponenten eines Gliedes, und nennt diese $= d$, subtrahirt ferner diese d von der Nummer des Paars, und nennt diese Differenz $= h$; so ist immer p die Differenz, wenn man den Nenner irgend eines Gliedes von seinem Exponenten, und diese Differenz wieder von der Nummer des Paars, wozu das Glied gehört, subtrahirt. Denn: indem die Differenz des Namens eines Gliedes und seines Exponenten, um 1 wächst, sobald man dieselbe Differenz bei dem Namen und Exponenten eines Gliedes aus dem nächsten Paare macht *); so muß, da

*) Wo man das erste oder zweite Glied im Paare nehmen mag, nach V.

ja auch die Nummer des Paars um Eins gewachsen ist, wieder die Differenz die vorige seyn; und so ist es bei jedem Gliede aller folgenden Paare, oder bei allen Gliedern. Wenn man also jene Differenz p, nur bei irgend einem Gliede sucht, so hat man sie ein für allemal. Nun ist beim fünften Gliede z. B. die Differenz $d = 6 - 5 = 1$ (d. h. zwischen dem Namen und Exponenten), ferner zwischen dem Namen des Paars und der d, $= 3 - 1 = 2 = p$; folglich ist p immer $= 2$. So ist also auch beim neunten Gliede, $12 - 9 = 3$, aber $p = 5 - 3 = 2$. Auch finden wir beim dritten Gliede dasselbe Gesetz, denn $d = 3 - 3 = 0$, und $2 - 0 = 2$; beim ersten Gliede ist $d = 0 - 1 = -1$ und $p = 1 - (-1) = 1 + 1 = 2$.

VII. Nunmehr ist es leicht, den Exponenten für jedes Glied zu finden, und mithin dasselbe selbst ganz zu bestimmen. Denn: man suche das Paar des Gliedes, subtrahire hiervon zwei, so ist dies $= d$, wird also dies d zu dem Namen des Gliedes addirt, so erhält man den verlangten Exponenten. — Z. B. für das 17te Glied, welches zum 9ten Paare gehört, ist $d = 17 - 2 = 15$, deshalb $17 + 15 = 32$ der Exponent, und da das Glied positiv ist (nach I.), so ist es $= + a^{32}$. Allgemein: für das $2n + 1$te Glied, welches zum $\frac{2n+2}{2} = n + 1$ten Paare gehört, ist $d = n + 1 - 2 = n - 1$, also der Exponent $= 2n + 1 + n - 1 = 3n$, und das Glied selbst $= \mp a^{3n}$, wo $+$ für $n + 1$ als ungerade, und $-$ für $n + 1$ als gerade gehört; beim $2n + 2$ten Gliede (das auf das $2n + 1$te folgt), ist das Paar auch das $n + 1$te, ferner $d = n + 1 - 2 = n - 1$ aber der Exponent $= 2n + 2 + n - 1 = 3n + 1$, also $\mp a^{3n+1}$ das Glied selbst.

Nun müssen wir noch die Reste betrachten, um die Ergänzung zu finden, die wir einer Reihe beizufügen haben, wenn man sich mit einer gewissen Menge von Gliedern begnügt. Die Gesetze für die Reste sind nun diese:

VIII. Jeder gerade Rest hat ein Glied, jeder ungerade Rest aber zwei Glieder; ist das erste Glied eines ungeraden Restes positiv, so ist das folgende negativ; so umgekehrt, beim ersten Gliede als negativ gehört das Folgende positiv; übrigens sind die Exponenten der beiden Glieder eines ungeraden Restes, gewöhnlich auf einander folgende Zahlen, daher man, im Falle ein ungerader Rest gesucht wird, nur das erste Glied desselben zu suchen hat; ist dies also z. B. $\mp a^p$, so ist das folgende $\pm a^{p+1}$.

IX. Nach dem nten Gliede einer Reihe, folgt erst der nte Rest; der nte Rest durch 1 (als erstes Glied des Divisors) dividirt, giebt das $n+1$te Glied, daher dieser nte Rest (oder sein erstes Glied, im Falle er ein ungerader ist) gleich mit dem $n+1$ten Gliede seyn wird, welches man nach dem vorher Gehabten bestimmen muß; durch den beständigen Divisor dividirt, erhält man so das, der Reihe Hinzuzufügende. Z. B. man sucht den 2nten Rest, so bildet er das $2n+1$te Glied (d. h. durch 1 dividirt), dieses Glied ist $= \mp a^{3n}$ (nach VII.), und da der 2nte Rest ein gerader ist, so hat er nur ein Glied, und ist selbst $= \mp a^{3n}$; der $2n+1$te Rest aber ist $= \mp a^{3n+1} \pm a^{3n+2}$, denn das $2n+2$te Glied (das sein erster Theil bildet) ist $= \mp a^{3n+1}$, der $2n+1$te Rest aber ein ungerader. Verlegt man den 19ten Rest, so bildet er das 20ste Glied, dieses ist $= -a^{27}$ (nach VII.), da der 19te Rest nun ein ungerader ist, so ist er $= -a^{27} + a^{28}$, und es muß der Reihe nach $\frac{-a^{27}+a^{28}}{1-a+a^2}$ hinzugefügt werden.

X. Dies werde nun alles durch Beispiele in Zahlen noch belegt. Wenn $a = 1$ ist, so ist die Reihe

$$= \frac{1}{1-1+1} = \frac{1}{1} = 1 + 1 - 1 - 1 + 1 + 1 - 1 - 1 \ldots,$$

nimmt man ein Glied, so hat man 1, bei zwei Gliedern

hat man 2, bei **drei** Glieder wieder 1 und bei **vier** Gliedern $=0$; so wieder bei fünf Gliedern $=1$ u. s. w. Hat man aber **ein** Glied, so ist hinzuzufügen $\frac{1-1}{1-1+1}=\frac{0}{1}=0$, also der Bruch schon erreicht; bei zwei Gliedern ist $\frac{-1}{1-1+1}=-1$ hinzuzufügen, so wird aus 2, jetzt $2-1=1$; bei drei Gliedern ist wieder $\frac{1-1}{1-1+1}=\frac{0}{1}=0$, und bei vier Gliedern $=\frac{1}{1-1+1}=\frac{1}{1}=1$ zuzusetzen; dies ist aus VIII. und IX. leicht zu finden. Noch sey z. B. $a=\frac{1}{2}$, so ist die Division diese

$$\frac{1}{1-\frac{1}{2}+\frac{1}{4}}=\frac{1}{\frac{3}{4}}=\frac{4}{3}=1+\frac{1}{2}-\frac{1}{8}-\frac{1}{16}+\frac{1}{64}+\frac{1}{128}-\frac{1}{512}-\frac{1}{1024}+\frac{1}{4096}\ldots$$

Wollte man sich mit diesen **neun** Gliedern begnügen, so würde das Hinzuzufügende so bestimmt: weil 9 Glieder genommen sind, so ist der 9te Rest zu untersuchen; dieser bildet das 10te Glied (d. h. sein erstes Glied, da er als 9ter Rest zwei Glieder hat, nach VIII.), welches $=+a^{13}$ ist (zum fünften Paare gehörig, also $d=5-2=3$, und der Exponent daher $=10+3=13$.); also der Rest selbst $=+a^{13}-a^{14}$, und das ganze Hinzuzufügende ist

$$=\frac{+a^{13}-a^{14}}{1-a+a^2}=\frac{(\frac{1}{2})^{13}-(\frac{1}{2})^{14}}{1-\frac{1}{2}+\frac{1}{4}}=\frac{\frac{1}{8192}-\frac{1}{16384}}{\frac{3}{4}}=\frac{\frac{1}{16384}}{\frac{3}{4}}$$

$$=\frac{4}{16384.3}=\frac{1}{4096.3}=\frac{1}{12288},$$

um welche Größe man daher die Summe der neun ersten Glieder **zu klein** hat, oder es ist die Summe dieser neun Glieder $=\frac{4}{3}-\frac{1}{12288}=\frac{16383}{12288}$ (§. 213.).

Würde z. B. der Bruch $\frac{c}{1-a+a^2}$ gegeben, so ist dieser $=c.\frac{1}{1-a+a^2}$, und jene Reihe $1+a-a^3-a^4\ldots$ nur mit c zu multipliziren.

Endlich kann man noch jeden Bruch auf die Form $\frac{c}{1-a+a^2}$ bringen; z. B. $\frac{5}{31}=\frac{5}{1-6+36}$, wo $a=6$ und

$c = 5$ ist. Hat der Nenner nicht gleich die Eigenschaft, daß die Form $1 - a + a^2$ gebildet werden kann (wie es denn größtentheils der Fall seyn wird), so suche man eine Zahl welche diese Eigenschaft hat (die man sich bei der beliebigen Annahme von a immer in Menge bilden kann), und die wo möglich dem Nenner nahe kommt *); mit dieser Zahl multiplizire man Zähler und Nenner des gegebenen Bruchs, und dividire auch beide wieder durch den alten Nenner, so erhält c irgend eine Form, die man als Faktor annimmt für die Reihe. Z. B. $\frac{3}{5}$ sey gegeben; wird $a = 3$ gewählt, so ist $1 - a + a^2 = 1 - 3 + 9 = 7$, daher $\frac{3}{5} = \frac{3 \cdot 7}{5 \cdot 7} = \frac{\frac{3 \cdot 7}{5}}{7} = \frac{\frac{21}{5}}{7} = \frac{21}{5} \cdot \frac{1}{7} = \frac{21}{5} \cdot \frac{1}{1-3+9}$; die Reihe ist also =

$$\frac{21}{5}(1 + 3 - 27 - 81 + 729 + 2187 - 19683 \ldots) = \frac{21}{5} + \frac{63}{5} - \frac{567}{5} \ldots$$

Daß übrigens Reihen von der Form, wie die dieses §., nur alsdann brauchbar seyn werden **), wenn a ein Bruch ist, ist leicht zu erachten, denn alsdann verschwinden die Potenzen von a immer mehr (§. 151, 3.), und man wird minder fehlen, je geringer a ist.

Zusatz. Wir lernen aus der betrachteten Reihe abermals, wie selbst noch da die strengsten Gesetze vorhanden seyn können, wo wir sie schon nicht gleich vermuthen mögten; oft würde man eine Division noch auf viel mehr Stellen fortsetzen müssen, um das Gesetz zu finden, als wir hier thaten, wenn man nicht auf Mittel denkt, die Division durch gewisse Substitutionen und Umwandelungen der ursprünglichen Form, leichter vollziehen zu können (§. 211, §. 212. u. s. w.). So werden wir

*) Um nicht zu große Zahlen zu erhalten; auch kann man $a = 1$ wählen, wo alsdann $1 - a + a^2 = 1 - 1 + 1 = 1$ wird.

**) Unter brauchbar ist hier zu verstehen, daß die Reihen konvergiren, und einige Glieder daher schon für den Quotienten, ohne merklichen Fehler, gesetzt werden können.

auch die Reihen, die wir in der Folge bedürfen, leicht entwickeln können, wenn auch die Form derselben nicht gerade sich unter den hier betrachteten Reihen befindet. Auf ein Gesetz für die Reihe, wird man aber nie eher mit Gewißheit schließen können, als bis man sowol in den Quotienten wie in den Resten, immer die Wiederkehr gewisser Größen in gewissen Ordnungen als nothwendig erkennt; ein Blick auf den vorliegenden Fall entscheidet bei der Untersuchung eines Gesetzes, auch hier oft mehr, als viele Worte es vermögen.

Zweites Kapitel.

Von den unendlichen Reihen, die aus dem Wurzelausziehen entspringen.

---

§. 215. Anmerkung.

Betrachteten wir im dritten Kapitel des vorigen Hauptstücks nur solche Komplexionen, die vollkommene Potenzen einer zwei- oder mehrtheiligen Wurzel waren; so haben wir auch jene Wurzelausziehungen noch zu betrachten, wo die gegebene Komplexionen keine vollkommene Potenzen sind, und die wir später vorzunehmen dort versprachen (§. 169.). Es kann sich diese Untersuchung natürlich nur auf Buchstabenkomplexionen beziehen, indem wir die Ausziehung der Wurzeln aus Zahlen unter allen Formen, in jenem Kapitel hinlänglich untersuchten. Jedoch werden die folgenden Untersuchungen auch wieder auf Zahlen anzuwenden seyn, wo sie oft Nutzen leisten. — Daß nur die Wurzeln aus unvollkommenen Potenzen, selbst auf unendliche Ausdrücke führen, die, indem sie sich in einer Reihe von Größen darstellen, auch hier unendliche Reihen

heißen.

heißen, ist wol natürlich, da bei einer endlichen Wurzel auch die Potenz, gegen unsere Annahme, vollkommen seyn müßte. — Die Gesetze aber, wonach diese Reihen fortgehen, bleiben nicht nur oft zum Theil, sondern auch oft ganz verborgen; indem nicht selten bei einer bedeutenden Komplexion, auch die Ausziehung auf eine große Stellenmenge müßte vorgenommen werden, wenn man das Gesetz mit der Gewißheit, wenn wir es bei denen, im vorigen Kapitel betrachteten Reihen erkannten, bestimmen wollte; oft lohnt es sich aber auch nicht der Mühe, das Gesetz weiter zu verfolgen, und man kann sich schon mit einigen Gliedern für den Werth der Wurzel begnügen. Die Ursache aber, warum das Gesetz hier schwer zu bestimmen ist, liegt in dem, bei jeder weiteren Fortsetzung der Wurzelausziehung, sich stets ändernden Divisor und Dividendus, wie wir diese Aenderung auch beim Ausziehen aus vollkommenen Potenzen hinlänglich erkannten. (Siehe §. 240., wo wir diese Ausziehungen noch einmal betrachten.)

§. 216. Aufgabe.

Es soll $\sqrt{(a^2 - x^2)}$ in eine unendliche Reihe verwandelt werden.

Auflösung. Man wende die Gesetze von §. 171. wiederholt an, so ist:

$$\sqrt{(a^2 - x^2)} \,\Big|\, a - \frac{x^2}{2a} - \frac{x^4}{8a^3} - \frac{x^6}{16a^5} - \frac{5x^8}{128a^7} \dots$$

$$\begin{array}{l|l}
 & \mp a^2 \\
\hline
2a - \frac{x^2}{2a} & - x^2 \\
 & \pm x^2 \mp \frac{x^4}{4a^2} \\
\hline
2a - \frac{x^2}{a} - \frac{x^4}{8a^3} & - \frac{x^4}{4a^2} \\
 & \pm \frac{x^4}{4a^2} \mp \frac{x^6}{8a^4} \mp \frac{x^8}{64a^6} \\
\hline
2a - \frac{x^2}{a} - \frac{x^4}{4a^3} - \frac{x^6}{16a^5} & - \frac{x^6}{8a^4} - \frac{x^8}{64a^6} \\
 & \pm \frac{x^6}{8a^4} \mp \frac{x^8}{16a^6} \mp \frac{x^{10}}{64a^8} \mp \frac{x^{12}}{256a^{10}} \\
\hline
2a - \frac{x^2}{a} - \frac{x^4}{4a^3} - \frac{x^6}{8a^5} - \frac{5x^8}{128a^7} & - \frac{5x^8}{64a^6} - \frac{x^{10}}{64a^8} - \frac{x^{12}}{256a^{10}}
\end{array}$$

Aus der Reihe, so weit wir sie bis hier entwickelten, mögte sich wol schwerlich mehr mit Gewißheit aussagen lassen, als: 1. daß alle folgenden Glieder auch ferner das negative Zeichen bekommen. 2. Daß die Zähler der verschiedenen Brüche, welche die Theile der Wurzel angeben, Potenzen von x sind, und bei jedem Gliede der Exponent um zwei größer als beim vorhergehenden Gliede seyn wird; da derselbe nun beim zweiten Gliede 2 ist *), so wird er beim $n$ten Gliede $= (n - 1)2$ seyn (denn $2n$ würde er seyn, wenn schon das erste Glied 2 zum Exponenten hätte). 3. Die Nenner haben zu einem Faktor eine Potenz von a, wo der Exponent immer eins weniger, als der Exponent des x vom Zähler ist. — Aber auch nur diese Gesetze werden wir mit Gewißheit erkennen **), vorzüglich daraus, daß der erste Theil des Di-

*) Beim ersten Gliede $a = a x^0$ ist 0 der Exponent von x, also auch zwei weniger als beim folgenden Gliede.

**) Es wird hier auf das, am Ende von §. 214., über das Entdecken der Gesetze, Gesagte, zurückverwiesen.

visors immer 2a bleibt, und bei den verschiedenen Subtraktionen der erste Theil des Subtrahendus sich gegen den ersten Theil im Minuendus immer hebt, und indem der Rest im Nenner ein a mit einem Exponenten, um zwei weniger, hat, als der Exponent des x im Zähler, so wächst dieser Exponent des a um eins, weil ja der Nenner mit 2a multiplizirt wird (§. 102.). Was aber das Gesetz für die Koeffitienten anbetrifft, so finden wir wieder, weder bei denen des Zählers noch denen des Nenners ein Gesetz, und wenn es bei den ersten Gliedern scheinen mögte, als sey 1 der Koeffitient des Zählers, so fand sich beim fünften Gliede schon eine fünf; und weil bei den nachfolgenden Subtraktionen, sich wahrscheinlich fernerhin Glieder werden vereinigen lassen, wie wir es bei $-\frac{x^8}{64a^6} - \frac{x^8}{16a^6} = -\frac{x^8}{64a^6} - \frac{4x^8}{64x^8} = -\frac{5x^8}{64x^8}$ schon fanden; so werden wir schwerlich ein Gesetz bei Fortsetzung der Ausziehung finden. (Siehe den Zusatz zu §. 220.)

§. 217. Zusätze.

Auf dieselbe Weise wie im vorigen §., werden wir auch leicht folgende Reihen entwickeln können:

1. $\sqrt{(a^2+x^2)} = a + \frac{x^2}{2a} - \frac{x^4}{8a^3} + \frac{x^6}{16a^5} - \frac{5x^8}{128a^7} \ldots$

2. $\sqrt{(1-x)} = 1 - \frac{x}{2} - \frac{x^2}{8} - \frac{x^3}{16} - \frac{5x^4}{128} \ldots$

3. $\sqrt{(1+x)} = 1 + \frac{x}{2} - \frac{x^2}{8} + \frac{x^3}{16} - \frac{5x^4}{128} \ldots$

So könnten wir mit ähnlichen Ausdrücken fortfahren. Auch würde man die zweite dieser Reihen, aus der des vorigen §. haben herleiten können, wenn man für die a^2 dort, die 1, und für das dortige x^2 hier x gesetzt hätte; eben so kann die dritte Reihe $\sqrt{(1+x)}$, aus der ersten $\sqrt{(a^2+x^2)}$ hergeleitet werden. Wie sich die Reihe für $\sqrt{(a^2+x^2)}$ von der des vorigen §., so wie die dritte Reihe hier von der zweiten unterscheidet, daß dies nemlich nur in den Zeichen gewisser Glieder liegt, wird man bald erkennen.

§. 218. Aufgabe.

Aus jedem unvollkommenen Quadrate die Wurzel zu ziehen.

Auflösung. Ist der gegebene Ausdruck ein Binom, so können wir ihn mittelst der Formeln $\sqrt{(a^2 \mp x^2)}$ entwickeln, wo wir aber durch Substitution der beiden Glieder für a^2 und für $\mp x^2$, auch oft sehr unbequeme Formen erhalten können, die abermalige Wurzelausziehungen erfordern. Z. B. $\sqrt{(n^3 \mp m^5)}$, wo man für a^2 [in der Formel $\sqrt{(a^2 \mp x^2)}$] jetzt n^3, für x^2 aber m^5 setzt; so wird alsdann:

$$\sqrt{(n^3 \mp m^5)} = n^{\frac{3}{2}} \mp \frac{m^5}{2n^{\frac{3}{2}}} - \frac{m^{10}}{8n^{\frac{9}{2}}} \mp \frac{m^{15}}{16n^{\frac{15}{2}}} - \frac{5m^{20}}{128n^{\frac{21}{2}}} \ldots$$

Ist der gegebene Ausdruck ein Polynom, und man will die Verrichtung des Wurzelausziehens durch die eben gefundenen Reihen verrichten; so zerlege man dasselbe in ein Binom und bringe die Reihe auf die ihr entsprechende der entwickelten Reihen. Z. B. $\sqrt{(n+m-p)}$; nennt man $n+m = a^2$ und $-p = -x^2$, also $\sqrt{(n+m)} = a$ und $\sqrt{p} = x$ (indem $+p = +x^2$), so bekommen wir, durch die Formel $\sqrt{(a^2 - x^2)}$ jetzt:

$$\sqrt{(n+m-p)} =$$

$$\sqrt{(n+m)} - \frac{p}{2\sqrt{(n+m)}} - \frac{p^2}{8\sqrt{(n+m)^3}} - \frac{p^3}{16\sqrt{(n+m)^5}} \ldots$$

Indem nun hier die Form $\sqrt{(n+m)}$ Schwierigkeiten bei der Behandlung dieser Reihe machen würde, so hätte man auch $n = a^2$ und $m - p = x^2$ setzen können, dann wäre die Reihe diese:

$$\sqrt{n} + \frac{m-p}{2\sqrt{n}} - \frac{(m-p)^2}{8\sqrt{n^3}} + \frac{(m-p)^3}{16\sqrt{a^5}} \ldots$$

geworden, indem nun die Formel $\sqrt{(a^2 + x^2)}$ zum Grunde gelegen hätte. u. s. w.

Ist die gegebene Komplexion negativ, also die Quadratwurzel imaginär, so muß die Reihe noch mit $\sqrt{-1}$ multiplizirt werden; z. B.

$$\sqrt{(-a^2-x^2)}=\sqrt{[(a^2+x^2).-1)}=\sqrt{-1}\sqrt{(a^2+x^2)}$$
$$=\sqrt{-1}\left(a+\frac{x^2}{2a}-\frac{x^4}{8a^3}\ldots\right),$$

wodurch die Reihe, wegen des imaginären Faktors $\sqrt{-1}$, auch imaginär bleibt, aber noch aufgelöset werden kann, als: $a\sqrt{-1}+\frac{x^2}{2a}\sqrt{-1}\ldots=\sqrt{-a^2}+\sqrt{-\frac{x^4}{4a^2}}\ldots\ldots$ (§. 187.).

§. 219. Aufgabe.

Ausziehung der Quadratwurzeln aus allen positiven Zahlen, mittelst der unendlichen Reihen.

Auflösung. Die unendlichen Reihen geben uns schon in ihren ersten Gliedern, für viele Zahlenwerthe die Quadratwurzeln ziemlich genau an. Man kann nemlich jede Zahl und jeden Bruch, auf jede der gedachten vier Formen $\sqrt{(a^2\mp x^2)}$ und $\sqrt{(1\mp x)}$ bringen, wenn auch diese Formen noch einen Koeffitienten bei sich führen, denn mit diesem wird die Reihe nur nach ihrer Entwikkelung noch multiplizirt. Welche der vier Formen man wählt, entscheidet der vorliegende Fall, und Quadratzahlen für a^2 und x^2 zu wählen, ist natürlich am vortheilhaftesten, damit die Irrationalität nicht in der Reihe erscheint. Wie man die Wahl für x^2 und a^2 zu treffen habe, läßt sich auch nicht allgemein bestimmen, indem der vorliegende Fall hierüber ebenfalls entscheidet; die Wahl von Quadratzahlen, mit denen man die gegebenen Größen multiplizirt und durch sie wieder dividirt, ist vortheilhaft für viele Fälle, wie dies nachfolgende Beispiele erläutern werden; eben so kann es für die Konvergenz (§. 209.) der Reihe nur gut seyn, wenn die folgenden Glieder immer rasch abnehmen, und dies wird geschehen, wenn x^2

klein und a^2 groß gewählt wird, denn für beide Wahlen fällt jedes der Glieder (§. 85, 5.); auch braucht x^2, oder der zweite Theil des Binoms, worin man die gegebene Zahl zerlegt, kein Quadrat zu seyn, weil in der Reihe für $\sqrt{(a^2 \mp x^2)}$ nur Potenzen von x^2 erscheinen; dagegen ist a^2 als Quadratzahl sehr nöthig, weil sonst auch Wurzeln von a^2 erscheinen. Eine Zahl aber so zu zerlegen, daß ihr einer Theil ein Quadrat wird, steht immer in unserer Macht, da man ja nur das nächste kleinere Quadrat von ihr zu subtrahiren braucht; daß auch Brüche so behandelt werden können, versteht sich von selbst, u. s. w.

So treffe man bei folgenden Beispielen folgende Wahlen:

$\sqrt{11} = \sqrt{(36-25)} = \sqrt{(6^2-5^2)}$ *) $= \sqrt{(a^2-x^2)}$;
daher $a = 6$ und $b = 5$;

$\sqrt{20} = \sqrt{(16+4)} = \sqrt{(4^2+2^2)} = \sqrt{(a^2+x^2)}$;
also $a = 4$ und $b = 2$;

$\sqrt{\frac{3}{4}} = \sqrt{(1-\frac{1}{4})} = \sqrt{(1-x)}$; wo $x = \frac{1}{4}$ ist.

Aber es ist auch

$\sqrt{\frac{3}{4}} = \sqrt{(3 \cdot \frac{1}{4})} = \frac{1}{2}\sqrt{3} = \frac{1}{2}\sqrt{(4-1)} = \frac{1}{2}\sqrt{(2^2-1)}$,
wo also die Form $\sqrt{(a^2-x^2)}$ gebraucht, und $x = 1$ gesetzt wird.

Wird die Form bestimmt, worauf die Wurzel irgend einer Zahl gebracht werden soll, so scheint dies oft unmöglich; z. B. $\sqrt{12}$ auf die Form $\sqrt{(1-x)}$ zu bringen; hier muß x ein echter Bruch werden, damit $(1-x)$ nicht negativ und der Ausdruck imaginär werde. Man multiplizire 12 mit dem nächst größeren Quadrat, dividire durch dasselbe, und verfahre so:

$$12 = \frac{12 \cdot 16}{16} = 16 \cdot \tfrac{12}{16} = 16 \cdot \tfrac{3}{4},$$

*) Wir werden in der Folge sehen, daß jede ungerade ganze Zahl, eine Differenz zweier vollkommenen Quadratzahlen ist (2ter Abschnitt, 2tes Hauptstück, 3tes Kapitel, §. 321).

also $\sqrt{12} = \sqrt{(16 \cdot \frac{3}{4})} = 4 \cdot \sqrt{\frac{3}{4}} = 4\sqrt{(1 - \frac{1}{4})}$.
Bei der Zahl 13 wäre der Werth für x schon unbequemer gewesen, nemlich: $\sqrt{13} = 4\sqrt{\frac{13}{16}} = 4\sqrt{(1 - \frac{3}{16})}$, wo schon $\frac{3}{16}$ eine schwierigere Quadrirung veranlaßt hätte. Noch sey z. B. $\sqrt{18\frac{2}{7}}$ auf die Form $\sqrt{(a^2 - x^2)}$ zu bringen; so ist

$$\sqrt{18\tfrac{2}{7}} = \sqrt{\tfrac{128}{7}} = \sqrt{\left(\frac{128 \cdot 144}{7 \cdot 144}\right)} = \sqrt{(144 \cdot \tfrac{128}{1008})} = 12 \cdot \sqrt{\tfrac{128}{1008}}$$
$$= 12\sqrt{(1 - \tfrac{880}{1008})} = 12\sqrt{(1 - \tfrac{8}{9})},$$

wo also $a^2 = 1$ und $x^2 = \frac{8}{9}$ ist. So sehen wir in den Mitteln, die wir anwenden können, bald die Möglichkeit, jede der Formen $\sqrt{(a^2 \mp x^2)}$ und $\sqrt{(1 \mp x)}$ zu erreichen, und wir hätten $\sqrt{18\frac{2}{7}}$ mittelst der Form $\sqrt{(1 + x)}$, auch bequem zu behandeln gehabt, denn

$$\sqrt{18\tfrac{2}{7}} = \sqrt{\tfrac{128}{7}} = \sqrt{\frac{128 \cdot 16}{7 \cdot 16}} = 4\sqrt{\tfrac{128}{112}} = 4\sqrt{(1 + \tfrac{16}{112})} = 4\sqrt{(1 + \tfrac{1}{7})}$$

Nun wollen wir an der Wurzelausziehung aus einer Zahl mittelst der Reihen, den Grad ihrer Genauigkeit sehen. Also z. B.

$$\sqrt{12} = \sqrt{(4 \cdot 3)} = 2\sqrt{3} = 2\sqrt{(4 - 1)} = 2\sqrt{(a^2 - x^2)}$$
$$= 2\left(a - \frac{x^2}{2a} - \frac{x^4}{8a^3} \ldots\right) = 2(2 - \tfrac{1}{4} - \tfrac{1}{64} \ldots) = 2 \cdot 1\tfrac{47}{64} = 2 \cdot \tfrac{111}{64}$$
$$= \tfrac{111}{32} = 3\tfrac{15}{32} = 3{,}468 \ldots;$$

sonst giebt (nach §. 148.) $\sqrt{12} = 3{,}464 \ldots$, also *etwas weniger* als die Reihe gab, da ja alle folgende Glieder, die *negativ*, also in $3{,}468 \ldots$ noch *tilgend* sind, weggelassen würden. Ferner sey noch gesucht:
$\sqrt{\frac{4}{5}} = \sqrt{4}\sqrt{\frac{1}{5}} = 2\sqrt{\frac{1}{5}} = 2\sqrt{(1 - \frac{4}{5})}$ oder $= \sqrt{(1 - \frac{1}{5})}$, wo die letzte Form offenbar vortheilhafter ist; nun ist:

$$\sqrt{(1 - x)} = 1 - \frac{x}{2} - \frac{x^2}{8} \ldots = 1 - \tfrac{1}{10} - \tfrac{1}{200} \ldots = \tfrac{179}{200} = 0{,}895$$

also etwas zu *viel* gegen $\sqrt{\frac{4}{5}} = \sqrt{0{,}8} = 0{,}894 \ldots$

Was die Auflösung der Ausdrücke $\sqrt{-a}$ in Reihen bedeutet, wo a irgend eine Zahl ist, so ist ja $\sqrt{-a} = \sqrt{a}\sqrt{-1}$, deshalb man $\sqrt{a}$ in eine Reihe auflösen, und der Reihe alsdann den Faktor $\sqrt{-1}$ geben kann. (§. 218.)

§. 220. Aufgabe.

Es soll $\sqrt[3]{(a^3 \mp x^3)}$ in eine unendliche Reihe aufgelöset werden; eben so werden die Reihen für $\sqrt[3]{(1 \mp x)}$ gesucht.

Auflösung. Das Ausziehen der Kubikwurzel aus vollkommenen Potenzen liegt auch hier zum Grunde, indem man es fortgesetzt anwendet; da solches aber bei weiterer Fortsetzung auf sehr weitläuftige Rechnungen führt *), so sind auch hier dieselben nur, bei den späteren Theilen der Wurzel, in deren ersten Stellen vollzogen. Demnach wird:

$$\sqrt[3]{(a^3 - x^3)} = a - \frac{x^3}{3a^2} - \frac{x^6}{9a^5} - \frac{5x^9}{81a^8} - \frac{10x^{12}}{243a^{11}} \ldots$$

$$\mp a^3$$

$$3a^2 \,\Big|\, -x^3$$

$$\pm x^3 \mp \frac{x^6}{3a^3} \pm \frac{x^9}{27a^6}$$

$$3a^2 - \frac{2x^3}{a} + \frac{x^6}{3a^4} \,\Big|\, -\frac{x^6}{3a^3} + \frac{x^9}{27a^6}$$

$$\pm \frac{x^6}{3a^3} \mp \frac{2x^9}{9a^6} \pm \frac{x^{12}}{27a^9} \mp \frac{x^{12}}{27a^9} \pm \frac{x^{15}}{81a^{12}} \pm \frac{x^{18}}{729a^{15}}$$

$$3a^2 - \frac{2x^3}{a} \text{ u. s. w. } \Big|\, -\frac{5x^9}{27a^6} + \frac{x^{15}}{81a^{12}} + \frac{x^{18}}{729a^{15}}$$

$$\pm \frac{5x^9}{27a^6} \mp \frac{10x^{12}}{81a^9} \text{ u. s. w.}$$

$$3a^2 - \frac{2x^3}{a} \text{ u. s. w. } \Big|\, -\frac{10x^{12}}{81a^9} + \frac{x^{15}}{81a^{12}} \text{ u. s. w.}$$

Das Gesetz für die Glieder der Reihe ist hier, in Hinsicht der Zeichen, so wie der Exponenten der x im Zähler und der a im Nenner, wol deutlich, minder für die Koeffitienten, und der Grund, warum wir bei weiterem Fortgange nicht mit Gewißheit hierüber etwas entscheiden können, ist leicht auch hier darin zu suchen, daß

*) Wegen der steten Quadrirung und Multiplikation mit 3 des gefundenen Theils der Wurzel.

gewisse Größen sich theils vereinigen lassen, schon im Subtrahendus (wie im 3ten Subtrahendus $-\frac{x^{12}}{27a^9}+\frac{x^{12}}{27a^9}=0$) oder beim Subtrahiren selbst; theils weil es doch auch ganz in unserer Willkühr steht, in welchen Theil des Dividendus wir dividiren wollen, daher es auch in einen solchen geschehen kann, wo der Quotient nicht dem Gesetze für die vorhergehenden Glieder folgt; wir können daher viele Formen für diese Reihen erhalten (siehe §. 239.).

Auf dieselbe Art würde man auch folgende Reihen finden:

$$\sqrt[3]{(a^3+x^3)}=a+\frac{x^3}{3a^2}-\frac{x^6}{9a^5}+\frac{5x^9}{81a^8}-\frac{10x^{12}}{243a^{11}}+\dots$$

$$\sqrt[3]{(1-x)}=1-\frac{x}{3}-\frac{x^2}{9}-\frac{5x^3}{81}-\frac{10x^4}{243}-\dots$$

$$\sqrt[3]{(1+x)}=1+\frac{x}{3}-\frac{x^2}{9}+\frac{5x^3}{81}-\frac{10x^4}{243}+\dots$$

Ueber die Entwickelung dieser Formeln, theils aus einander, theils aus der $\sqrt[3]{(a^3-x^3)}$, könnten wir hier das Aehnliche sagen, wie §. 217. bei den Formeln für die Quadratwurzeln; und eben so könnten wir §. 218. hier gehörig übertragen, auf die daher zurückgewiesen wird. —

Zusatz. Die unendlichen Reihen, die aus dem Wurzelausziehen entspringen, bieten uns abermals eine höchst merkwürdige interessante Erscheinung dar, daß nemlich eine unendliche Reihe die Eigenschaft habe, potenzirt wieder einen endlichen Werth geben zu können, denn offenbar muß

$$[\sqrt[3]{(a^3+x^3)}]^3=(a^3+x^3)=\left(a+\frac{a^3}{3a^2}-\frac{x^6}{9a^5}+\frac{5x^9}{81a^8}\dots\right)^3$$

seyn. Ja, da die Reihe für $\sqrt[3]{(a^3+x^3)}$, wie wir eben sagten, sogar unendlich viele Formen haben kann, so können wir auch sagen: daß alle diese Formen, deren Gesetze wir nun kennen mögen oder nicht, doch denselben

Werth, nemlich immer den von $\sqrt[3]{(a^3+x^3)}$ haben müssen. Es würde sich also nur fragen, welche unter allen diesen Reihen die vortheilhafteste wäre, wo es wol unstreitig diejenige seyn müßte, deren Gesetz wir genau kennen würden. Müssen wir uns aber auch für jetzt, mit jenem Gesetze der ersten Glieder der Reihe, begnügen; so werden wir doch in der Folge (§. 239. und §. 240.) ein bestimmtes Gesetz finden, wozu aber noch Vorbereitungen gehören, die hier noch nicht bekannt sind. — Auch das hier eben Gesagte, können wir auf die früheren §. dieses Kapitels übertragen.

§. 221. Aufgabe.

Die Kubikwurzel aus jeder unvollkommenen Kubikzahl, mittelst der Formeln des vorigen §. darzustellen.

Auflösung. Jede Zahl oder Bruch, deren Kubikwurzel gesucht wird, muß sich auf jede der Formen $\sqrt[3]{(a^3 \mp x^3)}$ oder $\sqrt[3]{(1 \mp x)}$ bringen lassen, welches uns jetzt nicht mehr fremd seyn kann; sollen die Reihen für $\sqrt[3]{(a^3 \mp x^3)}$ schnell konvergiren, so muß x wo möglich klein gegen a, und bei den Reihen für $\sqrt{(1 \mp x)}$ muß x ein echter Bruch seyn; übrigens leistet auch hier, die Einführung einer richtig gewählten Kubikzahl als Faktor und wieder als Divisor, ihre guten Dienste. Z. B.

$$\sqrt[3]{9} = \sqrt[3]{(8+1)} = \sqrt[3]{(2^3+1^3)} = \sqrt[3]{(a^3+x^3)};$$

ferner:

$$\sqrt[3]{26} = \sqrt[3]{(27-1)} = \sqrt[3]{(3^3-1^3)} = \sqrt[3]{(a^3-x^3)};$$

$$\sqrt[3]{1\tfrac{1}{2}} = \sqrt[3]{(1+\tfrac{1}{2})}; \quad \sqrt[3]{\tfrac{3}{4}} = \sqrt[3]{(1-\tfrac{1}{4})} \text{ u. s. w.}$$

Würde aber z. B. bestimmt, die $\sqrt[3]{15}$ sollte auf die Form $\sqrt[3]{(a^3+x^3)}$ gebracht werden, so nehme man die nächst kleinere Kubikzahl an 15 d. h. 8, und setze

$$\sqrt[3]{15} = \sqrt[3]{\frac{15 \cdot 8}{8}} = \sqrt[3]{8}\sqrt[3]{\tfrac{15}{8}} = 2\sqrt[3]{\tfrac{15}{8}} = 2\sqrt[3]{(1+\tfrac{7}{8})},$$

hier ist $a^3 = 1$ und $x^3 = \frac{7}{8}$, und wenn $\frac{7}{8}$ auch kein vollkommener Kubus ist, so schadet dies hier nichts, denn in der Reihe für $\sqrt[3]{(a^3 + x^3)}$, kommen nur vollkommene Potenzen von x^3 vor. Prüfen wir jetzt die Genauigkeit der verlangten Reihe, so ist, wenn wir uns mit den drei ersten Gliedern begnügen:

$$\sqrt[3]{(1+\tfrac{7}{8})} = 1 + \frac{\frac{7}{8}}{3} - \frac{\frac{49}{64}}{9}{}^{*)} \ldots = 1 + \tfrac{7}{24} - \tfrac{49}{576} \ldots$$
$$= \tfrac{576}{576} + \tfrac{168}{576} - \tfrac{49}{576} \ldots = \tfrac{695}{576} = 1{,}206 \ldots$$

dies wird noch mit 2 multiplizirt (wegen $\sqrt[3]{15} = 2\sqrt[3]{(1+\frac{7}{8})}$; so erhalten wir 2,412...; bei der Annahme der vier ersten Glieder der Reihe, hätten wir im vierten Gliede bekommen $+ \frac{5.(\frac{7}{8})^3}{81} = + \frac{1715}{41472}$, also die Summe aller $= \frac{51755}{41472} = 1{,}2479\ldots$, welches verdoppelt $= 2{,}4958\ldots$ giebt; übrigens ist $\sqrt[3]{15} = 2{,}4662\ldots$, woraus man sieht, daß sie zwischen den Werthen der drei und der vier ersten Glieder der Reihe liegt, was man in dem + Zeichen des vierten Gliedes begründet finden wird. — Man sieht zugleich aus der Behandlung der Reihe für $\sqrt[3]{(1 \mp x)}$ daß sie wegen der 1 und x am vortheilhaftesten ist, sobald x ein Bruch ist, daher man z. B. allgemein

$$\sqrt[3]{a} = \sqrt[3]{\left(\frac{a\,n^3}{n^3}\right)} = n\sqrt[3]{\frac{a}{n^3}}$$

setzt, wo nun $\frac{a}{n^3}$ ein echter oder unechter Bruch seyn wird, je nachdem man n^3 gewählt hat, was wieder davon abhängt, ob a näher an dem nächst größeren oder nächst kleineren Kubus für a seyn wird. Also

---

*) Denn da $x^3 = \frac{7}{8}$, so ist $x^6 = (x^3)^2 = (\frac{7}{8})^2 = \frac{49}{64}$.

$$\sqrt[3]{35}=\sqrt[3]{\frac{35 \cdot 27}{27}}=3\sqrt[3]{\tfrac{35}{27}}=3\sqrt[3]{(1+\tfrac{8}{27})}$$

aber $\sqrt[3]{56}=\sqrt[3]{\frac{64 \cdot 56}{64}}=4\sqrt[3]{\tfrac{56}{64}}=4\sqrt[3]{(1-\tfrac{8}{64})}=4\sqrt[3]{(1-\tfrac{1}{8})}$.

Endlich sey noch

$$\sqrt[3]{7}=\sqrt[3]{\frac{7.8}{8}}=2\sqrt[3]{\tfrac{7}{8}}=2\sqrt[3]{(1-\tfrac{1}{8})}=2(1-\tfrac{1}{24}-\tfrac{1}{576}\ldots)$$
$$=2 \cdot 0{,}9565\ldots=1{,}9130\ldots$$

was ziemlich genau ist, da $\sqrt[3]{7}=1{,}9129\ldots$ giebt u. s. w. Der Nutzen, den diese Reihen also in gewissen Fällen in Anwendung auf Zahlen haben, ist hieraus klar, und wird man vielleicht selbst schneller die Kubikwurzel in manchen Fällen durch diese Reihen, als durch das gewöhnliche Ausziehen erhalten.

Die Reihen die durch das Ausziehen von Wurzeln, höher als Kubikwurzeln entstehen, übergehen wir hier, da in dem bis hierher Gesagten hinlänglich liegt, wie man bei solchen Ausziehungen verfahren mußte (siehe §. 240).

Drittes Kapitel.

Das Wichtigste aus der Kombinationslehre.

§. 222. Erklärung.

Permutiren oder verwechseln heißt, eine gegebene Menge von Dingen, auf alle nur mögliche Arten neben einander zu stellen, so daß bei jeder neuen Zusammenstellung immer alle die gegebenen Dinge vorkommen; diese heißen selbst: die Elemente der Permutation. Da nun diese Dinge so höchst mannigfaltig seyn können, so pflegt man sie allgemein durch Buchstaben oder durch Ziffern zu bezeichnen, wo natürlich bei der Zusammenstellung derselben die Bedeutung der Faktoren ganz wegfällt, und jene Zeichen **nur den Ort**, eines der zu permutirenden Dinge, anzeigt. Auch nennt man die Permutationen: die **Versetzungen** oder **Verwechselungen** gegebener Dinge.

§. 223. Aufgabe.

Die Anzahl der Permutationen einer gewissen gegebenen Menge von Elementen zu finden.

Auflösung. Wenn **ein** Element z. B. a gegeben wird, so kann man offenbar mit ihm keine Verwechselung vornehmen, oder es giebt nur **eine** Art, diese Größe zu permutiren, d. i. a selbst. — Sind **zwei** Elemente a und b gegeben, so können wir sie auch nicht weiter, wie als ab und ba verwechseln, oder sie sind nur **zweier** Permutationen fähig. Haben wir aber **drei** Elemente a, b und c, so sind immer zwei derselben, indem die dritte **zuerst** steht, zwei Verwechselungen unterworfen, und indem jede der drei Größen zuerst stehen kann, so erhalten wir in allem $3 . 2 = 6$ Permutationen, welche hier sind: abc, acb, bac, bca, cab und cba. So wird man weiter bei **vier** Elementen finden, daß, indem **jede** Größe **zuerst** steht, die drei anderen, nach dem eben Gesagten, sechs Permutationen zulassen, daher in allem $4 . 6 = 24$ derselben entstehen werden. Indem wir diesen Schluß bei jeder neuen Menge von Elementen fortsetzen, so erhalten wir leicht das Gesetz, daß **fünf** Größen $24 . 5 = 120$, dann **sechs** Größen $= 120 . 6 = 720$ ꝛc. Permutationen haben. Dies giebt uns einfach folgende Formel:

eine Größe hat nur 1 Permutation
zwei Größen haben $1 . 2 = 2$ Permutationen
drei " " " $1 . 2 . 3 = 6$ Permutationen
vier " " " $1 . 2 . 3 . 4 = 24$ Permutat.
. . . .

n Größen haben 1.2.3... (n—2)(n—1) n Permutationen oder: man hat nur nöthig, das Produkt der n ersten Zahlen, wie sie unser Zahlensystem giebt, zu machen. —

Um die wirkliche Darstellung der Permutationen aus den Elementen zu machen, darf man nur an das, zu Anfange dieses §. Gesagte denken, daß man nemlich zuerst die beiden letzten Elemente auf die zwei möglichen Arten versetzt, dann die drei letzten Elemente, hierauf die vier letzten u. s. w., während immer die anderen Elemente ungeändert bleiben. Z. B. die vier Elemente p, x, y, z geben:

p x y z	x p y z	y p x z	z p x y
p x z y	x p z y	y p z x	z p y x
p y x z	x y p z	y x p z	z x p y
p y z x	x y z p	y x z p	z x y p
p z x y	x z p y	y z p x	z y p x
p z y x	x z y p	y z x p	z y x p

Dies zeigt den Weg für jede neue Menge von Elementen.

Wenn aber unter den gegebenen Elementen mehrere gleiche sind, so wird sich die Menge der Permutationen offenbar verringern, indem nun alle diejenigen ausgeschlossen werden, welche schon einmal oder öfter vorgekommen sind. Z. B. es wären die Elemente a, a, b gegeben, so sind nur aab, aba und baa die vorhandenen Verwechselungen, indem immer zwei Permutationen, welche bei drei verschiedenen Elementen stattfinden, zu einer werden, welches man in der vorher gemachten Darstellung der sechs verschiedenen Permutationen für drei verschiedene Elemente bald sieht, wenn man a und c als einander gleich setzt. Um nun über die Menge der, bei einigen gleichen Elementen, noch übrig bleibenden Permutationen zu einem Gesetze zu gelangen, so betrachte man z. B. die fünf verschiedenen Elemente a, b, c, d, f. Unter den 120 (= 1.2.3.4.5) verschiedenen Darstellungen ihrer Permutationen, wird offenbar auch eine derselben diese: b, f, a, d, c seyn, und wenn man z. B. der b und der d ihren Ort läßt, so sind die drei Dinge f, a und c auf 1.2.3 = 6 verschiedene Arten zu versetzen, welche selbst folgende seyn würden:

b a c d f
b a f d c
b c a d f
b c f d a
b f a d c
b f c d a

und diese sechs Darstellungen gehören alle zu den 120 verschiedenen, die überhaupt vorhanden sind. Macht man aber aus den drei verschiedenen Dingen a, c und f ein und dasselbe, z. B. a, so werden diese sechs verschiedenen Darstellungen zu einer. Da nun aber b und d auch ihren Ort verändern, so geben bei jedem neuen Orte derselben, die drei verschiedenen Größen a, c und f sechs neue verschiedene Permutationen, die immer wieder zu einer werden, wenn man auch nur eine Größe, statt der dreien annimmt. So fällt nun, wenn wir wirklich statt der Elemente a, b, c, d, f diese: a, a, a, b, f annehmen, die Menge der 120 verschiedenen Permutationen, auf den sechsten Theil, oder auf $\frac{120}{6} = 20$ verschiedene Permutationen zurück, eben, weil immer sechse (bei der Verschiedenheit aller Elemente) zu einer (bei der Gleichheit von dreien) werden. — Und so werden wir denn jene einfache Betrachtung, bei jeder Menge von Elementen, worunter sich jede Menge gleicher Elemente befindet, fortsetzen können, weshalb wir daher nur den so vielten Theil aller Permutationen übrig behalten, als die Menge der gleichen Elemente permutirt werden könnten, wenn sie verschieden wären. Sind also z. B. neun Elemente, und darunter fünf gleiche gegeben, so behalten wir $\frac{1.2.3.4.5.6.7.8.9}{1.2.3.4.5} = 3024$ Permutationen übrig, bei n Elementen, die alle gleich sind, hat man also nur $\frac{1.2.3 \ldots n}{1.2.3 \ldots n} = 1$ Permutation, wie wol hier deutlich in die Augen fällt.

Aber, es können auch unter den Elementen selbst verschiedene sich mehrere Male befinden, z. B. wenn die Elemente a, a, b, b, b, c, c, c, c, gegeben wären; wie wird die Formel jetzt für die verschiedenen Permutationen seyn? — Gesetzt, es wären nur die vier c dieselben, statt der beiden gleichen a und der drei gleichen b aber hätte man verschiedene Elemente, so würden es, wie wir eben sahen $\frac{1.2.3.4.5 \ldots 9}{1.2.3.4} = 5.6.7.8.9$ verschiedene Permutationen seyn, worunter offenbar auch eine derselben, diese seyn würde: $a a^{I} b b^{I} b^{II} c c c c$ *), ließe man nun die a, a^{I} und die c stehen, und punktirte blos die b, so erhielte man, weil b, b^{I} und b^{II} sechs Permutationen haben, unter der Menge der gesammten Permutationen auch diese:

$a\ a^{I}\ b\ b^{I}\ b^{II}\ c\ c\ c\ c$
$a\ a^{I}\ b\ b^{II}\ b^{I}\ c\ c\ c\ c$
$a\ a^{I}\ b^{I}\ b\ b^{II}\ c\ c\ c\ c$
$a\ a^{I}\ b^{I}\ b^{II}\ b\ c\ c\ c\ c$
$a\ a^{I}\ b^{II}\ b\ b^{I}\ c\ c\ c\ c$
$a\ a^{I}\ b^{II}\ b^{I}\ b\ c\ c\ c\ c$

welche sechs verschiedene Permutationen zu einer werden, wenn b, b^{I} und b^{II} blos zu b werden; bei jedem neuen Orte, den eine der ben einnähme (z. B. wie bei $a a^{I} b b^{I} c b^{II} c c c$), könnte man aufs Neue sechs Permutationen bilden, die aber immer wieder zu einer würden, sobald man die ben als gleiche Elemente betrachtet; und es fällt daher die Menge sämmtlicher Permutationen, die wir noch hatten, bei der wirklichen Annahme der Gleichheit der

*) Die I und II oben bei a und b sollen nur auf eine Verschiedenheit hindeuten, die wir annahmen, um nicht andere Buchstaben zu wählen.

der drei $b$en, auf den sechsten Theil oder wieder auf den so vielten Theil zurück, als drei Elemente permutirt werden können, sobald sie verschieden sind, oder wir behalten noch $\frac{5.6.7.8.9}{1.2.3} = 2520$ Permutationen übrig. Diese Untersuchung, die ganz dieselbe wie die vorherige ist, kann nun auch bei jedem neuen gleichen Elemente fortgesetzt werden, und es fällt, wegen der beiden obigen a en, die Menge der Permutationen, auf die Hälfte abermals zurück, weil zwei Elemente nur $1. = 2$ Versetzungen zulassen, und wir behalten $\frac{2520}{2} = 1260$ Permutationen für a, a, b, b, b, c, c, c, c übrig. — So sind wir jetzt zur Kenntniß des Gesetzes gekommen, daß, wenn man z. B. allgemein n Elemente hat, und hierunter befinden sich einmal p gleiche, dann q gleiche, dann h gleiche u. s. w., so behalten wir $\frac{1.2.3\ldots n}{1.2..p \times 1.2...q \times 1.2...h}$ Permutationen übrig.

Wollte man auch hier die wirklichen Darstellungen für gegebene Elemente machen, so würde man eben so verfahren wie bei verschiedenen Elementen, nur daß eben, eine Menge neuer Darstellungen verschwänden *). Man würde sich die gleichen Elemente zu diesem Ende zuerst zusammenstellen, z. B. als aaddd bb; indem man die vier ersten aadd stehen ließ, nähme man für dbb die drei Permutationen dbb, bdb und bbd vor, dann lasse man aad stehen, und nehme mit ddbb die 6 $\left(= \frac{1.2.3.4}{1.2.1.2} = 6\right)$ Versetzungen ddbb, dbdb, dbbd, bdbd, bddb, bbdd vor, wovon die erste ddbb, so wie vorher die erste dbb nicht von neuem zu bilden nöthig sind, indem sie sich in

*) Wirkliche Darstellungen von mehreren Elementen, sowol hier als für die folgenden §., habe ich des Raums wegen nur wenige gemacht; unter andern findet man in Meier Hirsch Sammlungen, Seite 81—94. viele derselben.

der ursprünglichen Darstellung schon befinden; bleibt aa stehen, so läßt dddbb wieder $\frac{1.2.3.4.5}{1.2.3.1.2} = 10$ Permutationen zu, die man wieder, außer der ersten (Grund wie vorher) bildet; bleibt a nur stehen, so erhält man für adddbb abermals $\frac{1.2.3.4.5.6}{1.2.3.1.2} = 60$ Versetzungen hinter a, wo natürlich auch adddbb selbst wieder wegbleibt, und daddbb anfängt; dann würde auch a seinen Ort am Anfange verlieren und d, so wie endlich b denselben einnehmen, wo man die ähnlichen Untersuchungen wie bis hier anzustellen hätte. Z. B. die fünf Elemente xxyyy würden geben: $\left(\frac{1.2.3.4.5}{1.2.1.2.3} = 10\right)$

xxyyy	yxxyy
xyxyy	yxyxy
xyyxy	yxyyx
xyyyx	yyxxy
	yyxyx
	yyyxx

§. 224. Zusätze.

1. Oft bezeichnet man die Menge der gleichen Dinge in den ursprünglich gegebenen Darstellungen auch so, daß man die Größe, welche mehreremale vorkommt, nur einmal setzt, und sie mit einem Exponenten versieht, der die Menge der gleichen Elemente anzeigt; z. B. wird $aaabbccc = a^3 b^2 c^2$ bezeichnet, wo natürlich die Exponenten bloße Bezeichnungen sind. Daher ist z. B. die Anzahl der Permutationen für $a^h b^k c^l g^f$, wo man also $h + k + l + f = M$ Elemente hat

$$= \frac{1.2.3.4 \ldots\ldots (M-2)(M-1)M}{1.2.3 \ldots n \times 1.2 \ldots k \times 1.2 \ldots l \times 1.2 \ldots f}'$$

wie sich aus der Formel des vorigen §. leicht ergiebt. Auch ist daher

$$n. P.^{*)} (a^2 b^3 c^5) = \frac{1.2.3.4.5.6.7.8.9.10}{1.2.1.2.3.1.2.3.4.5} = 2520$$

(weil $2+3+5=10=M$ Elemente gegeben sind).

2. Die Formel aus 1 läßt sich noch abändern, indem man nemlich $1.2.3...h$ im Nenner, gegen $1\ 2.3...h$ im Zähler hebt, und denselben daher mit $(h+1)$ anfangen läßt; dieses könnte man statt mit $1.2.3...h$ vorzunehmen, auch mit $1.2.3...k$ vornehmen, daher den Zähler mit $(k+1)$ anfangen lassen; dasselbe gilt aber auch für $1.2.3...l$ u. s. w. im Nenner; deshalb erhält man: $n. P. (f^d l^u h^c)$, wenn man $d+u+c=M$ setzt:

$$= \frac{1.2.3......(M-2)(M-1)M}{1.2.3...d \times 1.2.3...u \times 1.2.3...c}$$

$$= \frac{(d+1)(d+2)...(M-1)M}{1.2.3...u \times 1.2.3...c}$$

$$= \frac{(u+1)(u+2)...(M-1)M}{1.2.3...d \times 1.2.3...c}$$

$$= \frac{(c+1)(c+2)...(M-1)M}{1.2.3...d \times 1.2.3...u}$$

3. Wenn man daher $n. P. (a^{m-p} b^p)$ suchte (wo die Summe der Wiederholungsexponenten $m-p+p=m$ ist, oder wo man nur m Elemente hat), so würde diese $= \frac{1.2.3.4...(m-2)(m-1)m}{1.2.3...(m-p) \times 1.2.3...p}$ seyn; weil nun aber im Zähler auch ein Faktor vorkommen muß, der $(m-p)$ ist, welchem der Faktor $(m-p+1)$ diesem der Faktor $(m-p+2)$ u. s. w. folgt $^{**)}$, so kann man auch

$$n. P. (a^{m-p} b^p) = \frac{1.2...(m-p)(m-p+1)...(m-1)m}{1.2...(m-p) \times 1.2.3...p}$$

$$= \frac{(m-p+1)(m-p+2)...(m-2)(m-1)m}{1.2.3...p}$$

$$= \frac{m(m-1)(m-2)...[m-(p-1)]}{1.2.3...p}$$

*) Es bedeutet n. P. so viel als numerus permutationum, oder Anzahl der Versetzungen für a a b b b c c c c c.

**) Indem jeder folgende Faktor gegen m zu, immer um 1 wächst.

setzen, indem man die Faktoren des Zählers in umgekehrter Ordnung setzt und für $(m-p+1)$ schreibt $[m-(p-1)]$. Also würde z. B.

$$n. P. (a^{m-4} b^4) = \frac{m(m-1)(m-2)(m-3)}{1.2.3.4} \text{ seyn.}$$

Anmerk. Diese so abgekürzte Formel wird durch ihre Anwendung im folgenden Kapitel, von der größten Wichtigkeit.

§. 225. Erklärung.

Kombiniren oder verbinden heißt, eine gegebene Menge von Dingen, die auch hier Elemente genannt werden, so zusammenzusetzen, daß man alle nur mögliche Zusammenstellungen zu zweien, zu dreien u. s. w. erhält, deren die gegebenen Elemente fähig sind; doch so, daß keine Permutationen vorkommen (§. 221.). Die Verbindungen zu verschiedenen Mengen von Elementen heißen auch: die Verbindungen der 3ten, der 4ten, der nten Klasse, je nachdem man zu dreien, zu vieren u. s. w. verbinden will. Wenn es nun erlaubt ist, auch jedes Element ein oder mehrere Male (je nachdem die Klasse es erfordert) mit sich selbst zu verbinden, so erhält man die Kombinationen mit Wiederholung, widrigenfalls, wenn jene Verbindungen mit sich selbst nicht erlaubt sind, entstehen die Kombinationen ohne Wiederholung. Beide Arten von Kombinationen müssen wir genau unterscheiden, und jede besonders betrachten. Auch nennt man dieses Kombiniren zuweilen: Kombiniren im engeren Sinne des Worts *). Eben so pflegt man allgemein, jede Kombination: eine Komplexion zu nennen, die der 2ten Klasse heißen auch Amben, die der 3ten Klasse Ternen, der 4ten Quaternen, der 5ten Quinternen u. s. w. Die Klasse wird endlich auch oft: der Grad der Komplexion genannt.

---

*) Weil es nur ein Theil der gesammten Kombinationslehre ist, die auch das Permutiren u. s. w. unter sich begreift, und von der wir überhaupt in diesem Kapitel reden.

§. 226. Aufgabe.

Die Menge der Kombinationen mit Wiederholungen, für gegebene Elemente zu finden.

Auflösung. Daß ein Element nur einer Kombination der ersten Klasse fähig ist, aber zwei der 2ten, oder n der nten Klasse, ist wol einfach einzusehen; denn a ist die 1te, aa die 2te, aaa... die nte Klasse dieses Elementes. Wir wenden uns daher zu zwei Elementen ab, so haben sie in der 1sten Klasse nur 2 Kombinationen als a und als b, so gut wie allgemein n Elemente in der 1ten Klasse nur n Kombinationen haben werden, wo nemlich jedes Element allein (als 1te Klasse) besteht. — Die Menge der Kombinationen für die beiden Elemente a und b in der zweiten Klasse, werden nun offenbar seyn aa, ab und bb, indem Wiederholungen wie aa und bb wol, aber nicht Permutationen zugelassen werden (§. 225.), wo man zuerst noch ba erhalten würde; wir erhalten daher drei Kombinationen der 2ten Klasse. Nun wollen wir aber gleich mehrere Elemente, z. B. die fünfe a, b, c, d, f oder allgemein n derselben betrachten; so haben wir also fünf oder n Kombinationen der 1ten Klasse. Würde man nun jede dieser Größen mit sich selbst verbinden, also aa, bb, cc u. s. w. setzen, so würden dies schon n Kombinationen der 2ten Klasse werden, wenn man aber noch jede der Größen mit allen Größen (also auch noch einmal mit sich selbst) verbände, so erhielt man offenbar noch nn Kombinationen der 2ten Klasse *), also in allem $n + nn = n(1 + n)$ Kombinationen, welche für jene fünf Elemente folgende wären:

*) Denn die 1ste a mit allen, giebt aa, ab, ac... also n, dann b mit allen wieder ba, bb, ... also wieder n, daher jede mit jeder, nn Verbindungen giebt.

aa	bb	cc	dd	ff
aa	ab	ac	ad	af
ba	bb	bc	bd	bf
ca	cb	cc	cd	cf
da	db	dc	dd	df
fa	fb	fc	fd	ff

Hier hat man aber jede Kombination doppelt, als aa, aa, ab, ba, ac, ca u. s. w., welches nicht seyn soll; man muß daher die Menge dieser Kombinationen zur Hälfte nehmen, um die verlangten zu behalten, deren Menge daher nur $\frac{n.(n+1)}{1.2}$ seyn wird, sie selbst aber diese sind:

aa	ab	ac	ad	af
	bb	bc	bd	bf
		cc	cd	cf
			dd	df
				ff

Um die Kombinationen der dritten Klasse zu bekommen, sage man: wenn jede Verbindung der 2ten Klasse, mit den beiden Größen, die sie enthält, zur 3ten Klasse verbunden würde, also z. B. aa als aaa und aaa; ab, aber als aba und abb, eben so später cd als cdc und cdd, so daß also keine Permutation stattfände; so würde die Anzahl der Kombinationen der 2ten Klasse, doppelt genommen, schon einige der Kombinationen der 3ten Klasse geben; wenn aber noch überdies jede Verbindung der 2ten Klasse mit jedem Elemente verbunden würde, so müßte man noch n Mal die Menge der Verbindungen der zweiten Klasse als Komplexion der dritten Klasse erhalten; daher man (n+2) Mal die Menge derselben bekommt, wenn man jene Verbindungen mit den beiden Größen die sie enthält und mit jedem Elemente macht, oder es würden $\frac{n(n+1)}{1.2}.(n+2) = \frac{n(n+1)(n+2)}{1.2}$ Verbindungen zur dritten Klasse werden, welche selbst folgende wären:

aaa	aab	aac	aad	aaf	bbb	bbc	bbd	u. s. w.
aaa	abb	acc	add	aff	bbb	bcc	bdd	...
aaa	aab	aac	aad	aaf	abb	abc	abd	
aab	abb	acb	adb	afb	bbb	bcb	bdb	
aac	abc	acc	adc	afc	bbc	bcc	bdc	
aad	abd	acd	add	afd	bbd	bcd	bdd	
aaf	abf	acf	adf	aff	bbf	bcf	bdf	...

so, daß die oberste Zeile alle zweifache Verbindungen mit der ersten Größe in derselben, die 2te Zeile alle zweifache Verbindungen mit der zweiten Größe in derselben, die 3te Zeile alle zweifache Verbindungen mit a verbunden, die vierte Zeile alle zweifache Verbindungen mit b verbunden u. s. w. enthielt, wodurch also in jeder Zeile alle $\frac{n(n+1)}{1.2}$ Kombinationen der zweiten Klasse stehen (des Raums wegen hier durch u. s. w. angezeigt), auf die eben erwähnte Weise verbunden. Allein, in diesen Kombinationen der dritten Klasse, kommt jede Verbindung drei Mal vor, als aaa, aaa, aaa, eben so später abd, adb und abd, welches wol deutlich ist, aus der Art wie verbunden werden sollte; deshalb können wir nur den dritten Theil aller dieser Kombinationen der 3ten Klasse gebrauchen, oder wir behalten nur $\frac{n(n+1)(n+2)}{1.2.3}$ derselben als brauchbar übrig. So können wir aber auch fortfahren und sagen: wenn man jede Kombination der dritten Klasse mit jeder Größe, die sie enthält, verbände, so würde die Anzahl der Verbindungen der vierten Klasse die hierdurch entstände, dreimal die Anzahl der Verbindungen der 3ten Klasse geben *); und wenn noch überdies jede Komplexion der 3ten Klasse, mit allen n Elementen verbunden würde, so entständen hieraus wieder n Kombina-

*) Das (aus der Mitte beliebig genommene) Glied adc, würde geben: aadc, addc und adcc.

tionen der 4ten Klasse, also mit jenen zusammen, $(n+3)$ Mal die Anzahl der Verbindungen der dritten Klasse, oder $\frac{n(n+1)(n+2)(n+3)}{1.2.3}$ Kombinationen; hierbei wäre aber jede Komplexion 4 Mal, weshalb die eben gefundene Anzahl der vierten Klassen, auf das Viertel derselben zurückfällt, oder man nur $\frac{n(n+1)(n+2)(n+3)}{1.2.3.4}$ Komplexionen der vierten Klasse behält, die hier brauchbar sind. Daß wir bei der fünften Klasse $\frac{n(n+1)(n+2)(n+3)(n+4)}{1.2.3.4.5}$ und allgemein bei der pten Klasse $\frac{n(n+1)\ldots(n+p-1)}{1.2.3.4\ldots p}$ Kombinationen erhalten *), ist aus alle diesem nun wol zur Genüge deutlich.

Ist die Anzahl der Elemente geringer als der Grad der Klasse welche man sucht, so bleibt unsere gefundene Formel doch dieselbe, obgleich die Menge der Kombinationen sich ändert, welche Aenderung aber schon hervorgebracht wird, durch den sich nun bedeutend ändernden Zähler. Z. B. man hat die Elemente a und b, und sucht die Kombinationen der dritten Klasse, so giebt die Formel $=\frac{2.3.4}{1.2.3}=4$ derselben, diese sind aber aaa, aab, abb und bbb, mit welchen wir gerade dieselben Untersuchungen anstellen könnten wie vorher, und sagen: wenn man jede dieser Komplexionen der dritten Klasse mit jeder Größe die sie enthält kombinirte, so erhielt man jede dreimal (z. B. aab gäbe aaba, aaba, aabb), also auch die Menge aller dreimal; indem man aber noch jede mit jedem der beiden Elemente verbände, so würde noch zweimal die Anzahl derselben, also über-

*) Es wird also zu n (um die Faktoren des Zählers zu bilden) so lange immer 1 mehr addirt, bis man $(p-1)$ zu addirt hat; der Nenner aber ist ein Produkt der natürlichen Zahlen von 1 bis p, d. h. $1.2.3\ldots p$.

haupt (jene Verbindungen mit den Größen, die sie selbst enthalten, mitgenommen) $3+2=5$ Mal die Menge der Kombinationen zu dreien, als Verbindungen zu **vieren** erscheinen, oder man erhielt $\frac{2.3.4.5}{1.2.3}$ derselben; da aber jede Verbindung **viermal** vorkommt, so können wir wieder nur $\frac{2.3.4.5}{1.2.3.4}$ gebrauchen. Bei jeder neuen Klasse fährt man gerade so fort zu schließen. Es ist also die Formel auch hier ganz dieselbe wie vorher.

Die wirkliche Darstellung der Kombinationen mit Wiederholung bei einer gegebenen Menge von Elementen ist auch nicht schwer; denn, man bilde sich erst die zweite Klasse, die sich sogleich ergiebt, wenn man erst das erste Element mit sich selbst und mit allen folgenden, dann das 2te mit sich selbst und mit allen ihm folgenden, hierauf das dritte mit sich selbst und denen ihm folgenden 2c. kombinirt. Aus der 2ten Klasse erhält man wieder die 3te, wenn man an jedes Glied der 2ten Klasse erst a setzt, alsdann von dem Gliede bb abwärts b ansetzt, vom Gliede cc abwärts c u. s. w., damit man keine Permutationen erhält; so entsteht jede der folgenden Klassen aus der früheren. Z. B. die Elemente a, b, c, d sollten zur dritten Klasse mit Wiederholungen kombinirt werden, so verfahre man so:

(= 2te Klasse)

1te Klasse	aa	ab	ac	ad	bb	bc	bd	cc	cd	dd	
a	aaa	aab	aac	aad	abb	abc	abd	acc	acd	add	= 3te Klasse
b					bbb	bbc	bbd	bcc	bcd	bdd	
c								ccc	ccd	cdd	
d										ddd	

Wo also schon in der 1ten Zeile der 3ten Klasse, jede Verbindung mit a vorgekommen ist, und deshalb die b zuerst da anfängt zu kombiniren, wo in der 2ten Klasse kein a mehr ist, d. h. bei bb; so giebt die 2te Zeile der

3ten Klasse jede Verbindung der b, weshalb abermals c da zu kombiniren anfängt, wo in der zweiten Klasse die b en aufhören, d. h. bei c, u. s. w. – Würden jetzt alle diese Komplexionen der 3ten Klasse in eine Zeile gesetzt, und wieder die Elemente mit ihnen, wie eben geschehen, combinirt, wo also b anfinge bei bbbb, ferner c bei cccc u. s. w., so entstånde die 4te; dann die fünfte Klasse aus der vierten und den Elementen u. s. w.

§. 227. Zusätze.

1) Will man die Menge der Komplexionen von der ersten Klasse an, bis zu einer gewissen Klasse heben, so suche man die, einer jeden Klasse besonders, und summire die verschiedenen Resultate. Z. B. Man wollte wissen, wie viele Komplexionen die 5 ersten Klassen der 6 Elemente a, b, c, d, f, g haben; so hat

die 1te Klasse		n	$= 6$	Komplexionen
„ 2te	„	$\frac{6.7}{1.2}$	$= 21$	„
„ 3te	„	$\frac{6.7.8}{1.2.3}$	$= 56$	„
„ 4te	„	$\frac{6.7.8.9}{1.2.3.4}$	$= 126$	„
„ 5te	„	$\frac{6.7.8.9.10}{1.2.3.4.5}$	$= 252$	„

In Summa 461 Komplexionen.

2) Sollten unter den gegebenen Elementen mehrere gleiche seyn, so kann man, im Falle man dieselben nicht mitnehmen wollte (was übrigens bei Kombinationen mit Wiederholung nichts schaden würde), sie nach der Bildung der verschiedenen Komplexionen, von der Summe derselben abziehen.

§. 228. Aufgabe.

Die Formel für die Kombinationen ohne Wiederholung, für gegebene Elemente zu finden.

Auflösung. Bei den Kombinationen ohne Wiederholung, wird durchaus kein Element mit sich selbst kombinirt, geduldet. Hat man also z. B. die Elemente a, b, c, so sind von der ersten Klasse auch hier nur diese einzelnen Elemente zu setzen möglich; von der zweiten Klasse finden wir nur die Komplexionen ab, ac und bc, so wie von der dritten Klasse nur abc möglich ist; höhere Kombinationen von n Elementen als die nte Klasse, sind durchaus nicht möglich, weil ja sonst, wider die Voraussetzung, einzelne Elemente wiederholt vorkommen müßten. Also haben n Elemente auch n Kombinationen der ersten Klasse, und nur eine der nten Klasse. Würde man nun die n Elemente der ersten Klasse mit allen Elementen, nur mit sich selbst nicht, zusammensetzen, so erhielt man $n(n-1)$ Kombinationen der zweiten Klasse; allein hier käme jede Kombination doppelt vor; indem z. B. die Elemente a, b, c und d gegeben würden: ab, ac, ad, ba, bc, bd, ca, cb, cd, da, db, dc oder $4 \cdot 3 = 12$ Kombinationen, wo ab und ba, ac und ca u. s. w. vorkömmt; will man daher die Menge der, hier nur brauchbarern Kombinationen haben, so darf man nur die Hälfte derselben, oder $\frac{n(n-1)}{1 \cdot 2}$ behalten; diese sind für jene vier Elemente ab, ac, ad, bc, bd, cd. — Verbände man jede Komplexion der zweiten Klasse mit jedem der Elemente, nur (um die Wiederholung eines Elementes zu vermeiden) nicht mit denen beiden die es enthält, so würde man $n-2$ Mal die Anzahl jener Kombinationen, als Kombinationen der dritten Klasse erhalten, welche hier wären: abc, abd, acb, acd, adb, adc, bca, bcd, bda, bdc, cda und cdb; hierunter aber ist jede Verbindung drei Mal, als abc, acb und bca, u. s. w., welche zu einer nur werden, weil ja Permutationen ausgeschlossen sind; wir werden deshalb nur den dritten Theil von

$\frac{n(n-1)(n-2)}{1.2}$, also $\frac{n(n-1)(n-2)}{1.2.3}$ Kombinationen behalten, die hier sind: abc, abd, acd und bcd. Schließen wir abermals: wenn wir jede dieser neuen Komplexionen mit jedem Elemente, nur mit den dreien die sie schon enthält nicht, verbänden, so würden wir $(n-3)$ Mal jene Anzahl der Kombinationen der dritten Klasse, als Kombinationen der vierten Klasse erhalten, die in diesem Falle, abcd, abdc, acdb und bcda wären, welche aber alle zu einer werden, da sie bloße Permutationen von a, b, c und d sind; hätte man aber auch noch mehr Elemente, so würden doch immer aus vieren jener neuen Komplexionen nur eine werden, oder die Anzahl aller, die wir als $\frac{n(n-1)(n-2)(n-3)}{1.2.3}$ fanden, ist nur zum vierten Theile brauchbar, d. h. sie werden nur $\frac{n(n-1)(n-2)(n-3)}{1.2.3.4}$ verschiedene Kombinationen geben. Auf dieselbe Weise fahren wir jetzt (natürlich wenn noch mehr Elemente als viere gegeben wären) fort, die Verbindungen der ersten Klasse zu suchen, die sich als $\frac{n(n-1)(n-2)(n-3)(n-4)}{1.2.3.4.5}$ ergeben müßten, und überhaupt die der pten Klasse als $= \frac{n(n-1)(n-2)\ldots.[n-(p-1)]}{1.2.3\ldots.p}$. Auch diese Formel würde es uns geben, daß man keine höhere Klasse als von dem Grade suchen kann, wie die Menge der Elemente anzeigt; z. B. man suchte die Menge der Kombinationen der 5ten Klasse für drei Elemente, so wäre $\frac{3.2.1.0.-1}{1.2.3.4.5} = 0$ dieselbe. Ist $n=p$, so giebt die Formel ebenfalls $\frac{n(n-1)(n-2)\ldots..(n-n+1)}{1.2.3\ldots\ldots\ldots n} = \frac{n(n-1)(n-2)\ldots.1}{n\ldots..3.2.1} = 1$ Kombination, wie es auch seyn muß.

Die verschiedenen Darstellungen der Kombinationen zu machen, bilde man zuerst die zweite Klasse, die sehr einfach aus dem Gesagten folgt. Nun nehme man das 1ste Element, und setze es vor jede Komplexion der 2ten Klasse, die es nicht schon enthält *), dann das 2te Element vor jede Komplexion der 2ten Klasse, wo es sich nicht schon befindet u. s. w. Z. B. die sechs Elemente a, b, c, d, f, g, geben in der 2ten Klasse:

ab, ac, ad, af, ag, bc, bd, bf, bg, cd, cf, cg, df, dg, fg

Dritte Klasse:
abc, abd, abf, abg, acd, acf, acg, adf, adg, afg
bcd, bcf, bcg, bdf, bdg, bfg
cdf, cdg, cfg
dfg

Zur vierten Klasse, würde die erste Zeile der dritten Klasse nicht brauchbar sein, weil sie schon a enthält; eben so könnte man die zweite Zeile (bcd, bcf u. s. w.) nicht gebrauchen, wenn man mit b kombinirt, für die vierte Klasse u. s. w. Die vierte Klasse wäre nun diese:

abcd, abcf, abcg, abdf, abdg, abfg, acdf, acdg, acfg, adfg
bcdf, bcdg, bcfg, bdfg
cdfg

Zur fünften Klasse, könnte man wieder die erste Zeile der vierten Klasse nicht gebrauchen, sondern dieselbe wäre:

abcdf, abcdg, abcfg, abdfg, acdfg
bcdfg;

so wie endlich nur die 2te Zeile hier, zur sechsten Klasse, oder zu abcdfg brauchbar wäre.

§. 229. Zusätze.

1) Man kann nun auch die Menge der Kombinationen ohne Wiederholung finden, welche n Elemente in verschiedenen Klassen zusammen haben, wenn man die Menge der Komplexionen in jeder Klasse sucht, und diese addirt. Dies giebt nun eine Anwendung auf folgenden Fall:

---

*) Und enthält sie es, so steht es natürlich gleich vorne an.

2) Wenn man die Menge der Theiler einer gegebenen Zahl, aus der Menge der einfachen Faktoren bestimmen will, so haben wir versuchsweise §. 67. dieselben zu finden kennen gelernt, und §. 67. Anmerk. 2., die Lösung der Aufgabe: aus den gegebenen einfachen Faktoren die Menge der Theiler zu finden, in der Kombinationslehre versprochen. Es sind nämlich die Theiler nichts weiter, als die Produkte, welche aus den einfachen Faktoren, die auf alle nur mögliche Weise zu einen, zu zweien u. s. w. bis endlich alle, mit einander multiplizirt worden sind, entspringen, wobei die Faktoren aber, weder sich selbst in einem Produkte wiederholen dürften (sobald alle einfache Faktoren nämlich verschieden sind), noch in verschiedenen Ordnungen zugelassen würden, weil ja in letzterem Falle ein schon da gewesener Theiler, in ersterem Falle aber gar kein Theiler entstehen würde. Man hat also nur nöthig, die einfachen Faktoren als Elemente von Kombinationen ohne Wiederholung anzusehen, und die Summe der Komplexionen aus den verschiedenen Klassen zu suchen. Wenn also die Zahl N zu ihren einfachen Faktoren die Zahlen a, b, c, d hat, so sind diese zuerst selbst Theiler, oder man hat:

Komplexionen der 1ten Klasse, $= 4$
„ „ „ 2ten „ $= \frac{4.5}{1.2} = 6$
„ „ „ 3ten „ $= \frac{4.3.2}{1.2.3} = 4$
„ „ „ 4ten „ $= \frac{4.3.2.1}{1.2.3.4} = 1$

In Summa daher $4 + 6 + 4 + 1 = 15$ Theiler.

Sind unter den einfachen Faktoren mehrere gleiche, so werden unter den erhaltenen Theilern diejenigen weggelassen, welche öfter als einmal vorkommen, nachdem man sie einmal behält.

§. 230. Erklärung.

Variationen nennt man alle Verbindungen, welche aus den Kombinationen hervorgehen, sobald alle darin vorkommenden Komplexionen, auf jede mögliche Art noch permutirt werden; so daß also die Variationen aus der Verbindung der Kombinationen und der Permutationen hervorgehen. Die zu variiren gegebenen Dinge heißen ebenfalls Elemente, und es giebt eben so Variationen von verschiedenen Klassen oder Graden, je nachdem die Menge der Elemente in den Variations-Komplexionen es anzeigt. Da wir aber bei den Kombinationen zweierlei derselben: mit und ohne Wiederholung, unterscheiden; so entstehen auch, je nachdem man die Komplexionen der ersteren oder der letzteren permutirt, Variationen mit und Variationen ohne Wiederholung; die wir auch hier beide besonders zu betrachten haben.

§. 231. Aufgabe.

Die Menge der Variationen mit Wiederholung, für eine bstimmte gegebene Anzahl von Elementen zu finden.

Auflösung. Wenn die vier Elemente a, b, c, d z. B. gegeben sind, so giebt es offenbar in der 1ten Klasse keine Variationen weiter, als die Elemente selbst; aber die Variationen der zweiten Klasse werden entstehen, wenn man jedes Element mit jedem (also auch mit sich selbst) kombinirt, denn alsdann kommen ja alle Permutationen der einzelnen Komplexionen zum Vorschein, die hier statt finden sollen, und die §. 226. eben wieder ausgeschieden werden müßten. So werden aa, ab, ac, ad, ba, bb, bc, bd, ca, cb, cc, cd, da, db, dc, dd diese Variationen sein, oder ihre Anzahl ist die der gegebenen Elemente quadrirt, und hätten wir n Elemente, so würde n^2 die Menge der Variationen der zweiten Klasse seyn. Wenn wir aber jede Komplexion der 2ten Klasse, mit jedem Elemente zusammensetzen, so müssen wir hierdurch offenbar die Variationen der dritten Klasse bekommen, denn es ist keine Verbindung zu dreien aus den gegebenen Elementen mehr möglich, die nicht durch die eben genannte Verrichtung entstanden wäre. Haben wir aber n^2 Komplexionen der 2ten Klasse, und wird jede derselben mit jedem Elemente verbunden, so müssen $n^2 . n = n^3$ Komplexionen der dritten Klasse entstehen. Werden abermals alle diese, jede mit jedem Elemente verbunden, so entstehen die Variationen der vierten Klasse, deren Menge daher $n^3 n = n^4$ seyn muß. Indem wir so fortfahren zu schließen, bekommen wir natürlich für die fünfte Klasse n^5 und für die n.te Klasse n^m Variationen, welche Formel daher hier die verlangte ist. —

Nichts ist leichter als die wirkliche Darstellung der Variationen zu machen, denn hat man die vorhergehenden Klassen, so ist das Aufsuchen jeder neuen Klasse ein bloßes Abschreiben; z. B. man suchet die Komplexionen der 6ten Klasse, so schreibt man in eine Reihe die Komplexionen der 5ten Klasse, und setzt vor oder hinter jede derselben, jedes Element, so entsteht jede verlangte Variations-Komplexion der 6ten Klasse; aber, man könnte auch in eine Reihe die Variationen der pten Klasse setzen, und vor jede derselben die sämmtlichen Variationen der qten Klasse schreiben, so würden hierdurch die Variationen der (p + q)ten Klasse entstehen. Dies mag folgende Darstellung zeigen. Z. B. Für die Elemente a, b, c, d ist die 2te Klasse:

	a	b	c	d
a	aa	ab	ac	ad
b	ba	bb	bc	bd
c	ca	cb	cc	cd
d	da	db	dc	dd

Die dritte Klasse aber:

	aa,	ab,	ac,	ad,	ba,	bb,	bc,	bd,	ca,	cb	...	(sämmtliche
a	aaa	aab	aac	aad	aba	abb	abc	abd	aca	acb	...	Variatio-
b	baa	bab	bac	bad	bba	bbb	bbc	bbd	bca	bcb	...	nen der
c	caa	cab	cac	cad	cba	cbb	cbc	cbd,	cca,	ccb	...	zweiten
d	daa	dab	dac	dad	dba	dbb	dbc	dbd	dca	dcb	...	Klasse.)

Daß

Daß man übrigens Variationen einer noch höheren Klasse bilden kann, als Elemente vorhanden sind, versteht sich von selbst, denn bei den Kombinationen mit Wiederholungen, gieng dies ja an. Z. B. Für die beiden Elemente a, b sind die Variationen der vierten Klasse diese:

		aa	ab	ba	bb	(Variation der 2ten Klasse)
Variationen der 2ten Klasse. =	a a	aaaa	aaab	aaba	aabb	
	a b	abaa	abab	abba	abbb	
	b a	baaa	baab	baba	babb	
	b b	bbaa	bbab	bbba	bbbb	

Wir erhalten also auch hier $2^4 = 16$ Komplexionen, die auf $2^5 = 32$ anwachsen, wenn man jede mit dem Elemente a und dann mit dem Elemente b verbindet. — Also hat die Formel n^m, für n Elemente und für die mten Klasse, ihre allgemeine Gültigkeit, es mögen n und m jede Anzahl vorstellen. —

§. 232. Aufgabe.

Die Menge der Variationen ohne Wiederholung, für eine gegebene Anzahl von Elementen zu finden.

Auflösung. Bei den Variationen ohne Wiederholung, sollten alle Komplexionen ausgeschlossen seyn, wo ein Element sich wiederholte; indem diese Verbindungen bei den Kombinationen ohne Wiederholung ausgeschlossen waren; dagegen sollen alle Permutationen jener Komplexionen mitgenommen werden (laut Erklärung §. 250.). So werden also für n Elemente die Variationen ohne Wiederholung n seyn; wird jedes Element mit jedem Elemente, nur mit sich selbst nicht, verbunden, so erhalten wir alle Variationen der zweiten Klasse, indem sich nun alle Permutationen der Kombinationen ohne Wiederholung der 2ten Klasse, hier mit befindet; man hat daher $n(n-1)$ Variationen der zweiten Klasse. Wird jede dieser Komplexionen mit jedem Elemente, nur mit den beiden die sie selbst enthält nicht, verbunden, so enthalten die hierdurch entstehenden Variationen der dritten Klasse $n(n-1)(n-2)$ Komplexionen; die der vierten Klasse werden eben so $n(n-1)(n-2)(n-3)$, und allgemein: die der mten Klasse $n(n-1)(n-2) \ldots [n-(m-1)] = n(n-1) \ldots (n-m+1)$, Variationen ohne Wiederholung enthalten. — Ueberhaupt schließen wir hier ja wie §. 228., wo wir die Kombinationen ohne Wiederholung suchten, und wo wir immer die Formel für die Menge derselben jeder Klasse dividiren mußten, weil in den Komplexionen sich die Permutationen der einzelnen Komplexionen befanden; diese Permutationen werden aber hier verlangt, daher der Grund für jene Divisions wegfällt. — Zugleich sieht man aus der Formel, daß man keine höhere Klasse von Variationen ohne Wiederholung bilden kann, als die Anzahl der Elemente zuläßt, denn es würde in der Formel sogleich ein Glied Null werden, wenn man höhere Klassen verlangte. Z. B. Man will die Menge der Variationen ohne Wiederholung der dritten Klasse für 5 Elemente haben, so ist die gesuchte Menge $= 5(5-1)(5-2) = 5 \cdot 4 \cdot 3 = 60$; für die sechste Klasse aber, gäbe die Formel $5(5-1)(5-2)(5-3)(5-4)(5-5) = 5 \cdot 4 \cdot 3 \cdot 2 \cdot 1 \cdot 0 = 0$ Variationen. Dagegen enthält aber auch die nte Klasse für n Elemente, nichts weiter als die bloßen Permutationen der n Elemente, denn unsere Formel giebt $n(n-1)(n-2) \ldots (n-n+1) = n(n-1)(n-2) \ldots 1 = 1 \cdot 2 \cdot 3 \ldots (n-2)(n-1)n$ Variationen; welche Formel auch für die mögliche Menge der Permutationen von n Elementen galt (§. 223.).

Sollte man die Darstellung aller dieser Variationen verlangen, so verbände man von der 1ten Klasse an, immer jedes Element mit allen Elementen außer mit sich selbst, dann die Komplexionen der 2ten Klasse mit allen

Elementen außer mit denen die sie enthalten u. s. w., wobei man natürlich die Permutationen die jede frühere Klasse enthielt, immer mit nähme. Z. B. Für die Elemente a, b, c, d sind die Variationen ohne Wiederholung der 2ten Klasse (= 4.3 = 12)

= ab, ac, ad, ba, bc, bd, ca, cb, cd, da, db, dc

die der dritten aber (= 4.3.2 = 24)

abc, abd, acb, acd, adb, adc, bac, bad, bca, bcd, bda, bdc, cab, cad, cba, cbd, cda, cdb, dab, dac, dba, dbc, dca, dcb; wenn man die Variationen der vierten Klasse bilden wollte, würde man an jede diese Komplexionen nur das Element heransetzen, das ihr noch fehlt, weil aber nur 4 Elemente gegeben sind, so mehrt sich die Menge vorstehender Komplexionen der 3ten Klasse nicht, denn jeder fehlt nur ein Element, und wir erhalten wieder 4.3.2.1 = 24 Variationen der 4ten Klasse. Für die 5te Klasse sind, wie erwähnt, keine Variationen mit vier Elementen möglich.

§. 233. Zusatz.

Wenn man die Menge der Variationen für gegebene Elemente, durch eine bestimmte Menge von Klassen hindurch verlangte, so suche man: wenn es Variationen mit Wiederholungen für n Elemente seyn sollen, die Summe der Ausdrücke $n^1 + n^2 + n^3 \ldots\ldots + n^m$, sobald bis zur ^{m}ten Klasse die Aufgabe es verlangt. Sollen die Variationen ohne Wiederholung seyn, so giebt die Summe der Formeln $n + n(n-1) + n(n-1)(n-2) + \ldots\ldots + [n(n-1)(n-2)\ldots\ldots(n-m+1)]$ auch hier das Verlangte, wo aber jetzt m nicht größer als n seyn darf.

§. 234. Anmerkung.

So hätten wir bis hierher in diesem Kapitel die vorzüglichsten Gesetze der Kombinationslehre vorgenommen, einer Lehre die, wie sie bis jetzt schon besteht von einem bedeutendem Umfange und Einfluß auf die Mathematik, so wie auf mannigfaltige Gegenstände des Lebens *) ist. Wenn wir nun auch nur die drei vorzüglichsten Gegenstände dieser Lehre, als: das Permutiren, das Kombiniren (im engeren Sinne des Worts) und das Variiren betrachteten; so giebt es doch noch viele Untersuchungen in ihrem Gebiete, die allein ganze Werke ausfüllen, und die uns für unserm Zweck zu weit führen müßten; ich habe daher auch Aufgaben über die Anwendungen dieser verschiedenen kombinatorischen Operationen hier nicht weiter genommen, und verweise hierüber unter andern auf Meier Hirsch Sammlung von Aufgaben, Seite 294. (3te Auflage). Wer sich besonders mit der Kombinationslehre beschäftigen will, findet Belehrung in Hindenburgs Schriften: Sammlung kombinatorisch-analytischer Abhandlungen 1te und 2te Sammlung **) (1796 und 1800). Archiv der reinen und angewandten Mathematik (auch von Hindenburg herausgegeben); ferner in Stahls Grundriß der Kombinationslehre (Jena und Leipzig 1800), in Stahls Einleitung in das Studium der Kombinationslehre (1801); dann in: Weingärtners Lehrbuch der kombinatorischen Analysis (1801); in Töpfers, kombinatorische Analysis, und Theorie der Dimensionszeichen, Leipzig 1793, in Fischer: Ueber den Ursprung der Theorie der Dimensionszeichen und ihr Verhältniß gegen die kombinatorische Analysis des Herrn Professor Hindenburg (1794) und in anderen Schriften. — Hindenburg ist als Schöpfer der Kombinationslehre in ihrer gegenwärtigen Gestalt anzu-

*) Hierüber in der praktischen Arithmetik und in der Wahrscheinlichkeitsrechnung vorzüglich, ein Mehreres.

**) Die 1te Sammlung ist auch unter dem Titel: Der polynomische Lehrsatz das wichtigste Theorem der ganzen Analysis u. s. w. bekannt.

sehen, und in den genannten Schriften findet man das Nähere über dessen Entdeckungen.

Wir schließen somit dieses Kapitel, und wenden dessen Lehren auf den, in der Mathematik so wichtigen binomischen Lehrsatz an, der uns in seinem ganzen Umfange wieder auf unendliche Reihen, und auf die Lehre von den Potenzen führen wird, weshalb auch dieses Kapitel von der Kombinationslehre in diesem Hauptstücke vorgetragen worden ist. — Das Wichtigste über den polynomischen Lehrsatz, wird das folgende Kapitel endigen.

Viertes Kapitel.

Der binomische Lehrsatz für jeden Exponenten, nebst seiner Anwendung auf das Wurzelausziehen.

Das Wichtigste vom polynomischen Lehrsatze.

---

§. 235. Aufgabe.

Jede Potenz einer zweitheiligen Größe oder eines Binoms zu finden, wenn der Exponent eine ganze positive Zahl ist.

Auflösung. Jede zweitheilige Größe können wir allgemein unter die Form $(a+b)$ bringen, daher unsere Untersuchung hier ist, einen allgemeinen Ausdruck, für jede Potenz dieses Binoms zu finden, sobald der Exponent eine ganze positive Zahl ist, ohne daß man nemlich nöthig hat, alle die früheren Potenzen des Binoms zu entwickeln. Wir suchen also einen allgemeinen Werth für $(a+b)^n$.

Erheben wir nach und nach das Binom $(a+b)$ zu den verschiedenen Potenzen, so können wir vielleicht zu einem Resultate über das bestimmte Gesetz des Fortschreitens der einzelnen Glieder in der Potenz selbst gelangen. Die Potenzen selbst findet man aber auf dem Wege der fortgesetzten Multiplikation, und sind dieselben folgende (§. 161, 1 und 2.):

$(a+b)^1 = a+b$

$(a+b)^2 = a^2 + 2ab + b^2$

$(a+b)^3 = a^3 + 3a^2b + 3ab^2 + b^3$

$(a+b)^4 = a^4 + 4a^3b + 6a^2b^2 + 4ab^3 + b^4$

$(a+b)^5 = a^5 + 5a^4b + 10a^3b^2 + 10a^2b^3 + 5ab^4 + b^5$

$(a+b)^6 = a^6 + 6a^5b + 15a^4b^2 + 20a^3b^3 + 15\,{}^2b^4 + 6ab^5 + b^6$.

Betrachten wir in irgend einer dieser Potenzen, so wie in der Rechnung welche dieselbe erzeugt hat, die verschiedenen Glieder, so finden wir gewiß, z. B. bei der 6ten Potenz das Gesetz sogleich: daß das 1te Glied $= a^6$, oder $= a$ zur so vielten Potenz sey, als der Grad der Potenz des Binoms anzeigt. Jedes der folgenden Glieder aber ist ein Produkt aus a und aus b, wenn jede dieser beiden Größen zu einer gewissen Potenz erhoben wird, und zwar fallen die Exponenten von a bei jedem folgendem Gliede immer um Eins, die von b aber steigen stets um Eins, so daß beim letzten Gliede nur wieder b zur so vielten Potenz erscheint, als der Exponent des Binoms anzeigt. Außer diesen beiden Potenzgrößen aber, ist jedes Glied noch mit einem Koeffitienten verbunden, und über das Gesetz für das Fortschreiten der Koeffitienten, erhalten wir beim erstem Anblicke noch keine allgemeine Bestimmung, sondern diese Koeffitienten sind es eben, die uns hier vorzüglich beschäftigen sollen. Setzen wir aber die Koeffitienten jetzt einmal bei Seite, so würden die Glieder für die 6te Potenz, ohne dieselben folgende seyn:

$a^6,\ a^5b,\ a^4b^2,\ a^3b^3,\ a^2b^4,\ ab^5,\ b^6,$

Ja wir könnten das Gesetz für das Steigen und Fallen der Exponenten auch auf das erste und letzte Glied anwenden, indem $a^6 = a^6 b^0$ und $b^6 = b^6 a^0$ ist. — Um aber auch zur Gewißheit für dieses Gesetz in den Exponenten zu kommen, stelle man sich vor, es würde die 6te Potenz wieder mit $a + b$ multiplizirt, so erhielt man $(a + b)^7$, es müßte zu dem Ende jedes Glied der 6ten Potenz zuerst mit a multiplizirt werden, wo man a^7, $a^6 b$, $a^5 b^2$, u. s. w. d. h. jeden Exponenten von a in jener obigen Darstellung um Eins wachsend erhielt, und zuletzt mit $a b^6$ endigen würde; indem man aber ferner jedes Glied noch mit b, als zweiten Theil des Binoms multiplizirte, würde man wieder erhalten: $a^6 b$, $a^5 b^2$, $a^4 b^3$ u. s. w., bis man endiget mit b^7; es würde aber bei der Vereinigung dieser Produkte mit den vorhergehenden, durch a erzeugten, jedes Glied unter ein Glied des vorigen zu stehen kommen, und mit ihm vereiniget werden, nur b^7 käme unter kein Glied zu stehen, so wie unter a^7 kein solches kommen würde. Es hat also das neue Produkt, oder $(a+b)^7$ wieder das Gesetz, daß die Glieder (immer noch ohne auf die Koeffitienten zu achten) seyn würden:

$$a^7,\ a^6 b,\ a^5 b^2,\ a^4 b^3,\ a^3 b^4,\ a^2 b^5,\ a b^6,\ a^7.$$

Setzt man aufs Neue mit $a + b$ die Multiplikation fort, so bekommen wir ganz die ähnlichen Erscheinungen, Schlüsse und das ähnliche Resultat wie vorher, oder, das $(a+b)^8$ giebt a^8, $a^7 b \ldots a b^7$, b^8; welches Gesetz daher für jede fernere Potenz, also auch für die allgemeine nte gilt, wo daher die Glieder, ohne Koeffitienten, so fortgehen: a^n, $a^{n-1} b$, $a^{n-2} b^2$, $a^{n-3} b^3 \ldots a^1 b^{n-1}$, b^n.

Daß auf diese Art die Summe der Exponenten in jedem Gliede, durchaus bei allen Gliedern dieselbe, und jede auch gleich dem Exponenten des Binoms ist, wird man leicht einsehen, denn indem der von a um 1 fällt, der von b aber immer 1 wächst, bleibt die Summe beider ungeändert, und dies fängt gleich vom ersten Gliede an, wo der Exponent gleich dem der ganzen Potenz ist, so wie sich dieses auch beim letzten Gliede findet.

Gehen wir nun zur Untersuchung des Gesetzes für die Koeffitienten über. Die Koeffitienten sind aber entstanden, indem bei den verschiedenen Multiplikationen einige Produkte sich fanden, die schon einmal da waren, gleich viel, ob die Ordnung der Faktoren in diesem neuen Produkte, wie die Ordnung der Faktoren im früheren Produkte war, diese kommen unter einander zu stehen, und werden alsdann in ihren Koeffitienten vereiniget. Wenn wir uns nun aber die verschiedenen Potenzen von $a+b$ vorstellen, ohne die Vereinigungen in den einzelnen Gliedern zu vollziehen, so erhielt man für die 2te Potenz aa, ab, ba, bb; indem jedes dieser Glieder wieder mit a und mit b multiplizirt wird, ist aaa, aab, aba, abb, baa, bab, bba, bbb das neue Produkt, oder $=(a+b)^3$. Was haben wir aber anderes in der 2ten und 3ten Potenz hier gemacht, als die Variationen mit Wiederholung der beiden Elemente a und b, in der 2ten und 3ten Klasse gesucht? (§. 231.); und würden wir jene Komplexionen der 3ten Klasse, wieder mit den Elementen a und b verbinden, welches hier die zu vollziehenden Multiplikationen werden, so hätten wir die Variationen der 4ten Klasse, und eben so bei wiederholter Potenzirung die der 5ten, der 6ten und der nten Klasse. Man kann daher kurz sagen: die Glieder jeder Potenz des Binoms $(a+b)$ enthalten alle Variationen mit Wiederholung, deren die beiden Elemente a und b fähig sind. — Aber, eben weil bei diesen verschiedenen Variationen viele blos Permutationen sind, so werden die Produkte aus diesen, blos verschieden permutirten Faktoren, alle gleich *) seyn, und diese sind es,

---

*) Weil ja die Ordnung der Faktoren auf die Größe des Produkts nichts entscheidet (§. 31.).

die vereiniget werden, und so entstehen die Koeffitienten. Allein, die Variationen mit Wiederholungen, enthalten in ihren Klassen auch alle Permutationen *), deren die verschiedenen Elemente in den verschiedenen Klassen fähig sind, und die Exponenten der verschiedenen Glieder in der Potenz des Binoms, zeigten blos an, wie viele gleiche Elemente von a en und b en in den zu permutirenden Größen waren, die eben hier zugleich als Faktoren erscheinen. Und dies giebt uns denn endlich das Resultat, daß jeder Koeffitient der einzelnen Glieder in der Potenz, die Permutationszahl ist, welche anzeigt, auf wie viele Arten sich die Faktoren (Elemente) die es enthält, permutiren lassen. Ist also z. B. ein Glied irgend einer Potenz von $(a+b)$ so viel als $a^4 b^3$ **), so ist dies $= aaaabbb$; aber es muß dieses Produkt, und nur mit verschiedener Ordnung der Faktoren, so oft vorkommen, als sich $aaaabbb$ permutiren lassen, das ist hier $\frac{1.2.3.4.5.6.7}{1.2.3.4.1.2.3} = 35$ (§. 223.) Mal, eben weil die Potenz, worin dies Produkt vorkommt, alle Variationen mit Wiederholung der siebenten Klasse der Elemente a und b enthält, und wie oben erwähnt wurde, diese Variationen wieder alle nur mögliche Permutationen der Elemente a und b, für jede Zusammenstellung derselben in jeder Menge von a en und b en (nur sieben in allem), enthalten müssen.

Ist also irgend ein Glied, allgemein $a^{n-p} b^p$ in einer Potenz von $(a+b)$ (also in der nten, weil die Summe der Exponenten ja immer dieselbe in den verschiedenen Gliedern, und immer $= n$ ist, wenn n den Grad der Potenz anzeigt), so ist sein Koeffitient

*) Laut Erklärung der Variationen, §. 130.

**) Es gehört das Glied $a^4 b^3$ der siebenten Potenz von $(a+b)$ an, wegen der Summe der Exponenten $4+3=7$.

$$= n.P.(a^{n-p}b^p) = \frac{1.2.3\ldots(n-p)(n-p+1)\ldots n}{1.2.3\ldots(n-p)\times 1.2\ldots p}$$

$$= \frac{(n-p+1)(n-p+2)\ldots(n-1)n}{1.2\ldots p} = \frac{n(n-1)(n-2)\ldots[n-(p-1)]}{1.2.3\ldots p} \text{*)}$$

Dies können wir nun, weil jedes Glied der $n$ten Potenz von $a+b$, sich unter die Form $a^{n-p}b^p$ bringen läßt **), in Worten so ausdrücken: den Koeffitienten jedes Gliedes erhält man, wenn man dasselbe ***) mit einem Bruche multiplizirt, in welchem der Zähler ein Produkt aus Faktoren ist, wo der erste Faktor immer der Exponent der Potenz des Binoms ist, die anderen Faktoren aber immer **Eins** weniger werden, bis zu einem Faktor, der entsteht, wenn man von jenem ersten Faktor, **Eins** weniger subtrahirt hat, als der Exponent von b in dem verlangten Gliede anzeigt [wo b^p war, also bis man $(p-1)$ von n subtrahirt hat]; der Nenner jenes Bruchs ist aber ein Produkt, aus der Folge der gewöhnlichen Zahlen, von 1 anfangend, bis zu der Zahl, die den Exponenten von b anzeigte. — Ist also ein Glied in einer der Potenzen von $(a+b)$ z. B. **ohne** Koeffitient $= a^5 b^4$, so ist der hierzu gehörige Koeffitient $= \frac{9.8.7.6}{1.2.3.4} = 126$, oder das Glied ist $126 a^5 b^4$ (weil $9 = 5 + 4 =$ der Summe der Exponenten $= n$ ist). — Da wir nun aber schon im Stande sind, die Glieder für jede Potenz von $(a+b)$, ohne Koeffitienten, zu bestimmen, jetzt aber auch diese aus jenen Gliedern selbst zu bestimmen kennen

---

*) Nach §. 224, 3; dort bedeuteten die Exponenten nur die Anzahl der **gleichen** Elemente in den zu permutirenden Dingen, und diese gleichen Elemente sind, bei unserer Potenzirung hier die gleichen Faktoren.

**) Ist es das erste Glied, so ist $p = 0$ und $n - p = n$, beim letzten Gliede ist $p = n$, also $n - p = 0$, daher
$$a^{n-p} b^p = a^0 b^p = 1 . b^n = b^n.$$

***) D. h. des Gliedes, wie wir es früher **ohne** Koeffitienten bestimmen lernten.

lernten; so haben wir z. B. für $(a+b)^6$, jetzt sogleich folgende Formeln:

$$(a+b)^6 = a^6 + \frac{6}{1} a^5 b + \frac{6.5}{1.2} a^4 b^2 + \frac{6.5.4}{1.2.3} a^3 b^3 + \frac{6.5.4.3}{1.2.3.4} a^2 b^4$$
$$+ \frac{6.5.4.3.2}{1.2.3.4.5} a b^5 + \frac{6.5.4.3.2.1}{1.2.3.4.5.6} b^6 = a^6 + 6a^5 b + 15 a^4 b^2$$
$$+ 20 a^3 b^3 + 15 a^2 b^4 + 6 a b^5 + b^6.$$

Allgemein aber erhalten wir jetzt die, überhaupt durch diesen §. gesuchte Formel:

$$(a+b)^n = a^n + \frac{n}{1} a^{n-1} b + \frac{n(n-1)}{1.2} a^{n-2} b^2 + \frac{n(n-1)(n-2)}{1.2.3} a^{n-3} b^3$$
$$+ \frac{n(n-1)(n-2)(n-3)}{1.2.3.4} n^{n-4} b^4 \ldots + \frac{n(n-1)(n-2)\ldots 1}{1.2.3\ldots n} b^n.$$

Und mittelst dieser Formel können wir bis jetzt, jede Potenz einer zweitheiligen Größe, wo beide Glieder das + Zeichen haben, und wo der Exponent eine ganze positive Zahl ist, finden; die Größen a und b mögen selbst Brüche oder ganze Zahlen seyn. — Zugleich sieht man, daß diese allgemeine Formel für jeden besonderen Werth von n abbricht oder endiget, sobald der Exponent des b, gleich dem Exponenten der Potenz oder $= n$ geworden ist, denn alsdann wird auch der letzte Faktor im Zähler des Koeffitienten $= 1$, indem er ja $= [n-(n-1)] = n - n + 1 = 1$ ist; wollte man die Reihe nach diesem Gliede noch fortsetzen, so würde jeder Koeffitient in seinem Zähler einen Faktor $= 0$ bekommen, also jedes folgende Glied $= 0$ werden, oder die Reihe hätte schon geendiget. Z. B. für $n = 3$, ist die Reihe

$$(a+b)^3 = a^3 + \frac{3}{1} . a^2 b + \frac{3(3-1)}{1.2} a b^2 + \frac{3(3-1)(3-2)}{1.2.3} b^3$$
$$= a^3 + 3a^2 b + 3 a b^2 + b^3;$$

beim folgenden Gliede würde $\frac{3(3-1)(3-2)(3-3)}{1.2.3.4} = \frac{3.2.1.0}{1.2.3.4} = 0$ der Koeffitient geworden seyn, beim nun folgenden wäre er $\frac{3(3-1)(3-2)(3-3)(3-4)}{1.2.3.4.5} = \frac{3.2.1.0.-1}{1.2.3.4.5} = 0$ geworden, und so erschiene der Faktor $(3-3) = 0$ in jedem folgenden Koeffitienten, weshalb, wie eben gesagt würde, alle folgende Glieder = o werden müssen (§. 30, 3. und §. 35, 6.).

Diese so eben erhaltene Formel für $(a+b)^n$, ist auch unter dem Namen des binomischen Lehrsatzes *), oder der Regel des Newton **) bekannt; ihre Anwendung und ihr Nutzen in der Folge, wird für uns von den bedeutendsten Folgen seyn. Aber wir wollen sie auch noch in ihrem ganzen Umfange kennen lernen, wo wir finden werden, daß sie auch für jeden anderen Exponenten (als negative und gebrochene Zahlen, wo wir sie noch besonders werden beweisen müssen) gültig ist. — Ehe wir aber diese Untersuchungen anstellen, mögen noch folgende Betrachtungen vorhergehen.

§. 236. Zusätze.

1. Wenn das zu potenzirende Binom eine Differenz ist, also $(a-b)$, so wird die nte Potenz ganz dieselbe wie die von $(a+b)$ seyn, nur mit dem Unterschiede, daß jedes Glied, wo eine ungerade Potenz von b erscheint, auch negativ, wo aber eine gerade Potenz von b ist, wieder positiv seyn wird; denn, die verschiedenen Potenzen von b, sind hier wirkliche Potenzen desselben, und keineswegs Produkte von positiven und negativen ben, also ist auch die Potenz von dem als negativ angenommenen $-b$, positiv oder negativ, je nachdem der Exponent gerade oder ungerade ist (§. 153, 5.); a mag aber so oft in diesem Gliede vorkommen als es will, so bleibt das Zeichen des b ungeändert; ist also in einer Potenz von $(a-b)$ ein Glied a^4b^5 (ohne Rücksicht auf Koeffitient und Zeichen) so ist es $-\frac{9.8.7.6.5}{1.2.3.4.5}a^4b^5 = -126a^4b^5$.

*) Siehe die allgemeine Einleitung I., Theorie der Aufgabe, am Ende derselben.

**) Weil Newton diese Formel schon, ohngefähr auf die so eben beschriebene Weise, fand.

Nun hat aber gleich das zweite Glied in der allgemeinen Binomialformel b^1, also ist es negativ, das dritte hat b^2 ist also +, und da bei jedem folgenden Gliede der Exponent immer 1 wächst, so wechselt immer das Zeichen durch die ganze Formel hindurch. Daß übrigens das — b keine Aenderung in den Gliedern selbst hervorbringt, ist leicht einzusehen, da ja dieselben Faktoren wiederholt zu den verschiedenen Produkten gebraucht werden, als wenn man (a+b) potenzirte. Demnach ist:

$$(a-b)^n = a^n - \frac{n}{1} a^{n-1} b + \frac{n(n-1)}{1.2} a^{n-2} b^2$$

$$- \frac{n(n-1)(n-2)}{1.2.3} a^{n-3} b^3 + \ldots \mp \frac{n(n-1)(n-2)\ldots 2.1}{1.2.3\ldots(n-1)n} b^n,$$

wo das + oder — Zeichen des letzten Gliedes, für n als gerade oder ungerade gilt.

2. Wenn das Binom (—a—b) zu potenziren gegeben ist, so werden auch offenbar hier die Glieder ohne Rücksicht auf die Zeichen, fürs Erste alle ganz so werden, als wenn (a+b) potenzirt würde, denn es sind ganz dieselben Faktoren, die hier die verschiedenen Produkte bilden. Was aber die Zeichen anbetrifft, so werden diese sämmtlich negativ werden, wenn der Exponent n eine ungerade, und sämmtlich positiv werden, wenn n gerade ist. Dies kann man einmal daraus herleiten, weil ja (—a—b) dieselbe Größe als a+b nur mit dem entgegengesetzten Zeichen ist; ist daher a+b=P, so auch —a—b=—P, nun muß $(-P)^{2d}$ positiv, aber eben so groß als $(+P)^{2d}$ werden (§. 153, 5.), dagegen $(-P)^{2d+1}$ wird eben so groß als $(+P)^{2d+1}$ nur negativ, was aber nicht anders geschehen kann, als wenn sämmtliche Glieder der Komplexion die unsere Binomialformel giebt, dasselbe Zeichen, also alle positiv oder alle negativ werden, weil ja, bei Abwechselungen in den Zeichen, ein Tilgen, also eine andere Summe sämmtlicher Glieder, entstehen würde. Auch kann man unseren Satz

so zeigen: in jedem Gliede ist die Summe der Exponenten $= n$ (vorige §.); ist nun n gerade, so kann sich bei a und bei b, nur bei beiden eine gerade Zahl oder bei beiden eine ungerade als Exponent zeigen; in ersterem Falle sind beide Potenzen, also auch ihr Produkt positiv, im zweiten Falle, sind beide Potenzen negativ (wegen $-a$ und $-b$), daher ihr Produkt wieder positiv. Ist aber n ungerade, so kann man es nur zerlegen, in eine gerade und in eine ungerade Zahl, welche beide Theile sich bei den beiden Potenzen von a und von b als Exponenten befinden; es wird daher eine dieser Potenzen (die den geraden Exponenten hat) positiv, die anderen aber (wo der ungerade Exponent ist) negativ, daher das Produkt aus beiden wieder stets negativ seyn muß. Also ist

$$(-a-b)^n = \mp a^n \mp \frac{n}{1} a^{n-1} b \mp \frac{n(n-1)}{1.2} a^{n-2} b^2$$
$$\mp \frac{n(n-1)(n-2)}{1.2.3} a^{n-3} b^3 \ldots . \mp \frac{n(n-1)\ldots 1}{1.2.3\ldots n} b^n,$$

wo alle $+$ Zeichen für n als gerade, alle $-$ Zeichen aber für n als ungerade gelten.

3. Wird $(-a+b)^n$ verlangt, so ist dies so gut als

$$(b-a)^n = b^n - \frac{n}{1} b^{n-1} a + \frac{n(n-1)}{1.2} b^{n-2} a^2 - \ldots \mp \frac{n(-1)\ldots 1}{1.2\ldots n} a^n$$

da ja in der Formel $(a-b)^n$, statt a überall b und für b überall a gesetzt werden kann; das $+$ oder $-$ Zeichen des letzten Gliedes hängt auch hier (wie in Nr. 1. d. §.) von n als gerade oder ungerade ab. Man könnte aber auch jene Formel umgekehrt so schreiben:

$$(-a+b)^n = \mp a^n \pm \frac{n}{1} a^{n-1} b \mp \frac{n(n-1)}{1.2} a^{n-2} b^2 \ldots .$$
$$- \frac{n(n-1)(n-2)\ldots(n-n+2)}{1.2.3\ldots(n-1)} a b^{n-1} + b^n$$

wo Anfangs die Zeichen der Glieder unbestimmt bleiben, indem man n nicht als gerade oder ungerade kennt, sie müssen aber dennoch als abwechselnd dargestellt werden; beim vorletzten Gliede aber, wo a^1 einen ungeraden

Exponenten hat, ist das Glied negativ, und bei b^n wieder unbedingt positiv, weil $+b$ gegeben war. (Da beim vorletzten Gliede der Exponent von b doch $n-1$ war (weil er mit dem von a, der 1 ist, zusammen n machen muß), so müssen im Nenner des Koeffitienten die Faktoren bis zu $(n-1)$ gehen, im Zähler aber, bis ein Faktor kommt, bei welchem von n eine Grösse, die 1 weniger ist als der letzte Faktor im Nenner, subtrahirt ist; jener ist $n-1$, also 1 weniger macht $(n-2)$, und $(n-2)$ von n subtrahirt, giebt $[n-(n-2)]=(n-n+2)$ als letzten Faktor im Zähler.)

4. Wir haben also für jede der vier Bedeutungen in der Formel $(\mp a \mp b)^n$, immer dieselbe Binomialformel und nur in den Zeichen eine Abänderung, die wir hier gehörig erklärten und bewiesen, daher in vorkommenden Fällen auch alles, was von der ersten dieser Formeln $(a+b)^n$ gilt, gehörig auf die andere Bedeutungen wird übergetragen werden können.

§. 237. Zusätze.

1. Die allgemeine Formel für irgend ein Glied, z. B. für das pte Glied der nten Potenz von $(a \mp b)$ wird nun auch zu bestimmen seyn; denn, indem beim 2ten Gliede das b zum Exponenten 1, beim 3ten Gliede 2 2c. bei jedem folgenden Gliede eins mehr (also immer dabei eins weniger, als das wievielte Glied ein Glied in der Reihe der Glieder ist), zum Exponenten hat; so ist derselbe beim pten Gliede für b, so viel als $(p-1)$, also der für a wird $= n-(p-1) = n-p+1$ seyn, folglich das ganze pte Glied

$$= \mp \frac{n(n-1)(n-2)\ldots(n-p+2)}{1.2.3\ldots(p-1)} a^{n-p+1} b^{p-1},$$

wo das $-$ Zeichen, im Fall $(a-b)^n$ verlangt und dabei $p-1$ ungerade ist, gilt. Suchte man aber das $p+1$te Glied, so wäre die Formel diese:

$$\mp \frac{n(n-1)\ldots(n-p+1)}{1.2.3\ldots p} a^{n-p} b^p.$$

2. Weil beim 2ten Gliede der Exponent des b gleich 1 ist, bei jedem folgenden Gliede 1 wächst und beim letzten Gliede $= n$ ist, so giebt es n Glieder worin ben vorkommen, das erste Glied aber hat kein b (oder doch nur b^0), weshalb die nte Potenz in allem $(n+1)$ Glieder hat.

3. Ist der Exponent n eine ungerade Zahl, so ist die Menge der Glieder $n+1$ (nach 2.) gerade, es giebt also in der Reihe sämmtlicher Glieder zwei Mittelglieder (die von den äußeren gleich weit abstehen), und um diese zu bestimmen schließe man: es giebt in der ganzen Reihe die $(n+1)$ Glieder hat, nur n Glieder worin ben vorkommen (weil das erste Glied kein solches hat), und nimmt man das letzte weg, welches b^n ist, so bleiben nur $(n-1)$ Glieder übrig die ben haben; nach der Annahme ist n ungerade, daher $n-1$ gerade, und von den ben, muß daher das, welches dem vordersten der beiden Mittelglieder zukommt, $\frac{n-1}{2}$ zum Exponenten haben, denn schreibt man eine Reihe von Zahlen, anfangend von 1 bis zu irgend einer geraden Zahl $n-1$ (und die Exponenten der ben bilden ja solche Reihe), so steht in der Mitte nicht eine Zahl, sondern die erste von den beiden die in der Mitte stehen ist offenbar $=\frac{n-1}{2}$; so wird nun auch der Exponent von b des 2ten Mittelgliedes $=\frac{n+1}{2}$ seyn $\left(=\frac{n-1}{2}+1=\frac{n-1+2}{2}=\frac{n+1}{2}\right)$; hiernach kann man die Exponenten von den aen leicht bestimmen, und somit auch die beiden Mittelglieder selbst, welche nun seyn werden:

$$+\frac{n(n-1)(n-2)\ldots\left(\frac{n+3}{2}\right)}{1.2.3\ldots\left(\frac{n-1}{2}\right)}a^{\frac{n+1}{2}}b^{\frac{n-1}{2}}$$

$$+\frac{n(n-1)(n-2)\ldots\left(\frac{n+1}{2}\right)}{1.2.3\ldots\left(\frac{n+1}{2}\right)}a^{\frac{n-1}{2}}b^{\frac{n+1}{2}}$$

denn:

denn: die Faktoren des Nenners gehen (§. 235.) bis zu einem Faktor, der gleich dem Exponenten von b in demselben Gliede ist, also beim ersten dieser beiden Glieder bis zu $\frac{n-1}{2}$, der Zähler aber bis zu einem Faktor der n, weniger jenem letzten Faktor des Nenners und hierzu noch 1 ist, also bis zu

$$n - \frac{n-1}{2} + 1 = \frac{2n-(n-1)+2}{2} = \frac{2n-n+1+2}{2} = \frac{n+3}{2}$$

beim vorderen Gliede; beim folgenden ist eben so der letzte Faktor im Nenner $= \frac{n+1}{2}$ (Exponent von b im Gliede), im Zähler aber

$$n - \frac{n+1}{2} + 1 = \frac{2n-(n+1)+2}{2} = \frac{2n-n-1+2}{2} = \frac{n+1}{2}$$

Gehören jene beiden Glieder zu einer Potenz von $(a-b)$ so ist das erste Glied positiv wenn $\frac{n-1}{2} = 2d$ (d. h. gerade) ist, wenn also $n-1 = 4d$ oder wenn $n = (4d+1)$ ist, d. h. wenn der gegebene Exponent n zu den Zahlen von der Form $(4d+1)$ (§. 64, 8.) gehört; das folgende Glied ist alsdann negativ; das erste Glied wird aber negativ und das folgende positiv seyn, wenn $\frac{n-1}{2}$ ungerade, also $\frac{n-1}{2} = (2d+1)$, oder $n-1 = (4d+2)$ oder $n = (4d+3)$, d. h. wenn n zu den Zahlen der Form $(4d+3)$ gehört.

4. Ist der Exponent n eine gerade Zahl, so ist $(n+1)$ oder die Menge der Glieder ungerade, und alsdann giebt es nur ein Mittelglied; die Menge der Glieder die b en haben ist alsdann $= n$ also gerade, und das Glied, welches unter diesen Gliedern die b enthalten, das erste der beiden Mittelglieder ist, und dessen

Exponent daher $\frac{n}{2}$ seyn muß *), ist in der Reihe sämmtlicher Glieder das eigentliche Mittelglied, indem ja den Gliedern die ben haben, noch das Glied a^n vorhergeht; es ist daher auch das a desselben Mittelgliedes $= a^{\frac{n}{2}}$ und das ganze Mittelglied ist:

$$\frac{n(n-1)(n-2)\ldots\left(\frac{n}{2}+1\right)}{1.2.3\ldots\ldots\frac{n}{2}}a^{\frac{n}{2}}b^{\frac{n}{2}}$$

worin die Faktoren des Zählers bis $n-\frac{n}{2}+1=\frac{n}{2}+1$ gehen müssen. Gehört das Glied zu einer Potenz von $(a-b)$, so hat es das Zeichen —, wenn $\frac{n}{2}$ ungerade, oder von der Form $(2d+1)$ ist, in welchem Falle n von der Form $(4d+2)$ seyn müßte; ist $\frac{n}{2}$ von der Form $2d$, oder n von dieser Form: $4d$, so ist das Mittelglied positiv.

5. Die Glieder, die von dem Mittelgliede, oder im Falle es deren zwei sind, von den beiden Mittelgliedern gleich weit abstehen, haben immer dieselben Koeffitienten, was sich auch bei den beiden Mittelgliedern, wenn diese stattfinden, ergiebt; das Mittelglied oder die Mittelglieder haben den größten Koeffitienten, welche selbst bei den anderen Gliedern unter sich fallen, je mehr die Glieder sich den äußeren Gliedern der ganzen Reihe nähern. Denn, nach dem in §. 235. Gehabten, wird man sogleich einsehen, daß wenn $(a\mp b)^n$ verlangt wird, und man macht folgende Darstellung:

$$\frac{n(n-1)(n-2)(n-3)\ldots3.2.1}{1.2.3.4.\ldots\ldots(n-2)(n-1)n}$$

*) Ganz die ähnliche Bestimmung wie vorher in Nr. 3., da aber dort die Menge der geraden Glieder $(n-1)$ war, so gab $\frac{n-1}{2}$ jenen Exponenten des ersten der beiden Mittelglieder.

so wird man den Koeffitienten des zweiten Gliedes *), des dritten und aller folgenden Glieder bekommen, wenn man einen Bruch nimmt, dessen Zähler der erste, die beiden ersten u. s. w. Faktoren jener Darstellung, und dessen Nenner ein Produkt aus den unterstehenden Faktoren des Nenners, derselben Darstellung sind; so ist $\frac{n}{1}$ der Koeffitient des 2ten, $\frac{n(n-1)}{1.2}$ der des 3ten, $\frac{n(n-1)(n-2)}{1.2.3}$ der des 4ten Gliedes u. s. w. Es nehmen aber die Faktoren im Zähler bis 1 wieder ab, während sie im Nenner bis n zunehmen, und jene obere ganze Darstellung, ist der Koeffitient des letzten Gliedes **) der Potenz $(a+b)^n$, und giebt 1, da der Zähler dem Nenner gleich ist Nun sey n ungerade, so ist die Anzahl der Glieder von $(a+b)^n$, gerade (Nr. 2. d. §.), daher giebt es zwei Mittelglieder (Nr. 3.), und wir können jene obige Darstellung jetzt auch so machen:

$$\frac{n(n-1)(n-2)\ldots\left(\frac{n+3}{2}\right)\left(\frac{n+1}{2}\right)\ldots 3.2.1}{1.2.3\ldots\left(\frac{n-1}{2}\right)\left(\frac{n+1}{2}\right)\ldots(n-2)(n-1)n}$$

wo man müßte, um den Koeffitienten des ersten Mittelgliedes zu bekommen (Nr. 3.) bis zu $\left(\frac{n+3}{2}\right)$ im Zähler gehen, oder derselbe wäre $= \frac{n(n-1)\ldots\left(\frac{n+3}{2}\right)}{1.2\ldots\left(\frac{n-1}{2}\right)}$;

der Koeffitient des folgenden Mittelgliedes, wäre aber dieser:

---

*) Das 1te Glied ist nemlich a^n, und das 2te Glied erst $\frac{n}{1}a^{n-1}b$ ꝛc.

**) Da das letzte Glied, ohne Koeffitienten, b^n ist, so müssen die Faktoren im Nenner, der 1.2.3... bis n wachsen (Nr. 1. d. §.), im Zähler aber bis $(n-n+1) = 1$ abnehmen.

$$\frac{n(n-1)\ldots\left(\frac{n+5}{2}\right)\left(\frac{n+1}{2}\right)}{1.2\ldots\left(\frac{n-1}{2}\right)\left(\frac{n+1}{2}\right)}\text{*)}$$

welcher offenbar derselbe wie der vorige ist, da ja blos Zähler und Nenner jenes, mit $\left(\frac{n+1}{2}\right)$ multiplizirt ist. Also haben beide Mittelglieder dieselben Koeffitienten. Suchte man jetzt den Koeffitienten des folgenden Gliedes, so müßte man den des letzten jener beiden Mittelglieder mit $\frac{\left(\frac{n-1}{2}\right)}{\left(\frac{n+3}{2}\right)}$ multiplizirен **), und da dies ein echter Bruch ist, so verkleinert sich der neue Koeffitient wieder. Ueberhaupt könnten wir nach dem bekannten Gesetze für die Faktoren im Zähler und Nenner jener obigen allgemeinen Darstellung, noch einige, den Mittelgliedern vor- und nachhergehende Faktoren bilden, und erhielten so diese Form:

$$\frac{n(n-1)\ldots\left(\frac{n+7}{2}\right)\left(\frac{n+5}{2}\right)\left(\frac{n+3}{2}\right)\left(\frac{n+1}{2}\right)\left(\frac{n-1}{2}\right)\left(\frac{n-3}{2}\right)\ldots 3.2.1}{1.2\ldots\left(\frac{n-5}{2}\right)\left(\frac{n-3}{2}\right)\left(\frac{n-1}{2}\right)\left(\frac{n+1}{2}\right)\left(\frac{n+3}{2}\right)\left(\frac{n+5}{2}\right)\ldots(n-2)(n-1)n}$$

*) Theils nach dem, gleich zu Anfange dieser Nummer Gesagten, theils nach dem allgemeinen Gesetze für die Koeffitienten, §. 235, wo $\left(\frac{n+3}{2}\right)$ und $\left(\frac{n-1}{2}\right)$, nur die vorhergehenden Faktoren des Faktors $\left(\frac{n+1}{2}\right)$, im Zähler und Nenner, bedeuten.

**) Der, dem Faktor $\left(\frac{n+1}{2}\right)$ folgende Faktor des Zählers, ist ja $\frac{n+1}{2}-1=\frac{n+1-2}{2}=\frac{n-1}{2}$, im Nenner folgt aber auf $\left(\frac{n+1}{2}\right)$ dieser: $\frac{n+1}{2}+1=\left(\frac{n+5}{2}\right)$.

und gesetzt, wir gingen bis zum 2ten Gliede nach dem 2ten Mittelgliede, oder bis zum Faktor $\left(\frac{n-3}{2}\right)$ im Zähler dieser Darstellung, so würde sich sogleich $\left(\frac{n-1}{2}\right)$ und $\left(\frac{n-3}{2}\right)$ gegen die beiden gleichen Faktoren im Nenner (die dem Faktor $\left(\frac{n+1}{2}\right)$ vorhergehen) aufheben, so wie $\left(\frac{n+3}{2}\right)$ und $\left(\frac{n+5}{2}\right)$ im Nenner, sich gegen dieselben Faktoren des Zählers heben würden, und wir bekämen sogleich denselben Koeffitienten, des 2ten Gliedes vor dem 1ten Mittelgliede, d. h. $\frac{n(n-1)\ldots\left(\frac{n+7}{2}\right)}{1.2\ldots\left(\frac{n-5}{2}\right)}$. — Ist endlich n gerade, also die Menge der Glieder der Potenz $(a \mp b)^n$ ungerade (Nr. 2.), so giebt es ein Mittelglied (Nr. 4.), und unsere allgemeine Darstellung wird diese:

$$\frac{n(n-1)\ldots\left(\frac{n}{2}+3\right)\left(\frac{n}{2}+2\right)\left(\frac{n}{2}+1\right)\left(\frac{n}{2}\right)\left(\frac{n}{2}-1\right)\ldots 3\;2.1}{1.2\ldots\left(\frac{n}{2}-2\right)\left(\frac{n}{2}-1\right)\left(\frac{n}{2}\right)\left(\frac{n}{2}+1\right)\left(\frac{n}{2}+2\right)\ldots(n-2)(n-1)n}$$

wo wir für den Koeffitienten des Mittelgliedes bis $\left(\frac{n}{2}+1\right)$ im Zähler und bis $\frac{n}{2}$ im Nenner fortgehen (Nr. 4.), welches offenbar das Maximum (§. 165.) jener Koeffitienten ist, denn so wie wir weiter gehen, so wird derselbe ja mit $\left(\frac{\frac{n}{2}}{\frac{n}{2}+1}\right)$ d. h. mit einem echten Bruche, und immer weiter jeder folgende wieder mit solchem multiplizirt. Nehmen wir auch hier z. B. den Koeffitienten des 2ten Gliedes nach dem Mittelgliede, gehen also bis $\left(\frac{n}{2}-1\right)$ im Zähler und bis $\left(\frac{n}{2}+2\right)$ im Nenner, so tilgen sich sogleich die hierdurch im Zähler und Nenner erhaltenen neuen Faktoren, gegen frühere im Nenner und Zähler, und es bleibt $\frac{n(n-1)\ldots\left(\frac{n}{2}+3\right)}{1\cdot2\ldots\left(\frac{n}{2}-2\right)}$, also derselbe Koeffitient wie beim 2ten Gliede vor dem Mittelgliede. So geht es bei jedem neuen Koeffitienten, und es hat daher unser aufgestellter Satz, seine vollkommene Wahrheit.

Anmerk. Wenn auch dieser Satz, an einem Beispiele, z. B. für $(a+b)^7$ wo die allgemeine, oben oft erwähnte Darstellung diese besondere wird: $\frac{7.6.5+3.2.1}{1.2.3.4.5.6.7}$ oder bei $(a+b)^6$ wo sie diese *) wird $\frac{6.5.4.3.2.1}{1.2.3.4.5.6}$, leicht eingesehen wird; so leidet der Vorzug unseres allgemeinen Beweises keinen Zweifel; und giebt zugleich eine schöne allgemeine Darstellung des Gesetzes für die Faktoren im Zähler und Nenner der Koeffitienten.

6. Die Koeffitienten der Glieder in der Reihe für $(a\mp b)^n$, hängen laut dem Gesetze §. 235. blos von n ab, daher sie für jeden Werth von a und von b ungeändert bleiben müssen, also auch ihre Summe. Dies leitet uns einfach auf eine Regel für die Summe aller Koeffitienten, denn nun brauchen wir nur für $(a+b)^n=(1+1)^n=2^n$ setzen, so verschwinden alle Potenzen von a und von b als Faktoren, indem sie 1 werden; es ist also die Reihe selbst, nur die nte Potenz von 2, oder 2^n, welche Größe sich daher in der Summe aller Koeffitienten darstellen muß. Für $(a-b)^n$ aber, erhalten wir eben so bei $(1-1)^n=0^n=0$ als Summe aller Koeffitienten **). (Siehe das Beispiel Nr. 8.)

---

*) Für einen ungeraden und für einen geraden Exponenten n, damit es zwei oder ein Mittelglied werde.

**) Die, zu Anfange §. 235. angeführten Potenzen von $(a+b)$ können hier zum Beispiele dienen; so ist bei $(a+b)^6$ die Summe der Koeffitienten $=2^6=64$.

7. Die allgemeine Formel für $(a \mp b)^n$ (§. 235.), kann für den Gebrauch noch durch folgende Verrichtung abgekürzt werden. Wir fanden dort:

$$(a \mp b)^n$$
$$= a^n \mp \frac{n}{1} . a^{n-1} b + \frac{n(n-1)}{1.2} a^{n-2} b^2 \mp \frac{n(n-1)(n-2)}{1.2.3} a^{n-3} b^3 + ..$$

Nennt man hier das 1te Glied A, das 2te B, das 3te C u. s. w., und setzt ferner $\frac{b}{a} = M$, so hat man:

1tes Glied $= A = a^n$

2tes Glied $= B = \frac{n}{1} a^{n-1} b = \frac{n}{1} . a^n . \frac{b}{a} = \frac{n}{1} A M$ *)

3tes Glied $= C = \frac{n-1}{2} . \frac{n}{1} . a^{n-2} b^2 = \frac{n-1}{2} . \frac{n}{1} a^{n-1} b . \frac{b}{a}$
$= \frac{n-1}{2} . B . M$

4tes Glied $= D = \frac{n-2}{3} . \frac{n-1}{2} . \frac{n}{1} a^{n-3} b^3$
$= \frac{n-2}{3} . \frac{n-1}{2} . \frac{n}{1} . a^{n-2} b^2 . \frac{b}{a} = \frac{n-2}{3} . C . M$

5tes Glied $= E = \frac{n-3}{4} . \frac{n-2}{3} . \frac{n-1}{2} . \frac{n}{1} a^{n-4} b^4$
$= \frac{n-3}{4} . \frac{n-2}{3} . \frac{n-1}{2} . \frac{n}{1} . a^{n-3} b^3 . \frac{b}{a} = \frac{n-3}{4} . D . M$

u. s. w.

Man sieht hieraus [und durch stete Betrachtung der Glieder der allgemeinen Reihe für $(a+b)^n$], daß man jedes Glied darstellen kann, als ein Produkt, aus seinem vorhergehenden Gliede multiplizirt mit dem beständigen Faktor $M = \frac{b}{a}$ und mit dem Faktor $\frac{n-p}{q}$, wo q Eins weniger als der Name des Gliedes (seine Nummer in der Reihe), und p Eins weniger als q ist; daher z. B.

---

*) Denn $a^{n-1} = \frac{a^n}{a}$ (§. 154, 2,), daher $a^{n-1} b = \frac{a^n b}{a}$. Eben so bei den folgenden Gliedern, wo immer mit a multiplizirt, und wieder dadurch dividirt ist.

das 10te Glied (K) so viel (I sey das vorhergehende Glied) als $\frac{n-8}{9} I . \frac{b}{a}$ seyn wird. Oder wir können allgemein sagen:

$(a \mp b)^n$

$= A \mp \frac{n}{1} AM + \frac{n-1}{2} BM \mp \frac{n-2}{3} CM + \frac{n-3}{4} DM \mp \frac{n-4}{5} EM ..$

Wo man also, im Falle $(a-b)^n$ verlangt wird, die einzelnen Glieder, ohne Rücksicht auf ihr Zeichen zu nehmen, berechnet, und den geraden Gliedern sodann das negative Zeichen giebt; denn die Reihe ist in Hinsicht der Glieder (ohne Zeichen) ganz dieselbe, als die Reihe für $(a+b)^n$ (§. 236, 1.)

8. Es mögen jetzt nur noch alle diese Regeln durch folgendes Beispiel erläutert werden *); z. B. man sucht $(3n^2 - 2p^3)^5$, so ist

$$a = 3n^2,\; b = 2p^3,\; n = 5 \text{ und } \frac{b}{a} = \frac{2p^3}{3n^2} = M$$

also $A = a^n = (3n^2)^5 = 243\, n^{10}$

ferner $B = \frac{n}{1} AM = 5 . 243\, n^{10} . \frac{2p^3}{3n^2} = 810\, n^8 p^3$

" $C = \frac{n-1}{2} . B . M = \frac{5-1}{2} . 810\, n^8 p^3 . \frac{2p^3}{3n^2} = 1080\, n^6 p^6$

" $D = \frac{n-2}{3} CM = \frac{5-2}{3} . 1080\, n^6 p^6 . \frac{2p^3}{3n^2} = 720\, n^4 p^9$

" $E = \frac{n-3}{4} DM = \frac{5-3}{4} . 720\, n^4 p^9 . \frac{2p^3}{3n^2} = 240\, n^2 p^{12}$

" $F = \frac{n-4}{5} EM = \frac{5-4}{5} . 240\, n^2 p^{12} . \frac{2p^3}{3n^2} = 32\, p^{15}$

daher $(3n^2 - 2p^3)^5$

$= 243 n^{10} - 810 n^8 p^3 + 1080 n^6 p^6 - 720 n^4 p^9 + 24 n^2 p^{12} - 32 p^{15}$

Wenn man hier auch in den Koeffitienten nicht jene Gesetze, die wir (besonders Nr. 6.) kennen lernten, findet, so darf nicht vergessen werden, daß bei diesem Beispiele

*) In Meier Hirsch Sammlung, Seite 97 u. s. w. findet man hierher gehörige Aufgaben.

die Koeffitienten von a und von b in der gegebenen Größe $(3n^2 - 2p^3)$, auch andere Zahlen waren, als 1, die mit potenzirt wurden, und sich so als Faktoren mit jenen Koeffitienten von §. 235. verbanden, und so diese größeren Koeffitienten bildeten. Sie hätten sollen diese seyn: $\frac{n}{1} = 5$, $\frac{n(n-1)}{1.2} = \frac{5.4}{1.2} = 10$, $\frac{5.4.3}{1.2.3} = 10$ und $\frac{5.4.3.2}{1.2.3.4} = 5$ und zuletzt 1; suchen wir diese Koeffitienten wieder als Faktoren heraus, so erhalten wir:

$(3n^2 \quad 2p^3)^5$

$243n^{10} - 5.162n^8p^3 + 10.108n^6p^6 - 10.72n^4p^9 + 5.48n^2p^{12} - 32p^{15}$

wo z. B beim 2ten Gliede hier

$-5.162n^8p^3 = -5.81n^8.2p^3 = -5(3n^2)^4(2p^3)^1$,

vollkommen wie es seyn muß, sich findet.

9. Noch sey verlangt $(p+q)^n \mp (p-q)^n$, so ist:

$$(p+q)^n = p^n + \frac{n}{1}.p^{n-1}q + \frac{n(n-1)}{1.2}p^{n-2}q^2 + \frac{n(n-1)(n-2)}{1.2.3}p^{n-3}p^3 + ..$$

$$(p-q)^n = p^n - \frac{n}{1}p^{n-1}q + \frac{n(n-1)}{1.2}p^{n-2}q^2 - \frac{n(n-1)(n-2)}{1.2.3}p^{n-6}p^3 - ..$$

Wird hier summirt, so erhält man

$$(p+q)^n + (p-q)^n$$
$$= 2\left(p^n + \frac{n(n-1)}{1.2}p^{n-2}q^2 + \frac{n(n-1)(n-2)(n-3)}{1.2.3.4}p^{n-4}p^4 ...\right)$$

indem sich alle geraden Glieder in beiden Reihen gegenseitig tilgen; bei der Subtraktion aber, wird aus

$$(q+p)^n - (p-q)^n$$
$$= 2\left(\frac{n}{1}q^{n-1}q + \frac{n(n-1)(n-2)}{1.2.3}p^{n-3}q^3 + \frac{n(n-1)(n-2)(n-3)(n-4)}{1.2.3.4.5}p^{n-5}q^5 ..\right)$$

wie man durch Umkehrung der Zeichen des Subtrahendus leicht findet. Sollten die Größen a und b der allgemeinen Formel $(a+b)^n$, zusammengesetzte Größen seyn, so hindert dies nichts bei der Potenzirung, doch werden wir sie alsdann noch näher betrachten; haben sie aber die imaginäre Form, z. B. $(\sqrt{-d} + \sqrt{-p})^n$, so haben wir die Behandlung dieser Ausdrücke im 4ten Kapitel des vorigen Hauptstücks schon gehabt.

§. 238. Zusätze.

Nachdem wir die wesentlichsten Eigenschaften der Reihe für $(\mp a + b)^n$ betrachteten, doch immer nur für n als ganze positive Zahl, weil §. 235. die Formel in der Voraussetzung entwickelte, daß n eine ganze positive Zahl sey; so kann auch n wieder jede Form einer positiven ganzen Zahl haben, eine Komplexion seyn u. s. w., und unsere allgemeine Formel muß immer noch gültig seyn. So erhalten wir denn noch folgende Sätze:

1. Wenn eine Potenz von $(a \mp b)$ mit einer anderen Potenz dieses Binoms multiplizirt werden soll, z. B. $(a \mp b)^p \times (a \mp b)^m$, so erhalten wir $(a \mp b)^{p+m}$ (§. 153, 14.), und können also in die allgemeine Formel für $(a \mp b)^n$, überall für n setzen $(p + m)$, denn $(p + m)$ ist eine ganze positive Zahl, sobald p und m solche waren. Daher ist

$$(a \mp b)^{p+m} = a^{p+m} \mp \frac{p+m}{1} a^{p+m-1} b + \frac{(p+m)(p+m-1)}{1 \cdot 2} a^{p+m-2} b^2 \mp \frac{(p+m)(p+m-1)(p+m-2)}{1 \cdot 2 \cdot 3} a^{p+m-3} b^3 + \ldots$$

2. Wenn $(a \mp b)^p$ durch $(a \mp b)^m$ dividirt werden soll, so erhalten wir $\frac{(a \mp b)^p}{(a \mp b)^m} = (a \mp b)^{p-m}$ (§. 154, 2.); und so lange p und m ganze Zahlen, und $p > m$ d. h. $p-m$ positiv ist, können wir in die Formel für $(a \mp b)^n$, auch überall für n die Form $(p - m)$ setzen. Also

$$(a \mp b)^{p-m} = a^{p-m} \mp \frac{p-m}{1} \cdot a^{p-m-1} b + \frac{(p-m)(p-m-1)}{1 \cdot 2} a^{p-m-2} b^2 \mp \frac{(p-m)(p-m-1)(p-m-2)}{1 \cdot 2 \cdot 3} a^{p-m-3} b^3 + \ldots$$

3. Wenn $(a \mp b)^p$ noch einmal potenzirt werden soll, also z. B. $[(a \mp b)^p]^h$ verlangt würde, wo natürlich p

und h auch wieder ganze positive Zahlen bedeuten, so erhält man nicht nur (nach §. 153, 10.) $[(a \mp b)^p]^h = (a \mp b)^{ph}$; sondern man kann abermals in die Formel für $(a \mp b)^n$, überall für n das Produkt p h setzen. So wird also $(a \mp b)^{ph} = a^{ph} \mp \frac{ph}{1} \cdot a^{ph-1} b + \frac{ph(ph-1)}{1 \cdot 2} a^{ph-2} b^2 \mp \frac{ph(ph-1)(ph-2)}{1 \cdot 2 \cdot 3} a^{ph-3} b^3 + \ldots$

4 Was die Addition und Subtraktion der Potenzen $(\mp a \mp b)^p + (\mp a \mp b)^m$ anbetrifft, so giebt es hier statt, wie wir hinlänglich in der Potenzlehre kennen lernten, durchaus keine Abkürzungen und Vereinigungen, und $A^p \mp B^m$ bleibt immer in dieser Form stehen. Sind aber die Exponenten und Wurzeln gleich, so erhielten wir für $A^p + A^p = 2 A^p$. So sahen wir es aber auch bereits am Ende des vorigen §, wo wir $(a \mp b)^n \mp (a \mp b)^n$, wenn auch unter der Form von $(p \mp q)^n$, betrachteten, und können wir auch bei dieser Vereinigung von den vier Formen $(\mp a \mp b)^n$ nehmen welche wir wollen, da wir §. 236. alle Reihen die aus diesen entspringen, in den Gliedern als gleich, und nur in den Zeichen Verschiedenheiten fanden, die bei der Vereinigung der beiden Ausdrücke $(\mp a \mp b)^n \mp (\mp a \mp b)^n$ gehörig zu berücksichtigen sind.

§. 239. Lehrsatz.

Die allgemeine Formel des binomischen Lehrsatzes (§. 235.) bleibt auch richtig, wenn der Exponent n eine gebrochene positive Zahl ist.

Beweis. Gesetzt man sollte den Ausdruck $(a \mp b)^{\frac{p}{c}}$ in eine unendliche Reihe auflösen *), so ist die Formel

---

*) Unendlich muß die Reihe werden, wenn $\frac{p}{c}$ jeden Bruch bedeutet, denn wäre sie endlich, so müßte auch z. B. $(a \mp b)^{\frac{1}{2}} =$

$(a \mp b)^{\frac{p}{c}} = \sqrt[c]{(a \mp b)^p}$ (§. 154, 1). Sollte nun die Reihe für $(a \mp b)^p = a^p \mp \frac{p}{1} a^{p-1} b + \frac{p(p-1)}{1.2} a^{p-2} b^2 \ldots$ zur cten Potenz erhoben werden, so müßte man überall an die Stelle des p, das Produkt pc setzen (§. 238, 3), oder den alten Exponenten p, wo er auch erscheinet, mit c multipliziren. Soll daher aus $(a \mp b)^p$ die cte Wurzel gezogen werden, so kann dies entgegengesetzte Verfahren (des Erhebens zur cten Potenz), nur durch die entgegengesetzte Verrichtung erzeugt werden, daß man p in der Reihe für $(a \mp b)^p$, überall durch c dividire, oder für p überall $\frac{p}{c}$ setzt; alsdann kann man auch wieder bei abermaliger Potenzirung dieser Reihe für $(a \mp b)^{\frac{p}{c}}$ zur cten Potenz, indem man wieder $\frac{p}{c}$ mit c multiplizirt, die Reihe für $(a \mp b)^p$ erhalten, indem ja $[(a \mp b)^{\frac{p}{c}}]^c = (a \mp b)^p$ ist. — Nun ist die Reihe für $(a \mp b)^p$ (nach §. 235.) bekannt, daher $(a \mp b)^{\frac{p}{c}}$

$$= a^{\frac{p}{c}} \mp \frac{\frac{p}{c}}{1} a^{\frac{p}{c}-1} b + \frac{\frac{p}{c}\left(\frac{p}{c}-1\right)}{1.2} a^{\frac{p}{c}-2} b^2$$

$$\mp \frac{\frac{p}{c}.\left(\frac{p}{c}-1\right)\left(\frac{p}{c}-2\right)}{1.2.3} a^{\frac{p}{c}-3} b^3 \ldots\ldots$$

$\sqrt{(a \pm b)}$ eine endliche Reihe werden, was nicht möglich ist (§. 211. u. s. w.). Daß die unendliche Reihe sich für gewisse Werthe von $\frac{p}{c}$ in eine endliche verwandeln kann, ist einleuchtend, und dies wird immer statt finden, sobald der Bruch $\frac{p}{c}$ eine ganze Zahl ist; z. B. $(a \mp b)^{\frac{20}{2}} = (a \mp b)^{10}$ u. s. w., wo wir den binomischen Lehrsatz wieder für ganze positive Zahlen erhalten.

welche Formel auch noch abgekürzt werden kann. (Siehe den folgenden §.). — Welches zu beweisen war.

Zusatz. Sollte behauptet werden, die Formel für $(a \mp b)^{\frac{p}{c}}$ brauche nicht die Form zu haben, wie wir solche eben fanden; so ist dies nicht nur eine vollkommene richtige Behauptung, sondern sie entspricht auch ganz dem Gesagten; denn es könnte sehr wol viele unendliche Reihen geben, deren Formen von der eben gefundenen abweichen, und welche doch die Eigenschaft haben, daß sie zur cten Potenz erhoben, die Reihe für $(a \mp b)^p$ selbst geben; daß aber die Form, wie wir sie fanden auch richtig ist; das haben wir so eben bewiesen, denn sie hat auch die verlangte Eigenschaft; und daß es keine bequemere Formel als diese, deren Gesetz wir bis ins Unendliche fortgesetzt genau kennen, giebt; wird wol keinen Zweifel unterworfen seyn; warum also noch andere Reihen suchen, deren Gesetz entweder noch zu entdecken wäre, oder deren Gesetz wir nie kennen lernen würden? — Wir werden sogleich unsere eben erhaltene Formel auf gewisse Exponenten anwenden, und suchen wir sie z. B. für $(a \mp b)^{\frac{1}{3}}$, so finden wir dieselbe Reihe, wie §. 220; aber auch dort erwähnten wir schon, daß es ganz in unserer Willkühr stehe, auch andere Glieder in den Theilen der Wurzel zu erhalten, als wir dort fanden, d. h. der unendlichen Reihe eine andere Form zu geben. (Vergleiche den Zusatz zu §. 220.). Daß übrigens für n als gebrochene Zahl, noch ein eigener Beweis nöthig sey, ist nicht nur schon mehreremale erwähnt, sondern wir sehen ja auch die merkwürdig verschiedene Erscheinung, gegen die ganzen positiven Exponenten, in der Menge der Glieder u. s. w.

Anmerk. Ich halte es durchaus für unnöthig, einen eigenen Beweis dafür zu führen, daß, nur in der allgemeinen Formel $(a \mp b)^n$

der Exponent n ein Bruch wird, die Reihe eine unendliche werde, oder daß es jetzt kein letztes Glied gebe; denn die Einleitung zum eben geführten Beweise, und die Anmerkung (unten bei * Seite 443.) hierzu, macht den Beweis für die Unendlichkeit der Reihe, jetzt unnöthig, d. h. für den Fall des echten Bruches, oder des unechten der keine ganze Zahl selbst ist. Man findet unter andern einen ganz bündigen Beweis für die Unendlichkeit der Reihe für n als Bruch, in Eulers Algebra (1ten Theil Seite 209 und 210.), der aber dort zu geben nöthig war, weil die Beobachtungen, die ihn uns unnöthig machen, dort aus mehreren Gründen fehlen. — Uebrigens kann ja die erhaltene Reihe auch nicht abbrechen, weil kein Faktor in den verschiedenen Koeffitienten der Reihe $=0$ werden kann, indem in jedem Factor, vom Bruche $\frac{p}{c}$ eine ganze Zahl subtrahirt wird, und $\frac{p}{c}$ ja laut Annahme keine ganze Zahl ist (wenn es auch ein unechter Bruch wäre); so fällt also der Grund für das Nullwerden von Gliedern, ganz weg, welches bei der Reihe §. 235. (am Ende des Paragraphs) statt fand; oder die Glieder müssen bis ins Unendliche fortgesetzt werden können.

§. 240. Aufgabe.

Jede Wurzel aus jedem Binom und aus jeder Zahl mittelst des binomischen Lehrsatzes, in eine unendliche Reihe zu verwandeln.

Aufgabe. Da wir den binomischen Lehrsatz (§. 235.) auch für jeden Bruchexponenten als wahr kennen lernten (§. 239); so können wir auch jede Wurzel mittelst desselben ausziehen, denn es ist immer $\sqrt[c]{A} = A^{\frac{1}{c}}$, und jede Größe A kann ja in ein Binom zerlegt werden. — Zu diesem Zwecke aber wollen wir die, im vorigen §. erhaltene Formel für $(a \mp b)^{\frac{p}{c}}$, noch nach den Regeln der Formel §. 237, 7 abkürzen, und wir erhalten, da $(a \mp b)^n = A \mp \frac{n}{1} AM + \frac{n-1}{2} BM \mp \frac{n-2}{3} CM + \ldots$ ist, indem wir für n jetzt $\frac{p}{c}$ setzen:

$$(a\mp b)^{\frac{p}{c}} = A\,^{*)} \mp \frac{p}{c} AM + \frac{\frac{p}{c}-1}{2} BM \mp \frac{\frac{p}{c}-2}{3} CM$$

$$+ \frac{\frac{p}{c}-3}{4} DM \ldots$$

oder $= A \mp \frac{p}{c} AM + \frac{p-c}{2c} BM \mp \frac{p-2c}{3c} CM$

$$+ \frac{p-3c}{4c} DM \ldots$$

wo man wieder leicht das Gesetz für die Koeffitienten entdeckt, so daß derselbe z. B. beim 10ten Gliede $= \frac{p-8c}{9}$, oder beim xten Gliede $= \frac{p-(x-2)c}{x-1}$ seyn würde. Diese so abgekürzte Reihe, müssen wir indeß jetzt noch näher betrachten, ob nemlich die Zeichen der Glieder auch so, wie sie hier angegeben sind, bestehen können, oder ob ein Wechsel bei denselben eintritt, indem die Koeffitienten jetzt ja selbst negativ werden können, wenn nemlich n oder $\frac{p}{c}$ ein echter Bruch, d. h. wenn $c > p$ ist. — Wird sich dies nun auch für jeden besonderen Fall bald ergeben, so wollen wir es doch allgemein hier für $\frac{p}{c}$ als echten Bruch untersuchen. Es sey also $(a+b)^{\frac{p}{c}}$ verlangt, so erhält man (§. 239.):

$$(a+b)^{\frac{p}{c}} = a^{\frac{p}{c}} + \frac{p}{c} a^{\frac{p}{c}-1} b + \frac{\frac{p}{c}\left(\frac{p}{c}-1\right)}{1 \cdot 2} a^{\frac{p}{c}} b^2$$

$$+ \frac{\frac{p}{c}\left(\frac{p}{c}-1\right)\left(\frac{p}{c}-2\right)}{1 \cdot 2 \cdot 3} a^{\frac{p}{c}-3} b^3 + \ldots$$

*) A wird aber hier $= a^{\frac{p}{c}}$; eben so ist $M = \frac{b}{a}$. (Siehe §. 237, 7.)

Die Exponenten bei a werden schon beim 2ten Gliede negativ, doch ändert dies nichts auf das Zeichen des Gliedes, denn ist $+a^{\frac{p}{c}-x} = a^{-x}$, so wird $+\frac{p}{c}a^{\frac{p}{c}-1}b = \frac{pb}{ca^x}$ (§. 154, 2), d. h. a wird Divisor mit dem positiven Exponenten, und dies gilt auch für die folgenden Glieder. Betrachten wir aber die Koeffitienten, so ist der des 2ten Gliedes $\frac{p}{c}$ noch positiv; der des 3ten Gliedes aber $\frac{\frac{p}{c}\left(\frac{p}{c}-1\right)}{1.2}$, wird negativ, weil $\frac{p}{c}-1$ negativ ist, (laut Annahme, daß $\frac{p}{c} < 1$ sey). Daher ist das ganze Glied negativ. Der Koeffitient des 4ten Gliedes ist aber $\frac{\frac{p}{c}\left(\frac{p}{c}-1\right)\left(\frac{p}{c}-2\right)}{1.2.3}$, also hat er zwei negative Faktoren $\left(\frac{p}{c}-1\right)$ und $\left(\frac{p}{c}-2\right)$, wird folglich wieder positiv, also das ganze Glied positiv. Beim 5ten Gliede finden wir offenbar wieder, wegen den drei negativen Faktoren im Zähler des Koeffitienten, ein negatives, beim 6ten Gliede ein positives Glied, u. s. w. (§. 32); denn es erhält jedes folgende Glied einen negativen Faktor mehr, indem die früheren Faktoren immer dieselben bleiben, und die Faktoren des Nenners vom Koeffitienten, keinen Einfluß auf das Zeichen des Gliedes haben. So werden also alle ungeraden Glieder negativ, und alle geraden Glieder positiv werden, indem in der Reihe für $(a+b)^{\frac{p}{c}}$ selbst, alle Glieder mit ihren Eigenschaften vereiniget werden sollten, was ja die + Zeichen vor den Gliedern anzeigten *), das xte Glied aber wird (wenn auch

*) Wird z. B. gegeben $a + b + (-c) + d + (-n) + m + (-q)$ u. s. w., so ist dies $= a + b - c + d - n + m - q \ldots$ (§. 26.)

auch ein ungerades) positiv, weil jener Grund für die übrigen negativen Glieder wegfällt. Da endlich negative Faktoren auf die Größe des Produkts (hier des Gliedes) keinen Einfluß haben (§. 30, 7), so kann man die einzelnen Glieder der Reihe $(a+b)^{\frac{p}{c}}$ ohne Rücksicht auf die Zeichen berechnen, also nach der, zu Anfange dieses §. angegebenen abgekürzten Formel, und giebt alsdann den ungeraden Gliedern bei der Zusammenstellung blos das negative Zeichen. Es werde also z. B. verlangt $(d^2+x^2)^{\frac{1}{2}}$ oder $\sqrt{(d^2+x^2)}$ (§. 154, 1), so ist hier $\frac{p}{c}=\frac{1}{2}$ d. h. $p=1$ und $c=2$, ferner: $a=d^2$ und $b=x^2$, und $M=\frac{b}{a}=\frac{x^2}{d^2}$, daher wird hier:

$$A=a^{\frac{p}{c}}=(d^2)^{\frac{1}{2}}=d^{\frac{2}{2}}=d$$

$$B=\frac{p}{c}.A.M=\tfrac{1}{2}.d.\frac{x^2}{d^2}=\tfrac{1}{2}.\frac{x^2}{d}=\frac{x^2}{2d}$$

$$C=\frac{p-c}{2c}.B.M=\frac{1-2}{4}.\frac{x^2}{2d}.\frac{x^2}{d^2}=-\tfrac{1}{4}.\frac{x^4}{2d^3}=\frac{x^4}{8d^3}\ {}^{*)}$$

$$D=\frac{p-2c}{3c}.C.M=\frac{1-4}{6}.\frac{x^4}{8d^3}.\frac{x^2}{d^2}=-\tfrac{3}{6}.\frac{x^6}{8d^5}=\frac{x^6}{16d^5}$$

$$E=\frac{p-3c}{4c}.D.M=\frac{1-6}{8}.\frac{x^6}{16d^5}.\frac{x^2}{d^2}=-\tfrac{5}{8}.\frac{x^8}{16d^7}=\frac{5x^8}{128d^7}$$

$$F=\frac{p-4c}{5c}.E.M=\frac{1-8}{10}.\frac{5x^8}{128d^7}.\frac{x^2}{d^2}=-\tfrac{7}{10}.\frac{5x^{10}}{128d^9}=\frac{7x^{10}}{256d^9}$$

. . . .

Also $\sqrt{(d^2+x^2)}=d+\frac{x^2}{2d}-\frac{x^4}{8d^3}+\frac{x^6}{16d^5}-\frac{5x^8}{128d^7}+\frac{7x^{10}}{256d^9}$

Würden wir hier für d^2 setzen a^2, also für $d=a$, so erhielten wir für $\sqrt{(a^2+x^2)}$ hier genau dieselbe Reihe als §. 217., beim Ausziehen der Wurzel.

*) Indem wir bei Berechnung der einzelnen Glieder, nach den eben gehabten Untersuchungen, nicht auf ihre Zeichen zu achten haben; eben so bei den folgenden Gliedern.

Wenn wir aber jetzt noch die Reihe für $(a-b)^{\frac{p}{c}}$ untersuchen, so erhalten wir (nach §. 239.):

$$(a-b)^{\frac{p}{c}} = +a^{\frac{p}{c}} - \frac{p}{c}a^{\frac{p}{c}-1}b + \frac{\frac{p}{c}\left(\frac{p}{c}-1\right)}{1.2}a^{\frac{p}{c}-2}b^2$$

$$-\frac{\frac{p}{c}\left(\frac{p}{c}-1\right)\left(\frac{p}{c}-2\right)}{1.2.3}a^{\frac{p}{c}-3}b^3 \ldots\ldots$$

Hier ist wieder das 1ste Glied positiv, und das 2te negativ; die Koeffitienten aller übrigen ungeraden Glieder aber, werden negativ, denn beim 3ten Gliede ist der eine negative Faktor $\left(\frac{p}{c}-1\right)$ (weil $\frac{p}{c} < 1$ angenommen ist), beim 5ten Gliede werden es deren drei, beim 7ten Gliede aber 5 u. s. w., d. h. bei jedem ungeraden Gliede auch eine ungerade Menge negativer Faktoren, folglich werden diese Glieder selbst negativ, und weil sie in der Reihe für $(a-b)^{\frac{p}{c}}$ alle das positive Zeichen haben, so bleiben sie negativ, denn sie sollen ja mit ihren, ihnen zukommenden Zeichen vereiniget werden. Aber die geraden Glieder, vom 4ten abwärts, haben alle eine gerade Menge negativer Faktoren (nach dem Gesetze für das Fortschreiten der Faktoren in den Koeffitienten, wo jeder neue Faktor hier, weil $\frac{p}{c} < 1$ ist, auch negativ wird), deshalb sind sie positiv, und weil sie mit dem Zeichen — vereiniget werden sollen, so werden sie sämmtlich auch negativ *); also sind vom 2ten Gliede schon abwärts, alle Glieder negativ. Man berechnet daher abermals die Glieder, ohne auf die Zeichen zu merken, welche die einzelnen Faktoren oder die früheren Glie-

---

*) Denn $a-b+(-c)-(+d)+(-n)-(+h)+(-q)\ldots$
$= a-b-c-d-n-h-q\ldots$

der haben *), und setzt alle so gefundene Glieder mit dem — Zeichen an das 1ste Glied das + ist, heran. Z. B. $(n-2d^5)^{\frac{1}{3}}=\sqrt[3]{(n-2d^5)}$; hier ist $\frac{p}{c}=\frac{1}{3}$ d. h. $p=1$ und $c=3$, ferner $a=n$ und $b=2d^5$ endlich $M=\frac{2d^5}{n}$ (wo wir also auch auf das Zeichen nicht zu achten brauchen). Nun ist

$$A=a^{\frac{p}{c}}=n^{\frac{1}{3}}=\sqrt[3]{n}$$

$$B=\frac{p}{c}.A.M=\tfrac{1}{3}.n^{\frac{1}{3}}.\frac{2d^5}{n}=\frac{2d^5}{3n\sqrt[3]{n}}$$

$$C=\frac{p-c}{2c}.B.M=\frac{1-3}{6}.\frac{2d^5}{3n\sqrt[3]{n}}.\frac{2d^5}{n}=\frac{4d^{10}}{9n^2\sqrt[3]{n}} \text{ **)}$$

$$D=\frac{p-2c}{3c}.C.M=\frac{1-6}{9}.\frac{4d^{10}}{9n^2\sqrt[3]{n}}.\frac{2d^5}{n}=\frac{40d^{15}}{81n^3\sqrt[3]{n}}$$

$$E=\frac{p-3c}{4c}.D.M=\frac{1-9}{12}.\frac{40d^{15}}{81n^3\sqrt[3]{n}}.\frac{2d^5}{n}=\frac{160d^{20}}{243n^4\sqrt[3]{n}}$$

. . . .

Daher $(n-2d^5)^{\frac{1}{3}}=\sqrt[3]{n}-\frac{2d^5}{3n\sqrt[3]{n}}-\frac{4d^{10}}{9n^2\sqrt[3]{n}}-\frac{40d^{15}}{81n^3\sqrt[3]{n}}-\frac{160d^{20}}{243n^4\sqrt[3]{n}}\ldots\ldots$

*) Das Achten auf die Zeichen der früheren Glieder, könnte leicht Irrthum hervorbringen; z. B. das 3te Glied ist $+\frac{p-c}{2c}BM$; nun ist $\frac{p-c}{2c}$ so wie B negativ, also wäre das Glied selbst wieder positiv; wollte man aber auf das Zeichen vom M achten, und setzen $M=\frac{-b}{a}=-\frac{b}{a}$, so würde das 3te Glied allerdings negativ werden, aber dann wäre das 2te Glied $-\frac{p}{c}AM$ $=-\frac{p}{c}.A.-\frac{b}{a}=+\frac{p}{c}AM$, oder positiv, was es nicht seyn darf.

**) Auch hier wird auf das Zeichen des Gliedes nicht weiter geachtet.

Dieses so wie das vorige Beispiel zeigen wol deutlich den, stets zu nehmenden Weg. Auch hätten wir das Beispiel des §. 216., so wie die Fälle §. 220. hier vornehmen können, wo wir dieselben Reihen wie dort würden gefunden haben.

Noch wollen wir aus einer Zahl mittelst unserer Reihe die Wurzel ziehen. Hier sorge man bei ihrer Zerlegung in ein Binom dafür, daß a die Form einer vollkommnen Potenzzahl erhalte, wo der Grad gleich dem Wurzelexponenten wird, denn alsdann wird $a^{\frac{1}{c}} = \sqrt[c]{a}$ (wenn nämlich bei dem Exponenten $\frac{p}{c}$ der Zähler $p = 1$ also $\frac{p}{c} = \frac{1}{c}$ wird) immer eine ganze Zahl; weil nun die Zahl 1 stets eine Potenzzahl von jedem Grade ist (§. 149, 5 und 6.), so wird man jenes Mittel wenigstens durch 1 immer erreichen können. Z. B.

$\sqrt[2]{6} = \sqrt[2]{(4+2)} = (4+2)^{\frac{1}{2}}$; hier ist $a = 4$, $b = 1$, $\frac{p}{c} = \frac{1}{2}$ also $p = 1$ und $c = 2$, ferner $M = \frac{b}{a} = \frac{2}{4} = \frac{1}{2}$. Dies giebt

$A = 4^{\frac{1}{2}} = \sqrt{4} = 2$	$D = -\frac{3}{6} \cdot \frac{1}{16} \cdot \frac{1}{2} = \frac{1}{64}$
$B = \frac{1}{2} \cdot 2 \cdot \frac{1}{2} = \frac{1}{2}$	$E = -\frac{5}{8} \cdot \frac{1}{64} \cdot \frac{1}{2} = \frac{5}{1024}$
$C = -\frac{1}{4} \cdot \frac{1}{2} \cdot \frac{1}{2} = \frac{1}{16}$	$F = -\frac{7}{10} \cdot \frac{5}{1024} \cdot \frac{1}{2} = \frac{35}{20480}$

daher $\sqrt{6} = 2 + \frac{1}{2} - \frac{1}{16} + \frac{1}{64} - \frac{5}{1024} + \frac{35}{20480} \ldots$

Die Reihe giebt vereiniget 2,4499... und die $\sqrt{6}$ auf dem gewöhnlichen Wege (§. 178.) giebt 2,4494; die Reihe müßte aber auch zu viel geben, weil man bei einem positiven Gliede endigte, wo also das nächste als negativ, den Werth wieder vermindert hätte; daß die folgenden Glieder immer kleiner werden, ist deutlich, und daher muß jedes Glied, welches man mehr nimmt, immer einen Werth, welcher der wahren Wurzel näher kommt, geben, wenn auch abwechselnd der Werth größer oder kleiner als der wahre Werth wird, je nachdem man bei einem positiven (geradem) oder negativen (ungeradem) Gliede, endiget. — Endlich werde z. B. $\sqrt[5]{28} = \sqrt[5]{(32-4)} = \sqrt[5]{(2^5-4)} = (2^5-4)^{\frac{1}{5}}$ verlangt, so ist $\frac{p}{c} = \frac{1}{5}$, $p=1$, $c=5$, $a=2^5=32$, $b=4$, $M=\frac{4}{32}=\frac{1}{8}$, daher:

$$A = a^{\frac{p}{c}} = (2^5)^{\frac{1}{5}} = 2$$

$$B = \frac{p}{c} \cdot A \cdot M = \frac{1}{5} \cdot 2 \cdot \frac{1}{8} = \frac{1}{20}$$

$$C = \frac{p-c}{2c} \cdot B \cdot M = \frac{1-5}{10} \cdot \frac{1}{20} \cdot \frac{1}{8} = \frac{1}{400}$$

$$D = \frac{p-2c}{3c} \cdot C \cdot M = \frac{1-10}{15} \cdot \frac{1}{400} \cdot \frac{1}{8} = \frac{3}{16000}$$

$$E = \frac{p-3c}{4c} \cdot D \cdot M = \frac{1-15}{20} \cdot \frac{3}{16000} \cdot \frac{1}{8} = \frac{21}{1280000} \cdots\cdots$$

weshalb $\sqrt[5]{28} = 2 - \frac{1}{20} - \frac{1}{400} - \frac{3}{16000} - \frac{21}{1280000} \ldots$ wird, welches eine schnell konvergirende Reihe ist, welche $2 - \frac{67461}{1280000} = 1\frac{1212539}{1280000} = 1{,}947297 \,..$ giebt. (Sonst giebt $\sqrt[5]{28} = 1{,}947295 \ldots.$ *) also die Reihe etwas zu groß, was auch seyn muß, da ja jedes Glied negativ ist, also etwas in dem Werthe der früheren Glieder tilget).

Hätte man wollen $\sqrt[5]{28}$ nach der Formel (§ 184.) ausziehen, so wäre man offenbar nicht so schnell zum Ziele gekommen, und da die Anwendung der Formeln zur Ausziehung höherer Wurzeln sehr mühsam ist; so sehen wir, wie uns die oben entwickelten Reihen auch hierbei nützen können. Die geschickte Eintheilung der gegebenen Zahl in ein Binom, oder die Wahl der Theile desselben, hängt ebenfalls vom Löser und von der jedesma=

*) Hier durch Logarithmen ausgezogen, worüber in deren Theorie das Nähere vorkommen wird.

ligen Lage ab, und was sich allgemein, besonders über die Wahl des a sagen läßt, haben wir in diesem §. angeführt. Hierzu kann auch die Wahl eines Faktors, der eine vollkommene Potenz von dem Grade ist, welchen der Wurzelexponent anzeiget, viel beitragen (siehe auch §. 221.) denn z. B.

$$\sqrt[3]{6} = \sqrt[3]{\frac{5.8}{8}} = \sqrt[3]{8 . \tfrac{3}{4}} = 2\sqrt[3]{\tfrac{3}{4}} = 2\sqrt[3]{(1 - \tfrac{1}{4})}$$

wo a die sehr bequeme Form 1, b ebenfalls eine gute Form hat, und die Reihe wegen $b = \frac{1}{4}$ gewiß rasch konvergiren wird. Wenn die gegebenen Zahlen Brüche sind, so wird man ebenfalls die Behandlung leicht finden, denn der echte Bruch $\frac{n}{m}$ ist nur von 1 zu subtrahiren, um den Bruch zu finden, der wieder von 1 subtrahirt, die Form $(1 - x)$ giebt; so ist $\sqrt[5]{\tfrac{36}{42}} = \sqrt[5]{\tfrac{6}{7}} = \sqrt[5]{(1 - \tfrac{1}{7})}$ u. s. w.

Hat der Exponent $\frac{p}{c}$ noch eine ganze Zahl in sich (ist er ein unechter Bruch), so wird auch das dritte Glied der Reihe $(a+b)^{\frac{p}{c}}$ noch nicht negativ, wie es solches für $\frac{p}{c}$ als echter Bruch schon ward; denn das 3te Glied wird dies $+\frac{\frac{p}{c}\left(\frac{p}{c}-1\right)}{1 . 2} a^{\frac{p}{c}-2} b^2$, und der Koeffitient $\frac{\frac{p}{c} . \left(\frac{p}{c}-1\right)}{1 . 2}$ ist noch nicht negativ, da jetzt $\left(\frac{p}{c}-1\right)$ noch positiv ist. Man hat daher wol darauf zu achten, bei welchem Gliede der Faktor $\left(\frac{p}{c}-h\right)$*) negativ wird, um von diesem Gliede abwärts die Zeichen zu bestimmen.

---

*) Es bedeute h eine der ganzen Zahlen die nach und nach von $\frac{p}{c}$ subtrahirt werden.

Ist z. B. $\frac{p}{c} = h + \frac{x}{c}$, d. h. $= h$ Ganze + dem echten Bruche $\frac{x}{c}$, so wird der Faktor $\left(\frac{p}{c} - h\right)$ noch nicht negativ werden, sondern erst der Faktor $\left(\frac{p}{c} - (h+1)\right)$, weil $b + 1 > \frac{p}{c}$ aber $h < \frac{p}{c}$ angenommen würde. Nun gehen aber die Subtraktionen von $\left(\frac{p}{c} - 1\right)$, $\left(\frac{p}{c} - 2\right)$ rc. immer so lange fort, bis die subtrahirte ganze Zahl gleich dem letzten Faktor im Nenner weniger 1 ist *), der letzte Faktor im Nenner ist aber immer gleich dem Exponenten von b in demselben Gliede; wenn also dieser Exponent $(h+1)$ geworden ist, so ist der letzte Faktor im Zähler $= h + 1 - 1 = h$, also das Glied noch positiv, und wird erst das folgende Glied, wo also $(h+2)$ der Exponent von b ist, negativ, weil hier der letzte Faktor im Zähler

$$= \frac{p}{a} - (h+1) = h + \frac{x}{c} - (h+1) = h + \frac{x}{c} - h - 1 = \frac{x}{c} - 1$$

ist, welche Größe laut Annahme, daß $\frac{x}{c} < 1$ sey, negativ wird, weshalb das ganze Glied es wird; der Exponent des b aber ist beim $(h+3)$ten Gliede erst $(h+2)$, folglich wird auch erst das $(h+3)$te Glied negativ. Ist also $\frac{p}{c}$ z. B. $= \frac{17}{4} = 4 + \frac{1}{4}$, so ist $h = 4$ und $\frac{x}{c} = \frac{1}{4}$, daher das $(h+3)$te $= (4+3)$te $= 7$ten Glied zuerst negativ wird. Da nun die ferneren Faktoren in den Zählern der Koeffitienten der folgenden Glieder, um so viel mehr negativ werden müssen, so wird nun immer ein folgendes Glied eine gerade, das diesem folgende, eine ungerade, das abermals folgende wieder eine gerade rc. Menge negativer Faktoren bekommen, wodurch wieder

---

*) Siehe die allgemeine Formel für $(a+b)^{\frac{p}{c}}$ oder für $(a+b)^n$.

das Wechseln in den Zeichen der Glieder eintritt. Die ganze Reihe wird überdies doch unendlich viele Glieder haben, sobald nur $\frac{p}{c}$ noch neben den Ganzen einen Bruch bei sich hat, denn nun kann kein Faktor im Zähler der verschiedenen Koeffitienten $= 0$ werden, indem dem letzten positiven Faktor, sogleich ein negativer folgt, was nicht der Fall ist, sobald $\frac{p}{c}$ eine bloße ganze Zahl ohne Bruch bedeutet *). Der Exponent von a wird aber schon bei einem Gliede früher negativ, als bei dem, welches zuerst negativ wird; denn, wenn der letzte Faktor im Zähler des Koeffitienten $\left(\frac{p}{c} - h\right)$, also noch positiv ist, so ist a in diesem Gliede schon

$$a^{\frac{p}{c}-(h+1)} = a^{\frac{p}{c}-h-1} = a^{h+\frac{x}{c}-h-1} = a^{\frac{x}{c}-1} = a^{-\left(\frac{c-x}{c}\right)}$$

d. h. a zu einer negativen Potenz **); folglich erscheint a schon von diesem Gliede an, als Divisor des Gliedes b, mit jenem negativen Exponenten als positiv genommen

*) Siehe das Ende von §. 235.

**) Denn die Größe die von $\frac{p}{c}$ im Exponenten von a, subtrahirt wird, ist immer gleich dem Exponenten von b in demselben Gliede (§. 235.), und dieser ist ja 1 mehr als der letzte Faktor im Zähler des Koeffitienten, ist also dieser noch zum letzten Male positiv, so ist der Exponent von a zum ersten Male negativ, welches also bei dem Gliede statt findet, das dem ersten negativen Gliede vorhergeht; indem also dort das a den Exponenten $\left(\frac{p}{c} - (h+1)\right)$ erhält und $\frac{p}{c} = h + \frac{x}{c}$ angenommen würde, so ist der Exponent $= h + \frac{x}{c} - h - 1 = \frac{x}{c} - 1$, und indem $\frac{x}{c} < 1$ angenommen war, so ist

$$\frac{x}{c} - 1 = -\left(1 - \frac{x}{c}\right) = -\left(\frac{c}{c} - \frac{x}{c}\right) = -\left(\frac{c-x}{c}\right) \text{ (§. 27.).}$$

(§. 154, 2.). Ueberdies kann man die einzelnen Glieder auch nach der abgekürzten Formel berechnen, da ja der Werth der Koeffitienten in Hinsicht ihrer Größe nicht weiter geändert wird, durch jene negativen Glieder, die als Faktoren erscheinen, sondern dieses nur Einfluß auf das Zeichen des Gliedes hat (§. 32.), die wir eben untersucht haben. Nun können wir in die Reihe für $(a+b)^{\frac{p}{c}}$ so wie in die abgekürzte Reihe hierfür, für $\frac{p}{c}$ setzen welchen Werth wir wollen, indem der Beweis §. 239., für jeden Exponenten $\frac{p}{c}$, also für solchen als unechter Bruch auch gilt, und mithin auch in der abgekürzten Reihe, die ja allgemein aus $\frac{p}{c}$ entwickelt würde. Dies mag auch folgendes Beispiel erläutern. Gesetzt, es werde $(a+b)^{\frac{7}{3}}$ verlangt, so giebt die unabgekürzte Formel (§. 239.) Folgendes:

$$(a+b)^{\frac{7}{3}} = a^{\frac{7}{3}} + \tfrac{7}{3}\, a^{\frac{7}{3}-1} b + \frac{\frac{7}{3}(\frac{7}{3}-1)}{1.2}\, a^{\frac{7}{3}-2} b^2$$
$$+ \frac{\frac{7}{3}(\frac{7}{3}-1)(\frac{7}{3}-2)}{1.2.3}\, a^{\frac{7}{3}-3} b^3 + \frac{\frac{7}{3}(\frac{7}{3}-1)(\frac{7}{3}-2)(\frac{7}{3}-3)}{1.2.3.4}\, a^{\frac{7}{3}-4} b^4$$
$$+ \frac{\frac{7}{3}(\frac{7}{3}-1)(\frac{7}{3}-2)(\frac{7}{3}-3)(\frac{7}{3}-4)}{1.2.3.4.5}\, a^{\frac{7}{3}-5} b^5 \ldots$$

wird alles gehörig aufgelöset, so erhält man jene Reihe

$$= a^{\frac{7}{3}} + \tfrac{7}{3} a^{\frac{4}{3}} b + \tfrac{14}{9} a^{\frac{1}{3}} b^3 + \tfrac{14}{81}\, a^{-\frac{2}{3}} b^3 + \frac{-7}{243}\, a^{-\frac{5}{3}} b^4 + \frac{+7}{729}\, a^{-\frac{8}{3}} b^5 \ldots$$
$$= a^{\frac{7}{3}} + \tfrac{7}{3} a^{\frac{4}{3}} b + \tfrac{14}{9} a^{\frac{1}{3}} b^3 + \tfrac{14}{81} \cdot \frac{b^3}{a^{\frac{2}{3}}} - \tfrac{7}{243} \cdot \frac{b^4}{a^{\frac{5}{3}}} + \tfrac{7}{729} \cdot \frac{b^5}{a^{\frac{8}{3}}} \ldots$$

Da hier $\frac{p}{c} = \frac{7}{3}$ war, so ist $h + \frac{x}{c} = 2 + \frac{1}{3}$; nun sollte das $(h+3)$te Glied zuerst negativ seyn, und dies wird hier das $2+3=5$te, wie wir es auch sehen; das folgende 6te ist wieder positiv, und so fängt das Wechseln der Zeichen an; a wird aber schon beim 4ten Gliede Divisor und zwar hier als $a^{\frac{2}{3}}$ *) und bleibt als Divisor bei allen folgenden Gliedern. — Beim Gebrauche der abgekürzten Formel, wo wir also auf die Zeichen der vorhergehenden Glieder nicht zu achten haben, wäre die Rechnung diese geworden:

$$A = a^{\frac{7}{3}}$$

$$B = \frac{p}{c} . A . M = \tfrac{7}{3} . a^{\frac{7}{3}} . \frac{b}{a} = \tfrac{7}{3} . a^{\frac{4}{3}} b$$

$$C = \frac{p-c}{2c} . B . M = \frac{7-3}{6} . \tfrac{7}{3} . a^{\frac{4}{3}} b . \frac{b}{a} = \tfrac{14}{9} a^{\frac{1}{3}} b^2$$

$$D = \frac{p-2c}{3c} . C . M = \frac{7-6}{9} . \tfrac{14}{9} a^{\frac{1}{3}} b^2 . \frac{b}{a} = \tfrac{14}{81} . \frac{b^3}{a^{\frac{2}{3}}}$$

$$E = \frac{p-3c}{4c} . D . M = \frac{7-9}{12} . \tfrac{14}{81} . \frac{b^3}{a^{\frac{2}{3}}} . \frac{b}{a} = \tfrac{7}{243} . \frac{b^4}{a^{\frac{5}{3}}} \text{ **)}$$

$$F = \frac{p-4c}{5c} . E . M = \frac{7-12}{15} . \tfrac{7}{243} . \frac{b^4}{a^{\frac{5}{3}}} . \frac{b}{a} = \tfrac{5}{729} . \frac{b^5}{a^{\frac{8}{3}}}$$

U. s. w. Achten wir jetzt auf die Regel für das zuerst negativ werdende Glied, so ist es das $h+3=2+3=5$te, und wir erhalten dieselbe Reihe:

$$a^{\frac{7}{3}} + \tfrac{7}{3} a^{\frac{4}{3}} b + \tfrac{14}{9} a^{\frac{1}{3}} b^2 + \tfrac{14}{81} . \frac{b^3}{a^{\frac{2}{3}}} - \tfrac{7}{243} . \frac{b^4}{a^{\frac{5}{3}}} + \tfrac{5}{729} . \frac{b^5}{a^{\frac{8}{3}}} \ldots$$

wie vorher.

Wenn endlich für $\frac{p}{c}$ als **unechten** Bruch, der Ausdruck $(a-b)^{\frac{p}{c}}$ verlangt würde, so wäre die Untersuchung ganz wie die hier eben geführte, mit gehöriger Berücksichtigung der, schon in der Reihe für $(a-b)^{\frac{p}{c}}$, (wo $\frac{p}{c}$ ein **echter** Bruch ist), stets wechselnden Zeichen (zu An-

---

*) Es ist $a^{-\left(\frac{c-x}{c}\right)} = a^{-\left(\frac{3-1}{3}\right)} = a^{-\frac{2}{3}} = \frac{1}{a^{\frac{2}{3}}}$; indem nemlich $\frac{x}{c} = \frac{1}{3}$ also $x = 1$ und $c = 3$ ist.

**) Auf das negative Zeichen nicht weiter geachtet.

fange dieses §.), die wir bei der weiteren Untersuchung, vom 2ten Gliede an, alle als negativ fanden, und es wird hier noch ganz von der jedesmaligen Größe des unechten Bruchs $\frac{p}{c}$ abhängen, ob das erste Glied, wo sich der Faktor im Zähler des Koeffitienten negativ findet, auch negativ ist; denn, trifft dieser Fall auf ein Glied, das in der allgemeinen Reihe für $(a-b)^{\frac{p}{c}}$ schon negativ ist, so muß es positiv genommen werden, und weil das, diesem folgende Glied das positive Zeichen hat, und jetzt zwei negative Faktoren erscheinen, so wird es ebenfalls positiv, das nun folgende Glied wird aber wieder positiv, denn es hat das negative Zeichen in der allgemeinen Reihe und drei negative Faktoren; so sehen wir, daß alle jetzt folgende Glieder das positive Zeichen erhalten. Trifft aber der erste negative Faktor im Zähler der Koeffitienten, ein positives Glied der allgemeinen Reihe, so wird dieses Glied negativ, und das folgende Glied, weil es zwei negative Faktoren nun bekommt, und das negative Zeichen schon hat, wird wieder negativ, das nun folgende hat das positive Zeichen, aber drei negative Faktoren, wird also auch negativ, und so werden wir, nach Fortsetzung dieser Schlüsse sehen, daß alle folgenden Glieder negativ werden müssen. Auch dieses Gesetz mögen noch folgende Beispiele erläutern *):

*) Wir bedienen uns hier der unabgekürzten Formel, um deutlich den Wechsel der Zeichen zu erkennen; sonst könnte man auch, mit Beachtung der oben genannten Gesetze, die abgekürzte Formel, mit gleichen Gründen wie bei $(a+b)$ nehmen.

$$(a-b)^{\frac{5}{3}} = a^{\frac{5}{3}} - \frac{\frac{5}{3}}{1} a^{\frac{5}{3}-1} b + \frac{\frac{5}{3}(\frac{5}{3}-1)}{1.2} a^{\frac{5}{3}-2} b^2$$

$$- \frac{\frac{5}{3}(\frac{5}{3}-1)(\frac{5}{3}-2)}{1.2.3} a^{\frac{5}{3}-3} b^3 + \frac{\frac{5}{3}(\frac{5}{3}-1)(\frac{5}{3}-2)(\frac{5}{3}-3)}{1.2.3.4} a^{\frac{5}{3}-4} b^4$$

$$- \frac{\frac{5}{3}(\frac{5}{3}-1)(\frac{5}{3}-2)(\frac{5}{3}-3)(\frac{5}{3}-4)}{1.2.3.4.5} a^{\frac{5}{3}-5} b^5 + \ldots$$

$$= a^{\frac{5}{3}} - \tfrac{5}{3} a^{\frac{2}{3}} b + \tfrac{5}{9} \cdot \frac{b^2}{a^{\frac{1}{3}}} + \tfrac{5}{81} \cdot \frac{b^3}{a^{\frac{4}{3}}} + \tfrac{5}{243} \cdot \frac{b^4}{a^{\frac{7}{3}}} + \tfrac{35}{3645} \cdot \frac{b^5}{a^{\frac{10}{3}}} + \ldots$$

wo also der erste negative Faktor $= (\frac{5}{3} - 2) = -\frac{1}{3}$ war, und auf ein negatives Glied traf, daher alle folgende Glieder, so wie auch jenes schon, positiv würden.

Ferner:

$$(a-b)^{\frac{9}{4}} = a^{\frac{9}{4}} - \frac{\frac{9}{4}}{1} a^{\frac{9}{4}-1} b + \frac{\frac{9}{4}(\frac{9}{4}-1)}{1.2} a^{\frac{9}{4}-2} b^2$$

$$- \frac{\frac{9}{4}(\frac{9}{4}-1)(\frac{9}{4}-2)}{1.2.3} a^{\frac{9}{4}-3} b^3 + \frac{\frac{9}{4}(\frac{9}{4}-1)(\frac{9}{4}-2)(\frac{9}{4}-3)}{1.2.3.4} a^{\frac{9}{4}-4} b^4$$

$$- \frac{\frac{9}{4}(\frac{9}{4}-1)(\frac{9}{4}-2)(\frac{9}{4}-3)(\frac{9}{4}-4)}{1.2.3.4.5} a^{\frac{4}{9}-5} b^5 - \ldots$$

$$= a^{\frac{9}{4}} - \tfrac{9}{4} a^{\frac{5}{4}} b + \tfrac{45}{32} a^{\frac{1}{4}} b^2 - \tfrac{15}{128} \cdot \frac{b^3}{a^{\frac{3}{4}}} - \tfrac{45}{2048} \cdot \frac{b^4}{a^{\frac{7}{4}}} - \tfrac{63}{8192} \cdot \frac{b^5}{a^{\frac{11}{4}}} \ldots$$

hier traf der erste negative Faktor $(\frac{9}{4} - 3) = -\frac{3}{4}$ auf ein positives Glied (auf das fünfte Glied), folglich würde dies, so wie alle folgende Glieder negativ (laut unseren Untersuchungen). — Was aber das Glied a anbetrifft, so fängt es bei einem Gliede früher doch immer nur an, mit dem positiven Exponenten, Divisor zu werden. —

Sollte die Form $(a \mp b)^{\frac{p}{c}}$, in den Gliedern a und b schwierigere Ausdrücke haben, so haben wir die Behandlung derselben, an Beispielen §. 237, 8. schon gesehen. Eben so werden Beispiele, über die Anwendung der eben gehabten Gesetze auf Zahlen, leicht zu finden seyn; und was die bequeme Einrichtung dieser Zahlen, mittelst der Formen $(a \mp b)^{\frac{p}{c}}$ betrifft, so haben wir das Nöthige hierüber alles bei den vorigen Zahlenbeispielen dieses §. gesehen, was vorzüglich darauf hinausläuft, der a solche Form zu geben, daß $a^{\frac{p}{c}}$ rational werde, und was ganz dieselbe Untersuchung giebt wie vorher, wenn man die Zahl selbst erst, auf die pte Potenz erhoben hat; so wird z. B. $3^{\frac{2}{3}} = \sqrt[3]{3^2} = \sqrt[3]{9} = \sqrt[3]{(8+1)}$ wo $a^{\frac{1}{3}} = 8^{\frac{1}{3}} = \sqrt[3]{8} = 2$ wird, oder wo die Form erscheint, in welcher der Exponent im Zähler eine 1 hat; eben so

$5^{\frac{4}{3}} = \sqrt[3]{5^4} = \sqrt[3]{625} = \sqrt[3]{(512+113)}$ wo $a^{\frac{1}{3}} = 512^{\frac{1}{3}} = 8$ wird; auch hätte man

$$\sqrt[3]{625} = \sqrt[3]{\left(\frac{625 \cdot 512}{512}\right)} = \sqrt[3]{512}\sqrt[3]{(\tfrac{625}{512})} = 8\sqrt[3]{(1+\tfrac{113}{512})}$$

setzen können *), wo alsdann die Reihe für $(1+\frac{113}{512})^{\frac{1}{3}}$, noch mit 8 zu multiplizieren gewesen wäre.

Die Untersuchungen dieses Paragraphs zeigen hinlänglich, wie vorsichtig man selbst bei der Anwendung eines bestimmten Gesetzes seyn muß, und wie eine genaue Betrachtung aller einzelnen Fälle eines Satzes, oft mannigfaltige Erscheinungen hervorbringt, deren Beachtung bei der Anwendung von bedeutenden Folgen sind. Zugleich sehen wir aber auch, wie Untersuchungen dieser Art, sich bald ergeben, wenn man auf die einfachsten Formen der zu untersuchenden Gegenstände zurückgeht.

§. 241. Lehrsatz.

Die allgemeine Formel des binomischen Lehrsatzes bleibt auch richtig, wenn der Exponent n, eine ganze negative Zahl ist.

Beweis. Wenn wir in die allgemeine Formel (§. 235.) für $(a \mp b)^n$, statt n eine negative Zahl setzen, sowol in den Koeffitienten als in den Exponenten der einzelnen Glieder, so würden wir erhalten:

---

*) Wo nemlich die Zahl 625 mit einer vollkommenen Kubikzahl, wie 512 ist, multiplizirt und dividirt würde.

$$(a \mp b)^{-n} = a^{-n} \mp \frac{-n}{1} a^{-n-1} b^1 + \frac{-n(-n-1)}{1.2} a^{-n-2} b^2$$

$$\mp \frac{-n(-n-1)(-n-2)}{1.2.3} a^{-n-3} b^3 \ldots$$

und die Richtigkeit dieser Formel, welche sich in folgende Formeln für $(a+b)$ oder für $(a-b)$ verwandelt:

$$(a+b)^{-n} = \frac{1}{a^n} - \frac{n}{1} \cdot \frac{b}{a^{n+1}} + \frac{n(n+1)}{1.2} \cdot \frac{b^2}{a^{n+2}}$$

$$- \frac{n(n+1)(n+2)}{1.2.3} \cdot \frac{b^3}{a^{n+3}} + \frac{n(n+1)(n+2)(n+3)}{1.2.3.4} \cdot \frac{b^4}{a^{n+4}} \ldots$$

$$(a-b)^{-n} = \frac{1}{a^n} + \frac{n}{1} \cdot \frac{b}{a^{n+1}} + \frac{n(n+1)}{1.2} \cdot \frac{b^2}{a^{n+2}}$$

$$+ \frac{n(n+1)(n+2)}{1.2.3} \cdot \frac{b^3}{a^{n+3}} + \ldots$$

haben wir jetzt zu beweisen. Da uns aber unser Beweis sogleich auf diese veränderte Formen führen wird, so wollen wir dieselben erläutern, da alsdann, wenn wir diese neue Formen beweisen können, auch wieder jene zuerst gegebene Form als richtig folgen wird. Nemlich in der Reihe

$$(a+b)^{-n} = a^{-n} + \frac{-n}{1} a^{-n-1} b + \frac{-n(-n-1)}{1.2} a^{-n-2} b^2$$

$$+ \frac{-n(-n-1)(-n-2)}{1.2.3} a^{-n-3} b^3 + \ldots$$

wird das 1te Glied $a^{-n} = \frac{1}{a^n}$ (§. 154, 2.); das folgende Glied $+ \frac{-n}{1} a^{-n-1} b^1$, wird wegen des negativen Faktors $-n$ negativ, und der Faktor a^{-n-1} verwandelt sich nur in diesen: $\frac{1}{a^{n+1}}$; beim 3ten Gliede $+ \frac{-n(-n-1)}{1.2} a^{-n-2} b^2$ wird man zwei negative Faktoren $-n$ und $(-n-1)$ haben, die aber dasselbe Produkt geben, als wenn sie $+n$ und $(+n+1)$ wären, der Faktor a^{-n-2} ändert hier so wenig als in den folgenden Gliedern das Zeichen, da er sich immer in $\frac{1}{a^{n+2}}$ u. s. w. verwandelt; so bekommt nun ferner das 4te Glied drei, das 5te vier u. s. w. negative Faktoren, weshalb alle ungeraden Glieder positiv und alle geraden Glieder negativ werden, übrigens immer für $-n$, $(-n-1)$, $(-n-2)$, $(-n-3)$ ꝛc. $+n$, $(+n+1)$, $(+n+2)$, $(+n+3)$ ꝛc. gesetzt werden kann, da jene Summen $(-n-1)$ ꝛc. immer $=(+n+1)$ in Hinsicht der Größe sind, und nur im Zeichen verschieden werden, was wir schon betrachteten. Was nun die Form für $(a-b)^{-n}$ anbetrifft, so würde die Form

$$a^{-n}-\frac{-n}{1}a^{-n-1}b+\frac{-n(n-1)}{1.2}a^{-n-2}b^2$$
$$-\frac{-n(-n-1)(-n-2)}{1.2.3}a^{-n-3}b^3+\ldots$$

wenn sie richtig wäre, sich offenbar in diese

$$\frac{1}{a^n}+n\frac{b}{a^{n+1}}+\frac{n(n+1)}{1.2}\cdot\frac{b^2}{a^{n+2}}+\text{u. s. w.}$$

verwandeln, d. h. alle Glieder würden positiv werden; denn, jedes gerade Glied hat eine ungerade Menge negativer Faktoren *) und ein negatives Zeichen, ist also positiv; jedes ungerade Glied hat aber eine gerade Menge negativer Faktoren und ein positives Zeichen, bleibt also auch positiv. Allein jene Formen für $(a\mp b)^{-n}$ sind erst zu beweisen, oder sie würden bewiesen seyn, wenn man diese ihre neue Formen beweisen könnte, aus denen eben so wol jene wieder folgen würden.

Wir wollen nun zuerst zeigen, daß die Form für

$$(a+b)^{-n}=\frac{1}{a^n}-\frac{n}{1}\frac{b}{a^{n+1}}+\frac{n(n+1)}{1.2}\cdot\frac{b^2}{a^{n+2}}$$
$$-\frac{n(n+1)(n+1)}{1.2.3}\cdot\frac{b^3}{a^{n+3}}\ldots$$

richtig sey. — Zuerst nehme man folgende Umwandelung mit ihr vor:

---

*) Nemlich die $-n(-n-1)(-n-2)$, die $-n(-n-1)(-n-2)(-n-3)(-n-4)$ u. s. w.

$$(a+b)^{-n} = \left[a\left(1+\frac{b}{a}\right)\right]^{-n} = a^{-n}\left(1+\frac{b}{a}\right)^{-n}$$

$$= \frac{1}{a^n} \cdot \frac{1}{\left(1+\frac{b}{a}\right)^n} = \frac{1}{a^n} \cdot \frac{1}{(1+p)^n},$$

wenn man $\frac{b}{a} = p$ setzt. Wir untersuchen nun den Faktor $\frac{1}{(1+p)^n}$, und setzen zuerst $n=1$, so wird

$$\frac{1}{1+p} = 1 - p + p^2 - p^3 + p^4 - p^5 + p^6 \ldots$$

nach denen, in der Theorie der unendlichen Reihen gehabten Gesetzen (§. 206.). Offenbar können wir aber der Zahl 1 die Bedeutung n geben, und da $\frac{n}{1}$, $\frac{n(n+1)}{1.2}$, $\frac{n(n+1)(n+2)}{1.2.3}$ u. s. w. immer wieder 1 giebt, so können wir, da die Koeffitienten in der Reihe $1 - p + p^2 \ldots\ldots$ alle 1 sind, auch setzen:

$$\frac{1}{(1+p)^1} = 1 - \frac{n}{1} \cdot p + \frac{n(n+1)}{1 \cdot 2} p^2 - \frac{n(n+1)(n+2)}{1.2.3} p^3 + \ldots$$

wo aber n wie erwähnt $=1$ bedeutet. — Setzen wir ferner jetzt für $\frac{1}{(1+p)^1}$ in den Exponenten eine 2, so ist ja $\frac{1}{(1+p)^1}$ noch einmal durch $(1+p)$ dividirt *), und wir müssen jene Reihe auch durch $(1+p)$ dividiren; dies giebt alsdann $\frac{1}{(1+p)^2}$. Die Rechnung ist diese:

---

*) Denn $\frac{\frac{1}{(p+1)}}{(p+1)} = \frac{1}{(p+1)^2}$.

$$(1+p) = \text{Divis.}\ \Big|\ 1 - \frac{n}{1}\cdot p + \frac{n(n+1)}{1.2}p^2 - \frac{n(n+1)(n+2)}{1.2.3}p^3 + \frac{n(n+1)(n+2)(n+3)}{1.2.3.4}p^4 \ldots \Big|\ \text{Quot.} = \Big(1 - \frac{(n+1)}{1}p + \frac{(n+1)(n+2)}{1.2}p^2 - \frac{(n+1)(n+2)(n+3)}{1.2.3}p^3 \ldots\Big)$$

$$\underline{+1 \mp p}$$

$$-(n+1)p + \frac{n(n+1)p^2}{1.2}$$

$$\underline{\mp(n+1)p \pm \frac{(n+1)}{1}p^2}$$

$$+\frac{(n+1)(n+2)}{1.2}p^2\ {}^{*)} - \frac{n(n+1)(n+2)p^3}{1.2.3}$$

$$\underline{\mp\frac{(n+1)(n+2)}{1.2}p^2 \mp \frac{(n+1)(n+2)}{1.2}p^3}$$

$$-\frac{(n+1)(n+2)(n+3)}{1.2.3}p^3 + \frac{n(n+1)(n+2)(n+3)}{1.2.3.4}p^4$$

$$\underline{\pm\frac{(n+1)(n+2)(n+3)}{1.2.3}p^3 \pm \frac{(n+1)(n+2)(n+3)}{1.2.3}p^4}$$

$$+\frac{(n+1)(n+2)(n+3)(n+4)}{1.2.3.4}p^4$$

---

*) Weil $+\frac{n(n+1)}{1.2}p^2 + \frac{(n+1)}{1}p^2 = +\frac{n(n+1)}{1.2}p^2 + \frac{2(n+1)}{1.2}p^2 = \frac{(n+1)(n+2)}{1.2}p^2$ da die Zähler $n(n+1) + 2(n+1) = (n+1)(n+2)$ geben, indem die beiden Glieder, die zu vereinigen sind, den gemeinschaftlichen Faktor $(n+1)$ haben (§. 49, Seite 69), also ihre anderen Faktoren 1 und 2 in die 2te Parenthese kommen. Dasselbe geschieht bei den folgenden Subtraktionen im obigen Exempel, indem man erst dem Subtrahendus den Nenner des Minuendus giebt.

Man sieht aus dieser Division offenbar, daß die begonnene Form des Quotienten bis ins Unendliche beibleibt, indem ja die folgenden herunterzuholenden Glieder des Dividendus, auch in ihrem Gesetze fortgehen, und 1 stets der 1te Theil des Divisors ist. Somit können wir also setzen:

$$\frac{1}{(1+p)^2}=1-\frac{(n+1)}{1}p+\frac{(n+1)(n+2)}{1.2}p^2-\frac{(n+1)(n+2)(n+3)}{1.2.3}p^3$$
$$+\frac{(n+1)(n+2)(n+3)(n+4)}{1.2.3.4}p^4\ldots$$

wobei n die Bedeutung von 1, laut unserer Annahme, hat; setzen wir nun überall für n diese 1, so wird

$$\frac{1}{(1+p)^2}=1-\frac{2}{1}p+\frac{2.3}{1.2}p^2-\frac{2.3.4}{1.2.3}p^3+\frac{2.3.4.5}{1.2.3.4}p^4\ldots$$

und setzen wir jetzt überall für 2 eine n, so erhalten wir:

$$\frac{1}{(1+p)^2}=1-\frac{n}{1}p+\frac{n(n+1)}{1.2}p^2-\frac{n(n+1)(n+2)}{1.2.3}p^3$$
$$+\frac{n(n+1)(n+2)(n+3)}{1.2.3.4}p^4\ldots$$

woraus wir sehen, daß auch für $\frac{1}{(1+p)^2}=(1+p)^{-2}$, dieselbe Formel gilt, als für $(1+p)^{-1}=\frac{1}{(1+p)^1}$, sobald man überall für 1 eine 2 setzt. Wenn wir nun so fortfahren, und den Ausdruck $\frac{1}{(1+p)^2}$ abermals durch $(1+p)$ dividiren, wo wir $\frac{1}{(1+p)^3}$ erhalten, so müssen wir auch ganz dieselbe Reihe wie vorher, durch denselben Divisor $(1+p)$ wie dort, dividiren, und müssen demnach auch ganz denselben Quotienten wie dort erhalten, d. h.

$$\frac{1}{(1+p)^3}=1-\frac{(n+1)}{1}p+\frac{(n+1)(n+2)}{1.2}p^2-\frac{(n+1)(n+2)(n+3)}{1.2.3}p^3$$
$$+\frac{(n+1)(n+2)(n+3)(n+4)}{1.2.3.4}p^4\ldots$$

mit der Bedeutung, daß n = 2 ist, und indem wir 2 für n überall setzen, so wird

$$\frac{1}{(1+p)^3} = 1 - \tfrac{3}{1} p + \frac{3.4}{1.2} p^2 - \frac{3.4.5}{1.2.3} p^3 + \frac{3.4.5.6}{1.2.3.4} p^4 \ldots$$

und nennen wir jetzt $n = 3$, so wird für

$$\frac{1}{(1+p)^3} = 1 - \frac{n}{1} p + \frac{n(n+1)}{1.2} p^2 - \frac{n(n+1)(n+2)}{1.2.3} p^3 + \frac{n(n+1)(n+2)(n+3)}{1.2.3.4} p^4 \ldots$$

welches abermals, mit der Bedeutung für $n = 3$ die Reihe, wie für $n = 2$ ist.

So könnten wir fortfahren die Form $\frac{1}{(1+p)^3}$ wieder durch $(1+p)$ zu dividiren, und wir würden durch ganz dieselben Schlüsse und Substitutionen wie vorher erhalten müssen $\frac{1}{(1+p)^4} = 1 - \frac{n}{1} p + \frac{n(n+1)}{1.2} p^2 \ldots$ mit der Bedeutung für $=4$; und da wir für jede neue Division durch $(1+p)$ immer wieder dieselbe Reihe erhalten, wo n in seiner Bedeutung immer um 1 wächst, was auch mit den Exponenten für $(1+p)$ geschieht; so ist die Bedeutung von n immer dieselbe als die von diesem Exponenten, indem sie bei diesen ersten ausführlich gezeigten Reihen, solches war, in welchen Reihen wir das Gesetz für alle folgende Reihen erhalten. So ist es also erwiesen, daß $(1+p)^{-n} = \frac{1}{(1+p)^n} = 1 - \frac{n}{1} p + \frac{n(n+1)}{1.2} p^2 - \frac{n(n+1)(n+2)}{1.2.3} p^3 \ldots$ ist. Jetzt setze man überall für p seinen Werth $\frac{b}{a}$ so wird:

$$\frac{1}{\left(1+\frac{b}{a}\right)^n} = 1 - \frac{n}{1} \cdot \frac{b}{a} + \frac{n(n+1)}{1.2} \cdot \frac{b^2}{a^2} - \frac{n(n+1)(n+2)}{1.2.3} \cdot \frac{b^3}{a^3} + \ldots$$

und wird diese Reihe endlich noch mit $\frac{1}{a^n} = a^{-n}$ multiplizirt, so erhalten wir:

$$\frac{1}{\left(1+\frac{b}{a}\right)^n} \cdot \frac{1}{a^n} = \left(1+\frac{b}{a}\right)^{-n} \cdot a^{-n} = (a+b)^{-n}$$

$$= \frac{1}{a^n} - \frac{n}{1} \cdot \frac{b}{a.a^n} + \frac{n(n+1)}{1.2} \cdot \frac{b^2}{a^2 a^n} - \frac{n(n+1)(n+2)}{1.2.3} \cdot \frac{b^3}{}$$

oder $= \frac{1}{a^n} - \frac{n}{1} \cdot \frac{b}{a^{n+1}} + \frac{n(n+1)}{1.2} \cdot \frac{b^2}{a^{n+2}} - \frac{n(n+1)(n+2)}{1.2.3} \cdot \frac{b^3}{a^{n+3}} \ldots$
welches die zu beweisende Reihe war.

Wollte man nun für $(a-b)^{-n}$ den Beweis auch noch führen, so wäre er genau derselbe wie hier, denn man setze wieder

$$(a-b)^{-n} = \left[a\left(1-\frac{b}{a}\right)\right]^{-n} = a^{-n}.\left(1-\frac{b}{a}\right)^{-n}$$

$$= a^{-n}.\frac{1}{\left(1-\frac{b}{a}\right)^{+n}} = a^{-n}.\frac{1}{(1-p)^{+n}};$$

nimmt man nun zuerst für n den Exponenten 1, so wird

$$\frac{1}{(1-p)^1} = 1+p+p^2+p^3+p^4 \ldots$$

(§. 204.), wo wir also **genau dieselben** Verrichtungen wie vorher zu machen haben, indem wir wieder n zuerst 1, dann 2 u. s. w. bedeuten lassen, und ganz dieselbe Reihe immer untersuchen, wie vorher, weil die wechselnden Zeichen der ersten Reihe, hier durchaus keinen Einfluß haben. — So haben wir also die veränderten Formen der ursprünglichen Reihen für $(a \mp b)^{-n}$ bewiesen, woraus, wie schon zu Anfange dieses Beweises gesagt ward, die ursprünglichen Reihen wieder folgen, oder was dasselbe sagt: **der binomische Lehrsatz ist auch wahr, wenn man in unsere allgemeine Form** (§. 235.) **überall für n, setzt** $-n$.

Anmerk. 1. Daß wir bei unserem Beweise, aus der Form $(a+b)^{-n}$, diese: $a^{-n}.(1+p)^{-n}$ machten, geschah der Bequemlichkeit der Division wegen, und um sogleich die, bei der Division der unendlichen Reihen erhaltenen Formen zu benutzen. Ferner wurde sogleich in die zuerst erhaltene Reihe $1-p+p^2-p^3$.. für die Koeffitienten 1, 1, 1... die Formen n, $\frac{n(n+1)}{1.2}$, $\frac{n(n+1)(n+2)}{1.2.3}$... gesetzt, weil wir diese auch gleich alle am Werthe für 1 erkannten, wenn $n = 1$ bedeutet; hätten wir erst mehrere Male die Division in $1+p$ vollzogen, so würden wir schwerer die Formen n, $\frac{n(n+1)}{1.2}$ u. s. w. in den Koeffitienten erkannt, und schwerer eingesehen haben, daß diese Formen auch ein Gesetz für die folgenden Koeffitienten seyn müssen; so wäre z. B. für $\frac{1}{(1+q)^3}$ gekommen: $1-3q+6q^2-10q^3+15q^4$.. wo auch für $n=3$, sogleich wird

$$\frac{1}{(1+q)^n}=1-\frac{n}{1}q+\frac{n(n+1)}{1.2}q^2-\frac{n(n+1)(n+2)}{1.2.3}q^4\ldots$$

und nur ein schwereres Erkennen des Gesetzes, beim weiteren Fortgange, stattfindet.

Anmerk. 2. Die Nothwendigkeit eines besonderen Beweises des binomischen Lehrsatzes, für die negativen Exponenten, wird wol sehr einleuchtend seyn, da die allgemeine Formel §. 235., nur für den Exponenten, als ganze positive Zahl, hergeleitet würde, auch ist schon mehreremale diese Nothwendigkeit angedeutet, nnd wird dies auch durch die folgenden Zusätze noch einleuchtender werden (siehe unter andern §. 238, 1.).

§. 242. Zusätze.

1. Fassen wir die beiden Reihen für $(a+b)^{-n}$ und für $(a-b)^{-n}$ zusammen, so erhalten wir folgende allgemeine Reihe für die negativen ganzen Exponenten:

$$(a\mp b)^{-n}=\frac{1}{a^n}\pm\frac{n}{1}\cdot\frac{b}{a^{n+1}}+\frac{n(n+1)}{1.2}\cdot\frac{b^2}{a^{n+2}}$$
$$\pm\frac{n(n+1)(n+2)}{1.2.3}\cdot\frac{b^3}{a^{n+3}}+\ldots$$

d. h. alle gerade Glieder sind negativ, und alle ungerade positiv, wenn die Form $(a+b)^{-n}$ gegeben ist, aber bei der Form $(a-b)^{-n}$ sind sämmtliche Glieder positiv; dies zeigen die stets oben stehenden positiven Zeichen in der Reihe an, die dem oberen der beiden Zeichen in $(a\mp b)^{-n}$ entsprechen; dagegen die unteren Zeichen bei den negativen Gliedern für $(a+b)^{-n}$, auch dem unteren Zeichen in $(a+b)^{-n}$ entsprechen. (Vergleiche die Sätze §. 236.)

2. Um eine abgekürzte Formel (wie bei §. 237, 7.) für $(a\mp b)^{-n}$ zu erhalten, setze man wieder $\frac{b}{a}=M$, so ist:

$\frac{1}{a^n} = A$, ferner:

$$\frac{n}{1} \cdot \frac{b}{a^{n+1}} = \frac{n}{1} \cdot \frac{b}{a^n\, a} = \frac{n}{1} \cdot \frac{b}{a} \cdot \frac{1}{a^n} = \frac{n}{1} \cdot M \cdot A = B$$

$$\frac{n(n+1)}{1\,.\,2} \cdot \frac{b}{a^{n+1}} = \frac{n+1}{2} \cdot \frac{n}{1} \cdot \frac{b}{a^{n+1}} \cdot \frac{b}{a} = \frac{n+1}{2} \cdot M \cdot B = C$$

$$\frac{n(n+1)(n+2)}{1\,.\,2\;3} \cdot \frac{b^3}{a^{n+3}} = \frac{n+2}{3} \cdot \frac{n(n+1)}{1\,.\,2} \cdot \frac{b^2}{a^{n+2}} \cdot \frac{b}{a} = \frac{n+2}{3} \cdot M \cdot C = D$$

$$\frac{n(n+1)(n+2)(n+3)}{1\,.\,2\,.\,3\,.\,4} \cdot \frac{b^4}{a^{n+4}} = \frac{n+3}{4} \cdot \frac{n(n+1)(n+2)}{1\,.\,2\,.\,3} \cdot \frac{b^3}{a^{n+3}} \cdot \frac{b}{a}$$

$$= \frac{n+3}{4} \cdot M \cdot D = E$$

u. s. w.

Wir erhalten hierdurch die abgekürzte Formel:

$$(a \mp b)^{-n}$$

$$= A \pm \frac{n}{1} AM + \frac{n+1}{2} BM \pm \frac{n+2}{3} CM + \frac{n+3}{4} DM \pm \frac{n+4}{5} EM \ldots$$

welche wieder zur Berechnung der folgenden Glieder aus den vorhergehenden, sehr bequem ist. (Vergl. §. 237, 7.)

3. Man kann mittelst des binomischen Lehrsatzes für negative Exponenten, leicht jede Division, wo der Divisor eine Potenz eines Binoms ist, in eine unendliche Reihe verwandeln; denn $(a \mp b)^{-n} = \frac{1}{(a \mp b)^n}$, und da wir diese Division auflösen können, so kann dies auch geschehen, wenn der Dividendus eine Komplexion ist, oder überhaupt eine andere Form als 1 hat, weil man ja nun nur nöthig hat, die Reihe für $\frac{1}{(a \mp b)^n}$ mit jenem Dividendus zu multiplizieren. So ist also allgemein:

$$\frac{N}{(a \mp b)^n} = N\left(\frac{1}{(a \mp b)^n}\right) = N\left(\frac{1}{a^n} \pm \frac{n}{1} \cdot \frac{b}{a^{n+1}} + \frac{n(n+1)}{1\,.\,2} \cdot \frac{b^2}{a^{n+2}} \pm \ldots\right)$$

$$= \frac{N}{a^n} \pm \frac{n}{1} \cdot \frac{N \,.\, b}{a^{n+1}} + \frac{n(n+1)}{1\,.\,2} \cdot \frac{N \,.\, b^2}{a^{n+2}} \pm \ldots$$

4. Die Reihe für $(a \mp b)^{-n}$ ist eine unendliche; theils aus dem Grunde, weil $\frac{1}{(a \mp b)^n}$ eine unendliche

Reihe seyn muß *); theils, weil in der Reihe, die wir für $(a \mp b)^{-n}$ fanden, kein Glied Null werden kann, indem die Faktoren der Koeffitienten ja immer wachsen, also nie Null werden können; so fällt auch hier der Grund für das Nullwerden der Glieder weg, den wir bei der Reihe für $(a \mp b)^{+n}$ als nothwendig fanden. (Vergleiche das Ende von §. 239.)

5. Daß die Reihe für $(1 \mp b)^{-n}$, wie wir solche fanden, eine sehr bequeme Form zur Berechnung der einzelnen Glieder habe, ist wol einleuchtend; daß aber diese Form nicht die einzig mögliche für $(a \mp b)^{-n}$ ist, läßt sich leicht zeigen, denn wenn man $\frac{1}{1+p}$ in eine unendliche Reihe auflöset, so kann man auch andere Formen, als gerade jene $1 - p + p^2$ u. s. w. erzeugen, je nachdem man mit den Theilen des Divisors abwechselt beim Dividiren (siehe selbst die Form der Reihe für $\frac{1}{p+1}$ §. 208.), und so wird auch die ganze Form für $a^{-n}. \frac{1}{(1+p)^n}$ eine andere werden, als die erhaltene. Ja wir können sagen, daß es unendlich viele Reihen sind, die jenen Werth $(a \mp b)^{-n}$ darstellen. Aber daß wir auch hierunter keine bequemere, als die welche wir fanden, finden werden, läßt sich leicht denken, wenigstens müßten wir von Neuem Gesetze entdecken, die wir auch vielleicht nicht finden würden, und es ginge die schöne Allgemeinheit der Binomialformel verloren. (Vergleiche den Zusatz zu §. 239.) — Aus diesem und dem vorigen Satze (Nr. 4.) wird es gewiß deutlich, warum besondere Beweise für die Formel $(a \mp b)^{-n}$ noch mußten gegeben werden; erhalten wir doch für sie so verschiedene Erscheinungen in Hinsicht der Gliedermenge u. s. w.

---

*) Siehe die Theorie der, aus der Division entstehenden unendlichen Reihen, im ersten Kapitel dieses Hauptstücks.

6. Die Sätze §. 238. werden sämmtlich auch für negative ganze Exponenten gelten, und besonders wichtig wird uns Nr. 3., daß, wenn man $[(a \mp b)^{-n}]^p$ sucht, man nur nöthig habe, überall für n in die Koeffizienten und Exponenten der Reihe $(a \mp b)^{-n}$, zu setzen $-np$, denn hieraus folgt:

7. Daß der binomische Lehrsatz auch für gebrochene negative Exponenten gelte; indem wir nun für $(a \mp b)^{-\frac{p}{c}} = [(a \mp b)^{-p}]^{\frac{1}{c}} = [(a \mp b)^{\frac{1}{c}}]^{-p}$ ganz denselben Beweis wie §. 239., für die gebrochenen positiven Exponenten, führen, mit gehöriger Uebertragung, der hierbei wesentlichen Verschiedenheit der Zeichen. So erhalten wir für $(a \mp b)^{-\frac{p}{c}}$ diese Reihe:

$$a^{-\frac{p}{c}} \pm \frac{p}{c} . a^{-\frac{p}{c}-1} b + \frac{\frac{p}{c}\left(\frac{p}{c}+1\right)}{1.2} a^{-\frac{p}{c}-2}$$

$$\pm \frac{\frac{p}{c}\left(\frac{p}{c}+1\right)\left(\frac{p}{c}+2\right)}{1.2.3} a^{-\frac{p}{c}-3} b^3 + \ldots$$

$$= \frac{1}{a^{\frac{p}{c}}} \pm \frac{p}{c} . \frac{b}{a^{\frac{p}{c}+1}} + \frac{p(p+c)}{1.2.c^2} . \frac{b^2}{a^{\frac{p}{c}+2}} \pm \frac{p(p+c)(p+2c)}{1.2.3.c^3} . \frac{b^3}{a^{\frac{p}{c}+3}} + \ldots$$

Und setzen wir auch in diese Formel die bekannten Abkürzungen, so erhalten wir, wenn wieder $\frac{b}{a} = M$ gesetzt wird,

$$(a \mp b)^{-\frac{p}{c}} =$$

$$A \pm \frac{p}{c}.A.M^{*)} + \frac{(p+c)}{2c}.B.M \pm \frac{(p+2c)}{3c^2}.C.M + \frac{(p+3c)}{4c^3}.D.M \pm \ldots$$

[Vergleiche die abgekürzte Formel für $(a \mp b)^{+\frac{c}{p}}$ §. 240.]

---

*) Denn es giebt $\frac{b}{a^{\frac{p}{c}+1}} = \frac{b}{a^{\frac{p}{c}}.a} = \frac{1}{a^{\frac{p}{c}}} . \frac{b}{a} = B.M.$ Eben so bei den folgenden Gliedern.

8. Der binomische Lehrsatz ist auch wahr, wenn der Exponent eine Irrationalzahl ist. Denn ist gegeben $(a \mp b)^{\sqrt[n]{m}}$, so ist $\sqrt[n]{m}$ irgend eine Zahl, die wir nur, eben weil sie irrational seyn soll, durch eine Näherung darstellen können (§. 191.); es kann daher $\sqrt[n]{m}$ durch den Bruch $\frac{p}{c}$ dargestellt werden, gleich viel ob derselbe echt oder unecht ist, und indem wir so für $\frac{p}{c}$ den binomischen Lehrsatz als wahr finden (§. 239.), so ist er es auch für $\sqrt[n]{m}$; nur werden wir allerdings überall wo $\sqrt[n]{m}$ erscheint, auch nur, wenn wir die Formel anwenden, einen nähernden Werth erhalten, wenn wir uns nicht mit der Form $\sqrt[n]{m}$ begnügen wollen.

9. Wenn der Exponent eine imaginäre Größe ist, so hindert auch diese nicht in der Anwendung der Binomialformel; denn, ist z. B. gegeben $(a \mp b)^{\sqrt[2]{-f}} = (a \mp b)^{\sqrt[2]{f}\sqrt[2]{-1}}$ so ist der Faktor (des Exponenten) $\sqrt[2]{f}$ rational oder irrational, und der Faktor $\sqrt[2]{-1}$ wird jenem, wo er auch erscheint, wieder beigesetzt.

10. Alle diese Sätze können nun auch auf Zahlen angewendet werden, wo man für jeden besonderen Fall noch Eigenthümlichkeiten finden wird, wovon das Wesentlichste in den früheren Zahlenbeispielen angeführt ist.

11. Wir lernten demnach den binomischen Lehrsatz in seinem ganzen Umfange kennen, und zwar, daß die allgemeine Formel (§. 235.) gelte: für jeden möglichen positiven ganzen (§. 235.), positiven gebrochenen (§. 239.), negativen ganzen (§. 241.), negativen gebrochenen (§. 242, 7.) und irrationalen (§. 242, 8.) Exponenten. — Wie umfassend er also ist und wie ausgebreitet in seinem Umfange, haben wir gesehen; wie wich-

tig er uns für die Folge seyn wird — bleibt den ferneren Untersuchungen besonders der höheren Arithmetik vorbehalten.

§. 243. Aufgabe.

Jede Potenz eines Polynoms oder einer vielgliedrigen Größe, für einen ganzen positiven Exponenten zu finden.

Einleitung. Wie wir es in den vorigen Paragraphen dieses Kapitels mit der Potenzirung einer zweigliedrigen Größe oder eines Binoms zu thun hatten, so untersuchen wir hier die Potenzen einer mehrgliedrigen Größe oder eines Polynoms, weshalb auch die Lösung dieser Aufgabe unter dem Namen des polynomischen Lehrsatzes bekannt ist. Indem wir aber hier, durch ähnliche Betrachtungen wie bei jenen Untersuchungen, auf die Formel für die Potenz eines Polynoms kommen werden, wenn der Exponent eine ganze positive Zahl ist; so können wir auch durch Fortsetzung dieser Untersuchungen den polynomischen Lehrsatz auf andere Exponenten übertragen. Doch wird es für den Zweck hier genug seyn, nur die Formel für den ganzen positiven Exponenten zu suchen, und mehrere Anmerkungen zu machen, die theils deutlich den Weg für die Fortsetzung jener Untersuchungen; theils den Gebrauch des polynomischen Lehrsatzes für das Finden der Gliedermenge eines Polynoms, beim Wurzelausziehen (§. 172, 3.), bezeichnen. Wer diesen für die Mathematik so wichtigen Satz auch in seinem ganzen Umfange kennen lernen will, darf nur die Untersuchungen fortsetzen, wie wir sie beim binomischen Lehrsatze führten, theils findet man das Nähere über ihn in der, schon §. 234. angeführten Schrift von Hindenburg: der polynomische Lehrsatz u. s. w. — Daß, wenn wir den polynomischen Lehrsatz in seinem ganzen Umfange vernehmen wollten, der binomische Lehrsatz in ihm mit enthalten, oder ein Zusatz aus ihm wäre; ist leicht einzusehen.

Auflösung. Was wir zu untersuchen haben, ist die allgemeine Formel für $(a+b+c+d....+z)^n$. Nun muß man aber, laut den Regeln der Multiplikation (§. 48.), wenn man jenes Polynom zum Quadrate erhebt, jedes Glied desselben mit jedem Gliede multipliziren; wenn man die dritte Potenz sucht, jedes Glied der zweiten Potenz mit jedem seiner Wurzel multipliziren u. s. w. Würde man auch hier die einzelnen durch die Multiplikation erhaltenen Produkte nicht vereinigen, so erhielt man offenbar durch die genannte Operation, alle Variationen mit Wiederholung (§. 231.), welche die gegebenen Größen, deren Menge wir x nennen wollen, fähig sind, und zwar von der Klasse, wie der jedesmalige Exponent es anzeigt, so, daß also $(a+b+c...+z)^n$, die sämmtlichen Variationen mit Wiederholung der $n$ten Klasse für x Elemente, enthalten müßte. Aber auch hier erscheinen in den verschiedenen Produkten, wenn man wie gewöhnlich die Multiplikation vollzieht, schon einzelne Glieder vereiniget, indem die Ordnung der Faktoren bei den Produkten gleichgültig ist, und alle Produkte, wo nur dieselben Faktoren vorkommen, daher vereinigt sind. Weil aber alle Variationen, auch alle Permutationen erfordern, die in den verschiedenen Klassen mit den Elementen in den einzelnen Komplexionen möglich sind; so muß der Koeffitient jedes Gliedes, in den schon vereinigten Gliedern, die Permutationszahl seyn, welche die Versetzungen der einzelnen Faktoren in diesem Produkte, (als bloße zu permutirende Elemente betrachtet) anzeigt; daher denn das Produkt selbst, wie es uns mit den Gliedern gehörig vereiniget, erscheint, nur blos alle Kombinationen mit Wiederholungen, welche die x Elemente in der $n$ten Klasse fähig sind, angiebt, denn alle Glieder, die blos Permutationen der einzelnen Faktoren enthalten, sind ja nun schon vereiniget, und erscheinen nur als Ein Glied; deshalb wird auch die allgemeine Formel für die Menge der Kombinationen mit Wiederholungen (§. 226), für x Elemente der nten Klasse, hier, die Formel für die **Menge der Glieder** des Polynoms seyn, welche nun so heißen muß:

$$\frac{x(x+1)(x+2)(x+3)\ldots\ldots(x+n-1)}{1\,.\,2\,.\,3\,.\,4\,.\,.\,.\,.\,.\,.\,.\,n}\;{}^{*)}$$

so, daß also z. B. die Potenz $(a+b+c+d+n)^7$, $\frac{5.6.7.8.9.10.11}{1.2.3.4.5.6.7} = 330$ Glieder, enthalten müßte. Was ferner die Exponenten in den einzelnen Gliedern der Potenz anbetrifft, so muß ihre Summe stets n seyn, weil ja jedes Glied eine Komplexion der nten Klasse jener Variationen ist, und die Permutationszahl nichts auf den Exponenten entscheidet. Diese Betrachtungen sind nun hinreichend, um die Potenz selbst darzustellen. Denn, achtet man auf die Koeffitienten zuerst **nicht**, so bilde man fürs Erste die Glieder nur in Hinsicht ihrer Exponenten, wobei man dafür zu sorgen hat, daß die Summe der Exponenten, wie eben erwähnt wurde, gleich n ist, und daß **jedes** Element auch mit **jedem** verbunden werde (also auch mit sich selbst), wie es die Kombinationen mit Wiederholung erfordern; sodann bestimme man die einzelnen Koeffitienten, nach den Gesetzen der Permutation (§. 223.), mit Achtung auf die nun hier vorkommenden **gleichen** Elemente, deren Menge ja der Exponent für jeden besonders, anzeigt. — Wenn also z. B. $(a+b+c)^5$ verlangt würde, so stelle man erst a mit jedem Exponenten, mit den beiden Elementen b und c auch mit jedem Exponenten, so zusammen, daß jedoch die Anzahl der Exponenten immer $5(=n)$ beträgt; beobachtet man hierbei die gehörige Ordnung, und läßt den Exponenten von a nicht eher fallen, als bis der vorhergehende höhere alle Zusammenstellungen mit b und c ge-

*) Was §. 226, n hieß, ist hier x, was dort p hieß, heißt hier n.

habt hat; so kann man nicht irren, und dies giebt folgende Darstellung sehr augenscheinlich: a^5, $a^4 b$, $a^4 c$, $a^3 b^2$, $a^3 bc$, $a^3 c^2$, $a^2 b^3$, $a^2 b^2 c$, $a^2 bc^2$, $a^2 c^3$, ab^4, $ab^3 c$, $ab^2 c^2$, abc^3, ac^4; jetzt ist man mit a fertig, und bedarf daher ferner noch der Darstellungen für b, wenn dieses Glied entweder allein erscheint, oder in seiner Verbindung mit c, da b schon in allen seinen Verbindungen mit a, unserem eben vollendeten Verfahren gemäß, erschienen ist; diese Verbindungen sind also: b^5, $b^4 c$, $b^3 c^2$, $b^2 c^3$, bc^4; indem nun auch b vollendet ist, erscheint c blos als c^5, da seine Verbindungen mit a und mit b ebenfalls vollendet sind. Wird jedes dieser Glieder, von a^5 abwärts mit seiner Permutationszahl versehen, (§. 234, 1) so erhalten wir folgendes Resultat:

$$\frac{1.2.3.4.5}{1.2.3.4.5}a^5 + \frac{1.2.3.4.5}{1.2.3.4}a^4b + \frac{1.2.3.4.5}{1.2.3.4}a^4c + \frac{1.2.3.4.5}{1.2.3.1.2}a^3b^2$$
$$+ \frac{1.2.3.4.5}{1.2.3}a^3bc + \frac{1.2.3.4.5}{1.2.3.1.2}a^3c^2 + \frac{1.2.3.4.5}{1.2.1.2.3}a^2b^3 + \frac{1.2.3.4.5}{1.2.1.2}a^2b^2c$$
$$+ \frac{1.2.3.4.5}{1.2.1.2}a^2bc^2 + \frac{1.2.3.4.5}{1.2.1.2.3}a^2c^3 + \frac{1.2.3.4.5}{1.2.3.4}ab^4 + \frac{1.2.3.4.5}{1.2.3}ab^3c$$
$$+ \frac{1.2.3.4.5}{1.2.1.2}ab^2c^2 + \frac{1.2.3.4.5}{1.2.3}abc^3 + \frac{1.2.3.4.5}{1.2.3.4}ac^4 + \frac{1.2.3.4.5}{1.2.3.4.5}b^5$$
$$+ \frac{1.2.3.4.5}{1.2.3.4}b^4c + \frac{1.2.3.4.5}{1.2.3.1.2}b^3c^2 + \frac{1.2.3.4.5}{1.2.1.2.3}b^2c^3 + \frac{1.2.3.4.5}{1.2.3.4}bc^4$$
$$+ \frac{1.2.3.4.5}{1.2.3.4.5}c^5$$

; die Koeffitienten gehörig aufgelöset, giebt endlich: $a^5 + 5a^4b + 5a^4c + 10a^3b^2 + 20a^3bc + 10a^3c^2 + 10a^2b^3 + 30a^2b^2c + 30a^2bc^2 + 10a^2c^3 + 5ab^4 + 20ab^3c + 30ab^2c^2 + 20abc^3 + 5ac^4 + b^5 + 5b^4c + 10b^3c^2 + 10b^2c^3 + 5bc^4 + c^5$. — Wo wir $\frac{3.4.5.6.7}{1.2.3.4.5} = 21$ Glieder erhalten. Indem nun hiermit gewiß der eingeschlagene Weg ganz deutlich ist, und sich das Gesetz für die Bildung der Glieder ohne Koeffitienten aus Obigem ergiebt; sey nur noch bemerkt, daß man auch jene Glieder erhalten könnte, wenn man auf dem gewöhnlichen Wege die Kombinationen mit Wiederholungen suchte (§. 226.), und in jeder hierdurch erhaltenen Komplexion, statt der Nebeneinanderstellung der Glieder, dieselben mit den Exponenten versehen, als Produkte zusammenstellte. Dies mag noch durch ein Beispiel gezeigt werden, wo der Exponent geringer als die Anzahl der Elemente ist; z. B. man suchet $(a+b+c+d)^3$, so mache man die Kombinationen mit Wiederholung der dritten Klasse $(n=3)$ für die vier Elemente, indem man also zuerst die der 2ten Klasse suchet, und dann so verfährt, wie es das Beispiel §. 226. zeigt, so erhält man für diese Kombinationen: aaa, aab, aac, aad, abb, abc, abd, acc, acd, add, bbb, bbc, bbd, bcc, bcd, bdd, ccc, ccd, cdd, ddd, was nun auf die eben erwähnte Art dargestellt, giebt: a^3, a^2b, a^2c, a^2d, ab^2, abc, abd, ac^2 u. s. w., und mit den Koeffitienten gehörig versehen, wird:

$$\frac{1.2.3}{1.2.3}a^3+\frac{1.2.3}{1.2}a^2b+\frac{1.2.3}{1.2}a^2c+\frac{1.2.3}{1.2}a^2d+\frac{1.2.3}{1.2}ab^2$$

$$+1.2.3.abc+1.2.3abd+\frac{1.2.3}{1.2}ac^2 \text{ etc.}$$ Endlich giebt dies, bis auf das letzte Glied ausgeführt und gehörig berechnet: $a^3+3a^2b+3a^2c+3a^2d+3ab^2+6abc+6abd+3ac^2+6acd+3ad^2+b^3+3b^2c+3b^2d+3bc^2+6bcd+3bd^2+c^3+3c^2d+3cd^2+d^3$, wo wir $\frac{4.5.6}{1.2.3}=20$ Glieder erhalten.

Es würden hier die beiden Beispiele für $(a+b+c)^5$ und für $(a+b+c+d)^3$ gewählt, weil bei ersterem die Menge der Glieder geringer als der Exponent ist, was beim letzteren Beispiele gerade umgekehrt statt findet; hierdurch muß natürlich entstehen, daß bei ersterem Beispiele kein Glied erscheint, wo nicht wenigstens Einer der Faktoren einen Exponenten hätte, weil ja die Summe der Exponenten größer ist, als die Menge der Elemente, die ein Glied höchstens haben kann, nämlich alle Elemente (wie z. B. $20a^3bc$, $30a^2b^2c$ u. s w.); in letzterem Beispiele aber kommen, aus dem umgekehrten Grunde, Glieder vor, wo kein Faktor einen Exponenten hat, was um so öfter vorkommen muß, als die Menge der Elemente den Exponenten übertrifft, da sich ja nun viele Kombinationen der vielen Elemente zu einer niederen Klasse (zur nten) machen lassen; deshalb kann aber in einer Potenz, wo der Exponent gleich der Menge der Elemente ist, auch nur Ein Glied vorkommen, worin kein Faktor einen Exponenten hat, und leicht wird es einzusehen seyn, daß dieses Glied den größten Koeffizienten hat, da dieser ja nicht dividirt wird; auch ist dieser Koeffizient der einzige von seiner Größe, in der Potenz; z. B. bei $(a+b+c+d+f)^5$, wo nur ein Glied vorkommt, welches $1.2.3.4.5.abcdf = 120abcdf$ ist. — Diese und ähnliche Betrachtungen, von denen wir die wichtigsten im folgenden §. noch nehmen wollen, lassen sich in Menge hier anstellen *).

§. 244. Zusätze.

1. Wenn in der gegebenen Komplexion negative Glieder vorkommen, so werden in der Potenz selbst, alle diejenigen Glieder negativ, wo die Summe der Exponenten der, unter den Elementen negativ gegebenen Glieder (indem sie jetzt als Potenzgrößen und als Faktoren erscheinen), zusammen ungerade ist. Denn ist z. B. gegeben $(a-b-c+d)^n$, und es käme ein Glied in der Potenz vor, was (ohne Rücksicht auf den Koeffitienten) a^5bc^3 wäre, so erscheinen in diesem Gliede zwei negative Elemente b und c, die Summe der Exponenten ist

*) Mehrere Beispiele hierüber findet man in Meier Hirsch Samml., Seite 100 u. s. w., in welchen Beispielen man die erwähnten Sätze, so wie die des folgenden Paragraphs leicht nachsehen kann.

aber in diesem Gliede von diesen negativen Elementen, gleich $1+3=4$, daher ist das Glied selbst positiv; dies ist gewiß deutlich, wenn man sich die Potenzen der Faktoren jenes Gliedes zerlegt, und mit ihrem Zeichen versieht, was doch immer geschehen kann; so würde man bei jenem Gliede erhalten $+a.a.a.a.a.-b.-c.-c.-c$, daher $+a^5bc^3$ (§. 32.); wäre aber das Glied gewesen: $a^3b^5c^2$, so würde hier $5+2=7$, also das Glied selbst negativ werden; daß die positiven Elemente, so wenig wie die Koeffitienten (indem diese letzteren ja bloße Permutationszahlen sind) einen Einfluß hierauf haben, ist wol klar, so wie, daß bei einer noch so großen Menge negativer Elemente, dasselbe gilt, da ja nur die paarige oder unpaarige Menge der negativen Faktoren hier entscheidet (was die Summe der Exponenten dieser Elemente in den verschiedenen Produkten angiebt) *).

2. Wenn die Elemente in ihrer gegebenen Form, selbst Potenz oder Wurzelgrößen seyn sollten; so setze man für sie einstweilen a, b, c u. s. w., suche hiervon nach den Gesetzen des vorigen §. die Glieder der Potenz nebst Koeffitienten, dann die Zeichen der einzelnen Glieder nach Nr. 1. d. §., und nun substituire man wieder die ursprünglichen Formen, wo man noch alle Aenderungen, die hiedurch aufs Neue, sowol in den Koeffitienten als Exponenten entstehen, vornimmt. Dies zeige folgendes Beispiel: $(3a^2-5b^3-2\sqrt{c})^3$; so setze man $3a^2=n$, $5b^3=m$ und $2\sqrt{c}=p$, und betrachte den Ausdruck $(n-m-p)^3$. Zuerst geben die Elemente n, m, p in Kombinationen der dritten Klasse mit Wiederholung, folgende Komplexionen: *) nnn, nnm, nnp, nmm, nmp, npp, mmm, mmp, mpp und ppp; diese Komplexionen

*) Siehe das Beispiel hierüber in Nr. 2. dieses §.

**) Nach §. 226.

nen geben nach §. 243., und Nr. 1. d. §., folgende Potenz: $(n - m - p)^3 = + n^3 - 3n^2m - 3n^2p + 3nm^2 + 6nmp + 3np^2 - m^3 - 3m^2p - 3mp^2 - p^3$; jetzt für n, m und p ihre Werthe, so erhält man *): $27a^6 - 3 \cdot 9a^4 \cdot 5b^3 - 3 \cdot 9a^4 \cdot 2\sqrt{c} + 3 \cdot 3a^2 \cdot 25b^6 + 6 \cdot 3a^2 \cdot 5b^3 \cdot 2\sqrt{c} + 3 \cdot 3a^2 \cdot 4c - 125b^9 - 3 \cdot 25b^6 \cdot 2\sqrt{c} - 3 \cdot 5b^3 \cdot 4c - 3c^2\sqrt{c}$; dies endlich völlig aufgelöset, giebt: $(3a^2 - 5b^3 - 2\sqrt{c})^3 = 27a^6 - 135a^4b^3 - 54a^4\sqrt{c} + 225a^2b^6 + 180a^2b^3\sqrt{c} + 36a^2c - 125b^9 - 150b^6\sqrt{c} - 60b^3c - 8c^2\sqrt{c}$. Wenn in den verschiedenen Gliedern der zu potenziren gegebenen Komplexion, einzelne Größen öfter vorkommen, so werden auch bei dieser letzten Substitution noch Tilgungen vorkommen können, so gut wie Vereinigungen dieser gleichen, nachher als Faktoren erscheinenden, Größen; z. B. man verlangt

$$\left(\frac{4a^3}{3d} - 5d^2p + \frac{a^2}{2p}\right)^3,$$

so wird das Glied, welches das Produkt aus diesen drei Gliedern enthält, dieses werden: $- 6 \cdot \frac{4a^3}{3d} \cdot 5d^2p \cdot \frac{a^2}{2p}$ **) $= - 20a^5d$. Gewiß würde man diese Größe nicht, als jenes Glied, sogleich erkennen.

3. Die Formel für die Menge der Glieder einer jeden Potenz eines Polynoms (§. 243.), kann uns auch Nutzen gewähren, um eine gegebene Komplexion zu prüfen, aus der wir irgend eine Wurzel ziehen sollen, ob sie die Stellenmenge habe, welche eine Wurzel von dem verlangten Grade erfordert; und dieses sind die Untersuchungen, welche wir beim Wurzelausziehen, in der Kombinationslehre zu geben, versprachen. Soll man also z. B. aus einer Komplexion die Quadratwurzel ziehen, so muß,

*) In den Gliedern hier, sind blos die Quadrate und Kuben der Werthe $3a^2 (= 9a^4)$, $5b^3 (= 25b^6)$, $2\sqrt{c} (= 4c)$ vollzogen, um deutlich die Substitutionen zu erkennen.

**) Negativ wird es wegen des einen negativen Faktors; der Faktor 6 ist die Permutationszahl der drei Elemente.

wenn die Wurzel zweigliedrig seyn soll, die Potenz, oder das gegebene Quadrat $\frac{2.3}{1.2} = 3$ Glieder haben ($n=2, p=2$), hat die Wurzel drei Glieder, so hat das Quadrat $\frac{3.4}{1.2} = 6$ Glieder, bei vier Gliedern der Wurzel aber $\frac{4.5}{1.2} = 10$ Glieder u. s. w. — Soll eine Kubikwurzel ausgezogen werden, so hat:

für zwei Glieder in der Wurzel, der Kubus $\frac{2.3.4}{1.2.3} = 4$ Glieder

„ drei „ „ „ „ „ $\frac{3.4.5}{1.2.3} = 10$ „

„ vier „ „ „ „ „ $\frac{4.5.6}{1.2.3} = 20$ „

u. s. w., überhaupt also giebt die Formel (§. 243.) $\frac{x(x+1)(x+2)\ldots(x+p-1)}{1\,.\,2\,.\,3\,.\,\ldots\,p}$ immer jene Gliedermenge an, wenn x die Stellenmenge der Wurzel, und p den Grad derselben bezeichnet. — So würde man nun auch umgekehrt, wenn die Quadratwurzel aus einer drei, sechs, zehn u. s. w. gliedrigen Komplexion zu ziehen wäre, nun zwei, drei, vier, u. s. w. gliedrige Wurzel erhalten, vorausgesetzt, daß die Potenz vollkommen wäre; und eben so würde man bei den Kubikwurzeln, in den vollständigen Kuben, vier, zehn, zwanzig u. s. w. Glieder verlangen, wenn die Wurzel zwei, drei, vier u. s. w. gliedrig seyn sollte. — Allein, diese Untersuchungen sind doch nicht allgemein und unbedingt richtig *), und man würde Unrecht haben, z. B. einer siebenstelligen Komplexion keine vollkommene Kubikwurzel zuzutrauen **). Dies hängt nun so zusammen. Es können in einer gegebenen Komplexion einmal Glieder vorkommen, von der Beschaffenheit, daß wenn man die Komplexion potenzirt, sich noch einige jener Produkte vereinigen lassen, die,

---

*) Siehe §. 172, 3.

**) Siehe das Beispiel gleich zu Anfang Seite 262. (§. 173.)

wenn die Glieder der Wurzel ganz verschieden sind, nicht würden vereiniget werden, und hierdurch mindert sich die Menge der Glieder. Dies ist z. B. der Fall, wenn man $(4n^2 - np + p^2)$ quadriren wollte, denn in den verschiedenen Produkten muß auch das Produkt von $4n^2$ und p^2 vorkommen, gleich viel wie oft, und da auch das Quadrat von np d. h. n^2p^2 vorkommen muß, so läßt sich jenes Produkt mit diesem vereinigen, was nicht würde geschehen seyn, wenn alle drei Glieder ganz verschiedene Buchstaben enthalten hätten; so hat $(4n^2 - np + p^2)^2 = 16n^4 - 8n^3p + 9n^2p^2 - np^3 + p^4$ also nur fünf Glieder, und ist doch ein vollständiges Quadrat. Eben so kann es bei Kuben u. s. w. gehen. — Aber, es kann auch eine vollkommene Potenz mehr Glieder haben, als es die Wurzel nur verlangt, wenn nämlich einzelne Glieder der Potenz getheilt werden; z. B. $(2a + 3b)^2 = 4a^2 + 12ab + 9b^2$, aus welcher dreigliedrigen Komplexion man nach Belieben mehrere Glieder machen kann, als: $3a^2 + 7ab + 12b^2 + a^2 - 3b^2 + 5ab$, u. dgl. m. Hiergegen kann man sich aber in sofern eher schützen, daß man vor einer Wurzelausziehung immer erst untersuchet, ob sich Glieder noch vereinigen lassen, welche Untersuchung bei dem Falle, daß zu wenig Glieder sind, selten nützen würde. — So sehen wir abermals, wie man bei allgemeinen Untersuchungen vorsichtig seyn muß, und alles was wir hier sagen können, ist: wenn alle Glieder der Wurzel so verschieden sind, daß sich nirgend gleiche Buchstaben befinden; dann wird jene Vereinigung auch nicht statt finden können, und die Regel für die Menge der Glieder ist anwendbar; sind aber Buchstaben gleich, so hängt es immer noch erst von dem jedesmaligen Falle ab, ob eine Vereinigung der eben gedachten Art sich vorfindet.

§. 245. Zusätze.

1. Man kann die Potenzirung eines Polynoms auch auf die eines Binoms zurück führen, wenn man sämmtliche

Glieder außer dem ersten, durch einen Buchstaben bezeichnet, und aus dem Polynom so ein Binom macht; z. B. $(a+b+c-d+p)^n = (a \mp z)^n = a^n \mp \frac{n}{1} a^{n-1} z + \frac{n(n-1)}{1.2} a^{n-2} z^2 \mp ..$ (§. 235), wo man auch überall für z wieder seinen Werth einführen kann.

2. Auch kann man die Summe der Koeffitienten in jeder Potenz eines Polynoms finden, wenn die gegebenen Glieder nicht schon selbst solche haben. Denn: die Koeffitienten sind bloße Permutationszahlen der einzelnen Glieder, die man daher auch wieder auflösen, und die Glieder so darstellen kann, daß man alle Komplexionen der Variationen mit Wiederholungen, für die gegebenen Glieder als Elemente, erhält; dann ist der Koeffitient jedes Gliedes $= 1$, und die Summe der Koeffitienten ist die Anzahl aller jener Komplexionen; daher $= p^n$ wenn p die Menge der gegebenen Elemente, und n den Grad der Potenz anzeigt (§. 231.). Auch könnte man sagen, die Summe der Koeffitienten bleibt ungeändert, es mögen die Elemente seyn was sie wollen, also auch wenn man $(1+1+1+1....)^n$ suchet, und diese Potenz kann nun in den einzelnen Produkten nur in Hinsicht der Koeffitienten betrachtet werden, da alle Faktoren, in welcher Potenz sie auch erscheinen mögen, in den verschiedenen Gliedern $= 1$ sind; man erhält also $(1+1+1...)^n = p^n$, wenn p die Menge der Einsen vorstellt. — Sind Glieder in der gegebenen Komplexion negativ, so ist natürlich hier die Formel p^n, wenn man die negativen Zeichen der verschiedenen Koeffitienten berücksichtiget, nicht anwendbar; achtet man aber nicht auf diese Zeichen, so bleibt die Formel wieder richtig, denn die negativen Zeichen ändern ja nichts in der Größe der Koeffitienten.

3. Wollten wir die Formel für die Anzahl der Glieder der Potenz eines Polynoms, auf das Binom wieder anwenden, und es werde $(a \mp b)^n$ verlangt, so ist die Menge der Glieder $= \frac{2.3.4.....n(n+1)}{1.2.3.....(n-1)n} = n+1$, indem sich alle Glieder des Nenners gegen gleiche im Zähler heben, und hier nur der letzte Faktor $(n+1)$ übrig bleibet (§. 237, 2). Abermals ein schöner Beweis, wie man von dem Allgemeinen (dem Polynom) auf das Besondere (das Binom) zurück kommen kann, und wie in jenem schon dieses mit enthalten seyn muß.

Zweiter Abschnitt.

Der zweite Theil der niederen Arithmetik.

Zweiter Abschnitt.

Der zweite Theil der niederen Arithmetik.

Erstes Hauptstück.
Theorie der Proportionen.

Erstes Kapitel.
Von den Verhältnissen und Proportionen im Allgemeinen, von den arithmetischen Proportionen ins Besondere.

§. 246. Erklärung.

Die Art und Weise, wie Größen aus einander entstehen, heißt ihr Verhältniß.

§. 247. Grundsätze.

1. Nur gleichartige Größen können aus einander entstehen, daher auch nur solche: ein Verhältniß zu einander haben, oder in Verhältniß stehen können. (Einleitung; Art der Größen, 6ter Grundsatz.)

2. Alle gleichartige Größen haben ein Verhältniß zu einander, da man immer die eine derselben, als aus der anderen entstanden, sich vorstellen kann.

3. Untersucht man das Verhältniß gleichartiger Größen, so müssen sie auch noch erst gleichnamig gemacht werden. (Siehe die Einleitung, III. Art der Größen.)

§. 248. Erklärungen.

1. Untersucht man, was man zu einer von zwei Größen, deren Verhältniß man bestimmen will, addiren muß, um die andere zu erhalten; so sagt man: man untersuche ihr arithmetisches Verhältniß; die Größe welche man aber zu der einen addiren muß, um die andere zu erhalten, heißt der Name des Verhältnisses oder der Denominator desselben.

2. Wird untersucht, womit man eine von zwei Größen, deren Verhältniß man sucht, zu multipliziren hat, um die andere zu erhalten; so nennt man dies: ihr geometrisches Verhältniß untersuchen; die Größe, welche nun anzeigt, womit die eine der gegebenen Größen zu multipliziren ist, um die andere zu erzeugen, heißt der Exponent des Verhältnisses.

Anmerk. Die Benennungen arithmetisches und geometrisches Verhältniß, sind ganz beliebig gewählt, und hat man hierin keineswegs einen Grund, etwa für den Gebrauch dieser verschiedenen Verhältnisse in der Arithmetik und in der Geometrie, zu suchen; sondern, welches der beiden Verhältnisse gebraucht wird, hängt immer vom jedesmaligen Falle ab, worauf man das Verhältniß anwenden soll oder will. Man hätte übrigens bei der ersten Wahl dieser beiden Benennungen (die allgemein unter diesem Namen bekannt sind) vorsichtiger seyn können. Wenn nun auch die geometrischen Verhältnisse die am mehrsten gebrauchten sind (weshalb wir ihnen auch das zweite Kapitel allein widmen), so sind die arithmetschen doch keineswegs zu vernachlässigen.

§. 249. Grundsätze.

1. Der Name des arithmetischen Verhältnisses ist immer mit den Größen, deren Verhältniß man untersucht, gleichartig; denn er soll ja zu der einen Größe addirt, die andere erzeugen (§. 21, 5.).

2. Der Exponent des geometrischen Verhältnisses ist immer eine unbenannte Zahl; denn er ist ja Multiplikator eines Produktes, wo die eine der Größen,

deren Verhältniß untersucht wird, der Multiplikandus ist (§. 30, 5.).

Anmerk. Diese, so höchst wesentliche verschiedene Erscheinung bei den beiden verschiedenen Verhältnissen, ist vorzüglich zu beachten, da wir besonders aus dem zweiten dieser Grundsätze die wichtigsten Folgen herleiten werden.

§. 250. Wahlsätze.

1. Wenn das arithmetische Verhältniß zweier Größen a und b *) untersucht werden soll, so verbindet man sie durch dies Zeichen $\div$, und setzt die Größe, aus welcher die andere entstehen soll, vor das Zeichen; z. B. $a \div b$ wird ausgesprochen: a verhält sich arithmetisch zu b.

2. Soll das geometrische Verhältniß zweier Größen a und b (siehe auch unten bei *) untersucht werden, so verbindet man sie durch dies Zeichen : wo auch die Größe vor das Zeichen gesetzt wird, aus welcher die andere entstehen soll; z. B. a : b wird ausgesprochen: a verhält sich geometrisch zu b, oder, weil die geometrischen Verhältnisse am öftesten gebraucht werden, so sagt man blos: a verhält sich zu b, oder auch wol nur: a zu b.

Anmerk. Es sind verschiedene Wahlen für die Bezeichnung des arithmetischen und des geometrischen Verhältnisses von den Mathematikern gewählt; ich behalte aus Gründen die genannten bei. Auch haben Mathematiker oft bei den Bezeichnungen angenommen, daß die zuerst geschriebene Größe aus der zweiten entstehen soll (also gerade umgekehrt wie wir es annahmen); daß dies nun ganz willkührlich ist, man sich aber an eine bestimmte Annahme fest zu halten habe, ist wol einleuchtend. Die Bezeichnung a:b ist zwar nach §. 33. die der Division, doch stört uns dies nicht weiter im Gebrauche, wie wir sogleich werden kennen lernen (siehe 251. Anmerk. 1.).

---

*) Wo also a und b jede zwei Größen, sobald sie nur gleichartig sind (§. 247.) bedeuten.

§. 251. Zusätze.

1. Wenn man bei dem arithmetischen Verhältnisse $a \div b$, den Namen sucht, so entsteht dieser offenbar, wenn die a von der b subtrahirt wird, oder es ist solcher $= (b - a)$ (§. 248, 1., §. 250, 1. und nach der Erklärung der Subtraktion §. 22.). Nennt man diese Differenz $(b - a) = n$, so pflegt man auch oft den Namen n zwischen a und b, über das Zeichen $\div$ zu setzen, z. B. $a \overset{n}{\div} b$; daß alsdann $a + n = b$, oder $b - n$ wieder $= a$ ist, versteht sich aus dem so eben Gesagten von selbst; und daß es hierbei völlig gleichgültig ist, ob a oder b größer ist, liegt schon in der Erklärung des arithmetischen Verhältnisses; daß ferner, wenn $a > b$ ist, und a so wie b positiv sind, auch n negativ seyn wird, liegt schon in der Natur der Addition und Subtraktion begründet. — So wird man auch, wenn a oder b (oder beide) negativ sind, den Namen leicht finden (§. 23.).

2. Sucht man den Exponenten des geometrischen Verhältnisses von $a : b$, so ist er der Quotient, den man bei der Division von a in b erhält, oder er ist $= \frac{b}{a}$ (§. 248, 2., §. 250, 2. und aus den Gesetzen der Division). Nennt man diesen Quotienten z. B. e, und setzt ihn über das Zeichen :, so erhält man die Darstellung $a \overset{e}{:} b$, wo nun wieder $ae = b$ oder $\frac{b}{e} = a$ ist. Auch hier ist es völlig gleichgültig, ob a oder b größer ist; ist z. B. $a > b$, so wird $e = \frac{b}{a}$ natürlich ein echter Bruch, ist aber $b > a$, so wird e entweder eine ganze Zahl oder ein unechter Bruch; ferner wird die Eigenschaft von e, aus den Eigenschaften von a und b nach §. 35, 2. bestimmt.

Anmerk. 1. Weil, wenn man $a : b$ als Divisionsform betrachtet, $a : b = \frac{a}{b}$ ist (§. 86. und dessen Anmerkung 1.), so hat man vorgeschlagen, bei dem Verhältniß a:b die erste Größe a aus der folgenden b entstehen zu lassen, wo alsdann allerdings der Exponent beim Verhältnisse a:b auch $\frac{a}{b}$ ist. Daß aber unsere Annahme, b entstehe aus a, nichts hindert, ist erwähnt (§. 250. Anmerk.).

Anmerk. 2. Wenn der Name beim Verhältniß a:b nun $\frac{b}{a}$ ist, so könnte man glauben, sobald a benannt wäre (was es doch seyn muß, sobald b solches ist, (§. 247.), sey $\frac{b}{a}$ nicht zu dividiren. Wir erinnern uns hierbei aber, daß der Dividendus durch den Quotienten dividirt, immer wieder den Divisor giebt, und daß in diesem Falle ja der Dividendus mit dem Divisor (der Quotient war) gleichartig seyn muß (§. 35, 5.); der neue Quotient aber (oder der ursprüngliche Divisor) ist alsdann eine unbenannte Zahl (§. 35, 4.). Es tritt hier das, §. 35. (die Anmerk. nach dem 6ten Satze dieses §.) Bemerkte, ein. — Der Exponent des geometrischen Verhältnisses ist aber jener unbenannte Divisor, oder, jener immer unbenannte Multiplikator (§. 249, 2.).

§. 252. Erklärung.

Man nennt zwei oder mehrere Verhältnisse, sowol arithmetische als geometrische (natürlich jede dieser Verhältnisse unter sich), gleich, wenn sie gleiche Namen oder gleiche Exponenten, haben. Wenn also bei den beiden Verhältnissen $a \div b$ und $c \div d$, die Namen $(b-a) = (d-c)$ sind, so sind sie gleich; eben so, wenn bei a:b und bei c:d, die Exponenten $\frac{b}{a} = \frac{d}{c}$ sind. Man sagt ferner, ein Verhältniß sey größer oder kleiner als ein anderes, wenn der Name oder der Exponent wächst oder fällt; so ist das Verhältniß von $5 \div 7$ kleiner als das von $2 \div 5$, und das Verhältniß von 6:24 größer als das von 12:36.

§. 253. Erklärung.

Von zwei gleichen Verhältnissen sagt man: sie stehen in Proportion, oder sie bilden eine Proportion; man verbindet beide Verhältnisse alsdann durch das

Gleichheitszeichen (=), und nennt die ganze Darstellung eine arithmetische Proportion, wenn die beiden Verhältnisse arithmetische sind; z. B. a ÷ b = c ÷ d, welches man ausspricht: a verhält sich arithmetisch zu b, wie sich verhält c zu d, oder blos: a arithmetisch zu b wie c zu d; sind die beiden Verhältnisse geometrisch, so erhält man die geometrische Proportion, z. B. a : b = c : d, wo man blos sagt: a verhält sich zu b wie sich verhält c zu d, oder a zu b wie c zu d, indem man das Wort geometrisch auch hier ganz wegläßt (§. 250, 2.)

Zusatz. Die Proportionsrechnungen haben es nun zu thun, Größen zu suchen, die aus anderen gegebenen Größen eben so entstehen, wie ebenfalls gegebene Größen aus einander entstanden sind. Die verschiedenen, hierbei vorkommenden Bedingungen, machen die verschiedenen Proportionsrechnungen aus, welche allgemein der Gegenstand des zweiten Abschnitts seyn sollten (§. 12, 2.), und wo man leicht sieht, daß die Idee des Verhältnisses hierbei zum Grunde liegt.

§. 254. Erklärung.

Bei jeder Proportion, sowol arithmetischen als geometrischen, also bei a ÷ b = c ÷ d oder bei a : b = c : d, kommen folgende Benennungen vor:

1. Die vier Größen, welche die Proportion bilden, heißen allgemein die Glieder derselben, und werden nach ihrer Ordnung gezählt, als das erste, das zweite u. s. w.

2. Die beiden ersten Glieder a und b heißen die Glieder des ersten oder die Glieder des vorderen Verhältnisses; c und d dagegen, die Glieder des zweiten oder die Glieder des hinteren Verhältnisses.

3. Die Glieder a und d heißen die äußeren Glieder der Proportion, b und c dagegen die mittleren Glieder der Proportion.

4. Die Glieder a und c heißen die vorderen Glieder der Verhältnisse, b und d aber die hinteren Glieder der Verhältnisse. Auch nennt man a und c, so wie b und d, homologe oder gleichliegende Glieder, und zwar a und c die homologen vorderen, b und d aber die homologen hinteren Glieder.

§. 255. Erklärung.

Wenn die mittleren Glieder einer Proportion einander gleich sind, so heißt die Proportion eine stetige oder zusammenhängende Proportion. Man schreibt alsdann das mittlere Glied nur ein Mal hin, und läßt das Gleichheitszeichen weg, z. B. $a \div b \div c$ heißt so viel als $a \div b = b \div c$; eben so $a:b:c$ so viel als $a:b = b:c$; doch werden jene abgekürzt geschriebenen Proportionen wie die weitläuftig geschriebenen ausgesprochen. — Man nennt ferner das mittlere Glied einer solchen stetigen Proportion: die mittlere Proportionalgröße zwischen den beiden anderen Größen a und c, und zwar mittlere arithmetische oder mittlere geometrische, je nachdem sie bei einer dieser verschiedenen Proportionen sich befindet. — Die Proportionen, die nicht stetig sind, heißen unstetige, abgesonderte oder getrennte Proportionen, wie $a \div b = c \div d$ u. s. w. — Auch heißt bei einer stetigen Proportion das letzte Glied oft: die dritte Proportionalgröße zu den beiden vorhergehenden Größen.

§. 256. Grundsätze.

1. Jedes Verhältniß ist sich selbst gleich, bildet also mit sich selbst eine Proportion, daher $a \div b = a \div b$ oder $a:b = a:b$.

2. Zwei oder mehrere Verhältnisse, die einem gemeinschaftlichen Verhältnisse gleich sind, sind auch unter sich gleich, oder bilden unter sich eine Proportion; wenn also $a \div b = c \div d$, und auch $a \div b = n \div m$; so auch $c \div d = n \div m$; oder wenn $a : b = c : d$ und auch $a : b = f : g$ so auch $c : d = f : g$. Denn es hängt ja die Gleichheit zweier Verhältnisse nur von der Gleichheit der Namen oder der Exponenten ab. Sind aber die Verhältnisse, womit jene gleich sind auch nicht *dieselben*, sondern nur *unter sich gleich*, so bleibt der Satz doch wahr. Z. B. $a \div b = c \div d$, ferner $n \div m = p \div q$, und man weiß auch, daß $a \div b = n \div m$, so muß auch $c \div d = p \div q$ seyn, denn, wenn $a \div b = n \div m$ ist, so sind die Namen beider Verhältnisse *gleich*, also auch die Namen der, ihnen wechselsweise gleichen Verhältnisse, die daher eine Proportion bilden müssen. Eben so ist dies natürlich auch bei geometrischen Verhältnissen der Fall.

3. Die *Art* der Größen, welche das erste Verhältniß einer *arithmetischen* Proportion bilden, muß mit der Art der Größen des zweiten Verhältnisses *dieselbe* seyn; denn der Name des arithmetischen Verhältnisses ist *gleichartig* (§. 249, 1.) mit den Gliedern desselben, und weil bei der arithmetischen Proportion die Namen in beiden Verhältnissen gleich seyn sollen, so muß der Name des zweiten Verhältnisses *dieselbe* Art des Namens des ersten Verhältnisses, also auch dessen Glieder, haben; die Art des Namens des zweiten Verhältnisses, kann aber wieder nur so seyn, wie die Art der Glieder dieses Verhältnisses es ist. Z. B. 7 Rth. ÷ 11 Rth. = 4 Rth. ÷ 8 Rth., wo der Name beider Verhältnisse 4 Rth. (11 Rth. — 7 Rth.) ist; keineswegs aber könnte man setzen 7 Rth. ÷ 11 Rth. = 4 ℔ ÷ 8 ℔, denn hier wäre der Name einmal 4 Rth., dann wieder 4 ℔; also *ungleich*.

4. Die Größen *aus den beiden* Verhältnissen einer *geometrischen* Proportion können *ungleich-*

artig seyn; denn der Exponent ist ja nur eine unbenannte Zahl (§. 249, 2.). So verhalten sich also 4 Rth. : 12 Rth. = 6 ℔ : 18 ℔, wo bei beiden Verhältnissen der Exponent die unbenannte Zahl 3 ist.

5. Das geometrische Verhältniß zweier gleichbenannten Größen ist immer gleich mit dem Verhältnisse der beiden unbenannten Zahlen, welche die Menge der gleichnamigen Größen, im Verhältnisse der gleichbenannten Größen, anzeigten; also verhalten sich 7 Fuß : 24 Fuß = 7 : 24, denn 4 bleibt der Exponent beider Verhältnisse. — Sind die Größen des einen Verhältnisses noch ungleichbenannt, so müssen erst beide Glieder auf denselben Namen zurückgeführt werden (§. 247, 3.); z. B. 8 Loth : 3 ℔ = 8 Loth : 96 Loth = 8 : 96 = $\frac{1}{4}$ ℔ : 3 ℔ = $\frac{1}{4}$: 3.

6. Ist $a \div b = c \div d$ eine richtige arithmetische Proportion, und ist n der Name der Verhältnisse, so wird man für b setzen können $a + n$, und für $d = c + n$ (§. 251, 1.), daher für obige Proportion, auch $a \div (a+n) = c : (c+n)$ gesetzt werden kann, welches eine allgemeine Darstellung aller arithmetischen Proportionen seyn wird, wo also a, n und c gleichartige Größen sind.

7. Wenn $a : b = f : g$ eine richtige geometrische Proportion ist, wo e den Exponenten der Verhältnisse bedeute, so kann man für b setzen $= ae$, und $g = fe$, daher $a : ae = f : fe$ eine allgemeine Darstellung aller geometrischen Proportionen ist, wo e immer eine unbenannte Zahl, a und f aber jede zwei Größen von gleicher oder verschiedener Art seyn können.

8. Man kann allen oder nur zwei beliebigen Gliedern einer geometrischen Proportion die entgegengesetzten Zeichen geben. Denn durch Umkehrung der Zeichen werden die Exponenten beider Verhältnisse in ihrer Größe nicht geändert, und in Hinsicht ihrer Ei-

genschaft ändern sie sich durch eine der gedachten Verrichtungen entweder beide, sind daher abermals gleich, oder der eine Exponent, wo die Glieder beide entgegengesetzt genommen wurden (in einem Verhältnisse), bleibt auch im Zeichen ungeändert. Z. B. man habe $a:b = c:d$, wo x der Exponent $= \frac{b}{a} = \frac{d}{c}$ seyn mag, so ist bei den Aenderungen $a : -b = c : -d$, $-a : b = -c : d$, $-a:b = c:-d$ oder $a:-b = -c:d$, der Exponent jetzt $= -x$, bei den Aenderungen $-a:-b = c:d$ oder $a:b = -c:-d$ oder $-a:-b = -c:-d$ aber, bleibt derselbe $= +x$.

9. Daß bei den arithmetischen Proportionen die Aenderungen von Nr. 8. nicht anzuwenden sind, ist wol deutlich, da der Name bedeutend sich ändern würde u. s. w.

Anmerk. Das Weitere über die geometrischen Proportionen bleibt für das folgende Kapitel; das Bisherige von ihnen stand hier, zur Begründung des Unterschiedes beider so wesentlich verschiedenen Verhältnisse, und um das, was in Hinsicht der Benennungen u. s. w. bei beiden Proportionen dasselbe war, später nicht noch einmal zu wiederholen.

§. 257. Anmerkung.

Indem wir bis hierher alles, was von den Verhältnissen und Proportionen gelehrt wurde, immer allgemein von Größen aussagten, so geschahe dies mit Fleiß; indem gegenwärtige Theorie der Proportionen, deren Anwendung durch alle Theile der reinen und angewandten Mathematik von so ausgebreitetem Nutzen ist, uns auch in der Folge dienen soll, und zunächst in der Geometrie eine so bedeutende Anwendung findet, so wie in der praktischen Arithmetik, wo die Proportionsrechnung einen so umfassenden Theil ausmacht, indem sie bei denen, im Leben vorkommenden Rechnungen vorzüglich oft angewendet wird. — Es wird daher auch in der Folge dieses Hauptstücks wol darauf zu achten seyn, ob

von

von Größen allgemein, oder nur von Zahlen geredet wird; die Sätze aber, die wir von Zahlen blos aussagen werden, sind deshalb für die übrigen Größen eben so anwendbar; denn, da jede Größe theilbar ist, und die Theile zählbar (§. 1.) sind, so werden jene Sätze gehörig übertragen, auch auf andere Größen angewendet werden können, wozu die nöthigen Vorbereitungen bei jenen Anwendungen erst getroffen werden müssen, was daher bis zu den verschiedenen Theilen, wo diese Anwendungen vorkommen, natürlich ausgesetzt bleibt, wozu aber die Begründung, vorzüglich in den Sätzen 3, 4 und 5 des vorigen §. liegt. Der Gegenstand der Proportionsrechnung (§. 253.), ist nun so merkwürdig von den Gegenständen der Rechnungen des vorigen Abschnitts verschieden; daß ich diese Rechnung eben deshalb, auch als einen neuen Haupttheil der niederen Arithmetik aufstelle. Läßt sich die Idee des Verhältnisses, auch schon versteckt im ersten Abschnitte nachweisen *), so dürfen wir ja nicht vergessen, daß auch dort schon die Begründung der ganzen Mathematik gelegt wurde, und daß eben so die Theorie der Gleichungen, die doch erst den dritten Abschnitt der niederen Arithmetik ausmachen sollte, ebenfalls ihre Begründung, nicht etwa erst §. 52. u. s. w. erhielt; sondern daß die Idee der Gleichung, in den ersten Grundsätzen der gesammten Mathematik, schon lag. Es kann also nur das Uebergewicht der, wesentlich von einander verschiedenen Verbindungen der bekannten und unbekannten Größen in einer Rechnung, auf jene §. 12. gemachte Eintheilung der niederen Arithmetik entscheiden. Auch hierüber gehört das Fernere in eine eigene Betrachtung über die Mathematik überhaupt.

§. 258. Aufgaben.

1. Aus drei Gliedern einer arithmetischen Proportion das vierte, wenn es fehlt, zu finden.

*) In der Multiplikation und Division.

Auflösung. Wenn in einem Verhältnisse die beiden Glieder gegeben sind, so können wir immer den Namen, ist aber ein Glied und der Name gegeben, so können wir das zweite Glied wieder, finden (§. 251, 1.). Sobald daher in einer arithmetischen Proportion drei Glieder gegeben sind, so suche man in dem Verhältnisse wo die beiden Glieder bekannt sind, den Namen, und indem dieser auch der Name des zweiten Verhältnisses ist, wo nur ein Glied gegeben ward, so kann man das zweite Glied desselben finden, es mag in der Proportion fehlen wo es auch sey. Z. B. es heiße x das unbekannte Glied, und man verlangt in der Proportion $a \div b = c \div x$ dasselbe zu bestimmen, so ist der Name des Verhältnisses $a \div b$, doch $= b - a$, weshalb $c + (b - a) = x$ seyn muß. — Fehlt in der Proportion $a \div b = x \div f$ das dritte Glied, so ist der Name wieder $b - a$, aber das dritte Glied $= f - (b - a) = f - b + a$; eben so ist, wenn in $a \div x = p \div q$ das zweite Glied fehlt, dasselbe $= a + (q - p)$, denn $(q - q)$ ist der Name des zweiten Verhältnisses; endlich ist bei $x \div h = k \div t$ das erste Glied $= h - (t - k) = h - t + k$, indem $(t - k)$ der Name ist.

2. Wenn der Name der Proportion gegeben ist, so können zwei Glieder fehlen, nur dürfen die beiden gegebenen Glieder, nicht die Glieder eines Verhältnisses seyn, weil sich ja sonst der Name von selbst verstehet, also derselbe nicht zu geben nöthig ist; würde er aber beliebig gegeben werden, so könnte er nicht der wahre Name, wie er zu dem gegebenen Verhältnisse nöthig ist, seyn. Nennt man x und y die beiden unbekannten Größen, und n den bekannten Namen, so kann gegeben seyn *):

1. $a \overset{n}{\div} x = b \overset{n}{\div} y$, dann ist $x = a + n$ und $y = b + n$
2. $a \overset{n}{\div} x = y \overset{n}{\div} f$, „ „ $x = a + n$ „ $y = f - n$

*) Tafel 75. hat Beispiele hierüber.

3. $x \overset{n}{\div} a = y \overset{n}{\div} f$, dann ist $x = a - n$ und $y = f - n$

4. $x \overset{n}{\div} a = h \overset{n}{\div} y$, hier ist $x = a - n$ und $y = h + n$

Gehören die Stücke welche gegeben sind zu einer stetigen Proportion, so kann man sie ja als getrennte schreiben, wo sie sodann unter die eben gehabten Fälle gehört. Daß bei diesen, so wie bei den vorigen Aufgaben, die gegebenen Größen, immer gleichartig seyn müssen, sonst aber beliebige Größe und Eigenschaft haben können, ist aus dem bereits Gehabten hinlänglich einzusehen.

§. 259. Lehrsatz.

Bei jeder arithmetischen Proportion, ist die Summe der beiden äußeren Glieder, gleich der Summe der mittleren Glieder, oder gleich dem doppelten mittleren Gliede, wenn die Proportion stetig ist.

Beweis. Es ist $a \div (a + n) = f \div (f + n)$ nach §. 256, 6. eine allgemeine Darstellung der arithmetischen Proportionen, unter die sich daher eine jede besondere Proportion bringen läßt. Was also von dieser allgemeinen Proportion gilt, das gilt von jeder besonderen; und gewiß ist unser Lehrsatz an dieser allgemeinen Proportion deutlich, indem $a + f + n = a + n + f$ ist (§. 21, 1.). Ist die Proportion stetig, so muß das mittlere Glied doppelt genommen werden.

Anmerk. Man habe z. B. $-4 \div +2 = -11 \div -5$, so ist auch hier $-4 - 5 = +2 - 11 = -9$, denn die Proportion ist richtig, indem $+6$ der Name ist.

§. 260. Zusätze.

1. Stellt man also zwei arithmetische Verhältnisse neben einander, und die Summe der beiden äußeren Glieder, ist nicht gleich der Summe der beiden mittlern; so bilden die beiden Verhältnisse, auch keine Proportion.

2. Wenn drei Glieder einer arithmetischen Proportion gegeben sind, so haben wir durch §. 259. ein

zweites Mittel, das vierte fehlende zu finden; denn, fehlt ein äußeres Glied, so subtrahire man das andere gegebene äußere, von der Summe der beiden mittleren Glieder, z. B. $x \div a = b \div d$, so ist $x + d = a + b$, daher $x = a + b - d$; fehlt ein mittleres Glied, so ist das Verfahren mit dem anderen mittleren und den beiden äußeren Gliedern, dasselbe; z. B. $a \div b = x \div f$ so ist $x = a + f - b$. Bei einer stetigen Proportion aber, hat man das mittlere Glied doppelt zu nehmen und das äußere zu subtrahiren, oder von der Summe der beiden äußeren Glieder die Hälfte zu nehmen, wenn das mittlere Glied zu suchen ist.

Anmerk. Es ist also die Theorie der Proportionen nicht getrennt von den Gleichungen (§. 257.).

§. 261. Lehrsatz.

Sind vier gleichartige, neben einander gestellte Größen so beschaffen, daß die Summe der beiden äußeren, gleich der Summe der beiden mittleren ist; so bilden sie eine richtige arithmetische Proportion.

Beweis. Es sey gegeben a, b, c, d, ferner $a + d = b + c$; so wird behauptet, daß $a \div b = c \div d$. Denn, man nenne die Größe, welche zu a addirt werden muß, um b zu erzeugen x *), so ist $a + x = b$; war aber $a + d = b + c$ gegeben, so substituire man für b den Werth $a + x$, so wird $a + d = a + x + c$; daher, wenn von beiden Seiten der Gleichung a subtrahirt wird, so bleibt $d = x + c$; wenn aber für b und d, diese Werthe in die Zusammenstellung jener oben gegebenen vier Größen gesetzt werden, so erhält man statt a, b, c, d jetzt:

---

*) Diese Größe x muß vorhanden seyn, und zwar ist sie $= b - a$, denn $a + b - a = b$; es ist also nur zu zeigen, daß es dieselbe Größe x sey, die zu c addirt werden muß, um d zu geben.

a, a + x, c, c + x, und offenbar verhält sich $a \div (a + x) = c \div (c + x)$ da x der Name beider Verhältnisse war; oder man hat wiederum $a \div b = c \div d$.

Anmerk. Man halte diesen Satz ja nicht für einen, durch §. 259. bereits erwiesenen Satz. (Siehe Einleitung II., Theorie der Beweise, vierter Zusatz.)

§. 262. Zusätze.

1. Der vorige §. giebt ein zweites Mittel an, um zu untersuchen, ob vier Größen eine richtige Proportion bilden; §. 260, 1. lehrte nur einen Fall, wo eine Proportion unrichtig war, woraus die umgekehrte Erscheinung (die Gleichheit der äußeren und mittleren Glieder) noch keineswegs unbedingt eine richtige Proportion giebt.

2. Hat man zwei gleiche Summen, und in jeder Summe zwei Summanden, z. B. $a + q = p + f$, so bilden die vier Summanden immer eine richtige arithmetische Proportion, wenn man nur die Summanden der einen Summe zu äußeren Gliedern, und die der anderen Summe zu mittlern Gliedern macht; z. B. $p \div q = a \div f$; denn es ist ja nun laut Annahme, die Summe der äußeren und mittleren Glieder, gleich. — Haben aber die beiden Summen mehrere Summanden, so kann man eine beliebige Menge der einen Summe zu einem äußeren Gliede machen, die übrigen aber zum anderen äußeren Gliede; eben so bei den mittleren Gliedern. Z. B. $f + h - g + k = b - a - t$, so ist $(f - g + k) \div (b - a) = - t \div h$. u. s. w.

3. Hat man eine arithmetische Proportion, so kann man die Glieder derselben auf alle Arten verwechseln, und wird immer wieder eine richtige Proportion erhalten, sobald man nur die beiden äußeren Glieder wieder beide zu äußeren läßt, oder beide zu mittlere Glieder macht, in welchen Fällen die beiden, zuerst als mittlere Glieder gegebenen Glieder, wieder beide mittlere bleiben oder

beide äußere Glieder werden. Dies giebt acht verschiedene Darstellungen der vier Glieder einer arithmetischen Proportion, zu neuen Proportionen; diese sind: wenn gegeben ist 1. $a \div b = c \div d$, so ist

2. $a \div c = b \div d$, ferner
3. $b \div a = d \div c$
4. $b \div d = a \div c$
5. $c \div d = a \div b$
6. $c \div a = d \div b$
7. $d \div c = b \div a$
8. $d \div b = c \div a$

denn: war gegeben $a \div b = c \div d$, so muß $a + d = b + c$ seyn (§. 159.), und diese beiden gleichen Summen geben bei jeder der sieben neuen Darstellungen, wieder die Summen der äußeren und mittleren Glieder, weshalb diese sieben neuen Darstellungen, richtige Proportionen seyn müssen (1. und 2. d. §.).

4. Eine arithmetische Proportion bleibt richtig, wenn man zu den Gliedern eines Verhältnisses, oder zu zwei homologen Gliedern, oder zu allen vier Gliedern, dieselbe Größe addirt, oder davon subtrahirt, welche Größe natürlich gleichartig mit den vier Gliedern selbst seyn muß. Denn: durch diese Verrichtung wird die Summe der äußeren und mittleren Glieder gleich viel vermehrt *), daher bleiben sich beide Summen wieder gleich, und die Proportion ist auch wieder richtig (§. 261. und Nr. 2. d. §.). Z. B. wenn $a \div b = c \div d$, so auch $(a \mp n) \div (b \mp n) = c \div d$ oder $(a \mp n) \div b = (c \mp n) \div d$ oder $a \div (b \mp n) = c \div (d \mp n)$ ferner $a \div b = (c \mp n) \div (d \mp n)$ endlich $(a \mp n) \div (b \mp n) = (c \mp n) \div (d \mp n)$; auch kann man hiernach zu zwei Gliedern, wenn sie nur zwei der eben genannten sind, eine andere Größe als zu den bei-

---

*) Positiv oder negativ vermehrt; Letzteres geschieht durch die Subtraktion §. 25, 1.

den anderen Gliedern, addiren; z. B.

$$(a \mp n) \div (b \mp m) = (c \mp n) \div (d \mp m)$$

u. s. w. — Daß man aber nicht zu den beiden mittleren oder zu den beiden äußeren Gliedern allein, dieselbe Größe addiren kann, ist einleuchtend.

§. 263. Erklärung.

Wenn man die mittleren Glieder einer Proportion verwechselt, so nennt man dies alternando schließen, wie z. B. die zweite der vorigen acht Proportionen (§. 262, 3.) aus der ersten. Wenn man aber die Glieder der beiden Verhältnisse mit einander verwechselt, so heißt dies konvertendo schließen, wie z. B. die dritte aus der ersten Proportion.

§. 264. Lehrsatz.

Eine arithmetische Proportion bleibt richtig, wenn man sämmtliche Glieder mit einer und derselben Zahl multiplizirt, oder sie sämmtlich durch eine und dieselbe Zahl dividirt *).

Beweis. Hat man $a \div b = c \div d$, so soll auch $an \div bn = cn \div dn$ seyn. Aber es folgt aus der gegebenen Proportion (§. 259.), daß $a + d = b + c$ ist, und dann ist auch (§. 30, 4.) $(a + d)n = (b + c)n$ welches giebt $an + dn = bn + cn$, woraus man nach §. 262, 2. die Proportion $an \div bn = cn \div dn$ bilden kann. Eben so ist aber auch $\frac{(a+d)}{n} = \frac{(b+c)}{n}$ d. h. $\frac{a}{n} + \frac{d}{n} = \frac{b}{n} + \frac{c}{n}$, woraus abermals $\frac{a}{n} \div \frac{b}{n} = \frac{c}{n} : \frac{d}{n}$ folgt. — Daß man ferner die Multiplikation nicht mit einigen Gliedern nur vornehmen kann, ist hieraus wol einleuchtend.

*) Diese Zahl muß, wie bekannt, immer eine unbenannte Zahl seyn (§. 30, 5. und §. 35, 4.).

§. 265. Lehrsatz.

Hat man zwei oder mehrere arithmetische Proportionen, so verhält sich die Summe aller ersten Glieder zur Summe aller zweiten, wie die aller dritten Glieder zu der Summe aller vierten Glieder.

Beweis. Hat man

$$a \div b = c \div d \quad \text{ferner}$$
$$n \div m = p \div q \quad \text{ferner}$$
$$g \div h = t \div v \quad \text{u. s. w., so soll sich}$$

verhalten: $(a+n+g) \div (b+m+h) = (c+p+t) \div (d+q+v)$.
Denn: aus den gegebenen Proportionen folgt (nach §. 259.)

$$a + d = b + c \quad \text{ferner}$$
$$n + q = m + p \quad \text{und}$$
$$g + v = h + t, \text{ daher summirt } (\S. 21, 4)$$
$$(a+n+g+d+q+v) = (b+m+h+c+p+t)$$

aus welchen gleichen Summen man, unter vielen anderen, auch diese arithmetische Proportion bilden kann (§. 262, 2.):

$$(a+n+g) \div (b+m+h) = (c+p+t) \div (d+q+v)$$

Welches zu beweisen war.

Anmerk. Wir verlassen hiermit die arithmetischen Proportionen, wenn sich auch von ihnen noch Manches aussagen ließ, und keineswegs behauptet wird, daß ihre Theorie mit den gehabten Sätzen vollendet sey; es ist indeß das Gesagte hinlänglich, um in allen Fällen, wo sie vorkommen, sich von ihnen einen deutlichen Begriff machen zu können. Wir eilen also zu denen, im Gebrauche ungleich häufiger vorkommenden geometrischen Proportionen, wo manche Sätze vorkommen werden, die wir auf ähnliche Art in den arithmetischen Proportionen hatten, und wo wir auch Sätze werden kennen lernen, die gehörig übertragen, auf die arithmetischen Proportionen, gewissermaßen anwendbar werden.

Zweites Kapitel.
Von den geometrischen Proportionen.

§. 266. Anmerkung.

Was im vorigen Kapitel von den geometrischen Verhältnissen und Proportionen gesagt wurde, ist in diesem Kapitel vorausgesetzt; auch wird jetzt die geometrische Proportion, schlechtweg: eine Proportion genannt werden.

§. 267. Lehrsatz.

Wenn man die Glieder jedes der Verhältnisse einer Proportion, auf gleiche Namen bringt*), so bilden die vier unbenannten Zahlen, d. h. ohne Rücksicht auf jene Namen, immer eine richtige Proportion.

Beweis. Wenn a, b, c und d vier unbenannte Zahlen, B und A aber zwei ungleichartige Größen sind, und es ist gegeben, daß sich verhält $aA : bA = cB : dB$ so folgt (§. 256, 5.) $aA : bA = a : b$

ferner $cB : dB = c : d$

da nun gegeben ist $aA : bA = cB : dB$, so sind diese beiden Verhältnisse nicht nur gleich, also für einander zu setzen; sondern die, ihnen gleichen Verhältnisse sind auch gleich, oder bilden eine Proportion (§. 256, 2.) d. h. $a : b = c : d$.

Ferner, wenn $aA : b\mathfrak{A} = cB : d\mathfrak{B}$, wo $\mathfrak{A}$ mit A, und $\mathfrak{B}$ mit B gleichartig, aber ungleichnamig sind, so muß man für $\mathfrak{A}$ können nA, und für $\mathfrak{B}$ setzen mB, wo n und m die, für jede besondere Art sich ergebenden Reduktionszahlen sind, daher Brüche oder ganze Zahlen

*) Daß die Glieder eines Verhältnisses gleichartig seyn müssen, wissen wir aus §. 247., daß aber die Größen beider Verhältnisse ungleichartig seyn können, ist §. 256, 4. erwähnt.

seyn können; man hat also aus obiger Proportion nun diese: $aA : bnA = cB : dmB$, woraus wieder

$a : bn = c : dm$ folgt, wie wir oben sahen.

§. 268. Zusätze.

1. Wenn wir also in der Folge viele unserer Sätze blos von Zahlen aussagen werden, so sieht man, in wie fern wir sie auf benannte Größen, von welcher Art diese auch seyn mögen, übertragen können, sobald wir die Natur dieser Größen, in so fern sie der reinen Mathematik angehören, (wie die geometrischen Größen); selbst begründet haben.

2. Wie wichtig der vorige Satz für die praktische Mathematik werden muß, ist leicht zu erachten, und ist §. 257. auch schon das Nähere hierüber erwähnt; die hiezu nöthigen Begründungen müssen ebenfalls erst festgesetzt werden, nur ergeben sie sich meistentheils aus dem Leben oder aus der Erfahrung, wo also die Lehnsätze, (siehe die Theorie der Sätze, 5tens der Lehnsatz) vorzüglich gebraucht werden.

§. 269. Aufgaben.

1. Wenn drei Glieder einer Proportion gegeben sind, das vierte zu finden.

Auflösung. In dem Verhältnisse, dessen beide Glieder gegeben sind, suche man den Exponenten (§. 251, 2.), dieser ist nun auch Exponent des zweiten Verhältnisses, dessen unbekanntes Glied daher leicht wieder zu finden ist. Z. B. wenn x die unbekannte Größe bedeutet, so ist in $a : b = c : x$, der Exponent des 1ten Verhältnisses $= \frac{b}{a}$, daher $c . \frac{b}{a} = x$ seyn wird; bei $a : b = x : c$, ist $x = \frac{c}{\frac{b}{a}} = \frac{ac}{b}$, bei $a : x = n : m$, ist $x = a . \frac{m}{n}$, und bei $x : a = p : q$ ist $x = \frac{a}{\frac{q}{p}} = \frac{pa}{q}$.

2. Ist der Exponent der Proportion gegeben, so können wieder zwei Glieder derselben fehlen, nur müssen die gegebenen Glieder, nicht die Glieder eines Verhältnisses seyn, weil sich ja alsdann der Exponent ergiebt, also nicht gegeben werden darf, und wäre er gegeben wie es das gegebene Verhältniß verlangt, so würde man unendlich viele Verhältnisse finden können, die mit dem gegebenen eine Proportion bildeten. — Also es seyen x und y die unbekannten Glieder, so ist, wenn gegeben wird

1. $a \overset{e}{:} x = b \overset{e}{:} y$, zuerst $x = ae$ und dann $y = be$

bei 2. $a \overset{e}{:} x = y \overset{e}{:} n$, „ $x = ae$ „ „ $y = \frac{n}{e}$

3. $x \overset{e}{:} p = y \overset{e}{:} q$, „ $x = \frac{p}{e}$ „ „ $y = \frac{q}{e}$

4. $x \overset{e}{:} h = k \overset{e}{:} y$, „ $x = \frac{h}{e}$ „ „ $y = ke$.

Ist die gegebene Proportion eine stetige Proportion, so kann man sie als eine getrennte schreiben, wo sich die Auflösung nicht weiter ändert *). Daß ferner die Größen in beiden Verhältnissen unserer Aufgabe ungleichartig seyn können (wenn sie nur in demselben Verhältnisse, der 1sten Aufgabe, gleichartig sind), aber der Exponent wenn er gegeben ist (in der 2ten Aufgabe) eine unbenannte Zahl seyn muß, versteht sich von selbst; die Eigenschaften der gegebenen Größen können aber ganz beliebig seyn; die Reduktion der beiden gegebenen Glieder des einen Verhältnisses (in der 1ten Aufgabe) auf gleiche Namen, ehe man den Exponenten sucht, folgt als nothwendig bereits aus §. 247, 3.

Anmerk. Vergleiche §. 258.

§. 270. Lehrsatz.

Stehen vier Zahlen in Proportion, so ist das Produkt der äusseren Glieder, gleich dem

*) Hierüber siehe die Aufgaben der 76ten Tafel.

Produkte der beiden mittleren Glieder, oder gleich dem Quadrate des mittleren, wenn die Proportion stetig ist.

Beweis. Nach §. 256, 7. ist $a:ae=b:be$ eine allgemeine Darstellung der geometrischen Proportionen; bedeuten nun diese vier Glieder unbenannte Zahlen, so kann man die äußeren und mittleren Glieder mit einander multipliziren, und da abe so wie aeb die beiden Produkte, und beide gleich sind, so ist unser Satz erwiesen, weil er bei der allgemeinen Proportion gilt. Ist $a:b:c$ gegeben, so ist dies auch $a:b=b:c$ und $ac=b^2$.

Zusatz. 1. Wenn in einem Verhältnisse unbenannte Zahlen, im anderen aber benannte Größen stehen; so kann die Multiplikation doch vollzogen werden, und wir müssen gleiche Produkte erhalten, weil hier die Namen der Größen (der Faktoren) auf die Zahl des Produktes weiter keinen Einfluß haben, sondern nur dessen Namen wieder bestimmen (§. 30, 3.). Hat man also z. B. $a:b=nB:mB$, wo B irgend eine Größe beliebiger Art bedeutet, so ist ja $a:b=n:m$ (§. 256, 5.), also $am=bn$, deshalb auch $amB=bnB$.

2. Sind aber die Glieder in beiden Verhältnissen benannt, wenn sie auch alle gleichartig sind; so ist jene Multiplikation nicht vorzunehmen, indem zwei benannte Faktoren, kein Produkt geben können (§. 30, 5.); nimmt man aber auf die Benennungen keine Rücksicht, und hat man die Glieder eines Verhältnisses auf gleiche Namen gebracht, so kann man die Multiplikation mit den unbenannten Zahlen wieder vollziehen, und unser Satz hat seine Richtigkeit. Z. B. $aA:bA=cB:dB$, so auch $a:b=c:d$ (§. 267.) daher $ad=bc$.

3. Wenn es durch irgend eine Theorie begründet werden könnte, daß in gewisser Beziehung, das

Produkt zweier benannten Zahlen, irgend eine Größe erzeugte *); so würden jene Größen, wenn sie eine Proportion bildeten, auch gleiche Produkte bei der Multiplikation der äußeren und mittleren Glieder geben, die Produkte aber Größen, von der neuen Art seyn. — So kann man in gewisser Beziehung sagen, daß das Produkt aus einer Zeit und einer Kraft, die Würkung erzeuge, daß die Dichtigkeit und der Inhalt eines Körpers mit einander multiplizirt, dessen Gewicht geben, daß ferner das Produkt zweier geraden Linien ein Rechteck **) erzeuge rc. — Wie nahe wir hier an der Gränze der praktischen Mathematik sind, leuchtet ein, aber es muß eben deshalb alles Weitere hierüber bis dort ausgesetzt werden, und waren hier nur jene Anmerkungen, wegen der Anknüpfungspunkte für die Folge, nothwendig.

Anmerk. Vergleiche §. 259., wodurch sich die bedeutende Verschiedenheit der arithmetischen und geometrischen Proportionen ergiebt. — Eben so wird unser Satz, bei den Aenderungen zweier oder aller Glieder, nach §. 276., richtig bleiben.

§. 271. Zusätze.

1. Werden zwei Verhältnisse unbenannter Zahlen neben einander gestellt, und das Produkt der beiden äußeren Glieder, ist nicht gleich dem Produkte der mittleren Glieder; so bilden die beiden Verhältnisse auch keine Proportion; denn, bildeten sie eine solche, so müßten jene Produkte nach §. 270. gleich seyn.

2. Sind die Glieder eines der beiden Verhältnisse benannt, so mache man sie gleichbenannt, wo man jene Untersuchung der Multiplikation, auch nur mit den unbenannten Zahlen der benannten Größen

---

*) Welches nach der Erklärung der Multiplikation und deren Zusätzen §. 28. bis §. 33 an und für sich, unmöglich ist.

**) Siehe 2ten Theil des Lehrgebäudes, §. 167, 4.

anzustellen hat. Z. B. 4 Gr. : 5 Rthl. und 6 Loth : 5 ℔; diese beiden Verhältnisse geben 4 Gr. : 120 Gr. und 6 Loth : 160 Loth, nun ist 4 . 160 = 640 nicht gleich 120 . 6 = 720, daher auch nicht sich verhalten 4 Gr. : 5 Rthl. = 6 Loth : 5 ℔.

3. Der vorige §. giebt uns ein neues Mittel, aus drei Gliedern einer Proportion, das vierte zu finden; denn: sind a, b und c unbenannte Zahlen, so wird, wenn $a:b=c:x$ gegeben ist, $x=\frac{bc}{a}$ seyn, bei $a:b=x:c$ aber $x=\frac{ac}{b}$, u. s. w., denn es muß ja das unbekannte Glied x doch so beschaffen seyn, daß es die Gleichung $ax=bc$ oder $ac=bx$ erfüllt, woraus $x=\frac{bc}{a}$ oder $x=\frac{ac}{b}$ folgt. — Ist aber $a:b:x$ gegeben, so ist $x=\frac{b^2}{a}$ und endlich bei $a:x:b$, ist $x=\sqrt{(ab)}$, weil $x^2=ab$ seyn muß.

4. Wenn aber ein Glied in einer Proportion fehlt, wo die gegebenen Glieder benannt sind; so kann man das unbekannte Glied doch eben so finden, sobald man die Glieder des bekannten Verhältnisses gleichnamig macht, und nun auf die Namen der ganzen Proportion keine Rücksicht nimmt; die gefundene unbenannte Zahl, erhält aber den Namen des Gliedes, in dem Verhältnisse, wo nur ein Glied gegeben war. Denn z. B. man suchte

$$aA:bA=cB:x, \text{ so muß } x=$$

einer Menge von der Art der Ben seyn, z. B. yB, so ist also nur y zu suchen, und mit B zu benennen. Denn wenn $aA : bA = cB : yB$, so

auch $a : b = c : y$ (§. 267.)

daher $\frac{bc}{a} = y$, wo man also, wenn es nur auf das Suchen der y ankömmt, dieselbe gleich aus der Proportion $aA:bA=cB:x$ hätte entwickeln können, so bald auf die Namen A und B keine Rücksicht genommen wäre, wenn die Namen A im ersten Verhältnisse natürlich erst gleich gemacht wären. — Auf diesen Satz beruhet nun die, im Leben so ungemein wichtige, sogenannte Regel de Tri, die wir in der praktischen Arithmetik, durch Entlehnungen aus dem Leben abermals begründet, bekommen werden.

§. 272. Lehrsatz.

Sind vier Zahlen gegeben, und das Produkt der beiden äußeren, ist gleich dem Produkte der beiden mittleren *); so bilden sie eine Proportion.

Beweis. Es seyen a, b, c und d gegeben, ferner $ad = bc$, so soll bewiesen werden, daß sich verhält $a:b = c:d$. — Nun muß es aber offenbar eine Zahl geben, die mit a multiplizirt, b erzeugt (§. 105, 2.), diese sey $x \left(= \frac{b}{a}\right)$, so ist bei dem Verhältnisse $a:b$ der Exponent x; wäre der Exponent des Verhältnisses $c:d$ aber dasselbe x, so würde unsere Proportion erwiesen seyn. Nun ist aber laut Annahme der x, doch $ax = b$, wird für b in die Gleichung $ad = bc$, dieser Werth substituirt, so erhält man $ad = axc$, woraus, wenn man durch a dividirt, $d = xc$ folgt, also $\frac{d}{c} = x$ ist; deshalb $a:ax = c:cx$ oder $a:b = c:d$. Welches zu beweisen war.

Zusatz. 1. Sind die beiden Größen a und b unbenannte Zahlen, c und d aber gleichartige Größen, so kann man die Proportion doch bilden; z. B. a, b, cN, dN wären gegeben, ferner $adN = bcN$, so wird auch $a:b = cN:dN$ seyn, weil ja alsdann auch $ad = bc$ ist, woraus $a:b = c:d$, wie wir eben zeigten,

*) Zu welchem Ende sie neben einander gestellt werden müssen.

folgt, und man c so wie d mit demselben Namen N benennen kann. Ist aber a, b, cN, dM gegeben, und adM=bcN, so ist zwar ad nicht gleich bc, sondern man muß erst für M=hN *) setzen, wo sodann adhN =bcN und adh=bc wird; aber man kann doch setzen a:b=cN:dM, weil ja auch hier dM=hcN, oder die Proportion a:b=cN:dhN, seyn wird, die wieder a:b=c:dh giebt.

Zusatz 2. Sind a, b, c und d alle benannt, a und b aber, so wie c und d unter sich gleichbenannt, also haben sie z. B. diese Form aA, bA, cB, dB, und es findet sich ad=bc **); so kann man doch setzen aA:bA=cB:dB, weil ja alsdann a:b=c:d ist, und da a:b=aA:bA so wie c:d=cB:dB ist, so auch aA:bA=cB:dB (§. 256, 2.).

Zusatz 3. Wie man bei ungleich benannten Größen zu verfahren habe, ist wol aus dem Gesagten hinlänglich klar.

§. 273. Zusätze.

1. Hat man also vier Größen, die eine Proportion bilden sollen, so giebt uns der vorige §. ein Mittel an, die Richtigkeit derselben zu untersuchen, indem die Proportion richtig seyn wird, sobald das Produkt der äußeren Glieder gleich dem Produkte der mittleren ist ***). Was man bei dieser Untersuchung noch zu berücksichtigen hat, wenn die Größen benannt sind, folgt aus den früheren

*) Wo h die, für jeden besondern Fall entlehnte Reduktionszahl ist, die auch ein Bruch seyn kann.

**) Auch diesen Satz halte man nicht für eine nothwendige Folge von §. 270., denn dieser Satz (§. 270.) führte nur auf §. 271, 1. (Vergleiche die Anmerkung des §. 261. hiermit).

***) aAdB kann sich nicht gleich bAcB finden, weil dies gar kein Produkt wird, es müßte denn die Beziehung §. 270, 3. statt finden.

heren Betrachtungen; so ist $7A:21A=5B:15B$, eine richtige Proportion, weil $7.15=21.5=105$ ist, und in beiden Verhältnissen auch schon gleich benannte Größen stehen. Dagegen müssen bei 5 Loth : 2 ℔ = 4 Gr. : 2 Rthl., erst die Verhältnisse gleichnamig gemacht werden, wo man sodann 5 Loth : 64 Loth = 4 Gr. : 48 Gr., als eine unrichtige Proportion findet, weil 5.48 ungleich 64.4 ist. — Daß aber 3 Loth : 6 Rthl. = 5 Gr. : 10 Fuß, aus mehr als einem Grunde keine Proportion ist, bedarf keiner weiteren Erwähnung, wenn auch $3.10=5.6$ ist.

2. Hat man zwei gleiche Produkte, wo jedes Produkt aus zwei unbenannten Zahlen bestehet, so kann man aus den vier Faktoren eine beliebige Proportion bilden, wenn man nur die Faktoren des einen Produkts zu äußeren, die des anderen Produkts aber, zu mittleren Gliedern denselben macht. Denn, ist $nm=pq$, so muß die Proportion $p:m=n:q$, unter anderen, auch richtig seyn, nach §. 272. — Hat man aber zwei gleiche Produkte, wo jedes aus einer beliebigen Menge von Faktoren bestehet, so kann man auch eine beliebige Menge Faktoren eines der Produkte, zu äußeren oder mittleren Gliedern machen, während die Faktoren des anderen Produktes mittlere oder äußere Glieder werden. Z. B. $abcd=pqt$, so muß $qt:acd=b:p$ eine richtige Proportion seyn. Hat man ferner $a=bp$, so ist dies gleich $1.a=b.p$, weshalb $1:b=p:a$ seyn muß, d. h. wie aus Eins der eine Faktor (b) entstehet, so entstehet aus dem anderen Faktor (p) das Produkt (a). (§. 28.). — Hat man zwei gleiche Produkte, die beide benannt sind, so kann man auch hier, wo die Benennung nicht selbst weiter gleich zu seyn braucht *), leicht eine Pro-

*) Daß die Art aber gleich seyn muß, versteht sich von selbst.

portion bilden, wodurch man das Verhältniß beider Benennungen wieder erfahren kann. Z. B. $nA = dB$, so ist: $n:d = B:A$ eine richtige Proportion, weil man für B offenbar hA setzen kann, also $nA = dhA$, folglich $n = dh$, also $n:d = h:1$, daher auch $n:d = hA:1A = B:A$. — Wenn daher z. B. 5 Formeln $= 1\frac{1}{3}$ Rth. $= 32$ Gr. sind, so verhält sich $5 : 32 = 1$ Gr. : 1 Franken. — Auch diese Anwendung ist von ungemeinen Nutzen.

3. Man kann mit jeder Proportion von vier unbenannten Zahlen, außer der gegebenen Darstellung, noch sieben verschiedene Proportionen, durch Verwechselung der Glieder erzeugen, also auf acht Arten die vier Glieder selbst zu Proportionen verbinden; denn, ist gegeben 1. $a:b = c:d$, so ist $ad = bc$ (§. 270, 3.)

daher folgen aus Nr. 2. d. §., diese sieben neue Darstellungen:

2. $a:c = b:d$
3. $b:a = d:c$
4. $b:d = a:c$
5. $c:d = a:b$
6. $c:a = d:b$
7. $d:c = b:a$
8. $d:b = c:a$

Auch hier nennt man die Verwechselung der mittleren Glieder, alternando, so wie die Umkehrung der Glieder der Verhältnisse, convertendo schließen (§. 263.). Sind die vier Glieder aber benannt, so kann man in dem Falle, wo sie sämmtlich gleichartig sind, auch alle jene Versetzungen machen; sind aber nur die Glieder eines Verhältnisses benannt, oder sind die Verhältnisse unter sich ungleich benannt, so kann keine Verwechselung der mittleren Glieder vorgenommen werden, weil ja alsdann in ein Verhältniß ungleichartige Größen zu stehen kommen (§. 247, 1.); würde man aber nur auf die unbenannte Zahlen sehen, und die Trennungen ganz außer Acht lassen, so kann auch jene Versetzung vorgenommen werden, denn die Proportion fällt nun auf eine solche zurück, wo alle Glieder unbenannt sind (wozu natürlich wieder, erst gleiche Benennungen in den Verhältnissen selbst, gehören). Hat man also z. B. $aA : bA = cB : xB$ und x ist unbekannt, so ist dies auch $= a:b = c:x$ oder $a:c = b:x$ woraus $x = \frac{bc}{a}$, also $xB = \frac{bc}{a}B$ folgt *).

4. Man hat also, wenn eine Proportion aus vier unbenannten Zahlen, oder aus vier gleichartigen Größen bewiesen werden soll, diese bewiesen, wenn man nur eine der acht verschiedenen Darstellungen dieser Proportion beweisen kann, indem sich aus dieser einen, wieder die übrigen durch Umwandelung (Nr. 3. d. §.) ergeben.

Anmerkung. Indem wir bei den Sätzen bis hierher immer, nachdem von unbenannten Zahlen dieselben ausgesagt und bewiesen waren, auf benannte Größen übergingen; so haben wir hinlänglich gesehen, worauf es bei solchen Proportionen ankömmt; es wird daher in den folgenden Sätzen, nur da, wo es aus Gründen nöthig ist, von diesen benannten Proportionen die Rede seyn, und leicht wird sich ein Jeder diese Ergänzungen, da wo sie nicht bemerkt sind, selbst bilden; eine kurze Anmerkung die bei diesen Sätzen gegeben werden soll, wird hinlänglich seyn, hierauf aufmerksam zu machen.

§. 274. Lehrsatz.

Eine Proportion bleibt richtig, wenn man die Glieder eines Verhältnisses, oder die homologen Glieder, oder sämmtliche Glieder, mit einer und derselben Zahl multiplicirt, oder solche durch dieselbe Zahl dividirt.

Beweis. Ist gegeben $a : b = c : d$, so ist auch $ad = bc$; so lange nun diese beiden Produkte gleich viel Mal vergrößert oder verkleinert werden, so behält man Produkte, wo man aus den Faktoren wieder

*) Diese Versetzung der mittleren Glieder, geschieht bei der gewöhnlichen Regel de Tri Rechnung, fast immer.

Proportionen bilden kann; oder die obige gegebene Proportion bleibt bei jeder Veränderung richtig, sobald das Produkt der äußeren Glieder, nur gleich dem der inneren Glieder bleibt (§. 273, 1.); daher wird man mit der Proportion $a:b=c:d$ folgende Aenderungen vornehmen können:

1. $an:bn=c:d$
2. $an:bn=cn:dn$
3. $an:b=cn:d$
4. $a:bn=c:dn$
5. $a:b=cn:dn$
6. $an:bm=cn:dm$
7. $ap:bp=cq:dq$
8. $\frac{a}{p}:\frac{b}{p}=c:d$
9. $\frac{a}{p}:\frac{b}{q}=\frac{c}{p}:\frac{d}{q}$
10. $a:\frac{b}{p}=c:\frac{d}{p}$
11. $\frac{a}{h}:b=\frac{c}{h}:d$
12. $a:b=\frac{c}{t}:\frac{d}{t}$

u. s. w. Denn bei allen diesen 12 Proportionen ist das Produkt der äußeren Glieder, wieder dem Produkte der mittleren Glieder gleich.

Zusatz. Man kann aber auch aus demselben Grunde, das eine äußere Glied eben so viel Mal vergrößsern, als das andere verkleinern, so gut wie man auch dieses bei den beiden mittleren Gliedern thun kann. Z. B. $an:b=c:\frac{d}{n}$ oder $a:\frac{b}{m}=cm:d$ u. s. w.

Anmerk. Dieser Satz gilt für jede Proportion, denn Faktor und Divisor sind unbenannte Zahlen.

§. 275. Zusätze.

1. Zwei Brüche von gleichen Nennern, verhalten sich wie ihre Zähler. Denn: $\frac{a}{b}:\frac{c}{b}=\frac{a}{b}:\frac{c}{b}$ (§. 256, 1.),

daher $\frac{a}{b} : \frac{c}{b} = a : c$, indem man die Glieder des zweiten Verhältnisses mit b multiplizirt.

2. Das Verhältniß zweier Brüche, kann immer auf ein Verhältniß ganzer Zahlen zurück geführt werden. Denn $\frac{a}{b} : \frac{c}{d} = \frac{a}{b} : \frac{c}{d}$, daher auch $\frac{a}{b} : \frac{c}{d} = \frac{ad}{bd} : \frac{cb}{db} = ad : cb$ (nach 1. d. §.), wo man leicht sieht, wie man sehr kurz diese ganzen Zahlen bilden kann. Z. B. $\frac{3}{4} : \frac{5}{7} = 7.3 : 4.5 = 21 : 20$.

3. Brüche von gleichen Zählern, verhalten sich umgekehrt wie ihre Nenner. Denn $\frac{a}{b} : \frac{a}{d} = ad : ba$ (nach 2.) $= d : b$ (wenn man die Glieder des hinteren Verhältnisses durch a dividirt). Also $\frac{5}{7} : \frac{5}{11} = 11 : 7$. Daher auch wieder z. B. $y : x = \frac{1}{x} : \frac{1}{y}$.

4. Man kann aus einer Proportion alle Brüche wegschaffen, welches bei Rechnungen Erleichterungen hervorbringt; z. B. $\frac{a}{n} : \frac{b}{p} = \frac{d}{c} : \frac{k}{h}$, so hat man auch $ap : nb = hd : ck$, weil jedes dieser beiden neuen Verhältnisse, jenen gegebenen wechselsweise gleich ist (Nr. 2.). Haben nur einige Glieder Brüche, so thut dies nichts, z. B. $\frac{a}{b} : p = h : \frac{d}{n}$, wo man erhält $a : bp = hn : d$, oder auch $a : pn = hb : d$ u. s. w.

5. Wenn die Glieder eines Verhältnisses gleich sind, so sagt man auch: die Glieder verhalten sich wie Eins zu Eins; denn $a : a = 1 : 1$, wo bei beiden Verhältnissen 1 der Exponent ist $\left(\frac{a}{a} = \frac{1}{1} = 1\right)$. Sind aber ein Paar der homologen Glieder gleich, so kann man durch Verwechselung der mittleren Glieder dasselbe erzeugen §. 273, 3.; z. B. $a : b = a : c$, so auch $a : a = b : c = 1 : 1$. Daß, wenn die Glieder eines Verhältnisses

oder ein Paar der homologen Glieder gleich sind, auch die anderen Glieder gleich seyn müssen, ist wol einfach einzusehen; denn, was sich wie $1:1$ verhält, hat 1 zum Exponenten, ist also gleich.

6. Jede Proportion läßt sich in diese Form $1:1=1:1$ auflösen; denn $a:ae=b:be$ ist eine allgemeine Darstellung aller geometrischen Proportionen (§. 256, 7.), daher sich jede besondere Proportion auf diese Form bringen läßt; nun wird aber aus $a:ae=b:be$ diese Proportion $1:e=1:e$ und hieraus $1:1=1:1$, indem man zuerst die Glieder eines Verhältnisses, und dann die homologen hinteren Glieder, durch dieselben Größen dividirt. Ist aber ein Glied unbekannt, so geht diese Umwandlung nicht gleich an, oder giebt wenigstens keinen bedeutenden Vortheil, den man nicht auf die bereits bekannten Wege auch erreichen könnte; z. B.

$$\tfrac{3}{4}:\tfrac{5}{7}=4:x \text{ giebt } 1:\frac{\tfrac{5}{7}}{\tfrac{3}{4}}=4:x, \text{ dies wird}$$

$$1:\tfrac{20}{21}=4:x, \text{ weshalb } x=4\cdot\tfrac{20}{21}=\tfrac{80}{21}=3\tfrac{17}{21} \text{ ist.}$$

7. Man kann das Verhältniß zweier Zahlen, unbeschadet der Richtigkeit der Proportion auf die kleinsten Zahlen zurückführen, sobald die Glieder ein gemeinschaftliches Maas haben, welche Hebung man auch mit den homologen Gliedern vornehmen kann; dies erleichtert die Rechnung oft sehr; z. B. $6:15=8:x$, so kann man setzen $2:5=8:x$ oder $1:5=4:x$, weshalb $x=20$ ist.

8. Hat man zwei gleiche Brüche $\frac{n}{m}=\frac{h}{k}$, so verhält sich immer der Zähler des ersten Bruchs zu seinem Nenner, wie der Zähler des zweiten Bruchs zu seinem Nenner; also $n:m=h:k$; denn, wenn $\frac{n}{m}=\frac{h}{k}$ ist, so ist auch $nk=mh$, woraus die eben genannte und gebildete Proportion folgt (§. 273, 2.). Soll man also ein Verhältniß $a:b$ durch kleinere Zahlen darstellen, so suche

man den Bruch $\frac{a}{b}$ zu heben, wozu nun §. 92. dient. Wenn aber Zähler und Nenner Primzahlen gegen einander sind, so dienen die Näherungswerthe eines Kettenbruchs, der dem gegebenen Bruche gleich ist, oft sehr vortheilhaft dazu, das Verhältniß näherungsweise zu bestimmen. Nur ist hierbei zu bemerken daß, da der erste Näherungswerth gegen den wahren Werth zu groß, der zweite zu klein u. s. w. (§. 124.) ist, das Verhältniß, welches ein zu großer Näherungswerth giebt, ein zu kleines Verhältniß, das, was aber ein zu kleiner Werth giebt, zu groß ist; denn, ist z. B. $\frac{a}{b}$ in einen Kettenbruch aufgelöset, und $\frac{n}{m}$ ist der erste Näherungswerth, so ist $\frac{n}{m} > \frac{a}{b}$, daher $\frac{1}{\frac{n}{m}} < \frac{1}{\frac{a}{b}}$ d. h. $\frac{m}{n} < \frac{b}{a}$ (§. 85, 5. und §. 103, 3.); setzt man nun für $\frac{a}{b}$ den Werth $\frac{n}{m}$, woraus $a:b = n:m$ folgt, so ist dies Verhältniß allerdings nicht genau, weil ja $\frac{a}{b}$ ungleich $\frac{n}{m}$ ist; es ist aber beim Verhältnisse $a:b$ der Exponent $\frac{b}{a}$, und bei $n:m$ ist er $= \frac{m}{n}$, da nun $\frac{b}{a} > \frac{m}{n}$ ist, so ist das Verhältniß $n:m$ kleiner wie das $a:b$, indem ja laut §. 252. die Größe des Exponenten über die Größe des Verhältnisses entscheidet. So kann man bei jedem folgenden Näherungswerthe den Beweis für das zu große oder zu kleine Verhältniß, führen. (Ein Beispiel hierüber im folgenden Satze).

9. Ist ein Glied eines Verhältnisses irrational, so heißt das Verhältniß ein irrationales Verhältniß, z. B. $2:\sqrt{3} = 2:1{,}732\ldots$. Hier sind nun die Ketten-

brüche wieder anwendbar, wovon folgendes Beispiel überzeugen mag. Z. B. das Verhältniß von 1:3,14159.... würde gesucht. Man achte nun nicht auf die Irrationalität, sondern setze 1 : 3,14159 = 100000 : 314159; nun sind die Näherungswerthe vom Bruche $\frac{100000}{314159}$ diese: $\frac{1}{3}$, $\frac{7}{22}$, $\frac{106}{331}$, $\frac{113}{355}$, $\frac{3031}{2206}$ u. s. w.; daher man näherungsweise setzen kann: 1:3,14159 = 1 : 3 = 7 : 22 = 106:331 = 113:355 = 3031:2206 u. s. w. Nimmt man z. B. den Bruch $\frac{113}{355}$, so ist dieser noch um kein $\frac{1}{355^2} = \frac{1}{125825}$ zu klein (§. 139.), also das Verhältniß von 113:355 ziemlich genau, und nur wenig zu groß *).

10. Haben zwei Proportionen drei gleichnamige Glieder gleich **), so sind auch die vierten Glieder gleich; wenn also $a:b = c:d$ und auch

$a:b = n:d$, so soll $c = n$ seyn.

Denn es folgt aus §. 256, 2., daß $c:d = n:d$, daher $c:n = d:d = 1:1$, also $c = n$ (nach Nr. 5. d. §.). — Die Art der Glieder hat keinen Einfluß auf diesen Satz, denn gleiche Größen (hier Glieder) sind auch gleichartig.

11. Ist das vordere Glied eines Verhältnisses kleiner als sein Hinterglied; so ist dies auch beim anderen Verhältnisse der Fall; denn nun ist der Exponent eine ganze Zahl oder ein unechter Bruch; z. B. $a:b = c:d$, wo, wenn $a < b$ ist, auch $c < d$ seyn muß; man nennt dergleichen Verhältnisse steigende Verhältnisse; was also fallende Verhältnisse seyn werden, ist wol deutlich, und sobald bei obiger Proportion $d < c$, so

*) Es sind jene Verhältnisse diejenigen, welche die Geometrie als die, des Durchmessers eines Kreises zu seiner Peripherie, kennen lehrt.

**) Gleichnamig nennt man die ersten, die zweiten, die dritten und die vierten Glieder in 2 oder mehreren Proportionen.

ist auch $b < a$. Eben so aber auch, wenn ein Paar der homologen Glieder gegen einander wachsen oder fallen, so ist dies ebenfalls beim zweiten Paare der Fall, oder die Proportion wird hiernach wachsend oder fallend werden; ist also $a < c$, so auch $b < d$, oder ist $c > a$ so muß auch $d > b$ seyn. — Daß die Eigenschaft der Glieder hierbei unberücksichtigt bleibt, versteht sich von selbst.

Anmerk. Auch bei arithmetischen Proportionen unterscheidet man steigende und fallende Verhältnisse; doch hat hier die Eigenschaft einen bedeutenden Einfluß.

§. 276. Lehrsatz.

Eine Proportion bleibt richtig, wenn man alle Glieder zu einer und derselben Potenz erhebt, oder aus allen Gliedern eine und dieselbe Wurzel ziehet; der Exponent der neuen Proportion, ist alsdann dieselbe Potenz oder Wurzel von dem Exponenten der gegebenen Proportion.

Beweis. Hat man die allgemeine Proportion $a : ae = b : be$ (§. 256, 7.), so giebt unser Satz, wenn wir alle Glieder zu derselben nten Potenz erheben, diese Darstellung $a^n : a^n e^n = b^n : b^n e^n$ (§. 153, 2.), welche eine richtige Proportion ist, weil e^n der neue Exponent beider Verhältnisse ist. Eben so ist $\sqrt[n]{a} : \sqrt[n]{a}\sqrt[n]{e} = \sqrt[n]{b} : \sqrt[n]{b}\sqrt[n]{e}$ (§. 153, 4.), wo $\sqrt[n]{e}$ der Exponent beider Verhältnisse ist, eine richtige Proportion. Was vom Exponenten dieser beiden neuen Proportionen im Lehrsatz behauptet wurde, ist ebenfalls bewiesen, in e^n und in $\sqrt[n]{e}$.

Zusatz 1. Durch diesen Satz kann man aus den Gliedern einer Proportion die Wurzelzeichen leicht wegschaffen, wenn man die Glieder sämmtlich zur Potenz der Wurzelexponenten erhebt. Z. B. $\sqrt[n]{a} : b = \sqrt[m]{d} : h$, welches giebt $a^m : b^{nm} = d^n : h^{nm}$; ferner $\sqrt[c]{n} : \sqrt[d]{m} = \sqrt[a]{p} : \sqrt[i]{q}$ woraus $n^{dai} : m^{cai} = p^{cdi} : q^{cda}$ folgt.

Zusatz 2. Da eine Potenz einer benannten Größe, so wenig wie eine Wurzel aus ihr *), eine Größe ist, so gilt der so eben bewiesene Satz nur von unbenannten Zahlen; von Proportionen in benannten Zahlen aber, nur in Hinsicht ihrer unbenannten Zahlen, wenn die Glieder der Verhältnisse gleichnamig gemacht sind (siehe auch §. 270. Zusatz 3.).

Anmerk. Daß man nicht, nur gewisse Glieder der Proportion potenziren oder aus ihnen Wurzeln ziehen kann, leuchtet ein; denn wären dies z. B. die Glieder nur eines Verhältnisses, so würde ja der Exponent dieses Verhältnisses eine Aenderung erleiden, indem der Exponent des anderen Verhältnisses ungeändert bliebe; wollte man aber ein Paar der homologen Glieder, auf die gedachte Art verändern, so würde man durch Verwechselung der mittleren Glieder, vor oder nach der Veränderung, dieselbe Erscheinung des, bei einem Verhältnisse geänderten Exponenten erhalten. (Vergleiche §. 264.)

§. 277. Lehrsätze.

Bei jeder Proportion verhält sich:

1. Die Summe oder Differenz der Glieder des ersten Verhältnisses, zur Summe oder Differenz der Glieder des zweiten Verhältnisses; wie ein Paar der homologen Glieder zu einander.

Beweis Hat man $a:ae = d:de$, so soll sich verhalten $(a \mp ae):(d \mp de) = a:d = ae:de$. Indem man den Gliedern des ersten Verhältnisses hier, diese veränderte Form giebt (§. 49.) $a(1 \mp e):d(1 \mp e)$, so sieht man, daß, sobald man die gegebene Proportion in diese $a:d = ae:de$ (§. 273, 3.) verändert, und nun die Glieder des ersten Verhältnisses mit $(1 \mp e)$ multiplizirt hätte

*) Indem keine Größe mit sich selbst multiplizirt eine benannte Größe erzeugt, so wenig wie eine benannte Größe mit sich selbst multiplizirt, irgend eine Größe giebt.

(§. 274.), man die behauptete Proportion erhalten haben würde, weshalb dieselbe ebenfalls richtig seyn muß.

2. *Es verhält sich die Summe oder Differenz der homologen vorderen Glieder, zur Summe oder Differenz der homologen hinteren Glieder; wie die Glieder eines der Verhältnisse zu einander.*

Beweis. Wenn $a:ae = f:fe$ gegeben ist, so soll sich $(a \mp f):(ae \mp fe) = a:ae = f:fe$ verhalten. — Es ist aber das vordere Verhältniß dieser neuen, als richtig behaupteten Darstellung, auch so zu setzen $(a \mp f):(a + f)e$, weshalb e der Exponent dieses Verhältnisses ist, der aber auch bei den beiden anderen, mit diesem Verhältnisse *gleich* gesetzten Verhältnissen $a:ae$ und $f:fe$ sich befindet; daher die behauptete Proportion richtig ist.

Zusatz 1. Die sehr wichtigen Sätze dieses §. sind nur brauchbar, wenn *alle* Glieder der Proportion entweder *unbenannte* Zahlen oder *gleichartige* Größen (in welchem Falle sie *gleichnamig* gemacht werden müssen) sind; denn, sind die Glieder beider Verhältnisse *ungleichartig*, so könnte man wol die Glieder eines Verhältnisses *summiren*, aber diese Summen *nicht* mit denen, ungleichartigen homologen Gliedern in Verhältniß setzen; eben so könnte man (beim zweiten Satze dieses §.), die homologen Glieder nicht einmal summiren (§. 18, 2.).

Zusatz 2. Nimmt man die Proportion $a:b = c:d$, so geben unsere beiden Sätze, in den *vier* Darstellungen $(a \mp b):(c \mp d) = a:c$ ferner $(a \mp b):(c \mp d) = b:d$, $(a \mp c):(b \mp d) = a:b$ und $(a \mp c):(b \mp d) = c:d$, offenbar *acht* verschiedene Proportionen an *); da man nun aber *jede* derselben auf *acht* verschiedene Arten in ihren

*) Wegen des doppelten + oder — Zeichens, welches jede dieser vier Proportionen zu zwei verschiedenen macht.

Gliedern darstellen kann (§. 273, 3.); so erhalten wir hierdurch 64 verschiedene Proportionen, die wir mittelst dieses §., aus den Gliedern einer gegebenen Proportion bilden können *); ist aber auch nur eine dieser 64 Proportionen bewiesen, so kann man leicht die ursprüngliche Proportion wieder daraus herleiten. Z. B. aus $a:b=c:d$ wird unter jenen 64 Proportionen auch diese $(b+d):d=(a+c):c$ seyn; wäre nun diese gegeben, so erhält man durch diese Umwandelungen:

$(b+d-d):(a+c-c)=d:c$ (Nr. 1. d. §.)

(welches giebt) $b:a=d:c$, mittelst §. 273, 3.

wieder $a:b=c:d$.

Zusatz 3. Daß man in einer Proportion, z. B. $a:f=g:h$, zwei beliebigen Gliedern, entgegengesetzte Eigenschaften geben kann, ist schon §. 256, 8. erwähnt; hat man daher mittelst eines der Sätze unseres jetzigen §., die Differenz gewisser Glieder gemacht, so kann man auch beide Differenzen umkehren, weil hierdurch nur das Zeichen, aber nicht die Größe derselben als Zahl, verändert wird (§. 27.); daher kann man z. B. aus $(a-b):(c-d)=a:c$, auch $(b-a):(d-c)=a:c$ u. s. w. machen. Diese Aenderung ist aber als keine wesentlich neue, unserer vorher genannten acht, ganz verschiedenen Proportionen, zu rechnen. Sollte sie in vorkommenden Fällen zu bilden verlangt werden, oder gegeben seyn, so wird man hiernach das Weitere leicht vollführen können.

Anmerk. 1. Sobald der erste Satz dieses §. bewiesen ist, so folgt der zweite schon hieraus, so wie auch umgekehrt aus dem zweiten der erste folgen würde; denn, verwechselt man die mittleren Glieder, so giebt immer der eine dieser Sätze den andern; die beiden verschiedenen Beweisarten, wie wir sie hier gaben, sind aber deshalb nicht überflüssig.

Anmerk. 2. Hätte man blos eine Proportion $a:b=c:d$ angenommen [wo also $ad=bc$ (§. 270.) gewesen wäre]; so wäre

*) Durch Anwendung von §. 274, §. 276. u. s. w., geht die Menge der Aenderungen einer Proportion, ins Unendliche.

die Richtigkeit von $(a \mp b):(c \mp d) = a:c$ (u. s. w.) auch daraus bewiesen, daß das Produkt der beiden äußeren Glieder $ac \mp bc$ gleich dem Produkte beider mittleren Glieder $ac \mp ad$ gewesen wäre; denn wenn $ad = bc$ ist, so ist auch $ac \mp ad = ac \mp bc$, und daher die neue Proportion richtig (§. 272.). Eben so bei jeder anderen der 64 gedachten Proportionen.

Anmerk. 3. Diese beiden verschiedenen Beweisarten der Richtigkeit einer veränderten Proportion, d. h. einmal durch das Gleichbleiben, oder durch die gleiche Veränderung der Exponenten beider Verhältnisse, und zweitens durch das abermalige Gleichseyn der Produkte der äußeren und mittleren Glieder, nach der vorgeschriebenen Aenderung; sind gleich merkwürdig, und fast überall immer beide anzuwenden; die erstere hat zuweilen den Vorzug, daß sie den Exponenten der neuen Proportion, auch sogleich allgemein, und durch den (oder durch die, wie in der Folge vorkommen wird) Exponenten der früheren Proportion dargestellt giebt, wie z. B. §. 276. — Man wird, zur Uebung, gut thun, immer die, von beiden hier nicht gegebene Beweisart, aufzusuchen *).

§. 278. Zusatz.

Hat man mehrere gleiche Verhältnisse, so verhält sich die Summe aller ersten Glieder, zur Summe aller zweiten Glieder in den verschiedenen Verhältnissen; wie die Glieder eines der Verhältnisse gegen einander.

Beweis. Man habe $a:b = c:d = n:m = p:q$ rc. so soll $(a+c+n+p):(b+d+m+q) = a:b = c:d = n:m = p:q$ seyn. — Denn: ist gegeben $a:b = c:d$, so ist es nach §. 277, 2. richtig, daß $(a+c):(b+d) = c:d$, für $c:d$ setze man $n:m$, weil beide Verhältnisse gleich gegeben sind, so ist auch $(a+c):(b+d) = n:m$ (§. 256, 2.); daher wieder $(a+c+n):(b+d+m) = n:m$, wofür abermals $p:q$ gesetzt werden kann; so wird wiederum hieraus $(a+c+n):(b+d+m) = p:q$, und hieraus wiederum $(a+c+n+p):(b+d+m+q) = p:q$, wo man für $p:q$ jedes der anderen Verhältnisse wieder setzen kann.

*) Siehe das Letzte in der Theorie der Beweise, der allgemeinen Einleitung, Seite 17.

So würde der Beweis für jede beliebige Menge von Gliedern fortgesetzt werden können.

Daß sämmtliche Glieder der verschiedenen Verhältnisse, gleichartig seyn müssen, sey hier noch bemerkt.

§. 279. Aufgabe.

Eine gegebene Zahl N nach dem Verhältnisse der Zahlen $a:b:c:d:f$ zu theilen.

Einleitung. Die gegebene Aufgabe heißt so viel als: die Zahl N in fünf Theile zu zerlegen, die wir als unbekannt, x, y, z, p, q nennen wollen, so, daß sich der erste Theil x zur Zahl a, wie der zweite y zur Zahl b, wie der dritte z zur Zahl c u. s. w. verhalten soll; oder, wenn von einer gewissen Einheit, der Theil x, so viel als a anzeigt, Einheiten erhält, so soll der Theil y von denselben Einheiten b, der Theil z aber c, der Theil p dagegen d u. s. w. erhalten. — Diese Auflösung würde nun leicht geschehen können, wenn man die Zahl N in so viele gleiche Theile theilte, als die Summe der Zahlen $a+b+c+d+f$ anzeigt, und von diesen alsdann a, dann b, dann wiederum c u. s. w. Theile nehme; so würden diese Mengen jener gleichen Theile, die unbekannten Theile von N geben, die zusammen, natürlich wieder N erzeugten. — Wenn aber auch die Aufgabe so kurz gelöset werden könnte, so giebt doch die Auflösung durch Proportionen, wenn auch ganz dasselbe Resultat und dasselbe Verfahren, Vortheile in der Art des ersten Ansatzes, die wir in der Folge noch werden kennen lernen.

Auflösung. Es soll sich laut Aufgabe verhalten: $x:a = y:b = z:c = p:d = q:f$, daher nach §. 278. auch seyn wird $(x+y+z+p+q):(a+b+c+d+f) = x:a = y:b = z:c = p:d = q:f$, oder auch

$$(a+b+c+d+f):(x+y+z+p+q)=a:x$$
$$=b:y$$
$$=c:z$$
$$=d:p$$
$$=f:q$$

wo also das erste Glied der Proportion, als Summe der gegebenen Verhältnißzahlen, und eben so das zweite Glied als die zu theilende Zahl N *) bekannt ist; indem man nun nach und nach, während das erste Verhältniß immer unverändert bleibt **), zum dritten Gliede eine der Verhältnißzahlen einführt, erhält man durch so viele einzelne Exempel, als es unbekannte Größen sind, dieselben nach §. 271, 4. Setzt man für $(x+y+z+p+q)=N$, so wird man erhalten:

$$(a+b+c+d+f):N=a:x$$
$$=b:y \text{ u. s. w.}$$

daher $x=\frac{N.a}{(a+b+c+d+f)}$, $y=\frac{N.b}{(a+b+c+d+f)}$ ꝛc.

oder $x=\frac{N}{(a+b+c+d+f)}.a$, $y=\frac{N}{(a+b+c+d+f)}.b$ ꝛc.

wo man dieselbe Auflösung, wie sie in der Einleitung erwähnt wurde, sieht. —

Es sey folgendes Beispiel gegeben: man soll die Zahl $26\frac{2}{5}$ in vier Theile theilen, die sich verhalten wie $1\frac{1}{2}:2\frac{1}{4}:\frac{4}{5}:3\frac{1}{4}$. Man bringe diese gemischte Zahlen auf unechte Brüche als $\frac{3}{2}$, $\frac{9}{4}$, $\frac{4}{5}$ und $\frac{13}{4}$, diesen Brüchen gebe man gleiche Nenner, so erhält man $\frac{30}{20}$, $\frac{45}{20}$, $\frac{16}{20}$ und $\frac{65}{20}$; nun verhalten sich Brüche von gleichen Nennern wie ihre

*) Indem die Summe der unbekannten Theile, gleich der zu theilenden Zahl ist.

**) Daher man es gleich auf die kleinsten Zahlen, zur Bequemlichkeit der Rechnung zurückführen kann (§. 275, 7. u. s. w.).

Zähler (§. 275, 1.) *), daher sich auch die unbekannten Theile, wie die Zähler dieser Brüche, oder wie die Zahlen 30:45:16:65 zu einander verhalten sollen. Dieß giebt nun, laut der vorher gehabten Auflösung, folgende Rechnung:

$(30+45+16+64):26\tfrac{2}{5} = 30:x$ oder

Nach den Verrichtungen von §. 274. und §. 275. $\left\{ \begin{array}{l} 156:\tfrac{132}{5} = 30:x \text{ oder} \\ 156.5:132 = 30:x \text{ oder} \\ 13.5:11 = 30:x \text{ d. h.} \end{array} \right.$

$65:11 = 30:x$ **) daher

$x = \frac{30.11}{65} = \frac{6.11}{13} = \frac{66}{13} = 5\tfrac{1}{13}$, eben so $65:11 = 45:y$, daher

$y = \frac{45.11}{65} = \frac{9.11}{13} = \frac{99}{13} = 7\tfrac{8}{13}$, „ „ $65:11 = 16:z$, „

$z = \frac{16.11}{65} = \frac{176}{65} = 2\tfrac{46}{65}$, und endlich $65:11 = 65:p$, „

$p = \frac{65.11}{65} = 11.$

Nun muß zur Probe $5\tfrac{1}{13} + 7\tfrac{8}{13} + 2\tfrac{46}{65} + 11 = 26\tfrac{2}{5}$ seyn, wie es sich auch findet.

Zusatz. Wenn aber das Verhältniß der einzelnen Theile zu einander, durch mehrere verschiedene Verhältnisse gegeben ist, die nicht alle, wie vorher, unter sich gleich sind; so bedarf die Auflösung noch Vorkehrungen. Z. B. man verlangt die Zahl N in drei Theile zu zerlegen, so daß sich $x:y = a:b$, und $x:z = n:m$ verhalte, so kann man jetzt keinesweges sagen $x:y:z = a:b:m$, oder sonst dergleichen Verhältnisse setzen; sondern man würde nur so schließen können: wenn verlangt wäre es sollte sich verhalten $x:y = a:b$, und ferner $x:z = a:n$, so,

*) Der Beweis für zwei Brüche §. 275, 1. kann leicht auf mehrere übergetragen werden.

**) Bis hierher ist für das Verhältniß von 65:11 keine Abkürzung mehr vorhanden, ob es aber für 65 und das homologe Glied noch eine solche giebt, muß für jedes neue homologe Glied besonders gesucht werden.

so daß dem unbekannten Theile x, in beiden Verhältnissen die Zahl a entspräche, daß sich nun auch verhalten würde, $x:y:z = a:b:n$ oder $x:a = y:b = z:n$. Für unseren ersten Fall aber geht dies nicht an. Daher müssen wir in beiden gegebenen Verhältnissen (oder wenn mehrere noch gegeben wären in allen) die Zahl, welche mit x homolog ist *) zu einer solchen umwandeln, daß sie in allen Verhältnissen dieselbe ist, und dies kann wieder auf verschiedenen Wegen geschehen; denn man sage:

da $x:y = a:b$, so auch $x:y = an:bn$ (§. 274.)
und da $x:z = n:m$ " " $x:z = an:am$;
nun haben wir die, der x homologe Zahl **) in beiden Verhältnissen $= an$, deshalb wird sich nun verhalten $x:y:z = an:bn:am$, oder $x:an = y:bn = z:am$. Eben so hätte man aber auch a oder n selbst, als die der x homologe Zahl in beiden Verhältnissen ansehen können, wonach die Umwandelung diese geworden wäre:

$$x:y = a:b$$

ferner ist gegeben

$$x:z = n:m = na:ma = a:\frac{ma}{n}$$

(§. 274.), weshalb nun

$$x:y:z = a:b:\frac{ma}{n}$$

seyn wird; eben so ist aber auch

$$x:y = a:b = an:bn = n:\frac{bn}{a}$$

und da auch $x:z = n:m$, so wird wieder

$$x:y:z = n:\frac{bn}{a}:m$$

werden; wo man also deutlich den zu nehmenden Weg, für die Reduktion der verschiedenen Verhältnisse, sieht;

*) Oder die, mit einer anderen der unbekannten Größen homologe Zahl.

**) Diese Zahl an ist offenbar ein Produkt aus den verschiedenen, ursprünglich mit x homolog gegebenen Zahlen, oder bei bestimmten Zahlen, das kleinste gemeinschaftliche Multiplum derselben.

nun wird die Behandlung, wie wir sie zu Anfange dieses §. sahen, fortsetzt. Wäre z. B. verlangt die Zahl N in fünf Theile zu theilen, die x, y, z, p und q heißen mögen, und es sollte sich verhalten: $x:y=a:b$, $y:z=d:f$, $x:p=h:k$ und $y:q=n:m$, so sage man: es soll

$$x:y=a:b$$ seyn,

ferner $y:z=d:f=db:fb=b:\frac{fb}{d}$ *); hierauf wird

$$x:p=h:k=ah:ka=a:\frac{ka}{h}$$ und zuletzt wird

$$y:q=n:m=bn:bm=b:\frac{bm}{n}.$$

Dies giebt nun folgende neue Formen von Verhältnissen der unbekannten Theile gegen einander, die mit den gegebenen gleich sind (laut §. 274.)

$x:y=a:b$, $y:z=b:\frac{fb}{d}$, $x:p=a:\frac{ka}{h}$ und $y:q=b:\frac{bm}{n}$;

daher zuerst $x:y:z=a:b:\frac{fb}{d}$, dann $x:y:p=a:b:\frac{ka}{h}$

daher $x:y:z:p=a:b:\frac{fb}{d}:\frac{ka}{h}$, zuletzt noch

$x:y:q=a:b:\frac{bm}{n}$, deshalb endlich

$$x:y:z:p:q=a:b:\frac{fb}{d}:\frac{ka}{h}:\frac{bm}{n},$$

d. h. $x:a=y:b=z:\frac{fb}{d}=p:\frac{ka}{h}=q:\frac{bm}{n}$;

wo jetzt abermals die, zu Anfange des Satzes gegebene Auflösung eintritt. Auch kann bei dieser Reduktion der Verhältnisse eine neue, erst gefundene Verhältnißzahl wieder zum Grunde gelegt werden; denn, wenn z. B. das letzte der obigen Verhältnisse (d. h. anstatt $y:q=n:m$) als $p:q=n:m$ gegeben wäre, so würde man der p,

*) Weil in dem zuerst gesetzten Verhältniß von $x:y$, der y die Verhältnißzahl b entspricht; eben so der x die Zahl a, woraus die folgende Umwandlung folgt.

die Zahl (oder Bruch) $\frac{ka}{h}$ homolog machen, daher setzen müssen $p:q = n:m = n \cdot \frac{ka}{h} : m \cdot \frac{ka}{h} = \frac{kan}{h} : \frac{kam}{hn}$. — Daß man aber auch, bei der gegebenen Aufgabe, hätte irgend ein anderes Verhältniß, z. B. das $x:p = h:k$ zum Grunde legen können, ist wol sehr einfach klar. —

Um nun auch dies, so weit es nöthig seyn mögte, durch ein Beispiel in Zahlen zu zeigen; so sey verlangt, die Zahl N in sechs Theile zu theilen, so daß sich verhalte $x:y = 2:5$, ferner $x:z = \frac{3}{4}:7$, $z:p = \frac{5}{3}:\frac{2}{7}$, $z;q = 3:\frac{7}{9}$ und $q:t = 1\frac{1}{4}:5\frac{2}{3}$. So giebt die Reduktion:

$x:y = 2:5$, ferner

$x:z = \frac{3}{4}:7 = 3:28$*) $= 3 \cdot 2 : 28 \cdot 2 = 2:\frac{56}{3}$; dann

$$z:p = \frac{5}{3}:\frac{2}{7} = 35:6 = 35 \cdot \frac{56}{3} : 6 \cdot \frac{56}{3} = \frac{56}{3} : \frac{6 \cdot 56}{3 \cdot 35} = \frac{56}{3} : \frac{16}{5};$$

$$z:q = 3:\frac{7}{9} = 27:7 = 27 \cdot \frac{56}{3} : 7 \cdot \frac{56}{3} = \frac{56}{3} : \frac{7 \cdot 56}{3 \cdot 27} = \frac{56}{3} : \frac{392}{81};$$

$$q:t = 1\frac{1}{4}:5\frac{2}{3} = \frac{5}{4}:\frac{17}{3} = 15:68 = 15 \cdot \frac{392}{81} : 68 \cdot \frac{392}{81} = \frac{392}{81} : \frac{68 \cdot 392}{81 \cdot 15}$$
$$= \frac{392}{81} : \frac{26656}{1215}.$$

So ist also $x:y:z:p:q:t = 2:5:\frac{56}{3}:\frac{16}{5}:\frac{392}{81}:\frac{26656}{1215}$. Bringt man die Verhältnißzahlen noch auf gleiche Nenner, so erhält man (1215 ist der Generalnenner):

$$x:y:z:p:q:t = \frac{2430}{1215}:\frac{6075}{1215}:\frac{22680}{1215}:\frac{3888}{1215}:\frac{5880}{1215}:\frac{26656}{1215};$$

daher auch

$$x:y:z:p:q:t = 2430:6075:22680:3888:5880:26656$$

wo man wieder setzen kann:

$$x:2430 = q:6075 = z:22680 = p:3888 = q:5880 = t:26656.$$

Die weitere Rechnung ist leicht zu führen, und kann man für N ja eine beliebige Zahl als Beispiel annehmen. —

Anmerk. Auf das Verfahren der Aufgabe dieses §., beruhet die, im Leben so oft vorkommende sogenannte Gesellschaftrechnung, von der in der praktischen Arithmetik das Weitere gelehrt wird.

*) Wo wir zuerst die Brüche wegschaffen, nach §. 275, 4.

§. 280. Lehrsatz.

Wenn man bei einer beliebigen Menge von Proportionen, alle gleichnamige Glieder mit einander multiplizirt; so bilden die Produkte wieder eine Proportion, wo der Exponent der Verhältnisse, ein Produkt aus den Exponenten der verschiedenen Proportionen ist.

Beweis. Gesetzt man habe die Proportionen:

$$a:b = n:m \quad \text{ferner}$$
$$c:d = f:g$$
$$h:k = p:q \quad \text{u. s. w.,}$$

so soll sich verhalten $ach:bdk = nfp:mgq$.

Diese Proportion wird richtig seyn, wenn das Produkt $achmgq$ = dem Produkte $bdknfp$ ist (§. 272.). Aus den gegebenen Proportionen folgt aber (§. 270.)

$$am = bn$$
$$cg = df$$
$$\underline{hq = kp}$$

daher nach §. 30, 4. $achmgq = bdknfp$.

Nun ist ferner der Exponent der als richtig gefundenen Proportion dieser; $\frac{bdk}{ach}$ (§. 251, 2.), welcher $= \frac{b}{a} \cdot \frac{d}{c} \cdot \frac{k}{h}$ ist, welches abermals ein Produkt aus den drei Exponenten der gegebenen Proportionen ist, was der 2te Theil unseres Satzes behauptete. (Vergleiche §. 265.)

Zusatz. Daß dieser Satz nur von Proportionen in unbenannten Zahlen gilt ist wol deutlich.

Anmerk. 1. Hätte man die gegebenen Proportionen in allgemeine Darstellungen übertragen, und die Exponenten z. B. x, y und z genannt, so hätte man:

$$a:ax = n:nx \quad \text{ferner}$$
$$c:cy = f:fy \quad \text{und}$$
$$\underline{h:hz = p:pz} \quad \text{erhalten, woraus}$$

$ach:achxyz = nfp:nfpxyz$, wol sogleich als richtig folgt, und $\frac{achxyz}{ach} = xyz$ zum Quotienten, als Exponenten der neuen Proportion, giebt. (Siehe §. 277. Anmerk. 3.)

Anmerk. 2. Auf das Verfahren dieses Satzes beruhen die sogenannten zusammengesetzten Proportionsrechnungen, die wieder einen so bedeutenden Einfluß in ihren mannigfaltigen Anwendungen im Leben haben; sie haben es nemlich zu thun, mit der Untersuchung des Entstehens einer Größe aus einer anderen gegebenen, wenn dieses Entstehen von mehreren Verhältnissen abhängt.

§. 281. Zusätze.

1. Die Multiplikation der gleichnamigen Glieder mehrerer Proportionen, mit einander, heißt die Zusammensetzung der Proportionen oder der Verhältnisse, worüber wir gleich noch ein Mehreres sehen werden.

2. Wenn in den verschiedenen Proportionen bei der Zusammensetzung, erste Glieder sich gegen zweite, oder dritte gegen vierte, oder homologe Glieder sich gegen einander, ganz oder zum Theil, heben lassen; so kann man diese Hebung vor der Zusammensetzung vornehmen, indem man sie doch nach derselben, in den Produkten vornehmen könnte (laut §. 274.). Z. B.

a : b = f : g *)		m : p = t : f
f : a = b : n	oder	p : h = m : q
q : n = g : h		l : t = l : k
q : b = b : h		1 : ht = t : fqk

Wenn sich irgendwo alle gleichnamige Glieder heben, so kommt natürlich statt des Produktes eine Eins: denn das Heben heißt doch nur, daß man die Glieder, welche sich gegen einander gehoben haben, durch sich selbst dividirt hat, also Eins zum Quotienten erhält. — Auch kann man vielleicht mehrere Male Glieder gegen einander heben, wenn dies Heben bei einigen nur zum Theil gegangen ist; daß hier überhaupt das größte gemeinschaftliche Maß zweier Zahlen zu finden (§. 69.) in Anwendung kommt, ist wol leicht zu sehen. Z. B.

*) Die unterstrichenen Buchstaben haben sich gegen einander gehoben.

$$\begin{array}{lcl} \overset{2}{4} : \overset{7}{14} = n : 3 & & 5 : 11 = 7 : \underline{x} \\ \overset{3}{27} : 3 = p : 7 & \text{oder} & \overset{3}{9} : \overset{3}{15} = \underline{x} : \underline{y} \\ 11 : 10 = 9 : k & & 17 : 8 = \underline{y} : \underline{z} \\ a : 5 = 2 : d & & 11 : \overset{4}{12} = \underline{z} : p \\ \hline 11a : 50 = np : 3dk & & 17 : 32 = 7 : p \end{array}$$

Sind in den gegebenen Proportionen Brüche, so kann man auch diese noch erst wegschaffen; überhaupt können alle hierbei möglichen Abkürzungen, weiter nicht aufgezählt werden, sondern sie erlernen sich bei häufiger Anwendung und einiger Uebung von selbst.

§. 282. Zusätze.

1. Hat man die Proportionen:

$$\left.\begin{array}{l} a : \underline{b} = n : m \text{ und} \\ \underline{b} : f = p : q \text{ so ist} \end{array}\right\} \text{oder} \quad \begin{array}{l} h : \underline{k} = g : p \text{ ferner} \\ \underline{k} : \underline{l} = d : n \text{ und} \\ \underline{l} : m = f : i \text{ so ist} \end{array}$$

$$a : f = np : mq \qquad h : m = gdf : pni$$

Jetzt pflegt man auch zu sagen: das Verhältniß von a:f, sey aus den Verhältnissen n:m und p:q zusammengesetzt, und schreibt dies so:

$$a : f = (n : m) + (p : q).$$

Eben so sagt man dies beim 2ten Beispiele, von dem Verhältnisse h:m, daß es aus den drei Verhältnissen y:p, d:n und f:i zusammengesetzt sey, wo man ebenfalls diese Bezeichnung $h : m = (g : p) + (d : n) + (f : i)$ anwendet. Daß übrigens diese Bezeichnung, mit der Bedeutung der Parenthesen, wie wir solche (im dritten Kapitel des ersten Hauptstücks im ersten Abschnitte) früher kennen lernten, weiter keine Verbindung hat, versteht sich von selbst. Soll nun eine solche Bezeichnung wieder aufgelöset werden z. B. $k : t = (f : p) + (h : l) + (b : a) + (m : n)$, so müssen natürlich alle ersten Zahlen die in den Parenthesen stehen, so wie alle zweiten, unter sich mit einander multiplizirt werden, woraus man das 3te und 4te Glied der Proportion erhält, oder für den obigen Fall $k:t = fhbm:plan$.

2. Sind die Verhältnisse, welche man hier zusammensetzt, überdies auch noch unter sich gleich, z. B. bei $n:m = (p:t) + (h:q)$, wo $p:t = h:q$ seyn mag *); so sagt man $n:m$ sey im verdoppelten oder im quadratischen Verhältnisse von $p:t$ oder von $h:q$; denn, man kann ja nun für $p:t$ setzen $h:q$ so wie auch umgekehrt jenes Verhältniß für dieses; daher, anstatt man durch Auflösung erhalten würde $n:m = ph:tq$, kann man auch setzen $n:m = p^2:t^2 = h^2:q^2$. Ist ein Verhältniß aus drei anderen gleichen Verhältnissen zusammengesetzt, so nennt man jenes auch das verdreifachte oder das kubische Verhältniß jedes der drei anderen Verhältnisse. Denn, hat man z. B.

$$\left.\begin{array}{l} n:m = p:q \\ m:d = f:h \\ d:k = l:z \end{array}\right\}$$ so giebt die Zusammensetzung der Verhältnisse:

$$n:k = pfl:qhz = (p:q) + (f:h) + (l:z);$$

ist nun $p:q = f:h = l:z$, so kann man ja auch sagen:

$$\begin{array}{l} n:m = p:q = f:h = l:z \\ m:d = p:q = f:h = l:z \\ d:k = p:q = f:h = l:z \quad \text{daher} \\ \hline n:k = p^3:q^3 = f^3:h^3 = l^3:z^3. \end{array}$$

So wird es nun auch deutlich seyn, was es heißt, ein Verhältniß sey das nfache eines anderen Verhältnisses; und hat man z. B. $z:b = d^n:q^n$, so ist $a:b$ im nfachen Verhältnisse von $d:q$. Man hat auch für diese vielfachen Verhältnisse, diese Bezeichnung gewählt, z. B. $a:b = (n:m)3$, welches also so gut ist als

$$a:b = (n:m) + (n:m) + (n:m),$$

und wenn man bei jener Parenthese dieselbe auflösen will, so müssen offenbar die Glieder in derselben, zu der Potenz

*) Diese Gleichheit der Verhältnisse war vorher nicht nothwendig.

erhoben werden, wie die außerhalb stehende Zahl (die gleichsam wie ein Faktor geschrieben ist), es anzeigt.

3. Hat man $a:b = (n:m)p$, welches also so viel ist wie $a:b = n^p:m^p$, so folgt hieraus auch, daß $\sqrt[p]{a}:\sqrt[p]{b} = n:m$, welches man wieder so schreibt $a:b = \frac{1}{p}(n:m)$. Also z. B. $2:4 = \frac{1}{3}(27:216)$, wo die Auflösung $2:4 = \sqrt[3]{27}:\sqrt[3]{216} = 3:6$ giebt. Man nennt das Verhältniß $2:4$ auch in diesem Falle das **Drittel** des Verhältnisses von $27:216$; eben so die **Hälfte**, das **Viertel** u. s. w., je nachdem der Wurzelexponent, oder der, wieder gleichsam als Faktor außerhalb der Parenthese stehende Bruch, anzeigt.

4. Bei einer stetigen Proportion verhält sich das Quadrat des ersten Gliedes zum Quadrate des zweiten Gliedes, wie das 1ste Glied zum 3ten Gliede. Also, wenn $a:b:c$, so soll $a^2:b^2 = a:c$ seyn. Denn es ist ja $a:b:c$ so viel als $a:b = b:c$ (§. 255.) hierunter setze man $a:b = a:b$ so erhält man durch Zusammensetzung $a^2:b^2 = a:c$

Man kann also auch sagen, das erste Glied zum letzten Gliede $(a:c)$, sey im **quadratischen** Verhältnisse des 1sten Gliedes zum 2ten Gliede; dies kann nun so wieder (nach Nr. 2. d. §.) geschrieben werden: $a:c = (a:b)2$. Weil aber, wenn $a:b:c$, auch $c:b:a$ eine richtige Proportion giebt (§. 273, 3.), so ist auch hier wieder $c^2:b^2 = c:a$, welches auf die erste Darstellung übergetragen, heißen könnte: das letzte Glied zum ersten Gliede $(c:a)$, ist im quadratischen Verhältnisse des letzten Gliedes zum 2ten Gliede. Eben so könnte man aber auch setzen: da

$a:b = b:c$ und auch

$b:c = b:c$ ist,

so auch $a:c = b^2:c^2$

welchen Satz man wieder leicht, so wie diesen

$c:a = b^2:a^2$ { welcher aus dieser Zusammensetzung entsteht: $c:b = b:a$ und $b:a = b:a$ daher $\overline{c:a = b^2:a^2}$ }

in Worte wird übertragen können.

5 Hat man die Verhältnisse $a:b$ und $n:m$, und multiplizirt die gleichnamigen Glieder mit einander, und bildet aus an und bm das Verhältniß $an:bm$, so sagt man auch von diesem neuen Verhältnisse, es sey aus den beiden Verhältnissen $a:b$ und $n:m$ zusammengesetzt.

6. Dergleichen Zusätze lassen sich ungemein vermehren, und werden in vorkommenden Fällen leicht zu bilden und zu verstehen seyn.

§. 283. Lehrsatz.

Hat man zwei beliebige Proportionen, so kann man die Glieder der einen, durch die gleichnamigen Glieder der anderen dividiren.

Beweis. Hat man die Proportionen:

$a:b = c:n$ und

$f:g = h:d$ so soll

$\frac{a}{f}:\frac{b}{g} = \frac{c}{h}:\frac{n}{d}$ oder $\frac{f}{a}:\frac{g}{b} = \frac{h}{c}:\frac{d}{n}$ seyn.

Dies wird aber der Fall seyn, wenn $\frac{an}{fd} = \frac{bc}{gh}$ oder wenn $\frac{fd}{an} = \frac{gh}{bc}$ ist. — Nun folgt aber aus den beiden gegebenen Proportionen, daß $an = bc$, und $fd = gh$ ist, weshalb auch $\frac{an}{fd} = \frac{bc}{gh}$ oder $\frac{fd}{an} = \frac{gh}{bc}$ ist (§. 35, 3.). Der Exponent der neu erhaltenen Proportionen ist einmal

$$= \frac{\frac{b}{g}}{\frac{a}{f}} = \frac{bf}{ag} = \frac{b}{a} \cdot \frac{f}{g} = \frac{b}{a} : \frac{g}{f} \text{ *)},$$

bei der zweiten Proportion ist der Exponent dagegen

*) Wo das Zeichen : als Divisionszeichen stehet.

$\frac{\frac{g}{b}}{\frac{f}{t}} = \frac{ga}{fb} = \frac{g}{f} \cdot \frac{a}{b} = \frac{g}{f} : \frac{b}{a}$; d. h. also: der Exponent ist ein Quotient der beiden Exponenten der gegebenen Proportionen, wenn man mit dem Exponenten derjenigen Proportion, deren Glieder als Divisoren erscheinen, in den Exponenten der anderen Proportion dividirt.

Zusatz 1. Auch dieser Satz gilt in seiner Allgemeinheit nur, wenn beide Proportionen lauter unbenannte Zahlen enthalten. Wären die Glieder der einen Proportion benannte, die der anderen aber unbenannte Zahlen, so könnten die Glieder der letzteren auch als Divisoren dienen, wie man aus dem Begriffe der Division offenbar gleich sieht.

Zusatz 2. Auch hier kann man vor der Division Hebungen anstellen, doch nur in den Gliedern einer und derselben Proportion, weil ja die Glieder der verschiedenen Proportionen, in der neuen Proportion, bald als Divisoren bald als Dividenden erscheinen.

§. 284. Lehrsatz.

Bei jeder stetigen Proportion, ist die dritte Potenz des mittleren Gliedes, gleich dem Produkte aus allen drei Gliedern.

Beweis. Man habe $a:b:c$, so soll $abc = b^3$ seyn. Nennt man x den Exponenten der Proportion, so kann man dieselbe auch so schreiben:

$a:ax = ax:ax^2$ oder abgekürzt $a:ax:ax^2$,

hier ist nun $a \cdot ax \cdot ax^2 = a^3 x^3 = (ax)^3$. — Welches zu beweisen war.

Zweites Hauptstück.

Die Lehre von den Progressionen oder Reihen.

Erstes Kapitel.

Von den arithmetischen Progressionen.

§. 285. Erklärung.

Die Zusammenstellung mehrerer Zahlen, wo immer drei unmittelbar auf einander folgenden, eine stetige arithmetische Proportion bilden; heißt eine arithmetische Progression oder eine arithmetische Reihe. Die einzelnen Zahlen heißen auch hier Glieder der Reihe, und der Name der einzelnen Verhältnisse, wird auch der Name oder die Differenz der Progression genannt. Das Zeichen zur Verbindung der einzelnen Glieder, ist das des arithmetischen Verhältnisses. — So wäre also z. B.

$$4 \div 7 \div 10 \div 13 \div 16 \div 19 \div 22 \div 25$$

eine arithmetische Progression, vom Namen oder von der Differenz drei.

Schreibt man über die einzelnen Glieder, die Reihe der natürlichen Zahlen, so daß jede derselben anzeigt, das wievielte Glied jedes Glied in der Reihe aller Glieder ist; so heißt diese Zahl auch der Index oder Weiser, auch Ordnunganzeiger des Gliedes. Z. B.

$$\begin{matrix} 1 & & 2 & & 3 & & 4 & & 5 & & 6 \\ 5 & \div & 9 & \div & 13 & \div & 17 & \div & 21 & \div & 25 \end{matrix}$$

wo also 4 der Index von 17, der von 25 aber 6 u. s. w. ist.

§. 286. Zusätze.

1. Da nach der gegebenen Erklärung, die Differenz durch die ganze Reihe hindurch, immer dieselbe bleibt; so muß man offenbar jedes Glied erhalten, wenn man zu seinem vorhergehenden Gliede, die Differenz hinzu addirt.

2. Nennt man daher das erste Glied einer Progression $=a$, die Differenz aber d, so wird man in Folgendem, eine allgemeine Darstellung aller arithmetischen Progressionen, für jedes a oder d haben:

$a \div (a+d) \div (a+2d) \div (a+3d) \div (a+4d) \div (a+5d) \div (a+6d)$ u. s. w.

§. 287. Lehnsätze.

1. Achtet man auf das Gesetz für das Fortschreiten der einzelnen Glieder einer arithmetischen Progression, so wird man bald finden, daß jedes derselben gleich dem ersten Gliede a, plus so oft der Differenz d ist, als der Index weniger 1, anzeigt. — Denn: beim zweiten Gliede hat man zu a addirt d, oder ein d, bei jedem folgenden Gliede aber die Differenz ein Mal öfter als beim vorhergehenden, dagegen ist auch der Index bei jedem folgenden Gliede um 1 größer als beim vorhergehenden Gliede, weshalb der Unterschied zwischen dem Index und dem Koeffitienten der Differenz d eines jeden Gliedes, immer 1 seyn muß, um was der Index größer als jener Koeffitient ist. Nennt man daher allgemein ein Glied das nte Glied, so wird eine allgemeine Formel für dasselbe, diese Form $a+(n-1)d$ seyn, welchen Ausdruck man auch das allgemeine Glied der Reihe, nennt.

2. Nennt man daher die Anzahl der Glieder einer arithmetischen Progression $=n$, das letzte Glied aber z, so ist auch dieses letzte Glied dem Gesetze des allgemeinen Gliedes unterworfen, und man erhält:

$$z=a+(n-1)d$$

welche Gleichung auch die erste Fundamentalformel der arithmetischen Progressionen heißt.

§. 288. Lehrsatz.

Wenn man sämmtliche Glieder einer arithmetischen Progression mit einer und derselben Zahl multiplizirt oder durch eine und dieselbe Zahl dividirt; so bilden die Produkte oder Quotienten wieder eine arithmetische Progression, deren Differenz ein Produkt, aus der Differenz der zuerst gegebenen Progression und jenem Faktor, oder ein Quotient aus der ursprünglichen Differenz durch jenen Divisor dividirt, ist.

Beweis. Wenn die allgemeine Progression gegeben ist, d. h.

$$a \div (a+d) \div (a+2d) \div (a+3d) \div (a+4d) \text{ u. s. w.,}$$

so wird auch seyn

$$ap \div ap+dp \div ap+2dp \div ap+3dp \div ap+4dp$$

u. s. w.; wo man sogleich eine richtige arithmetische Progression, von Namen dp findet. — Eben so wird:

$$\frac{a}{p} \div \left(\frac{a}{p}+\frac{d}{p}\right) \div \left(\frac{a}{p}+\frac{2d}{p}\right) \div \left(\frac{a}{p}+\frac{3d}{p}\right) \div \left(\frac{a}{p}+\frac{4d}{p}\right)$$

u. s. w. eine richtige arithmetische Progression, vom Namen $\frac{d}{p}$ seyn. — Auch könnte man dieses allgemein so einsehen: der Name jedes einzelnen Verhältnisses ist d, und zugleich die Differenz zwischen zwei zunächst auf einander folgenden Gliedern, wo das nachfolgende als Minuendus, das vorhergehende als Subtrahendus erscheint; indem nun diese beide Größen, eine gewisse Anzahl Male z. B. p mal vergrößert oder verkleinert werden, so wird dies auch die Differenz *); daher dieselbe bei den neuen

*) Ist allgemein $(a-b)=d$, so ist $ap-bp=(a-b)p=dp$, oder $\frac{a}{p}-\frac{b}{p}=(a-b)\frac{1}{p}=d.\frac{1}{p}=\frac{d}{p}$.

Produkten oder Quotienten immer wieder gleich bleibet, indem sie überall durch die gedachte Verrichtung, auf dieselbe Weise vergrößert oder verkleinert ist, und es bilden daher diese Produkte oder Quotienten abermals eine richtige Progression. Welches zu beweisen war.

§. 289. Lehrsatz.

Bei jeder arithmetischen Progression, ist die Summe des ersten und letzten Gliedes, gleich der Summe jeder zwei, von den äußeren Gliedern gleich weit abstehenden Glieder, also gleich dem doppelten mittleren Gliede, im Falle die Progression eine ungerade Menge von Gliedern hat.

Beweis. Jedes Glied enthält das erste Glied + einer gewissen Anzahl Male der Differenz; addirt man also das erste und letzte Glied, so erhält man $2a + (n-1)d = a + z$; das zweite Glied von vorn, hat aber die Differenz ein Mal öfter als das nächst vorhergehende erste Glied, das zweite von hinten aber, hat d ein Mal weniger als das letzte Glied, daher haben beide zusammen die Differenz eben so oft, wie die beiden äußeren Glieder; überdies haben auch sie in der Summe $2a$, daher die Summe ganz dieselbe wie die, jener beiden äußeren Glieder ist. So kann man für das nächst folgende dritte Glied von vorn und das dritte von hinten, ganz denselben Beweis führen, der bei jedem neuen Paare von Gliedern derselbe bleibt. Hat nun die ganze Progression eine ungerade Menge von Gliedern, so steht eins derselben in der Mitte, also mit sich selbst gleich weit von den beiden äußeren Gliedern ab, folglich muß es zu sich selbst addirt oder doppelt genommen werden, um jene Summe wieder zu erzeugen, welche die übrigen Paare gegeben haben.

§. 290. Aufgaben.

Die Summe aller Glieder einer arithmetischen Progression zu finden.

Auflösung. Da die Ordnung der Summanden bei einer zu vollziehenden Vereinigung ganz willkührlich ist, so addire man die beiden äußeren Glieder, dann die beiden von den äußeren Gliedern immer gleich weit abstehenden Glieder, und vereinige hierauf diese verschiedenen Summen, so wird man auch die Summe sämmtlicher Glieder bekommen. Nun sind aber nach §. 289. die zuerst erhaltenen Summen alle gleich, und alle $= a + z$, daher man eine dieser Summen, also $a + z$ nur mit einer Zahl zu multipliziren hat, welche die Menge jener erhaltenen Summen von $a + z$ anzeigt; dieser Summen aber giebt es so viele, als die ganze Progression Paare von Gliedern hat, und dieses sind wieder halb so viele, als es überhaupt Glieder sind; wenn man daher n die Anzahl der Glieder wieder nennt, so hat man für die Summe sämmtlicher Glieder die Formel

$$(a + z)\frac{n}{2} = S,$$

wenn S diese Summe bedeuten soll. — Ist die Anzahl der Glieder ungerade, so ist auch $\frac{n}{2}$ eine ganze Zahl $+ \frac{1}{2}$, wo erstere die Menge der Paare deren jedes $= a + z$ ist, und $\frac{1}{2}$ die Hälfte eines solchen Paares, d. h. das mittlere Glied selbst, anzeigt, welches also nur ein Mal, (wie es natürlich auch seyn muß), in der Summe enthalten ist. — Man nennt diese Formel für S, auch die zweite Fundamentalgleichung oder Formel der arithmetischen Progressionen.

§. 291. Zusätze.

1. Wenn man den Werth von z aus der ersten Fundamentalformel (§. 287.), in diese so eben gefundene zweite Formel einführt, so erhält man:

$$S = (a + z)\frac{n}{2} = (a + a + (n - 1)d)\frac{n}{2} = [2a + (n - 1)d]\frac{n}{2}$$

welche Formel auch wol zuweilen die dritte Fundamentalformel oder Gleichung der arithmetischen Progressionen heißt.

2. Man nennt eine Formel, welche sogleich die Summe einer beliebigen Menge von Gliedern (also auch aller) einer arithmetischen Proportion angiebt, sobald man für den allgemeinen Index n, des allgemeinen $n$ten Gliedes, einen bestimmten Werth, setzt, das summatorische Glied der Progression. Nennen wir der Kürze halber Q, das allgemeine Glied einer Reihe (welches wir als $a + (n - 1)d$ für den Index n fanden), so mag $\int Q$, das summatorische Glied dieser Reihe bedeuten. — Es ist also auch die Formel $[2a + (n - 1)d]\frac{n}{2}$, das summatorische Glied der arithmetischen Progressionen, dagegen uns die Bezeichnung $\int Q$ auch in der Folge für andere Progressionen dienen soll.

3. Wenn man von der Summe der ersten n Glieder, die Summe der $(n - 1)$ ersten Glieder subtrahirt, so muß man offenbar das $n$te Glied selbst übrig behalten; indem dies nun das allgemeine Glied, dessen Index n ist, vorstellt; so ist wiederum klar, daß, wenn man von dem summatorischen Gliede, d. h. von der Summe der n ersten Glieder, die Summe der $(n - 1)$ ersten Glieder, (welche man erhalten muß, sobald man statt n in die Formel für das summatorische Glied $(n - 1)$ setzt) *), subtrahirt, das allgemeine Glied wieder zum Reste bleiben muß. Diese Auflösung kann vorzüglich da Vortheil bringen, wo das allgemeine Glied unter einer anderen Form

*) Indem für jeden Werth von n, also auch für den $(n - 1)$ten, das summatorische Glied gilt.

Form erscheint als wir es §. 287, 1. fanden; wenden wir sie aber auch auf unsere Form an, so giebt das summatorische Glied, jene Formel für das letzte Glied, weshalb $[2a+(n-1)d]\frac{n}{2}-[2a+(n-2)d]\frac{n-1}{2}$ das allgemeine Glied wieder geben muß. Die Auflösung dieses Ausdruckes giebt nun auch

$$an+(n-1)\frac{dn}{2}-\left(\frac{(2-1)2a}{2}+(n-2)\frac{(n-1)d}{2}\right)=$$

$$an+(n-1)\frac{dn}{2}-\left(an-a+(n-2)\frac{d}{2}(n-1)\right)=$$

$$an+(n-1)\frac{dn}{2}-an+a-\left(\frac{nd}{2}-d\right)(n-1)=$$

$$(n-1)\frac{dn}{2}+a-(n-1)\left(\frac{nd}{2}-d\right)=$$

$$a+(n-1)\left(\frac{dn}{2}-\frac{nd}{2}+d\right)=a+(n-1)d;$$ wie das allgemeine Glied auch seyn muß.

4. Das, was dem summatorischen Gliede noch fehlt, damit es gleich der Summe aller Glieder der Progression werde, nennt man die Ergänzung zur Summe; sie wird Null, wenn man n gleich der Anzahl aller Glieder, oder das allgemeine Glied als das letzte setzt. — Setzt man dagegen in die Formel des summatorischen Gliedes für $n=1$, so muß man das erste Glied a der Reihe erhalten.

§. 292. Erklärung.

Man nennt eine arithmetische Progression eine wachsende oder steigende, wenn die Differenz eine positive Zahl ist; z. B. $4 \div 10 \div 16 \div 22 \div 28$ u. s. w. Ist aber der Name eine negative Zahl, so heißt die Reihe eine abnehmende oder fallende Progression; z. B. $19 \div 16 \div 13 \div 1[?] \div 7 \div 4 \div 1 \div -2 \div -5 \div -8$ u. s. w. wo -3 der Name ist.

§. 293. Zusätze.

1. Jede fallende Reihe, ist rückwärts gelesen eine steigende Reihe.

2. Heißt das erste Glied auch hier a, die Differenz aber $-d$, so ist die Formel für das letzte Glied, bei einer Menge von n Gliedern: $z = a + (n-1) \cdot -d = a - (n-1)d$; denn, der negative Name $-d$, so oft, als einem Gliede Glieder vorhergehen, also $(n-1)$ Mal, zum ersten Gliede addirt, giebt das allgemeine Glied; oder wir betrachten d als positiv, und subtrahiren $(n-1)d$ vom ersten Gliede; so entstehen die beiden Formen für z, wie wir sie eben angaben.

3. Die Formel für die Summe aller Glieder einer fallenden Reihe, muß ganz wie die Formel für die steigende Reihe seyn; denn die Ordnung der zu addirenden Glieder ist ja willkührlich, und die fallende Reihe ist nach Nr. 1. auch eine steigende. Ueberhaupt werden sich die Sätze, die man von steigenden Reihen beweisen kann, auch leicht, durch jene einfache Betrachtung von Nr. 1., auf fallende Reihen übertragen lassen, daher wir ihrer auch nicht ferner weiter erwähnen werden.

§. 294. Lehrsatz.

Wenn man die gleichnamigen Glieder *) zweier arithmetischen Progressionen nach der Ordnung summirt; so bilden die neuen Summen wieder eine richtige arithmetische Progression.

Beweis. Es sey das allgemeine Glied der einen Progression gleich $A+(n-1)D$ für den Index n, das einer anderen Reihe sey $a+(n-1)d$ für denselben allgemeinen Index n; summirt man nun die Glieder, welche denselben Index n haben oder die gleichnamig sind, so muß die Summe die Form $A+(n-1)D+a+(n-1)d$

*) D. h. solche, welche denselben Index haben.

$= A + a + (n-1)(D+d)$ haben, welcher Ausdruck wieder ganz die Form des allgemeinen Gliedes einer Reihe hat, wo $(A+a)$ das erste Glied, und $(D+d)$ die Differenz ist. Indem man für n nach und nach jeden Index setzt, erhält man die neue, durch jene Summation erzeugte Reihe; z. B.

$7 \div 9 \div 11 \div 13 \div 15$ u. s. w. wo $A = 7$ u. $D = 2$ ist,
ferner $4 \div 7 \div 10 \div 13 \div 16$ u. s. w. wo $a = 4$ u. $d = 3$ ist
summirt $11 \div 16 \div 21 \div 26 \div 31$ u. s. w. wo $A + a = 11$ und $D + d = 5$ ist.

Zusatz 1. Wenn man daher der Kürze halber, durch U und V die allgemeinen Glieder jener Reihen andeutet, durch Q aber das allgemeine Glied einer dritten Reihe, sämmtlich für denselben Index n, und es ist $Q = U + V$; so geben die Glieder der beiden ersten Reihen, nach der Ordnung summirt, die Glieder der dritten Reihe.

Zusatz 2. Ist das allgemeine Glied einer Reihe $Q = U + V$, d. h. gleich der Summe der allgemeinen Glieder zweier anderen Reihen; so muß auch das summatorische Glied jener ersten Reihe, gleich der Summe der summatorischen Glieder der beiden anderen Reihen seyn; oder es ist $\int Q = \int U + \int V$; denn die Reihe vom allgemeinen Gliede Q hat ja in ihren Gliedern die Summen der einzelnen Glieder der Reihen für die allgemeinen Glieder U und V, daher die Summe der Glieder jener Reihe auch wieder die Glieder der beiden anderen Reihen in der Summe enthält.

Zusatz 3. Daß der Lehrsatz dieses §. auch für mehrere arithmetische Progressionen gilt, und daß man bei zwei Progressionen auch die Differenz der gleichnamigen Glieder machen kann, wo sodann der erste und zweite Zusatz ebenfalls gelten; wird man leicht einsehen.

§. 295. Lehrsatz.

Hat man zwei Progressionen, wo h das allgemeine und H das summatorische Glied der einen, p aber das allgemeine und P das summatorische Glied der anderen Reihe ist; und es findet sich, daß $p = xh$ ist (wo x eine beliebige bestimmte Zahl vorstellt); so ist auch $P = xH$ oder $\int p = x\int h$.

Beweis. Wenn man die Glieder einer arithmetischen Progression mit einer beliebigen Zahl x sämmtlich multiplizirt, so wissen wir nach §. 288., daß die neuen Produkte wieder eine richtige arithmetische Progression bilden; daher muß dann nicht nur für diesen Fall das allgemeine Glied dieser zweiten Progression, das wir p nennen wollen, z. B. xh seyn, wenn h das allgemeine Glied der multiplizirten Reihe bedeutet *); sondern es muß auch das summatorische Glied der neuen Reihe, gleich x mal dem summatorischen Gliede der gegebenen Reihe seyn, weil ja alle Theile dieser neuen Summe (d. h. alle Glieder der neuen Reihe), das xfache von allen Theilen der anderen Summe (d. h. aller Glieder der zuerst gegebenen Reihe) sind; oder es ist $P = xH$ (wenn P und H die summatorischen Glieder für die Reihen, deren allgemeine Glieder p und h sind, bedeuten). Setzen wir aber für $P = \int p$ und für $H = \int h$ (§. 291, 2.); so erhalten wir für $P = xH$, jetzt $\int p = x\int h$, welche Darstellung bequemer ist, indem man jetzt das allgemeine Glied nur in der Bezeichnung gebrauchet, und sich daher mit dieser behelfen kann, wenn das summatorische Glied selbst nicht gegeben ist.

Zusatz. Dasselbe wird aber auch der Fall seyn, wenn das allgemeine Glied z. B. q einer Reihe, deren

*) Denn, durch die Multiplikation jedes einzelnen Gliedes, ist ja das allgemeine Glied multiplizirt.

summatorisches Glied h seyn mag, gleich mit der Summe mehrerer allgemeinen Glieder verschiedener Reihen, nachdem man jedes derselben mit einer gewissen beständigen Zahl multiplizirt hat, ist. So seyen unter andern h, k, t, l u. s. w. allgemeine Glieder von Reihen, wo H, K, T und L die summatorischen Glieder x, y, z, v aber beliebige bestimmte Zahlen sind; nun sey $q = xh + yk + zt + vl$, so ist auch $Q = xH + yK + zT + vL$ oder $\int q = x\int h + y\int k + z\int t + v\int l$.

Hierzu sey nun noch folgendes Beispiel gegeben: Man habe die Reihe

(I) *) $2 \div 5 \div 8 \div 11 \div 14 \div 17$, wo $a = 2$ und $d = 3$, also das allgemeine nte Glied $= 2 + (n - 1)3 = h$ ist; diese Reihe multiplizire man mit $3 = x$, so erhält man (II) $6 \div 15 \div 24 \div 33 \div 42 \div 51$, wo also das allgemeine Glied $= [2 + (n - 1)3]3 = 6 + (n - 1)9 = xh$ ist. Ferner habe man die Reihe

(III) $1 \div 5 \div 9 \div 13 \div 17 \div 21$

wo $a = 1$ und $d = 4$, also das allgemeine Glied $= 1 + (n - 1)4 = k$ ist; diese Reihe multiplizire man mit $2 = y$, so wird man bekommen

(IV) $2 \div 10 \div 18 \div 26 \div 34 \div 42$,

wo das allgemeine Glied $[1 + (n - 1)4]2 = 2 + (n - 1)8 = yk$ ist; dann sey noch die Reihe (V) $3 \div 8 \div 13 \div 18 \div 23 \div 28$ gegeben, wo $a = 3$ und $d = 5$, daher das allgemeine Glied $t = 3 + (n - 1)5$ ist; wird diese Reihe mit $4 = z$ multiplizirt, so wird sie

(VI) $12 \div 32 \div 52 \div 72 \div 92 \div 112$,

wo das allgemeine Glied

$$= [3 + (n - 1)5]4 = 12 + (n - 1)20 = zt$$

ist. Was aber die summatorischen Glieder dieser verschiedenen Reihen anbetrifft, so sind dieselben:

*) Die römischen Ziffern hier dienen, um die verschiedenen Reihen kurz zu benennen.

für die Reihe I, $=[4+(n-1)3]\,\frac{n}{2}$ *) $= H = \int h$

" " " II, $=[12+(n-1)9]\,\frac{n}{2} = xH = x\int h$

" " " III, $=[2+(n-1)4]\,\frac{n}{2} = K = \int k$

" " " IV, $=[4+(n-1)8]\,\frac{n}{2} = yK = y\int k$

" " " V, $=[6+(n-1)5]\,\frac{n}{2} = T = \int t$

" " " VI, $=[24+(n-1)20]\,\frac{n}{2} = zT = z\int t.$

Summirt man nun die drei neuen Reihen II, IV und VI, so erhält man

$$\left.\begin{array}{l} 6 \div 15 \div 24 \div 33 \div 42 \div 51 \\ 2 \div 10 \div 18 \div 26 \div 34 \div 42 \\ 12 \div 32 \div 52 \div 72 \div 92 \div 112 \end{array}\right\} \text{summirt,}$$

$$\overline{20 \div 57 \div 94 \div 131 \div 168 \div 205}$$

welche neue Reihe nach §. 294, 3. eine richtige arithmetische Progression, wo die Differenz $=37$ ist, seyn muß; ihr allgemeines Glied ist aber $=20+(n-1)37$. Dieses allgemeine Glied nannten wir vorher q, und müssen es nach unserem gehabten Satze, so wie das summatorische Glied, allgemein aus h, k, t, x, y und z bestimmen können, oder es muß seyn: $q = xh + yk + zt =$

$$3[2+(n-1)3]+2[1+(n-1)4]+4[3+(n-1)5] =$$
$$6+(n-1)9 + 2+(n-1)8 + 12+(n-1)20 =$$
$$20+(n-1)37.$$

Das summatorische Glied aber muß seyn

$$Q = xH + yK + zT = [12+(n-1)9]\,\frac{n}{2} + [4+(n-1)8]\,\frac{n}{2}$$
$$+ [24+(n-1)20]\,\frac{n}{2} = [40+(n-1)37]\,\frac{n}{2},$$ wie es eben-

*) Nach §. 291, 1, ist $[2a+(n-1)d]\,\frac{n}{2}$ dasselbe, wo man für a und d nur die, jeder der obigen Gleichungen zukommenden Werthe zu folgen hat.

falls, wenn man es aus a und d der neuen Reihe ableiten wollte, sich finden würde.

§. 296. Aufgaben.

Bei einer arithmetischen Progression kommen fünf Größen vor, die wir als 1) $a =$ dem ersten Gliede, 2) $d =$ der Differenz, 3) $n =$ der Anzahl der Glieder, 4) $z =$ dem letzten Gliede und 5) $S =$ der Summe aller Glieder kennen lernten. — Diese fünf Größen stehen nun in solch einer Verbindung unter einander, daß, wenn drei beliebige derselben gegeben sind, man immer die beiden übrigen berechnen kann. Nun kann man aber von 5 Größen, wenn man immer drei und drei derselben verbindet, nur zehn verschiedene Verbindungen machen *), und indem bei jeder dieser Verbindungen zwei Größen (die beiden der fünf nämlich die nicht in der Verbindung sind) unbekannt seyn können; so wird man zwanzig Formeln zu entwickeln nöthig haben, die alsdann jeden der fünf Werthe, aus jeden drei beliebig gegebenen andern derselben, aufzulösen lehren. Hierbei liegen nun blos die beiden Grundformeln:

$z = a + (n - 1)d$ (§. 287.) und $S = (a + z)\frac{n}{2}$ (§. 290.)

zum Grunde, die wir durch einfache Betrachtungen, aus der Natur der arithmetischen Progressionen fanden; die Formel $S = [2a + (n - 1)d]\frac{n}{2}$ (§. 291, 1.) war schon aus den beiden ersten Grundformeln entwickelt. Wir wollen jetzt nach der Ordnung, d. h. wie sich uns die verschiedenen Entwickelungen zunächst darbieten, diese Werthe entwickeln, und sie im nächsten §. in eine eige-

*) Diese Verbindungen sind offenbar die Kombinationen ohne Wiederholungen der dritten Klasse für fünf Elemente, daher $= \frac{5 \cdot 4 \cdot 3}{1 \cdot 2 \cdot 3} = 10$ (§. 228.).

nen Tabelle nach einer solchen Ordnung zusammenstellen, die das Auffinden für die verlangte Größe, aus den gegebenen, erleichtert, daher in jener Tabelle durch Nummern, auf die hier einzeln entwickelten Größen zurückgewiesen wird. — Zu den verschiedenen Entwickelungen sind nun die Gesetze der einfachen Gleichungen, wie wir solchen §. 52. u. s. f. kennen lernten, so wie die Umwandelungen von mannigfaltigen Formen nöthig, die uns aber auch sämmtlich bekannt sind. Viere der zu entwickelnden Gleichungen erfordern die Auflösung der unreinen quadratischen Gleichungen, die wir im Anhange zum zweiten Hauptstücke des ersten Abschnitts kennen lernten. Uebrigens stehet die Entwickelung der 20 Formeln der Vollständigkeit wegen hier, und werden wir uns ihrer für die Folge des Vortrags weiter nicht bedienen *), was bei der Anwendung der gedachten vier Formeln, die durch unreine quadratische Gleichungen entwickelt werden, offenbar ein Fehler seyn würde, wenn wir uns vor der Theorie dieser Gleichungen ihrer im Vortrage bedienen wollten **). Die einzelnen Auflösungen geschehen nun allgemein so, daß man sich eine Gleichung bildet, worin die unbekannte und die drei bekannten Größen nur vorkommen, alsdann jene unbekannte Größe von allen Verbindungen der bekannten Größen befreit, wie dies ja der Zweck der Gleichungen überhaupt ist ***). Also es ist:

I. $z = a + (n - 1)d$. **Dies ist die erste Grundformel. (Nr. 13. in der nachfolgenden Tafel.).**

*) Sie sind in ihren Anwendungen auf das Leben oft von bedeutendem Nutzen, wie wir in der praktischen Arithmetik werden kennen lernen.

**) Siehe die Anmerkung gleich zu Anfange des gedachten Anhanges (nach §. 202.).

***) Tafel 77. hat Beispiele zur Uebung für die verschiedenen Formeln.

II. Aus der ersten Grundformel $z = a + (n-1)d$, folgt der Werth von $z - (n-1)d = a$. (Nr. 1. in der Tafel).

III. Aus der ersten Grundformel $z = a + (n-1)d$, folgt $z - a = (n-1)d$ daher $\frac{z-a}{n-1} = d$. (Nr. 5. der Tafel).

IV. Auch folgt aus der ersten Grundformel, daß, da $z - a = (n-1)d$ ist, auch $\frac{z-a}{d} = n - 1$ und daher $\frac{z-a}{d} + 1 = \frac{z-a+d}{d} = n$ seyn muß. (Nr. 9. d. Tafel).

V. Die zweite Grundformel ist $S = (a+z)\frac{n}{2}$, oder sie giebt den Werth von S aus a, z und n an. (Nr. 17. in d. Tafel).

VI. Aus der Formel $S = (a+z)\frac{n}{2}$, folgt $2S = (a+z)n$ daher $\frac{2S}{a+z} = n$. (Nr. 10. d. Tafel).

VII. Weil $2S = (a+z)n$ (nach VI.) ist, so muß $\frac{2S}{n} = a + z$ seyn, daher $\frac{2S}{n} - a = z$. (Nr. 14. der Tafel).

VIII. Da $\frac{2S}{n} = a + z$ (nach VII.) ist, so ist $\frac{2S}{n} - z = a$ (Nr. 2. d. Tafel).

IX. Wenn wir den Werth von z aus der ersten Fundamentalgleichung in die zweite setzen, so erhalten wir, wie §. 291, 1. entwickelt wurde $S = [2a + (n-1)d]\frac{n}{2}$, wo also S aus a, n und d gefunden wird. (Nr. 18. d. Tafel).

X. Aus der Formel $S = [2a + (n-1)d]\frac{n}{2}$ (nach IX.), wird $2S = [2a + (n-1)d]n$ daher $\frac{2S}{n} = 2a + (n-1)d$,

folglich $\frac{2S}{n}-(n-1)d=2a$ und $\frac{\frac{2S}{n}-(n-1)d}{2}=a=$
$\frac{\frac{2S}{n}-\frac{(n-1)dn}{n}}{2}=\frac{2S-(n-1)dn}{2n}=\frac{2S}{2n}-\frac{(n-1)dn}{2n}=$
$\frac{S}{n}-\frac{(n-1)d}{2}=a.$ (Nr. 4 in der Tafel).

XI. Ist $\frac{2S}{n}=2a+(n-1)d$ (nach X.), so ist auch
$\frac{2S}{n}-2a=(n-1)d$, und $\frac{\frac{2S}{n}-2a}{n-1}=d=\frac{2S-2an}{n(n-1)}=$
$\frac{2(S-an)}{n(n-1)}$ (Nr. 6. in der Tafel).

XII. Aus $S=[2a+(n-1)d]\frac{n}{2}$ (Nr. IX.), folgt $2S=$
$[2a+(n-1)d]n=2an+(n-1)dn=2an+dn^2-dn$; dies können wir nun so setzen $dn^2+2an-dn=2S$ oder $dn^2+(2a-d)n=2S$, und wenn man durch d dividirt, so wird $n^2+\left(\frac{2a-d}{d}\right)n=\frac{2S}{d}$, wodurch wir die allgemeine Form der unreinen quadratischen Gleichungen erhalten *); nach der Theorie dieser Gleichungen erhalten wir nun folgende Auflösung:

$$n^2+\left(\frac{2a-d}{d}\right)n+\left(\frac{2a-d}{2d}\right)^2=\frac{2S}{d}+\frac{4a^2-4ad+d^2}{4d^2}\ **)$$

ferner $n+\frac{2a-d}{2d}=\mp\sqrt{\left(\frac{8dS+4a^2-4ad+d^2}{4d^2}\right)}$

$$=\frac{\mp\sqrt{[(2a-d)^2+8Sd)}}{2d}\ ***)$$

---

*) Siehe den Anhang zum 2ten Hauptstücke des 1sten Abschnitts.

**) Indem wir das, zu beiden Seiten der Gleichung zuaddirte Quadrat, hier auf der rechten Seite quadrirt, auf der linken Seite aber die Quadrirung blos angedeutet haben.

***) Aus der vorigen Gleichung wird auf beiden Seiten die Wurzel ausgezogen; zugleich wird $\frac{2S}{d}$ auf den Nenner $4d^2$ gebracht, endlich $n = \frac{\mp\sqrt{[(2a-d)^2+8Sd)}-(2a-d)}{2d}$, welcher Ausdruck auch noch so abgeändert werden kann

$$\frac{-(2a-d)}{2d} \mp \sqrt{\left(\frac{(2a-d)^2}{4d^2}+\frac{8Sd}{4d^2}\right)}$$

$$= \frac{d-2a}{2d} \mp \sqrt{\left[\left(\frac{2a-d}{2d}\right)^2+\frac{2S}{d}\right]} = n,$$ indem man für $-\frac{2a-d}{2d}$ schreibt $+\frac{d-2a}{d}$, wodurch der Zähler, also der ganze Quotient, die entgegengesetzte Eigenschaft erhält (§. 27. und §. 37, 15). Von diesen hier für n entwickelten Werthen kann man nun beliebig einen wählen. (Nr. 11. in der Tafel). *)

XIII. Man nehme aus der ersten Fundamentalformel den Werth von a, den die Formel II. giebt, und substituire ihn in die 2te Grundformel, so erhält man $S = (a+z)\frac{n}{2} = [z-(n-1)d+z]\frac{n}{2} = [2z-(n-1)d]\frac{n}{2}$ wo also S aus z, n und d entwickelt ist. (Nr. 20. der Tafel).

XIV. Nimmt man in der, in XIII. gefundenen Formel für $S = [2z-(n-1)d]\frac{n}{2}$, den Werth von z unbekannt an, so wird $\frac{2S}{n} = 2z-(n-1)d$, ferner hieraus $\frac{2S}{n}+(n-1)d = 2z$, und daher

---

alsdann die Zähler beider Brüche addirt, hierauf das Quadrat $4a^2-4ad+d^2$ wieder als $(2a-d)^2$ geschrieben, und aus dem Nenner $4d^2$ die Wurzel $(=2d)$ gezogen.

*) Wie mannigfaltig man einen Ausdruck abändern kann, zeigt der Werth für n hier; noch sey diese Abänderung hinzugefüget:

$$n = \frac{d-2a}{2d} \mp \sqrt{\left(\frac{4a^2-4ad+d^2}{4d^2}+\frac{2S}{d}\right)} =$$

$$\frac{d}{2d}-\frac{2a}{2d} \mp \sqrt{\left(\frac{4a^2}{4d^2}-\frac{4ad}{4d^2}+\frac{d^2}{4d^2}+\frac{2S}{d}\right)} =$$

$$\tfrac{1}{2}-\frac{a}{d} \mp \sqrt{\left(\frac{a^2}{d^2}-\frac{a}{d}+\tfrac{1}{4}+\frac{2S}{d}\right)}.$$

$$\frac{\frac{2S}{n}+(n-1)d}{2}=\frac{2S+(n-1)nd}{2n}=\frac{2S}{2n}+\frac{(n-1)nd}{2n}$$

$$=\frac{S}{n}+\frac{(n-1)d}{2}=z.$$ (Nr. 16. in der Tafel.)

XV. Nimmt man in der Formel $S=[2z-(n-1)d]\frac{n}{2}$ (aus XIII.) den Werth von d unbekannt an, so ist wieder zuerst $\frac{2S}{n}=2z-(n-1)d$, dann wird

$$(n-1)d=2z-\frac{2S}{n}=\frac{2zn-2S}{n},$$ und zuletzt

$$d=\frac{2zn-2S}{n(n-1)}=\frac{2(zn-S)}{n(n-1)}.$$

(Nr. 8. der Tafel.)

XVI. Nehmen wir in der Formel $S=[2z-(n-1)d]\frac{n}{2}$ den Werth von n als unbekannt an, so erhalten wir wieder eine unreine quadratische Gleichung, denn es giebt, wenn man die Parenthese auflöset, zuerst

$2S=2zn-(n-1)dn=2zn-dn^2+dn$, daher auch

$dn^2-2zn-dn=-2S$ wird oder

$dn^2-(2z+d)n=-2S$ folglich

$$n^2-\left(\frac{2z+d}{d}\right)n=\frac{-2S}{d}$$

wodurch die allgemeine Form der unreinen quadratischen Gleichungen erreicht wird. Die Auflösung giebt nun

$$n^2-\left(\frac{2z+d}{d}\right)n+\left(\frac{2z+d}{2d}\right)^2=\left(\frac{2z+d}{2d}\right)^2-\frac{2S}{d},$$

die Wurzel ausgezogen wird

$$n-\left(\frac{2z+d}{2d}\right)=\mp\sqrt{\left[\left(\frac{2z+d}{2d}\right)^2-\frac{2S}{d}\right]},$$ daher

$$n=\frac{2z+d}{2d}\mp\sqrt{\left[\left(\frac{2z+d}{2d}\right)^2-\frac{2S}{d}\right]}$$

$$=\frac{2z+d}{2d}\mp\sqrt{\left(\frac{4z^2+4zd+d^2}{4d^2}-\frac{2S}{d}\right)}$$

$$=\frac{2z+d}{2d}\mp\sqrt{\left(\frac{4z^2+4zd+d^2-8Sd}{4d^2}\right)}$$

$$=\frac{2z+d\mp\sqrt{[(2z+d)^2-8Sd]}}{2d}$$

wo man also wieder eine beliebige dieser Formen wählen kann (Nr. 12. der Tafel).

XVII. Setzt man den Werth von n aus der ersten Grundformel (den Nr. IV. angiebt) in die zweite Grundformel, so wird

$$S=(a+z)\frac{n}{2}=(a+z)\left(\frac{z-a+d}{2d}\right)=\frac{az-a^2+ad+z^2-za+zd}{2d}$$

$$=\frac{ad-a^2+z^2+zd}{2d}=\frac{(ad+zd)}{2d}+\frac{(z^2-a^2)}{2d}$$

$$=\frac{(a+z)d}{2d}+\frac{(z+a)(z-a)^{*)}}{2d}=\frac{a+z}{2}+\frac{(z+a)(z-a)}{2d}=S.$$

(Nr. 19. der Tafel.)

XVIII. Nimmt man in der Formel $S=\frac{ad-a^2+z^2+zd}{2d}$ (Siehe Nr. XVII.), den Werth d für unbekannt an, so wird zuerst $2dS=ad-a^2+z^2+zd$, hieraus ferner $2Sd-ad-zd=z^2-a^2$ d. h. $(2S-a-z)d=(z+a)(z-a)$ woraus $d=\frac{(z+a)(z-a)}{2S-a-z}$ folgt. (Nr. 7. der Tafel.)

XIX. In derselben Formel wie vorher, die man auf $2dS=ad+zd+z^2-a^2$ zurückführt (siehe Nr. XVIII.), nehme man z als unbekannt an, so wird man erhalten:

$$z^2+dz=2dS-ad+a^2.$$

Dies wird wieder eine unreine quadratische Gleichung, welche nun so aufgelöset wird:

$$z^2+dz+\frac{d^2}{4}=2dS-ad+a^2+\frac{d^2}{4};\ \text{daher}$$

$$z+\frac{d}{2}=\mp\sqrt{\left(\frac{8dS-4ad+4a^2+d^2}{4}\right)}=\frac{\mp\sqrt{[(2a-d)^2+8Sd]}}{2},$$

woraus $z=\frac{\mp\sqrt{[(2a-d)^2+8Sd]}-d}{2}$

folgt. Auch hätte man

$$z+\frac{d}{2}=\mp\sqrt{\left(2dS-ad+a^2+\frac{d^2}{4}\right)}=\mp\sqrt{\left[2Sd+\left(a-\frac{d}{2}\right)^2\right]}$$

*) Weil die Differenz zweier Quadrate, wie hier (z^2-a^2) ein Produkt aus der Summe u. Differenz beider Wurzeln ist (§. 161, 3).

folglich $z = -\frac{d}{2} + \sqrt{\left[2Sd + \left(a - \frac{d}{2}\right)^2\right]}$

setzen können (ist Nr. 15. in der Tafel).

XX. Wird endlich in der Formel $2dS = ad + zd + z^2 - a^2$ (die man aus XVIII. erhält), der Werth von a als unbekannt gesetzt, so erhält man zuerst

$$a^2 - ad = z^2 + zd - 2Sd$$

woraus diese Auflösung folgt:

$$a^2 - ad + \frac{d^2}{4} = \frac{d^2}{4} + z^2 + zd - 2Sd = \left(z + \frac{d}{2}\right)^2 - 2Sd$$

daher $a - \frac{d}{2} = \mp \sqrt{\left[\left(z + \frac{d}{2}\right)^2 - 2Sd\right]}$ und

$$a = \frac{d}{2} \mp \sqrt{\left[\left(z + \frac{d}{2}\right)^2 - 2Sd\right]}$$

wird (Nr. 3. in der Tafel).

So hätten wir also die erwähnten 20 Formeln entwickelt. Es wird nicht schwer seyn, diese Entwickelungen zu merken, denn, hat man die beiden Grundformeln für z und für S, so giebt jede derselben noch drei neue Formeln, je nachdem man jede der Größen, die noch darin vorkommen, als unbekannt annimmt. Setzt man nun die Werthe von z, von a und von n, aus der ersten Grundformel, nach und nach in die zweite Grundformel, so erhält man drei neue Gleichungen (IX., XIII. und XVII.), die wieder eine jede drei neue Formeln erzeugen, so wie man einen Werth darin als unbekannt annimmt, dessen Entwickelung stets die Theorie der Gleichungen giebt.

§. 297. Zusatz.

Tafel

für jeden der fünf Werthe einer arithmetischen Progression, wenn drei Werthe als bekannt angenommen werden.

Nr.	Zu finden.	Gegeben.	Formeln für die zu findenden Größen.	Nr. in der vorstehenden Berechnung
1	a	z, d, n.	$a = z - (n - 1)d$	II
2		z, n, S.	$a = \frac{2S}{n} - z$	VIII
3		z, d, S.	$a = \frac{d}{2} \mp \sqrt{\left[\left(z + \frac{d}{2}\right)^2 - 2Sd\right]}$	XX
4		d, n, S.	$a = \frac{S}{n} - \frac{(n-1)d}{2}$	X
5	d	a, z, n.	$d = \frac{z-a}{n-1}$	III
6		a, n, S.	$d = \frac{2(S-an)}{n(n-1)}$	XI
7		a, z, S.	$d = \frac{(z+a)(z-a)}{2S-a-z}$	XVIII
8		z, n, S.	$d = \frac{2(zn-S)}{n(n-1)}$	XV
9	n	a, z, d.	$n = \frac{z-a}{d} + 1$	IV
10		a, z, S.	$n = \frac{2S}{a+z}$	VI
11		a, d, S.	$n = \frac{d-2a}{2d} \mp \sqrt{\left[\left(\frac{2a-d}{2d}\right)^2 + \frac{2S}{d}\right]}$	XII
12		z, d, S.	$n = \frac{2z+d}{2d} \mp \sqrt{\left[\left(\frac{2z+d}{2d}\right)^2 - \frac{2S}{d}\right]}$	XVI
13	z	a, n, d.	$z = a + (n-1)d$	I
14		a, n, S.	$z = \frac{2S}{n} - a$	VII
15		a, d, S.	$z = -\frac{d}{2} \mp \sqrt{\left[2Sd + \left(a - \frac{d}{2}\right)^2\right]}$	XIX
16		n, d, S.	$z = \frac{S}{n} + \frac{(n-1)d}{2}$	XIV
17	S	a, z, n.	$S = (a+z)\frac{n}{2}$	V
18		n, n, d.	$S = [2a + (n-1)d]\frac{n}{2}$	IX
19		a, d, z.	$S = \frac{a+z}{2} + \frac{(z+a)(z-a)}{2d}$	XVII
20		z, n, d.	$S = [2z - (n-1)d]\frac{n}{2}$	XIII

Zweites Kapitel.
Die geometrischen Progressionen.

§. 298. Erklärung.

Wenn bei einer Reihe von Zahlen immer drei unmittelbar auf einander folgende eine stetige geometrische Proportion bilden; so heißt die ganze Reihe, eine geometrische Reihe oder geometrische Progression. Die einzelnen Zahlen heißen die Glieder der Reihe, und werden durch das Zeichen der geometrischen Verhältnisse mit einander verbunden. Der Exponent der einzelnen Verhältnisse heißt auch hier der Exponent der Progression. Z. B. die Reihe: 3:6:12:24:48:96:192 ꝛc. ist eine geometrische Progression, vom ersten Gliede 3 und vom Exponenten 2. Eben so ist 1:2:4:8:16 ꝛc. eine geometrische Progression. Werden die einzelnen Glieder mit den natürlichen Zahlen überschrieben, welche die Ordnung der Glieder in der ganzen Reihe anzeigen, so heißt eine solche Zahl auch hier: der Index des Gliedes. So würde z. B. 5 der Index vom Gliede 48, in der ersten obigen Reihe, seyn.

§. 299. Zusatz.

Indem der Exponent der Verhältnisse zwischen den Gliedern einer geometrischen Progression immer derselbe bleibt, so wird man, wenn a das erste Glied und e der Exponent genannt wird, leicht eine allgemeine Darstellung der geometrischen Progression in Folgendem finden: $a : ae : ae^2 : ae^3 : ae^4 : ae^5 : ae^6$ u. s. w.

§. 300. Lehnsätze.

1. Bei aufmerksamer Betrachtung der einzelnen Glieder einer geometrischen Progression wird man leicht das Gesetz finden, daß jedes Glied ein Produkt sey, aus dem ersten Gliede a, und aus einer Potenz des Exponenten, die

die vom sovielten Grade ist, als dem Gliede Glieder vorhergehen, oder, was dasselbe sagt, als des Gliedes Index weniger 1, anzeigt. Denn, beim zweiten Gliede ist der Exponent von e gleich eins, bei jedem folgenden Gliede aber eins größer, während der Index auch immer um eins wächst. Nennen wir also ein Glied, allgemein das nte, so ist dieses Glied $= ae^{n-1}$, welche Formel wieder das allgemeine Glied der geometrischen Progressionen genannt wird.

2. Wird die Anzahl der sämmtlichen Glieder einer geometrischen Progression, n genannt, das letzte Glied aber z, so muß auch für dieses letzte Glied, die allgemeine Formel jedes Gliedes gelten, oder es ist $z = ae^{n-1}$. Diese Gleichung bildet die erste Grundformel der geometrischen Progression.

§. 301. Lehrsatz.

Wenn man sämmtliche Glieder einer geometrischen Progression zu einer und derselben Potenz erhebt, oder aus allen Gliedern ein und dieselbe Wurzel ziehet; so bilden die hierdurch entstehenden Potenzen oder Wurzeln, wieder eine geometrische Progression, deren Exponent dieselbe Potenz oder Wurzel des ersten Exponenten ist.

Beweis. Indem durch die gedachte Verrichtung, auch immer drei unmittelbar auf einander folgende Glieder, auf die vorgeschriebene Art verändert werden, diese aber laut Erklärung §. 298. eine stetige geometrische Proportion bilden sollen; so werden immer drei auf einander folgende Glieder der neuen Reihe, nach geschehener Verrichtung, wieder eine stetige geometrische Proportion bilden (§. 276), daher die ganze neue Reihe, eine geometrische Progression wieder geben muß. Die behauptete Veränderung des Exponenten, ergiebt sich auch aus §. 276. Z. B. wenn in $a : ae : ae^2 : ae^3 : ae^4$ u. s. w., jedes Glied quadrirt wird, so erhält man $a^2 : a^2e^2 : a^2e^4 : a^2e^6 : a^2e^8$ ꝛc. wo $\frac{a^2 e^2}{a^2} = e^2$ der Exponent ist; eben so würde

$$\sqrt[3]{a} : \sqrt[3]{(ae)} : \sqrt[3]{(ae^2)} : \sqrt[3]{(ae^3)} : \sqrt[3]{(ae^4)} \text{ ꝛc.}$$

eine richtig geometrische Progression, vom Exponenten $\frac{\sqrt[3]{(ae)}}{\sqrt[3]{a}} = \sqrt[3]{\left(\frac{ae}{a}\right)} = \sqrt[3]{e}$ seyn. Welches zu beweisen war.

§. 302. Lehrsatz.

Bei jeder geometrischen Progression, ist das Produkt der äußeren Glieder (des 1ten und letzten Gliedes), gleich dem Produkte jeder zwei, von den äußeren Gliedern gleich weit abstehenden Glieder, daher gleich dem Quadrate des mittleren Gliedes, wenn die Anzahl aller Glieder ungerade ist.

Beweis. Da jedes Glied ein Produkt ist aus a und einer Potenz des Exponenten; so ist das Produkt der äußeren Glieder gleich a^2, multiplizirt mit der Potenz von e, die das letzte Glied hat, also $a^2 e^{n-1}$, indem das erste Glied keinen Faktor e hat. Das zweite Glied von vorn, und das zweite von hinten, geben aber auch a^2 in dem einen Faktor, und da jenes 2te Glied von vorn den Exponenten einmal öfter als das 1te Glied, das 2te von hinten aber einmal weniger als das letzte hat; so geben sie, mit einander multiplizirt, dieselbe Potenz von e zum zweiten Faktor, oder desselben Produkt als jene beide äußeren Glieder gaben. So wird man die Gleichheit jeder der, auf vorgeschriebene Art gebildeten Produkte, finden.

Zusatz. Man kann also leicht das Produkt sämmtlicher Glieder einer geometrischen Progression finden, wenn man nemlich das Produkt der beiden äußeren Glieder, zur halb so vielten Potenz erhebt, als Glieder in der Progression sind; denn jene, nach unserem

Lehrsatze gebildeten Produkte sind einander gleich, und geben mit einander multiplizirt, dasselbe Produkt, was alle Glieder in jeder beliebigen anderen Ordnung mit einander multiplizirt, geben würden; man hat also in ersterem Falle, ein Produkt aus so vielen gleichen Faktoren (jeder gleich dem Produkte der äußeren Glieder), als die Hälfte der Glieder beträgt; daher jenes Produkt

$$= (a^2 \cdot e^{n-1})^{\frac{n}{2}} = a^{\frac{2n}{2}} e^{(n-1)\frac{n}{2}} = a^n . e^{(n-1)\frac{n}{2}}.$$

Anmerk. Anwendungen dieses Satzes mögten schwerlich sich irgend wo ereignen; indessen steht dieser Satz für die geometrischen Progressionen, der Analogie des §. 289. und 290. wegen hier. Wichtiger ist auch hier der folgende §.

§. 303. Aufgabe.

Die Summe aller Glieder einer geometrischen Progression zu finden; diese Summe heiße S.

Auflösung. Es sey die Progression allgemein diese:

$$a : ae : ae^2 : ae^3 : \ldots\ldots\ldots\ ae^{n-2} : ae^{n-1}$$ so ist

$$S = a + ae + ae^2 + ae^3 + \ldots + ae^{n-2} + ae^{n-1},$$

multiplizirt man auf beiden Seiten dieser Gleichung mit $(e - 1)$, so erhält man:

$$\left.\begin{aligned} S(e-1) &= ae + ae^2 + ae^3 + ae^4 \ldots + ae^{n-1} + ae^n\text{*)} \\ &\quad - a - ae - ae^2 - ae^3 \ldots - ae^{n-2} - ae^{n-1} \end{aligned}\right\} \text{summirt.}$$

$$S(e-1) = -a + ae^n = ae^n - a = (e^n - 1)a.$$

Denn: stellt man sich in der gegebenen Reihe die Glieder vor, welche hier blos durch Punkte bemerkt sind, so wird durch die Multiplikation mit e, zuerst sich der Exponent jedes Gliedes der Reihe um 1 vermehren, durch Multiplikation der Reihe mit − 1 aber, erhält man alle dieselben Glieder, wie in der gegebenen Reihe, nur negativ; indem diese Glieder mit den vorher erhaltenen nun vereinigt werden müssen, heben sich sämmtliche Glieder der beiden Produkte gegen einander auf, nur das

*) Denn es ist $ae^{n-1}e = ae^{n-1+1} = ae^n$.

Glied $-a$ des zweiten Produkts, und das Glied $+ae^n$ des ersten, finden kein Glied wogegen sie sich heben, daher auch sie oder $-a+ae^n$ die Summe bilden, deren Abänderung in $a(e^n-1)$ sich leicht ergiebt. Ist aber

$$S(e-1)=a(e^n-1)$$

so ist $S=\frac{a(e^n-1)}{e-1}=\frac{ae^n-a}{e-1}$

welche Formel die zweite Grundformel der geometrischen Progressionen heißt.

Anmerk. Wie ungemein einfach ist das Mittel der Multiplikation mit $(e-1)$, und schwerlich hätte man die verlangte Summe durch eine einfachere Verrichtung erhalten können.

§. 304. Zusätze.

1. Das summatorische Glied einer geometrischen Progression, ist ebenfalls ein allgemeiner Ausdruck, welcher für jeden Index die Summe der Glieder bis zu dem Gliede giebt, dessen Index genommen ist; daher wird die eben erhaltene Formel für S, auch eine Formel für das summatorische Glied seyn.

2. Setzt man den Werth von $z=ae^{n-1}$ der ersten Grundformel (§. 300, 2.), in die zweite Grundformel; so erhält man, nachdem $S=\frac{ae^n-a}{e-1}$ wieder in $S=\frac{ae^{n-1}e-a}{e-1}$ verwandelt wird, $S=\frac{ze-a}{e-1}$, welche Formel zur Berechnung von S aus z, e und a dient, und auch oft die dritte Grundformel genannt wird.

3. Setzt man in die Formel des summatorischen Gliedes, für n, den Werth $n-1$, so muß man auch hier offenbar, sobald dieser neue Werth vom summatorischen Gliede subtrahirt wird, wieder das allgemeine Glied erhalten, welches man eben so wie §. 291, 3. zeiget. Es wird also:

$$\frac{ae^n - a}{e - 1} - \frac{ae^{n-1} - a}{e - 1} = \frac{ae^n - a - ae^{n-1} + a}{e - 1} = \frac{ae^{n-1}e - ae^{n-1}}{e - 1}$$

$$= \frac{ae^{n-1}(e - 1)}{e - 1} = ae^{n-1},$$

d. h. gleich dem allgemeinen Gliede, seyn.

4. Das was wir §. 291, 4. von der Ergänzung einer arithmetischen Progression sagten, wird man leicht auch auf die geometrischen Progressionen übertragen können.

§. 305. Erklärung.

Wenn der Exponent einer geometrischen Progression eine ganze Zahl oder ein unechter Bruch ist, so heißt die Reihe: eine steigende Progression; ist aber der Exponent ein echter Bruch, so wird die Reihe eine fallende Progression genannt. Stellt man sich bei einer fallenden geometrischen Reihe, die Glieder bis ins Unendliche abnehmend vor, so kann man durch Fortsetzung der Reihe auf Glieder kommen, die kleiner sind, als jede angebbare Größe, und alsdann heißt die Progression: eine unendliche geometrische Progression. Ist das erste Glied einer geometrischen Progression positiv, der Exponent aber negativ, so werden die Glieder der Reihe abwechselnd positiv und negativ seyn, und solche Reihe heißt alsdann: eine veränderliche Reihe, und zwar eine steigende oder fallende, je nachdem sie steigend oder fallend ist. Dasselbe geschieht auch, wenn a und e beide negativ sind.

§. 306. Zusätze.

1. Wenn das erste Glied einer geometrischen Reihe positiv, die Reihe aber fallend ist; so bleibt die Formel für das allgemeine Glied, dieselbe wie wir sie für die steigende Reihe §. 300, 1. fanden; denn, jene Untersuchung war ohne Rücksicht auf die Größe von a und von e, gegründet; es kann daher auch a ein echter oder unechter Bruch seyn.

2. Die Formel für die Summe sämmtlicher Glieder, wird, in dem Falle, wo nur a und e positiv sind, sonst aber jeden Werth haben können, auch ganz dieselbe, wie §. 303. seyn.

3. Ist das erste Glied einer geometrischen Progression negativ, der Exponent aber positiv, so werden sämmtliche Glieder negativ, aber in Hinsicht der Größe ganz dieselben werden, als wäre das erste Glied auch positiv. Z. B.

$$\overset{+e}{-a} : -ae : -ae^2 : -ae^3 : -ae^4 : -ae^5 : -ae^6 \ldots -ae^{n-1}$$

Daher wird die Formel für das allgemeine, so wie für das summatorische Glied, auch dieselbe werden, wie wir sie §. 300, 1. und §. 303. fanden, nur, daß die Resultate selbst negativ werden; daher sind $-(ae^{n-1})$ und $-\frac{ae^n - a}{e-1}$ diese Resultate, bei deren Berechnung selbst, auf das Zeichen von a keine Rücksicht zu nehmen ist, denn nimmt man diese Rücksicht, so kann man das allgemeine Glied als ae^{n-1} und das summatorische als $\frac{ae^n - a}{e-1}$ setzen, wo denn z. B. bei der letzten Formel, wenn für a gesetzt wird $-a$, der Ausdruck wird $\frac{-ae^n + a}{e-1}$, welcher $= -\frac{ae^n - a}{e-1}$ ist. Ob die Progression übrigens steigend oder fallend ist, gilt auch hier gleich viel.

4. Ist das erste Glied positiv, und der Exponent negativ, so ist die Progression eine veränderliche, und hat diese Form:

$$\overset{-e}{+a} : -ae : +ae^2 : -ae^3 : +ae^4 : -ae^5 : +ae^6 \text{ u. s. w.}$$

Um hier das allgemeine Glied zu finden, braucht man es auch nur, ohne Rücksicht auf das Zeichen von e zu suchen, denn die Glieder dieser veränderlichen Reihe, sind in Hinsicht ihrer Größe, ganz so, als sie bei einem positiven Exponenten seyn würden; hat man aber das Glied gefunden, so ist es, für einen geraden Index n negativ, für einen ungeraden aber positiv. Dies lehrt ein Blick auf die obere Reihe. Was aber die Summation der Glieder einer veränderlichen Reihe anbetrifft, so erfordert dies folgende Untersuchungen.

5. Man habe die Progression so, daß $a = 2$ und $e = -2$ sey, so wird die Reihe selbst diese werden:

$$a : -ae : +ae^2 : -ae^3 : +ae^4 : -ae^5 : +ae^6 : -ae^7$$

oder in Zahlen

$$2 : -4 : +8 : -16 : +32 : -64 : +128 : -256.$$

Gesetzt man wollte von dieser Progression n Glieder summiren, wo n zuerst eine gerade Zahl bedeute, so wird man offenbar zwei geometrische Reihen zu summiren haben, wo jede gleich viel Glieder hat; die eine hat zum ersten Gliede a, zum Exponenten e^2, und sonst lauter positive Glieder, indem sie diese ist: $a : ae^2 : ae^4$ rc.; die andere Reihe hat ae zum ersten Gliede, e^2 zum Exponenten, und lauter negative Glieder, denn sie ist diese: $-ae : -ae^3 : -ae^5$ u. s. w. Jede dieser Reihen summire man für sich, und dann werden beide Summen unter sich vereinigt. So wird, wenn man in die allgemeine Formel für $S = \frac{a e^n - a}{e - 1}$, anstatt n jetzt $\frac{n}{2}$*) und für e setzt e^2, auch $S = \frac{a(e^2)^{\frac{n}{2}} - a}{e^2 - 1} = \frac{ae^n - a}{e^2 - 1}$ werden, welcher Ausdruck die Summe jener positiven Glieder anzeigt; setzt man aber für a den Werth ae, und für e wieder e^2, so wie für n nur $\frac{n}{2}$, so wird

$$S = \frac{ae(e^2)^{\frac{n}{2}} - ae}{e^2 - 1} = \frac{ae\,e^n - ae}{e^2 - 1},$$

*) Weil ja die Reihe nur die Hälfte der Glieder hat, von der zu summirenden veränderlichen Reihe.

und dieser Werth negativ genommen; giebt den Werth der negativen obigen Reihe (Nr. 3. d. §.). Folglich wird das gesuchte S der Anfangs gegebenen veränderlichen Reihe, also

$$S = \frac{ae^n - a}{e^2 - 1} - \frac{ae\,e^n - ae}{e^2 - 1} = \frac{ae^n - a - ae\,e^n + ae}{e^2 - 1}$$
$$= \frac{(1-e)ae^n + (e-1)a}{e^2 - 1} = \frac{-(e-1)ae^n + (e-1)a}{e^2 - 1}$$
$$= \frac{(a - ae^n)(e-1)}{e^2 - 1} = \frac{a(1-e^n)(e-1)}{e^2 - 1}.$$

Nehmen wir hier für a und e die Werthe der obigen Reihe an, und setzen $n = 8$, so wird die Summe der acht ersten Glieder $= S = \frac{2(1-2^8)(2-1)}{4-1} = \frac{2.-255.1}{3} = -170$ was man durch die gewöhnliche Addition der 8 ersten Glieder auch findet. Wollte man aber die Summe einer ungeraden Menge von Gliedern der veränderlichen Reihe, wo daß n ungerade ist, so wird man ganz dieselben beiden Reihen wie vorher in Hinsicht des ersten Gliedes und des Exponenten haben, nur da n jetzt ungerade ist, so ist $n + 1$ gerade, und die Reihe welche positive Zahlen hat, hat ein Glied mehr oder $\frac{n+1}{2}$, die Reihe der negativen Glieder aber nur $\frac{n-1}{2}$ Glieder *); man wird für die erste dieser beiden Reihen

$$S = \frac{a(e^2)^{\frac{n+1}{2}} - a}{e^2 - 1} = \frac{ae^{n+1} - a}{e^2 - 1}$$

erhalten, für die Reihe der negativen Glieder aber wieder

$$S = \frac{ae(e^2)^{\frac{n-1}{2}} - ae}{e^2 - 1} = \frac{ae\,e^{n-1} - ae}{e^2 - 1}$$

welcher Werth negativ zu nehmen, und dem ersten

---

*) So wird auch $\frac{n+1}{2} + \frac{n-1}{2} = \frac{2n}{2} = n$; d. h. zusammen haben sie n Glieder, wie es verlangt ward.

Werthe zu vereinigen ist; so wird nun wieder das eigentlich gesuchte S der veränderlichen Reihe, oder

$$S = \frac{ae^{n+1} - a}{e^2 - 1} - \frac{ae\,e^{n-1} - ae}{e^2 - 1} = \frac{ae^{n+1} - a - ae\,e^{n-1} + ae}{e^2 - 1}$$

$$= \frac{ae\,e^n - a - ae^n + ae}{e^2 - 1} = \frac{(e-1)\,ae^n + (e-1)\,a}{e^2 - 1}$$

$$= \frac{(ae^n + a)(e-1)}{e^2 - 1} = \frac{a(e^n + 1)(e-1)}{e^2 - 1}$$

Nimmt man $n = 7$ an, so giebt unsere obige Zahlenreihe

$$S = \frac{2(2^7 + 1)(2-1)}{4-1} = \frac{2(128+1)}{3} = \frac{258}{3} = +86.$$

Daß es bei dieser Untersuchung gleichgültig war, ob man eine steigende oder fallende Reihe hat, ist wol deutlich, denn a und e waren allgemeine Größen, und die Zahlenreihe diente nur zum Beispiele.

6. Ist das erste Glied und der Exponent negativ, so wird die Reihe ebenfalls eine veränderliche, welche diese Form hat:

$$\overset{-e}{-a :} + ae : - ae^2 : + ae^3 : - ae^4 : + ae^5 : - ae^6 + ae^7$$

oder

$$\overset{-3}{-2 :} + 6 : - 18 : + 54 : - 162 : + 486 : - 1458 : + 4374$$

Das allgemeine Glied hat auch hier ganz die Form wie wir es bei §. 300, 1. fanden, nur daß es für einen ungeraden Index negativ, für einen geraden aber positiv wird. Die Untersuchung für das summatorische Glied aber, muß ganz dieselbe Formel geben, als wir eben in Nr. 5. sahen, nur daß das Zeichen des Resultats entgegengesetzt wird; denn: geben z. B. hier die negativen Glieder bis zu einem beliebigen Index n (gerade oder ungerade) die Summe $-q$, die positiven Glieder aber $+p$, so ist $+p-q$ die Summe beider zusammen, dies sey $\mp x$ *); so ist die Summe derselben

*) Es wird $+x$ seyn, wenn der Index n gerade war, $-x$ aber beim ungeraden Index; d. h. wenn die Reihe zugleich steigend ist; bei der fallenden Reihe ist es gerade umgekehrt.

Glieder, wenn man alle Zeichen umkehrt, oder die Reihe die Form von Nr. 5. bekömmt, $\pm x$, oder wir müssen auch jene Formeln aus Nr. 5. gebrauchen. Daher für unseren jetzigen Fall, wenn n gerade ist,

$$S = -\frac{a(1-e^n)(e-1)}{e^2-1} = +\frac{a(e^n-1)(e-1)}{e^2-1}\text{ *)}.$$

Nennt man n z. B. = 8, so giebt diese Formel

$$S = \frac{2(3-1)(3^8-1)}{9-1} = \frac{2.2(6561-1)}{8} = \frac{4.6560}{8} = \frac{6560}{2} = +3280,$$

was die Summation in unserer obigen Reihe auch giebt. Für n als ungerade Zahl erhalten wir diesen Werth (aus Nr. 5. d. §.):

$$S = -\frac{a(e^n+1)(e-1)}{e^2-1} = \frac{a(e^n+1)(1-e)}{e^2-1}$$

wo also der letzte Faktor $(e-1)$ in $(1-e)$ verwandelt ist, und so der ganze Bruch wieder das + Zeichen erhält; nennen wir $n = 7$, so giebt die obige Reihe

$$S = \frac{2(3^7+1)(1-3)}{9-1} = \frac{2(2187+1).-2}{8} = \frac{-4.2188}{8}$$

$$= -\frac{2188}{2} = -1094.$$

Auch bei dieser Untersuchung hat das Steigen oder Fallen der Reihen keinen Einfluß, und wird sich schon das entgegengesetzte Resultat im Zeichen, durch die Substitution des e (der Exponent ist ein echter Bruch bei der fallenden Reihe) in die Formel, beim Faktor $(e-1)$ oder $(1-e)$ ergeben. (Siehe unten bei * Seite 569.)

7. Wir könnten noch einige von den Sätzen, die wir bei den arithmetischen Progressionen hatten, hier übertragen, jedoch werden sie im folgenden Kapitel noch in einer größeren Allgemeinheit vorkommen, und können auf die geometrischen Progressionen besonders, leicht zurück geführt werden.

---

*) Hier ist die Differenz $(1-e^n)$ umgekehrt als (e^n-1), weshalb das Zeichen des ganzen Ausdrucks auch wieder entgegengesetzt genommen werden muß. (Siehe auch §. 37, 15.)

§. 307. Aufgabe.

Die Summe aller Glieder einer unendlich abnehmenden geometrischen Progression zu finden.

Auflösung. Nennen wir den Exponenten der abnehmenden Progression z. B. $\frac{p}{m}$ (also $m > p$), so können wir dieselbe vorstellen; als:

$$a : \frac{ap}{m} : \frac{ap^2}{m^2} : \frac{ap^3}{m^3} : \frac{ap^4}{m^4} : \frac{ap^5}{m^5} \ldots\ldots$$

Jetzt wird die Summe aller dieser, ins Unendliche fortgehenden Glieder, offenbar diese seyn:

$$S = a + \frac{ap}{m} + \frac{ap^2}{m^2} + \frac{ap^3}{m^3} + \frac{ap^4}{m^4} \ldots\ldots$$

multiplizirt man beide Seiten der Gleichung mit $\frac{p}{m}$, so erhält man:

$$\frac{Sp}{m} = \frac{ap}{m} + \frac{ap^2}{m^2} + \frac{ap^3}{m^3} + \frac{ap^4}{m^4} + \frac{ap^5}{m^5} \ldots\ldots$$

wird diese Gleichung von der obigen subtrahirt, so bleibt $S - \frac{Sp}{m} = a$, denn die übrigen Werthe heben sich gänzlich gegen einander auf, indem bis ins Unendliche, alle Glieder der unteren Gleichung, gleiche Glieder in der obigen Gleichung finden. Aus der Gleichung $S - \frac{Sp}{m} = a$, folgt nun $\frac{Sm - Sp}{m} = \frac{S(m-p)}{m} = a$, daher $S(m-p) = ma$ und $S = \frac{ma}{m-p}$, d. h., man multiplizire das erste Glied der unendlichen Progression mit dem Nenner des Exponenten, und dividire das Produkt durch die Differenz des Nenners weniger dem Zähler. Z. B. die Reihe sey $1 : \frac{1}{3} : \frac{1}{9} : \frac{1}{27} : \frac{1}{81} : \frac{1}{243} \ldots\ldots$ so ist die Summe dieser Glieder, wenn wir sie ins Unendliche fortsetzen könnten, oder $S = \frac{1.3}{3-1} = \frac{3}{2} = 1\frac{1}{2}$. — Ist die Reihe diese

$2:\frac{4}{3}:\frac{8}{9}:\frac{16}{27}:\frac{32}{81}\dots$ wo $e=\frac{2}{3}$ ist; so ist $S=\frac{3\cdot 2}{3-2}=\frac{6}{1}=6$. Da wir nun in der Würklichkeit nie unendlich viele Glieder nehmen können, so müssen wir uns mit einer endlichen Menge begnügen, und werden allerdings dem Werthe der ganzen Reihe nun auch um so näher kommen, je mehr Glieder wir nehmen; z. B. bei dem 2ten Beispiele erhalten wir $2+\frac{4}{3}+\frac{8}{9}+\frac{16}{27}+\frac{32}{81}$ schon $=2+1\frac{1}{3}+\frac{8}{9}+\frac{16}{27}+\frac{32}{81}=3+\frac{172}{81}=3+2\frac{17}{81}=5\frac{17}{81}$, was sich der 6 bei jeder Fortsetzung von Gliedern nähert.

Zusatz 1. Ist die unendliche Progression, von lauter negativen Gliedern, d. h. ist der Exponent negativ, so wird die Summe natürlich eben so berechnet, und ist alsdann das Resultat negativ zu nehmen.

Zusatz 2. Ist die unendliche Progression veränderlich, z. B. diese

$$a:-\frac{ap}{m}:+\frac{ap^2}{m^2}:-\frac{ap^3}{m^3}:+\frac{ap^4}{m^4}:-\frac{ap^5}{m^5}\dots$$

so kann man auch die Summe finden, denn: addirt man die Glieder, multiplizirt alsdann die Summe S so wie die Summe welche aus unendlich vielen Gliedern bestehet, mit $\frac{p}{m}$, und addirt hierauf beide Reihen, so erhält man:

$$\left.\begin{aligned} S &= a-\frac{ap}{m}+\frac{ap^2}{m^2}-\frac{ap^3}{m^3}+\frac{ap^4}{m^4}-\frac{ap^5}{m^5}\dots \text{ (§. 26.)} \\ \frac{Sp}{m} &= +\frac{ap}{m}-\frac{ap^2}{m^2}+\frac{ap^3}{m^3}-\frac{ap^4}{m^4}+\frac{ap^5}{m^5}\dots \end{aligned}\right\}\text{ sumirt}$$

$$S+\frac{Sp}{m}=\frac{mS+Sp}{m}=a;\ \text{daher } S(m+p)=ma$$

und also $S=\frac{ma}{m+p}$, wo man dieselbe Form für die Summe wie vorher erhält, nur im Nenner $m+p$, wo vorher $m-p$ war; diese Summe im Nenner, verkleinert den Bruch gegen vorher, was aber auch seyn muß, weil die Summe der Glieder der veränderlichen Reihe,

wegen der negativen Glieder, **kleiner** ausfallen muß.
muß.

Zusatz 3. Beginnt die veränderliche Reihe mit $-a$, ist sie also $-a : + \frac{ap}{m} : - \frac{ap^2}{m^2} : + \frac{ap^3}{m^3} : - \frac{ap^4}{m^4} \dots$ so wird man bei der Summirung, Multiplikation mit $\frac{p}{m}$, und abermaliger Summirung beider Reihen, offenbar erhalten

$$S = \frac{-a \cdot m}{(m+p)} = - \frac{am}{(m+p)}.$$

Zusatz 4. Man kann die Summirung der unendlichen Progressionen mit Vortheil bei der Verwandelung der unendlichen Dezimalbrüche in gewöhnliche Brüche anwenden, wenn man ihre Periode kennt; denn: der periodische Dezimalbruch, bildet in seinen Perioden eine unendliche Progression; man habe z. B. $0{,}425\overline{425}\dots$, so ist dies so gut als $\frac{425}{1000} + \frac{425}{1000} \cdot \frac{1}{1000} + \frac{425}{1000} \cdot \frac{1}{1000^2} \dots$ so daß das erste Glied $= \frac{425}{1000}$ und der Exponent $= \frac{1}{1000}$ ist, daher $S = \frac{\frac{425}{1000} \cdot 1000}{1000 - 1} = \frac{425}{999}$, wie dies auch nach §. 117. gefunden wird; gehen der Periode nach Glieder vorher, so kann man diese zuerst absondern, eben so die, etwa vorhandenen, Ganzen; z. B. bei $8{,}2417\overline{676}\dots$ hat man $8{,}241 + 0{,}0007\overline{676}\dots$, wo dieser letzte Theil des gegebenen Dezimalbruchs, wieder als $\frac{76}{100000} + \frac{76}{100000} \cdot \frac{1}{100}$ u. s. w. anzusehen ist, und die Summation erfolgen kann.

Zusatz 5. Sollte man für eine unendlich abnehmende Progression, nur die Summe **einiger** Glieder verlangen; so tritt natürlich die Formel für das summatorische Glied ein (§. 303.).

Anmerk. 1. Die Erscheinung der Summation der unendlich abnehmenden Progressionen, ist ohne Zweifel sehr merkwürdig, und verweise ich unter andern auf die 3te Anmerkung zu §. 116. (Seite 162.).

Anmerk. 2. Wollte man sich eine **unendlich zunehmende** Progression vorstellen, so wäre der Werth derselben natürlich **unendlich groß** oder ∞, ließ sich aber auch nicht weiter angeben.

§. 308. Aufgaben.

Die fünf Größen die wir bei einer geometrischen Progression kennen lernten, als 1) a für das erste Glied, 2) z für das letzte Glied, 3) e für den Exponenten, 4) n für die Anzahl und 5) S für die Summe aller Glieder; stehen nun wieder hier in einer solchen Verbindung, daß wir aus dreien derselben, auch die beiden anderen immer finden können. Dies giebt aus demselben Grunde, wie §. 296. bei den arithmetischen Reihen, auch jetzt bei den geometrischen Progressionen, 20 Formeln, welche die Tafel des §. 309. zusammenstellen soll, und die wir hier auf dieselbe Weise entwickeln wollen, wie es §. 296. geschahe *). Nur ist hierbei zu bemerken, daß vier von diesen Formeln, dem verlangten Werthe nicht unmittelbar allgemein geben, sondern daß wir Gleichungen bekommen werden, worin die unbekannte Größe wol vorhanden ist, aber nicht entwickelt werden kann; den Grund dieser Erscheinung werden wir in der Theorie der höheren Gleichungen bekommen; man bringt diese Gleichungen auf solche Form, daß auf eine Seite derselben sich Null befindet, wovon auch der Grund in der Folge gelehrt werden wird. Außer diesen vier Gleichungen erfordern aber noch vier andere zu ihrer Auflösung der logarithmischen Gleichungen, deren Theorie wir erst in §. 336. bekommen werden; dennoch löse ich sie hier schon auf, blos der Vollständigkeit und des Zusammenbleibens der sämmtlichen 20 Formeln wegen; daß wir uns ihrer aber nicht früher bedienen werden, als nach Vollendung der Theorie ihrer Auflösung, versteht sich von selbst. (Siehe die Anmerkung zu §. 306.).

I. $$z = ae^{n-1}.$$

Dies ist die erste Fundamentalformel §. 300, 2. (Nr. 13. in der nachfolgenden Tafel des §. 109.).

*) Tafel 78. hat die Beispiele zu diesem §.

II. Aus der ersten Grundformel für $z = a e^{n-1}$, folgt $\frac{z}{e^{n-1}} = a$. (Nr. 1. der Tafel.).

III. Eben so folgt aus der ersten Grundformel, daß $\frac{z}{a} = e^{n-1}$ ist, daher $\sqrt[n-1]{\left(\frac{z}{a}\right)} = e$ seyn muß (§. 152, 5). Nr. 5. der Tafel.).

IV. Ist n unbekannt, so setzt man $\log z = \log a + (n-1) \log e$ hieraus wird $\log z - \log a = (n-1) \log e$, und $\frac{\log z - \log a}{\log e} = n - 1$, weshalb $\frac{\log z - \log a}{\log e} + 1 = n$ seyn wird. (Nr. 9. der Tafel.).

V. Nehmen wir die zweite Grundformel vor, so giebt sie (§. 303.) $S = \frac{a e^{n} - a}{e - 1}$. (Nr. 18. in der Tafel); daß sie in $S = \frac{(e^{n} - 1) a}{e - 1}$ umgewandelt werden kann, ist §. 303. erwähnt.

VI. Aus der zweiten Grundformel (Nr. V.) folgt zuerst $S(e-1) = (e^{n} - 1) a$, daher $\frac{S(e-1)}{e^{n} - 1} = a$ ist (Nr. 3. in der Tafel).

VII. Ferner folgt aus der Gleichung $S(e-1) = (e^{n} - 1) a$ (Nr. VI.), daß $Se - S = a e^{n} - a$ ist, folglich muß seyn: $ae^{n} - a - Se + S = 0$, oder $e^{n} - \frac{Se}{a} + \frac{S-a}{a} = 0$ (Nr. 7. in der Tafel).

VIII. Will man aus der zweiten Grundformel den Werth von n entwickeln, so wird zuerst wieder seyn $Se - S = a e^{n} - a$ (Nr. VI.), daher $Se - S + a = a e^{n}$ ist, oder $a + S(e-1) = a e^{n}$; hiermit wird nun $\log [a + S(e-1)] = \log a + n \log e$, woraus ferner $\frac{\log [a + S(e-1)] - \log a}{\log e} = n$ folgen wird. (Nr. 12. der Tafel.

IX. Durch Substitution des Werthes von z der ersten Grundformel, in die zweite Fundamentalformel, erhielten wir §. 304, 2. die Gleichung $S = \frac{ze - a}{e - 1}$, welche Formel uns hier eine der gesuchten Formeln giebt. (Nr. 17. der nachfolgenden Tafel).

X. Aus der Formel (Nr. IX.) von $S = \frac{ze - a}{e - 1}$, bekommt man $S(e - 1) = ze - a = Se - S$, daher $S - a = Se - ze = (S - z)e$, und $\frac{S - a}{S - z} = e$ wird. (Nr. 6. in der Tafel).

XI. So giebt auch die Gleichung $Se - S = ze - a$ (Nr. X.), den Werth von $\frac{Se - S + a}{e} = z = \frac{(e - 1)S + a}{e}$. (Nr. 14. in der Tafel).

XII. Auch giebt die Gleichung $Se - S = ze - a$ (Nr. X.) den Werth von $a = ze - Se + S = ze - S(e - 1)$. (Nr. 2. der Tafel des §. 309.), oder auch $a = (z - S)e + S$.

XIII. Man nehme den Werth von a aus der ersten Fundamentalformel, also $a = \frac{z}{e^{n-1}}$. (Siehe Nr. II.), und substituire ihn in die Formel $S = \frac{ze - a}{e - 1}$ (Nr. IX. und §. 304, 2.), so wird $S = \frac{ze - \frac{z}{e^{n-1}}}{e - 1} = \frac{ze(e^{n-1}) - z}{e^{n-1}(e - 1)} = \frac{ze^n - z}{e^n - e^{n-1}}$ *) $= \frac{(e^n - 1)z}{(e - 1)e^{n-1}}$. (Nr. 19. der Tafel).

XIV. Aus der eben (in Nr. XIII.) erhaltenen Formel $S = \frac{ze^n - z}{e^n - e^{n-1}}$, folgt $S(e^n - e^{n-1}) = ze^n - z = Se^n - Se^{n-1}$, woraus $ze^n - z - Se^n + Se^{n-1} = 0 = (z - S)e^n + Se^{n-1} - z$ folgt,

---

*) Weil nach §. 153, 14, $e^{n-1} = e^{n-1+1} = e^n$ giebt.

folgt, und hieraus wird $e^n + \frac{S e^{n-1}}{z-S} - \frac{z}{z-S} = 0$ *); für den Divisor $z - S$, kann man aber $S - z$ setzen, wenn man dem Quotienten selbst die entgegengesetzte Eigenschaft wieder giebt (§. 37, 15.) und so wird $0 = e^n - \frac{S e^{n-1}}{S-z} + \frac{z}{S-z}$ (Nr. 8. der Tafel).

XV. Hat man den Werth von a aus der ersten Fundamentalformel in die Formel für S, die wir §. 304, 2. kennen lernten, gesetzt, so erhält man durch die Umwandelungen $S(e^n - e^{n-1}) = z e^n - z$ (Siehe Nr. XIV.), daher auch $S e^n - S e^{n-1} = (e^n - 1) z$; zerlegen wir e^n in $e^{n-1} e$ (§. 153, 14.), so wird auch $S e^{n-1} e - S e^{n-1} = S e^{n-1}(e - 1) = (e^n - 1) z$ seyn, weshalb $\frac{S e^{n-1}(e-1)}{e^n - 1} = z$ wird. (Nr. 15 der Tafel).

XVI. Hat man die Gleichung $S e^n - S e^{n-1} = z e^n - z$ erzeugt (Nr. XIV.), so wird $z = z e^n - S e^n + S e^{n-1}$ seyn, und wenn man die ganze Gleichung mit e multiplizirt, so wird $z e = z e e^n - S e e^n + S e^n = (z e - S e + S) e^n$, woraus folgt $\log z + \log e = \log (z e - S e + S) + n \log e$; hieraus folgt ferner $\frac{\log z + \log e - \log(ze - Se + S)}{\log e} = n = \frac{\log z - \log(ze - Se + S)}{\log e} + 1$ **) $= \frac{\log z - \log[ze - (e-1)S]}{\log e} + 1 = n$. (Nr. 11. in der Tafel).

XVII. Man substituire aufs Neue den, für e gefundenen Werth $\frac{S-a}{S-z}$ (aus Nr. X.), in die erste Funda-

*) Die Seite welche Null hat wird auch dividirt, aber $\frac{0}{z-S} = 0$ (§. 94.).

**) Weil das eine Glied des Dividendus log e durch log e dividirt, + 1 giebt.

mentalformel $z = a e^{n-1}$, so erhält man $z = a\left(\frac{S-a}{S-z}\right)^{n-1} = a \cdot \frac{(S-a)^{n-1}}{(S-z)^{n-1}}$, woraus $z(S-z)^{n-1} = a(S-a)^{n-1}$ folgt, welches wieder $z(S-z)^{n-1} - a(S-a)^{n-1} = 0$ giebt. (Nr. 16. in der Tafel).

XVIII. Wird a in der so eben erhaltenen Gleichung als unbekannt gesetzt, so bleibt die Gleichung ganz in derselben Form stehen; wollen wir die Differenz umkehren, so kann man auch $a(S-a)^{n-1} - z(S-z)^{n-1} = 0$ setzen. (Nr. 4. in der folgenden Tafel). (Siehe den Zusatz zu diesem §.).

XIX. Setzt man wieder $a(S-a)^{n-1} = z(S-z)^{n-1}$, so wird $\log a + (n-1)\log(S-a) = \log z + (n-1)\log(S-z)$, daher $(n-1)\log(S-a) - (n-1)\log(S-z) = \log z - \log a$, oder $(n-1)[\log(S-a) - \log(S-z)] = \log z - \log a$, folglich wird $n-1 = \frac{\log z - \log a}{\log(S-a) - \log(S-z)}$, und endlich $n = \frac{\log z - \log a}{\log(S-a) - \log(S-z)} + 1$. (Nr. 10. der Tafel).

XX. Wollte man in der Formel der Nr. XVII., den Werth von S unbekannt annehmen, so müßte auch er allgemein, d. h. in der Gleichung für o stehen bleiben. Allein man kann den Werth für S, aus a, z und n, auch noch so bestimmen: man nehme den Werth von e aus der ersten Fundamentalformel, also $e = \sqrt[n-1]{\left(\frac{z}{a}\right)}$ (Nr. III.), und setze diesen Werth in die Gleichung für $S = \frac{ze-a}{e-1}$ (Nr. 9.), so wird

$$S = \frac{z\sqrt[n-1]{\left(\frac{z}{a}\right)} - a}{\sqrt[n-1]{\left(\frac{z}{a}\right)} - 1} = \frac{z \cdot \frac{z^{\frac{1}{n-1}}}{a^{\frac{1}{n-1}}} - a}{\frac{z^{\frac{1}{n-1}}}{a^{\frac{1}{n-1}}} - 1} =$$

$$\frac{\frac{z \cdot z^{\frac{1}{n-1}} - a \cdot a^{\frac{1}{n-1}}}{a^{\frac{1}{n-1}}}}{\frac{z^{\frac{1}{n-1}} - a^{\frac{1}{n-1}}}{a^{\frac{1}{n-1}}}} = \frac{z^{\frac{1}{n-1}+1} - a^{\frac{1}{n-1}+1}}{z^{\frac{1}{n-1}} - a^{\frac{1}{n-1}}} =$$

$$\frac{z^{\frac{n}{n-1}} - a^{\frac{n}{n-1}}}{z^{\frac{1}{n-1}} - a^{\frac{1}{n-1}}}.$$

Die Auflösung wird man gewiß aus den Umwandelungen der Potenzformen, vorzüglich deren Exponenten, einsehen. (Nr. 20. in der nachfolgenden Tafel).

Zusatz. Die geschickte Substitution in der so eben entwickelten zwanzigsten Formel, mögte verursachen zu glauben, daß auch die früheren auf Null gebrachten Gleichungen sich durch ähnliche Substitutionen bequemer umwandeln lassen. Wenn man aber auch neue Substitutionen machet, so bleibt doch die erwähnte Schwierigkeit zurück, welche, wie gesagt, in den höheren Gleichungen ihren Grund hat. Wir wollen z. B. folgende Substitution machen. Den Werth von $e = \sqrt[n-1]{\left(\frac{z}{a}\right)}$ (Nr. III.) setze man in die zweite Fundamentalformel $S = \frac{a e^n - a}{e - 1}$, so erhält man

$$S = \frac{a\sqrt[n-1]{\left(\frac{z}{a}\right)^n} - a}{\sqrt[n-1]{\frac{z}{a}} - 1} = \frac{a \cdot \frac{z^{\frac{n}{n-1}}}{a^{\frac{n}{n-1}}} - a}{\frac{z^{\frac{1}{n-1}}}{a^{\frac{1}{n-1}}} - 1} =$$

$$\frac{\frac{a z^{\frac{n}{n-1}} - a a^{\frac{n}{n-1}}}{a^{\frac{n}{n-1}}}}{\frac{z^{\frac{1}{n-1}} - a^{\frac{1}{n-1}}}{a^{\frac{1}{n-1}}}} = \frac{\left(a z^{\frac{n}{n-1}} - a a^{\frac{n}{n-1}}\right) a^{\frac{1}{n-1}}}{\left(z^{\frac{1}{n-1}} - a^{\frac{1}{n-1}}\right) a^{\frac{n}{n-1}}} \; ^{*)}$$

also $S\left(z^{\frac{1}{n-1}} - a^{\frac{1}{n-1}}\right) a^{\frac{n}{n-1}} = \left(a z^{\frac{n}{n-1}} - a a^{\frac{n}{n-1}}\right) a^{\frac{1}{n-1}}$

$$= \left(z^{\frac{n}{n-1}} - a^{\frac{n}{n-1}}\right) a \cdot a^{\frac{1}{n-1}}$$

$$= \left(z^{\frac{n}{n-1}} - a^{\frac{n}{n-1}}\right) a^{\frac{n}{n-1}}$$

folglich, wenn auf beiden Seiten der Gleichung durch den Faktor $a^{\frac{n}{n-1}}$ dividirt wird, so erhält man

$$S\left(z^{\frac{1}{n-1}} - a^{\frac{1}{n-1}}\right) = z^{\frac{n}{n-1}} - a^{\frac{n}{n-1}} = S z^{\frac{1}{n-1}} - S a^{\frac{1}{n-1}}$$

woraus $0 = a^{\frac{n}{n-1}} - S a^{\frac{1}{n-1}} + S z^{\frac{1}{n-1}} - z^{\frac{n}{n-1}}$ wird, welche Form wol vor der in Nr. XVIII. den Vorzug haben mögte, indem die Komplexion hier verschwindet, in welcher a sich befindet, und welche potenzirt würde; die Potenzirung würde sich nur durch den binomischen Lehrsatz bewerkstelligen lassen, wegen des allgemeinen Exponenten $n-1$ aber, doch kein erwünschtes Resultat geben **).

*) Theorie der gebrochenen Brüche §. 104.

**) Die Formel in Nr. XVIII. ist die, in den Lehrbüchern gewöhnlich angegebene, daher ich sie auch hier entwickelt habe.

Dergleichen neue Substitutionen könnten wir noch mehrere versuchen, sie liefern aber eben keine bequemere Form, deshalb auch diese Versuche, welche überdies eine gute Uebung gewähren, dem Leser überlassen bleiben müssen.

Die Entwickelung der zwanzig Formeln wird leicht zu behalten seyn, wenn man merkt, daß zuerst jede der beiden Grundformeln, drei neue Formen geben; dann substituirt man den Werth von z der ersten Grundformel in die zweite, so hat man abermals vier neue Formen, je nachdem man in der so erhaltenen Form, immer einen der vier Werthe als unbekannt setzt; durch Substitution des Werthes von a aus der ersten Grundformel, in die Form $S = \frac{ze - a}{e - 1}$ (welche auch die 3te Grundformel heißt §. 304, 2.), erhält man wieder eine Gleichung, aus der vier neue Werthe entstehen; wird ferner der Werth von e aus der Form $S = \frac{ze - a}{e - 1}$, in die erste Grundformel gesetzt, so erhält man drei neue Formeln *); und unendlich nehme man den Werth von e aus der ersten Grundform, und setze ihn in die Gleichung $S = \frac{ze - a}{e - 1}$, so erhält man die zwanzigste der gesuchten Formeln.

*) Indem man den Werth von S nicht daraus entwickelt. (Siehe Nr. XX.).

§. 309. Zusatz.

Tafel

für jeden der fünf Werthe einer geometrischen Progression, wenn drei Werthe als bekannt angenommen werden.

Nr.	Zu finden.	Gegeben.	Formeln für die gesuchten Größen.	Nr. in der vorstehenden Berechnung
1	a	e, n, z.	$a = \frac{z}{e^{n-1}}$	II
2		e, z, S.	$a = ze - S(e-1)$	XII
3		e, n, S.	$a = \frac{S(e-1)}{e^{n}-1}$	VI
4		n, z, S.	$o = a(S-a)^{n-1} - z(S-z)^{n-1}$	XVIII
5	d	a, n, z.	$e = \sqrt[n-1]{\left(\frac{z}{a}\right)}$	III
6		a, z, S.	$a = \frac{S-a}{S-z}$	X
7		a, n, S.	$o = e^{n} - \frac{Se}{a} + \frac{S-a}{a}$	VII
8		n, z, S.	$o = e^{n} - \frac{S}{S-z} e^{n-1} + \frac{z}{S-z}$	XIV
9	n	a, e, S.	$n = \frac{\log z - \log a}{\log e} + 1$	IV
10		a, z, S.	$n = \frac{\log z - \log a}{\log(S-a) - \log(S-z)} + 1$	XIX
11		e, z, S.	$n = \frac{\log z - \log[ze - (e-1)S]}{\log e} + 1$	XVI
12		a, e, S.	$n = \frac{\log[a + S(e-1)] - \log a}{\log e}$	VIII
13	z	a, e, n.	$z = a e^{n-1}$	I
14		a, e, S.	$z = \frac{(e-1)S + a}{e}$	XI
15		e, n, S.	$z = \frac{S e^{n-1}(e-1)}{e^{n}-1}$	XV
16		a, n, S.	$o = z(S-z)^{n-1} - a(S-a)^{n-1}$	XVII
17	S	a, e, z.	$S = \frac{ze-a}{e-1}$	IX
18		a, e, n.	$S = \frac{(e^{n}-1)a}{e-1}$	V
19		e, n, z.	$S = \frac{(e^{n}-1)z}{(e-1)e^{n-1}}$	XIII
20		a, n, z.	$S = \frac{z^{\frac{n}{n-1}} - a^{\frac{n}{n-1}}}{z^{\frac{1}{n-1}} - a^{\frac{1}{n-1}}}$	XX

Drittes Kapitel.

Von den Progressionen für beliebig gewählte allgemeine Glieder; ferner die Theorie der Progressionen höherer Ordnung, insbesondere von den Polygonalzahlen und den Pyramidalzahlen.

---

§. 310. Erklärung.

Hat man eine Reihe von Zahlen, wo eine jede durch einen beliebig gewählten Ausdruck so bestimmt wird, daß dieser allgemeine Ausdruck nur bekannte Größen in verschiedenen Verbindungen mit dem Index *) jedes Gliedes enthält; so heißt die Reihe eine Progression für ein beliebig gewähltes allgemeines Glied, und jener Ausdruck ist das allgemeine Glied selbst. — Wir wollen die Glieder dieser Reihe durch dies Zeichen ; mit einander verbinden.

§. 311. Zusätze.

1. Die Menge der Progressionen die wir hierdurch erhalten, ist so unendlich, wie die unendlich mannigfaltige Annahme des allgemeinen Gliedes. Nennen wir z. B. $3n^2+2$ das allgemeine Glied, so erhalten wir laut Erklärung des §. 310., indem man für n nach und nach 1 dann 2, 3, 4 u. s. w. setzt, diese Reihe:

$$5 ; 14 ; 29 ; 51 ; 77 ; 110 ; 149 \text{ u. s. w.}$$

2. Die arithmetischen und geometrischen Progressionen sind nur besondere Arten dieser hier betrachteten Progressionen, wo die beliebig gewählten allgemeinen Glieder $a+(n-1)d$ und ae^{n-1} waren, indem man für

---

*) Unter Index verstehen wir auch hier die Zahl, welche die Stelle eines jeden Gliedes in der ganzen Reihe anzeigt, und nennen ihn wie früher geschehen, auch hier allgemein n.

a und d, so wie für e und a jede beliebige Größe nehmen kann. (Siehe die beiden früheren Kapitel).

3. Daß die Theorie der Progressionen für beliebige allgemeine Glieder, selbst unendlich ist, wird man wol bald einsehen, denn die Art der Verbindungen des Index n mit beliebigen bekannten Größen, ist in unserer Erklärung nicht bestimmt; es könnte daher die Theorie dieser Reihen jeden Theil der Arithmetik begleiten, sobald man nämlich neue Verbindungen der gedachten Größen auffindet. In der That, ist auch die Lehre dieser Reihen ausgebreiteter, als man ihrer oft erwähnt, und auch wir werden von ihnen nur besondere Reihen betrachten, die uns zu unserem Zwecke hier nöthig sind, indem wir in den beiden vorhergehenden Kapiteln an zwei besonderen dieser Reihen, gezeigt haben, wie umfassend die Theorie jeder dieser Reihen werden kann.

Anmerk. Ein Mehreres über diese Reihen findet man in Pasquich's Unterricht in der mathematischen Analysis u. s. w. (2 Theile; wir werden später über diese Reihen noch mehr, als hier folgen wird, kennen lernen; auch ist ein Theil der nachfolgenden Theorie aus dem eben genannten Werke zum Theil genommen.

4. Das summatorische Glied ist auch bei diesen neuen Reihen, ein allgemeiner Ausdruck für die Summe der Glieder für einen beliebig gewählten Index; unsere vorzüglichste Aufgabe wird es in diesem Kapitel seyn, für besondere Fälle von allgemeinen Gliedern, die summatorischen zu finden.

5. Sollte das summatorische Glied gegeben seyn, so findet man aus denselben Gründen wie §. 291, 3. das allgemeine Glied, wenn man für n setzt (n — 1). Nennen wir auch hier allgemein z. B. Q das allgemeine Glied einer Reihe, so bedeutet ∫Q wieder, das summatorische Glied für diese Reihe (§. 291, 2.).

§. 312. Lehrsatz.

Ist das allgemeine Glied einer Reihe z. B. Q, gleich der Summe der allgemeinen Glieder mehrerer anderen Reihen, welche A, B, C u. s. w. heißen mögen; so ist das summatorische Glied der ersteren Reihe, gleich der Summe der summatorischen Glieder jener anderen Reihen. Also: wenn $Q = A + B + C + D$ u. s. w. so soll auch $\int Q = \int A + \int B + \int C + \int D$ u. s. w. seyn.

Beweis. Die Wahrheit des hier genannten Satzes, der für unsere Theorie so wichtig wird, liegt zum Theil in der Natur der Behauptung selbst, und wird durch §. 294. Zusatz, wol keine Schwierigkeit machen. Denn: stellt man sich die Reihen, deren allgemeine Glieder A, B, C u. s. w. sind, vor, und summirt die Glieder welche denselben Index haben, so muß jedes Glied der hierdurch entstehenden neuen Reihe, offenbar unter eine Form zu bringen seyn, welche die Summe der allgemeinen Glieder jener Reihen ist; denn, jedes Glied der gedachten Reihen, hat ja die Form des allgemeinen Gliedes der zugehörigen Reihe. Die, durch die Summirung jener Reihen entstehende neue Reihe aber, kann aus diesem Grunde, zu ihrem allgemeinen Gliede, auch nur die Summe der allgemeinen Glieder der vorigen Reihen, haben; weshalb nun ebenfalls das summatorische Glied der neuen Reihe, die Summe der summatorischen Glieder jener früheren Reihe enthalten muß, indem es ja nun auch ganz gleichgültig ist, ob man für einen gewissen Index die Glieder aller ersteren Reihen summirt, oder diese Summation in der neuen Reihe, welche ja schon in ihren Gliedern, die Summe jener Glieder enthält, vornimmt. Wollte man diesen Satz noch an einem Beispiele zeigen, so seyen z. B. $3 + n^2$ und $2n^2 - 1$ die allgemeinen Glieder zweier Reihen, so wären die Reihen diese:

1. für $3+n^2$: 4; 7; 12; 19; 28; 39; 52 ꝛc. } summirt
2. für $2n^2-1$: 1; 7; 17; 31; 49; 71; 97 ꝛc. }

5; 14; 29; 50; 77; 110; 149 ꝛc

welche neue Reihe zu ihrem allgemeinen Gliede

$$3+n^2+2n^2-1=2+3n^2$$

haben muß; z. B. das 5te Glied in ihr muß $2+3.5^2 = 2+75 = 77$ seyn u. s. w., denn es ist aus den fünften Gliedern der beiden Reihen, wo $3+n^2$ und $2n^2-1$ allgemeine Glieder sind, durch Addition entstanden. Mit den summatorischen Gliedern können wir unsere Probe noch nicht anstellen, da dieselben für jene Reihen, noch nicht zu finden gelehrt sind. Sollte man die Glieder einiger oder aller Reihen, negativ nehmen wollen, so bleibt natürlich der Satz ganz derselbe, so daß, wenn z. B. $\mp Q = \mp A \mp B \mp C \mp D$ ist, auch

$\mp /Q = \mp /A \mp /B \mp /C \mp /D$ seyn wird.

Zusatz. Sollte es sich nun finden, daß z. B. das allgemeine Glied einer Reihe Q, gleich dem allgemeinen Gliede einer anderen Reihe **A** sey, wenn dasselbe mit einer bestimmten Zahl x multiplizirt wird, also daß $Q = xA$ ist, so muß auch das summatorische Glied der Reihe Q, gleich x mal dem summatorischen Gliede der anderen Reihe seyn, oder $/Q = x/A$, indem man ja bei der Summation der Reihe für Q, alle Glieder der Reihe für A, offenbar x mal hat. Dasselbe gilt nun auch für mehrere Reihen, so daß, wenn $Q = xA + yB + zC$ u. s. w. ist, auch $/Q = x/A + y/B + z/C$ seyn muß, und es bleibt dies auch wahr, wenn man selbst die Glieder einiger oder aller Reihen negativ genommen hat, so daß, wenn $\mp Q = \mp xA \mp yB$ ꝛc. ist, so wird auch $\mp /Q = \mp x/A \mp y/B$ seyn.

§. 313. Aufgabe.

Das summatorische Glied derjenigen Reihe zu finden, deren allgemeines Glied n^c ist, welche also alle Potenzen der natürlichen Zahlen 1, 2, 3 u. s. w., für einen gewissen Grad, der allgemein c heißt, enthält.

Auflösung. Nennen wir den allgemeinen Exponenten z. B. $c+1$, so wird das allgemeine Glied der Reihe 0^{c+1}; 1^{c+1}; 2^{c+1}; 3^{c+1}; 4^{c+1}..., offenbar $(n-1)^{c+1}$ seyn, wenn n den Index bedeutet, denn das zweite Glied hat ja erst 1^{c+1}, und jedes folgende Glied wächst in der Wurzel immer um Eins; das summatorische Glied wird aber seyn $\int(n-1)^{c+1}$, oder

$$\int(n-1)^{c+1} = 0^{c+1} + 1^{c+1} + 2^{c+1} + \ldots + (n-1)^{c+1}.$$

Nimmt man aber diese Reihe: 1^{c+1}; 2^{c+1}; 3^{c+1} u. s. w. an, so ist n^{c+1} das allgemeine Glied, denn das erste Glied hat schon 1 in der Wurzel, und jedes folgende immer 1 mehr; das summatorische Glied ist daher $\int n^{c+1}$, daher dasselbe, oder

$$\int n^{c+1} = 1^{c+1} + 2^{c+1} + 3^{c+1} + \ldots + n^{c+1}.$$

Würde man aber c oder $c+1$ z. B. $=0$ setzen, so wäre die Reihe, deren allgemeines Glied n^0 ist, offenbar diese 1; 1; 1; 1 u. s. w., also $\int n^0 = n$, denn die n ersten Glieder würden jetzt auch nur n geben. Nun ist aber nach §. 311, 5. $\int n^{c+1} - \int(n-1)^{c+1} = n^{c+1}$, oder gleich dem allgemeinen Gliede derjenigen Reihe, welche $\int n^{c+1}$ zum summatorischen Gliede hat.

Nach dem binomischen Lehrsatze §. 236. ist aber bekannt, daß *):

$$(n-1)^{c+1} = n^{c+1} - \frac{c+1}{1} n^c + \frac{(c+1)c}{1.2} n^{c-1} - \frac{(c+1)c(c-1)}{1.2.3} n^{c-2}$$
$$- \frac{(c+1)c(c-1)(c-2)}{1.2.3.4} n^{c-3} + \frac{(c+1)c(c-1)(c-2)(c-3)}{1.2.3.4.5} n^{c-4} \ldots$$
$$\mp \frac{(c+1)c(c-1)(c-2)\ldots(c-h+1)}{1.2.3.4\ldots h(h+1)} n^{c-h} \pm \ldots\ldots\ldots \mp 1$$

Für ein allgemeines Glied, z. B. für das $(h+2)$, gilt das + oder − Zeichen, je nachdem es ein ungerades

*) Der Werth von b dort (§. 236.) ist hier 1, daher b als Faktor überall verschwindet; der Exponent n ist hier $c+1$, was dasselbe ist (§. 238, 1.).

oder ein **gerades** Glied ist; beim $(h+2)$ten Gliede, endigen die Faktoren im Nenner mit $(h+1)$, im Zähler aber gehen sie bis $[c-(h+1-2)]=(c-h+1)$ fort, und der Exponent des n, ist alsdann $c-(h+2-2)=c-h$, oder, die von c subtrahirte Zahl im Exponenten, ist 2 **weniger**, als der Index des Gliedes; das letzte Glied ist in der Reihe $=\mp 1^{c+1}=\mp 1$, d. h. $+1$ für $c+1$ als **paar** (denn alsdann hat die Reihe **unpaar** Glieder §. 237, 2., und das letzte Glied ist als **unpaariges**, **positiv**), und -1 für $c+1$ als **unpaar**.

Wir kennen jetzt alle die Potenzen n^{c+1}, n^c, n^{c-1} rc. als allgemeine Glieder von Reihen ansehen, die mit bestimmten Zahlen 1 *) oder $\frac{n+1}{1}$ oder $\frac{(c+1)c}{1.2}$ u. s. w. multiplizirt sind, und welche man **summirt** hat; da gab ihre Summe das **allgemeine** Glied $(n-1)^{c+1}$, weshalb (nach §. 312.) das **summatorische** Glied der Reihe für das **allgemeine** Glied $(n-1)^{c+1}$, gleich der Summe der **summatorischen** Glieder der Reihen, für jene andere **allgemeine** Glieder, ist, oder es muß seyn:

$$\int(n-1)^{c+1}=\int n^{c+1}-\frac{c+1}{1}\int n^c+\frac{(c+1)c}{1.2}\int n^{c-1}$$
$$-\frac{(c+1)c(c-1)}{1.2.3}\int n^{c-2}\dots$$
$$\mp\frac{(c+1)c(c-1)(c-2)\dots(c-h+1)}{1.2.3.4\dots h(h+1)}\int n^{c-h}\dots\mp\int n^0 \text{ **)}.$$

Wenn man das Glied $\int n^{c+1}$ auf die andere Seite der Gleichung bringt, so wird diese $\int(n-1)^{c+1}-\int n^{c+1}$, die rechte Seite wird $-\frac{c+1}{1}\int n^c$ u. s. w. wie oben; nun war aber $\int n^{c+1}-\int(n-1)^{c+1}=n^{c+1}$, daher

$$\int(n-1)^{c+1}-\int n^{c+1}=-n^{c+1}$$

---

*) Denn $n^{c+1}=1.n^{c+1}$.

**) Indem man, wie wir zu Anfange dieses Satzes sahen, 1 als n^0 daher $\int 1$ als $\int n^0$ ansehen können.

seyn wird; bringt man diesen Werth der linken Seite der Gleichung wieder auf die rechte Seite, dagegen das Glied $-\frac{c+1}{1}\int n^c$ von dieser, auf die linke Seite, so erhält man:

$$+\frac{c+1}{1}\int n^c = +n^{c+1} + \frac{(c+1)c}{1.2}\int n^{c-1} - \frac{(c+1)c(c-1)}{1.2.3}\int n^{c-2} \ldots$$
$$\ldots \mp \frac{(c+1)c(c-1)(c-2)\ldots(c-h+1)}{1.2.3.4\ldots h(h+1)}\int n^{c-h} \ldots \mp n$$

indem wir für $\int n^0 = n$ setzen können, wie wir vorher sahen. Um nun $\int n^c$ allein zu haben, so dividire man durch dessen Koeffitienten die ganze Gleichung, und es wird

$$\int n^c = \frac{n^{c+1}}{c+1} + \frac{c}{1.2}\int n^{c-1} - \frac{c(c-1)}{1.2.3}\int n^{c-2} + \frac{c(c-1)(c-2)}{1.2.3.4}\int n^{c-3}$$
$$- \ldots \frac{\mp c(c-1)(c-2)\ldots(c-h+1)}{1.2.3.4\ldots h(h+1)}\int n^{c-h} \ldots \mp \frac{n}{c+1}.$$

Diese so gefundene Gleichung setzt uns nun in den Stand, für c nach und nach jede beliebige ganze Zahl zu setzen, und hierdurch die Summe der Potenzen der gewöhnlichen Zahlen, von jedem beliebigen Grade zu finden, nur müssen wir die, der früheren Grade bereits kennen, die aber ebenfalls aus unserer Reihe für $\int n^c$ folgen, wenn man nemlich anfängt für c erst 0, dann 1, dann 2 u. s. w. zu setzen.

Zusatz. Man setze $c = 0$, so verschwindet schon das zweite Glied der Reihe, wegen des Koeffitienten $\frac{c}{1.2} = \frac{0}{1.2} = 0$, die anderen Koeffitienten haben sämmtlich auch den Faktor c, werden daher auch alle Null; wird alsdann $c = 1$ gesetzt, so giebt das zweite Glied noch einen Werth, das dritte aber wegen des Faktors $c - 1 = 1 - 1 = 0$ verschwindet, so wie alle folgende Glieder, die ja auch sämmtlich den Faktor $(c - 1)$ haben; ferner wird bei $c = 2$, das dritte Glied noch bleiben, aber vom vierten abwärts alle verschwinden, weil der Faktor $c - 2$, alsdann $2 - 2 = 0$ wird; so werden wir bei jeder neuen

Annahme, ein Glied mehr im Resultate bekommen, wobei wir die obige Reihe nach Belieben fortsetzen können, da das Gesetz in ihr ganz einfach ist. Was aber das letzte allgemeine Glied $\mp \frac{n}{c+1}$ anbetrifft, so steht es in der obigen Reihe nur der Vollständigkeit der Reihe wegen; für jeden besonderen Fall aber, wo c einen Werth bekommt, bricht ja die Reihe ab, und das zuerst Null werdende Glied, ist ja das erste Glied, von welchem abwärts alle übrigen Glieder, also auch $\mp \frac{n}{c+1}$, der besonderen Reihe nicht mehr angehören *). Jetzt werden wir also erhalten:

1. für $c=0$, wird $\int n^0 = \frac{n^{0+1}}{0+1} = \frac{n^1}{1} = n$ **)

2. „ $c=1$, „ $\int n^1 = \frac{n^{1+1}}{1+1} + \frac{1.2}{1}\int n^{1-1} = \frac{n^2}{2} + \frac{1}{2}\int n^0$ ***)

3. „ $c=2$, „ $\int n^2 = \frac{n^{2+1}}{2+1} + \frac{2}{1.2}\int n^{2-1} - \frac{2.1}{1.2.3}\int n^{2-2}$
$= \frac{n^3}{3} + \int n - \frac{1}{3}\int n^0$

4. „ $c=3$, „ $\int n^3 = \frac{n^{3+1}}{3+1} + \frac{3}{1.2}\int n^{3-1} - \frac{3.2}{1.2.3}\int n^{3-2}$
$+ \frac{3.2.1}{1.2.3.4}\int n^{3-3} = \frac{n^4}{4} + \frac{3}{2}\int n^2 - \int n + \frac{1}{4}\int n^0$

Dies zeigt deutlich den einzuschlagenden Weg; nun substituire man in jeden neuen Werth, die Formel des vorhergehenden, so wird man erhalten:

1. $\int n^0 = n$

2. $\int n^1 = \frac{n^2}{2} + \frac{1}{2}n = \frac{1}{2}(n^2 + n)$

---

*) Siehe §. 235. am Ende.

**) Diesen Fall für $\int n^0 = n$ haben wir schon vorher gesehen, die Formel giebt ihn natürlich wieder.

***) Hier sieht man bereits, wie jede frühere Formel für $\int n^c$, bei der folgenden vorausgesetzt wird.

3. $\int n^2 = \frac{n^3}{3} + \frac{1}{2}(n^2+n) - \frac{1}{3}n = \frac{1}{6}(2n^3+3n^2+3n-2n)$
$= \frac{1}{6}(2n^3+3n^2+n)$

4. $\int n^3 = \frac{n^4}{4} + \frac{3}{2}\cdot\frac{1}{6}(2n^3+3n^2+n) - \frac{1}{2}(n^2+n) + \frac{1}{4}n$
$= \frac{1}{4}n^4 + \frac{1}{4}(2n^3+3n^2+n) - \frac{1}{4}(2n^2+2n) + \frac{1}{4}n$
$= \frac{1}{4}(n^4+2n^3+3n^2+n-2n^2-2n+n)$
$= \frac{1}{4}(n^4+2n^3+n^2)$

u. s. w. für jeden folgenden Werth. — Die erste dieser Reihen haben wir als diese: 1; 1; 1; 1; u. s. w. kennen gelernt, wo n das summatorische Glied ist. Die zweite Formel für das allgemeine Glied n, giebt die Reihe der natürlichen Zahlen 1; 2; 3; 4; u. s. w. welche überdies eine arithmetische Progression bilden, vom ersten Gliede 1 und von der Differenz 1, daher

$S = [2a+(n-1)d]\frac{n}{2}$ (§. 291, 1) $= [2+(n-1)1]\frac{n}{2}$
$= \frac{1}{2}(2+n-1)n = \frac{1}{2}(2n+n^2-n) = \frac{1}{2}(n^2+n)$

wie wir es eben fanden. Die Reihe, wo $c = 2$ wird, ist die der Quadratzahlen 1; 4; 9; 16; 25; 36; 49; u. s. w., wo jedes Glied das Quadrat seines Index ist. Gesetzt man verlangt die Summe der sechs ersten Glieder in dieser Reihe, so ist sie =

$\frac{1}{6}(2\cdot6^3+3\cdot6^2+6) = \frac{1}{6}(432+108+6) = \frac{1}{6}\cdot546$
$= 91\ (= 1+4+9+16+25+36 = 91).$

Machen wir die Reihe der Kubikzahlen 1; 8; 27; 64; 125 rc. so giebt unsere obige Formel für diese fünf (=n) Glieder, die Summe gleich

$\frac{1}{4}(5^4+2\cdot5^3+5^2) = \frac{1}{4}(625+250+25) = \frac{1}{4}\cdot900$
$= 225\ (= 1+8+27+64+125 = 225).$

§. 314. Zusatz.

Nachdem wir also jede Reihe summiren können, worin die Glieder, dieselben Potenzen der natürlichen Zahlen sind, so kann nun auch das allgemeine Glied einer Reihe, aus den allgemeinen Gliedern mehrerer Reihen bestehen, die sämmtlich verschiedene Potenzen eines und desselben Index n, unter sich *), enthalten, und man kann nun eben so leicht das summatorische Glied finden, denn ist $Q = A + B$, aber $A = n^m$ und $B = n^p$, so ist $Q = n^m + n^p$, und $\int Q = \int n^m + \int n^p$, wo wir $\int n^m$ und $\int n^p$ zu finden, kennen gelernt haben. Auch könnten die allgemeinen Glieder dieser verschiedenen Reihen, noch mit einer beliebigen, versteht sich von n unabhängigen, Zahl multiplizirt seyn, eben so könnten einige der allgemeinen Glieder negativ seyn, man würde immer erhalten, sobald (§. 312.):

$\mp Q = \mp xn^a \mp yn^b \mp zn^c \mp pn^d$ u. s. w. ist, daß auch $\mp \int Q = \mp x\int n^a \mp y\int n^b \mp z\int n^c \mp p\int n^d$ u. s. w. seyn muß.

Setzen wir aber für a, b, c u. s. w. die Zahlen 0, 1, 2 :c. so können wir, wenn

$$\mp Q = \mp x \mp yn^1 \mp zn^2 \mp pn^3 \mp qn^4 \mp tn^5 \ldots \mp hn^m$$

ist, woraus

$$\mp \int Q = \mp x\int n^0 \text{**)} \mp y\int n^1 \mp z\int n^2 \mp p\int n^3 \mp q\int n^4 \mp t\int n^5 \ldots \mp h\int n^m$$

folgt, nach dieser Formel, in welche für x, y, z u. s. w. beliebige Werthe gesetzt werden können, hiernach das summatorische Glied jeder Reihe finden, zu welcher man ein beliebiges allgemeines Glied genommen hat, worin aber nur vom Index n ganze Potenzen vorkommen, derselbe aber weiter nicht als Divisor u. s. w., erscheint; kommen ganz bekannte Glieder vor (denn dieses ist nach der Annahme hier eine Komplexion), so sind sie jenes x, und $\int x = \int x n^0 = x\int n^0 = x\,n$ das dazu gehörige summatorische Glied, der eben gehabten Gleichung; fehlt aber in einem beliebig gegebenen allgemeinen Gliede eine Potenz von

*) In einer Reihe, dürfen natürlich nur dieselben Potenzen, d. h. für denselben Exponenten, in den Gliedern sich befinden.

**) Für x kann man setzen $x.1 = x.n^0$, daher $\int x = \int x n^0 = x\int n^0 = x.n = nx$ ist; denn, ist das allgemeine Glied einer Reihe blos x, so ist das summatorische $= nx$.

von n, so daß z. B. die n^2, n^4 und n^7 vorkommen, aber n^1, n^3, n^5, n^6 fehlen, so lassen wir diese Glieder, wenn wir unsere allgemeine Gleichung für $\mp\int Q$ darauf anwenden wollen, auch in dieser weg, indem der Koeffizient derselben als Null anzusehen ist; wir haben also nur die Glieder des gegebenen allgemeinen Gliedes, mit der allgemeinen Reihe zu vergleichen. Z. B. es sey $3+n^2$ das allgemeine Glied einer Reihe *), so nehmen wir $Q = x + zn^2 = 3 + 1.n^2 = 3 + n^2$, bei Vergleichung mit der vorigen Gleichung. — Ferner sey $4 - 3n^2 + 2n^3$ das allgemeine Glied einer Reihe, so ist dieselbe, wenn für n nach und nach 1, 2, 3 u. s. w. gesetzt wird, diese:

3; 8; 31; 84; 179; 328; 543;

und wir bekommen aus der allgemeinen Gleichung

$$Q = x - zn^2 + pn^3,$$

daher $\int Q = \int(4 - 3n^2 + 2n^3) = 4n - 3\int n^2 + 2\int n^3$, wo, wenn wir für $\int n^2$ und $\int n^3$ ihre Werthe setzen, wir erhalten:

$$\int(4-3n^2+2n^3) = 4n - 3.\tfrac{1}{6}(2n^3+3n^2+n) + 2.\tfrac{1}{4}(n^4+2n^3+n^2)$$

$$= 4n - n^3 - \tfrac{3}{2}n^2 - \frac{n}{2} + \frac{n^4}{2} + n^3 + \frac{n^2}{2} = 3\tfrac{1}{2}n - n^2 + \frac{n^4}{2}$$

welche einfache Formel, die Summe für jede verlangte Menge Glieder der obigen Reihe anzeigt; nehmen wir z. B. n = 7, so wird sie =

$$\frac{7 \cdot 7}{2} - 7 \cdot 7 + \frac{7^4}{2} = \frac{49}{2} - 49 + \frac{2401}{2} = \frac{2450}{2} - 49 = 1225 - 49$$

$$= 1176 (= 3 + 8 + 31 + 84 + 179 + 328 + 543 = 1176).$$

Der ungemeine Nutzen unserer entwickelten Formeln, und die Mannigfaltigkeit von Reihen die wir mittelst derselben summiren können, wird gewiß einleuchtend seyn, und leicht kann man, durch verschiedene selbst gewählte allgemeine Glieder, sich neue Beispiele bilden. Wie weit aber die Theorie dieser Reihen sich ausbreiten, und wie man sie für jede Form des allgemeinen Gliedes verfolgen

*) Siehe die bei §. 312. hierfür gebildete Reihe.

kann; wird man gewiß aus den ersten Sätzen dieses Kapitels schon erkennen.

§. 315. Erklärung.

Wenn man aus einer arithmetischen Progression (§. 285.) eine Reihe von Zahlen auf folgende Art bildet, daß man zuerst das erste Glied der Progression setzt, dann die beiden ersten Glieder summirt und die Summe zum zweiten Gliede macht, dann die drei, hierauf die vier ꝛc. ersten Glieder summirt, und immer die Summe zum neuen Gliede der neuen Reihe macht; so heißt die hierdurch entstehende Reihe eine Progression von einer höheren Ordnung (oder höherer Gattung, höherer Art, auch höherem Range oder höherem Grade). Verfährt man mit dieser neuen Reihe wie vorher mit der arithmetischen Progression, so heißt die jetzt entstehende Reihe wieder, eine Reihe von einem noch höheren Grade; und so kann man mit den neuen Reihen immer wieder dieselbe Verrichtung, wie mit der vorigen vornehmen. Deshalb nennt man aber auch die zuerst gebildete höhere Reihe: eine Reihe vom ersten höheren Grade, die folgende vom zweiten höheren Grade u. s. w.; die zum Grunde liegende arithmetische Progression aber, heißt in Hinsicht aller neuen aus ihr nach und nach gebildeten Reihen, die Grundreihe. Oft aber nennt man auch die Grundreihe und alle aus ihr gebildeten höheren Reihen, blos: Reihen von verschiedenen Ordnungen, und alsdann heißt die arithmetische Progression: eine Reihe von der ersten Ordnung, die Reihe der ersten höheren Ordnung aber, blos: eine Reihe von der zweiten Ordnung, und so allgemein eine Reihe von der $n$ten höheren Ordnung, blos: eine Reihe von der $(n+1)$ten Ordnung.

§. 316. Zusätze.

1. Da eine allgemeine Darstellung der arithmetischen Progressionen (§. 286, 2.) diese war:

$$a \div a + d \div a + 2d \div a + 3d \div a + 4d \text{ 2c.},$$

so wird eine allgemeine Darstellung der Reihen von der ersten höheren Ordnung, diese seyn:

$$a;\ 2a + d;\ 3a + 3d;\ 4a + 6d;\ 5a + 10d;\ 6a + 15d \text{ 2c.}$$

für die Reihen von der zweiten höheren Ordnung aber, diese:

$$a;\ 3a + d;\ 6a + 4d;\ 10a + 10d;\ 15a + 20d;\ 21a + 35d \text{ 2c.}$$

wo wir also für jede noch höhere Ordnung leicht die Darstellungen bilden können.

2. Die Benennungen allgemeines und summatorisches Glied, bleiben auch hier, wie bisher in derselben Bedeutung. Diese beiden Ausdrücke für die Reihen höherer Ordnung, allgemein zu finden, ist eben so auch jetzt unsere Hauptaufgabe.

3. Wenn man eine Reihe höherer Ordnung bilden will, so hat man nicht nöthig, immer die Summirung vom ersten Gliede wieder anzufangen, sondern, hat man das $n$te Glied gebildet, so braucht man zu diesem nur das $(n+1)$te der früheren Reihe zu addiren, um das $(n+1)$te der folgenden Reihe zu finden.

§. 317. Aufgabe.

Das allgemeine und das summatorische Glied der Reihen höherer Ordnung zu finden.

Auflösung. Da man das $n$te Glied der Reihe der ersten höheren Ordnung bekommt, wenn man die n ersten Glieder einer arithmetischen Progression summirt; so muß offenbar die Formel des summatorischen Gliedes der arithmetischen Progressionen, die Formel des allgemeinen Gliedes der Progressionen der ersten höheren Ordnung, seyn; und so wird man die Formel des summatorischen Gliedes der Reihen erster höherer Ordnung (wenn wir dies erst zu finden kennen gelernt haben), als Formel des allgemeinen Gliedes der Reihen der zweiten höheren Ordnung erhalten, und allgemein wird die Formel des summatorischen

Gliedes der nten höheren Ordnung, die Formel des allgemeinen Gliedes der Reihe, der $(n+1)$ten höheren Ordnung seyn. — Dies folgt sehr einfach aus der Bildung der verschiedenen Reihen aus einander. — Da wir nun §. 291, 1., die Formel für das summatorische Glied der arithmetischen Progression $= [2a+(n-1)d]\frac{n}{2}$ fanden, so ist dies die Formel des allgemeinen Gliedes der Reihen erster höherer Ordnung, folglich $\int[2a+(n-1)d]\frac{n}{2}$ das gesuchte summatorische Glied dieser Reihe. Lösen wir diesen Ausdruck nun auf, so erhalten wir für

$$[2a+(n-1)d]\frac{n}{2} = an+\frac{n^2d}{2}-\frac{dn}{2}=\left(a-\frac{d}{2}\right)n+\frac{d}{2}n^2$$

als allgemeines Glied, worin a und d bestimmte Zahlen, für jeden besonderen Fall der gewählten arithmetischen Progression, sind. Da nun in diesem allgemeinen Gliede, vom Index n nur ganze Potenzen erscheinen, so können wir nach §. 314. das summatorische Glied finden, und es ist $\int\left[\left(a-\frac{d}{2}\right)n+\frac{d}{2}n^2\right]=\left(a-\frac{d}{2}\right)\int n+\frac{d}{2}\int n^2$; indem wir für $\int n$ und $\int n^2$ ihre Werthe aus §. 313. setzen, wird nun das summatorische Glied auf diese Form kommen:

$$\left(a-\frac{d}{2}\right)\tfrac{1}{2}(n^2+n)+\frac{d}{2}\cdot\tfrac{1}{6}(2n^3+3n^2+n)$$
$$=\tfrac{1}{2}\left(a-\frac{d}{2}\right)(n^2+n)+\frac{d}{12}(2n^3+3n^2+n)$$

welche Formel man noch mannigfaltig umwandeln könnte. Es sey z. B. diese arithmetische Progression gegeben:

$$5 \div 8 \div 11 \div 14 \div 17 \div 20 \div 23 \div 26$$

so ist $a=5$ und $d=3$, und es folgt hieraus folgende Reihe der ersten höheren Ordnung:

5; 13; 24; 38; 55; 75; 98; 124;

will man nun diese 8 Glieder summiren, so giebt die obige Formel:

$$S = \tfrac{1}{2}(5-\tfrac{3}{2})(8^2+8)+\tfrac{3}{12}(2\cdot 8^3+3\cdot 8^2+8)$$
$$= \tfrac{1}{2}\cdot\tfrac{7}{2}\cdot 72+\tfrac{1}{4}(1024+192+8)=\frac{7\cdot 72}{4}+\frac{1224}{4}$$
$$= 7\cdot 18+306$$
$$= 432\,(=5+13+24+38+55+75+98+124=432).$$

Nehmen wir das eben gefundene summatorische Glied als ein allgemeines Glied an, so ist es das allgemeine Glied einer Reihe der zweiten höheren Ordnung, daher dessen summatorisches Glied seyn wird:

$\int\left[\tfrac{1}{2}\left(a-\frac{d}{2}\right)(n^2+n)+\frac{d}{12}(2n^3+3n^2+n)\right]$ [wo wir wieder $\tfrac{1}{2}\left(a-\frac{d}{2}\right)$ so wie $\frac{d}{12}$ als bekannte Zahlen anzusehen haben, und das summatorische Glied daher ferner so darstellen können]

$$=\tfrac{1}{2}\left(a-\frac{d}{2}\right)\int(n^2+n)+\frac{d}{12}\int(2n^3+3n^2+n)$$
$$=\tfrac{1}{2}\left(a-\frac{d}{2}\right)(\int n^2+\int n)+\frac{d}{12}(2\int n^3+3\int n^2+\int n)$$
$$=^{*)}\tfrac{1}{2}\left(a-\frac{d}{2}\right)\left[\tfrac{1}{6}(2n^3+3n^2+n)+\tfrac{1}{2}(n^2+n)\right]$$
$$+\frac{d}{12}\left[2\cdot\tfrac{1}{4}(n^4+2n^3+n^2)+3\cdot\tfrac{1}{6}(2n^3+3n^2+n)+\tfrac{1}{2}(n^2+n)\right]$$
$$=\tfrac{1}{2}\left(a-\frac{d}{2}\right)\left(\frac{n^3}{3}+\frac{n^2}{2}+\frac{n}{6}+\frac{n^2}{2}+\frac{n}{2}\right)$$
$$+\frac{d}{12}\left(\frac{n^4}{2}+n^3+\frac{n^2}{2}+n^3+\frac{3n^2}{2}+\frac{n}{2}+\frac{n^2}{2}+\frac{n}{2}\right)$$
$$=\tfrac{1}{2}\left(a-\frac{d}{2}\right)\left(\frac{n^3}{3}+n^2+\frac{2n}{3}\right)+\frac{d}{12}\left(\frac{n^4}{2}+2n^3+\frac{5n^2}{2}+n\right)$$

welche Formel wir ebenfalls nicht weiter abkürzen wollen. Bilden wir aus der obigen Reihe der ersten höheren Ordnung die der zweiten höheren, so wird sie diese werden:

5; 18; 42; 80; 135; 210; 308; 432.

Wird in die eben gefundene Formel für $a=5$, $d=3$**) und $n=8$ substituirt, so giebt sie für die 8 ersten Glieder

*) Indem wir nun die Werthe aus §. 313. substituiren.

**) Weil a und d sich immer noch auf die arithmetische Reihe beziehen.

$$=\frac{1}{2}\left(5-\frac{3}{2}\right)\left(\frac{512}{3}+64+\frac{16}{3}\right)+\frac{3}{12}\left(\frac{4096}{2}+2.512+\frac{5.64}{2}+8\right)$$

$$=\frac{1}{2}\cdot\frac{7}{2}\cdot\frac{720}{3}+\frac{1}{4}\cdot 3240=\frac{7\cdot 720}{12}+\frac{3240}{4}=7\cdot 60+810$$

$$=1230(=5+18+42+80+135+210+308+432=1230)$$

So könnten wir nun leicht fortfahren das summatorische Glied jeder höheren Reihe zu finden, wozu nur immer das, der nächst vorhergehenden Reihe zum Grunde liegt, indem dieses, das allgemeine Glied jener Reihe ist. Die Formeln für $\int n^{c}$ des §. 313. müßten wir zu dem Ende noch fortsetzen, was leicht geschehen kann, denn schon beim Bilden des summatorischen Gliedes der dritten höheren Reihe, brauchten wir den Ausdruck $\int n^{4}$, wie wir aus dem vorigen summatorischen Gliede sehen *). In anderen Formen, wie als Potenzgröße, würde n nie erscheinen, wie man leicht aus Obigem sieht.

§. 318. Erklärung.

Wenn die arithmetische Progression, welche den Reihen höherer Ordnung zum Grunde liegt, (d. h. also die Grundreihe) mit Eins anfängt; so heißt die Reihe der ersten höheren Ordnung, welche aus jener Grundreihe entsteht: eine Polygonal-Reihe oder Progression, und die einzelnen in ihr vorkommenden Zahlen, werden Polygonal- oder vieleckige Zahlen genannt. Insbesondere aber heißen diese Reihen: Triangular-Reihen, wenn die Differenz der Grundreihe 1 war; Quadrangular-Reihen, wenn die Differenz der Grundreihe 2 ist; Quinquangular-Reihen, wenn jene Differenz 3 ist u. s. w.; die einzelnen Glieder solcher Reihen führen alsdann die Namen: Triangular- oder dreieckige Zahlen, Quadrangular- oder viereckige Zahlen, Quinquangular- oder fünfeckige Zahlen u. s. w. **).

---

*) Es ist dasselbe $=\frac{1}{30}(6n^{5}+15n^{4}+10n^{3}-n)$.

**) Die viereckigen Zahlen heißen auch Tetragonalzahlen, die

Wenn man nun aus den Reihen der Polygonalzahlen die Reihen der folgenden höheren (also der zweiten höheren) Ordnung bildet; so heißen die hierdurch entstehenden Reihen: Pyramidal-Reihen oder Progressionen, die Glieder in ihnen aber Pyramidalzahlen. Insbesondere heißen aber auch diese Reihen wieder: Triangular-Pyramidalreihen, Quadrangular-Pyramidalreihen u. s. w., je nachdem sie aus den verschiedenen Polygonalreihen gebildet sind. Allgemein nennt man die Polygonal- und Pyramidal-Reihen auch figurirte Reihen, und die einzelnen Glieder figurirte Zahlen. (Ueber alle diese Benennungen siehe den folgenden §.) Den Index eines jeden dieser verschiedenen Glieder, nennt man auch die Seite oder die Wurzel der Zahl zu welcher der Index gehört. — Wenn man aus den Pyramidalreihen abermals Reihen höherer Ordnung bildet, so heißen auch diese allgemein: Pyramidalreihen oder auch noch figurirte Reihen, und zwar ist die, aus der ersten Pyramidalreihe zuerst gebildete neue Reihe, die zweite Pyramidalreihe, worauf die dritte u. s. w. folgt, so daß allgemein die nte Reihe der Pyramidalreihen, die $(n+1)$te Reihe höherer Ordnung überhaupt ist *) [oder die $(n+1)$te figurirte Reihe]. Der Index der Reihe, heißt ferner die Zahl, welche anzeigt die wievielte figurirte Reihe man habe, so daß also m der Index der mten figurirten Reihe ist. — Die Differenz der figurirten Reihen endlich, ist die Differenz der arithmetischen Progressionen welche zum Grunde liegt, oder der Grundreihe, und heiße auch hier d.

---

fünfeckigen eben so: Pentagonalzahlen, worauf die Hexagonalzahlen u. s. w. folgen; die Reihen selbst führen auch diese Namen.

*) Weil die Polygonal-Reihen, schon die Reihen der ersten höheren Ordnung sind (§. 315.).

§. 319. Anmerkung.

Um die Erklärungen des vorigen §. zu erläutern und zugleich den Grund jener Benennungen zu zeigen, dienen folgende Beispiele:

I. Grundreihe wo d = 1 ist	1÷2÷3÷4÷5÷6÷7÷8÷9÷10
Triangular-Progression	1; 3; 6; 10; 15; 21; 28; 36; 45; 55
Triangulär-Pyrämidal-Progression	1; 4; 10; 20; 35; 56; 84; 120; 165; 220
II. Grundreihe wo d = 2 ist	1÷3÷5÷7÷9÷11÷13÷15÷17
Quadrangular-Progression	1; 4; 9; 16; 25; 36; 49; 64; 81
Quadrangular-Pyramidal-Progression	1; 5; 14; 30; 55; 91; 140; 204; 285
III. Grundreihe wo d = 5 ist	1÷6÷11÷16÷21÷26÷31÷36÷41
Reihe für die siebeneckigen Zahlen	1; 7; 18; 34; 55; 81; 112; 148; 189
Reihe f. d. 7eckigen Pyramidalzahlen	1; 8; 26; 60; 115; 196; 308; 456; 645

u. s. w. — Diese Beispiele zeigen hinlänglich die Bildung der verschiedenen Reihen, welche man durch die höheren Pyramidalreihen noch vermehren könnte.

Die Polygonalreihen haben ihren Namen daher, weil man gleichsam ein reguläres Polygon *) mit so vielen Punkten anfüllen kann, als jede der verschiedenen Polygonalzahlen Einheiten enthält. Die Bildung der drei- und viereckigen Zahlen ist offenbar sehr einfach, und zwar:

Dreieckige Zahlen

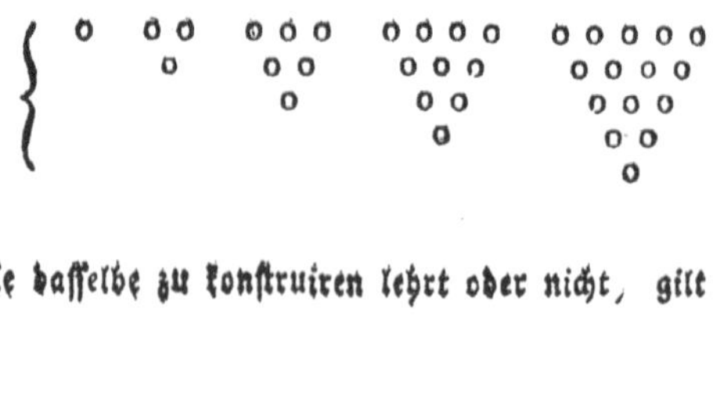

*) Ob die Geometrie dasselbe zu konstruiren lehrt oder nicht, gilt hier gleich viel.

Viereckige Zahlen	o	o o	o o o	o o o o	o o o o o
		o o	o o o	o o o o	o o o o o
			o o o	o o o o	o o o o o
				o o o o	o o o o o
					o o o o o

Um aber die mehrseitigen Polygone auch so bilden zu können, merke man sich folgende Konstruktion *):

Man zeichne ein reguläres Polygon von der Seitenanzahl, wie der Name der Polygonalzahl verlangt, ziehe aus einer Winkelspitze die mögliche Anzahl von Diagonalen (laut Geometrie $n-3$, wenn n die Seitenzahl ist); trage auf jede Seite des Polygons so viele Punkte, als die Wurzel oder die Seite der Polygonalzahl es verlangt, wobei die Winkelspitzen der Figur natürlich schon mit gerechnet sind. Aus den Punkten einer der Seiten, die den Winkel mit einschließt aus welchem die Diagonalen gezogen sind, ziehe man parallele Linien mit den Seiten der Figur, bis die Diagonalen immer geschnitten werden, wobei also die Punkte einer Diagonale, immer zur Bestimmung der folgenden parallelen Linien (mit den Seiten) dienet. Jeder der so erhaltenen parallelen Linien, gebe man so viele Punkte, als die zu ihr gehörige Diagonale (von der zuerst gedachten Winkelspitze an gerechnet) hat; so wird die Figur die Menge der Einheiten der Polygonalzahl, durch jene Punkte dargestellt, enthalten. Z. B. für die fünfeckige Zahl 51 von der Seite sechs **), und für die siebeneckige Zahl 55 von der Seite fünf, werden diese Darstellungen diese seyn:

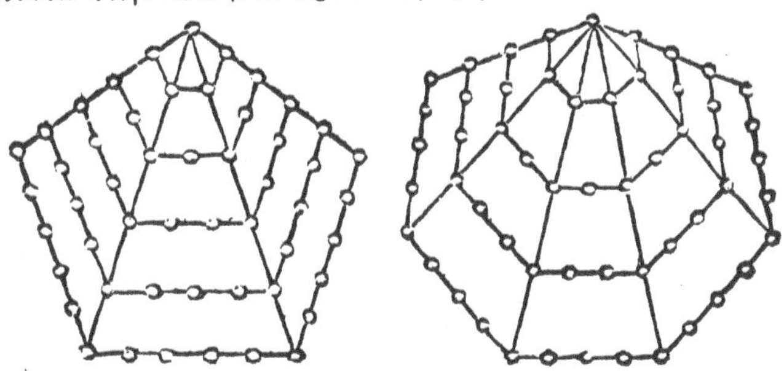

*) Siehe Eulers Algebra, 1ter Theil Seite 249.

**) Diese kann man sich leicht aus d. Grundreihe 1 + 4 + 7 + 10 ꝛc. suchen.

Was die Benennung der Pyramidalzahlen anbetrifft, so kann man sich auch ihre Darstellung bildlich durch die sogenannten Kugelhaufen vorstellen, deren Berechnung auf die Summirung der Pyramidalzahlen beruhet, denn legt man z. B. auf 9, in Form eines Quadrats gelegten Kugeln, ein Quadrat von 4 andern Kugeln, und hierauf 1 Kugel, so finden diese in den Zwischenräumen der unteren Lagen, Raum zum Liegen, und bilden so eine Pyramide. Dasselbe wird bei den mehrseitigen Pyramiden der Fall seyn, wie jene einfache Vorstellung wol deutlich zeigt*).

§. 320. Aufgabe.

Aus der Seite einer Polygonalzahl, die Zahl selbst zu finden.

Auflösung. Die Polygonalreihen und ihre Zahlen, sind ja nur eine besondere Art der, in §. 315. bis §. 317. betrachteten Reihen höherer Ordnung und deren Glieder; nemlich sie entstehen aus denjenigen Grundreihen, wo $a = 1$ ist, daher ist auch die Formel des summatorischen Gliedes der arithmetischen Progression (§. 291, 1.) hier

$$S = [2a + (n-1)d]\frac{n}{2} = [2 + (n-1)d]\frac{n}{2} = n + \frac{(n-1)dn}{2}$$

die Formel des allgemeinen Gliedes der Polygonalreihen oder deren Zahlen. Es bedeutet n hier den Index des Gliedes, so wie d die Differenz der Grundreihe, und diese d ist immer um zwei geringer, als der Name der Polygonalzahl, denn bei den dreieckigen Zahlen ist $d = 1$, bei den viereckigen Zahlen $d = 2$ u. s. w. (§. 318.); nennen wir also allgemein p den Namen, so ist $d = (p - 2)$, daher das allgemeine Glied der Polygo-

*) Man nennt die Zahlen 1, 2, 3, 4 u. s. w. (d. h. die natürlichen Zahlen unseres Zahlensystems) auch oft Linienzahlen, indem man durch Punkte die man in eine Linie setzt, sie darstellt.

nalreihen, oder die allgemeine Formel jeder Polygonalzahl vom Namen p und von der Seite n, diese ist:

$$= n + \frac{(n-1)n}{2}(p-2) = n + \frac{(n-1)(p-2)n}{2}.$$

Für jeden besonderen Fall von p, kann man hiernach die Reihe besonders bilden und abändern, so sind z. B. die allgemeinen Formeln:

1. für die 3eckigen Zahlen, wo $d=1$ ist $\Big\}\; n + \frac{(n-1)n}{2} = \frac{2n+n^2-2}{2} = \frac{n^2+n}{2} = \frac{(n+1)n}{2}$

2. f. d. 4eckigen Zahlen, wo $d=2$ ist $\Big\}\; n + \frac{(n-1)2n}{2} = \frac{2n+2n^2-2n}{2} = \frac{2n^2}{2} = n^2$

3. f. d. 5eckigen Zahlen, wo $d=3$ ist $\Big\}\; n + \frac{(n-1)3n}{2} = \frac{2n+3n^2-3n}{2} = \frac{3n^2-n}{2} = \frac{(3n-1)n}{2}$

4. f. d. 6eckigen Zahlen, wo $d=4$ ist $\Big\}\; n + \frac{(n-1)4n}{2} = \frac{2n+4n^2-4n}{2} = \frac{4n^2-2n}{2} = 2n^2-n$

5. f. d. peckigen Zahlen, wo $d=p-2$ ist $\Big\}\; n + \frac{(n-1)(p-2)n}{2} = \frac{2n+pn^2-pn-2n^2+2n}{2} = \frac{(p-2)n^2+(4-p)n}{2} = \frac{(p-2)n^2-(p-4)n}{2} = \frac{(p-2)n^2-(p-2-2)n}{2}$

und setzt man für $(p-2)$ seinen Werth d, so wird die Formel =

$$\frac{dn^2-(d-2)n}{2} = \frac{n(dn-d+2)}{2} = \frac{n[d(n-1)+2]}{2}$$

wo man also nur die Differenz der Grundreihe, und die Seite oder den Index der verlangten Zahl nöthig hat. Z. B. *) man sucht die siebeneckige Zahl von der Wurzel 4, so ist $d = 7 - 2 = 5$, daher die Zahl selbst =

$$\frac{4[5.(4-1)+2]}{2} = \frac{4(5.3+2)}{2} = 2(15+2) = 2.17 = 34;$$

*) Tafel 79. enthält die Beispiele hierfür.

ferner: die 365eckige Zahl, deren Wurzel 12 ist? Sie ist $=\frac{12[363(12-1)+2]}{2}=6(363.11+2)=6.3995=23970.$

Anmerk. Wollte man zweieckige oder Linienzahlen annehmen, denen die Grundreihe 1; 1; 1; 1; u. s. w. zukommt, so wäre $d=0$, also die Zahl für die Reihe 1; 2; 3; 4; u. s. w. $=\frac{n[0(n-1)+2]}{2}=\frac{2n}{2}=n$, wie man dies wol auch ohne Formel leicht findet.

§. 321. Zusätze.

1. Um wieder aus einer Polygonalzahl deren Namen p (also auch $d-2$ und d) man kennt, die Seite oder die Wurzel zu finden; dienen die quadratischen Gleichungen, und da wir im Anhange zum zweiten Hauptstücke des ersten Abschnitts deren Auflösung gehabt haben, so können wir eine Anwendung von diesen, hier machen. Es sey z eine gegebene Polygonalzahl, so ist $z=\frac{n(dn-d+2)}{2}$, wo die Seite n unbekannt angenommen werde; so wird die Theorie der gedachten Gleichungen geben:

$$2z=dn^2-dn+2n$$

$$\frac{2z}{d}=n^2-\frac{(d-2)n}{d}$$

$$\frac{2z}{d}+\frac{(d-2)^2}{4d^2}=n^2-\frac{(d-2)}{d}n+\frac{(d-2)^2}{4d^2}$$

$$\sqrt{\left(\frac{8zd+(d-2)^2}{4d^2}\right)}=n-\frac{d-2}{2d}$$

$$\frac{d-2}{2d}+\frac{\sqrt{[8zd+(d-2)^2]}}{2d}=\frac{(d-2)+\sqrt{[8zd+(d-2)^2]}}{2d}=n$$

Man suche z. B. die Seite derjenigen siebeneckigen Zahl, deren Inhalt (oder die Zahl selbst) $=189$ ist? Hier ist $z=189$, $d=(p-2)=(7-2)=5$ und $d-2=3$, also $n=\frac{5+\sqrt{(8.189.5+3^2)}}{10}=\frac{3+\sqrt{7569}}{10}=\frac{3+87}{10}=\frac{90}{10}=9$ *).

---

*) Siehe die Reihe Nr. III. in §. 319.

2. Die Quadratzahlen entstehen aus der Summirung der Reihe der ungeraden Zahlen unseres Zahlensystems; dies giebt nicht nur die Reihe Nr. II. §. 319., sondern die Formel Nr. 2. des §. 320. giebt es ganz allgemein, daß, wenn man die ungeraden Zahlen bis zur nten (d. h. deren Index n ist) summirt, diese Summe $=n^2$ sey *). Weil man nun auf diese Art, nach der Reihe die Quadrate aller natürlichen Zahlen unseres Zahlensystems erhält, während die Grundreihe dieser Quadratreihe, die Reihe der ungeraden Zahlen, nach der Ordnung wie sie in unserem Zahlensysteme sich befinden, ist; so ist auch umgekehrt, jede ungerade Zahl die Differenz zweier vollkommenen Quadratzahlen; denn, subtrahirt man von einer vollkommnen Quadratzahl, deren Wurzel n ist, das nächste vorhergehende Quadrat, so ist die Differenz die ungerade Zahl, deren Index n, in der Reihe der ungeraden Zahlen ist; dies giebt ein Blick auf obige Reihe Nr. II. des §. 319. — Nichts ist nun leichter, als für eine beliebig gegebene ungerade Zahl, die beiden Quadrate zu finden, deren Differenz dieselbe ist. Denn man suche den Index der ungeraden Zahl (in der Reihe derselben), so ist dieser die Wurzel des größeren der beiden Quadrate, daher um Eins vermindert, die Wurzel des nächst kleinen Quadrats; ist eine ungerade Zahl aber allgemein $2p+1$, so ist $\frac{2p+2}{2}=p+1$, ihr Index, indem $2p+2$ die ihr nächste größere gerade Zahl, deren Hälfte $p+1$ der Index der geraden Zahl **), und eben so der, ihr nächst

*) Aus den Gesetzen für den freien Fall der Körper, in der Mechanik, ist dies Gesetz zwischen den ungeraden und den Quadratzahlen, sehr wichtig.

**) Schreibt man die geraden Zahlen 2, 4, 6, 8, 10 u. s. w., so ist der Index einer jeden, offenbar ihre Hälfte; die vorhergehende ungerade Zahl aber hat denselben Index.

vorhergehenden ungeraden Zahl, seyn wird. — Z. B. die ungerade Zahl 11 ist

$$=\left(\frac{11+1}{2}\right)^2-\left(\frac{11-1}{2}\right)^2=6^2-5^2=36-25;$$

eben so ist $51=\left(\frac{52}{2}\right)^2-\left(\frac{50}{2}\right)^2=26^2-25^2=676-625;$ u. s. w. (Siehe §. 219.).

3. Unter der großen Menge der Reihen die man sich für beliebige allgemeine Glieder bilden kann, werden auch oft diejenigen Reihen betrachtet, welche nach und nach aus der Summirung der natürlichen Zahlen unseres Zahlensystems entstehen. Allein weil dieses eine arithmetische Reihe von der ersten Ordnung ist, so wird man gleich sehen, daß jene abgeleitete Reihen, ganz wie die übrigen Reihen höherer Ordnung entwickelt werden, so daß also die zweite Reihe, die der ersten höheren Ordnung u. s. w. ist. Also:

Arithmetische Reihe =	1; 2; 3; 4; 5; 6; 7...
Reihe der 1ten höheren Ordnung	1; 3; 6; 10; 15; 21; 28...
= 2ten = =	1; 4; 10; 20; 35; 56; 84...

u. s. w.

Ich führe diese Reihen hier an, weil einige Schriftsteller nur diesen Reihen, den Namen der figurirten Reihen beilegen.

4. Auch pflegt man solche Reihen, wo die einzelnen Glieder Brüche sind, wo der Zähler überall derselbe, die Nenner aber die Glieder einer arithmetischen Progression sind: harmonische oder musikalische Progressionen zu nennen, wovon der Grund in der Akustik zu suchen ist; z. B.

$$\tfrac{1}{3};\ \tfrac{1}{5};\ \tfrac{1}{7};\ \tfrac{1}{9};\ \tfrac{1}{11}\ldots\ldots$$

$$\text{oder } \tfrac{5}{7};\ \tfrac{5}{10};\ \tfrac{5}{13};\ \tfrac{5}{16};\ \tfrac{5}{19}\ldots\ldots$$

Die Formel für die Summation dieser Reihen, ist noch unbekannt; die, für das allgemeine Glied, liegt klar vor

Augen, sobald die Progression der Nenner, und der Zähler bekannt sind.

§. 322. Aufgabe.

Eine jede Pyramidalzahl aus ihrer Seite zu finden.

Auflösung. Jedes Glied einer Pyramidalzahl für einen gewissen Index n, ist, laut Erklärung §. 318., die Summe der n ersten Glieder derjenigen Polygonalreihe, aus welcher sie entstand. Daher finden wir das allgemeine Glied der Pyramidalreihen, welches wir doch suchen (denn jede Pyramidalzahl hat ja die Form des allgemeinen Gliedes der Pyramidalreihe), als gleich dem summatorischem Gliede der Polygonalreihe; da nun das allgemeine Glied dieser Reihen $= \frac{n(dn-d+2)}{2}$ (§. 320.) war, so ist $\int\left(\frac{n(dn-d+2)}{2}\right)$ das gesuchte allgemeine Glied der Pyramidalreihen, welches wir nun so auflösen, indem wir setzen:

$\int\left(\frac{n(dn-d+2)}{2}\right) = \int\frac{1}{2}(dn^2 - dn + 2n)$, hier für $\int n^2$ und $\int n$ die Werthe aus §. 313., so wird dieser Ausdruck ferner

$$= \tfrac{1}{2}(d\int n^2 - d\int n + 2\int n)$$

$$= \tfrac{1}{2}(d.\tfrac{1}{6}(2n^3 + 3n^2 + n) - d.\tfrac{1}{2}(n^2 + n) + 2.\tfrac{1}{2}(n^2 + n)$$

$$= \tfrac{1}{2}\left(\frac{n^3 d}{3} + \frac{n^2 d}{2} + \frac{nd}{6} - \frac{n^2 d}{2} - \frac{dn}{2} + n^2 + n\right)$$

$$= \tfrac{1}{2}\left(\frac{n^3 d}{3} - \frac{nd}{3} + n^2 + n\right)^{*)} = \tfrac{1}{6}(n^3 d - nd + 3n^2 + 3n)$$

Diese Formel kann man auch noch in diese umwandeln:

---

*) Weil sich $+\frac{n^2 d}{2}$ und $-\frac{n^2 d}{2}$ heben, ferner $+\frac{nd}{6} - \frac{dn}{2}$ $= \frac{nd}{6} - \frac{3dn}{6} = \frac{-2dn}{6} = -\frac{dn}{3}$.

$$\frac{1}{6}(n^3 d - dn^2 + 3n^2 + dn^2 + 3n - dn)\ ^{*)}$$
$$= \frac{1}{6} . n(n^2 d - dn + 3n + dn + 3 - d)$$
$$= \frac{n[n(nd - d + 3) + (nd + 3 - d)]}{6} = \frac{n(n+1)(nd - d + 3)}{6}$$

Z. B. **) man suchet die achte siebeneckige Pyramidalzahl, so ist $n = 8$, $d = 7 - 2 = 5$, daher dieselbe $= \frac{8(8+1)(8.5-5+3)}{6} = \frac{8.9.38}{6} = 456$ (siehe die Reihe III. §. 319.) ist.

§. 323. Zusätze.

1. Sucht man für das allgemeine Glied der Pyramidalzahlen das summatorische Glied, so wird dieses wieder allgemeines Glied für die Pyramidalzahlen zweiter Ordnung, oder für die dritte Ordnung der figurirten Zahlen, und so könnten wir fortfahren, um die allgemeinen und summatorischen Glieder jeder höheren Pyramidalreihe zu finden.

2. Hat man allgemein eine Reihe, und ihre Ordnung ist unbekannt, so suche man immer die Differenz zwischen zwei und zwei Glieder, und bilde aus diesen Differenzen eine neue Reihe, deren erstes Glied, das erste Glied der gegebenen Reihe ist; mit dieser neuen Reihe verfahre man wie vorher, und setze dies Verfahren so lange fort bis man auf eine Reihe kömmt, deren Glieder alle gleich sind, denn alsdann wird die vorletzte Reihe eine arithmetische Progression seyn, wo man die Ordnung der gesuchten Reihe, aus der Menge der gemachten Reihen überhaupt, leicht sieht. Z. B. es ist die Reihe

1 ; 8 ; 33 ; 98 ; 238

gegeben, so verfährt man laut der eben gehabten Regel so:

1 ;

---

*) Indem man + und $- dn^2$, zum Faktor in der Parenthese addirt.

**) Tafel 80 hat die Beispiele hierfür.

1 ; 8 ; 33 ; 98 ; 238.
1 ; 7 ; 25 ; 65 ; 140.
1 ; 6 ; 18 ; 40 ; 75.
1 ; 5 ; 12 ; 22 ; 35.
1 ; 4 ; 7 ; 10 ; 13.
1 ; 3 ; 3 ; 3 ; 3.

Es war also die gegebene Reihe, eine Reihe von der fünften Ordnung, oder von der vierten höheren Ordnung, oder eine Pyramidalreihe von der dritten Ordnung, oder eine figurirte Reihe der vierten Ordnung. Da das erste Glied der gegebenen Reihe, immer nach der gegebenen Regel unverändert bleibet, so muß man nur auf die Gleichheit der folgenden Glieder sehen, weil alsdann schon die vorletzte Reihe die arithmetische Progression war, welche man eigentlich nur suchte; so wird auch folgende Reihe:

3 ; 16 ; 50 ; 120 ; 245. (gegeben)
3 ; 13 ; 34 ; 70 ; 125.
3 ; 10 ; 21 ; 36 ; 55.
3 ; 7 ; 11 ; 15 ; 19 ;
3 ; 4 ; 4 ; 4 ; 4 ;
} Nach der Regel erzeugt.

eine Reihe von der vierten Ordnung oder vom dritten höherem Grade u. s. w.

3. Gesetzt man wollte eine arithmetische Reihe bilden, welche diese ist 6 ÷ 12 ÷ 18 ÷ 24 ÷ 30 u. s. w., so ist wol einfach das Gesetz in ihr (a = d = 6) zu erkennen. Wollte man nun dieser Reihe z. B. eine Eins vorsetzen, so würde die Reihe 1 ; 6 ; 12 ; 18 u. s. w. wegen des ersten Gliedes, nicht mehr eine arithmetische Progression seyn. Hingegen könnte doch diese Reihe ein oder mehrere Male summirt, und so neue Reihen gebildet werden. Würde man das mit jener Reihe thun, so giebt sie:

$$\left.\begin{array}{l} 1;6;12;18;24. \\ 1;7;19;37;61. \\ 1;8;27;64;125. \end{array}\right\} \text{u. s. w.}$$

Hier erscheinen in der zweiten neuen Reihe, die **Kuben** der natürlichen Zahlen 1, 2, 3, 4 und 5, und es würde sich wol der Mühe lohnen zu untersuchen, ob auch bei weiterer Fortsetzung dasselbe Gesetz in Hinsicht der Kubikzahlen statt fände, wodurch wir zugleich Gelegenheit erhalten, auch Reihen für Abweichungen, wie jene im 1ten Gliede ist, zu betrachten. Zuerst ist das allgemeine nte Glied der ersten Reihe, wenn wir auf das erste Glied 1 **nicht achten**, offenbar $=6n$; durch die 1 aber wird jedes Glied der ersten neuen Reihe um 1 größer, als er geworden wäre, wenn blos 6 das erste Glied seyn würde; suchet man daher das summatorische Glied für die Reihe des allgemeinen Gliedes $6n$, so ist dasselbe

$$=\int 6n = 6\int n = 6.\tfrac{1}{2}(n^2+n) = 3n^2+3n \text{ (§. 313.)}$$

weshalb $3n^2+3n+1$ das allgemeine Glied der Reihe 7; 19; 37 u. s. w. ist, wo wir wieder auf das erste Glied 1 **nicht achten**. Würde man ferner die Reihe 7; 19; 37 u. s. w. so summiren, daß die neue Reihe mit 7 anfinge, also 7; 26; 63 u. s. w. würde, so wäre jedes Glied abermals um 1 **kleiner**, als es bei der Reihe ist, wo 1 anfängt; suchen wir also wieder das summatorische Glied der Reihe 7; 19; 37 u. s. w., und vermehren dies nachher um **Eins**, so erhalten wir wieder das allgemeine Glied der unteren Reihe, für jede Fortsetzung derselben *). Suchet man aber $\int(3n^2+3n+1)$ so findet man es nach §. 313. $=\int(3n^2+3n+n^0) = 3\int n^2+3\int n+\int n^0 =$

$$3.\tfrac{1}{6}(2n^3+3n^2+n)+3.\tfrac{1}{2}(n^2+n)+n =$$

$$n^3+\frac{3n^2}{2}+\frac{n}{2}+\frac{3n^2}{2}+\frac{3n}{2}+n = n^3+3n^2+3n,$$

*) Das Gesetz der Vermehrung um 1, gegen die Summirung der bloßen Reihe 7; 19 u. s. w., gilt wie vorher für jede Fortsetzung der Reihe.

und indem wir 1 hinzuthun, erhalten wir $n^3 + 3n^2 + 3n + 1$ für das gesuchte allgemeine Glied der unteren Reihe, wo aber n nur Index des Gliedes, ohne Rücksicht auf das 1te Glied 1 ist. Nehmen wir aber jetzt auf dieses Glied Rücksicht, so ist der Index n von vorher, jetzt $(n + 1)$, und die Formel $n^3 + 3n^2 + 3n + 1$ gilt für das $(n+1)$te Glied in der Reihe 1; 8; 27; 64 u. s. w. Nun ist aber $n^3 + 3n^2 + 3n + 1 = (n + 1)^3$, weshalb also *) jenes gefundene allgemeine Glied, der Kubus vom Index $n + 1$ des Gliedes in der ganzen Reihe ist. Nun können wir das $(n + 1)$te Glied auch wieder das $p$te oder selbst das $n$te nennen, indem wir den Satz so eben bewiesen haben: jedes Glied der Reihe (vom ersten 1 abwärts), ist der Kubus seines Index **).

So sehen wir auch in diesem letzten Gesetze, wie weit die Theorie der Reihen, durch neue Gesetze im Fortschreiten der einzelnen Glieder erweitert werden kann; und wenn die Reihen auch vor Anfang dieses Hauptstücks schon der Gegenstand unserer Betrachtung waren, so werden wir in der Folge noch oft ihrer erwähnen, wenn sie auch nicht selten unter ganz anderen Bedeutungen und von ganz anderem Nutzen für uns, erscheinen werden.

---

*) Daß $(n + 1)^3$ = jenem ersten Werthe ist, findet man durch Potenzirung des Binoms $(n + 1)^3$.

**) Man kann hierdurch mittelst einer einfachen Summirung, die Kuben sämmtlicher Zahlen, bis zu einer gewissen verlangten Zahl, finden.

Drittes Hauptstück.

Die Logarithmen.

Erstes Kapitel.

Allgemeine Theorie der Logarithmen.

§. 324. Erklärung.

Eine geometrische Progression, deren erstes Glied gleich dem Exponenten ist, heißt ein logarithmisches System. Das erste Glied des Systems, heißt die Basis oder die Grundzahl desselben, die einzelnen Glieder heißen die Glieder oder die Nummern des Systems, und die Exponenten der einzelnen Nummern, heißen die Logarithmen (abgekürzt log geschrieben) der Glieder. — Nennen wir z. B. die Basis a, und stellen uns die, nach und nach erhaltenen, Potenzen von a durch besondere Buchstaben vor, bilden wir uns endlich, z. B. für die Basis 2, ein logarithmisches System, um an diesem die nachfolgenden Lehren zu zeigen, so würden wir folgende Darstellung erhalten:

$$a^1 : a^2 : a^3 : a^4 : a^5 : a^6 : a^7 : a^8 : a^9 : a^{10} : a^{11} : a^{12} : \text{ u. s. w.}$$
$$a : b : c : d : f : g : h : i : k : l : m : n \text{ u. s. w.}$$
$$2^1 : 2^2 : 2^3 : 2^4 : 2^5 : 2^6 : 2^7 : 2^8 : 2^9 : 2^{10} : 2^{11} : 2^{12} \text{ u. s. w.}$$
$$2 : 4 : 8 : 16 : 32 : 64 : 128 : 256 : 512 : 1024 : 2048 : 4096 \text{ u. s. w.}$$

Hier haben also die, unter einander stehenden allgemeinen und besonderen Bezeichnungen, dieselbe Andeutung, so daß also z. B. $a^{10} = l = 2^{10} = 1024$ bedeutet. Da nun nach der gegebenen Erklärung, 10 der Logarithmus von a^{10} ist, welches man $\log a^{10} = 10$ schreibt; so erhalten wir $\log a^{10} = \log I = \log 2^{10} = \log 1024 = 10$, wo natürlich $\log 1024 = 10$, nur für die besondere Wahl des logarithmischen Systems von der Basis $= 2$ gilt.

§. 325. Grundsätze.

1. Es giebt unendlich viele logarithmische Systeme; denn nach der gehabten Erklärung kann jede ganze oder gebrochene, positive oder negative Zahl, die Basis des Systems werden.

2. Die Logarithmen sind also nichts weiter, als Exponenten von Potenzgrößen, deren Wurzeln bestimmte Zahlen, nämlich die Basen der verschiedenen logarithmischen Systeme, sind.

3. Ist daher die Frage: was der Logarithmus einer gewissen Zahl sey, so ist dieser der Exponent, welcher anzeigt, zur wievielten Potenz eine gewisse festgesetzte Zahl (die Basis) erhoben werden muß, um jene Zahl (die Nummer) deren Logarithmus man verlangt, zu erzeugen.

4. Ist die Basis eines logarithmischen Systems bestimmt, so ist es das ganze System; d. h. einem bestimmten Logarithmus kommt nur Eine Nummer, und einer bestimmten Nummer nur Ein Logarithmus zu.

5. Daher haben, für ein und dasselbe logarithmische System, gleiche Größen auch gleiche Logarithmen, wenn die Größen auch in verschiedenen Verbindungen und Formen vorkommen; eben so gehören zu gleichen Logarithmen auch gleiche Nummern, die Logarithmen mögen in beliebigen Formen und Verbindungen *) erscheinen.

*) Unter Verbindungen und Formen, können hier natürlich nur die bekannten arithmetischen Verbindungen verstanden werden;

6. In verschiedenen logarithmischen Systemen, d. h. deren Basen verschieden sind, haben gleiche Nummern stets verschiedene Logarithmen, und gleichen Logarithmen kommen verschiedene Nummern zu; denn bei gleichen Potenzgrößen (Nummern) und verschiedenen Wurzeln (Basen), sind verschiedene Exponenten (Logarithmen); bei gleichen Exponenten und ungleichen Wurzeln, erhält man aber verschiedene Potenzgrößen (§. 152.).

7. Es wird also die Frage: was für ein Logarithmus einer gegebenen Zahl, oder was für eine Nummer einen gegebenen Logarithmus zukommt, erst zu entscheiden seyn, wenn die Basis des Systems bestimmt ist.

8. Wenn $\log p = n$ ist, so ist p die Nummer, welche dem Logarithmus der n ist, zukommt (laut Erklärung §. 324.); dies pflegt man so zu bezeichnen $\text{num} \log n = p$.

9. Wenn $\log t = x$ ist, so muß, wenn a die Basis des Systems ist, worin $\log t = x$ ist, $a^x = t$ seyn; indem man nun für x schreibt: $\log t$, so muß $a^{\log t} = t$ seyn. D. h. in Worten: um eine Nummer (t) eines logarithmischen Systems (von der Basis a) zu erhalten, muß man die Basis zur so vielten Potenz erheben, als der Logarithmus der Größe welche man sucht, verlangt, also zur $\log t$ ten Potenz. (Der Begriff der Logarithmen und Nr. 3. d. §. geben diesen Satz, der uns in Hinsicht seiner allgemeinen Bezeichnung sehr wichtig werden wird, höchst einfach).

10. Wenn die Logarithmen einen Nutzen für den Gebrauch haben sollen, so kann die Zahl Eins, nie die Basis eines logarithmischen Systems seyn *); denn sie

---

z. B. wenn $an = \left(\frac{p}{q} + h\right)$ ist, so ist auch $\log an = \log\left(\frac{p}{q} + h\right)$, für eine gewisse Basis; wie man übrigens die Logarithmen dieser verschiedenen Formen findet, wird erst noch gelehrt werden.

*) Daß Eins erstes Glied einer geometrischen Progression seyn kann, ist bekannt (§. 298.).

giebt zu jeder Potenz erhoben immer wieder Eins *), und das System würde dieses seyn 1:1:1:1:1 u. s. w.

11. Der Logarithmus der Zahl Eins, ist immer Null, die Basis sey was sie wolle, denn $a^0 = 1$ (§. 154, 3.).

§. 326. Zusätze.

1. Ist die Basis eines logarithmischen Systems eine ganze positive Zahl, so wird dieselbe nach und nach zu den verschiedenen Potenzen erhoben, eine Reihe von ganzen Zahlen geben. In dieser hierdurch erhaltenen Reihe, werden sich aber nicht alle Zahlen, für welche man Logarithmen verlangt, und nicht alle Logarithmen für welche Nummern gesucht werden, befinden **). Hieraus folgt aber keineswegs, daß nun jene Zahlen auch keine Logarithmen haben, sondern diese Logarithmen werden zwischen die Logarithmen derjenigen Nummern fallen, zwischen welche die gegebene Zahl selbst fällt. Z. B. (in Hinsicht des §. 324. gewählten Beispiels in Zahlen) kommt die 6 in dem Systeme 2:4:8:16 u. s. w. nicht vor, allein ihr Logarithmus ist größer wie 2 (als log 4) und kleiner wie 3 (als log 8), d. h. er ist eine vermischte Zahl, und wenn wir untersuchen was in $2^x = 6$, die x für einen Werth hat, so haben wir den gesuchten Logarithmus von 6. Dieser Werth von x ist nicht nur gewiß vorhanden (§. 154, 4.); sondern wir haben auch solchen §. 167. zu finden kennen gelernt: und ob wir ihn nur annähernd darstellen können, gilt hier gleich viel. So wird auch log 50 zwischen 5 und 6 fallen u. s. w. Indem wir hierdurch kennen lernen, daß es auch

---

*) So ist $1^{\frac{n}{m}} = \sqrt[m]{1^n} = 1$; eben so $1^{-n} = \frac{1}{1^n} = \frac{1}{1} = 1$; auch $1^0 = 1$; u. s. w.

**) Zwei ist die kleinste ganze Zahl, welche zur Basis eines logarithmischen Systems dienen kann. (Siehe §. 325, 10.).

Logarithmen giebt, die vermischte Zahlen (§. 88, 3.) sind; so werden wir leicht einsehen, daß man in dem bloßen Systeme, wie es §. 324. annahm (wo die Exponenten nur ganze Zahlen waren, und welches wir ein ursprüngliches System nennen könnten), auch nur für einige Logarithmen, die zugehörigen Nummern, finden kann.

2. Ist die Basis eine ganze positive Zahl, so fehlen in diesem Systeme die echten Brüche keineswegs, nur sind ihre Logarithmen, negative Zahlen (oder negative Brüche); denn: bedeutet a eine ganze positive Zahl als Basis eines Systems, so giebt a zu keiner Potenz, wo der Exponent eine positive Zahl ist, erhoben, einen echten Bruch *); aber $a^{-n}=\frac{1}{a^n}$, wo nun, je nachdem n selbst beschaffen ist, der Werth von $\frac{1}{a^n}$ immer kleiner werden wird (wenn n wächst), oder sich auch der Eins nähern kann (wenn n ein echter Bruch z. B. $\frac{c}{m}$ ist, denn alsdann ist $\frac{1}{a^n}=\frac{1}{a^{\frac{c}{m}}}=\frac{1}{\sqrt[m]{a^c}}$, wo $\sqrt[m]{a^c}$ immer kleiner, also $\frac{1}{\sqrt[m]{a^c}}$ immer größer, wird, je mehr m gegen c wächst; da aber $\sqrt[m]{a^c}$ immer >1 seyn wird §. 151, 5., so wird der Bruch $\frac{1}{\sqrt[m]{a^c}}$ oder a^{-n} nie 1 erreichen). So ist z. B. $\log \frac{1}{8} = -3$, wenn 2 die Basis ist, denn $2^{-3}=\frac{1}{2^3}=\frac{1}{8}$; wollte man aber z. B. $\log \frac{4}{7}$ suchen, so ist bei $\frac{1}{\sqrt[m]{a^c}}$, bald zu

*) So ist $a^{\frac{1}{n}}=\sqrt[n]{a}$, und ist auch n noch so groß, so ist unter obiger Voraussetzung (a als ganze Zahl) doch $\sqrt[n]{a}>1$, also nie ein echter Bruch (§. 151, 5.).

finden, daß für $a=2$, auch $m>c$ seyn muß, denn $m=c$ gesetzt, giebt $\frac{1}{\sqrt[m]{a^c}}=\frac{1}{2}$, also zu wenig gegen $\frac{4}{7}$, weshalb der Nenner 2 fallen, oder m gegen c wachsen müßte. Wollte man log $\frac{4}{7}$ nach §. 167. suchen, so brauchte man nur zu setzen $\frac{4}{7}=2^{-n}=\frac{1}{2^n}=\frac{1}{\sqrt[m]{a^c}}$, daher $\frac{4}{7}.\sqrt[m]{a^c}=1$ und $\sqrt[m]{a^c}=\frac{1}{\frac{4}{7}}=\frac{7}{4}=a^{\frac{c}{m}}=2^{\frac{c}{m}}$ seyn müßte; wo $\frac{c}{m}$ zu suchen wäre.

3. Daß für eine ganze positive Zahl zur Basis, die Logarithmen der unechten Brüche, ebenfalls vermischte Zahlen seyn müssen; liegt schon in Nr. 1. d. §.; die Logarithmen der Zahlen, welche aber bis zur Basis vorhanden sind, müßten positive echte Brüche seyn, denn sie liegen zwischen Null (als Logarithmus von 1, nach §. 325, 12.) und 1 (als Logarithmus der Basis, nach §. 325, 11.). Z. B.: ist zehn die Basis eines Systems, so ist $\log 10=1$, $\log 100=2$ u. s. w., aber $\log 1=0$, daher z. B. $\log 7>0$ und <1, d. h. ein positiver echter Bruch.

4. Nimmt man zur Basis eines logarithmischen Systems einen positiven echten Bruch an; so werden ganze Zahlen, die Logarithmen von echten Brüchen, und diejenigen echten Brüche, welche zwischen zwei, auf diese Art entstandenen echten Brüche, liegen, haben vermischte Zahlen zu ihren Logarithmen. Dagegen sind für ein solches System, die Logarithmen von ganzen Zahlen und von unechten Brüchen, negativ, und zwar ganze Zahlen oder vermischte oder echte Brüche, je nachdem die Annahme jener Basis und die Wahl der Nummer ist. Z. B. Es sey $\frac{2}{3}$ die Basis eines Systems, so ist dasselbe zuerst dieses $\frac{2}{3}:\frac{4}{9}:\frac{8}{27}:\frac{16}{81}:\frac{32}{243}$ u. s. w., wo

also log $\frac{8}{27} = 3$, log $\frac{32}{243} = 5$ u. s. w. ist; deßhalb wird log $\frac{1}{4} > 3$ und < 4 werde, weil $\frac{1}{4} < \frac{8}{27}$ und $> \frac{16}{81}$ ist. Wollte man aber z. B. log 5 haben, und sey dieser x; so muß x negativ seyn *) denn nun giebt

$$\left(\frac{2}{3}\right)^{-x} = \frac{1}{(\frac{2}{3})^x} = \left(\frac{3}{2}\right)^x$$

wo mit dem Wachsen von x (was ein unechter Bruch für diesen Fall seyn muß), auch 5 bald erreicht werden wird, und wo §. 167., wieder den annähernden Werth zu finden, lehrt. Logarithmus 1 ist übrigens auch hier $= 0$, denn $(\frac{2}{3})^0 = 1$.

5. Nimmt man zur Basis eines logarithmischen Systems eine positive Zahl, gleich viel ob ganze Zahl, echter oder unechter Bruch, so kommen in diesem Systeme, durchaus keine negative Nummern vor. Denn: bedeutet a eine, jener positiven Zahlen, so ist a^n immer positiv, es mag n so groß oder so klein seyn als man will; sucht man aber a^{-n}, so ist dies $= \frac{1}{a^n}$ also wieder durchaus nur eine positive Größe. Indem man also durch keine Potenzirung der $+a$ eine negative Größe erhalten kann, so haben auch negative Nummern in diesem Systeme (eben weil sie in denselben nicht vorhanden seyn könen), keine Logarithmen **). Es sind also die Logarithmen der negativen Größen, gleichsam eine neue Erscheinung von imaginären Größen, denn

---

*) Ist x ganze Zahl, so kann gewiß $\left(\frac{2}{3}\right)^x$ nie 5 erreichen, ist aber x auch ein noch so kleiner Bruch, z. B. $= \frac{1}{n}$, so ist $\left(\frac{2}{3}\right)^x = \sqrt[n]{(\frac{2}{3})}$, wo n noch so groß seyn kann, die Wurzel wird doch nie Eins erreichen (§. 151, 6.).

**) Ueber den Gebrauch der negativen Größen in logarithmischen Rechnungen siehe §. 333.

so viel ist gewiß, daß die Nummer, welche zum Logarithmus von $-b$ gehört, wieder $-b$ ist *).

6. Würde man zur Basis eines logarithmischen Systems eine negative Zahl annehmen (was laut Erklärung §. 324., und nach §. 325, 1. angeht); so würden in diesem System negative und positive Zahlen abwechseln; z. B. $-3:+9:-27:+81:-243$ u. s. w. (siehe auch §. 306, 6.); hier hätten nun allerdings viele negative Zahlen ihre Logarithmen, z. B. $\log -27 = 3$, $\log -243 = 5$; aber dafür hätte $+27$ und $+243$ keine Logarithmen, denn -3 giebt zu keiner Potenz erhoben $+27$ oder $+243$; dagegen hätten andere Zahlen wie $+9$, $+81$ u. s. w., nur als positive Zahlen ihre Logarithmen 2 oder 4 u. s. w.; aber -9 so wie -81 rc. hätten wieder keine Logarithmen. Und nun gar die Nummern betrachtet, welche Bruchexponenten haben **)! Wie unbrauchbar also ein System mit einer negativen Basis wäre, leuchtet auf den ersten Blick ein.

7. Ist die Basis eines logarithmischen Systems positiv und größer als 1, so ist der Logarithmus von Null, unendlich groß negativ; denn $a^{-\infty} = \frac{1}{a^{\infty}} = \frac{1}{\infty} = 0$ ***); hierzu aber gehört, daß $a > 1$ ist. Ist die Basis ein echter Bruch, so hat Null, einen unendlich großen positiven Logarithmus, denn: ist a echter Bruch, so ist $a^{\infty} = 0$, daher $\infty = \log 0$.

§. 327. Zusatz.

Wie man also für eine beliebig angenommene Basis, das zugehörige logarithmische System, für jede beliebige

*) Siehe das über imaginäre Größen, §. 186., Gesagte.

**) Hier würde man bald positive bald negative und bald imaginäre Größen erhalten, je nachdem Zähler und Nenner des Exponenten beschaffen wären.

***) Ein unendlich großer Divisor, muß einen unendlich kleinen Quotienten oder 0 geben.

ganze Zahl als Nummer, berechnen kann; lehren die Sätze des vorigen §. und §. 167. Daß man zur Basis eine positive Zahl annehmen wird, ist eben so deutlich aus Nr. 6. des vorigen §. Hätte man nun das System auch nur so berechnet, daß man für jede ganze Zahl, in demselben den zugehörigen Logarithmus, und für jeden dieser Logarithmen die zugehörige Nummer finden könnte, d. h. hätte man die Resultate der Berechnungen in Tabellen gebracht; so würde hierdurch ein bedeutender Nutzen in den verschiedenen Rechnungen mit jenen Zahlen, erwachsen, wie dies die nachfolgenden §. lehren werden. Allein, die Berechnungen solcher Tafeln werden bedeutend abgekürzt, durch die Lehren der folgenden Sätze, aus welchen wir zugleich sehen werden, daß Tafeln dieser Art, die Logarithmen der Brüche nicht weiter besonders zu enthalten brauchen. Die nähere Einrichtung und den Gebrauch dieser Tafeln, wird das folgende Kapitel besonders lehren. Während wir also wissen, daß man für jede Zahl, den zugehörigen Logarithmus, für eine bestimmte Basis, berechnen kann; wollen wir die folgenden Sätze betrachten, die für alle Systeme gleich gelten, und die wir an jenem unvollständigen Systeme für die Basis 2, wie wir solches §. 324. bildeten, kurz erläutern wollen.

§. 328. Aufgabe.

Es sind zwei oder mehrere Zahlen eines logarithmischen Systems gegeben; man soll den Logarithmus des Produkts dieser Zahlen finden.

Auflösung. Es seyen p und t zwei Zahlen eines logarithmischen Systems von der Basis a *), man verlangt den Logarithmus des Produkts von pt, d. h. man sucht log pt **); denn hat man nur den Logarithmus des

*) Auch bei den folgenden Aufgaben behalten wir diese Basis bei.

**) Siehe die Anmerkung zu diesem §.

Produkts, so hat man in den Tafeln auch das Produkt selbst (§. 327.).

Nun ist $p = a^{\log p}$
und $t = a^{\log t}$ } (§. 325, 9.) mit einander multiplizirt

$pt = a^{\log p + \log t}$ (§. 153, 14)

daher $\log pt = \log p + \log t$ (§. 325, 5.) indem der Logarithmus von $a^{\log p + \log t}$ offenbar der Exponent $\log p + \log t$ ist, da ja a als Basis angenommen war.

Zusatz 1. Man würde eben so finden, daß z. B. $\log pqthk = \log p + \log q + \log t + \log h + \log k$ ist; oder, daß allgemein: der Logarithmus eines Produktes, gleich der Summe der Logarithmen der Faktoren sey. Daher findet man den Logarithmus jeder zusammengesetzten Zahl, wenn man die Logarithmen ihrer einfachen Faktoren addirt, weshalb nur die Logarithmen der Primzahlen zu berechnen, nöthig ist.

Zusatz 2. Hat man den Logarithmus des Produkts durch jene Addition erzeugt, so suche man die zugehörige Nummer in der Tafel auf. Z. B.

$$\log 512 \cdot 8 = \log 512 + \log 8 = 9 + 3 = 12,$$

daher $\text{num} \log 12 = 4096 = 512 \cdot 8.$

Zusatz 3. Ist der eine Faktor 1, so ist z. B.

$$\log 64 \cdot 1 = \log 64 + \log 1 = 6 + 0 = 6,$$

daher $\text{num} \log 6 = 64 = 64 \cdot 1.$

Anmerk. Wenn man den Logarithmus eines Produkts sucht, so schreibt man das Wort log blos vor das Produkt wie es vorher geschah; soll dagegen ein Logarithmus multiplizirt werden, so muß der andere Faktor vor der Bezeichnung log stehen; so ist ein großer Unterschied zwischen $\log htm$, ferner $h \log tm$ oder $ht \log m$, im ersteren Falle soll der Logarithmus vom ganzen Produkte htm gesucht werden, im zweiten Falle soll der $\log tm$ mit h, und im letzteren soll $\log m$ mit ht multiplizirt werden.

§. 329. Aufgabe.

Man soll zwei Zahlen eines logarithmischen Systems durch einander dividiren; wie findet man den Logarithmus des Quotienten?

Auflösung. Gesetzt man suchte den Logarithmus des Quotienten $\frac{k}{f}$ oder $\log\frac{k}{f}$ *), so würde man, sobald dieser bekannt wäre, in den Tafeln den zugehörigen Quotienten selbst finden. Nun ist aber

$$\left.\begin{array}{r} k = a^{\log k} \\ \text{und} \quad f = a^{\log f} \end{array}\right\} \text{(§. 325, 9.) durch einander dividirt}$$

$$\frac{k}{f} = a^{\log k - \log f} \quad \text{(§. 154, 2.)}$$

daher $\log\frac{k}{f} = \log k - \log f$ (§. 325, 5.)

Zusatz 1. Man findet also den Logarithmus eines Quotienten, wenn man vom Logarithmus des Zählers den Logarithmus des Nenners subtrahirt. Daher ergeben sich die Logarithmen der Brüche, aus den Logarithmen der ganzen Zahlen.

Zusatz 2. Ist die Basis a eine ganze Zahl, so hat die größere Nummer auch den größeren Logarithmus **); sucht man daher den Logarithmus eines echten Bruchs, z. B. $\log\frac{n}{m}$ (wo $m > n$ ist), so würde dieser $= \log n - \log m$ seyn, und weil $\log m > \log n$ ist, so ist diese Differenz negativ. Wir sehen also abermals, daß die Logarithmen von echten Brüchen negativ sind (§. 326, 2.), bei einer ganzen Zahl als Basis.

Zusatz 3. Man sucht $\log\frac{2048}{256}$, so ist dieser gleich $\log 2048 - \log 256 = 11 - 8 = 3$, daher $\text{num}\log 3 = 8 = \frac{2048}{256}$. Ferner $\log\frac{128}{1024} = \log 128 - \log 1024 = 7 - 10 = -3$, weshalb $2^{-3} = \frac{1}{2^3} = \frac{1}{8} = \frac{128}{1024}$ ist.

Anmerk. 1. Sucht man den Logarithmus eines Quotienten (oder eines Bruchs), so wird die Bezeichnung log beim Bruchstriche gesetzt, als $\log\frac{n}{m}$; schreibt man $\frac{\log n}{m}$, so soll der $\log n$ durch

*) Siehe die Anmerk. zu diesem §.

**) Bei einem echten Bruch zur Basis, ist dies gerade umgekehrt der Fall.

m, und schreibt man $\frac{n}{\log m}$, so soll n durch den Logarithmus von m dividirt werden; daher hat man wol Vorsicht bei dieser Bezeichnung nöthig.

Anmerk. 2. Wird z. B. $\frac{1}{n}$ durch Logarithmen gesucht, so erhält man eben so wol $\log 1 - \log n = 0 - \log n = -\log n$, weshalb die zugehörige Nummer $= a^{-\log n} = \frac{1}{a^{\log n}} = \frac{1}{n}$ wieder ist. Eben so $\log \frac{n}{1} = \log n - \log 1 = \log n - 0 = \log n$, wozu wieder die Nummer $n = \frac{n}{1}$ gehört.

§. 330. Aufgabe.

Es soll eine Nummer eines logarithmischen Systems zu einer Potenz erhoben werden; wie findet man den Logarithmus der Potenz?

Auflösung. Verlangt man z. B. $\log h^n$, so würde, wenn man denselben finden könnte, auch mittelst der Tafeln die zugehörige Nummer, d. h. h^n selbst bekannt seyn. Nun ist aber

$$h = a^{\log h} \text{ (§. 325, 9.)}$$

$$\text{und } n = n$$

daher $h^n = (a^{\log h})^n$ (152, 1.) $= a^{n \log h}$ (§. 153, 10.) weshalb $\log h^n = n \log h$ ist (§. 325, 5.).

Zusatz 1. Man findet also den Logarithmus einer Potenzgröße, wenn man den Logarithmus der zu potenzirenden Größe, mit dem Exponenten multiplizirt (weshalb die §. 328. Anmerk. genannte Bezeichnung, hier genau zu beobachten ist, für die Multiplikation der Logarithmen), wo das Produkt der gesuchte Logarithmus ist.

Zusatz 2. Sucht man z. B. $\log 16^3$, so ist er $= 3 \log 16 = 3 . 4 = 12$, daher $\text{num} \log 12 = 4096 = 16^3$ ist.

Zusatz 3. Wird $\log p^{-n}$ verlangt, so ist dieser $= -n \log p$ daher negativ, weshalb die zugehörige Nummer zu einem echten Bruche gehört, wenn die Basis des Systems eine ganze Zahl ist; daß p^{-n} aber $= \frac{1}{p^n}$, d. h. gleich einem echten Bruche ist, wissen wir bereits.

§. 331. Aufgabe.

Aus einer Zahl eines logarithmischen Systems soll irgend eine Wurzel gezogen werden; wie findet man den Logarithmus der gesuchten Wurzelgröße?

Auflösung. Es wird also $\log \sqrt[n]{p}$ gesucht, so ist auch mittelst desselben, die Wurzel selbst durch die Tafeln bekannt. Da aber

$$p = a^{\log p} \quad (§. 325, 9.)$$
und $n = n$ ist

so ist auch $\sqrt[n]{p} = \sqrt[n]{a^{\log p}}$ (§. 152, 5.) $= a^{\frac{\log p}{n}}$ (§. 154, 1.)

weshalb $\log \sqrt[n]{p} = \frac{\log p}{n}$ ist.

Zusatz 1. Um also den Logarithmus einer Wurzel zu finden, so dividire man den Logarithmus derjenigen Größe, aus welcher die Wurzel gezogen werden soll, durch den Wurzelexponenten (siehe die Bezeichnung hierfür auch in §. 329. Anmerk. 1.), so ist der Quotient der gesuchte Logarithmus.

Zusatz 2. Man verlangt z. B. $\log \sqrt[3]{4096}$, so ist dieser $= \frac{\log 4096}{3} = \frac{12}{3} = 4$; daher $\text{num} \log 4 = 16 = \sqrt[3]{4096}$.

Ferner $\log \sqrt[5]{1024} = \frac{\log 1024}{5} = \frac{10}{5} = 2$, weshalb $\text{num} \log 2 = 4 = \sqrt[5]{1024}$ ist.

§. 332. Zusätze.

1. Es wird durch Hülfe der Logarithmen jede Multiplikation in eine bloße Addition, jede Division in eine bloße Subtraktion, die Potenzirung in eine gewöhnliche Multiplikation und das Wurzelausziehen in eine reine Division verwandelt. Wie ungemein leicht man daher mit

Hülfe

Hülfe der Logarithmen jene vier Rechnungarten vollziehen kann, und wie sie vorzüglich beim Wurzelausziehen schnell zum Ziele führen müssen, ist wol einleuchtend; besonders wenn man die Mühe bedenkt, die das Ausziehen der höheren Wurzeln macht (siehe §. 184. Anmerk. 2.). In den höheren Theilen der Mathematik, werden, eben dieses ungemeinen Vortheils wegen, fast alle Rechnungen mit Logarithmen vollzogen, welcher Vortheil uns aber erst ganz, nach Vollendung des folgenden Kapitels einleuchtend werden kann *). Ueberdies erscheinen Logarithmen überall nur als ein Mittel, dessen Zweck die zugehörigen Nummern sind, und die Aufgaben der vier vorhergehenden §. geben ja unmittelbar nur Logarithmen, deren zugehörige Nummern der eigentliche Zweck, jener Verrichtungen, sind.

2. Wird der Logarithmus einer Komplexion gesucht, so schließt man diese in Parenthese, und setzt die Bezeichnung log vor dieselbe, als z. B. $\log(n^m+\sqrt[c]{h}-fk)$; keineswegs aber kann man die Parenthese dadurch auflösen, daß man die Logarithmen der einzelnen Glieder mit ihren Zeichen vereiniget; sondern die Auflösung bestehet nur darin, daß man $\log n^m$, $\log\sqrt[c]{h}$ und $\log fk$, jeden für sich sucht, alsdann die Nummern für diese drei Logarithmen aufsucht, diese Nummern als gewöhnliche Zahlen, mit den Zeichen, welche die Glieder in der Parenthese hatten, vereiniget, und für die hierdurch erhaltene Summe erst den Logarithmus aufs neue sucht. Dies ist besonders wichtig zu merken, wenn mit jenen Komplexionen noch etwas vorgenommen werden soll, z. B.

$$\sqrt[n]{(a^h+df-\sqrt[c]{q})^m}=\frac{m\log(a^h+df-\sqrt[c]{q})}{n}; \text{ u. s. w.}$$

*) Auch in der praktischen Arithmetik gewähren die Logarithmen bedeutenden Nutzen.

3. Soll ein sehr zusammengesetzter Ausdruck durch Logarithmen berechnet werden, so suche man nach und nach, auf den durch §. 328. bis 331. bekannten Wegen, die Logarithmen; z. B. *) man sucht

$$\log\left(\frac{n \, . \, m^c . \sqrt{f} \, . \, \frac{h}{k}}{(p^d+g)^n . \sqrt[c]{q^b}}\right)^n$$

so ist dieser =

$$\left(\log n + c \log m + \frac{\log f}{d} + \log h - \log k - n \log(p^d+g) - \frac{b \log q}{c}\right) : n$$

4. Auch kann man leicht umgekehrt, für allgemein gegebene Verbindungen von Logarithmen, die allgemeinen zugehörigen Nummern wieder finden. So ist

1) $\text{num}(\log a + \log b) = ab$, weil $\log ab = \log a + \log b$ ist,

2) $\text{num}(\log p - \log q) = \frac{p}{q}$, weil $\log \frac{p}{q} = \log p - \log q$ ist,

3) $\text{num}\; d \log h = h^d$, weil $\log h^d = d \log h$ ist,

4) $\text{num} \frac{\log k}{f} = \sqrt[f]{k}$, weil $\log \sqrt[f]{k} = \frac{\log k}{f}$ ist.

Eben so bei den zusammengesetzteren Ausdrücken **), z. B.

$$\text{num}\left(n \log h + \frac{\log f}{g} - \log d - c \log q\right) = \frac{h^n . \sqrt[g]{f}}{d \, . \, q^c} \text{; u. s. w.}$$

§. 333. Lehrsatz.

Nach §. 326, 5. **haben negative Größen durchaus keine Logarithmen*****); **dennoch schaden negative Größen in einer logarithmischen Rechnung nichts.**

Beweis. Die logarithmischen Rechnungen beziehen sich nur auf Multiplikation, Division, Potenzirung und Wurzelausziehen bei diesen allen vier Rechnungarten aber, haben negative Größen durchaus keinen Einfluß auf die Größe des Resultats, sondern nur auf dessen Eigenschaft.

---

*) Hierüber befinden sich Tafel 81. und 82. die Beispiele.

**) Tafel 83. und 84. siehe zur Uebung hierüber.

***) Bei *positiver* Basis.

Die Größe des Resultats ist es aber hauptsächlich, was wir durch die logarithmische Rechnung zu erreichen wünschen, denn das Zeichen des Resultats erkennen wir bei den gedachten vier Rechnungarten, bereits in den Zeichen der gegebenen Größen, nach den, von diesen Lehren gehabten Sätzen. Daher die Regel: man suche den Logarithmus des gegebenen Ausdrucks ohne Rücksicht auf die Zeichen der gegebenen Größen, suche für den gefundenen Logarithmus die zugehörige Nummer, und nehme diese als positiv oder negativ, je nachdem der jedesmalige besondere Fall, es erfordert. Z. B. man sucht

$$\frac{-4^3 . \sqrt[5]{-7} . 6^{-2} . (-7)^4}{\sqrt[3]{-2} . \frac{252}{-9} . -8^{-6}}$$

so ist im Zähler zuerst -4^3 eine negative Größe; $\sqrt[5]{-7}$ ist auch negativ (§. 153, 8. ; ferner 6^{-2} ist eine positive Größe, denn $6^{-2} = \frac{1}{36}$; eben so ist $(-7)^4$ eine positive Größe (§. 153, 5.); daher ist der Zähler, wegen der zwei (gerade) negativen Faktoren, positiv. Im Nenner hat man $\sqrt[3]{-2}$ als negative Größe; $\frac{252}{-9}$ ist auch negativ, und $-8^{-6} = \frac{1}{-8^6}$ ist gleichfalls negativ; hierdurch hat der Nenner drei negative Faktoren, ist also negativ, und mithin der ganze Bruch, oder der ganze Ausdruck negativ. Dies kann man so andeuten: der gegebene Ausdruck ist =

$$-\text{num}\left(\frac{\log 7}{5} + 3\log 4 - 2\log 6 + 4\log 7 - \frac{\log 2}{3} - \log 252 + \log 9 + 6\log 8\right)$$

Durch diese einfache Betrachtung, werden also nun die Logarithmen für die Rechnung mit negativen Zahlen, eben so brauchbar als bei positiven Zahlen *), und die

*) Vergleiche hiermit die Anwendung dieses Satzes in der 20sten Aufgabe (Seite 57.) meiner: Sammlung neuer mathematischer Aufgaben (Berlin 1819.), so wie die Bemerkung unten auf Seite 57. daselbst.

beiden Rechnungarten: Addition und Subtraktion, wo das Zeichen auch Einfluß auf die Größe des Resultats hat, sind ja den logarithmischen Rechnungen, auch nicht weiter unterworfen. Sollte in jenen Ausdrücken z. B. $\sqrt[2n]{-a}$ vorkommen, so ist der Ausdruck natürlich imaginär; eben so kann der Ausdruck $(-n)^m$, in dieser Allgemeinheit nur $\mp n^m$, daher nur $= \mp \text{num}(m \log n)$ seyn; wo es noch von m als paarigen oder unpaarigen Zahl abhängt, ob + oder — gilt. Dergleichen Bemerkungen lassen sich mehrere hier machen, und finden sie sich in vorkommenden Fällen aus der Potenzlehre von selbst.

§. 334. Lehrsatz.

Stehen vier Zahlen eines logarithmischen Systems in geometrischer Proportion, so stehen ihre Logarithmen in arithmetischer Proportion.

Beweis. Es seyen p, q, t und h vier Nummern eines logarithmischen Systems für die Basis a, und man weiß daß $p:q = t:h$; so kann man ja auch setzen

$$a^{\log p} : a^{\log q} = a^{\log t} : a^{\log h} \quad (\text{§. } 325, 9.)$$

deshalb ist $a^{\log p} \cdot a^{\log h} = a^{\log q} \cdot a^{\log t}$ (§. 270.),

oder $a^{\log p + \log h} = a^{\log q + \log t}$ (§. 153, 14.);

deshalb ist $\log p + \log h = \log q + \log t$

(denn die Wurzeln sind bei beiden a), woraus nun wieder folgt $\log p \div \log q = \log t : \log h$ (§. 262, 2.)

Welches zu beweisen war.

Zusatz. Bei dem ursprünglich gebildeten logarithmischen Systeme, stehen sämmtliche Glieder in einer fortlaufenden geometrischen Proportion, oder in geometrischer Progression (§. 324.), weshalb also die Logarithmen hierselbst in einer fortlaufenden arithmetischen Proportion oder in einer arithmetischen Progression stehen.

§. 335. Erklärung.

Wenn in einer Gleichung die unbekannte Größe als Exponent oder als Wurzelexponent erscheint, so heißt die Gleichung: eine logarithmische Gleichung; z. B. $a^x = b$ oder $n = \sqrt[x]{m}$ u. s. w.

§. 336. Aufgabe.

Aus einer logarithmischen Gleichung die unbekannte Größe zu entwickeln.

Auflösung. Man suche von beiden Seiten der Gleichung die Logarithmen, so erscheint die unbekannte Größe, die vorher Exponent oder Wurzelexponent war, als Faktor oder als Divisor; wo man jetzt nur nach den Regeln der gewöhnlichen Gleichungen dieselbe allein auf eine Seite zu schaffen, suchen muß. Z. B.

1. $a^x = n^x b$ so ist

$x \log a = x \log n + \log b$, daher

$x \log a - x \log n = x(\log a - \log n) = \log b$

und $x = \frac{\log b}{\log a - \log n}$ *)

2. $n . \sqrt[x]{d} = hp$, so ist

$\log n + \frac{\log d}{x} = \log h + \log p$, hieraus wird

$x \log n + \log d = x \log h + x \log p$, also

$\log d = x(\log h + \log p - \log n)$,

weshalb $\frac{\log d}{\log h + \log p - \log n} = x$ ist.

3. $h^{x+1} . n = f^{2x} . d . \frac{n^x}{a}$; dies giebt

$x \log h + \log h + \log n = 2x \log f + \log d + x \log n - \log a$

daher

$x \log h - 2x \log f - x \log n = \log d - \log a - \log h - \log n$

weshalb sogleich $x = \frac{\log d - \log a - \log h - \log n}{\log h - 2 \log f - \log n}$ wird.

---

*) Es erscheinen daher hier Logarithmen (oder deren Differenzen) selbst als Divisor oder als Dividendus.

4. $n a^x + f a^x - g = k a^x - p + d$; zuerst wird

$$n a^x + f a^x - k a^x = d - p + g$$ oder

$$a^x (n + f - k) = (d - p + g),$$ weshalb

$$x \log a + \log (n + f - k) = \log (d - p + g)$$ wird, und

hieraus $x = \frac{\log(d-p+g) - \log(n+f-k)}{\log a}$ wird.

Hierzu gehörte, wie man leicht sieht, daß bei den Gliedern der Komplexion überall a^x erschien; erscheint der Exponent oder die unbekannte Größe, nicht überall gleich groß; so giebt es noch folgendes Mittel, z. B.

5. $S e^x - S e^{x-1} = z e^x - z$ *);

man multiplizire die ganze Gleichung mit e, so wird sie

$$S e e^x - S e^x = z e e^x - z e,$$ daher

$$z e = z e e^x - S e e^x + S e^x = (z e - S e + S) e^x$$

folglich $\log z + \log e = \log (z e - S e + S) + x \log e$

also

$$\frac{\log z + \log e - \log(ze - Se + S)}{\log e} = x = \frac{\log z - \log[ze - (e-1)S]}{\log e} + 1$$

Zusatz. Man kann noch mannigfaltige Formen betrachten, wie die logarithmischen Gleichungen ursprünglich gegeben werden können, doch ergiebt sich die Auflösung in solchen Fällen leicht von selbst **); auch können sie auf quadratische und höhere Gleichungen führen; z. B.

$$b \sqrt[x]{a} = n^x d,$$

hier wird zuerst $\log b + \frac{\log a}{x} = x \log n + \log d$, hieraus

ferner $x \log b + \log a = x^2 \log n + x \log d$,

---

*) Dies ist die XVI. der zwanzig Formeln für die geometrischen Progressionen (§. 308); jene vier Aufgaben (Nr. IV., VIII., XVI und XIX.) werden nun einfach aufzulösen seyn; die oben gewählte ist die schwierigste unter ihnen.

**) Zur Uebung in den logarithmischen Gleichungen dienen Tafeln 99. und 100; die darauf befindlichen Beispiele der Logarithmen in Zahlen, werden nach Vollendung des folgenden Kapitels lösbar seyn.

wo man die unreine quadratische Gleichung sogleich erkennt und ihre Auflösung vollziehen kann. — Werden, statt der allgemeinen bekannten Größen, Zahlen gegeben, so erfordert die vollkommene Auflösung, oder die Vollziehung derselben, daß man erst ein logarithmisches System habe, aus welchem man die Logarithmen der Zahlen selbst nehmen kann; daher wir Aufgaben dieser Art sogleich, nachdem wir das nächste Kapitel vollendet haben, werden lösen können.

Anmerk. Die Lehre von den Logarithmen setzte bis hierher von den Progressionen fast nichts, als den Begriff derselben voraus; wir hätten daher die Logarithmen auch schon früher, ja sogleich nach der bloßen Erklärung der Progression vornehmen können *); alsdann wäre die Auflösung jener vier Gleichungen § 308., welche logarithmische Gleichungen erfordern, schon dort ganz an ihrem Orte gewesen; so aber wurden sie nur früher daselbst gegeben, um die sämmtlichen Auflösungen dort zusammen zu haben.

§. 337. Lehrsatz.

Hat man zwei logarithmische Systeme deren Basen n und m sind, und welche Systeme daher N und M heißen mögen; so verhalten sich die Logarithmen einer und derselben Zahl z in beiden Systemen, umgekehrt wie die Logarithmen der Basen beider Systeme, sobald man diese Basen als Nummern eines dritten Systems betrachtet, dessen Basis q sey, und welches selbst Q heißen mag **).

Beweis. Gesetzt der log z sey $= c$ im Systeme N, so daß $n^c = z$ giebt, ferner sey $\log z = d$ im Systeme M, wo also alsdann $m^d = z$ wird, so ist $n^c = m^d$.

---

*) Oft werden sie aus der bloßen Zusammensetzung der Verhältnisse, d. h. durch Verbindung der arithmetischen und geometrischen Verhältnisse hergeleitet.

**) Daß hierbei die Annahme ist, in den drei Systemen N, M und Q seyen die Logarithmen aller Nummern berechnet, ist einleuchtend.

Nun hat man ein drittes System Q, worin die Basen n und m (deren Logarithmen in ihren Systemen 1 ist) als Nummern vorkommen, und zwar sey $\log n = h$, so daß $q^h = n$ giebt, und $\log m = k$ so daß $q^k = m$ wird; setzt man jetzt in die Gleichung $n^c = m^d$ für n und für m die eben erhaltenen neuen Werthe, so erhält man $(q^h)^c = (q^k)^d$ oder $q^{hc} = q^{kd}$, daher muß denn $hc = kd$ seyn, woraus folgt (§. 273, 2.) daß: $c:d = k:h$ d. h. $c:d = \log m : \log n$. Welches zu beweisen war.

§. 338. Zusätze.

1. Die Logarithmen einer und derselben Zahl z in zwei verschiedenen Systemen, stehen daher immer in demselben Verhältnisse, indem ja $\log m : \log n$ ein beständiges Verhältniß ist, weil m und n die Basen bedeuten, welche die Systeme bestimmen, es mögen nun m und n als Nummern welches Systems es auch sey, betrachtet werden. Daher wird, wenn g, f, p u. s. w. als Nummern zweier Systeme N und M betrachtet werden, sich immer verhalten: $\log g$ im System N : $\log g$ im System M = $\log f$ im System N : $\log f$ im System M = $\log p$ im System N : $\log p$ im System M u. s. w.

2. Da das, im vorigen §. betrachtete dritte System Q ganz beliebig war, so kann es auch einem der beiden Systeme N oder M selbst gleich seyn; z. B. es sey dem Systeme N gleich; hatten wir nun dort gefunden, daß $c:d = \log m : \log n$, wo $\log m$ und $\log n$ aus einem dritten beliebigen Systeme genommen waren, welches jetzt N ist, und wo $\log n = 1$ seyn muß (§. 325, 11.); so werden wir erhalten $c:d = \log m : 1$. Nun war aber c der Logarithmus einer beliebigen Zahl z im Systeme N; stellen wir uns daher dieses System vollständig berechnet vor, so ist es sehr leicht, den Logarithmus jeder Zahl (z dieses Systems) eines beliebig gewählten Systems zu finden, aus jenem berechneten Systeme; denn, die eben

gefundene Proportion giebt $d = \frac{c.1}{\log m} = \frac{1}{\log m}.c$; d. h. man dividire die Zahl 1 durch den Logarithmus der Basis des neuen Systems als Nummer des berechneten Systems angesehen, so giebt dieser Quotient einen beständigen Faktor, womit man nur die Logarithmen einer beliebigen Zahl, aus dem ersten Systeme genommen, zu multipliziren braucht, um sogleich den Logarithmus derselben Zahl im neuen Systeme zu finden.

3. Um dies sowol wie die Lehren der früheren Paragraphen an ein Paar Systemen zu zeigen, so nehme man an, es sey das System N, das schon §. 324. gewählte 2 : 4 : 8 : 16 : 32 u. s. w. wo also $n = 2$ ist. In diesem System berechne man nun $\log 3$, $\log 5$, $\log 6$ ꝛc. d. h. aller ganzen Zahlen, so ist z. B. $\log 3 = 1\frac{3}{5} = 1,6$ *); $\log 6$ aber ist $= \log 2.3 = \log 2 + \log 3 = 1 + 1,6 = 2,6$ ꝛc. Nimmt man jetzt ein zweites System von der Basis 3 an, so ist das System ursprünglich dieses 3:9:27:81:243 ꝛc. Gesetzt man wollte für dieses System den Logarithmus der übrigen Zahlen auch suchen; so ist $m = 3$, also $\log m$ für das System 3 : 9 : 27 ꝛc. $= 1$, aber in dem ersten Systeme ist $\log 3 = 1,6$; daher $\frac{1}{1,6} = \frac{1}{\frac{16}{10}} = \frac{10}{16}$ jener beständige Faktor ist, mit welchem man nur den Logarithmus jeder beliebigen Zahl aus dem ersten System (was der Annahme nach vollständig berechnet ist) zu multipliziren braucht, um den Logarithmus derselben Zahl, im zweiten System zu erhalten; so ist also $\log 6$ des zweiten Systems, gleich $\frac{10}{16}.2,6 = \frac{10}{16}.\frac{26}{10} = \frac{26}{16} = 1\frac{10}{16}$; ferner $\log 8$ im zweiten Systeme $= \frac{10}{16}.3 = \frac{30}{16}$ u. s. w., weil 2,6 so wie 3, die Logarithmen der Zahlen 6 und 8 aus dem ersten Systeme sind. Daß die Logarithmen derselben Zahlen im zweiten Systeme kleiner werden als sie im

*) Wenn man setzt $2^x = 3$, so findet man nach §. 167., daß x ohngefähr $1\frac{3}{5} = 1,6$ ist; alsdann ist $x = \log 3$ für die Basis 2.

ersten Systeme sind, liegt in der Natur der Sache, denn $\frac{10}{18}$ ist ein echter Bruch; oder auch: die Basis (die Wurzel) im zweiten Systeme ist größer, daher der Logarithmus (Exponent) bei derselben Nummer (Potenzgröße), kleiner werden muß.

§. 339. Lehrsatz.

In jedem logarithmischen Systeme giebt es noch eine gewisse Zahl, durch welche die Logarithmen der Nummern dieses Systems eben so gut, wie durch die Basis des Systems bestimmt werden, so daß diese gewisse Zahl und die Basis des Systems sich wechselseitig bestimmen; wodurch also, wenn diese Zahl beliebig angenommen wird, das System ebenfalls bestimmt ist.

Beweis. Auf den vorstehenden Satz, der in seinen Folgen für die Berechnung der Logarithmen von so ungemeiner Wichtigkeit wird, werden wir durch folgende Betrachtungen geführt *).

1. Wenn man den Logarithmus einer Zahl z sucht, die allgemein jede beliebige ganze Zahl in einem System von der Basis a bedeuten mag, so sey $\log z = t$, also $a^t = z$.

2. Wenn man sich unter x allgemein jeden echten Bruch vorstellt, so wird man die Zahl z immer auf die Form $\frac{1+x}{1-x}$ bringen können, wo also x ein, sich ergebender echter Bruch ist; denn, setzt man $z = \frac{1+x}{1-x}$, so ist $z - zx = 1 + x$, also $z - 1 = x + zx = (1 + z)x$, daher $\frac{z-1}{z+1} = x$, und weil z als ganze Zahl angenommen war,

*) Siehe Eulers Einleitung in die Analysis des Unendlichen, 1ter Theil, 7tes Kapitel, und Pasquichs Unterricht in der mathematischen Analysis 1ter Theil, 15ter Abschnitt.

so muß x ein echter Bruch werden, der wegen $z > 1$ auch positiv werden wird.

3. Soll man also log z suchen, so suche man nur $\log\left(\frac{1+x}{1-x}\right) = \log(1+x) - \log(1-x)$ (§. 329.); daher sowol $\log(1+x)$ als $\log(1-x)$ zu finden ist, und wo $(1-x)$ positiv werden muß, weil $x < 1$ angenommen ist, weshalb also der Logarithmus von $1-x$ noch möglich wird *). Nun sey $\log(1+x) = h$.

4. Der unbekannte Logarithmus h, wird sich, er sey was er wolle, immer in zwei Zahlen zerlegen lassen, die mit einander multiplizirt h erzeugen, und von welchen man die eine immer beliebig wählen kann, während sich nach dieser Wahl, die andere von selbst ergiebt. Man nehme also $h = nm$ an (§. 105, 2.), wo $\frac{h}{n} = m$ und $\frac{h}{m} = n$ wird.

5. Indem wir jetzt $\log(1+x) = h$ suchen, so ist $a^h = (1+x)$, und indem wir für $h = nm$ setzen, so wird $a^{mn} = 1+x$, daher wieder $\log(1+x) = nm$.

6. Es mag aber a so wie m jede beliebige Zahl seyn, so wird sich immer ein Werth ergeben, aus der Form $\frac{a^m - 1}{m}$, welchen Werth wir y nennen wollen. Setzen wir nun $\frac{a^m - 1}{m} = y$, so wird $a^m - 1 = my$ und $a^m = my + 1$, daher $a^{mn} = (my+1)^n = 1+x$ (nach 5) seyn muß.

7. Aus der letzten Gleichung folgt aber, daß $(my+1) = \sqrt[n]{(1+x)} = (1+x)^{\frac{1}{n}}$ ist, weshalb $my = (1+x)^{\frac{1}{n}} - 1$ seyn wird, daher denn, wenn man beide Seiten der Glei-

*) Wäre $x > 1$, so würde $1-x$ negativ, daher $\log(1-x)$ unmöglich seyn (§. 320, 5 und 6).

chung mit n multiplizirt und durch y dividirt, entstehet $mn = \frac{n}{y}\left((1+x)^{\frac{1}{n}} - 1\right)$. Da aber $mn = h = \log(1+x)$ ist (nach 5), so ist auch $\log(1+x) = \frac{n}{y}\left((1+x)^{\frac{1}{n}} - 1\right)$.

8. Nach den Lehren des binomischen Lehrsatzes für gebrochene Exponenten (§. 239.), ist aber $(1+x)^{\frac{1}{n}} =$

$$1 + \frac{1}{n}x + \frac{\frac{1}{n}\left(\frac{1}{n}-1\right)}{1.2}x^2 + \frac{\frac{1}{n}\left(\frac{1}{n}-1\right)\left(\frac{1}{n}-2\right)x^3}{1.2.3}$$

$$+ \frac{\frac{1}{n}\left(\frac{1}{n}-1\right)\left(\frac{1}{n}-2\right)\left(\frac{1}{n}-3\right)}{1.2.3.4}x^4 \ldots\ldots,$$ welche Koeffizienten gehörig aufgelöset geben $1 + \frac{1}{n}x + \frac{(1-n)}{n.2.n}x^2 +$

$$\frac{(1-n)(1-2n)}{n.2.n.3n}x^3 + \frac{(1-n)(1-2n)(1-3n)}{n.2n.3n.4n}x^4 +$$

$$\frac{(1-n)(1-2n)(1-3n)(1-4n)}{n.2n.3n.4n.5n}x^5$$ u. s. w., in welcher Reihe man leicht das Gesetz für den Fortgang findet.

9. Setzt man in die Gleichung $\log(1+x) = \frac{n}{y}[(1+x)^{\frac{1}{n}} - 1]$, für $(1+x)^{\frac{1}{n}}$ die eben gefundene Reihe, so verschwindet das erste Glied 1 wegen der -1 in der Parenthese, und bringt man den Faktor n des Bruchs $\frac{n}{y}$ in die Parenthese, so erhalten wir $\log(1+x) =$

$$\frac{1}{y}\left(x + \frac{(1-n)}{2n}x^2 + \frac{(1-n)(1-2n)}{2n.3n}x^3 + \frac{(1-n)(1-2n)(1-3n)}{2n.3n.4n}x^4 + \ldots\right).$$

10. Nach Nr. 6. war aber auch $1 + x = (my+1)^n = (1+my)^n$; weshalb nach dem binomischen Lehrsatze (§. 235.) auch seyn muß:

$$(1+my)^n = 1 + n.my + \frac{n(n-1)}{1.2}(my)^2 + \frac{n(n-1)(n-2)}{1.2.3}(my)^3 \ldots$$

oder $1 + x = 1 + nmy + \frac{n(n-1)}{1.2}.m^2y^2 + \frac{n(n-1)(n-2)}{1.2.3}m^3y^2 \ldots$

Setzen wir hier für $m = \frac{h}{n}$ (nach 4), so erhält man:

$(1 + my)^n = 1 + x =$

$$1 + yh + \frac{n(n-1)}{1.2} \cdot \frac{h^2}{n^2} \cdot y^2 + \frac{n(n-1)(n-2)}{1.2.3} \cdot \frac{h^3}{n^3} \cdot y^3 \dots$$

oder $1 + x =$

$$1 + yh + \frac{(n-1)}{1.2.n} h^2 y^2 + \frac{(n-1)(n-2)}{1.2.3.n^2} h^3 y^3 + \frac{(n-1)(n-2)(n-3)}{1.2.3.4n^3} h^4 y^4 \dots$$

11. Auch war (nach 6.) $a^m = my + 1$, daher $a = (my + 1)^{\frac{1}{m}} = (1 + my)^{\frac{1}{m}}$ seyn wird, welche Potenz, nach §. 239. entwickelt, und gehörig aufgelöset giebt

$$a = 1 + y + \frac{(1-m)}{1.2} y^2 + \frac{(1-m)(1-2m)}{1.2.3} y^3 + \frac{(1-m)(1-2m)(1-3m)}{1.2.3.4} y^4 + \dots$$

12. Hätten wir vorher, statt, die Reihe für $\log(1 + x)$ zu entwickeln (nach 9.), die Reihe für $\log(1 - x)$ entwickelt, so würden uns dieselben Schlüsse wie dort, zu dem Resultate gebracht haben:

$\log(1 - x)$ *) $=$

$$\frac{1}{y}\left(-x + \frac{(1-n)}{2n} x^2 - \frac{(1-n)(1-2n)}{2n.3n} x^3 + \frac{(1-n)(1-2n)(1-3n)}{2n.3n.4n} x^4 - \dots\right)$$

13. Subtrahirt man diese letzte Reihe für $\log(1 - x)$ von jener (in 9) für $\log(1 + x)$, so erhält man $\log(1 + x) - \log(1 - x) = \log\left(\frac{1 + x}{1 - x}\right) =$

$$\frac{1}{y}\left(2x + \frac{2.(1-n)(1-2n)}{2n.3n} x^3 + \frac{2(1-n)(1-2n)(1-3n)(1-4n)}{2n.3n.4n.5n} x^5 + \dots\right),$$

$\log z = \log\left(\frac{1 + x}{1 - x}\right) =$

$$\frac{2}{y}\left(x + \frac{(1-n)(1-2n)}{2n.3n} x^3 + \frac{(1-n)(1-2n)(1-3n)(1-4n)}{2n.3n.4n.5n} x^5 + \dots\right).$$

14. Da x jeden echten Bruch bedeuten kann, so drücke man unter andern x durch die Basis a so aus, daß $x = \frac{a-1}{a+1}$ wird, so erhält man hieraus $ax + x = a - 1$,

*) Daß $\log(1 - x)$ möglich ist, ist in Nr. 3. bewiesen.

also $1+x = a - ax = (1-x)a$, woraus $\frac{1+x}{1-x} = a$ wird, und für welchen Werth $\log\left(\frac{1+x}{1-x}\right) = \log a = 1$ seyn muß. Substituirt man in der zuletzt (in 13) erhaltenen Gleichung für x und für $\log\left(\frac{1+x}{1-x}\right)$ diese Werthe, so wird, wenn man mit y noch multiplizirt, $1 \cdot y = y =$

$$2\left[\frac{a-1}{a+1} + \frac{(1-n)(1-2n)}{2n \cdot 3n}\left(\frac{a-1}{a+1}\right)^3 + \frac{(1-n)(1-2n)(1-3n)(1-4n)}{2n \cdot 3n \cdot 4n \cdot 5n}\left(\frac{a-1}{a+1}\right)^5 + \ldots\right].$$

15. Weil man aber auch für x kann $\left(\frac{z-1}{z+1}\right)$ setzen (nach 2) so könnten wir die Formel (in 13) für $\log z$ auch so ausdrücken:

$$\log z = \frac{2}{y}\left[\frac{z-1}{z+1} + \frac{(1-n)(1-2n)}{2n \cdot 3n}\left(\frac{z-1}{z+1}\right)^3 + \frac{(1-n)(1-2n)(1-3n)(1-4n)}{2n \cdot 3n \cdot 4n \cdot 5n}\left(\frac{z-1}{z+1}\right)^5 + \ldots\right].$$

16. Aus dieser letzten Formel würde folgen:

$$y = \frac{2}{\log z}\left[\frac{z-1}{z+1} + \frac{(1-n)(1-2n)}{2n \cdot 3n}\left(\frac{z-1}{z+1}\right)^3 + \frac{(1-n)(1-2n)(1-3n)(1-4n)}{2n \cdot 3n \cdot 4n \cdot 5n} \cdot \left(\frac{z-1}{z+1}\right)^5 + \ldots\right].$$

17. Aus denen bis hierher entwickelten Formeln, wird sich nun Folgendes leicht ergeben:

A. Man kann den Logarithmus einer jeden Zahl z durch eine unendliche Reihe *) entwickeln, ohne die Basis dabei nöthig zu haben (Nr. 15.); allein es findet sich bei dieser Berechnung eine beständige Größe y ein, die wir erst näher bestimmen müssen, woraus sich alsdann der beständige Faktor $\frac{2}{y}$ ergiebt. Der Faktor n der auch in

*) Das Gesetz für alle diese Reihen, ist aus der Darstellung der ersten Glieder leicht zu erkennen.

der Reihe erscheint, kann beliebig gewählt werden. Der zweite Faktor m und die Größe x sind durch geschickte Substitutionen verschwunden.

B. Die beständige Größe y, kann aber selbst für ein jedes System berechnet werden, wenn man den Logarithmus irgend einer Zahl z hat; dies giebt die Reihe in Nr. 16., wo y blos durch z ausgedrückt ist, indem n eine willkührlich zu wählende Größe ist. Nimmt man z als Basis des Systems an, so ist $\log z = 1$, und die Reihe für y wird, $y = 2\left[\frac{z-1}{z+1} + \frac{(1-n)(1-2n)}{2n \cdot 3n}\left(\frac{z-1}{z+1}\right) + \right.$ u. s. w. wie vorher].

C. Aber auch die Reihen in Nr. 9. und Nr. 12. geben den Logarithmus von ganzen Zahlen (Nr. 9.) und echten Brüchen (Nr. 12.); denn, die Reihe Nr. 9. würde sich eben so bei der Annahme einer ganzen Zahl für x ergeben haben, als wir sie dort fanden; die Reihe für $\log(1-x)$ aber, ist nur möglich, wenn x ein echter Bruch ist. — Beide Reihen setzen aber auch die Kenntniß jener beständigen Zahl y voraus *).

D. Die Reihe in Nr. 14. zeigt, daß man den Werth von y, auch aus der Basis berechnen kann, und sie ist ganz dieselbe wie wir sie Nr. 16. finden, wenn wir $z = a$ setzen (wie wir sie in B eben fanden).

E. Die Reihe Nr. 11. zeigt, wie wir aus der beliebigen Wahl eines Werthes für y, wieder den Werth

---

*) Daß sich y nicht aus der Gleichung (Nr. 6.) $y = \frac{a^m - 1}{m}$ ergiebt, ist leicht einzusehen, denn: wenn man auch m beliebig wählen könnte, so würde wieder n in jenen oberen Reihen sich ergeben, und selbst wieder von $h = \log(1+x)$ abhängen, also wegen des eben unbekannten $\log(1+x)$ nicht zu suchen seyn.

der zu diesem Systeme gehörigen Basis finden können; und m ist auch hier wieder ein beliebiger Faktor.

F. Es ist also aus diesen Betrachtungen, der Lehrsatz, den dieser §. behauptete, erwiesen.

18. Alle die gefundenen Reihen sind nur wahr, wenn man bis ins Unendliche fortgeht, denn der Exponent des Binoms war bei der Erzeugung der Reihen Nr. 9, 12, 13, 14, 15 und 16. ein echter Bruch, also die Reihe unendlich (§. 239.); die Reihe in Nr. 10 wird für jeden Werth von n endlich werden, wenn n als ganze Zahl gewählt wird. — Weil aber jene Reihen unendlich sind, so müssen wir uns in vorkommenden Fällen bei ihrem Gebrauche mit einer endlichen Anzahl von Gliedern begnügen, weshalb wir ihnen eine solche Einrichtung zu geben haben, daß sie convergirend, und zwar so schnell als möglich, dies werden. — Betrachten wir nun z. B. die Reihe *) für $\log(1+x) =$

$$\frac{1}{y}\left(x + \frac{1-n}{2n}x^2 + \frac{(1-n)(1-2n)}{2n \cdot 3n}x^3 + \frac{(1-n)(1-2n)(1-3n)}{2n \cdot 3n \cdot 4n}x^4 + \ldots\right),$$

so ist darin nur die Wahl von n in unserer Willkühr, und leicht sieht man daß, je größer n gewählt wird, je rascher wird sie convergiren, denn je mehr wachsen die Nenner der Koeffitienten, und die Differenzen der $(1-n)$, der $(1-2n)$, der $(1-3n)$ u. s. w., werden um so schneller sich dem Werthe n nähern, wenn sie auch negativ werden, und um so eher wird immer eine jener Differenzen, sich gegen den Faktor n im Nenner aufheben lassen. Stellt man sich nun den Werth von n so groß vor, daß $1n-1$, $2n-1$, $3n-1$ u. s. w. fast nichts von n oder $2n$, $3n$ u. s. w verschieden sind, welches geschehen würde, wenn n unendlich wäre, so wird denn auch $1-n$, $1-2n$,

$1-3n$

*) Bei den übrigen jener unendlichen Reihen, kann man ganz dieselben Schlüsse wie hier geschieht, machen.

1 — 3n u. s. w., für —n, —2n, —3n u. s. w. angenommen werden können; und eben so für n — 1, n — 2, n — 3 u. s. w. wird n, n, n u. s. w. gesetzt werde können. Indem also die Wahl der n in unserer Willkühr steht, so wähle man sie so groß, daß jene Werthe von 1, 2, 3, 4 u. s. w. dagegen verschwinden, und alsdann wird die Reihe für $\log(1+x)$ diese:

$$\log(1+x) =$$

$$\frac{1}{y}\left(x + \frac{-n}{2n}x^2 + \frac{-n\,.\,-2n}{2n\,.\,3n}x^3 + \frac{-n\,.\,-2n\,.\,-3n}{2n\,.\,3n\,.\,4n}x^4 + \ldots\right)$$

$$= \frac{1}{y}\left(x - \tfrac{1}{2}x^2 + \tfrac{1}{3}x^3 - \tfrac{1}{4}x^4 + \tfrac{1}{5}x^5 - \tfrac{1}{6}x^6 + \tfrac{1}{7}x^7 \ldots\right).$$

Dagegen wird, je größer man n nimmt, m desto kleiner, weil ja $h = nm$ war, un $h = \log(1+x)$ (nach 3) ist. Daher wird m so klein werden, daß es gegen 1, 2, 3, 4 u. s. w. verschwindet, und daß $1 - m$, $2 - m$, $3 - m$ u. s. w. $= 1, 2, 3$ u. s. w. zu setzen sind. Dies giebt alsdann den Werth der Formel in Nr 1.

19. Wandeln wir nun für die Annahme $n = \infty$ und $m = 0$ *), die Formeln so wir bisher fanden um, so wird aus der Formel:

Nr. 9. jetzt A. $\log(1+x) =$

$$\frac{1}{y}\left(x - \frac{x^2}{2} + \frac{x^3}{3} - \frac{x^4}{4} + \frac{x^5}{5} - \frac{x^6}{6} \ldots\right)$$

Nr. 10. giebt B. $1 + x =$

$$\left(1 + yh + \tfrac{1}{2}h^2y^2 + \frac{1}{2.3}h^3y^3 + \frac{1}{2.3.4}h^4y^4 \ldots\right)$$

Nr. 11. giebt C. $a =$

$$\left(1 + y + \frac{y^2}{2} + \frac{y^3}{2.3} + \frac{y^4}{2.3.4} + \frac{y^5}{2.3.4.5} + \ldots\right)$$

Nr. 12. giebt D. $\log(1 - x) =$

$$\frac{1}{y}\left(-x - \frac{x^2}{2} - \frac{x^3}{3} - \frac{x^4}{4} - \frac{x^5}{5} - \frac{x^6}{6} - \ldots\right)^{**)}$$

*) Dieses sind die Grenzen der Annäherung von n und von m, die in der Wirklichkeit nicht erreicht werden kennen.

**) In der Formel Nr. 12. kommen positive Glieder vor, diese er-

Nr. 13. giebt E. $\log\left(\frac{1+x}{1-x}\right) =$

$$\frac{2}{y}\left(x + \frac{x^3}{3} + \frac{x^5}{5} + \frac{x^7}{7} + \frac{x^9}{9} + \frac{x^{11}}{11} + \ldots\right)^{*)}$$

Nr. 14. giebt F. $y =$

$$2\left(\frac{a-1}{a+1} + \frac{(a-1)^3}{3(a+1)^3} + \frac{(a-1)^5}{5(a+1)^5} + \frac{(a-1)^7}{7(a+1)^7} + \ldots\right)$$

Nr. 15. giebt G. $\log z =$

$$\frac{1}{y} \cdot 2\left(\frac{z-1}{z+1} + \frac{(z-1)^3}{3(z+1)^3} + \frac{(z-1)^5}{5(z+1)^5} + \frac{(z-1)^7}{7(z+1)^7} + \ldots\right)$$

Nr. 16. giebt H. $y =$

$$\frac{1}{\log z} \cdot 2\left(\frac{z-1}{z+1} + \frac{(z-1)^3}{3(z+1)^3} + \frac{(z-1)^5}{5(z+1)^5} + \frac{(z-1)^7}{7(z+1)^7} + \ldots\right).$$

Diese verschiedenen Reihen, welche man nach Belieben fortsetzen kann, sind nun ganz vorzüglich brauchbar zur leichten Berechnung der Logarithmen, wie dies §. 341. lehren wird.

Anmerk. Aus der Annahme der Größen n und m, wo wir nach Willkühr den Werth der einen setzen konnten, wird sich leicht ergeben, daß diese Größen veränderliche Größen sind, wie wir solche §. 11. erklärten, und daß jene Berechnungen einen Gegenstand der höheren Mathematik ausmachen, wie denn auch wirklich daselbst die Theorie der Logarithmen einen bedeutenden Theil ausmacht; ja, daß vielleicht jene Reihen nicht gefunden wären, wenn nicht die höhere Mathematik dazu zuerst die Mittel geboten hätte. Aber, dies hindert keineswegs, daß die eben entwickelten Reihen nicht schon hier ihren Platz fänden, indem wir ja die Sätze, worauf ihre Entwickelung vorzüglich beruhet, nämlich den binomischen Lehrsatz für gebrochene Exponenten u. s. w. bereits vollständig kennen lernten, und das Fehlen dieser Sätze in den meisten Elementarwerken, ist vorzüglich die Ursache, daß auch jene eben gefundenen Reihen nicht entwickelt werden können. Wollte man aber unsere Entwickelung hier, nicht gelten lassen, weil eine veränderliche Größe darin vorkommt, so ist dies

---

halten aber im Zähler der Koeffitienten eine ungerade Anzahl negativer Faktoren, werden daher negativ.

*) Auch kann man die, eben in D gefundene Reihe, von der in A gefundenen subtrahiren.

wieder kein Grund, denn die höhere Mathematik *) hat es ja nur mit der Behandlung der veränderlichen Größen unter einander und deren Verbindungen mit beständigen Größen zu thun (§. 12, II.), und es darf der Begründung der niederen Mathematik schon, der Begriff der veränderlichen Größen nicht fehlen, und mehr als dieses Begriffes bedarf es nicht, um obige Reihen zu verstehen. Was es mit dem Unendlichen zu sagen hat, so ist schon öfter davon gesprochen **); daß keine Größe in der Würklichkeit unendlich groß werden kann, bedarf keiner Erinnerung, daß aber jede Größe die sich angeben läßt, auch noch vermehrt und vermindert werden kann, wodurch wir jeden angebbaren Werth übertreffen können, liegt bereits im Begriffe der Größe; daß also n so wachsen und m so fallen kann, daß gegen n, die 1, 2, 3 u. s. w. als unbedeutend verschwinden, dagegen m gegen 1, 2, 3 u. s. w verschwindet, ist wol einzusehen. Auch stellen ja $n = \infty$ und $m = 0$ nur die Grenzen dar, welche n und m nie erreichen werden — Wo es aber auf eine Berechnung ankommt, in der z. B die Glieder einer Komplexion vereiniget werden sollen, wer würde da, für $\frac{47628345}{47628346}$ nicht gern $= 1$ setzen, da ja nur $\frac{1}{47628346}$ fehlen? Diese Bewandniß hat es aber gerade mit n in den obigen Reihen; und was ist der eben gewählte Nenner (47628346 gegen den Werth, den wir der n geben können? — Was würde jener Fehler, den wir ja nach Belieben verkleinern kennen, gegen einen Fehler sagen, den man, z. B. bei den Dezimalbrüchen, sich erlaubt (§. 109, 8.)? ***).

§. 340. Erklärung.

Die Größe y, welche wir im vorigen Paragraphe, als jedem logarithmischen Systeme eigen, fanden, heißt der Modul oder die Subtangente **) des Systems.**

---

*) Ich sage hier allgemein Mathematik statt Arithmetik, weil auch den übrigen Theilen der Mathematik jene Begriffe zukommen.

**) Siehe §. 95. über das unendlich Kleine. — So war vorher m angenommen.

***) Das Weitere über diesen Gegenstand gehört an einem anderen Orte.

****) Der Name Subtangente, so wie der folgende hyperbolisches System, sind aus der höheren Geometrie genommen.

Da y beliebig gewählt werden kann, und alsdann die Basis des Systems aus dieser Wahl sich ergiebt; so nennt man dasjenige logarithmische System, worin der Modul gleich Eins gesetzt wird, das natürliche oder hyperbolische logarithmische System. Alle andere Systeme heißen hingegen künstliche Systeme. Will man den natürlichen Logarithmus einer Zahl h haben, so bezeichnet man dies durch log nat h.

§. 341. Aufgaben.

1. Die Grundzahl oder die Basis des natürlichen logarithmischen Systems zu finden.

Auflösung. Man nehme die Reihe C. §. 339, 19. und setze $y = 1$, so erhält man die Basis a, daher dieselbe oder:

$$a = 1 + 1 + \frac{1}{2} + \frac{1}{2.3} + \frac{1}{2.3.4} + \frac{1}{2.3.4.5} \ldots = 2 + \frac{1}{2} + \frac{1}{6} + \frac{1}{24} + \frac{1}{120} \ldots$$ wird

welche Reihe*) in Dezimalbrüchen $= 2{,}718281828459 \ldots$

2. Man nehme zur Basis eines künstlichen Logarithmen-Systems z. B. die Zahl 10 an; wie findet man den Modul eines solchen Systems?

Auflösung. Man setze in die Reihe F §. 339, 19., für $a = 10$, so wird

$$y = 2\left[\tfrac{9}{11} + \tfrac{1}{3}\left(\tfrac{9}{11}\right)^3 + \tfrac{1}{5}\left(\tfrac{9}{11}\right)^5 + \tfrac{1}{7}\left(\tfrac{9}{11}\right)^7 + \tfrac{1}{9}\left(\tfrac{9}{11}\right)^9 \ldots\right]$$

welche Reihe in Dezimalstellen ausgedruckt giebt:

$$y = 2{,}3025850929940456 \ldots$$

3. Wenn man die Zahl 10 z. B., als Nummer des natürlichen Logarithmen-Systems betrachtet, was ist alsdann der natürliche Logarithmus der Zahl 10?

*) Ueber diese Reihe siehe die Bemerkungen von Grüson, in den Abhandlungen der mathematischen Klasse der Königl. Preußischen Akademie der Wissenschaften, aus den Jahren 1816. bis 1817. (Berlin 1819.)

Auflösung. Die Reihe G §. 339, 19. giebt, wenn man $z = 10$ setzt, ganz dieselbe Reihe wie wir eben in Nr. 2. fanden oder $\log nat\, 10 = 2\left[\frac{9}{11} + \frac{1}{3}\left(\frac{9}{11}\right)^3 + \frac{1}{5}\left(\frac{9}{11}\right)\ldots\right]$, denn y ist $= 1$, daher $\frac{1}{y} . 2 = 2$. Also $\log nat\, 10 = 2{,}302585\ldots$

Zusatz 1. Der Modul eines künstlichen Systems, ist immer gleich dem natürlichen Logarithmus der Basis jenes künstlichen Systems. Dies geben nicht nur die, so eben erhaltenen beiden gleichen Reihen; sondern die Reihen F und G §. 339, 19.) geben es ganz allgemein; denn, die Reihe F giebt den Modulus jedes künstlichen Systems, sobald für a in dieselbe, die Basis des künstlichen Systems gesetzt wird; die Reihe G aber, indem sie einen natürlichen Logarithmus einer Zahl z geben soll, hat $y = 1$ oder $\frac{1}{y} . 2 = 2$; wird also $z = a$, d. h. gleich der Basis des künstlichen Systems gesetzt, so wird $\log z = \log a =$ ganz derselben Reihe, wie die Reihe F, sobald nur für z überall a gesetzt wird.

Zusatz 2. Hat man also das natürliche Logarithmen-System für alle ganze Zahlen *) berechnet, so giebt eine einfache Multiplikation die Logarithmen aller Zahlen für jedes künstliche System; denn: man nehme den natürlichen Logarithmus der gewählten Basis **), und dividire mit diesen in 1, so erhält man zum Quotienten jenen beständigen Faktor (§. 338, 2.), mit welchem man nur den natürlichen Logarithmus irgend einer Nummer zu multipliziren braucht, um den künstlichen Logarithmus derselben Nummer, im

---

*) Die Logarithmen aller Brüche folgen aus diesem §. 329, 1.

**) D. h. also, man sehe die gewählte Basis des künstlichen Systems, als Nummer des natürlichen Systems an.

gewählten Systeme, zu erzeugen; jener Divisor (der natürliche Logarithmus der neuen Basis) aber, ist der Modul des künstlichen Systems selbst, welchen man daher zuerst zu suchen hat.

Zusatz 3. Würde man also ein künstliches Logarithmen-System von der Basis 10 wählen, so wäre der beständige Faktor

$$\frac{1}{\log nat\, 10} = \frac{1}{2,302585092 9\ldots} = 0,4342944819 03\ldots$$

der mit jedem natürlichen Logarithmus multiplizirt, den gesuchten künstlichen derselben Nummer giebt.

Zusatz 4. Legen wir das natürliche Logarithmen-System zum Grunde der Berechnung für alle künstlichen Systeme, so läßt sich der Satz §. 337. so ausdrücken: die Logarithmen einer und derselben Zahl in zwei verschiedenen künstlichen Logarithmen-Systemen, verhalten sich verkehrt gegen einander, wie die natürlichen Logarithmen der Basen, oder wie die umgekehrten Moduln beider Systeme; oder, das Verhältniß jener Logarithmen der künstlichen Systeme, ist gleich dem geraden Verhältnisse der beständigen Faktoren (welche zur Verwandelung der natürlichen Logarithmen in künstliche dienen). Denn: sind wieder N und M zwei künstliche Systeme von den Basen n und m, und ist k eine beliebige Zahl, so daß $k = n^p = m^q$, d. h. ist $\log k = p$ im System n, und $\log k = q$ im System m, ist zugleich $\log nat\, n = x$, $\log nat\, m = v$, so ist doch $p : q = v : x = \frac{1}{x} : \frac{1}{v}$ (§. 275, 3.), d. h. wie jene beiden beständige Faktoren.

4. Die natürlichen Logarithmen aller ganzen Zahlen zu finden.

Auflösung. Wenn auch die Reihe G §. 339, 19. den natürlichen Logarithmus jeder Zahl giebt, so hat sie doch, wegen der Potenzirung des Faktors $\left(\frac{z-1}{z+1}\right)$ Schwierigkeiten *), und wird nicht schnell genug konvergiren, was doch nöthig ist, wenn man sich mit einigen Gliedern schon begnügen will. Hierzu leistet nun die Reihe E bessere Dienste, wenn man ihr folgende Einrichtung giebt. Es bedeutet nemlich (laut Annahme §. 339, 2.) x jeden echten Bruch, und setzt man daher z. B. $x = \frac{d}{2f+d}$, so ist dieser Ausdruck gewiß ein echter Bruch, aus welchem wieder folgt, daß $x(2f+d) = 2fx + dx = d$; dieses kann man auch so setzen: $fx + fx + dx = d$, hieraus wieder: $fx = d - fx - dx$, und addirt man zu beiden Seiten f hinzu, so wird $f + fx = f - fx + d - dx$, d. h.

$$(1 + x)f = (1 - x)f + (1 - x)d = (1 - x)(f + d),$$

daher $\frac{(1+x)f}{(1-x)} = f + d$, und $\frac{1+x}{1-x} = \frac{f+d}{f}$.

Gab nun jene Reihe

$$\log\left(\frac{1+x}{1-x}\right) = \frac{2}{y}\left(x + \frac{x^3}{3} + \frac{x^5}{5} + \frac{x^7}{7} + \frac{x^9}{9} \ldots\right)$$

so wird jetzt $\log\left(\frac{1+x}{1-x}\right) = \log\left(\frac{f+d}{f}\right)$

$$= \frac{2}{y}\left(\frac{d}{2f+d} + \frac{d^3}{3(2f+d)^3} + \frac{d^5}{5(2f+d)^6} + \frac{d^7}{7(2f+d)^7} \ldots\right)$$

Diese Formel ist nun vorzüglich zur Berechnung der Logarithmen überhaupt, und wenn man $y = 1$ oder $\frac{2}{y} = 2$ setzt, zur Berechnung der natürlichen Logarithmen, geschickt, wenn man nemlich d so wählt, daß es $= 1$ wird, weil alsdann die Potenzirung der Zähler, der verschiedenen Glieder, wegfällt. Diese Wahl steht uns aber immer frei. Soll nun der Logarithmus einer Zahl z berechnet werden, so setze man $d = 1$, aber f setze man 1 weniger

*) Dieser Faktor muß übrigens in einen Dezimalbruch, nachdem er potenzirt ist, verwandelt werden, weil man die Logarithmen auf Dezimalbrüche zu bringen pflegt.

als z ist; alsdann wird beim Bruche $\frac{f+d}{f}$ der Zähler immer die verlangte Zahl werden. Da man aber nur nöthig hat, um die Logarithmen aller Zahlen zu berechnen, die Logarithmen aller Primzahlen aufzusuchen, so wird, wenn $f+d$ die Primzahl bedeutet deren Logarithmus man gerade sucht, der Nenner f nie eine Primzahl seyn (§. 64, 2.). Hat man nun bei der Berechnung der Logarithmen von der Zahl 2 angefangen *), hierauf den von 3, den von 4 u. s. w. berechnet, so mag man zu welcher Zahl es auch sey kommen, so wird immer der Logarithmus der vorhergehenden Zahl schon berechnet seyn, welche vorhergehende Zahl (indem man nur die Logarithmen der Primzahlen berechnet) überdies zusammengesetzt ist. War also endlich $f+d=z$, und z Primzahl, so ist $\log f$ schon bekannt, daher $\log\left(\frac{f+d}{f}\right)=\log(f+d)-\log f=$ jener Reihe, und $\log(f+d)=\log f+$ jener unendlichen Reihe, wo man für $\log f$ nur den früher gefundenen Werth einzuführen braucht.

Dies sey durch folgende Beispiele erläutert:

a. Es soll log nat 2 gesucht werden, so ist $d=1$ und $f=1$, und in diesem Falle wird $\frac{f+d}{f}=\frac{1+1}{1}=2$, daher $\frac{d}{2f+d}=\frac{1}{2+1}=\frac{1}{3}$, und

$$\log \text{nat}\, 2=2\left(\frac{1}{3}+\frac{1}{3.3^3}+\frac{1}{3.3^5}+\frac{1}{3.3^7}+\ldots\right)$$

was gehörig aufgelöset und verwandelt $=0,69314718\ldots$ giebt.

b. Man suche log nat 3; hier ist $d=1$ und $f=2$, folglich $\frac{f+d}{f}=\frac{2+1}{2}=\frac{3}{2}$, und $\frac{d}{2f+d}=\frac{1}{4+1}=\frac{1}{5}$, woraus folgt: $\log\frac{3}{2}=2\left(\frac{1}{5}+\frac{1}{3.5^3}+\frac{1}{5.5^5}+\frac{1}{7.5^7}+\frac{1}{9.5^9}+\ldots\right)$

*) Logarithmus $1=0$ (§. 325, 12.) braucht nie berechnet zu werden.

nun ist aber $\log \frac{3}{2} = \log 3 - \log 2$, daher

$$\log 3 = \log 2 + 2\left(\frac{1}{5} + \frac{1}{3.5^3} + \frac{1}{5.5^5} + \ldots\right)$$

indem man hier für log 2 den (in a) gefundenen Werth setzt, die Reihe selbst übrigens auflöset und in einen Dezimalbruch verwandelt, so wird

$$\log 3 = 1{,}09861228\ldots\ ^{*)}$$

c. Der lognat 4 ist $= \text{lognat}\,2 + \text{lognat}\,2 = 2\,\text{lognat}\,2 = 1{,}38629436\ldots$

d. Bei lognat 5 setze man $d = 1$ und $f = 5 - 1 = 4$, so wird $\frac{f+d}{f} = \frac{4+1}{4} = \frac{5}{4}$, und $\frac{d}{2f+d} = \frac{1}{8+1} = \frac{1}{9}$, also wird die Reihe, oder

$$\text{lognat}\,\tfrac{5}{4} = 2\left(\frac{1}{9} + \frac{1}{3.9^3} + \frac{1}{5.9^5} + \frac{1}{7.9^7} + \frac{1}{9.9^9}\ldots\right) = \log 5 - \log 4$$

$$\text{daher lognat}\,5 = \log 4 + 2\left(\frac{1}{9} + \frac{1}{3.9^3} + \frac{1}{5.9^5} + \ldots\right) = 1{,}6094379\ldots$$

Diese Beispiele zeigen hinlänglich das zu beobachtende Verfahren.

5. **Wenn man ein künstliches Logarithmen-System, ohne Hülfe der natürlichen Logarithmen berechnet hätte **); wie könnte man die natürlichen Logarithmen wieder aus diesem künstlichen System entwickeln?**

Auflösung. Bedeutet n den natürlichen, und k den künstlichen Logarithmus einer Zahl z, m aber den Modul des künstlichen Systems (worin $\log z = k$ ist), so

---

*) Weil die Basis des natürlichen Systems $= 2{,}7182818\ldots$ (Nr. 1. d. §.) war, so ist $\log 2{,}718\ldots =$ (§. 325, 11.) also die Zahl welche **zuerst größer** als die Basis ist, hat auch zu ihrem Logarithmus zuerst eine Zahl, größer als 1; im obigen Beispiele ist dies die Zahl 3.

**) Da man nach der Reihe F §. 339, 19. den Modul jedes Systems ohne Hülfe der natürlichen Logarithmen berechnen kann, so können wir nach der Reihe G auch das ganze System so berechnen.

ist immer $k = \frac{1}{m} . n$ (Nr. 3. Zusatz 2. d. §.), daher $k\,m = n$; d. h. man muß den künstlichen Logarithmus mit dem Modulus des Systems multipliziren, um wieder den natürlichen Logarithmus zu erhalten. Nun ist bei dem Systeme dessen Basis 10 ist, $m = 2{,}302585092\ldots$ (Nr. 2. d. §.); weshalb die künstlichen Logarithmen für die Basis 10. mit dieser Zahl multiplizirt, die natürlichen rc. Logarithmen wieder erzeugen. Oder auch: da $k = \frac{1}{m} . n = 0{,}43429\ldots n$, so ist $\frac{k}{0{,}43429\ldots} = k . \frac{1}{0{,}43429\ldots} = n$; war nun (im Zusatz 3. zu Nr. 2. d. §.) $\frac{1}{2{,}30258\ldots} = 0{,}43429\ldots$, so ist $\frac{1}{0{,}43429\ldots} = 2{,}30258\ldots$; also $k . 2{,}30258 = n$.

§. 342. Zusatz.

Um die Logarithmen der Primzahlen zu berechnen, hat man noch folgende Reihe angegeben, die wegen ihrer schnellen Konvergenz und merkwürdigen Form, hier zu stehen wol noch verdient *):

Gesetzt man suche den natürlichen Logarithmus der Primzahl P, so ist bereits der $\log(P+1)$ so wie $\log(P-1)$ bekannt, indem diese Zahlen gerade Zahlen (§. 64, 2.) mithin zusammengesetzt sind, daher schon aus den Logarithmen ihrer einfachen Faktoren berechnet würden (§. 328, 1.) **). Nun setze man $f = P^2 - d$ woraus $f + d = P^2$ folgt. Würde jetzt $d = 1$ seyn, so wäre $f = P^2 - 1$, daher $2f = 2P^2 - 2$, und $2f + 1 = 2P^2 - 1 = 2f + d$; daher $\frac{d}{2f+d} = \frac{d}{2P^2-1} = \frac{1}{2P^2-1}$. Jetzt wird $\log\left(\frac{f+d}{f}\right) = \log\left(\frac{P^2}{P^2-1}\right)$. Für die so bezeichneten

*) Pasquichs mathematische Analysis, 1ter Theil.

**) Also wird hierbei vorausgesetzt, daß man die Logarithmen nach der Reihe berechnet habe.

Werthe von f, d, P, wird nun die Reihe, welche wir §. 341. Aufgabe 4. fanden, nemlich

$$\log\left(\frac{f+d}{f}\right)=\frac{2}{y}\left(\frac{d}{2f+d}+\frac{d^3}{3.(2f+d)^3}+\frac{d^5}{5(2f+d)^5}+\ldots\right)$$

wenn wir $y=1$ setzen, diese werden:

$$\log\left(\frac{P^2}{P^2-1}\right)=2\left(\frac{1}{2P^2-1}+\frac{1}{3(2P^2-1)^3}+\frac{1}{5(2P^2-1)^5}+\ldots\right)$$

Da aber P^2-1, die Differenz zweier Quadrate ist, so ist (§. 161, 3.) $P^2-1=(P+1)(P-1)$, daher

$$\log\left(\frac{P^2}{P^2-1}\right)=\log P^2-\log(P^2-1)=\log P^2-\log(P+1)(P-1)$$
$$=2\log P-\log(P+1)-\log(P-1).$$

Hieraus wird $\log\left(\frac{P^2}{P^2-1}\right)+\log(P+1)+\log(P-1)=2\log P$;

ferner $\frac{1}{2}[\log(P+1)+\log(P-1)]+\frac{1}{2}\log\left(\frac{P^2}{P^2-1}\right)=\log P$.

Wird nun für $\log\left(\frac{P^2}{P^2-1}\right)$ jene obere Reihe gesetzt, so erhält man: $\log P$

$$=\tfrac{1}{2}[\log(P+1)+\log(P+1)]+\frac{1}{2P^2-1}+\frac{1}{3(2P^2-1)^3}+\frac{1}{5(2P^2-1)^5}\ldots$$

weil der Faktor 2 der Reihe, und der Faktor $\frac{1}{2}$, die Reihe nur einmal geben. Dies ist die verlangte Reihe. Setzt man z. B. $P=23$, so giebt die Reihe:

$$\log 23=\tfrac{1}{2}(\log 24+\log 22)+\frac{1}{1057}+\frac{1}{3.1057^3}+\frac{1}{5.1057^5}+\ldots$$

wo man sogleich die schnelle Konvergenz wahrnimmt, in welcher aber die Logarithmen der Zahlen 24 und 22, schon bekannt seyn müssen. Daß aber die eben entwikkelte Reihe auch für andere Zahlen als Primzahlen, brauchbar ist, versteht sich von selbst, sobald man nur die Logarithmen der um 1 vermehrten und um 1 verminderten Zahl kennt; so kann die Reihe sogar dazu dienen, um Logarithmen von Primzahlen zu finden, indem man zuerst die Logarithmen ihrer Vielfachen sucht. Z. B. man suche log 26, so ist log 27 und log 25 aus den Logarithmen von 3 und von 5 schon bekannt; hat man nun log 26 gefunden, so ist $\log 26 - \log 2 = \log 13$, wodurch sich also der Logarithmus dieser Primzahl ganz einfach ergiebt.

Anmerk. 1. Indem ich die Theorie der Logarithmen hier verlasse, um das, im Leben am meisten bekannte und gebrauchte logarithmische System besonders zu betrachten; will ich nur erwähnen, daß Burja in seinem selbstlernenden Algebraisten *), erster Theil, nachdem er dort die Lehre der Logarithmen auf eine neue Art vorgetragen hat, dieser Lehre noch eine Theorie der logarithmischen Proportionen und Progressionen (X. Hauptstück, Seite 263. bis 274.) folgen läßt. Was es mit diesen für eine Bewandniß hat, wird jeder von selbst finden, der die Begriffe der arithmetischen und geometrischen Proportionen und Progressionen fest gefaßt hat. Die Ursache, warum ich diese Theorie hier nicht folgen lasse, liegt eines Theils in dem, was Burja §. 17. (Seite 274.) selbst darüber sagt, und dann scheint mir aus mehreren Gründen, deren Erläuterung ich mir vorbehalte, jene Theorie, nicht für gegenwärtiges Werk geeignet. Wer also das Nähere dieser Theorie erfahren will, findet Belehrung am angezeigten Orte.

Anmerk. 2. Historische Nachrichten über die Entdeckung der Logarithmen, gehören in die Geschichte der Mathematik.

Zweites Kapitel.

Von den gemeinen oder Briggschen Logarithmen. Einrichtung und Gebrauch der Logarithmen-Tafeln.

§. 343. Wahlsatz.

Der ungemeine Vortheil, den die Rechnung mit Logarithmen in Hinsicht der Abkürzungen, darbietet, macht es nothwendig, daß man irgend ein logarithmisches System festsetzt, und dieses allgemein bei allen logarithmischen Rechnungen zum Grunde legt. Denn, wenn auch die Wahl der Basis ganz willkührlich ist, so würde es

*) Zwei Theile, Berlin und Libau 1786.

eine große Verwirrung beim Gebrauche der Logarithmen hervorbringen, wenn jeder Mathematiker für sich besonders eine Basis festsetzen, und das System für diese, seinen Rechnungen zum Grunde legen wollte; immerwährende Reduktionen der Logarithmen aus einem Systeme in das andere, würden die Folge jener Annahme seyn, andere Nachtheile nicht einmal erwähnt. Die Nothwendigkeit jener Vereinigung anerkennend, kommt es aber nun auf eine geschickte Wahl eines Systems an. Bei Wahlen dieser Art ist es wol am zweckmäßigsten diejenige zu treffen, welche in der Natur des Gegenstandes selbst begründet ist, und über die Wahl des natürlichen Logarithmen-Systems, würde man nicht lange unentschieden seyn, wenn es nicht in anderer Hinsicht mehrere Nachtheile auch hätte, die sich erst bei seinem Gebrauche, in Verbindung mit anderen Zahlen ergeben. So wichtig der höheren Mathematik das natürliche Logarithmen-System ist, so hat man es doch, aus mehreren Ursachen, nicht für den gewöhnlichen Gebrauch angenommen, sondern ein anderes System gewählt, was der Natur unseres Decadischen Zahlengebäudes angemessener ist, und zwar ist dieses dasjenige System, dessen Basis die Zahl zehn ist, und welches unter dem Namen des gemeinen Logarithmen-Systems bekannt ist. Von dem bekannten Engländer Heinrich Briggs, der dieses System zuerst annahm und berechnete, führt es auch den Namen des Briggschen Logarithmen-Systems, und die Logarithmen den Namen gemeine oder Briggsche Logarithmen, die wir allgemein durch log bezeichnen wollen (sie werden auch durch log vulg bezeichnet). Schwerlich hätte die Wahl jener Basis glücklicher ausfallen können, wie dies die Folge, bei der Behandlung dieser gemeinen Logarithmen, lehrt.

§. 344. Zusätze.

1. Da die Basis des gemeinen Logarithmen-Systems = 10 ist, so ist $\log 10 = 1$ (§. 325, 11.), ferner $\log 100 = 2$, $\log 1000 = 3$ u. s. w. Hier sehen wir sogleich das Gesetz, daß $\log 10^n = n$ ist.

2. Die Logarithmen aller übrigen Zahlen, die keine vollkommene Potenzen von 10 sind, können daher auch keine ganzen Zahlen seyn, sondern sie sind gemischte Zahlen (§. 326, 1.), deren Ganze man aber sehr leicht finden kann; denn, wird z. B. eine f ziffrige Zahl gegeben, so liegt sie zwischen einer 1 mit $(f-1)$ Nullen, und zwischen einer 1 mit f Nullen *); so liegt die siebenziffrige Zahl 4628729 zwischen 1000000 und 10000000. Da also jene f ziffrige Zahl zwischen $10^{(f-1)}$ und zwischen 10^f liegt, so ist ihr Logarithmus $> (f-1)$ und kleiner als f, und indem $f-1$ und f nur um eine Eins unterschieden sind, so ist ihr Logarithmus $= (f-1)$ Ganze, und ein echter Bruch. Dieser ganz allgemeine Satz, der für den Gebrauch der Logarithmen so wichtig wird, ist nur bei der Annahme der Basis 10 möglich, und heißt also so: aus der Menge der Ziffern einer gegebenen Zahl erkennt man sogleich die Ganze die dem zugehörigen Logarithmus zukommen, indem man 1 weniger nimmt, als die Ziffermenge der gegebenen Zahl beträgt.

3. Die Ganzen die zu einem gewissen Logarithmus gehören, nennt man die Charakteristik oder Kennziffer auch Index, den Bruch aber, der ihr hinzugefügt, und welcher als Dezimalbruch dargestellt wird, nennt man die, dem Logarithmus zugehörige Mantisse.

4. Aus der Kennziffer eines Logarithmus, kann man die Ziffermenge der zugehörigen Zahl wieder finden, wenn man die Kennziffer um 1 vermehrt; dies folgt einfach aus Nr. 3.

---

*) Siehe unter andern die Untersuchungen §. 175.

5. Die Logarithmen aller echten Brüche sind negativ (§. 326, 2.), und zwar ist der des Bruchs $\frac{1}{10} = -1$, $\log \frac{1}{100} = -2$ oder allgemein des Bruchs $\frac{1}{10^n} = -n$, weshalb der Logarithmus eines jeden Bruchs, welcher zwischen $\frac{1}{10^n}$ und zwischen $\frac{1}{10^{n+1}}$ fällt, $= -(n +$ einem echten Bruche) ist.

6. Die Logarithmen der Zahlen bis 10, sind echte positive Brüche, da sie zwischen 0 und 1 fallen.

§. 345. Aufgabe.

Die Logarithmen aller ganzen Zahlen im gemeinen Logarithmen-Systeme zu berechnen, und solche in Tafeln zu bringen.

Auflösung. Daß es nur nöthig ist die Logarithmen der Primzahlen zu berechnen, wurde im vorigen Kapitel oft erwähnt, woselbst wir auch hinlänglich die Mittel kennen lernten, die uns sowol §. 167. auf einem mühsamen Wege zu berechnen lehrte (indem wir, wenn z. B. $\log a = x$ gesucht wird, müssen setzen $10^x = a$ und nun wie §. 167. es lehrt, x nach und nach zu entwickeln haben *)), als auch die Reihen, die wir §. 339. fanden. Gesetzt, man habe die natürlichen Logarithmen schon berechnet, so suche man den Modulus des gemeinen Systems, der aber $= 2{,}302585\ldots$ ist **) (§. 341, 2.), so giebt $\frac{1}{2{,}3025} = 0{,}434294481903\ldots$ jenen beständigen Faktor (§. 341, 3te Aufgabe, Zusatz 3.), der mit den natürlichen Logarithmen multiplizirt, die gemeinen Logarithmen giebt. Ist das natürliche System nicht schon berechnet, so kann

*) Wer die Berechnung durch jene Reihen nicht verstände, müßte allerdings, um doch die Möglichkeit der Berechnung der Logarithmen einzusehen, ein Paar Uebungen nach §. 167. machen, z. B. $2^x = 10$ suchen, wo x ein echter Bruch werden muß (§. 344, 6.).

**) In den Beispielen des vorigen Kapitels wurde schon immer 10 als Basis eines beliebigen Logarithmen-Systems angenommen.

man den Modulus dennoch suchen (nach der Reihe E § 339, 19.), und die gemeinen Logarithmen jeder Nummer, nach der Reihe G berechnen. Mehr als dieser Andeutung bedarf es nicht, um die Ausführbarkeit der Berechnung der Logarithmen hier, so wie für jedes andere beliebige künstliche System, einzusehen.

Die, sonach berechneten Logarithmen, bringt man nun in eigene Tafeln, welche den Namen Logarithmen-Tafeln führen, und im Wesentlichen diese Einrichtung haben, daß für eine große Menge von Nummern, nach ihrer natürlichen Folge in unserem Zahlensysteme, neben denselben ihre zugehörigen Logarithmen stehen, so daß man auch umgekehrt wieder, wenn diese gegeben sind, die Nummern welche zu ihnen gehören, neben diesen findet. Wie dieses nun jede besonderen Logarithmen-Tafel darstellt, lehrt eine Anleitung zu deren Gebrauche, welche jeder Tafel in der Einleitung vorhergeht, wenn die Einrichtung nicht so einfach ist, daß der erste Blick dies schon lehrte. Wer eine Logarithmen-Tafel genau kennt, findet sich bald in den übrigen, weil die wesentliche Einrichtung bei allen fast dieselbe ist. Korrektheit ist die Haupteigenschaft guter Tafeln *). Unter vielen bekannten Tafeln, führe ich nur die Vegaschen an, die in verschiedenen Ausgaben erschienen sind, und worunter das logarithmisch-trigonometrische Handbuch (1 Theil) sehr zu empfehlen ist. Außer dem unmittelbaren Gebrauche der Tafeln, der nun eben in dem Aufsuchen der Logarithmen für gegebene Nummern und der Nummern für gege-

*) Nachrichten und Beurtheilungen über logarithmische Tafeln, findet man im zweiten Theile von Kästners astronomischen Abhandlungen; in Scheibels Einleitung zur mathematischen Bücherkenntniß (7tes und 11tes Stück; im Leipziger Magazin für reine und angewandte Mathematik (Jahrgang 1787.), und an andern Orten.

gegebene Logarithmen besteht, wie dies jede Tafel in ihrer Einrichtung besonders lehrt: giebt es noch einen mittelbaren Gebrauch, dessen Gründe wir hier lehren müssen, indem die Theorie der Logarithmen dabei gebraucht wird, und dieser Gebrauch besteht vorzüglich, in der Auflösung folgender Aufgaben.

§. 346. Aufgaben.

1. **Den Logarithmus einer Nummer zu finden, welche die Tafel übertrifft, d. h. größer als die größte Nummer, welche die Tafel noch angiebt, ist.**

Auflösung. Die Tafeln, wollen wir annehmen, geben noch unmittelbar die Logarithmen für jede fünfziffrige Zahl. Nun sey die Zahl 7468200 gegeben, deren Logarithmus gesucht wird. Wenn man von dieser Zahl fünf Stellen von der linken gegen die rechte Hand sich hinwegdenkt, und die folgenden Ziffern sind Nullen, so hat man nur die Kennziffer des Logarithmus der Zahl, welche jene fünf Stellen geben, um so viele Einheiten zu vergrößern, als Nullen vorhanden sind. Denn: $\log 7468200 = \log 74682 + \log 100 = 4{,}8732159 + 2 = 6{,}8732159$ (§. 328.). Endiget aber die Zahl nicht auf Nullen, so ist sie entweder eine Primzahl oder zusammengesetzt *); im ersteren Falle würde man ganz auf die Art, wie man die Logarithmen der früheren Primzahlen berechnet hat, den der gegebenen Zahl durch Reihen zu berechnen haben; ist die Zahl aber zusammengesetzt, so zerlege man diese in ihre einfache Faktoren, und addire die Logarithmen derselben. Z. B.

---

*) Die §. 68. erwähnten Tafeln, leisten hierbei ungemeine Dienste; sie geben, im Fall die Zahl zusammengesetzt ist, auch sogleich die einfachen Faktoren selbst an.

$$\log 11727319 = \log 83 . 229 . 617 = \left.\begin{array}{r} \log 83 = 1{,}9190781 \\ \log 229 = 2{,}3598355 \\ \log 617 = 2{,}790285. \end{array}\right\} \text{addirt}$$

$$\log 11727319 = 7{,}0691988$$

Da aber dieses Zerlegen in einfache Faktoren, viel Mühe macht, die Tafeln auch oft nicht hierzu hinreichen, so bedient man sich folgender Methoden, um die Logarithmen von Zahlen, welche die Tafeln nicht bedeutend übertreffen, zu finden. Es wird nemlich in der höheren Mathematik der Satz bewiesen *): bei großen Zahlen, deren Differenzen aber nicht viel verschieden sind, verhalten sich die Differenzen der Nummern, fast wie die Differenzen der zu ihnen gehörigen Logarithmen **). Wenn also A, B, C drei solche Zahlen, und a, b, c die zugehörigen Logarithmen sind, so soll sich verhalten:

$$(A - B) : (A - C) = (a - b) : (a - c)$$

oder $(A - C) : (B - C) = (a - c) : (b - c)$ u. s. w.

Daß jener Satz ziemlich genau ist, davon mag uns folgendes Beispiel überzeugen:

$$\left.\begin{array}{l} \log 7824 (= A) = 3{,}8934288 (= a) \\ \log 7822 (= B) = 3{,}8933178 (= b) \\ \log 7819 (= C) = 3{,}8931512 (= c) \end{array}\right\} \text{(laut Tabelle) differirt}$$

$(A - B) : (B - C) = (a - b) : (b - c)$ welches giebt

$2 : 3 = 0{,}0001110 : 0{,}0001666$ oder

$2 : 3 = 1110 : 1666.$

Wäre der Satz ganz genau, so müßte nun $2 . 1666 = 3 . 1110$ seyn, welche Produkte aber 3332 und 3330 geben, also

*) Es kann uns dieser Satz, den die höhere Mathematik erst beweiset, nicht hindern, hier schon vom Satze Gebrauch zu machen, da wir widrigenfalls, nur jenen oben erwähnten mühsameren Weg einzuschlagen haben.

**) Die hier erwähnten unbestimmten Ausdrücke (groß, nicht viel, fast) zeigen, daß jener Satz nur eine Annäherung ist; daß er theoretisch genommen, nicht streng richtig seyn kann, folgt aus §. 334.

ziemlich genau *). Will man diesen Satz nun anwenden, so sey z. B. die Zahl 9486257 gegeben: so nehme man die nächst größere und nächst kleinere Zahl, für welche die Tafel noch Logarithmen angiebt, welches geschehen wird, wenn man die letzten Stellen der gegebenen Zahl, von den fünf höchsten abwärts, in Nullen verwandelt, und einmal statt 257 setzt 300, und dann wieder 200; die Rechnung stehet nun so:

$$\log 9486300 (= A) = 6{,}9770969 (= a)$$
$$\log 9486257 (= B) = 6, \;\text{"}\;\text{"}\;\text{"}\; (= b)$$
$$\log 9486200 (= C) = 6{,}9770923 (= c)$$

$(A - C):(B - C) = (a - c):(b - c)$ dies giebt

$$100 : 57 = 46\text{ **}) : x$$

daher $x = \frac{2622}{100} = 26{,}22$ oder eigentlich 0,000002622, wo man auf die abgestrichene achte und neunte Stelle (22) nicht achtet, sondern nur 0,0000026 setzt; dies ist nun $= b - c$, daher es zu c addirt, $= b - c + c = b$, welches man suchte, giebt; also

$b = 6{,}9770923 + 0{,}0000026 = 6{,}9770949 = \log 9486257$.

Den genommenen Weg wird jeder deutlich sehen, und wer viel rechnet, wird sich bald bedeutende Abkürzungen machen, die sich nicht einmal aufzählen lassen. — Zum Behufe dieser so eben geführten Rechnung, dienen nun die, in den Tafeln angegebenen, kleinen Proportionaltheile ***); man sucht nemlich die Differenz der Logarithmen der nächst größeren und nächst kleineren Zahl, also hier 46, so giebt dies die Ueberschrift der kleinen Proportionaltafel; in deren linken Kolumne die Stellen,

*) Fänden sich jene beiden Produkte auch wirklich gleich, so wäre deshalb der Satz doch noch nicht strenge richtig, auch abgesehen von §. 334., denn die Differenz könnte ja erst bei späteren Dezimalstellen erscheinen.

**) Man läßt die Dezimalnullen die der 46 vorhergehen, der Kürze halber weg, und denkt sich diese beim vierten Gliede x nachher wieder vor.

***) In Vega's Tafeln in der letzten Spalte P.P., enthalten.

welche die gegebene Zahl, hinter den fünf ersten (höchsten), noch hat, aufgesucht werden; also bei unseren vorigen Beispielen erst 5 dann 7; bei diesen Ziffern stehen in jenen kleinen Tabellen die Zahlen 23 und 32, welche unter den nächst kleineren Logarithmus (c) so untergesetzt werden

$$\left.\begin{array}{r} 6{,}9770923 \\ 23 \\ 32 \end{array}\right\} \text{abdirt}$$

$$\overline{6{,}9770949} = \text{dem gesuchten Logarithmus.}$$

Man erkennt deutlich in den beiden Proportionaltheilen 23 und 32, in ihrem Untereinandersetzen, den vorher berechneten Theil 26; eben so wird der Grund des Herausrückens der 2 (als achte Stelle, weil die Zahl 7 die den Proportionaltheil 32 gab, eine 10 Mal kleinere Stelle als 5 hat), und das Zuaddiren der 26 zu der 6ten und 7ten Dezimalstelle, aus unserem vorher berechneten Beispiele ganz deutlich werden. Jene kleine Proportionaltabellen, erleichtern und ersparen die Rechnungen, welche wir vorher machen mußten *); zugleich geben sie aber nur für höchstens siebenziffrige Zahlen, die Logarithmen mit ziemlicher Genauigkeit, da die Logarithmen für noch größere Zahlen, erst in Dezimalstellen einen Ausschlag geben würden, die man schon nicht mehr achtet, und hierzu auch nöthig wäre, daß die Logarithmen, in den Tafeln selbst auf mehr als sieben Stellen berechnet wäre, was der Gebrauch im Leben so wie in der Wissenschaft, selten verlangt. Die Kennziffer eines gesuchten Logarithmus ergiebt sich übrigens nach §. 344, 2.

2. Für gegebene Brüche die Logarithmen aufzusuchen.

Auflösung. Ist der gegebene Bruch in Form eines gewöhnlichen Bruches gegeben, so subtrahire man

*) Zur Uebung hierin dienen die 8 ersten Exempel auf Tafel 91 meiner Aufgaben.

vom Logarithmus des Zählers, den Logarithmus des Nenners (§. 329. Zusatz 1.), wo die Differenz selbst positiv oder negativ wird, je nachdem der gegebene Bruch ein unechter oder ein echter war (§. 326, 1. und 2.).

Z. B. $\log\frac{7684}{528}$	oder $\log\frac{2579}{84654}$	oder $\log\frac{1}{225}$
$\log 7684 = 3{,}8855874$	$\log 2579 = 3{,}4114513$	$\log 1 = 0$
$\log 528 = 2{,}7226339$	$\log 84654 = 4{,}9276475$	$\log 225 = 2{,}3521825$
$\log\frac{7684}{528} = +1{,}1629535$	$\log\frac{2579}{84654} = -1{,}5161962$	$\log\frac{1}{225} = -2{,}3521825$

Sollten die Zahlen des Zählers oder des Nenners, die Tafeln überschreiten, so sind die in Nr. 1. d. §. angegebenen Mittel anzuwenden.

Ist der gegebene Bruch ein Dezimalbruch, so ist er so gut als ein Bruch, dessen Zähler so viele Ganze sind, als der Dezimalbruch ohne Rücksicht auf das Komma, angiebt, dessen Nenner aber eine Eins, mit so vielen Nullen ist, als Dezimalstellen vorhanden sind (§. 109, 7.); daher der Logarithmus des Nenners, immer so viele Ganze blos enthält, als Dezimalstellen vorhanden waren (§. 344, 1.); man hat daher nur nöthig, vom Logarithmus des gegebenen Dezimalbruchs, als lauter Ganze betrachtet, so viele Einheiten zu subtrahiren, als Dezimalstellen gegeben sind; hat aber die Kennziffer nicht so viele Ganze, so werden es Null Ganze, und die noch zu subtrahirenden Ganzen, pflegt man alsdann dem Logarithmus, mit dem negativen Zeichen hinten anzuhängen, wo alsdann der Logarithmus ein vermischter heißt, und jene negative Zahl, sich auf die Ganzen bezieht; oder man vollzieht auch die Subtraktion selbst, und macht so das Resultat gleich negativ. Z. B. $\log 46{,}785 = \log 46785 - \log 1000 = 1{,}6701066$; ferner $\log 0{,}01765 = \log 1765 - \log 100000 = 3{,}2467447 - 5 = 0{,}2467447 - 2$, welches der vermischte Logarithmus wird, der zugleich dem negativen Logarithmus $-1{,}7532553$ gleich ist. Die Verwandlung der vermischten Logarithmen in negative, so wie der negativen Logarithmen in vermischte, wird oft nöthig, und ist leicht; bei ersterer Verrichtung vollziehe man die Subtraktion, und um negative in vermischte Logarithmen zu verwandeln, addire man so viele Ganze hinzu, als die Kennziffer $+1$ beträgt, so erhält man eine positive Summe, welcher wieder jene hinzuaddirte Ganze, mit dem negativen Zeichen angehangen werden *). Z. B.

$$-3{,}1652489 = \begin{array}{l} +4, \qquad\qquad -4 \\ -3{,}1652489 \\ \hline 0{,}8\quad 7511-4 \end{array}$$

so ist $0{,}8347511 - 4 = -3{,}1652489$. (Siehe den Zusatz zu Nr. 6. d. §.)

3. Die Logarithmen für Zahlenausdrücke zu finden.

Auflösung. Ist eine Verbindung von Zahlen gegeben, wofür der Logarithmus gesucht werden soll, so wende man die Aufgaben §. 328. bis §. 331. an, wie die Verbindung es vorschreibt, indem man zuerst den Logarithmus des ganzen Ausdrucks (der besseren Uebersicht wegen) so aufsucht, wie es §. 332, 3. geschah **). Wenn ein vermischter Logarithmus dividirt werden soll, so macht man die negative Kennziffer so groß, daß der Divisor vollkommen darin aufgeht, damit man keine Bruch-Kennziffer erhält, und welche Vergrößerung immer angehen wird, sobald man nur die positiven Ganzen (die der positiven Mantisse des vermischten Logarithmus vorhergehen) um eben so viel vergrößert; so ist offenbar $0{,}3452617-4 = 5{,}3452617-9$ u. s. w.; oder, wenn ein vermischter Logarithmus dividirt werden soll, so verwandele man ihn in einen negativen Logarithmus ***). Es mag ein Beispiel für gegenwärtige Aufgabe hier stehen. Man suche

*) Tafel 87. siehe hierüber.

**) Hierüber siehe Tafel 89. und 90.

***) Wenn die Division eines Logarithmus nicht aufgeht, so achtet man, beim Herunterholen der letzten Stelle, auf den nächsten Rest nicht, oder nimmt den letzten Quotienten ein Mal mehr, wenn der Rest die Hälfte des Divisors übertrifft.

$\log\left(\frac{5^7 \cdot \sqrt[4]{45,6} \cdot (\frac{3}{11})^5}{\sqrt[3]{0,174} \cdot 4,169^2}\right)$, so ist der Logarithmus dieses Ausdrucks zuerst =

$$\left(7\log 5 + \frac{\log 45,6}{4} + 5\log 3 - 5\log 11 - \frac{\log 0,174}{3} - 2\log 4,169\right)7$$

Nun ist

$$\begin{array}{rl}
\log 5 = 0,6989700 & (7 \\
7\log 5 = 4,8927900 & \\
\log 45,6 = 1,6589648 & (:4 \\
\frac{\log 45,6}{4} = 0,4147412 & \\
\log 3 = 0,4771213 & (5 \\
5\log 3 = 2,3856065 & \\
\log 11 = 1,0413927 & (5 \\
5\log 11 = 5,2069635 & \\
\log 0,174 = -0,7594508 & (:3 \\
\frac{\log 0,174}{3} = -\ 0,2531503 & \\
\log 4,169 = 0,6200319 & (2 \\
2\log 4,169 = 1,2400638 &
\end{array}$$

$$\begin{array}{rl}
7\log 5 = 4,8927900 & \\
\frac{\log 456}{4} = 0,4147412 & \\
5\log 3 = 2,3856065 & \text{addirt} \\
\frac{\log 0,174}{3} = 0,2521503 \ ^{*)} & \\
\hline
7,9452880 & \\
-5\log 11 = -\ 5,2069635 & \\
-2\log 4,169 = -1,2400638 & \text{addirt} \\
\hline
-\ 6,4470273 & \\
\text{daher} \ +7,9452880 & \\
-6,4470273 & \text{addirt} \\
\hline
+\ 1,4982607 & (7 \ ^{**} \\
+\ 10,4878249 &
\end{array}$$

So wird also 10,4878249 der Logarithmus des gegebenen Ausdrucks seyn.

Zusatz. Was einem Logarithmus an der Zahl 10 fehlt, nennt man seine decadische Ergänzung; so ist für 3,5214618, die Zahl 6,4785382 die decadische Ergänzung ***). Es ist also allgemein 10 — n = d, diese Er-

---

*) Es ist $\frac{\log 0,174}{3}$ negativ, und mit dem negativen Zeichen soll er auch addirt werden, also wird er mit den positiven Logarithmen zuerst vereinigt.

**) Wegen des Exponenten 7 für den gegebenen Ausdruck.

***) Ist der Logarithmus mehr als 10, so ist die decadische Ergänzung das, was ihm bis zum nächsten Vielfachen der Zahl 10 fehlt; z. B. für 27,5268917 ist sie = 2,4731083, daher wieder 27,5268917 = 2,4731083 — 30. u. s. w.

gänzung für n, und wieder $-n = d - 10$. Soll man nun mehrere positive und negative Logarithmen addiren, so kann man, statt jede derselben erst für sich zusammen zu zählen und die Summen nachher zu vereinigen, auch zu den positiven Logarithmen, die decadischen Ergänzungen der, negativ zu addirenden Logarithmen, als positiv, addiren, und nachher von der Summe aller, so oft zehn abziehen, als es der negativen Logarithmen Anfangs waren; denn z. B. $a - n = a + d - 10$, wenn, wie oben geschah, $-n = d - 10$ angenommen wird. — Hat man also zu addiren:

$+4,7628917$	durch Hülfe der	$+4,7628917$
$-3,1958167$	decadischen Er-	$+6,8041833 - 10$
$-2,4963854$	gänzung erhalten	$+7,5036146 - 10$
$+6,1330425$	wir aber =	$+6,1330415$
$= +10,8959342$		$25,2037321 - 20$
$-5,6922021$		$= 5,2037321$
$+5,2037321$		

Der Grund des Verfahrens ist wol höchst einfach, und ob es schneller zum Ziele führt, hängt auch vom jedesmaligen Falle der Anwendung, ab.

4. Die Nummern für gegebene Logarithmen aufzusuchen.

Auflösung. Stehet der Logarithmus unmittelbar in der Tafel, so lehrt die Einrichtung jeder Tafel, wie man neben demselben, die zugehörige Nummer findet. Z. B. $\text{num} \log 3,6200319 = 4169$.

Wenn sich aber blos die Mantisse in der Tafel genau befindet, die Kennziffer jedoch nicht; so nehme man die Zahl der Tafel, und ändere dieselbe so ab, daß man ihr nur so viele Stellen als Ganze läßt, wie die Kennziffer des Logarithmus $+1$ vorschreibt, oder indem man von den Ganzen wie sie die Tafel giebt, so viele Stellen als Dezimalstellen abstreicht, wie die wirklich gegebene

Kennziffer kleiner ist, als die, welche die Tafel giebt; daher dies Abstreichen auch für die negativen Ganzen der vermischten Logarithmen stattfindet; hat aber der gegebene Logarithmus mehr Ganze als der, welchen die Tafel giebt; so muß man die Zahl, welche die Tafel gab, durch Anhängung von Nullen vergrößern, so daß die Ziffermenge heraus kommt, welche die Kennziffer vorschreibt (d. h. als diese Einheiten hat + 1). Z. B. es würde num log7,6324067 verlangt, so giebt die Tafel für den Logarithmus 4,6324067 die Nummer 42895; war nun die Kennziffer des gegebenen Logarithmus, 3 Ganze mehr als 4, so ist die zugehörige Nummer auch 42895000, d. h. 1000 Mal größer als die Tafel sie gab, oder ihr kommen 8 Ziffern zu; wäre aber nur der Logarithmus 0,6324067 gegeben, so gehörte hierzu die Zahl 4,2895, und wäre nur 0,6324067 −3 gegeben, so würde 0,0042895 nur die gesuchte Zahl seyn. — Ist der gegebene Logarithmus negativ, so verwandele man ihn erst in einen vermischten *), wo man alsdann das Resultat, d. h. die zugehörige Nummer, sogleich als echten Dezimalbruch erhält. — Selten aber wird der gegebene Logarithmus, d. h. seine Mantisse, genau in den Tafeln stehen, sondern, es wird sich eine kleine Abweichung in den letzten Stellen derselben befinden. Hier nimmt man nun gewöhnlich den nächst kleineren Logarithmus den die Tafel angiebt, für den wahren an, wenn die Rechnung keine große Genauigkeit erfordert, und jene Abweichung nicht bedeutend ist. Die übrigen Bestimmungen in der Zahl, welche die Tafel giebt, folgen aus dem vorher Gesagten. Z. B.**)

---

*) Da die Tafeln nur positive Logarithmen angeben.

**) Tafel 85 und 86. haben die Aufsuchung von Logarithmen und Nummern, wenn man den nächst kleineren Logarithmus für den wahren nimmt. Eben so Tafel 88 für vermischte und negative Logarithmen.

num log — 3,5764197 = num log 0,4235803 — 4; nun gehört zur Mantisse dieses Logarithmus, wenn sie in ihren vier letzten Stellen 5735 wäre, die Nummer 2652 (ohne auf die Kennziffer zu achten), und indem jene Abweichung nicht sehr bedeutend ist, sondern nur 0,0000068 beträgt, so nehme man die Zahl 2652, die aber 0,0002652 wird, wegen der Kennziffer 0, und der — 4 Ganzen, welche der vermischte Logarithmus hatte. — Eben so ist num log 0,7220994 = 5,2735

Daß man beim Aufsuchen in den Tafeln, sich um die Kennziffer, fürs Erste, nicht kümmert, gewährt den Vortheil, daß man im Resultate sogleich noch Dezimalstellen erhält, und zwar um so mehrere derselben, je mehr Ziffern die aus den Tafeln genommene Zahl selbst giebt; hätte man in der Tafel, nur unter der Kennziffer 0 gesucht, so würde nur 5 Ganze das Resultat geworden seyn, eben so nur 5,2 oder 5,27 oder 5,273, wenn man unter der Kennziffer 1 oder 2 oder 3 aufgesucht hätte. Will man aber für einen gegebenen Logarithmus genauer die zugehörige Zahl haben, als der nächst kleinere Logarithmus sie giebt *), so bedient man sich ganz desselben Verfahrens der Proportionaltheile, wie wir in der ersten Aufgabe dieses §. sahen, indem man den nächst größeren und nächst kleineren Logarithmus aus der Tafel, nebst deren zugehörigen Nummern nimmt, und folgendermaßen verfährt: man verlangt z. B. **)

*) Sollte der nächst größere Logarithmus dem gegebenen näher kommen als der nächst kleinere, so würde man jenen und seine zugehörige Nummer nehmen

**) Die 7 letzten Exempel auf Tafel 91. sind Beispiele hierüber; das 11te, 12te und 13te Exempel sollen eine negative Mantisse und positive Kennziffer haben, so daß das 11te Exempel z. B. heißt num log — 0,1476184 + 4; dies ist eine Form, wie man auch zuweilen vermischte Logarithmen giebt; indem man beide vereinigt (Mantisse und Kennziffer), erhält man einen positiven Logarithmus, z. B. beim 11ten Exempel diesen: 3,8523816.

num log 4,9830977, so ist

$$\left.\begin{array}{l} \text{num log } 4{,}9830983\ (=a) = 96183\ (=A) \\ \text{num log } 4{,}9830977\ (=b) = \quad x \quad (=B) \\ \text{num log } 4{,}9830938\ (=c) = 96182\ (=C) \end{array}\right\} \begin{array}{l}\text{für A und}\\ \text{für C laut}\\ \text{Tafel.}\end{array}$$

nun ist $(a-c):(b-c) = (A-C):(B-C)$ d. h.

$45 : 39$ *) $= 1 : x$, daher

$x = \frac{39}{45} = 0{,}86\ldots$;

also, indem man $B - C$ hat, so hat man auch

$$C + B - C = B = 96182 + 0{,}86 = 96182{,}86$$

wodurch man also noch zwei Dezimalstellen gewonnen hat. Auch hier braucht man, während obiger Verrichtung, nicht weiter auf die Kennziffer des gegebenen Logarithmus zu achten, sondern die Stellenmenge der Ganzen oder der Dezimalstellen im Resultate, werden für sich nach den erwähnten Gesetzen bestimmt **). — Um aber jene obige Rechnung nicht immer zu vollziehen, dienen abermals die, in den Logarithmentafeln befindlichen kleinen Proportionaltafeln, und ist ihr Gebrauch gerade der entgegengesetzte wie in Nr. 1. d. §.; es giebt nemlich die Differenz vom nächst größeren und nächst kleineren Logarithmus der Tafel (also für obigen Fall 45.), die Ueberschrift der Proportionaltafel; die Differenz des nächst kleineren und des gegebenen Logarithmus (also 39 in unserem Beispiele), wird in der rechten Kolumne der Proportionaltafel aufgesucht, so steht dabei zur Linken die erste Ziffer (also 8) die man der Nummer des nächst kleineren Logarithmus anzuhängen hat; da aber der Proportionaltheil 36 (dem die 8 zukam), zu klein ist, so subtrahire man ihn von 39, dem Reste $39 - 36 = 3$ hänge man eine Null an,

*) Bei 45 und 39 sind wieder die fünf vorhergehenden Dezimalnullen nicht betrachtet.

**) Die Regeln die sich ein jeder, der viel mit Logarithmen rechnet, selbst macht, können nicht allgemein aufgezählt werden, sie sind natürlich auch für jeden nur besonders.

und suche 30 wieder in der rechten Kolumne auf, so findet sich dabei (eigentlich bei 27 als den, der 30 zunächst kommenden Theil) eine 6, welche die folgende, mithin 86 die ganze anzuhängende Zahl ist. Auf diese Art wird man also für jeden gegebenen Logarithmus eine siebenziffrige *) Zahl finden können, in welcher man die Ganzen stets, aus der Kennziffer des gegebenen Logarithmus, zu bestimmen hat, oder das Komma des, der Nummer zugehörigen Dezimalbruches. — Auf mehr als sieben Stellen kann man mit Bestimmtheit nicht rechnen, oder die Tafeln müßten selbst weiter berechnet seyn; auch wird man nicht weiter darauf zu achten haben, ob die Stelle der Einer etwa um 1 zu groß oder zu klein ist, weil man selten die Proportionaltheile genau in den Tafeln findet. — Sucht man noch z. B. num log —2,146031, so ist dies = num log 0,8538969 — 3; die, zu 0,8538969 gehörige nächst kleinere Zahl ist 7,1432, die Proportionaltheile geben noch 67, folglich ist 7,143267 die Zahl, aber wegen der —3 (als negative Kennziffer des vermischten Logarithmus), wird die Zahl nur 0,007143267.

5. Zahlenausdrücke durch Hülfe der Logarithmen zu berechnen.

Auflösung. Die Lösung dieser Aufgabe zeigt nun den bedeutenden Nutzen der Logarithmen, und alles Bisherige war nur Mittel hierzu. Man suche nemlich nach der dritten Aufgabe d. §., den Logarithmus des gegebenen Zahlenausdruckes, und alsdann für den, so erhaltenen Logarithmus die zugehörige Nummer, so ist diese die verlangte Zahl, denn der gefundene Logarithmus war ja nur das Mittel hierfür **). Nur zwei Beispiele mögen hier stehen.

---

*) Wir nahmen an, daß die Tafel fünf Ziffern unmittelbar gebe.

**) Tafel 92 bis 94 enthalten die hierher gehörigen Beispiele.

Man sucht $\sqrt[7]{\left(\frac{4^{11}.\sqrt[3]{5}}{146^9}\right)}$; so ist

$$\log \sqrt[7]{\left(\frac{4^{11}.\sqrt[3]{5}}{146^9}\right)} = \frac{11.\log 4 + \frac{\log 5}{3} - 9\log 146}{7}.$$

Nun ist $\log 4 = 0{,}6020599$ *) (11

$$\left.\begin{aligned} 11 \log 4 &= 6{,}6226589 \\ \frac{\log 5}{3} &= 0{,}2329900 \end{aligned}\right\} \text{addirt}$$

$$\left.\begin{aligned} & 6{,}8556489 \\ -9\log 146 &= -19{,}4791761 \end{aligned}\right\} \text{addirt}$$

$$-12{,}6235272$$

Dieser Logarithmus wird durch 7 dividirt, welches

$$\frac{-12{,}6235272}{7} = -1{,}8033610 \text{ giebt.}$$

Den negativen Logarithmus in einen vermischten verwandelt:

$$\left.\begin{aligned} +2 \qquad & -2 \\ -1{,}8033610 \quad & \\ 0{,}1966390 & -2 \end{aligned}\right\} \text{nach Nr. 2. d. §.}$$

Hierzu gehört die Zahl 0,01572675, welche also gleich dem gegebenen Ausdrucke ist.

Ist ferner verlangt $\sqrt[5]{(1{,}4^5 - \sqrt[5]{14})}$, so ist der Logarithmus dieses Ausdrucks

$$= \frac{\log(1{,}4^5 - \sqrt[5]{14})}{5};$$

jetzt muß man (§. 332, 2.) sowol $1{,}4^5$ als $\sqrt[5]{14}$ für sich berechnen, und die Nummern vereinigen; nun ist:

$\log 1{,}4 = 0{,}1461280$ (5	$\log 14 = 1{,}1461280$ (:5
$5 \log 1{,}4 = 0{,}7306400$	$\frac{\log 14}{5} = 0{,}2292256$
Die Nummer hierzu ist $= 5{,}3782$	Die Nummer hierfür ist $= 1{,}6952$

*) Einige Tafeln geben $\log 4 = 0{,}6020600$ an.

Jetzt ist $+5,3782-1,6952=3,6830$; nun suche man $\frac{\log 3,683}{5}$; so ist $\log 3,683=0,5662017$, daher

$$\frac{\log 3,683}{5}=0,1132403;$$

hierzu gehört die Nummer 1,2979*), welche daher

$$=\sqrt[5]{(1,4^5-\sqrt[5]{14})}\ \text{ist.}$$

Dies Verfahren zeigt hinlänglich, wie man bei Komplexionen zu verfahren habe.

6. Einen gegebenen Bruch in einen Dezimalbruch, durch Hülfe der Logarithmen, zu verwandeln.

Auflösung. Man suche den Logarithmus des gegebenen Bruchs, und für diesen Logarithmus die zugehörige Nummer, so ist diese der verlangte Dezimalbruch, weil ja die Nummern für gegebene Logarithmen, sich sogleich als Dezimalbrüche ergeben.

Z. B. $\frac{14629}{71944}$ sey gegeben, so ist

$$\begin{array}{rl} & +1 \qquad\quad -1 \\ \log 14629 = & 4,1652146 \\ \log 71944 = & \underline{4,8569946} \\ & 0,3082200-1 \end{array}$$

Zu diesem Logarithmus gehört die Nummer 0,2033387, welche der gesuchte Dezimalbruch ist **).

Zusatz. Anstatt den größeren Subtrahendus vom kleineren Minuendus zu subtrahiren, und den hierdurch erhaltenen negativen Logarithmus (den Rest) in einen vermischten Logarithmus zu verwandeln, kann man auch gleich die Kennziffer des Minuendus, so viel vergrößern, daß der Minuendus größer als der Subtrahendus wird; setzt man dem Reste nun jene Vergrößerung (1 im obigen Beispiele) negativ wieder an, so erhält man offenbar

---

*) Der nächst kleinere Logarithmus der Tafel weicht mehr vom obigen Logarithmus ab, als der nächst größere Logarithmus.

**) Vergleiche §. 126.

sogleich den vermischten Logarithmus, und erspart also eine Umwandelung.

§. 347. Aufgabe.

Eine logarithmische Gleichung in bestimmten Zahlen aufzulösen.

Auflösung. Es sey z. B. *) gegeben

$23^x \cdot (\tfrac{4}{5})^x = 7{,}2 \cdot 20{,}09188 \cdot 3{,}8^{x+1}$ so setze man

$$x \log 23 + x \log 4 - x \log 5$$
$$= \log 7{,}2 + \log 20{,}09188 + x \log 3{,}8 + \log 3{,}8$$

daher $x (\log 23 + \log 4 - \log 5 - \log 3{,}8)$

$= \log 7{,}2 + \log 20{,}09188 + \log 3{,}8$ und also

$x = \dfrac{\log 7{,}2 + \log 20{,}09188 + \log 3{,}8}{\log 23 + \log 4 - \log 5 - \log 3{,}8}$; nun ist

$$\left.\begin{aligned} \log 7{,}2 &= 0{,}8573325 \\ \log 20{,}09188 &= 1{,}3030207\text{**)} \\ \log 3{,}8 &= 0{,}5797836 \end{aligned}\right\} \text{addirt}$$
$$2{,}7401368$$

$$\begin{aligned} \log 23 &= 1{,}3617278 \qquad & \log 5 &= 0{,}6989700 \\ \log 4 &= 0{,}6020600 & \log 3{,}8 &= 0{,}5797836 \\ & \ 1{,}9637878 & & \ 1{,}2787536 \end{aligned}$$

$$-(\log 5 + \log 3{,}8) = -1{,}2787536$$
$$+0{,}6850342$$

daher $\dfrac{2{,}7401368}{0{,}6850342} = 4 = x.$

Die verschiedenen Verbindungen der bekannten und unbekannten Grössen in einer logarithmischen Gleichung, können aber auch bei deren Entwickelung auf höhere als einfache Gleichungen führen, und gehört alsdann die Auflösung, auch in die Theorie dieser höheren Gleichungen ***).

---

*) Die letzten Beispiele auf Tafel 99 und 100 sind hierüber.

**) Die Proportionaltheile werden natürlich hierbei gebraucht.

***) Aufgabe 15 und 16 der Tafel 105 sind Beispiele hierfür.

Verbesserungen.

Seite 5 Zeile 9 von oben, statt: die seine Berechnung u. s. w., lies: diese können durch seine Berechnung wol bestärkt, aber hierdurch noch nicht bewiesen werden.

— 10 — 1 st. den, l. der.
— 11 — 1 st. mir, l. nur.
— 27 — 4 von unten, st. nie, l. nun.
— 29 — 18 nach Ordnung ist ein Komma zu setzen.
— 29 — 20 st. $\overset{4}{70000}$, l. $\overset{4}{7}$.
— 32 — 17 und Z. 20 muß beidemal st. 4 +, 40 + stehen.
— 34 — 24 st. 24, l. 22.
— 35 — 7 st. größeren, l. kleineren.
— 35 — 8 st. kleineren, l größeren.
— 38 — 2 (gleich am Anfange derselben) st. + 8, l. ∓ 8.
— 39 — 4 st. — 1, l. — 11.
— 41 — 11 v. u. st. — b, l. — a, und st. a, l. b.
— 44 — 2 v. u. st. durch a, l. durch b.
— 52 — 10 st. $\frac{b-a}{c-d}$, l. $\frac{b-a}{d-c}$
— 60 — 13 v. u. st. — 2 h, l. — 12 h.
— 64 — 9 st. (z — 11 p), setze (z — 11 p) + 6 d.
— 71 — 18 st. — 11 t, l. + 11 t.
— 72 — 16 st. $\frac{2nf}{4f}$, l. $\frac{4f}{2nf}$
— — : st. $\frac{n}{2}$, l. $\frac{2}{n}$
— : — : st. $\frac{3}{n}$, l. $\frac{3}{2}$
— 79 — 5 v. u. st. Divisionen, l. Divisoren.
— 87 — 19 st. als die, l. die.
— 124 — 17 st. $+5\frac{1387}{2226}$, l. $+5\frac{1397}{2526}$.

Seite

Seite 126 Zeile 15 st. $\frac{bm}{an}$, l. $\frac{an}{bm}$

— 129 — 16 st. Divisor, l. Dividendus, und st. Dividendus, l. Divisors.

— 130 — 11 st. unecht, l echt.

— 130 — 1 v. u. st. Tafel 20, l. Tafel 19 und 20.

— 135 letztes Exempel bei b, st. $3 \cdot \frac{5}{7}$, l. $3\frac{5}{7}$.

— 136 Zeile 3 (nach der Rechnung) st. anzusehen, l. ansehen.

— 140 — 3 st. $\frac{7}{11}$, l. $\frac{7}{17}$.

— 140 — 10 st. 27—7, l. 17—7 (im Nenner).

— 144 — 5 st. aus, l. und.

— 164 — 1 v. u. st. nun, l. nur.

— 178 — 5 v. u. st. $>$, l. $=$

— 186 — 28 st. $\frac{16}{88}$, l. $\frac{16}{33}$.

— 192 — 14 v. u. st. $a+1)$, l. $a+c)$.

— 192 — 5 v. u. st. ; l. :

— 200 — 3 st. nächst, l. wächst.

— 200 letzte Formel st. M^{m+1}, l. M^{m-1}.

— 219 Zeile 2 v. u. st. können, l. kennen.

— 222 — 5 und 7 st. b, l. a.

— 232 — 3 v. u. st. $\frac{m}{n}$, l. $\frac{n}{m}$

— 234 — 10 st. a, l. $\sqrt{a}$.

— 236 — 21 (am Ende derselben) st. $\sqrt[4]{p}$, l. $\sqrt[n]{p}$.

— 254 — 8 v. u. st. $b^{\frac{n}{m}}$, l. $b^{\frac{n}{n}}$

— 255 — 5 st. vollkommene, l. vollkommenen.

— 256 — 11 v. u. st. $-2ab$, l. $-2cb$.

— 258 — 22 st. $2A \mp$, l. $2A \mid \mp$

— 262 — 4 st. $-36az^2 = 12a^2z^2$, l. $-36az^3 + 12a^2z^2$.

— 262 — 5 st. $6a^4z$, l. $6a^5z$.

— 274 — 3 st. 23, l. 29.

— 279 — 12 st. §. 164, 4., l. §. 162, 4.

— 284 — 3 v. u. st. Minuendus, l. Subtrahendus.

— 288 — 24 st. darstellen, l. darzustellen.

— 305 — 8 v. u. lies beidemal für der, die.

Seite 320 Zeile 14 im Nenner muß nach $\sqrt[3]{4^2}$ die Parenthese geschlossen werden.

— 321 — 10 nach $\sqrt[3]{49}$ muß die Parenthese geschlossen werden.

— 324 — 10 ist am Ende des Bruches die Parenthese zu schließen.

— 324 — 5 v. u. vor $\sqrt[6]{}$ setze man =:

— 369 — 4 st. a — 1, l. a + 1.

— 400 — 14 st. punktirte, l. permutirte.

— 423 — 14 v. u. st. a^7, l. b^7 (am Ende der Zeile).

— 443 — 8 und 9 st. hier statt, l hier für.

— 449 — 16 st. ad^5, l. $8d^5$ (im Nenner).

— 465 — 4 st. $\mp$, l. $\pm$

— 465 — 2 v. u. st. 1 und 2, l n und 2

— 465 — 4 v. u. nach (n + 1 muß die Parenthese geschlossen werden.

— 495 — 10 st. 24 Fuß, l. 28 Fuß, und st. *24, l. 28.

— 514 — 6 st. Formeln, l Franken.

— 514 — 2 v. u st. Trennungen, l. Benennungen.

— 544 — 7 st. Proportion, l. Progression.

— 559 — 3 v. u. st. n, n, d, l. a, n, d.

— 574 — 1 v. u. st. §. 109, l. §. 309.

— 582 6te Formel, st. a =, l. e =; eben so muß das bei der 6ten Formel stehende d, in der Kolumne: zu finden, ein e seyn.

— 589 Zeile 15 st. der, l. den.

— 605 — 6 v. u. st. Aus, l. Bei.

Einige Verbesserungen in meiner Sammlung neuer mathematischer Aufgaben.

Seite 4 Aufgabe 14 Zeile 2 statt einmal, lies dreimal.
— 9 Aufgabe 33 — 7 st. der Hühner, l. der alten Hühner.
— 10 Aufgabe 37, Zeile 10 nach dem Schlusse der Aufgabe setze man noch hinzu: der erste und letzte Buchstabe sind zusammen = 19.
— 11 Zeile 5 st. CD, l. ED.
— 12 Aufgabe 47 ist eine kubische Gleichung.
— 15 Zeile 1 von unten st. 60 Pferde, l. 80 Pferde.
— 17 — 6 st. AC = 25,714, l. BC = 25,714.
— 26 Aufgabe 8 st. K = 400, l. K = 52400.
— 27 Zeile 12 st. 705, l. 7,05.
— 28 Aufgabe 44 st. K = 4,49, l. k = 4,49.
— 28 Aufgabe 45 st. K? l. k?
— 33 Zeile 3 st. 9:7, l. 7:9.
— 37 — 5 v. u. st. Diagonalstellen, l. Dezimalstellen.
— 51 — 1 st. 0,94914, l. 9,4914.
— 55 — 19 st. 5,3091 = OE, l. 5,3091 = CE.
Auf der Kupfertafel muß in Figur 26 von D nach G eine Linie gezogen werden.